国外电子与通信教材系列

机电一体化设计导论

Introduction to Mechatronic Design

J. Edward Carryer
［美］ R. Matthew Ohline　著
Thomas W. Kenny

韩庆文　曾令秋　叶　蕾　陈　旭　译

电子工业出版社
Publishing House of Electronics Industry
北京·BEIJING

内 容 简 介

本书是一本讲解机电一体化理论与实践的经典著作。全书分为五个部分32章，前四个部分主要讲解机电一体化涉及的专业知识，第五部分以项目开发为例，介绍机电一体化集成解决方案和组织管理方法。第一部分为概述，主要介绍本书的结构及使用方法。第二部分介绍软件，讨论了微控制器，微控制器的数学和数字操作，编程语言，嵌入式系统的程序结构，软件设计，处理器间通信，以及微控制器外设。第三部分讲解电子学，讨论了基本电路分析及无源元件，半导体，运算放大器，实际运算放大器与比较器，传感器，信号调理，有源数字滤波器，数字输入/输出，数字输出和电路驱动，数字逻辑和集成电路，A/D 和 D/A 转换器，稳压器、电源和电池，以及噪声、接地和隔离。第四部分介绍执行器，讨论了永磁有刷直流电机的特性，永磁有刷直流电机的应用，螺线管，无刷直流电机，步进电机，其他执行器技术，以及基本闭环控制。第五部分讲解机电一体化项目与系统工程，讨论了快速原型制作，项目规划和管理，故障排查，以及机电一体化系统集成与融合。

本书适合作为高等学校机械工程及自动化、电气工程、机电一体化专业本科高年级和研究生的工程实践(工程坊)课程或 CDIO 训练课程的教材或参考教材，也可以作为工程技术人员进行机电产品开发的参考用书。

版权贸易合同登记号　图字：01-2015-7579

图书在版编目(CIP)数据

机电一体化设计导论 /(美)J. 爱德华·卡里尔(J. Edward Carryer)等著；韩庆文等译.
北京：电子工业出版社，2021.7
书名原文: Introduction to Mechatronic Design
国外电子与通信教材系列
ISBN 978-7-121-41632-3

I. ①机… II. ①J… ②韩… III. ①机电一体化－系统设计－高等学校－教材 IV. ①TH-39

中国版本图书馆 CIP 数据核字(2021)第 143569 号

责任编辑：冯小贝
印　　刷：三河市鑫金马印装有限公司
装　　订：三河市鑫金马印装有限公司
出版发行：电子工业出版社
　　　　　北京市海淀区万寿路 173 信箱　　邮编：100036
开　　本：787×1092　1/16　印张：36.25　字数：1086 千字
版　　次：2021 年 7 月第 1 版
印　　次：2021 年 7 月第 1 次印刷
定　　价：139.00 元

凡所购买电子工业出版社图书有缺损问题，请向购买书店调换。若书店售缺，请与本社发行部联系，联系及邮购电话：(010)88254888，88258888。

质量投诉请发邮件至 zlts@phei.com.cn，盗版侵权举报请发邮件至 dbqq@phei.com.cn。

本书咨询联系方式：fengxiaobei@phei.com.cn。

译 者 序

机电一体化系统在深度融合精密机械工程与电子和智能计算控制的基础上实现了产品设计和制造，其应用范围广泛，具有很高的实用价值。

机电一体化系统涉及多学科领域，需要设计者具备多方面的基础知识，易使从业者产生畏难情绪，在校学生一想到需要学习机械、电子、软件等多个学科门类的知识才能成为机电一体化工程师，有可能选择放弃。

事实上掌握机电一体化系统并不那么可怕，可怕的是不得要领。

本书作者深谙机电一体化系统精髓，以庖丁解牛之方式将其合理分解，使读者能轻而易举地得窥门径，不愧为经典著作。

本书的特色：

- 强调设计：本书第二部分为软件部分。作者抽丝剥茧般展示了软件设计奥义；读者如能深刻理解这部分内容，必能纠正目前常见的"无设计写代码"之陋习。

- 强调数据表阅读：本书第三部分为电子学部分。该部分为读者介绍了数据表的阅读方法，并提供了以数据表为基础的电路设计实例，能够使读者掌握第一手的工程设计经验。

- 强调模块化设计分析：本书第四部分为执行器部分。该部分与电子学部分密切关联，本书将电子学设计与执行器设计相融合，能使读者充分理解模块内部设计及接口定义方法。

- 提供项目开发经验：本书第五部分全面讲解了项目规划和管理、故障排查及解决措施，为读者展现了项目开发的完整流程，读者如能深刻理解，必能避免多种项目开发问题。

译者对于承接本书的翻译工作深感荣幸。在历时三年的翻译过程中，译者常因本书作者的真知灼见而兴奋不已，惊喜与快乐不断；译者希望本书能对目前高校的设计类课程教学有所裨益，能为在校学生灌输工程设计思想，为其就业打下坚实基础。

参与本书翻译的人员主要有：韩庆文，曾令秋，叶蕾，陈旭。其中韩庆文负责第 1~4 章、第 9~14 章、第 30~32 章及前言、附录的翻译工作，曾令秋负责第 5~8 章的翻译工作，叶蕾负责第 15~21 章的翻译工作，陈旭负责第 22~29 章的翻译工作。此外，特别感谢研究生汤云旸、张克、刘芳利、谢文林、晏阳、杜晨、秦媛提供的帮助。最后由韩庆文、叶蕾负责全书统稿及审校。在此感谢本书的所有译者！

译者在翻译过程中虽然力求准确地反映原著内容，但由于自身的知识局限性，译文中难免有不妥之处，谨向原书作者和读者表示歉意，并敬请读者批评指正。

重庆大学

韩庆文

2021 年 6 月于重庆

前　言[1]

本书主题为机电一体化系统，适用于高年级本科生和研究生的课程。本书的主要读者是机械工程类的工科学生。本书内容涵盖了机械工程类高年级本科生和研究生的机电一体化导论课程的全部内容。在过去的十多年中，该课程已在斯坦福大学讲授近 20 次。

本书增加了机械设计的相关知识，也适用于电子类和计算机类专业的机电一体化课程，本书的作者之一即基于本书内容面向电子类/计算机类学生开设此课程。

在课程讲授过程中，我们基于实际应用向学生介绍电子学、软件、传感器和执行器等知识。本课程的先修课程包括基本电路分析课程和编程课程，学生应对欧姆定律、基尔霍夫定律等基础概念有清晰认识。本课程在简要回顾电路分析基础知识及介绍基本电子元件之后，将重点讲述如何利用前述基础知识理解常见接口器件的数据表，旨在使学生理解如何将这些器件用于实际电路设计之中。

机电一体化系统涉及多个独立研究领域，因此本书不同于那些关注特定领域（如静力学）的书籍，将围绕四个独立领域展开讨论，即软件、电子学、执行器、机电一体化项目与系统工程，旨在向读者介绍机电产品设计中涉及的原理、技术和工艺。尽管各章节内容可能存在一定相关性，但在写作过程中尽量保证了章节独立性；某些共同主题（如分解和增量集成）与本书多个主题相关，因此在多个章节中均有涉及。即使读者没有电路基础知识，也不妨碍其学习软件部分及机电一体化项目与系统工程部分；但是执行器部分与电路基础知识密切相关，因此读者需要具备相关基础知识才能充分理解。本书之章节内容并无明确讲授顺序要求，授课者可根据需要自行确定讲授顺序。事实上在过去的授课过程中，本书一直存在两种授课模式，即以电子学部分切入模式和以软件部分切入模式。本书讲授的执行器、电子学和软件部分均包含独立主题和集成策略，机电项目和系统工程部分则侧重于系统架构及系统集成问题。

软件部分基于当今工业应用最常用的语言——C 语言展开。本书第 4 章详细介绍了多种嵌入式系统编程语言，并分析其特征。我们认为机电一体化系统采用的编程语言应该是一种可编译语言，能够支持"现代语言"结构。此处所谓的"现代语言"能为学生提供一系列程序结构，简化程序编写过程。毫无疑问，我们可以采用更加基础的元素构建块，如使用案例选择模块[C 语言中的 switch（）模块]，但给一个苦苦学习算法的新手程序员再加上代码学习任务，显然有些勉为其难。因此最好的方法是选择一种可编译语言，并假定微控制器性能不会导致算法实现困难，如第 5 章（事件驱动编程和状态机）即假设处理器的处理速度足够快，能够及时处理所有事件。事实上对于从事项目开发的学生而言，无论采用哪一种现代可编译语言来编写程序，都会在这种假设条件下展开。但是，如果采用解释性语言（如 BASIC 语言），则可能因语言性能限制而导致此方法失效。

选择本课程（本教材）的学生需完成编程语言类先修课程的学习，并具备一定的编程经验。本教材重点讲授嵌入式系统编程的相关软件设计技术和结构，并介绍基于程序设计语言（PDL）的程序设计方法，并未规定采用哪一种编程语言实现 PDL，可基于常规编程语言完成 PDL 设计。

本书各部分均包含大量技术资料，随着相关技术的演进，这些技术资料会日益复杂。我们建议采用从头至尾的方式阅读各章，因为每章的后半部分均建立在前半部分介绍的基础之上，学生

---

[1] 中文翻译版的一些字体、正斜体、图示等沿用了英文原版的写作风格。

必须熟悉本章基础和本部分基础才能理解后半部分内容，这对于集成解决方案的构建尤为重要。本课程介绍的内容可通过一系列半结构化实验作业得以强化，课后习题不仅与教材提供的资料相关，还会向学生介绍一些硬件和软件模块，旨在为学生提供第一手的使用经验。半结构化实验作业能使学生理解材料并化为己有，使之能顺利完成实验作业。本课程还包含一个为期数周的设计项目，旨在使学生积累基本设计经验，学生需在充分理解授课内容、教材、实验的基础上，分析项目需求，提出团队解决方案。第 32 章详细介绍了两个学生团队完成代表性项目的全过程。

致谢

　　除了本书封面上的三位作者，还要特别感谢对本书提出宝贵意见的人们，特别是那些仔细阅读本书草稿的学生们，感谢他们给予的宝贵意见，为我们提供了教材内容修改的依据。感谢本书的审稿人，他们提出的中肯建议令我们受益匪浅，感谢审稿人坚持不懈地为本书的改进提出意见。本书的审稿人如下：Raj Amireddy，Penn State Hazleton；Larry Banta，West Virginia University；Daniel J. Block，University of Illinois；James E. Bobrow，University of California，Irvine；Meng-Sang Chew，Lehigh University；Gabriel Hugh Elkaim，University of California，Santa Cruz；David Fisher，Rose Hulman Institute of Technology；Sooyong Lee，Texas A&M University；Richard B. Mindek，Jr.，Western New England College；William R. Murray，California Polytechnic State University；Mark Nagurka，Marquette University；Howard A. Smolleck，New Mexico State University。

　　本书中的大部分插图照片均在工作室现场拍摄，拍摄场地由斯坦福大学产品实现实验室的 Dave Beach 和 Craig Milroy 提供，感谢 Jonathan Edelman 关于照明和拍摄方面的指导，使我们能够制作出本书所需的照片。感谢 Nick Streets 为本书提供了多个插图中的实体模型。

　　感谢 Chris Kitts 为我们提供了项目管理的相关知识（见第 30 章）。

　　感谢 Chris Gerdes 的建议，使我们轻而易举地将摩擦引入电机基础特性（见第 22 章）。

　　特别感谢 Team Zero（零号团队）和 Team InTheRuff（Ruff团队）的成员：Adam Bernstein，Ho Lum Cheung，Nancy Dougherty，Derianto Kusuma，Jordan LeNoach，Matthew Norcia，Kanya Siangliulue，Wesley Zuber（见第 32 章）。

Trademark Acknowledgments

作 者 简 介

J. Edward Carryer（Ed Carryer）于 1975 年毕业于伊利诺伊理工大学，获得了 BSE，他是工程教育实践班的第一期毕业生。该实践班采用的创造性面向项目的学习方式使 Ed 受益匪浅，使他能够不断探究新事物，走上了终身学习之路，并且继续到大学深造。

1978 年，Ed 在威斯康星大学麦迪逊分校获得生物医学工程硕士学位，但他并未进入医疗设备设计行业，而是加盟了自己更为热爱的汽车行业。1979 年，他进入 Ford，参与了 Turbocharged Mustang 项目，1979—1983 年的 Turbocharged Mustang 和 Thunderbird 项目，以及 1984 年的 SVO Mustang 项目。通过这些项目，他积累了丰富的电子和微控制器设计经验。从 Ford 离职后，Ed 进入 GM，负责引擎控制软件的开发。期间他加入了一个项目组，试图在 AMC 的 Renault Alliance 引入涡轮增压发动机（该项目最终未能完成）。之后，他决定重返学校，1992 年，Ed 在斯坦福大学的引擎实验室获得博士学位。

在攻读博士学位期间，Ed 开始参与讲授研究生的机电一体化课程，当时的课程名称为"智能产品设计"。1989 年，他首次兼职授课，在获博士学位后即开始全职授课。在机电一体化课程的讲授过程中，Ed 将机械、电子和软件设计相结合，并将其应用于新产品开发，他也因此声名鹊起。Ed 目前担任咨询教授、Smart Product Design Lab（SPDL）主任，并讲授机械工程系研究生的机电一体化课程和电子工程系本科生的机电一体化课程。

Ed 于 1984 年创建了一家咨询公司，致力于为有需要的公司提供基于电子和软件的集成化机电（1984 年，"机电一体化"一词还未诞生）解决方案。他参与的项目包括为某船尾外舱发动机制造商开发的引擎控制器、自动化血气分析仪、用于新型涡轮增压器的增压控制系统，以及北极探险者专用加热手套。他最近参与了基于 ZigBee 协议和局部结构模型评估的智能传感器无线网络项目，该项目用于监测、评估建筑物和交通基础设施的结构健康状况。

R. Matthew Ohline（Matt Ohline）是 *Road & Track* 的忠实读者，并且从小痴迷于汽车。高中时代，他曾在一辆 1984 年的 SVO Mustang 上消磨了无数个夜晚。

随后，Matt 进入斯坦福大学并成为一名英语专业本科生。2 年后，他发现机械工程系的课程与汽车的相关性很大，随后他转移学习重点，并获得了机械工程和英语专业双学位。20 世纪 90 年代初，Matt 开始攻读机械工程硕士学位，他发现汽车中的大部分系统都采用电子控制驱动方式，而且那些尚未采用电子控制驱动的系统也会在不久的将来加入此行列。因此，斯坦福大学由 Ed Carryer 开设的"智能产品设计"课程显然能够满足他的学习愿望，即将机电一体化系统用于汽车设计。1994 年，Matt 获得 ME 硕士学位，彼时的汽车行业却与美国的经济一样陷入一片萧条。

幸运的是，硅谷到处都是有趣的公司和需要解决的技术问题。Matt 找到了他的第一份工作，就职于一家生产汽车测量设备和软件的小公司，之后他回到斯坦福大学讲授机电一体化课程，并开始为多家硅谷初创公司提供设计咨询服务。

初创公司的咨询服务经历使得 Matt 确信自己应该成为一名企业家。在 2000 年，医疗器械领域尚未推广机电一体化技术，Matt 没有错过这次机会，他在担任 ME 高级讲师的同时与斯坦福医学中心的一名医生共同创立了 NeoGuide Systems，即一家机器人柔性内窥镜生产公司；该公司于 2009 年被 Intuitive Surgical（ISRG）收购。

与此同时，Matt 一直担任斯坦福大学的咨询副教授，并讲授机电一体化课程，主要授课对象为机械工程专业高年级本科生和研究生。对于能与 Ed Carryer 和 Tom Kenny 合作，他感到十分幸运，并因参与本书编写而倍感自豪。

Thomas W. Kenny（Tom Kenny）一直痴迷于小型结构装置，他在加州大学伯克利分校获得物理学博士学位，主要研究氦原子单层热容的测量方法。博士毕业后，他在喷气推进实验室致力于微型传感器研发，这些微型传感器采用隧道位移传感器测量小信号，旨在减少小型航天器的负载。

1994 年，Tom 回到旧金山湾区并加盟斯坦福大学机械工程系设计组，主要研究方向为基于MEMS 的多领域应用，包括谐振器、晶圆封装、悬臂梁力传感器、仿壁虎粘附、能量收集、微流体技术和用于微机械结构的新型制造技术。

身在硅谷，耳濡目染，Tom 也加入了创业大潮，他是 Cooligy, Inc.的共同创始人和CTO（Cooligy,Inc.是一家隶属于 Emerson 的微流体芯片冷却组件制造商），他也是 SiTime Corporation 的联合创始人和董事会成员，是基于 MEMS 谐振器的 CMOS 时序基准的倡导者。Tom 是斯坦福博世学院发展学者，2006 年曾担任 Hilton Head Solid State Sensor, Actuator, and Microsystems Workshop 的执行主席。

Tom 在 2006 年 10 月至 2010 年 9 月期间离开斯坦福大学，担任美国国防部高级研究计划局微系统技术办公室的项目经理，启动并负责总额超过 2 亿美元的项目（涉及下一代热管理、可控纳米制造、Casimir 力控制和青年教师奖）。Tom 发表了 250 多篇科技论文，拥有 48 项已授权专利。

目　　录

第一部分　概　　述

第 1 章　全书概览 ⋯⋯⋯⋯⋯⋯⋯⋯⋯⋯⋯⋯⋯⋯⋯⋯⋯⋯⋯⋯⋯⋯⋯⋯⋯⋯⋯ 2

　1.1　写作理念 ⋯⋯⋯⋯⋯⋯⋯⋯⋯⋯⋯⋯⋯⋯⋯⋯⋯⋯⋯⋯⋯⋯⋯⋯⋯⋯ 3

　1.2　内容结构 ⋯⋯⋯⋯⋯⋯⋯⋯⋯⋯⋯⋯⋯⋯⋯⋯⋯⋯⋯⋯⋯⋯⋯⋯⋯⋯ 3

　1.3　读者范围 ⋯⋯⋯⋯⋯⋯⋯⋯⋯⋯⋯⋯⋯⋯⋯⋯⋯⋯⋯⋯⋯⋯⋯⋯⋯⋯ 3

　1.4　本书的使用方法 ⋯⋯⋯⋯⋯⋯⋯⋯⋯⋯⋯⋯⋯⋯⋯⋯⋯⋯⋯⋯⋯⋯⋯ 4

　1.5　总结 ⋯⋯⋯⋯⋯⋯⋯⋯⋯⋯⋯⋯⋯⋯⋯⋯⋯⋯⋯⋯⋯⋯⋯⋯⋯⋯⋯⋯ 4

　参考文献 ⋯⋯⋯⋯⋯⋯⋯⋯⋯⋯⋯⋯⋯⋯⋯⋯⋯⋯⋯⋯⋯⋯⋯⋯⋯⋯⋯⋯ 4

第二部分　软　　件

第 2 章　微控制器 ⋯⋯⋯⋯⋯⋯⋯⋯⋯⋯⋯⋯⋯⋯⋯⋯⋯⋯⋯⋯⋯⋯⋯⋯⋯⋯ 6

　2.1　引言 ⋯⋯⋯⋯⋯⋯⋯⋯⋯⋯⋯⋯⋯⋯⋯⋯⋯⋯⋯⋯⋯⋯⋯⋯⋯⋯⋯⋯ 6

　2.2　什么是"微"设备 ⋯⋯⋯⋯⋯⋯⋯⋯⋯⋯⋯⋯⋯⋯⋯⋯⋯⋯⋯⋯⋯⋯ 6

　2.3　微处理器、微控制器、数字信号处理器等 ⋯⋯⋯⋯⋯⋯⋯⋯⋯⋯⋯⋯ 6

　2.4　微控制器架构 ⋯⋯⋯⋯⋯⋯⋯⋯⋯⋯⋯⋯⋯⋯⋯⋯⋯⋯⋯⋯⋯⋯⋯⋯ 7

　2.5　中央处理单元 ⋯⋯⋯⋯⋯⋯⋯⋯⋯⋯⋯⋯⋯⋯⋯⋯⋯⋯⋯⋯⋯⋯⋯⋯ 8

　　2.5.1　在数字域中表示数字 ⋯⋯⋯⋯⋯⋯⋯⋯⋯⋯⋯⋯⋯⋯⋯⋯⋯⋯ 9

　　2.5.2　算术逻辑单元 ⋯⋯⋯⋯⋯⋯⋯⋯⋯⋯⋯⋯⋯⋯⋯⋯⋯⋯⋯⋯⋯ 9

　2.6　数据总线和地址总线 ⋯⋯⋯⋯⋯⋯⋯⋯⋯⋯⋯⋯⋯⋯⋯⋯⋯⋯⋯⋯⋯ 10

　2.7　内存 ⋯⋯⋯⋯⋯⋯⋯⋯⋯⋯⋯⋯⋯⋯⋯⋯⋯⋯⋯⋯⋯⋯⋯⋯⋯⋯⋯⋯ 10

　2.8　子系统和外设 ⋯⋯⋯⋯⋯⋯⋯⋯⋯⋯⋯⋯⋯⋯⋯⋯⋯⋯⋯⋯⋯⋯⋯⋯ 11

　2.9　冯·诺依曼架构 ⋯⋯⋯⋯⋯⋯⋯⋯⋯⋯⋯⋯⋯⋯⋯⋯⋯⋯⋯⋯⋯⋯⋯ 12

　2.10　哈佛架构 ⋯⋯⋯⋯⋯⋯⋯⋯⋯⋯⋯⋯⋯⋯⋯⋯⋯⋯⋯⋯⋯⋯⋯⋯⋯ 14

　2.11　实例 ⋯⋯⋯⋯⋯⋯⋯⋯⋯⋯⋯⋯⋯⋯⋯⋯⋯⋯⋯⋯⋯⋯⋯⋯⋯⋯⋯ 15

　　2.11.1　Freescale MC9S12C32 微控制器 ⋯⋯⋯⋯⋯⋯⋯⋯⋯⋯⋯⋯⋯ 15

　　2.11.2　Microchip PIC12F609 微控制器 ⋯⋯⋯⋯⋯⋯⋯⋯⋯⋯⋯⋯⋯ 17

　2.12　获取更多信息 ⋯⋯⋯⋯⋯⋯⋯⋯⋯⋯⋯⋯⋯⋯⋯⋯⋯⋯⋯⋯⋯⋯⋯ 19

　2.13　习题 ⋯⋯⋯⋯⋯⋯⋯⋯⋯⋯⋯⋯⋯⋯⋯⋯⋯⋯⋯⋯⋯⋯⋯⋯⋯⋯⋯ 19

第 3 章　微控制器的数学和数字操作 ⋯⋯⋯⋯⋯⋯⋯⋯⋯⋯⋯⋯⋯⋯⋯⋯⋯ 21

　3.1　引言 ⋯⋯⋯⋯⋯⋯⋯⋯⋯⋯⋯⋯⋯⋯⋯⋯⋯⋯⋯⋯⋯⋯⋯⋯⋯⋯⋯ 21

　3.2　基数和计数 ⋯⋯⋯⋯⋯⋯⋯⋯⋯⋯⋯⋯⋯⋯⋯⋯⋯⋯⋯⋯⋯⋯⋯⋯⋯ 21

　3.3　表示负数 ⋯⋯⋯⋯⋯⋯⋯⋯⋯⋯⋯⋯⋯⋯⋯⋯⋯⋯⋯⋯⋯⋯⋯⋯⋯⋯ 24

　3.4　数据类型 ⋯⋯⋯⋯⋯⋯⋯⋯⋯⋯⋯⋯⋯⋯⋯⋯⋯⋯⋯⋯⋯⋯⋯⋯⋯⋯ 25

3.5 常见数据类型的大小 ………………………………………………………… 26

3.6 固定长度变量的计算方法 ……………………………………………… 26

3.7 模运算 ……………………………………………………………………… 27

3.8 数学快捷键 ………………………………………………………………… 28

3.9 布尔代数 …………………………………………………………………… 28

3.10 操作单个字节 …………………………………………………………… 29

3.11 测试单个位 ……………………………………………………………… 30

3.12 习题 ……………………………………………………………………… 31

第4章 编程语言 ………………………………………………………………… 33

4.1 引言 ………………………………………………………………………… 33

4.2 机器语言 …………………………………………………………………… 34

4.3 汇编语言 …………………………………………………………………… 34

4.4 高级语言 …………………………………………………………………… 35

4.5 解释器 ……………………………………………………………………… 35

4.6 编译器 ……………………………………………………………………… 36

4.7 混合编译/解释器 ………………………………………………………… 37

4.8 集成开发环境(IDE) ……………………………………………………… 39

4.9 选择一种编程语言 ………………………………………………………… 39

4.10 习题 ……………………………………………………………………… 40

参考文献 …………………………………………………………………………… 40

第5章 嵌入式系统的程序结构 ……………………………………………… 41

5.1 背景 ………………………………………………………………………… 41

5.2 事件驱动编程 ……………………………………………………………… 41

5.3 事件检测器 ………………………………………………………………… 42

5.4 服务 ………………………………………………………………………… 44

5.5 事件驱动程序的建立 ……………………………………………………… 45

5.6 示例 ………………………………………………………………………… 46

5.7 事件驱动编程综述 ………………………………………………………… 47

5.8 状态机 ……………………………………………………………………… 48

5.9 软件状态机 ………………………………………………………………… 49

5.10 蟑螂示例的状态机 ……………………………………………………… 51

5.11 习题 ……………………………………………………………………… 52

参考文献 …………………………………………………………………………… 53

第6章 软件设计 ………………………………………………………………… 54

6.1 引言 ………………………………………………………………………… 54

6.2 软件设计与房屋建造 ……………………………………………………… 54

6.3 软件设计技术简介 ………………………………………………………… 55

6.3.1 分解 ………………………………………………………………… 55

6.3.2 抽象、信息隐藏 …………………………………………………… 55

6.3.3 伪代码 ·· 56

6.4 软件设计流程 ·· 57
    6.4.1 需求分析 ·· 58
    6.4.2 定义程序结构 ···································· 58
    6.4.3 性能规范 ·· 59
    6.4.4 接口规范 ·· 59
    6.4.5 详细设计 ·· 59
    6.4.6 实现 ·· 59
    6.4.7 单元测试 ·· 61
    6.4.8 集成 ·· 61

6.5 示例 ·· 61
    6.5.1 莫尔斯码接收机的需求分析 ······················ 62
    6.5.2 莫尔斯码接收机的系统架构 ······················ 62
    6.5.3 莫尔斯码接收机的软件架构 ······················ 63
    6.5.4 莫尔斯码接收机的性能规范 ······················ 65
    6.5.5 莫尔斯码接收机的接口规范 ······················ 65
    6.5.6 莫尔斯码接收机的详细设计 ······················ 67
    6.5.7 莫尔斯码接收机的实现 ·························· 76
    6.5.8 莫尔斯码接收机的单元测试 ······················ 76
    6.5.9 莫尔斯码接收机的集成 ·························· 77

6.6 习题 ·· 78

参考文献 ·· 78

第7章 处理器间通信 ······································ 79
7.1 引言 ·· 79
7.2 没有媒质就没有消息 ·································· 79
7.3 位并行和位串行通信 ·································· 80
    7.3.1 位串行通信 ·· 81
    7.3.2 位并行通信 ·· 88
7.4 信号电平 ·· 89
    7.4.1 TTL/CMOS 电平 ·································· 89
    7.4.2 RS-232 ·· 89
    7.4.3 RS-485 ·· 90
7.5 带限信道上的通信 ···································· 91
    7.5.1 有限的带宽和调制解调器 ·························· 91
7.6 红外光通信 ·· 93
7.7 无线电通信 ·· 94
    7.7.1 RF 遥控器 ·· 95
    7.7.2 RF 数据链路 ······································ 95
    7.7.3 RF 网络 ·· 95
7.8 习题 ·· 95

参考文献 ·· 96

扩展阅读 ·· 96

第 8 章 微控制器外设 ································· 97

8.1 访问控制寄存器 ···························· 97

8.2 并行输入/输出子系统 ···················· 97

   8.2.1 数据方向存储器 ··················· 98

   8.2.2 输入/输出寄存器 ················· 98

   8.2.3 共享功能引脚 ····················· 99

8.3 定时器子系统 ····························· 99

   8.3.1 定时器基础 ······················ 100

   8.3.2 定时器溢出 ······················ 100

   8.3.3 输出比较 ························ 101

   8.3.4 输入捕获 ························ 102

   8.3.5 基于输入捕获和输出比较的发动机控制 ····· 103

8.4 脉冲宽度调制 (PWM) ······················ 104

8.5 PWM 使用输出比较系统 ··················· 105

8.6 模数 (A/D) 转换器子系统 ·················· 106

   8.6.1 A/D 转换过程 ··················· 106

   8.6.2 A/D 转换器时钟 ················· 107

   8.6.3 自动 A/D 转换处理 ············· 107

8.7 中断 ···································· 107

8.8 习题 ···································· 108

参考文献 ·· 108

第三部分 电子学

第 9 章 基本电路分析及无源元件 ················· 110

9.1 电压、电流和功率 ······················· 110

9.2 电路和地 ·······························111

9.3 相关定律 ·······························112

9.4 电阻 ···································113

   9.4.1 串联电阻和并联电阻 ·············114

   9.4.2 分压器 ·························115

9.5 戴维南等效电路 ·························115

9.6 电容 ···································116

   9.6.1 串联电容和并联电容 ·············117

   9.6.2 电容和时变信号 ················118

9.7 电感 ···································119

   9.7.1 电感和时变信号 ················120

9.8 时域法和频域法 ·························120

9.9 包含多种元件的电路分析 ··················121

9.9.1 基本 RC 电路结构 ··· 121

9.9.2 低通 RC 滤波器的时域特性 ··· 121

9.9.3 高通 RC 滤波器的时域特性 ··· 123

9.9.4 RL 电路的时域特性 ·· 124

9.9.5 低通 RC 滤波器的频域特性 ··· 125

9.9.6 高通 RC 滤波器的频域特性 ··· 126

9.9.7 直流偏压的高通 RC 滤波器 ··· 127

9.10 仿真工具 ··· 128

9.10.1 仿真工具的局限性 ·· 128

9.11 实际电压源 ·· 128

9.12 实际测量 ··· 129

9.12.1 电压测量 ··· 129

9.12.2 电流测量 ··· 130

9.13 实际电阻 ··· 130

9.13.1 实际电阻模型 ·· 130

9.13.2 电阻构造基础 ·· 130

9.13.3 碳膜电阻 ··· 131

9.13.4 金属膜电阻 ·· 132

9.13.5 电阻的功耗 ·· 132

9.13.6 电位器 ·· 133

9.13.7 电阻的选择 ·· 134

9.14 实际电容 ··· 134

9.14.1 实际电容模型 ·· 135

9.14.2 电容构造基础 ·· 135

9.14.3 极性和非极性电容 ·· 136

9.14.4 陶瓷圆盘电容 ·· 136

9.14.5 多层陶瓷电容(独石电容) ·· 136

9.14.6 铝电解电容 ·· 136

9.14.7 钽电容 ·· 137

9.14.8 薄膜电容 ··· 137

9.14.9 双电层电容/超级电容 ·· 138

9.14.10 电容标识 ·· 138

9.14.11 电容的选择 ··· 140

9.15 习题 ··· 140

扩展阅读 ·· 142

第 10 章 半导体 ·· 143

10.1 掺杂、空穴和电子 ··· 143

10.2 二极管 ·· 144

10.2.1 二极管的 V-I 特性 ··· 144

10.2.2 V_f 的大小 ··· 145

        10.2.3　反向恢复 ·· 145

        10.2.4　肖特基二极管 ·· 145

        10.2.5　齐纳二极管 ·· 146

        10.2.6　发光二极管 ·· 147

        10.2.7　光电二极管 ·· 147

   10.3　双极结型晶体管（BJT） ······································ 148

        10.3.1　复合晶体管对（达林顿对） ···················· 151

        10.3.2　光电晶体管 ·· 152

   10.4　金属氧化物半导体场效应晶体管（MOSFET） ······· 152

   10.5　如何选择 BJT 和 MOSFET ································· 155

        10.5.1　何时 BJT 是最好（唯一）的选择 ············· 155

        10.5.2　何时 MOSFET 是最好（唯一）的选择 ······ 155

        10.5.3　当 MOSFET 和 BJT 均可行时如何选择 ····· 156

   10.6　多晶体管电路 ·· 156

   10.7　查阅晶体管数据表 ··· 157

        10.7.1　查阅 BJT 数据表 ······································ 157

        10.7.2　查阅 MOSFET 数据表 ····························· 159

        10.7.3　应用实例 ·· 160

        10.7.4　各种晶体管电路 ······································ 161

   10.8　习题 ··· 162

   扩展阅读 ··· 166

第 11 章　运算放大器 ·· 167

   11.1　运算放大器的特征 ··· 167

   11.2　负反馈 ··· 167

   11.3　理想运算放大器 ·· 168

   11.4　分析运算放大器电路 ·· 168

        11.4.1　黄金准则 ·· 168

        11.4.2　同相运算放大器结构 ································ 168

        11.4.3　反相运算放大器结构 ································ 169

        11.4.4　单位增益缓冲器 ······································ 171

        11.4.5　差分放大器结构 ······································ 172

        11.4.6　求和器结构 ··· 173

        11.4.7　跨阻放大器结构 ······································ 174

        11.4.8　运算放大器上的计算 ································ 174

   11.5　比较器 ··· 175

        11.5.1　比较器电路 ··· 176

   11.6　习题 ··· 178

   扩展阅读 ··· 179

第 12 章　实际运算放大器与比较器 ······························ 180

   12.1　实际运算放大器的特性——理想假设的失效 ········· 180

12.1.1 非无穷大增益 ····································· 180

12.1.2 开环增益随频率的变化 ························· 181

12.1.3 输入电流不为零 ································· 181

12.1.4 输出电压源的非理想特性 ······················ 182

12.1.5 其他非理想特性 ································· 183

12.2 查阅运算放大器数据表 ······························ 185

12.2.1 最大值、最小值和典型值 ······················ 185

12.2.2 数据表首页 ····································· 185

12.2.3 绝对最大定额 ··································· 186

12.2.4 电气特性 ······································· 187

12.2.5 封装 ··· 189

12.2.6 典型应用 ······································· 189

12.3 比较器数据表的读取 ································ 189

12.3.1 比较器封装 ····································· 190

12.4 运算放大器的对比 ·································· 190

12.5 习题 ·· 192

扩展阅读 ·· 193

第 13 章 传感器 ·· 194

13.1 引言 ·· 194

13.2 传感器输出和微控制器输入 ·························· 194

13.3 传感器设计 ·· 195

13.3.1 用热敏电阻测量温度 ···························· 195

13.3.2 测量加速度 ····································· 195

13.3.3 传感器性能术语定义 ···························· 196

13.4 基本传感器与接口电路 ······························ 202

13.4.1 开关传感器 ····································· 202

13.4.2 开关接口 ······································· 203

13.4.3 电阻式传感器 ··································· 205

13.4.4 电阻式传感器接口 ······························ 205

13.4.5 电容式传感器 ··································· 208

13.4.6 电容式传感器接口 ······························ 208

13.5 传感器纵览 ·· 209

13.5.1 光敏元件 ······································· 209

13.5.2 应变传感器 ····································· 215

13.5.3 温度传感器 ····································· 218

13.5.4 磁场传感器 ····································· 222

13.5.5 接近传感器 ····································· 224

13.5.6 位置传感器 ····································· 225

13.5.7 加速度传感器 ··································· 231

13.5.8 压力传感器 ····································· 232

　　　13.5.9　压强传感器 ·· 233

　13.6　习题 ··· 235

　参考文献 ·· 237

　扩展阅读 ·· 237

第 14 章　信号调理 ··· 238

　14.1　信号调理的基本操作 ·· 238

　14.2　去除偏置 ·· 238

　　　14.2.1　放大值与偏置的相对值 ··· 239

　　　14.2.2　交流耦合的偏置去除 ··· 240

　14.3　放大 ·· 241

　　　14.3.1　直流耦合多级放大 ··· 241

　　　14.3.2　交流耦合多级放大 ··· 242

　14.4　滤波 ·· 242

　　　14.4.1　滤波器相关的专业术语 ··· 242

　　　14.4.2　噪声 ··· 243

　　　14.4.3　无源滤波器 ··· 244

　14.5　其他信号调理技术 ·· 245

　　　14.5.1　仪表放大器 ··· 245

　　　14.5.2　峰值检测 ··· 246

　14.6　实例分析 ·· 247

　　　14.6.1　幅度信息提取 ··· 247

　　　14.6.2　定时信息提取 ··· 248

　14.7　习题 ·· 250

　扩展阅读 ·· 250

第 15 章　有源数字滤波器 ··· 251

　15.1　有源滤波器 ·· 251

　　　15.1.1　相位延迟 ··· 251

　　　15.1.2　滤波器响应特性 ··· 252

　　　15.1.3　有源滤波器的拓扑结构 ··· 252

　15.2　数字技术 ·· 256

　　　15.2.1　数字滤波 ··· 256

　　　15.2.2　数字信号处理 ··· 258

　　　15.2.3　同步采样 ··· 259

　15.3　习题 ·· 259

　参考文献 ·· 260

　扩展阅读 ·· 260

第 16 章　数字输入/输出 ··· 261

　16.1　引言 ·· 261

　16.2　逻辑状态表示 ·· 261

16.3 数字器件的理想特性 ··· 261

16.4 数字器件的实际特性 ··· 262

16.5 查阅数据表 ··· 263

16.6 数字输入 ··· 263

    16.6.1 输入电压要求 ··· 264

    16.6.2 输入电流要求 ··· 266

    16.6.3 上拉电阻和下拉电阻 ··· 266

    16.6.4 数字输入时序 ··· 268

16.7 数字输出 ··· 270

    16.7.1 数字输出电压和电流 ··· 270

    16.7.2 数字输出的时序特性 ··· 271

16.8 输入、输出匹配 ·· 272

    16.8.1 匹配特性评价 ··· 272

    16.8.2 悬空和不确定输入端的上拉和下拉 ······································· 273

    16.8.3 不兼容器件 ··· 276

16.9 习题 ··· 279

第17章 数字输出和电路驱动 ··· 282

17.1 图腾柱输出 ··· 282

    17.1.1 图腾柱输出特性 ··· 283

17.2 集电极开路/漏极开路输出 ·· 284

    17.2.1 集电极开路/漏极开路输出特性 ··· 285

17.3 三态输出 ··· 286

    17.3.1 三态输出特性 ··· 286

17.4 低端驱动器 ··· 287

    17.4.1 低端驱动器数据表 ··· 288

17.5 高端驱动器 ··· 288

    17.5.1 高端驱动器数据表 ··· 289

17.6 半桥和全桥 ··· 289

    17.6.1 击穿电流和死区时间 ··· 290

    17.6.2 H桥数据表 ··· 290

17.7 温升问题 ··· 291

17.8 习题 ··· 293

扩展阅读 ··· 293

第18章 数字逻辑和集成电路 ··· 294

18.1 基本组合逻辑 ·· 294

    18.1.1 真值表 ··· 295

    18.1.2 用组合逻辑描述微控制器子系统 ··· 295

18.2 组合逻辑功能实现 ·· 295

    18.2.1 数字比较器 ··· 296

    18.2.2 数字多路复用器 ··· 296

      18.2.3　解码器···297

18.3　时序逻辑···297

18.4　时序逻辑功能实现···298
      18.4.1　D 触发器···298
      18.4.2　J-K 触发器···298
      18.4.3　计数器···298
      18.4.4　移位寄存器···300

18.5　逻辑系列···300

18.6　基于逻辑器件的微控制器功能扩展·····································301
      18.6.1　基于多路复用器的输入功能扩展·······························301
      18.6.2　基于解码器的输出功能扩展···································302
      18.6.3　基于移位寄存器的输入功能扩展·······························302
      18.6.4　基于移位寄存器的输出功能扩展·······························304
      18.6.5　使用 SPI 子系统与移位寄存器·······························305

18.7　555 定时器···305
      18.7.1　555 定时器的内部结构·······································305
      18.7.2　非稳态操作···306
      18.7.3　单稳态操作···306
      18.7.4　其他用途的 555 定时器·······································307

18.8　习题···307

参考文献···308

第 19 章　A/D 和 D/A 转换器···309

19.1　数字域和模拟域的接口···309

19.2　连续信号的数字化···310

19.3　A/D 和 D/A 转换器的性能···311
      19.3.1　理想 A/D 转换器的性能·······································313
      19.3.2　A/D 转换器的误差···314
      19.3.3　理想 D/A 转换器的性能·······································315
      19.3.4　D/A 转换器的误差···316

19.4　D/A 转换器设计···317
      19.4.1　基于脉冲宽度调制生成模拟电压·······························317
      19.4.2　基于求和放大器的 D/A 转换器·································317
      19.4.3　串行 D/A 转换器···319
      19.4.4　R-$2R$ 阶梯 D/A 转换器·····································320

19.5　A/D 转换器设计···321
      19.5.1　单斜率 A/D 转换器和双斜率 A/D 转换器·······················322
      19.5.2　并行比较 A/D 转换器···323
      19.5.3　串并行比较 A/D 转换器·······································324
      19.5.4　逐次逼近寄存器 A/D 转换器···································325
      19.5.5　Σ-Δ　A/D 转换器·································326

19.6　习题 ·· 327

扩展阅读 ·· 328

第 20 章　稳压器、电源和电池 ··· 329

20.1　引言 ·· 329

20.2　功率需求与电源 ·· 329

20.3　稳压器 ··· 329

20.3.1　稳压器的相关指标与定义 ·· 330

20.3.2　线性稳压器 ··· 332

20.3.3　开关稳压器 ··· 338

20.4　电源 ·· 343

20.4.1　线性电源 ·· 343

20.4.2　开关电源 ·· 345

20.5　电池和电化学单电池 ··· 347

20.5.1　电池性能和特性 ·· 349

20.5.2　原电池 ··· 351

20.5.3　二次电池 ·· 352

20.5.4　电池的安全和环境问题 ·· 356

20.6　习题 ·· 357

扩展阅读 ·· 358

第 21 章　噪声、接地和隔离 ·· 359

21.1　噪声耦合通道 ··· 359

21.2　传导耦合噪声 ··· 360

21.2.1　传导耦合通道原型 ··· 360

21.2.2　减少传导耦合噪声 ··· 360

21.2.3　减少噪声源的影响：去耦 ·· 361

21.2.4　减少传导噪声的耦合 ·· 362

21.2.5　减少接收端的传导噪声：电源滤波 ··· 362

21.2.6　减少传导噪声的有效方法 ·· 362

21.3　电容耦合噪声 ··· 363

21.3.1　电容耦合通道原型 ··· 363

21.3.2　减少电容耦合噪声 ··· 364

21.3.3　噪声源电容耦合噪声的消减 ··· 365

21.3.4　减少电容耦合噪声的耦合 ·· 365

21.3.5　屏蔽 ··· 366

21.3.6　减少接收端的电容耦合噪声 ··· 367

21.3.7　减少电容耦合噪声的有效方法 ·· 367

21.4　电感耦合噪声 ··· 368

21.4.1　电感耦合通道原型 ··· 368

21.4.2　噪声源电感耦合噪声的消减 ··· 368

21.4.3　减少电感耦合噪声的耦合 ·· 369

21.4.4　减少接收端的电感耦合噪声 ·· 369

21.4.5　减少电感耦合噪声的有效方法 ·· 369

21.5　隔离 ·· 369

21.5.1　光隔离 ·· 369

21.5.2　电容隔离 ··· 371

21.5.3　电感隔离 ··· 371

21.5.4　隔离技术对比 ·· 371

21.6　习题 ·· 371

扩展阅读 ··· 373

第四部分　执　行　器

第 22 章　永磁有刷直流电机的特性 ·· 376

22.1　引言 ·· 376

22.2　次分马力永磁有刷直流电机 ·· 376

22.3　电气模型 ·· 379

22.4　反电动势与发电机效应 ·· 379

22.5　永磁有刷直流电机的特性参数 ·· 379

22.6　恒定电压特性方程 ··· 380

22.7　功率特性 ·· 383

22.8　直流电机效率 ·· 385

22.9　减速器 ·· 388

22.10　习题 ·· 389

参考文献 ··· 390

扩展阅读 ··· 390

第 23 章　永磁有刷直流电机的应用 ·· 391

23.1　引言 ·· 391

23.2　电感反冲 ·· 391

23.2.1　电感反冲小结 ·· 396

23.3　电机的双向控制 ··· 396

23.3.1　商用 H 桥集成电路 ··· 398

23.3.2　用于大电流的 H 桥 ··· 400

23.4　基于脉冲宽度调制的转速控制 ·· 400

23.5　习题 ·· 404

参考文献 ··· 405

扩展阅读 ··· 405

第 24 章　螺线管 ·· 406

24.1　引言 ·· 406

24.2　螺线管的结构 ·· 406

24.3　螺线管的性能 ·· 407

24.4 螺线管的驱动 ·· 409

24.5 机械响应时间 ·· 410

24.6 螺线管的应用 ·· 410

24.7 习题 ·· 411

扩展阅读 ·· 414

第 25 章 无刷直流电机 ·································· 415

25.1 引言 ·· 415

25.2 无刷直流电机的结构 ·································· 415

25.3 无刷直流电机的运行 ·································· 416

    25.3.1 传感换向器 ···································· 417

    25.3.2 无传感换向器 ·································· 417

25.4 BLDC 电机驱动 ······································· 418

25.5 无刷直流电机的换向 ·································· 419

25.6 BLDC 电机驱动集成电路 ······························ 421

25.7 有刷直流电机和无刷直流电机的对比 ················· 422

25.8 习题 ·· 422

扩展阅读 ·· 423

第 26 章 步进电机 ······································ 424

26.1 引言 ·· 424

26.2 步进电机的结构 ······································ 424

26.3 可变反应式步进电机 ·································· 426

26.4 混合式步进电机 ······································ 427

26.5 不同类型步进电机的对比 ······························ 427

26.6 步进电机的内部接线 ·································· 428

26.7 步进电机的驱动 ······································ 429

26.8 步进电机的步进顺序 ·································· 430

26.9 步进电机驱动顺序的产生 ······························ 433

26.10 步进电机的动态特性 ·································· 434

26.11 步进电机性能定义 ···································· 436

26.12 基于驱动部件的步进电机性能优化 ··················· 437

26.13 减速 ··· 439

26.14 习题 ··· 440

扩展阅读 ·· 441

第 27 章 其他执行器技术 ································ 442

27.1 引言 ·· 442

27.2 气动液压系统 ·· 442

    27.2.1 电磁阀 ·· 443

    27.2.2 伺服阀 ·· 445

    27.2.3 气动和液压执行器 ······························ 446

27.3　RC 伺服系统 ……………………………………………………… 449

27.4　压电执行器 ……………………………………………………… 451

　　27.4.1　压电执行器的类型 ……………………………………… 452

27.5　形状记忆合金执行器 ……………………………………………… 455

27.6　总结 ……………………………………………………………… 458

27.7　习题 ……………………………………………………………… 459

扩展阅读 ……………………………………………………………… 459

第 28 章　基本闭环控制 ……………………………………………… 460

28.1　引言 ……………………………………………………………… 460

28.2　相关术语 …………………………………………………………… 460

28.3　开环控制 …………………………………………………………… 461

28.4　开/关闭环控制 …………………………………………………… 462

28.5　线性闭环控制 ……………………………………………………… 462

　　28.5.1　开始设计 ……………………………………………… 463

　　28.5.2　智能化 ………………………………………………… 464

　　28.5.3　干扰抑制 ……………………………………………… 466

　　28.5.4　引入微分控制进一步提高性能 ……………………… 468

　　28.5.5　增益选择 ……………………………………………… 469

28.6　系统类型与积分控制的必要性 ………………………………… 471

28.7　控制环路率的选择 ……………………………………………… 472

28.8　ad-hoc 法 ………………………………………………………… 473

28.9　习题 ……………………………………………………………… 475

参考文献 ……………………………………………………………… 477

扩展阅读 ……………………………………………………………… 477

第五部分　机电一体化项目与系统工程

第 29 章　快速原型制作 ……………………………………………… 480

29.1　引言 ……………………………………………………………… 480

29.2　为什么要制作原型样机 ………………………………………… 480

29.3　原型制作理念：搭建或者仿真 ………………………………… 481

29.4　机械系统的快速原型制作 ……………………………………… 482

　　29.4.1　实体建模工具 ………………………………………… 482

　　29.4.2　系统动力学建模 ……………………………………… 482

　　29.4.3　泡沫塑料板、美工刀、热熔胶 ……………………… 483

　　29.4.4　二维快速成型激光切割机/激光刀模机 …………… 485

　　29.4.5　廉价的二维快速成型 ………………………………… 486

　　29.4.6　凸舌/凹槽结构 ……………………………………… 486

　　29.4.7　玩具行业 ……………………………………………… 486

　　29.4.8　三维快速成型(SLA、SLS、FDM)和软模铸件 …… 487

29.5　电气系统的快速原型制作 ……………………………………… 489

    29.5.1　原理图和电路仿真工具 ···················· 490

    29.5.2　电路原型制作：面包板、绕线和性能板 ···· 491

    29.5.3　PCB 原型 ······························· 493

    29.5.4　焊接 ··································· 494

29.6　供应商和资源选择 ····························· 496

29.7　习题 ······································· 497

  参考文献 ·· 497

第 30 章　项目规划和管理 ····························· 498

30.1　引言 ······································· 498

30.2　日益复杂的系统需要过程管理 ·················· 498

30.3　项目规划与实施 ····························· 499

    30.3.1　系统需求 ······························ 500

    30.3.2　设计备选方案遴选 ······················ 501

    30.3.3　设计概念评价：原型和迭代 ·············· 504

    30.3.4　规范 ··································· 504

30.4　管理工具 ··································· 505

    30.4.1　项目管理 ······························ 505

    30.4.2　系统工程 ······························ 507

    30.4.3　协同设计 ······························ 507

30.5　沟通与文档化 ······························· 508

30.6　问题与建议 ································· 509

30.7　习题 ······································· 510

  参考文献 ·· 511

  扩展阅读 ·· 511

第 31 章　故障排查 ································· 512

31.1　引言 ······································· 512

31.2　追根溯源找漏洞 ····························· 512

31.3　预防为主，事半功倍 ························· 514

31.4　如何对待故障排查 ····························· 519

31.5　总结 ······································· 520

31.6　习题 ······································· 520

第 32 章　机电一体化系统集成与融合 ·················· 521

32.1　引言 ······································· 521

32.2　项目描述 ··································· 521

32.3　系统需求分析 ······························· 522

32.4　设计方案及备选方案 ························· 523

    32.4.1　零号团队的基本设计构想 ················ 523

    32.4.2　Ruff 团队的基本设计构想 ················ 526

    32.4.3　备选方案的审查 ························· 528

32.5 形态图 ·· 529

32.6 设计概念评价：原型与优化 ·· 530

32.7 项目实施阶段 ·· 532

    32.7.1 Ruff 团队的驱动电机选择 ··· 532

    32.7.2 零号团队的球释放电机选择 ··· 533

    32.7.3 零号团队的信标传感器电路演进 ··· 533

    32.7.4 零号团队的支撑刚度问题 ·· 534

    32.7.5 零号团队的罗盘传感器故障 ··· 535

32.8 设计成品 ·· 535

    32.8.1 Ruff 团队的设计成品 ··· 535

    32.8.2 零号团队的设计成品 ·· 536

32.9 性能结果 ·· 537

32.10 学生的智慧结晶 ·· 537

致谢 ··· 538

附录 A 电阻色码和标称值 ·· 539

附录 B 示例 C 代码 ·· 540

附录 C 第 32 章项目描述 ··· 551

第一部分　概　　述

第 1 章　全书概览

第 1 章　全 书 概 览

在过去的十几年间，电子设备的功能发生了巨大变化，其复杂度也随之增加，微控制器的引入大大提升了电子设备的智能化水平，并逐渐成为其不可或缺的组成部分。目前，嵌入式微控制器的应用范围越来越大，随着洗碗机和洗衣机中机械计时器的隐退，嵌入式微控制器走入千家万户，变得无处不在，采用微控制器的洗碗机、洗衣机的智能化程度更高，并可根据清洗对象选择洗涤程序。同样，办公室的复印机也采用多个微控制器实现多任务协调，汽车的智能化水平进一步提升，能够支持智能控制、导航服务、安全服务等。一般而言，微控制器以外界感知数据为输入，采用恰当算法，基于采集数据完成复杂决策，并根据输入产生输出。这些产品的实际表现取决于相关"智能"产品的表现，以及支持这些智能产品的相关技术的演进。

这些日新月异的技术备受青睐，并被广泛应用，独立于电网系统的太阳能照明系统采用了微控制器，这种新型照明系统（见图 1.1）不仅能提供良好的室内照明，还能提升能源的清洁化水平。另一个典型工业化实例是 Driptech 滴灌系统（见图 1.2），该系统采用计算机控制激光器，定期打开灌溉塑料管孔，其造价低廉、应用范围广泛，能够有效提升发展中国家的粮食产量。

图 1.1　Nova 太阳能电灯（Courtesy of D.light Design.）　图 1.2　Driptech 滴灌系统（Courtesy of Driptech Inc.）

这些新"智能"产品的设计均基于**机电一体化**（mechatronics）理论，机电一体化的定义最初由日本安川公司（Yaskawa Corporation）提出，该理论融合了机械与电子两大方向，进而扩展至软件设计和计算机领域。随后，许多科学家给出了不同的机电一体化的解释，但并未形成统一、确定的定义；目前最能体现机电一体化本质的是 Dinsdale 和 Yamazaki 对机电一体化的定义[1]，即将精密机械工程与电子和智能计算控制深度融合，以实现产品设计和制造。

本书采用上述定义作为机电一体化的定义[1]，因为它准确描述了机电一体化的主要特征，即机电一体化是机械工程、电气工程、软件工程的集成一体化，是一个跨学科、跨行业的概念。

传统模式下，产品的设计将由不同行业的工程师支持，包括机械、电子、软件工程师，而并无支持各学科融合的工程师。机电一体化工程师是产品设计团队的负责人，他需要了解不同行业的需求，并进行任务分工。因此，机电一体化工程师需要充分理解产品设计、制造过程中涉及的关键技术问题，了解不同实施方案的利弊，并基于其经验做出明智决策，实现任务分解。本书旨在培养机电一体化工程师，帮助读者掌握机电一体化工程师所需的电子、软件、机械和项目规划等方面的基础知识。

1.1 写作理念

由机电一体化核心概念可知,机电一体化重在应用,电子、软件设计的目的是支持实际应用。因此,本书将基于机电设备产品展开讨论,从设备的角度使设计者明确设计目标。当然,设计者同样需要深入理解基础的物理知识,可通过阅读其他书籍予以补充。

本书将从机电一体化工程的角度进行讲解,侧重于应用和与之相关的各种核心技术,旨在使读者具备将各种技术合理应用于实际设计的能力,包括电子、软件和机械等各领域的设计能力。

1.2 内容结构

机电一体化综合了电子、软件和机械等领域的技术。本书接下来的四个部分涵盖了三个不同的技术领域,以及同类教材中往往忽略的项目规划和系统工程部分,包括快速原型制作(见第 29 章)、项目规划和管理(见第 30 章)、故障排查(见第 31 章)、机电一体化系统集成与融合(见第 32 章)。这些内容以两个机电项目为例,从项目描述开始,到项目的头脑风暴和思考细化,再到方法细化和详细设计,最后进入实施和验证阶段,全面讲解了项目规划管理的详细流程。

软件部分首先介绍了嵌入式计算机及其外设的相关术语(见第 2 章,微控制器)。第 3 章(微控制器的数学和数字操作)介绍嵌入式系统中必不可少但又被编程课程忽略的初等计算和位操作的概念。编程语言(见第 4 章)部分列举了嵌入式系统可采用的各种语言,并给出了语言选择的指导性建议。第 5 章(嵌入式系统的程序结构)和第 6 章(软件设计)提供嵌入式系统软件的设计与实现的有效范例。第 7 章(处理器间通信)给出除直接感知外的各种获取微处理器输入数据的方法。第 8 章重点讲述各种典型操作,如并行输入/输出(I/O)、定时器、脉冲宽度调制(PWM)的操作,以及模数(A/D)转换器子系统的典型操作。

电子学部分是四个部分中内容最多的。第 9 章讲述了基本电路的相关知识,介绍了电路分析基础,以支持后面电子元件和执行器章节的讲解。一般而言,本书读者应对这些章节的基本内容有一定了解,本书对相关内容进行精简深化,将相关知识整理成一个简单易读的文档,以提升读者的认知水平。第 10 章讲述半导体,本书重点关注双极性晶体管和 MOSFET 晶体管的开关特性。第 11 章讲述理想运算放大器,第 12 章讲述实际运算放大器,第 13 章讨论传感器,第 14 章(信号调理)和第 15 章(有源数字滤波器)介绍测试物理参数的几种方式,以及如何将传感器的输出转换成数字输入信号(见第 14 章和第 15 章)或模拟输入信号(见第 19 章)。第 16 章和第 17 章讨论数字输出特性,包括逻辑电平和功率输出,并将在微控制器(见第 18 章)、稳压器、电源和电池(见第 20 章)及噪声、接地和隔离(见第 21 章)等应用背景条件下讲述数字逻辑和电路集成。

执行器部分重点讲述电磁执行器(见第 22 ~ 26 章),与此同时,第 27 章给出了其他替代执行器的方案。第 22 章和第 23 章介绍了目前广泛应用的有刷直流电机,第 24 章给出了相关的电磁特性和驱动技术,第 25 章介绍了无刷直流电机,第 26 章介绍步进电机。最后,第 28 章介绍了闭环控制理论,具备一定控制理论知识的读者能够顺利理解本章内容,本章的目标是使读者理解比例、积分、微分(PID)控制的工作原理及不同部件的控制功能。

1.3 读者范围

机电一体化工程师一般应具有电气工程(EE)、机械工程(ME)或计算机科学(CS)的学习背景,其中具有 EE 和 ME 背景的读者应加强编程学习,具有 CS 背景的读者则需要学习机械、电子基础知识。一般而言，具有 CS 背景的读者的学习任务多于具有 ME 和 EE 背景的读者。特别需要说明的是，三个专业的专业背景差异并不会影响具有不同专业背景的读者成为机电一体化工程师。事实上，本书内容对航空、土木等专业的学生也具备指导意义。

1.4　本书的使用方法

本书主要讲授机电一体化基础知识。要成为机电一体化工程师，不仅需要理论学习，还需要工程技术经验的积累。本书集中了机电一体化系统设计的各种方法及设计工具，为设计者提供了基础平台。但要想成功，则必须在实践中积累经验，将所学知识应用于具体设计中，经历针对具体应用的具体设计才能获得最好的设计能力提升。

1.5　总结

基于本书的课程的目标是使学生具备机电一体化工程师所需要的基本理论背景知识和设计技能，我们希望在学生的"设计工具箱"中增加丰富的电子、软件和机械设计工具。本课程的学习周期长于导论课程的学习周期，课程内容可能会超出学生的需求范围，但我们认为这样的学习方法对于学生而言可能收获更多。

参考文献

[1]　"Mechatronics and ASICs," Dinsdale, J., and Yamazaki, K., *Annals of the CIRP,* 1989;（38）:627-634.

第二部分　软　　　件

第 2 章　微控制器

第 3 章　微控制器的数学和数字操作

第 4 章　编程语言

第 5 章　嵌入式系统的程序结构

第 6 章　软件设计

第 7 章　处理器间通信

第 8 章　微控制器外设

第 2 章　微　控　制　器

2.1　引言

　　信息时代的生活离不开"微处理器"，它是遍布各个角落的计算机、电子钟、电子设备、汽车控制器、移动电话、呼叫应答系统的"心脏"。事实上，微处理器只是一个广义的定义，它涵盖了各种类型的处理器及其外围功能电路。对于机电一体化系统设计者而言，微处理器是系统的大脑，是整个系统智能化的核心，它能控制系统设备，使其完成复杂行为。离开微处理器的机电一体化系统(或机电系统)只能是单一的机械或电子系统，其局限性显而易见，微处理器的出现使得设计者能够设计出更加强大、有效的系统。

　　本章的主要内容包括：

1. 微处理器的定义，重点介绍微控制器。
2. 微控制器、微处理器和数字信号处理器(DSP，Digital Signal Processor)之间的差异。
3. 微控制器架构类型。
4. 基于微控制器的子系统。
5. 微控制器如何执行程序并完成操作。
6. 常见外设及其功能。

2.2　什么是"微"设备

图 2.1　常见的微控制器封装外形

　　"微"设备实际上是一个非特定性术语，其意义宽泛，包括微处理器、微控制器、DSP，以及其他可定制设备。这些设备共性明显，但也存在差异，不同的应用对应不同的设备。例如，相比于 DSP，微控制器能更好地执行任务，但其处理速度相对较慢，效率也相对较低。通常情况下，不同微处理器的内核也不同，无法单纯通过封装区分。但是，可以通过封装规模进行初判，图 2.1 给出了一种常见的微控制器封装外形。

2.3　微处理器、微控制器、数字信号处理器等

　　中央处理单元(CPU) 是微控制器、微处理器和数字信号处理器(DSP)的重要组成部分。CPU是执行指令的基本控制逻辑硬件，与 CPU 集成的对象决定了设备的类型，如微控制器、微处理器或 DSP。CPU 也可用于现场可编程门阵列(FPGA)、专用集成电路(ASIC)和可编程片上系统(PSoC)。设计者可根据需求配置内核或 CPU，并为终端用户提供定制化设计，这些设备的差异详述如下。

　　微处理器：微处理器的核心是片上 CPU，其他的基础外设如编程和数据存储、并行输入/输出和通信外设均独立于微处理器，因此设计者需将微处理器与外设整合。微处理器可以读取和执行

指令，执行数学和逻辑运算，存储数据，并请求外设子系统执行指令，所有的操作和任务都需通过与外设的交互来完成。微处理器，如英特尔的奔腾(Pentium)和酷睿(Core)i7、i8、i9 处理器，AMD 的 Athlon、Opteron 和 Sempron 处理器等，是构建现代个人计算机的基础器件。

微控制器：CPU 与其他外围电路共同组成微控制器，微控制器最初被称为**微型计算机**(摩托罗拉是第一个在营销中使用"微控制器"这一名称的公司，此后衍生出一个产品家族系列，如同从"copy"衍生出"Xerox"，从"soda"衍生出"Coke"）。可编程的非易失性存储器(如 ROM，只读存储器)、数据存储器(如 RAM，随机存取存储器)和数字输入/输出(通常被称为 I/O)组成最简单的微控制器。当然，一般情况下还会添加其他功能模块，如串行通信模块、模数转换器、定时器及各种其他外围电路等。另外，时钟源模块也是不可或缺的；尽管不同的处理器有各自的内部时钟源，但其基准时钟源(一般采用晶体振荡器)通常来自同一个外部时钟源。如今市面上有成百上千种微控制器，其提供的资源、处理能力和处理速度均不相同，每种微控制器都有自己的应用市场。一般而论，微控制器旨在提供"嵌入式控制"，并应用于独立、用途单一的系统。因此，相比于"奔腾微处理器"等计算机内核，"知微控制器者甚寡"，但包含微控制器的设备是很容易识别的，如标准的计算机鼠标，微控制器能跟踪鼠标在平面上的移动轨迹，并通过通用串行总线(USB)或 PS/2 与计算机进行数据交互。

数字信号处理器(DSP)：DSP 是用于实现快速信号处理功能的微处理器，有专门的指令集和存储架构，其独特的指令集使之能快速完成信号处理所需要的各种数学运算。例如"乘积累加"(multiply-accumulate)指令，即一个数乘一个因子，然后与上一次运算的结果相加，并将本次运算结果存入内存。这些运算都是单步运算，DSP 架构能同时执行指令和内存数据读取，因而显著提高了执行速度。DSP 技术目前已经广泛应用于手机、数码录音机、高清电视及其他消费电子设备。此外，DSP 制造商致力于将微控制器的外设子系统(如数字 I/O 和模数转换器)应用于 DSP，从而提高了其市场竞争力。当然，与微控制器一样，DSP 也"知者甚寡"，但包含 DSP 的设备也同样易于识别。例如，DSP 是数字蜂窝手机的重要组件，其主要功能是完成模拟话音数字化，并将话音信号数据流转换为人耳可辨别的模拟信号。

其他设备：将高度可配置、高灵活性的设备与 CPU 相结合，可以形成其他设备，如**现场可编程门阵列**(FPGA，Field-Programmable Gate Array）。FPGA 由大量基本逻辑单元组成，这些基本逻辑单元与构造微处理器的基本单元相同，而基于 DSP 和 FPGA 构造的微处理器的优势在于能够为终端用户提供可定制服务。**可编程片上系统**(PSoC，Programmable System-on-Chip)由微控制器与模拟/数字逻辑单元阵列组成，最灵活的微处理器能够提供完全可定制服务。**专用集成电路**(ASIC，Application Specific Integrated Circuit)可根据需求设计电路(包括 CPU)。关于这些"其他设备"的设计或使用不在本书的讨论范围内，读者可通过其他的参考文献深入了解。

微处理器、微控制器和 DSP(包括 FPGA、PSoC、ASIC)有着共同的特点，即都通过 CPU 内核、存储器和外设执行操作与任务，其差异在于存储器和外设的定义、资源分配及执行的指令类型的不同。本节重点讲述机电系统中应用最多的微控制器，微控制器的设计方法可以推广至微处理器和 DSP 设计，因此了解微控制器的设计对于设计者而言是至关重要的。

2.4 微控制器架构

微控制器的功能核心是中央处理单元(CPU)。CPU 从内存或外设中读取指令和数据，并根据需要进行操作。最基本的操作类型包括逻辑运算、数学运算和数据重组(迁移)。CPU 执行的每一项任务都需在存储空间转移数字，并根据这些数字执行操作。需要特别说明的是，存储空间存储的只有数字，数字的不同组合可以表示**数据**，数据空间的数字都是字面上的数字(如无符号整数50)，或者代表难以用二进制数表示的数字类型(如浮点数)，以及表示其他含义，如字母(在 ASCII字符中，用 85 表示字母"U")。微处理器的**指令**也可用数字表示(如数字"212"表示指令"跳转到地址 4 并继续执行代码")。所有与微控制器硬件(如寄存器、端口)的交互也是通过数字完成的，内存、I/O 端门、微控制器外设相互连通并直接与 CPU 通信(见图 2.2)。

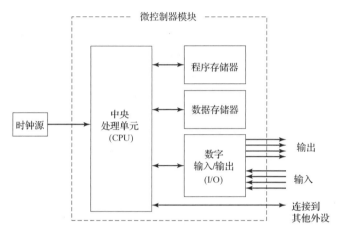

图 2.2　典型的微控制器模块、子系统及其连接方式

　　程序存储器需要在微控制器掉电时能保证存储数据不丢失，这类存储器被称为非易失性存储器。最常见的非易失性存储器有**只读存储器**(ROM，Read Only Memory)、**电可擦除可编程只读存储器**(EEPROM，Electrically Erasable Programmable Read Only Memory)及**闪存**(Flash EEPROM)。由于具备可编程能力和可擦除功能，在新项目开发中使用 EEPROM 和 Flash EEPROM 会更加方便，也更加经济实惠。相反，数据存储器不需要掉电数据保护功能，因此程序每运行一次，就会产生新的变量，数据存储器的内容也随之更新，并完成与传感器的读写交互。因此非永久性存储器更加适合用作数据存储器，该类存储器在系统掉电时将不会保留数据。由于最恰当的缩写"RWM"被**读写存储器**(Read Write Memory)占用，因此将非永久性存储器命名为**随机存取存储器**(RAM，Random Access Memory)。

　　通常情况下，CPU 通过微控制器的物理引脚与外设模块相连，如附加内存或特定的通信子系统，从而实现微控制器的定制化设计，使之更好地满足不同系统的需求。

　　CPU 需要一个时钟源，以确保内部固有时序逻辑同步。一般而言，微控制器的内置振荡器需要与外部石英晶体或陶瓷谐振器共同产生 CPU 的输入时钟。这个时钟为 CPU 和微控制器中的其他模块提供定时脉冲，因此对其精确性和稳定性都有较高要求。相比于价格较低的陶瓷谐振器和 RC 振荡器，石英晶体能提供更为稳定的时钟源。内部振荡电路决定微控制器 CPU 何时执行操作，如何时从内存读取数据，何时写入寄存器，何时执行数学运算。一般而言，时钟频率越高，CPU 的执行速度就越快(即使 CPU 不是在每个时钟周期都执行操作)，即时钟频率决定了 CPU 的执行速度。当然，指令集和总线也对执行速度有影响，我们将在后面讨论这个问题。

2.5　中央处理单元

　　为了进一步了解微控制器架构，我们首先需要理解数字电路模块(包括微控制器)是如何表示数字的。

2.5.1　在数字域中表示数字

微控制器是数字电子设备，它利用电子开关表示数字，开关闭合表示逻辑真(true)或数字"1"，开关打开表示逻辑假(false)或数字"0"。因此一个开关可以用一种非常简单的方式计数——非"0"即"1"。这种单一的开关被称为一个**"位或比特(bit)"**（二进制），可用于表示二进制数，这些位可以组合成任意长度的数列，用于表示大于 1 的数。在电路上，这种表示方式则对应一组开关在特定位置上的"接通"(on)与"断开"(off)。例如，我们可以选择两个相邻开关来表示一个 2 位长度的二进制数，第一位被称为位"0"，表示第一个位置($base^0 = 2^0$)；第二位被称为位"1"，表示第二个位置($base^1 = 2^1$)。以此规则可对任意数字进行二进制计数，包括小数：低位溢出后在高一位加 1，以此类推。表 2.1 给出了二进制加法的实例，二进制数 00～11 可用于表示十进制数 0～3。

表 2.1　采用 2 位控制的微控制器对 0～3 的十进制数进行二进制计数

位 1	位 0	二级制数	十进制数
0	0	00	0
0	1	01	1
1	0	10	2
1	1	11	3

以此类推，我们可以用更多的开关来获得更多的位，并用来表示大于 3 的数。通常，十进制数 D 可以用 N 位来表示，D 与 N 的关系如下：

$$D = 2^N - 1 \tag{2.1}$$

尽管可以选择任意位数来表示某个数字，但一般选用 4 位、8 位、16 位、32 位和 64 位分组，即以 4 位表示 0～15 的十进制数，以 8 位表示 0～255 的十进制数，以 16 位表示 0～65 535 的十进制数，以 32 位表示 0～4 294 967 295 的十进制数，以 64 位表示 0～18 446 744 073 709 551 615 的十进制数。（我们将在第 3 章详细讨论数制问题，并重点介绍二进制和十六进制，以及负数和浮点数的表示方法。）

2.5.2　算术逻辑单元

CPU 的计算内核被称为**算术逻辑单元(ALU)**。ALU 由一些高度专业化的**寄存器**组成，并能通过数字逻辑电路实现数字和逻辑运算。寄存器的大小将直接影响运算速度和运算效率，如式(2.1)所示，8 位 ALU 寄存器能表示的数值范围是[0, 255](此处仅表示正整数)。当然，该寄存器也可用于表示大于 255 的数，但需要分步操作才能实现，每一步的数字长度都将限制在 8 位以内。因此，我们一般采用的方法是将 ALU 寄存器进行级联，以便用于表示更大的数。例如，可以采用 16 位寄存器表示 0～65 535 之间的任意正整数。一般来说，ALU 寄存器越大，数学运算速度也越快，但是成本也越高。ALU 寄存器的大小直接影响微控制器的运算速度和价格，因此微控制器都是基于 ALU 寄存器的大小及寄存器和存储器之间连接的位数进行分类的。微控制器的典型分类如下：

4 位微控制器：最低端的微控制器，流行于微控制器的初期应用阶段(20 世纪 70 年代)，相对于计算能力更强的 8 位微控制器，该类微控制器价格低廉。但是随着技术进步，这种价格优势逐渐弱化。目前，该类微控制器的使用范围已十分有限。

8 位微控制器：现代微控制器家族的低端产品，性价比较高。通过合理调度寄存器计算资源与内存，8 位寄存器能执行相对复杂的任务，并且价格低廉(低于 1 美元)，提供多种配置。因此，8 位微控制器受到普遍欢迎。

16 位微控制器：当对计算速度要求较高的时候，可选用 16 位微控制器，相对于 8 位微控制器，其计算速度能提高一倍，但成本相对较高(通常价格在 1～15 美元之间)。但 16 位微控制器与 4～8 位微控制器的价格差距也在不断缩小，并可能全面取代 8 位微控制器。

32 位微控制器：该类微控制器的市场份额波动最大，32 位微控制器提供的强大运算能力及价格差的逐渐缩小，使其对 16 位和 8 位微控制器的市场地位构成了强大的威胁。32 位微控制器采用个人计算机的原型架构设计，随着集成电路和制造技术的进步，其价格竞争力明显增强。ARM（最初为 Acorn RISC Machine 的缩写，后被称为 Advanced RISC Machine）公司占据了 32 位微控制器市场的统治地位。32 位微控制器的最大缺点是代码密度较低，相比于传统的 8 位和 16 位微控制器，在编程过程中可能消耗更多的内存，但可通过设定程序存储器密度，将该缺点的影响降到最低。

2.6 数据总线和地址总线

除了表示数字，微控制器还需要在各种片上和片外模块之间传输数字。由于微控制器利用开关代表位数及其对应的数字，因此需要连接所有模块，以实现数字的读写（这是对实际实现过程的简化描述，但阐明了基本概念）。此时需要采用独立连接以实现模块间数据比特的传输，这些模块间的连接组合在一起即为"总线"。

总线的规模（位数）对微控制器的性能影响较大。对于 ALU 寄存器而言，**数据总线**的位数决定了一次操作能完成的源/宿转移数据量。例如，8 位数据总线能表示[0, 255]范围内的无符号数字，因此只需要一次操作即可将数字 210 从数据存储器转移到 CPU。但是，如果需要转移的数字是 31 552，则需要经过两步，每一步分别传递 8 位信息。经过两步后，即可传递 16 位信息。如前所述，16 位信息可以表示[0, 65 535]范围内的任意数字，可用于表示数字 31 552。16 位数据总线的微控制器能提高数字的转移速度，目前已获得广泛应用。当然，32 位数据总线能提供更高的速度，但需要折中考虑速度与成本问题。随着芯片成本的下降，高位数据总线的应用范围会进一步扩大。

2.7 内存

对于**地址总线**，总线位数或者组成的位数直接决定了 CPU 可定义的内存地址数。具有 8 位地址总线的 CPU 可定义 256 个内存地址，这些内存地址需要分配给程序存储器、数据存储器、控制寄存器及各种外设。8 位微控制器只能用于非常简单的系统（编程量很小的系统），但使用简单、价格低廉，因此市场占有率较大。大多数微控制器的总线位数都大于 8 位，即拥有大于 256 的内存地址数。

就像门牌号码一样，每个内存都有其特有的访问地址，如图 2.3 所示。内存单元中存储的是"数据"，"数据"的内容可以是指令、变量、配置数据或其他数据。一般而言，数据的长度为 8 位（1 个字节），当然并无硬性规定只能是 8 位，无论地址内存中的数据内容是什么，无论地址内存的数据类型如何，地址的作用仅仅是识别这个内存单元，并能完成对该内存单元的读、写及其他操作。

大多数微控制器拥有大于 8 位的地址总线，最常见的是 16 位地址总线。16 位地址总线能够定义 65 536 个内存地址，与 8 位微控制器一样，这些地址同样会分配给程序存储器、数据存储器、控制寄存器及其他外设，足量的地址数为设计者提供了更大的发挥空间。

无论微控制器提供的存储空间的独立地址数是多少，都会将其分配给各种存储器、寄存器和其他子系统。设备或子系统根据其功能需求来请求获得地址数（例如，程序存储器 EPROM 能存储 2048 字节），并通过地址响应连接设备或子系统。最直观的方法是用**存储映射图**表示分区和存储空间，典型的存储映射图如图 2.4 所示。

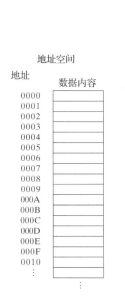

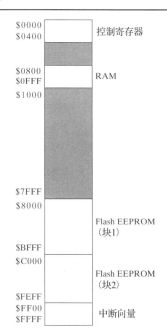

图 2.3　地址线分配方案，每条地址线与内存中的
　　　一个存储数据的固定位置相对应，数据可
　　　以是数字、结构信息或其他数字化信息

图 2.4　典型的微控制器的存储映射图，可
　　　见不同类型的地址域，如程序存储
　　　器（Flash EEPROM）、数据存储器
　　　（RAM）、控制寄存器和中断向量

存储映射图左侧标识的是内存地址，地址从"0"开始，从上至下递增。地址数是**十六进制**的，详细介绍见第 3 章。存储映射图右侧标识的是连接到微控制器的设备和子系统名称，为了保证存储映射图的完整性，提高其可用性，所有地址都应显示出来。用于配置和控制微控制器及其子系统与外设的控制寄存器占据最低地址，地址范围[\$0000 ~ \$0400]（\$表示十六进制）表示微控制器有十六进制的 400 个（十进制的 1024 个）寄存器。事实上，设计者们往往只会占用部分地址区域，存储映射图中的灰色部分显示了存储空间中未被使用的区域。另外还有两个程序存储器（Flash EEPROM），指向非易失性程序存储模块。程序存储器中有一个特殊区域，即地址范围为[\$FF00 ~ \$FFFF]的中断区，中断向量为硬件处理器提供中断服务，本书不涉及中断和中断向量的使用问题。

2.8　子系统和外设

除了程序（指令）存储器和数据存储器，微控制器还包括一些附加的子系统。不同的子系统都有其对应的应用场景，设计者可根据应用需求选择子系统，并将其与微控制器架构合理融合。通常情况下，多个不同的子系统可以在产品线上实现混合匹配。不同的子系统进行混合匹配后，可以生成多种价格、功能各异的产品。子系统将在本书第 7 章、第 8 章和第 19 章中详细介绍。

控制寄存器：微控制器内置存储器中定义了用于配置芯片及其子系统的控制器——控制寄存器。控制寄存器用于完成微控制器的某些用户定义设置，如时钟频率、休眠模式、通信端口速率等。通常情况下，我们会根据应用场景的不同，选择单个寄存器或一组寄存器与微控制器连接，以完成配置和数据交换。

端口和并行输入/输出（I/O）：端口是微控制器最基本的外设，一般成组出现。微控制器能够通过数字输入和输出直接与其外部环境交换数据。端口由多个独立可控的数字I/O组成，这些I/O有对应的芯片"**引脚**"（此时I/O表示与微控制器相连的芯片物理引脚，因此不再称之为"位"）。通过输入引脚可获得连接设备的状态，而输出引脚则可通过"写"操作对连接设备进行赋值。端口可设置为"只输入""只输出"或"输入/输出"。最简单的微控制器操作，如"开/关外设""读取外设的输出状态"均通过I/O完成。端口通常映射到微控制器的控制寄存器的某个特定内存位置，输出引脚的状态可通过与输出端口关联的寄存器进行定义，输入引脚的状态则通过与输入端口关联的寄存器读取。

计数器：微控制器会设置部分内存用于计数，例如，计数器可在不占用CPU资源的情况下，跟踪输入端口状态的转换。本书将在第18章中详细介绍计数器。

定时器：由时钟源驱动的计数器被称为定时器，定时器的设计可以非常简单，简单到只需要跟踪微控制器系统时钟；也可以很复杂，例如协调复杂事件的时序。本书将在第8章和第18章详细介绍定时器。

串行I/O：串行通信是实现各模块间通信的一种基本方式，每个时钟周期传输1位（比特）数据，高速串行通信能在两点或多点间快速方便地完成海量信息的直接传输。微控制器基本都可以与外围芯片及其他外部系统连接，因此可以采用串行通信子系统完成外设与微控制器的通信。目前有多个串行通信标准，例如USB（Universal Serial Bus）、CAN（Controller Area Network）、SPI（Serial Peripheral Interface）和I^2C（Inter-IC）总线，微控制器须与不同标准的串行I/O外设进行通信。串行通信包括两种主要工作方式：**同步**和**异步**。同步方式利用发送端提供的独立时钟触发接收器读取数据；异步方式则需首先在收发两端协调时钟频率再开始通信，数据比特的传输时间间隔由时钟频率决定。本书将在第7章详细介绍串行通信。

模数转换器：当连接到微控制器的模块输出为模拟信号时，需要将该模拟信号转换为数字信号，**模数（A/D）转换器**即可实现该功能。许多微控制器本身包含片上A/D转换器，这些片上A/D转换器的精度不同，此处的"精度"表示数字信号与其表示的模拟信号之间的误差大小，8位转换器的精度为1/256，10位时精度为1/1024，12位时精度为1/4096。一般微控制器有多个A/D转换通道，并可同时处理多路输入信号。本书将在第19章详细介绍A/D转换器。

数模转换器：微控制器同样需要A/D转换的逆过程——**数模（D/A）转换**，即将用数字逻辑电平"1"或"0"表示的数字信号转换为一个输出连续变化的模拟信号。与A/D转换相比，D/A转换的使用频率相对较低。因此，大部分的微控制器都没有片上D/A转换模块，而是利用快速脉冲开/关的数字输出产生模拟量，即改变"接通"（on）和"断开"（off）的时间比，获得特定数字波形，再将该波形经过滤波或输出平均处理，获得模拟电压。这种用数字输出产生模拟信号的方法被称为**脉冲宽度调制**（PWM，Pulse Width Modulation）。一般的微控制器都包括PWM外设子系统。本书将在第8章和第19章详细介绍D/A转换器。

2.9　冯·诺依曼架构

一般来说，连接CPU、内存和外设的方法有两种，微控制器最常用的总线架构是用一条数据总线和一条地址总线实现片上微控制系统模块之间的互通，如图2.5所示。其中，**数据总线**用于系统模块之间的数据通信，**地址总线**用于指示数据源与数据宿的内存地址。

系统中的所有模块在执行任务和进行通信时共享同一数据总线和地址总线，这种微控制器总线架构被称为**冯·诺依曼架构**（得名于提出该架构的数学家——John von Neumann），冯·诺依曼架构因其灵活及简单易行而在低端微控制器中获得广泛应用,尽管目前已经提出了一些其他的操作优化方法(如哈佛架构,详见 2.10 节),但冯·诺依曼架构依旧在微控制器设计中占据了统治地位。

冯·诺依曼架构通过数据总线和地址总线综合,描述了微控制器中传输的数据类型和传输源/宿,CPU 对信息流进行总体调度,并可通过总线读取特定地址模块的信息或将信息存储到某个特定地址的模块中。另外,CPU 可对总线上所有模块的通信和数据传输进行初始化。

冯·诺依曼架构的重要意义在于,对于 CPU 而言,总线连接的所有设备的优先级相同,例如用于存储指令的程序存储器和用于存储变量的数据存储器的优先级是相同的。对于 CPU 而言,指令和数据很相似,因此可以将数据解释为指令并执行,这种运行方式可能会在某些条件下带来灾难性后果,如系统崩溃或病毒感染,但在另一些条件下却是有用的。例如,当程序员需要开发版本更新较快的程序时,只要指令有效,且指令的执行地址和使用的数据明确,"数据"空间就能够快速加载程序的最新版本,并在 CPU 中立即执行该程序。这种方法广泛应用于微控制器编程,仅需将一个小的"启动加载"(boot-loader)程序下载到数据存储器(RAM)中,即可控制非易失性程序存储器(Flash EEPROM)的编程。

在冯·诺依曼架构下,微控制器按图 2.6 的基本模式执行指令。

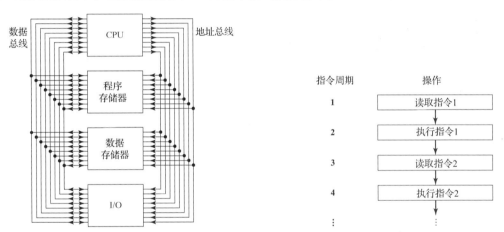

图 2.5　基于数据总线和地址总线的微控制器与数字 I/O 和内存连接　　图 2.6　冯·诺依曼架构的代码执行过程

读取指令、获取数据及存储数据都需要使用共享的数据总线和地址总线,这些过程必须按给定时序执行。微控制器的指令有的非常简单,如"跳转到某个新内存地址,并继续执行该指令",有的非常复杂,如"用整数 X 除以整数 Y,并将除法结果存入以 A 为起始地址的内存中"。对于简单的指令而言,读取下一条指令所占用的微控制器时间相对较长;而对于复杂的指令而言,读取下一条指令占用的时间远低于指令的执行时间。

指令长度通常为几个字节,不同指令的长度也不相同。受数据总线规模的限制,可能需要几次传输才能从程序存储器中获得一条完整的指令。例如,8 位 CPU 要读取一条 4 个字节的指令需要 4 次顺序传输,而 16 位的 CPU 只需 2 次顺序传输即可完成。简单指令,如"跳转"到一个新的地址并继续执行,其长度可能只有 3 个字节;而复杂指令,如两个整数相乘并存储结果,其长度可能需要 4 个字节或更多。此时则需要多次顺序转移才能将其从程序存储器转移到 CPU。

2.10 哈佛架构

另一种构建程序和数据存储的方法是将程序存储器与数据存储器分离。此时，程序存储器与数据存储器不再共享数据总线和地址总线，而是独立传输信息，从而消除指令的读取、执行、存储过程所导致的拥塞，这种架构被称为哈佛架构。该架构已用于 DSP 和微控制器，以改善执行速度。典型的微融合哈佛架构如图 2.7 所示。在这种结构中，总线的规模与设备结构直接相关。

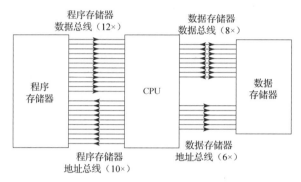

图 2.7　基于哈佛架构的典型微控制器结构，程序存储器与数据存储器采用独立总线

在哈佛架构中，数据存储器与程序存储器完全分离，因此其各自总线规模可以不同。数据存储器的总线规模有固定标准，如 8 位、16 位、32 位和 64 位。指令空间则不同，其总线规模没有固定标准，总线规模可调，可保证所有指令在一个时钟周期内完成传输。如前所述，冯·诺依曼架构需要多个时钟周期才能将指令从存储器转移到 CPU，与之相比，哈佛架构可大大提高执行速度，也有助于设计者计算执行速度。

由于 8 位总线无法完整描述指令，如引用地址变量、跳转目的地址、使用常量等，通常情况下，指令总线规模一般大于 8 位，大于 12 位的总线也很常见。总线规模可任意设定，但必须足够大，以保证能在考虑所有必要选项的前提下完整定义 CPU 指令。

采用哈佛架构，微控制器不必占用数据存储器总线即可直接从程序存储器中读取指令，因此指令执行和数据存储可同时进行。与冯·诺依曼架构微控制器的"读取，执行，读取，执行……"循环不同，哈佛架构微控制器可在读取一条指令的同时执行上一条指令，然后在执行它的同时读取下一条指令，具体过程如图 2.8 所示。

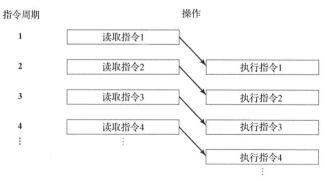

图 2.8　哈佛架构的代码执行过程

哈佛架构微控制器在第一次读取操作完成且系统启动后，每个指令周期都将执行一次指令，

而冯·诺依曼架构微控制器最多每两个指令周期执行一次指令。哈佛架构的本质是并行处理读取与执行指令，因此与冯·诺依曼架构相比，其设计复杂度较高。虽然哈佛架构的成本较高，但执行速度相比冯·诺依曼架构显著增加。对于有执行速度要求的系统，采用哈佛架构的 DSP 显然更加合适。

如前所述，冯·诺依曼架构微控制器支持在数据存储器中执行指令，但由于哈佛架构采用了独立的数据存储器和程序存储器，并且二者总线规模不同，指令长度可变，无法保证与数据存储器的总线规模匹配(例如，14 位的指令无法与 8 位数据总线匹配)。如果将指令拆分并存储在数据存储器的相邻存储单元，则 CPU 无法对其进行重建并正确执行，因此哈佛架构微控制器无法执行数据存储器中的指令，即指令和数据泾渭分明且无法互换。

2.11 实例

本章前面部分着重讲述了微控制器设计中的基础理论及其应用方法，本节将基于两个微控制器的具体实例展开深入讨论，实例 1 采用冯·诺依曼架构(Freescale MC9S12C32)，实例 2 则采用哈佛架构(Microchip PIC12F609)。实例中采用的两款芯片是典型的 8 位和 16 位微控制器芯片，均为常用芯片。

2.11.1 Freescale MC9S12C32 微控制器

Freescale MC9S12C32 微控制器于 2003 年面世，它是一款 16 位微控制器，属 HCS12 系列 d 扩展芯片。HCS12 系列芯片最初是为汽车控制器设计的，但其应用范围已拓展到其他领域，其 C 系列子类的外围电路相同。不同价位的芯片对应不同的内存(RAM)和闪存(Flash EEPROM)容量，如 2 KB 内存、32 KB 闪存的小内存芯片，4 KB 内存、128 KB 闪存的大内存芯片，每种芯片提供三种封装，引脚数从 48 到 80 不等，如图 2.9 所示，设计者可根据需求选择封装类型。

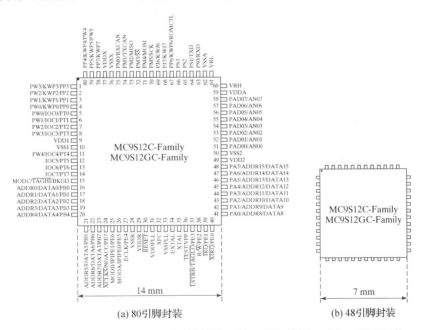

图 2.9   Freescale MC9S12C32 微控制器：(a) 80 引脚封装；(b) 48 引脚封装
(Copyright of Freescale Semiconductor, Inc. 2010. Used by permission.)

　　HCS12 系列采用冯·诺依曼架构 CPU，包括 16 位 ALU、16 位数据总线和 16 位地址总线。熟悉二进制运算（见第 3 章）的读者可能会问，16 位地址总线处理器如何访问 128 KB 闪存？答案是，该芯片采用开天窗模式，即某个时刻只有部分内存可用。C 系列芯片的端口和子系统详见图 2.10。

　　完整的独立微控制器系统包括中央处理器（CPU）、程序存储器（闪存）、数据存储器（内存）和时钟输入电路，如图 2.10 所示。处理器位于图中心，在它的上方是程序存储器和数据存储器。除了微控制器的基本组件，HCS12C 系列微控制器还包括 I/O 端口、模数（A/D）转换器、定时器和通信子系统。

　　HCS12 系列微控制器采用的 CPU 是 20 世纪 70 年代中期面世的摩托罗拉 MC6800 的升级产品，包括两个 8 位累加器（累加器 A 和累加器 B），如图 2.11 所示。这两个累加器也可级联构成 16 位累加器（累加器 D）。因此，HCS12 系列 CPU 支持 8 位和 16 位操作。另外，与 MC6800 相同，HCS12 系列 CPU 包含一附加指针计数器，能显著提升 C 语言程序的运行效率。

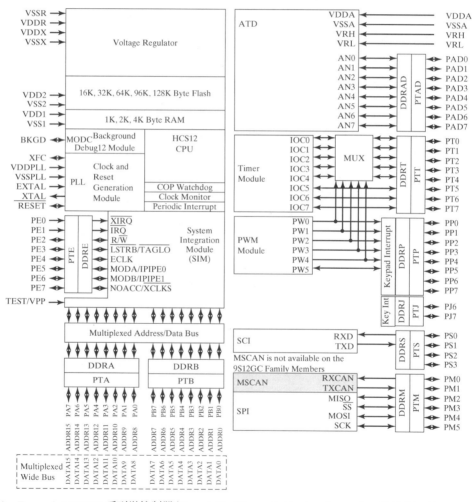

图 2.10　Freescale HCS12C 系列微控制器（Copyright of Freescale Semiconductor, Inc. 2010. Used by permission.）

7	A	0	7	B	0	8位累加器 A & B
15			D		0	或16位累加器 D

图 2.11　Freescale HCS12 系列累加器（Copyright of Freescale Semiconductor, Inc. 2010. Used by permission.）

除了 CPU、程序存储器和数据存储器，微控制器系统还包括各种外设和子系统，下面列举其中较为重要的部分设备。

端口：大多数 9S12C 系列端口可配置为通用 I/O，也可进行自定义。许多端口引脚可配置为数字输入或数字输出，但有些端口只能作为输入端口，并且可根据需要配置输入信号类型，如模拟信号或数字信号。

A/D 转换器：9S12C 系列芯片内置一个 8 通道、10 位 A/D 转换器，该 A/D 转换器可根据指令执行单次转换或连续多次转换，并在多通道间自动切换。AD 端口既可实现 A/D 转换，也可作为通用数字输入或输出。

定时器：定时器是一个独立计时器，既可用于外部事件计时，也可触发 8 个端口，使其在特定时间改变状态。端口 T 既可作为定时器，也可作为通用输入或输出端口。

PWM：定时器可用于产生脉冲宽度调制（PWM）输出，HCS12 系列芯片最多可产生 6 路 PWM 输出，可显著降低 CPU 用于输出保持的开销。

通信：HCS12C 系列芯片有完整的通信子系统，支持 SPI 同步串行通信、SCI（串行通信接口）异步串行通信和 CAN 总线通信。虽然该系列芯片的设计应用对象是车载标准系统，但其应用范围已扩展到其他领域。

外部访问数据和地址总线：尽管 80 引脚封装芯片的应用范围有限，但其支持一种新的工作模式，即将内部地址总线和数据总线分别与端口 A 和端口 B 相连。设计者可根据需要增加外部存储器或与其他设备连接，其连接方式与 CPU 和外部存储器的连接方式类似。

Freescale MC9S12C32 的零售价大约为 6 美元。HCS12 系列芯片的功能强大、价格低廉，有多种高质量开发工具支持芯片开发，并且支持高级语言（如 C 语言）的交叉编译，深受设计者青睐，许多公司也因此选择 HCS12 系列芯片作为评估板芯片。

2.11.2　Microchip PIC12F609 微控制器

Microchip PIC12F609 微控制器的设计理念与 HCS12 系列不同，其不再关注廉价中等性能微控制器。PIC12F609 将用户定位为那些渴望减少元件数量的设计者，这类用户在设计中更加关注成本和/或占用空间。PIC12F609 采用了内部时钟振荡器（当然，用户也可通过添加外部晶振来提高时钟精确度）。采用内部时钟振荡器时，该芯片可提供 6 个 I/O，其内部程序存储器可存储 1024 个字，每个字有 14 位，内部数据存储器可存储 64 个字节，详细结构如图 2.12 所示。PIC12F609 的数据字节长度为 8 位，如 2.10 节所述，此类微控制器既无法执行数据存储器中的指令，也无法将数据存入程序存储器。虽然其输入/输出引脚数量有限，但十分有效，能为 8 位定时器、16 位定时器和模拟比较器提供定时时钟。

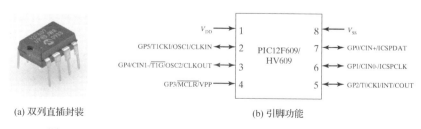

(a) 双列直插封装　　　　　　　　　　　　(b) 引脚功能

图 2.12　Microchip PIC12F609 微控制器：（a）双列直插封装；
（b）引脚功能（© 2010 Microchip Technology Incorporated.）

PIC12F609 微控制器的系统框图如图 2.13 所示，图中给出了 CPU 的内部功能模块，包括 ALU 和 W 寄存器（也被称为 "working" 寄存器）。程序存储器位于图中左上角，标注为 "Flash 1K X 14 Program Memory"，数据存储器位于上部中心位置，标注为 "RAM 64 Bytes File Registers"。与 2.11.1 节介绍的 Freescale MC9S12C32 类似，该框图包括构建独立微控制器系统所需的所有子系统。

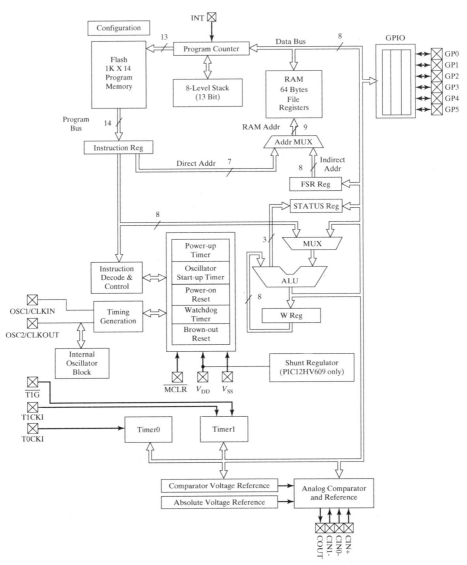

图 2.13　Microchip PIC12F609 微控制器的系统框图（© 2010 Microchip Technology Incorporated.）

当然，PIC12F609 与 MC9S12C32 的差异明显，其中一个显著区别是，PIC12F609 需要的外设数明显少于 MC9S12C32 的外设数。如图所示，PIC12F609 无同步或异步串行通信模块，无 A/D 转换器，无脉冲发生器和定时器。PIC12F609 包含如下的子系统。

端口：PIC12F609 提供 6 个 I/O 引脚，记为 GP0 ~ GP5，如图 2.13 所示，其中 5 个引脚是可编程（输入或输出）的，还有 1 个仅用于输入。

定时器：PIC12F609 的定时器子系统比 MC9S12C32 的简单。除了为内部时钟周期提供计数时间间隔，还可利用 3 个引脚（GP2、GP4、GP5）构造计数器/定时器子系统，因为定时器也可利用外部时钟实现计数功能。

模拟比较器：PIC12F609 还包括 MC9S12C32 没有的模拟比较器(有关模拟比较器的理论详见第 11 章)，比较器的输入既可以连接到 PIC12F609 引脚，也可以连接到可编程内部参考电压点。比较器的输出由程序控制，其输出极性可控。比较器输出特性的变化将导致 CPU 中断。

与 MC9S12C32 相比，PIC12F609 涉及的子系统较少，但该芯片是一款非常有竞争力的低成本芯片，市场占有率较高。

PIC12F609 价格低廉，零售价可低于 0.71 美元，大批量购买会更便宜，并且 Microchip 提供免费的汇编语言开发工具 MPLAB。尽管该开发工具采用高级编程语言，但也提供了 C 语言编译器，它使得设计者能够在严苛的内存和架构限制条件下用 C 语言编写应用。当然，采用汇编语言对 PIC12F609 编程也使设计者面临巨大挑战。

2.12 获取更多信息

微控制器和 DSP 的制造商一直致力于为其用户提供详细的产品信息，用户可通过制造商网站或产品经销商获取相关信息。目前，大多数制造商网站提供搜索功能，用户可通过该功能快速查询到所需信息。表 2.2 给出了部分微控制器和 DSP 的制造商与经销商，随着市场的飞速发展，该列表随时都会更新。

另外，制造商还会为用户提供产品选择指南文件，该文件按性能和功能分组列出了制造商提供的各种产品类型，选择指南文件有助于设计者选择芯片制造商。

制造商还会为产品提供"评估板"。评估板是一种使用方便的组装电路套件(通常会提供编译器)，使设计者能以较低成本熟悉微控制器和 DSP

表 2.2 微控制器和 DSP 的主要制造商及经销商

制 造 商	经 销 商
Atmel Corporation	Digikey Corporation
Freescale Semiconductor, Inc.	Mouser Electronics
Infineon Technologies,AG	Newark
Maxim Integrated Products	
Microchip Technology, Inc.	
SHARP Microelectronics	
Texas Instruments, Inc.	
Analog Devices Inc.	

的使用方法。评估板结构可能非常简单，以至于仅包含基本框架结构，但能够提供丰富的功能，除基本供电和引脚访问功能外，还会提供 I/O、A/D 转换器、以太网、USB、CAN 总线等。大多数评估板会提供原理图，设计者可以其为参考设计电路。评估板为设计者提供了一个实现电路设计、软件编写和测试的基本工具平台，是设计者的好帮手。

2.13 习题

2.1 列出至少 25 种与微控制器、微处理器或 DSP 有关的常用设备。

2.2 上网查找 Atmel ATmega128A 微控制器的数据表，并回答下列问题：

(a)ATmega128A 是采用冯·诺依曼架构还是哈佛架构？

(b)该处理器的非易失性闪存容量有多大？

(c)该处理器包含多大的 RAM 数据存储器？

(d)列出其他 5 种重要的外设子系统(实际外设总数远大于 5)。

2.3 微处理器与微控制器有什么区别？

2.4 如果一个微控制器采用 20 位地址总线，则其支持的地址数为多少？

2.5 使用 24 位能表示的最大的数是多少？

2.6 列出三种不同类型的非易失性存储器。

2.7 上网查找 PIC16LF727 芯片的数据表，并回答下列问题：

(a) 该芯片最高可用时钟频率和最低可用时钟频率分别为多少？

(b) 该芯片是否包括 A/D 转换外设？

(c) 程序存储器总线有多少位？其中有多少位用于程序指令？

(d) PIC16LF727 有多少个 I/O 引脚？

2.8 哪种微控制器外设适用于 PIC12F609 但不适用于 MC9S12C32？

2.9 如何禁止冯·诺依曼架构微控制器执行数据？对于哈佛架构微控制器呢？

2.10 MC9S12C32 最多有多少个 I/O 引脚？有多少个输入？

第3章 微控制器的数学和数字操作

计算机处理的对象是数字，本章将首先回顾二进制数的基本概念，然后讲解如何在计算机中表示和处理数字。经过本章学习后，读者应具备以下能力：

1. 能实现十进制、二进制和十六进制之间的数字转换。
2. 理解用二进制补码和符号数表示负数的区别。
3. 知道如何生成二进制补码。
4. 知道为什么微控制器会选择采用浮点数。
5. 如何在不影响字节其他位的前提下，构造一组操作来设置或清除一个字节中的某一位或多位。

3.1 引言

早期人类用手指计数，由于双手有十根手指，因此以 10 为一组进行数字计算。拉丁语中对十进制的定义——"decima"，标志着十进制(decimal)时代的开启。同样，"数字"(digit)的定义源于表示手指计数的拉丁语单词"digitus"。与人类计数不同，数字计算机并没有与生俱来的十根手指，因此可以采用非十进制计算方法。目前，计算机采用的数学计算是二进制的，即用两个状态"0"和"1"表示存储单元的状态，如果想基于计算机设计应用，则必须理解计算机的数字表示方法。

那么如何基于二进制数进行运算并实现决策控制呢？布尔代数可实现两种状态间的逻辑运算，因此被认为是计算机二进制运算的基础理论，可用于程序控制和测试。

3.2 基数和计数

所谓二进制和十进制，是指可表示数值的多少，又将其称为**基数**。将任何基数的数字组合成一组符号，即构成码字，码字中最右侧的数字被称为**最低有效位**。对于基数 N 的码字而言，最低有效位指基数 N 的 0 次幂的位置（"1 的位置"），次最低有效位是最低位左侧的位置，即基数 N 的 1 次幂的位置，例如基数 10 的次低位是 10 的 1 次方，一般称之为十位，后续有 N^2、N^3、N^4 等，以此类推，可得基数 10 的相关位置：

...	10^4	10^3	10^2	10^1	10^0
...	10 000 的位置	1000 的位置	100 的位置	10 的位置	1 的位置

当计数到 $N-1$ 时就将进位。在下一次计数时，当前位置为 0，左侧一位加 1。对于基数 10 的数字而言，则有

位 置	10^2	10^1	10^0
			0
			1
			2
			.
			.
			.

（续表）

位 置	10^2	10^1	10^0
			9
		1	0
		1	1
		1	.
		1	.
		1	.
		1	9
		2	0
		.	.
		.	.
		.	.
		9	9
	1	0	0
	1	0	1

任何基数的计数皆遵从该计数规则，由此可知基数 2 的计数规则为

...	2^4	2^3	2^2	2^1	2^0
...	16 的位置	8 的位置	4 的位置	2 的位置	1 的位置

二进制的位可通过其位置的指数来表示，1 的位置指位 0，2 的位置指位 1，4 的位置指位 2，以此类推，可得 0~9 的二进制表示为

位 置	2^3	2^2	2^1	2^0	（基数 10）
				0	(0)
				1	(1)
			1	0	(2)
			1	1	(3)
		1	0	0	(4)
		1	0	1	(5)
		1	1	0	(6)
		1	1	1	(7)
	1	0	0	0	(8)
	1	0	0	1	(9)

可以采用计算器实现十进制-二进制的转换，如果没有计算工具，则可以采用以下计算过程：

1. 将十进制数除以 2。
2. 如果不能整除，则当前位左侧为 1，如能整除，则为 0。
3. 去掉小数部分，保留整数部分。
4. 如果完成以上运算后结果依旧是一个非零整数，则重复步骤 1、2、3。

将十进制数除以 2，即等效为将二进制数右移一位，除以 2 后，如有非零小数部分，则表示原数字为奇数，最低有效位为 1，重复除以 2，则可不断将二进制数向右移动 1 位。

例 3.1 将十进制数 22 转换为二进制数。

22/2 = 11　　　　结果没有小数，加 1 个 0　　　　　0

11/2 = 5.5　　　　结果有小数，加 1 个 1　　　　　10

5/2 = 2.5	结果有小数，加 1 个 1	110
2/2 = 1	结果没有小数，加 1 个 0	0110
1/2 = .5	结果有小数，加 1 个 1	10110

除到最后，剩下的原始数的左边已经没有整数，转换工作就结束了。为了验算结果，反向转换可以表示为 $(10110)_2 = (2^4 + 2^2 + 2^1)_{10} = (16 + 4 + 2) = (22)_{10}$。

人类习惯于使用十进制，而计算机则采用二进制。读者可能认为只需要掌握十进制和二进制就万事大吉了，其实不然；对于编程而言，十六进制也非常重要。即使不涉及微控制器编程，设计者也必须熟练掌握十六进制，这将有助于其了解设备(如数据采集和 I/O 板卡)数据表和编程示例。

尽管看起来比较复杂，但十六进制能更加简单有效地表示数字，并且兼容计算机的二进制。因此，目前微处理器编程均采用十六进制，其具体表示如下：

⋯	16^4	16^3	16^2	16^1	16^0
⋯	65 536 的位置	4096 的位置	256 的位置	16 的位置	1 的位置

显然十六进制需要的符号数比十进制的多，阿拉伯数字已不够用，因此加入了罗马字母符号（A ~ F）。0 ~ 20 的十进制数与十六进制数的转换如下：

位　置	16^1	16^0	十进制数	二进制数
		0	(0)	0000
		1	(1)	0001
		2	(2)	0010
		3	(3)	0011
		4	(4)	0100
		5	(5)	0101
		6	(6)	0110
		7	(7)	0111
		8	(8)	1000
		9	(9)	1001
		A	(10)	1010
		B	(11)	1011
		C	(12)	1100
		D	(13)	1101
		E	(14)	1110
		F	(15)	1111
	1	0	(16)	10000
	1	1	(17)	10001
	1	2	(18)	10010
	1	4	(20)	10100

另外，读者还需掌握二进制数与十六进制数的转换规则，由于基数 16 为 2 的偶数次幂，因此每一个十六进制数将由 4 个二进制数表示。例如，二进制数 1010 等于十六进制数 A，即每一组相邻的 4 个二进制数位可用一个十六进制数表示，一个 12 位的二进制数用十六进制表示只需 3 位，足见其简单高效。

示例 3.2　将二进制数 101101010001 转换为十六进制数。

一般人们很难理解二进制数：　　　　　　　　　　101101010001

但每 4 个二进制数位可以由一个十六进制数表示，

即可对二进制数进行分组：　　　　　　　　　　　　　　1011 0101 0001

然后，每一组的 4 个二进制数位用十六进制数表示：　　B　5　1

可得十六进制数：　　　　　　　　　　　　　　　　　　B51

如上例可知，设计者需要牢记二进制数与十六进制数的十六种转换组合。一旦学会如何获取二进制数，即可快速生成一个二进制数到十六进制数的转换表。相对于二进制数向十进制数转换，显然向十六进制数转换更加简单，也更具备可实现性。

为了表示某个数字为十六进制数而非十进制数，需要对其进行标注，一种常用的方法是在数字前面加一个$符号，即表示为$B51。C 语言中十六进制数的表示方法是在数字前面加上"0x"（0 后面是字母 x），例如 0xB51。还有一种是 BASIC 系列语言采用的方法，即在数字后面加小写字母"h"，表示为 B51h。

3.3　表示负数

前面讲述了如何用十进制、二进制和十六进制代表正数，那么负数又该如何表示呢？一般有两种方法表示数字的符号，其一可采用十进制的负号，其二可利用负数的属性。

方法一与用十进制表示负数的方法相似，即添加一个符号来表示负数。在二进制中可以设定一个**符号位**，可以采用二进制数的最高位表示符号位，该方法被称为**符号数值法**。这种方法对于人类而言非常直观，但对于计算机就另当别论了。

另一种表示负数的方法是基于**补码**的概念，由于计算机使用二进制，因此利用补码能够很好地表示负数的属性，即：$-A + A = 0$。

可以用对**反码**加 1 的方法来构造补码。二进制反码表示将所有"1"转换为"0"，而将所有"0"转换为"1"。

例 3.3　用补码表示十进制数"–6"。

用二进制数表示 6　　　　　　　　　　　　　　　0110

反码为　　　　　　　　　　　　　　　　　　　　1001

对反码加 1 即可获得"–6"的补码　　　　　　　　1010

用 4 位二进制数表示补码如下：

十进制数	补　码
7	0111
6	0110
5	0101
4	0100
3	0011
2	0010
1	0001
0	0000
–1	1111
–2	1110
–3	1101
–4	1100
–5	1011
–6	1010
–7	1001
–8	1000

补码之所以能被计算机广泛采纳，原因在于它能简化计算机的算术逻辑单元(ALU)的逻辑。采用补码的计算机本身不需要具备减法功能，直接生成补码再相加即可实现减法功能。另外，有符号与无符号的加减法逻辑也完全相同，如 3.7 节所示，对 0 减 1 的运算可用补码表示为 "–1"。

例 3.4　用补码执行–5 + 7 = 2 的运算。

5 的二进制代码	0101
反码为	1010
对反码加 1 构造补码，获得–5	1011
加 7	0111
结果等于 2	10010

例 3.4 的输出结果有 5 位，但实际只有 4 位有效，即发生了溢出。一般在处理固定位数的算术运算时，总会存在溢出的可能性，此时可能丢失最高位(如本例中的第 5 位)。无论用多少位来表示 "–5" 和 "7"，都会发生最高位溢出。当采用补码时，可以丢弃溢出的最高位，经过加法运算后的 4 位输出为 0010，即可获得加法运算–5 + 7 的正确结果。

3.4　数据类型

前面所说的数字均为整数，实际运算中必然存在小数。一般运算中的小数与整数并无差别，但在计算机中必须区分用于表示整数和小数的数据类型。通常，表示整数的数据类型被称为**整型**，而表示小数的数据类型被称为**浮点型**。整数可采用 3.2 节和 3.3 节给出的形式直接存储在内存中，浮点数则需要采用一种类似科学符号的、基于尾数和指数的方式来存储。存储单精度浮点数需要 4 个字节，其中有 32 位，分配方式如下：

符　号	指　数	尾　数
位 31(1 位)	位 23 ~ 30(8 位)	位 0 ~ 22(23 位)

如果需要表示的数字为 "12"，则为整数；如果将其写作 "12.0"，则表示浮点数。

问题在于，为什么需要分别定义整数和浮点数呢？因为微控制器硬件电路能够直接处理整数，快速实现加法、减法、乘法，甚至除法运算。但大多数微控制器不具备直接处理浮点数的能力，要执行浮点运算，必须用软件对浮点数的不同部分(整数部分和小数部分)分别进行整数运算，因此浮点运算耗费的时间远多于整数运算，通常为后者的 10 ~ 100 倍。对于设计者而言，如果需要提升软件的处理速度，必须谨慎使用浮点数。

另外需要注意的是，浮点运算需要采用比较语句。由于表示数字的尾数位数有限(23 位)，因此在计算中必然存在舍入误差。如果尾数位数大于 23 位，则将丢弃部分低位，以四舍五入方式近似。由于四舍五入计算存在顺序差异，可能导致运算结果不同，此时需要使用比较语句进行比较。事实上，四舍五入后的数据可能比较接近，但不会完全相等，在构建比较语句时要特别注意，即需要容忍一定范围的比较差异。

下面给出整数与浮点数的计算示例，数字取值范围为 1 ~ 1000，将其乘以 1.5 后保留结果的整数部分。C 语言的语句为

```
Result = Variable * 1.5;
```

此处使用了一个浮点常量(1.5)，所以编译器首先将变量转换成浮点数，再用 1.5 乘以浮点数，最后把浮点数转换为整数，并返回结果。

采用整数运算表示为

```
Result = Variable +(Variable/2);
```

此时的运算速度更快。

3.5　常见数据类型的大小

微控制器的存储器是基于位组的，大多数微控制器的基本存储单元可存储 1 **字节**(包含 8 位，在 C 语言中表示 1 个字符)的数据。虽然存储单元的最小单位是字节，但实际应用中也会涉及更小的位组，如包含半字节的四位组，可用于表示十六进制数。对于大于 1 字节的数据，则没有统一的定义。对于大多数微控制器而言，第一个大于 1 字节的数据是包含 16 位的 2 字节数据。在 C 语言中，对于 8 位或 16 位微控制器而言，这样的数被称为**整型**(int)数。对于 32 位微控制器而言，4 字节、32 位的数据被称为**长整型**(long integer)数，或简单地表示为 long。

因此，一旦有了数据，必然涉及存储，此时需要一个变量。创建变量时需要首先确定变量的大小，微控制器资源有限，需要根据应用需求选择长度最短的变量。为了解决变量长短选择问题，首先需要确定变量的大小，即变量的取值范围，如果变量的取值范围为 0～255，则变量长度仅需 8 位(1 字节)。实际上，8 位表示无符号数最大的取值范围，对于有符号数(使用补码)而言，需要同时考虑正、负数之间的范围，例如 8 位有符号数的取值范围为 –128～+127。对于 2 字节的变量(如 8 位微控制器使用的 C 语言中的一个 int 变量)，可以存储取值范围为 0～65 535 的无符号数，或 –32 768～+32 767 的有符号数。通常情况下，N 位的无符号变量的取值范围为 0～2^N-1，N 位有符号变量的取值范围为 -2^{N-1}～$2^{N-1}-1$。表 3.1 给出了常见的数据长度及其对应的取值范围。

表 3.1　数据长度及其取值范围

数据长度	最　小　值	最　大　值
1 字节无符号数	0	255
1 字节有符号数	–128	127
2 字节无符号数	0	65 535
2 字节有符号数	–32 768	32 767
4 字节无符号数	0	4 294 967 295
4 字节有符号数	–2 147 483 648	2 147 483 647

3.6　固定长度变量的计算方法

计算机程序使用的变量与我们习惯使用的数字稍有差异，如 3.4 节、3.5 节中所述，变量的长度是固定的，其对应的取值范围也是固定的。新手程序员往往忽视变量的大小，从而导致计算错误。例如，253+5 等于多少？读者可以轻而易举地回答等于 258，但是对于计算机而言，就没有那么容易了。计算机在计算 253+5 之前，首先需要了解变量的长度和输出结果的长度，如果变量和输出结果的长度均为 2 字节，那么计算机会得出与读者同样的答案——258。但是，如果变量长度为 1 字节，那么输出将等于 2，因为 253+5 的输出已经超过 1 字节所能表示的取值范围，输出结果出现溢出。事实上，数字 258 需要用 9 位表示，即 100000010，由于此时仅有 8 位，导致最高位丢失，输出结果变成 253+5=2——这显然与我们的预期结果相差甚远。一般而言，对于两个变量相加的情况，如果每个变量的长度为 N 位，则其输出和需要 $N+1$ 位。如果 2 个 N 位数相乘，则其输出结果需要 $N+N$ 位，即 1 字节乘以 1 字节需要用 2 字节变量来存储最大可能输出结果。

还有一种溢出现象很容易被忽视，即输出结果与变量长度匹配，而计算的中间过程可能发生溢出。例如，$(250 \times 3)/5$ 的输出为 150，显然采用 1 字节变量即可满足要求。但是，如果采用 1 字节变量，则会发现输出等于 47，此时需要对计算过程进行解析。首先将 250 乘以 3，结果等于 750，750 需要用 10 位来表示（1011101110），如前所述，将一个 2 位数字（3）乘以一个 8 位数字（250），其结果将需要用 $8+2=10$ 位来表示。如果变量长度为 1 字节，显然将丢失最高 2 位，输出结果为 238，将 238 除以 5 得 47.6，由于此时处理的是整数而非浮点数，因此将省略小数位，输出结果为 47。

当然，要解决这个问题也并非难事，但需具体问题具体分析。在某些情况下，可重新排列执行顺序以避免中间结果溢出。上例中，如果用 3 除以 5，结果只有小数部分，将被整数运算省略，运算结果为 0，这种顺序显然不对。但如果先将 250 除以 5 再乘以 3，就会得出正确结果。因此，只要知道参数值，即可据此选择变量长度，当部分参数或所有参数都为变量时，谁也不知道能获得正确结果的执行顺序为何，此时唯一的选择是采用一个长度足够的变量，该变量能保证所有中间过程的运算结果不溢出。另外，使用的语言不同，采用的方法也各异，例如，C 语言可使用**转换操作**将 1 字节变量（char）变为 2 字节变量（int），以保存中间结果，即 ((int)250*3)/5。BASIC 语言则需要将其中一个变量存储为较长格式，以期获得正确结果。

简而言之，进行微控制器编程时，不能想当然地认为这只是最简单的数学操作。微控制器的计算规则与小学生所用的四则运算有着天壤之别。

3.7　模运算

对于人类而言，无论是否涉及进位问题，再也没有什么运算比对某个数加 1 更简单的了。减法亦然，即便可能需要添加负号。如 3.5 节所述，计算机中的变量需要与固定的存储长度匹配，而固定的存储长度必然对应固定的取值范围。因此，对于计算机而言，加 1 运算并不那么简单。

例 3.5　对 8 位无符号变量 255 加 1。

255 用二进制表示	1111 1111
如果加 1	1
将得到 9 位输出	1 0000 0000
如果变量长度为 8 位，则输出为 0	0000 0000

如 3.6 节的例 3.4 所示，执行结果可能与变量长度不匹配，导致输出"溢出"，高位丢失。实际上，溢出是一种**模运算**的算术特例，微控制器执行的所有整数运算都是基于模运算的。在模运算中，如果将变量的最大可能值加 1，则输出结果将为 0；如果对变量的最小可能值减 1，则输出结果将为该变量的最大可能值。

例 3.6　对 8 位无符号变量 0 减 1。

0 用二进制表示	0000 0000
为实现减法，对其加补码	1111 1111
结果等于	1111 1111

与一般的线性运算不同，模运算可以形象地用"数字圆"来表示，如图 3.1 所示。

模运算的另一个特点是，对于数字圆上的两点 A 和 B 而言，即使在 A、B 之间发生了翻转(经过 0 位置)，二者之间的步数总为(B−A)。

例 3.7　假设 A 点为 1，B 点为 4，则 A、B 两点之间有多少步？

B 点数	4
减去 A 点数	1
A、B 之间步数为	3

图 3.1　8 位无符号变量的数字圆

例 3.8　假设 A 点为 254，B 点为 4，则 A、B 两点之间有多少步？

B 点数用二进制表示	0000 0100
减去 A 点数，加补码	0000 0010
结果为 6	0000 0110

3.8　数学快捷键

仔细研究二进制数就会发现，二进制表示方法有许多有趣的属性，参见表 3.2。

如表 3.2 所示，一个十进制数的倍数对应的二进制数为前者后面多加一个 0，即在 6 的二进制数右侧加 1 个 0，就可获得 12 的二进制数。对二进制右侧加 0 的过程被称为**左移操作**。在微控制器中，大多数语言都采用一个内置的运算符来执行左移操作，数字每左移 1 位表示乘以 2。左移操作的速度通常比一般的乘法运算的速度快。

以此类推，如果左移是乘以 2，那么右移就是除以 2 了，如果被除数为奇数，则结果将只包含整数部分。表 3.3 给出了**右移操作**示例。

表 3.2　二进制数与十进制数的对比

十进制数	二进制数
6	110
12	1100
24	11000
48	110000

表 3.3　右移操作(除以 2)

十进制数	二进制数	右　移	右移后的十进制数
6	110	11	3
12	1100	110	6
25	11001	1100	12
49	110001	11000	24

为了执行左移和右移，C 语言定义了两个运算符，即 "<<"(左移)和 ">>"(右移)，运算符的第一个操作数表示要进行移位的数，第二个操作数表示移位的位数。例如，A >> 2 表示将 A 右移两位，B << 3 则表示将 B 左移三位。

3.9　布尔代数

乔治·布尔(George Boole)于 1847 年提出了布尔代数理论，主要用于处理逻辑运算。在此之前，逻辑问题属于哲学领域的研究内容，布尔代数将逻辑研究拓展到了数学领域。由于布尔代数提供了一套完整的逻辑状态控制规则，能够很好地映射到计算机的"0""1"状态，因此被广泛应用于计算机编程。

布尔代数具有典型的数学规律，如结合律、交换律和分配律。对于程序设计者而言，只需理解其基本运算法则，这些基本法则描述了 AND（显示为·）、OR（显示为+）、NOT（显示为-）和异或（XOR）（显示为⊕）的运算特性，以及其与常量 1（逻辑真）和 0（逻辑假）的各种运算。

OR	$A + 0 = A$	运算法则 3.1
	$A + 1 = 1$	运算法则 3.2
	$A + A = A$	运算法则 3.3
	$A + \overline{A} = 1$	运算法则 3.4
AND	$A \cdot 0 = 0$	运算法则 3.5
	$A \cdot 1 = A$	运算法则 3.6
	$A \cdot A = A$	运算法则 3.7
	$A \cdot \overline{A} = 0$	运算法则 3.8
NOT	$\overline{\overline{A}} = A$	运算法则 3.9
XOR	$A \oplus 0 = A$	运算法则 3.10
	$A \oplus 1 = \overline{A}$	运算法则 3.11
	$A \oplus A = 0$	运算法则 3.12
	$A \oplus \overline{A} = 1$	运算法则 3.13

在大多数高级编程语言（如 C 语言和 BASIC 语言）中，可处理的最小数据单元为字节，因此对于程序员而言，需要利用布尔代数的运算法则来实现微控制器某个字节中各个位的控制和测试。

3.10 操作单个字节

布尔运算符独立控制一位或一组位而不影响其他位，这对于控制寄存器（见第 8 章）编程显得尤为重要。布尔运算符是基于单个二进制元素定义的，对于包含多位的数组而言，需要逐位执行操作，即将一个操作数中的位 0 与第二个操作数中的位 0 进行配对，位 1 与位 1 配对，以此类推。由于运算操作是逐位进行的，因此这些运算符被称为**逐位运算符**。C 语言中的逐位 OR 用符号"|"表示，逐位 AND 用符号"&"表示，逐位 XOR 用符号"^"表示，逐位 NOT 则是在变量或常量之前加波形符号"~"。

下面我们利用布尔代数的运算法则来设置（置 1）和清除（置 0）字节中的某位。设置变量的某位，即使之在执行操作后为 1。此时可用运算法则 3.2，将其与一个全 1 字节进行 OR 运算，即可获得"1"。这个用作第二个操作数的数字被称为**掩码**。

例 3.9　设置取值为 16 的 8 位变量的位 0、位 1、位 3。

16 的二进制数　　　　　　　　　　　　　　　　　　　　　　　　0001 0000

为了设置位 0、位 1、位 3，采用 11（0x0B）作为掩码　　　　　0000 1011

进行 OR 运算，将位 0、位 1、位 3 置 1　　　　　　　　　　　0001 1011

用 C 语言表示为

```
Result = Var1 | 0x0B;
```

通常情况下，掩码为常量，掩码中的每一位都与输出结果的对应位设置息息相关（运算法则 3.2）。掩码中设置为 0 的位不影响输出结果（运算法则 3.1），可维持原始值。

要清除变量中的位——使其为 0,可基于运算法则 3.5,将该变量与待清除位设置为 0 的掩码进行 AND 运算,即可使待清除位为 0。此时,掩码中设置为 1 的位对输出结果无影响(运算法则 3.6)。

例 3.10   清除取值为 251 的 8 位变量的位 0、位 1、位 3。

251 的二进制数	1111 1011
为了清除位 0、位 1、位 3,采用 244 作为掩码	1111 0100
进行 AND 运算,将位 0、位 1、位 3 置 0	1111 0000

用 C 语言表示为

```
Result = Var1 & 244;
```

为了使语言具备可读性,一般可以将掩码中与待清除位对应的位置设置为 1,以实现逐位 AND 运算,如果常量为十六进制数,则很容易看出哪些位被清除了。实现可读性的最佳方法是使用待清除的位置上设置为 1 的掩码,并对其使用逐位 NOT 运算,然后将 NOT 运算的结果与变量进行 AND 运算。

例 3.11   采用可读掩码清除取值为 251 的 8 位变量的位 0、位 1、位 3。

位 0、位 1、位 3 的掩码可用十六进制 B 表示	0000 1011
执行逐位 NOT 操作,获得反码	1111 0100
251 的二进制数	1111 1011
进行 AND 运算,将位 0、位 1、位 3 置 0	1111 0000

用 C 语言表示为

```
Result = Var1 & ~(0x0B);
```

有时,还需进行状态翻转操作,即将当前状态为 1 的位翻转为 0,将当前状态为 0 的位翻转为 1,该操作通常被称为"切换"。实现切换的快速方法是采用运算法则 3.11 中的 XOR。如果将一个操作数与一个对应翻转位置的掩码进行 XOR 运算,则可实现状态翻转。

例 3.12   将取值为 251 的 8 位变量的位 0、位 2 翻转。

251 的二进制数	1111 1011
为了翻转位 0、位 2,采用 5 作为掩码	0000 0101
进行 XOR 运算,翻转位 0、位 2	1111 1110

用 C 语言表示为

```
Result = Var1 ^ 5;
```

3.11   测试单个位

测试单个位是 3.9 节所述操作的一种扩展,测试的基本思想是通过控制变量来清除某些与测试无关的位,并保留有用位。基于此构造掩码,使其在有用位置为 1,并直接对其进行 AND 运算(运算法则 3.5 和运算法则 3.6)。获得有用位后,即可测试是否全为 0。与此同时,还可将结果与掩码进行比较,在测试多个位时,比较结果为 0 即为逻辑真,即所有测试位都被清除(置 0);反之,如果并非所有测试位都为 0,则为逻辑假。在 C 语言中则正好相反,即如果结果为 0,则表示逻辑假;

如果有非零结果，则为逻辑真。与掩码进行比较时，如果所有测试位都为 1，则为逻辑真；如果任意测试位都为 0，则为逻辑假。C 语言中的测试程序如下：

```
if((Variable & Mask) == 0)        如果所有测试位都为 0，则为逻辑真
if((Variable & Mask) != 0)        如果任意测试位都为 1，则为逻辑真
if((Variable & Mask) != Mask)     如果任意测试位都为 0，则为逻辑真
if((Variable & Mask) == Mask)     如果所有测试位都为 1，则为逻辑真
```

例 3.13　测试变量中单个比特的切换状态。

微控制器的输入端口连接 4 个开关（S3，S2，S1，S0），读取开关状态变量，并将其存于低 4 位：S3（位 3），S2（位 2），S1（位 1），S0（位 0）。如果待测试开关 S3 的状态为 0，则先构造掩码（S3_Mask），将 S3 对应的位置置 1，即 0000 1000 = 8，然后将掩码与 S3 进行 AND 运算（Switches & S3_Mask）。如果 AND 运算的结果为 0，则开关状态为 0。在 C 语言中可用语句 if((Switches & S3_Mask) == 0) 进行测试。如果 AND 运算的结果为 0000 1000 = 8，则开关状态为 1，在 C 语言可用语句 if((Switches & S3_Mask) == S3_Mask 进行测试。

例 3.14　测试例 3.13 中所有的开关状态是否均为 1。

如果想测试所有的开关状态是否均为 1，则首先需要构造一个低 4 位为 1 的掩码以保留开关信息，掩码为 0000 1111 = 0x0F = 15，将掩码与开关变量进行 AND 运算，检测输出结果是否与掩码相同，在 C 语言中表示为 if((Switches & All_Mask) == All_Mask)。如果输出结果与掩码相同，则表示开关状态均为 1。

3.12　习题

3.1　把下列二进制数转换为十六进制数。

1101

01010

10011

11001100

110011000001

3.2　构造比较表达式，在不改变字节状态的前提下，测试字节中的位 0、位 2 和位 4 是否为 1。

3.3　构造表达式，在不影响其他位的前提下，清除缓冲器单字节变量中的位 1、位 3 和位 5。

3.4　构造表达式，在不影响其他位的前提下，设置字节变量 PortA 中的位 1。

3.5　写出以下有符号十进制数的 16 位十六进制数的表示形式（假设表示为补码的形式）：

10

17

27

−45

−128

127

3.6　构造表达式，在不改变字节状态的前提下，测试字节变量中的位 0 或位 3 是否为 1。

3.7　构造表达式，在不改变字节状态的前提下，测试字节变量中的位 1 或位 3 是否为 0。

3.8　如果所有值都包含在字节变量中，则下列表达式会输出什么结果？

$(240 \times 2)/4$

$(240 \times 2)/10$

$(240/10) \times 2$

$(240/4) \times 2$

3.9 构造表达式，在不影响其他位的前提下，清除字节变量 PortA 的位 1。

3.10 构造表达式，在不影响其他位的前提下，对字节变量 PortB 中的位 3 执行切换操作：将 0 变为 1，或将 1 变为 0。

3.11 构造表达式，在不使用除法运算符的前提下，快速执行整数变量除以 32 的运算。

3.12 填写下表中的空白项：

	二进制数	十六进制数
1	1100 0111	
2	0110 1010	
3	0001 1100	
4	0101 1001	
5	1011 0110	
6		0xB4
7		0x1E
8		0x72
9		0x39
10		0xFF

3.13 24 位的补码数的取值范围是多少？

第4章 编程语言

计算机编程指的是如何给计算机发送指令并使其执行某种操作。实际上，计算机的基本功能单一，难以理解人类语言，因此计算机科学家发明了多种计算机编程语言，用以向计算机发送指令，这些语言试图使"能力有限"的计算机理解人类的复杂思想。本章将详细分析微控制器的基础语言，进而分析如何使程序员与计算机和谐共处。通过本章学习，读者将会了解：

1. 什么是机器语言？程序是如何执行的？
2. 为什么需要汇编语言？汇编语言与机器语言有何不同？
3. 什么是编译语言？
4. 什么是解释器？其优势何在？
5. 如何为目标项目选择计算机编程语言？

4.1 引言

如何让微控制器根据要求完成任务是本节需要讨论的关键问题，执行指令的计算机只能执行有限的几个简单操作。例如，早期的微控制器(英特尔 8048)没有减法运算指令；时至今日，许多微控制器依旧无法执行除法运算。程序员的任务是将复杂的控制需求转化为微控制器能够执行的简单操作指令，特别要让微控制器学会减法和除法，并执行其他应用需求任务。归根结底，以上需求实际上是微控制器内存中"0"和"1"的组合顺序问题，微控制器将根据不同的"0""1"组合执行操作指令。本章首先介绍简单的指令，然后介绍高级语言，高级语言一般更加接近人类思想，编程相对容易掌握。

在介绍编程语言之前，我们首先介绍一些与软件开发相关的术语，这些术语与具体操作的执行过程相关。在现代软件开发中，程序员在开发计算机(PC 或 Mac)上编写调试程序。需要说明的是，开发计算机与运行程序的计算机是不同的，其关联关系如图 4.1 所示。

除此之外，本章还将讨论"编译时间"(亦称"汇编时间")与"执行时间"的差异。编译时间和汇编时间均指在开发计算机上对源程序(程序员编写的指令)进行处理所消耗的时间，源程序经编译后即可在目标计算机上执行操作。执行时间是指计算机执行程序指令所消耗的时间。

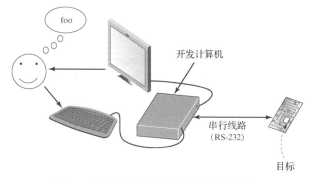

图 4.1 开发计算机与运行程序的计算机

4.2　机器语言

计算机的大脑是**中央处理器**(CPU)，中央处理器只能执行最基本的操作。相比于人类而言，功能最强大的计算机的 CPU 能力也是十分有限的，计算机的优势在于能够快速执行简单指令。CPU能执行加法和比大小操作，这些可执行操作将被编成二进制"0""1"代码，存储在内存中，CPU可以从内存中读取代码，并根据获得的二进制代码执行逻辑或代数运算。这些二进制"0""1"组合被称为计算机**机器语言**，不同的组合形式对应不同的 CPU **指令集**。

机器语言的"1"和"0"定义了操作指令，并控制 CPU 各个部分的逻辑，在此可对常用指令及其指令执行函数进行对比分析来说明该过程。下面以 Microchip 的 PIC 微处理器为例进行说明。子程序调用指令被编成二进制代码 10 0xxx xxxx xxxx，其中 x 表示子程序的调用地址；例如，调用子程序的起始地址为 0x100，此时 PIC 机器语言指令为：10 0001 00000000。如果仅跳转到给定地址，且不需要保存返回地址，则机器码为 10 1xxx xxxx xxxx。请注意，以上两条指令最左侧两位均为 10，第三位若为 0，则表示调用一个子程序；若为 1，则表示一次简单跳转。如要清除(置 0)内存中某个特定位，则对应机器码为 01 00bb bfff fff，此时，最左侧为 0100，表示清除操作，bbb 这 3 位指示待清除位在 8 位字节中的位置，而 fff fff 则给出了待清除位所在字节的内存地址。

每一种计算机或微控制器都有自己的机器语言，这些语言具有"向后兼容"特性，即新一代处理器可能增加了新的功能指令，但仍可执行旧处理器的指令，例如 PC 中英特尔和 AMD 的最新处理器仍可执行 20 世纪 80 年代使用的 8088 处理器的所有指令。

处理器执行的机器语言是 CPU 内部逻辑组合函数，因此 CPU 的设计者将直接决定指令特性。近年来，为了提高指令执行速度，CPU 的设计者更加倾向于采用小型指令，因此产生了一系列**精简指令集**(RISC)。

人类一般不喜欢使用机器语言，过去的程序员往往采用手动输入方式将机器语言程序输入内存(一般用于系统启动)，现在机器语言的处理大多由开发软件工具或 CPU 完成。

为了使读者了解不同机器语言间的差异，下面给出一组采用不同机器语言的执行码，执行的任务是测试内存中用于控制电机速度的位，该位的状态决定了电机速度。当该位为 1 时，电机速度为最大速度的 50%；当其为 0 时，电机速度为最大速度的 75%。该执行码用十六进制 PIC 机器码表示为

```
0x1921
0x2803
0x3032
0x2805
0x304B
0x00A0
```

读者可以据此感受一下机器码，尽管 CPU 可以识别这类机器码，但没有哪个程序员会愿意用机器码编写程序。事实上，如果想用机器码编写程序来实现目前常用的复杂系统，那么只能是天方夜谭。

4.3　汇编语言

汇编语言是一种具有一定可读性的机器语言表达方式，也称之为助记符。与机器语言不同，程序员能够理解汇编语言。例如，执行"令 CPU 调用起始地址位于 0x100 的子程序"，机器语言

表示为 10 0001 0000 0000(二进制),而对应的汇编语言指令为"CALL PulseEnable"。处理指令的机器语言(不包括地址)与汇编语言助记符之间具有一一对应关系,助记符中的"CALL"对应机器语言中的前三位"100",其他位则表示被调用子程序的地址,在对应的汇编语言中,被调用子程序的地址用符号"PulseEnable"表示,程序员无须考虑子程序的实际存储地址,从而简化了编程过程。

  程序员应如何用汇编语言编写程序?首先需要准备一个说明文档,详细列出程序中所需的汇编语言指令与机器码之间的对应关系。**汇编器**读取该文档,并将人类可读的助记符和数字常量转换为机器语言。汇编器执行的任务非常简单,只需查找机器语言与助记符之间的关系。4.2 节示例中的汇编语言与机器码之间的关系列举如下:

```
           btfsc      Var2Test,Bit2Test
           goto       Use75
           movlw      50
           goto       SaveSpeed
Use75      movlw      75
SaveSpeed  movwf      Speed
```

  虽然汇编语言的可读性依旧不好,但从中可以识别出变量名(Var2Test,Bit2Test)、指令助记符(goto)和行标签(Use75,SaveSpeed),其可读性已远胜于机器码。

  一般而言,程序员认为汇编语言与硬件的关联性较强。与高级语言相比,汇编语言的编程周期过长,现在用纯汇编语言编写的程序已极为罕见。汇编语言最大的优点是处理速度快,但随着内存价格的下跌、处理器性能的提高,汇编语言的优势越来越不明显,程序员更加倾向于采用高级语言编程。目前,汇编语言用于对执行速度和执行时间精度要求很高的应用,或用于执行一些简单操作,如长度仅为几个字节的程序存储器与某个特定芯片内存的适配。

4.4   高级语言

  汇编语言和机器语言均为**低级编程语言**,低级语言与微控制器架构密切相关,其设计更多取决于芯片硬件本身,而与程序员的编程水平关系不大。**高级语言**的特点在于其程序设计与执行程序的底层硬件没有直接关联关系,高级语言首先考虑的是程序员的需求,而硬件设计只会作为次要因素予以考虑。高级语言便于表达算法,有助于编写程序。需要说明的是,此处的高级/低级语言的划分是基于硬件的;实际上,在计算机领域,C 语言和 Forth 语言通常也被称为低级语言,真正的高级语言是指 C++或 Ada 语言。

4.5   解释器

  许多年前,程序员学习的第一种编程语言是 BASIC 语言。BASIC 是 1964 年由 Kemney 和 Kurtz 在美国达特茅斯学院发明的一种语言。BASIC,顾名思义,是为初学者准备的语言,这种语言简单易学,程序员们只需要输入一条指令,计算机即可按指令执行。为了运行 BASIC 程序,需要对其进行解释,因此在 BASIC 指令的执行中需要运行解释程序,即 BASIC **解释器**。BASIC 解释器读取程序员编写的基本指令,并执行指令操作;究其本质,解释器也是计算机程序,它以一种特定的语言输入一系列指令,并执行这些指令所对应的操作,具体执行框图如图 4.2 所示。

  语言的解释处理过程与计算机底层基于机器码或汇编语言的指令执行过程完全不同,解释器属于高级语言，易于理解和执行。在此特别说明，解释器并非单纯执行翻译器功能，而是需要解释指令的含义，并执行相应操作。**翻译器**则仅需将一种语言转换为另一种语言，例如，输入短语"Close the door（关门）"，翻译器仅会生成"Schließen Sie die Tür"，而解释器将会执行关门动作。尽管早期的 BASIC 并没有解释器功能，但由于其在 PC 上首先使用解释器功能，开创了一个新时代，因此人们总会将 BASIC 与解释器联系在一起。

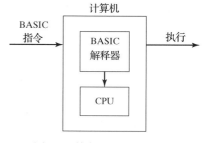

图 4.2　执行 BASIC 解释器

解释器的最大魅力在于具有交互性，有了解释器即可立即执行程序中的指令。如果指令没有按程序员期望的方式执行，则会提示程序编写有误，这将有助于程序员发现问题并及时修改。然而，这种方式可能导致编程碎片化，即在编程过程中的小修小补不断，最后产生的是一个大杂烩式的代码拼盘——"意大利面代码"（spaghetti code）。

多年以来，人们致力于研究 BASIC 的衍生语言，以解决基本 BASIC 语言存在的问题（如变量只能为 A ~ Z，A0 ~ A9，B0 ~ B9，等等）。BASIC 示例如下：

```
10 IF ((V/4)-((V/8)*2)) = 1 THEN 40
20 LET S = 75
30 GOTO 50
40 LET S = 50
50
```

请注意 BASIC 语言的每行都有行号，另外，行号 10 后面的复杂表达式用于表示测试位 2，该语句旨在判断位状态为"1"还是"0"。之所以采用了如此复杂的表达方法，是因为这个 BASIC 版本没有定义位级逻辑操作，相关内容详见第 3 章。

虽然 BASIC 不是第一种高级语言，也不是第一种使用解释器的语言，但其绝对是普及度最大的语言之一。有趣的是，现代工程师可能在 MATLAB、MathCAD 或 Mathematica 等工具中使用纯解释器，反而在微控制器中却很少再使用纯解释器了。

4.6　编译器

编译器与解释器具有一定相似性，二者均可从程序指令序列中提取指令含义，其不同点在于编译器不执行源程序操作。

解释器是在执行程序的过程中，即在程序"执行时间"内提取指令含义；例如在执行循环程序时，每次循环都会解释循环内程序的含义，并执行相应操作，因而导致了解释重复。

编译器则不同，如图 4.3 所示，其含义提取过程与操作执行过程是分离的。

如图所示，编译器将整个处理过程分为两个部分，即编译和执行，其中编译在开发计算机上完成，即编译和执行过程可分别用两台不同的计算机实现。嵌入式系统一般采用这种工作模式。

将编译与执行分离，可避免多次重复解释同一程序。编译器只解释一次，并基于生成代码添加指令并构造循环。执行过程中可能多次执行与该代码关联的机器语言，但编译过程只会解释一次，从而大大提高了编译执行速度。

编译后的语言不再与解释器交互，因此提高了执行速度。一般而言，解释器每秒可执行几千条指令，而在编译方式下则每秒可执行数万到数十万条指令。

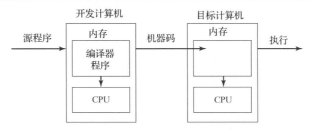

图 4.3　基于编译器的开发和执行过程

对于中小型程序而言，编译器产生的总代码相对解释器的比较少。解释程序在执行系统中运行，即使很小的程序也需要固定长度的开销；编译器则不存在此类问题。另外，随着程序长度的增加，其含义将更加丰富，解释程序和待解释程序的总量可能远大于编译器，此时解释器可能产生一个更小且执行速度更慢的程序。在系统优化过程中，设计者将一次又一次面临执行速度与程序规模的平衡问题，一般而言，程序规模又小且执行速度又快的解决方案是不存在的。

嵌入式系统最常见的编译器可用于编译 C 或 C++语言。对于采用功能强大微处理器的系统，例如航空应用设备，一般需要编译 Ada 语言。目前，C 语言已广泛应用于嵌入式系统，它支持任意数据类型定义和结构化编程架构，提供底层访问功能，大多数的微控制器都有 C 编译器。C++是一种基于 C 语言构建的**面向对象编程**(OOP)语言，随着 OOP 的普及，C++逐渐进入嵌入式系统设计，但 C++所需开销过大(增加了许多面向对象的开销)，限制了其在大规模嵌入式系统中的应用。为了解决这个问题，研究者开发了精简版(EC++)，以解决 C++开销过大的问题。尽管目前市面上有针对 8 位微控制器的 C++编译器，但 C++一般用于 32 位系统。

在如下给出的示例代码中，C 和 C++表示操作序列的方式并无差异：

```
if ((Var2Test & Bit2Test) == Bit2Test)
    Speed = 75;
else
    Speed = 50;
```

4.7　混合编译/解释器

到此，读者可能会有一种想法，即有没有可能将编译器与解释器交叉组合在一起呢？答案是肯定的，这种组合可以综合二者的功能，如 Forth、Java、BASIC Stamp 等均采用了这种组合方式，并表现出强大的竞争力。尽管 Forth、Java 和 BASIC Stamp 均采用了编译器和解释器组合方式，但组合的具体方法各不相同。

Forth 于 20 世纪 70 年代初由 Chuck Moore 提出，其用户范围虽小，但活跃度很高，许多嵌入式系统都使用 Forth，其中包括一些高端设备，如 FedEx 的手持式扫描仪。计算机问世之初，内存资源非常宝贵，因此大部分程序都用汇编语言实现。为了提升汇编语言的编写速度，并兼顾计算资源的合理利用，Forth 将编译器和解释器进行组合，并在目标计算机上运行。Forth 解释器中的编译部分用于定义新"词"(类似于常规语言中的函数)，并生成紧凑程序(并非机器码)。当该程序运行时，Forth 解释器将读取之，并确定执行指令所需的操作。这种方法节省了执行周期内读取每行代码所消耗的开销，因此相对于纯解释器，其执行速度更快。Forth 解释器非常简单，可生成紧凑型应用。此外，编译器和解释器的组合也提升了嵌入式系统的交互能力，嵌入式系统可以根据输入定义新"词"，并与其他高级"词"合并，进而在指令行执行。

但 Forth 也存在先天性缺点；由于 Forth 追求简化解释器并提升处理速度，使得其编程结构更像机器语言，而不像现代语言，因此 Forth 往往被视为一种低级编程语言。最显著的特征是，Forth 几乎完全采用反向波兰表示法(reverse polish notation)，对于不熟悉 HP 科学计算器的用户来说，根本无法理解为何反向波兰表示法会将操作数放在运算符之前，如(3 4 +)，而非将运算符放在操作数之间，如(3 + 4)。实际上，反向波兰表示法可简化编译器和解释器的工作，其代价是程序员需要按照机器的方式思考，一旦程序员适应了"Forth Way"，就会发现这种语言能够非常紧凑、合理地快速执行应用程序。当然，以上两种特性都是将其用于嵌入式应用程序之后才被发现的。

Forth 的程序示例如下：

```
Var2Test @
Bit2Test AND IF
    50 Speed !
ELSE
    75 Speed !
THEN
```

Java 是一种较晚出现的语言，也是一种面向对象编程(OOP)语言；追根溯源，OOP 源于 20 世纪 70 年代中期 Xerox PARC 发布的 Smalltalk 语言。Java 系统与 Forth 完全不同，它将编译和解释拆分为两种完全独立的操作，并在不同计算机上运行。Java 编译器可在"主机"计算机上运行，如个人计算机，它将 Java 源代码转换成一系列标准的**字节码**，这些字节码类似于理想处理器的机器语言。但字节码与机器语言的应用目的是不同的，机器语言的"1"和"0"组合是为了满足特定处理器的硬件需求，字节码则需要容易解释，以保证解释器运行 Java 应用程序时能表现出良好性能。由于 Java 编译器产生的字节码已经标准化，所以编译器的输出可与任何特定的编程硬件绑定。这意味着 Java 平台是独立的，即编译后的 Java 程序可在配备了 Java 解释器(**Java 虚拟机或 JVM**)的任何硬件上执行，台式机和许多嵌入式系统中都有 JVM。在 Java 环境下，设计者更加关注平台的可移植性，而非交互性。因此，虽然 JVM 是解释器，但它并不与人类直接交互。Java 的程序开发过程非常类似于纯编译语言，如 C 或 C++。

下面给出的代码片段显示了 Java 对 C 的继承：

```
if ((Var2Test & Bit2Test) == Bit2Test)
    Speed = 75;
else
    Speed = 50;
```

为了提高性能，Java 和 Forth 均鼓励使用者编写编译器，将中间表示语言转换为特定处理器的机器码。从功能上来看，这与纯编译器方式相同。此外，为了提高执行速度，JVM 不再使用解释器，而是直接由处理器执行，对于 Java 而言，这意味着需用硬件直接实现 JVM，并使用字节码作为机器语言。

Parallax 的 BASIC Stamp 使用了一种名为 PBASIC 的自定义语言，同时具备 Forth 和 Java 的特征，其与 Forth 的相似之处在于，作为 BASIC 变体的 BASIC Stamp 更加关注硬件的使用效率。与 Java 类似，BASIC Stamp 使用一种基于字节码的中间表示语言，并在嵌入式系统的独立字节码解释器中运行。BASIC Stamp 的解释器一般选用价格低廉的小型处理器。顾名思义，BASIC Stamp 和 PBASIC 是 BASIC 语言的衍生语言，BASIC Stamp 系统简单，价格低廉，适合新手入门，在市场上广受欢迎，其竞争力较强，但廉价微控制器的功能十分有限。因此，BASIC Stamp 更适用于纯解释器，其处理速度从每秒几千条指令(最简单的 BASIC Stamps)到每秒约 19 000 条指令(最高性能的变体)。PBASIC 的程序示例如下：

```
IF (Var2Test & Bit2Test) = Bit2Test THEN Speed = 75
ELSE Speed = 50
ENDIF
```

4.8　集成开发环境(IDE)

　　最初的编译器是一种独立的应用程序,即使现在,编译器的编译过程依旧包含多个处理阶段,不同的处理阶段执行不同的处理程序,这些程序通常用于处理纯文本文件。程序员使用特定的文本编辑器编写纯文本文件,这些文件格式往往不能满足编译要求。对于编译器而言,需要首先将程序员编写的纯文本文件转化为一个新的文本文件,再进行编译处理。现在已不再采用独立组件构造编译器,取而代之的是**集成开发环境**(IDE,Integrated Development Environments),IDE 将应用程序涉及的所有文件打包,以便在目标环境中执行。IDE 包括文本编辑器、编译器,以及用于将程序编译成目标微控制器的机器语言的其他程序,并提供图形化界面用以设置编译器和其他工具,减少嵌入式代码的编写量。

4.9　选择一种编程语言

　　如何选择合适的语言,是每个程序员面临的常见问题。一般程序员的回答是选择"我上次用过的"或者"我最喜欢的那个",这种选择包含了太多的个人偏好。实际上,只要认真分析思考项目需求,程序员便很容易做出合理选择。因此,程序员在选择语言时应该更加理性,而不能包含太多的个人偏好。

　　需求分析的第一步是项目的规模。如果项目很小,执行周期肯定也很短,此时选择语言时需更多考虑程序员对语言的熟悉程度和开发环境的可用性。如果项目仅需一个程序员,则需重点考虑开发速度,此时应选择该程序员最熟悉的语言。另一方面,项目方案必须满足项目性能需求,BASIC Stamp 及其类似语言因较为简单而成为小型项目的首选。实际上,大多数程序员都会在某个时刻"邂逅"BASIC,这种语言是如此简单,掌握起来简直易如反掌,因此往往令程序员一见难忘。一般而言,小型项目面向的处理对象和处理任务十分有限,如对几个简单传感器数据的采集、处理和输出,只需执行用以实现脉冲宽度调制和串行通信的特殊指令行,因此在设计中需要特别关注对简单任务的执行能力。随着项目规模的增大,BASIC Stamp 的劣势会越来越突出,诸如程序规模有限,存储空间不足,只能执行整数运算,执行速度缓慢等,都会导致设计者的弃用。

　　大型项目一般需要多个程序员协同工作,在选择语言时则需更多考虑其固有特性,一般会选用开发性能较好的语言,因此可以排除纯解释类语言。这类项目往往需要更多考虑语言的互操作性和编译环境(详见第 6 章),大型项目一般选择有独立编译环境的语言,如 C、C++和 Ada 语言。

　　另一个需要考虑的因素是执行速度。纯解释器、字节码解释器、编译语言及汇编语言都可以提高执行速度。单纯从编译器的角度来看,面向对象的语言,如 C++和 Ada 语言,更加关注软件的可靠性,相比 C 语言的开销(生成的机器码)更多。目前仍有一些应用程序采用汇编语言编写代码,甚至一些大批量产品依旧采用汇编语言编程,因此可以证明汇编语言仍有强大的生命力。有些设计者用"在线组装"方式将汇编语言与高级语言程序融合,对于大多数可编译语言来说,这是一种较为可行的方法,但字节码解释器和纯解释器是无法采用这种组装方法的。

　　读者可能会有另一个问题——将 Forth 和 Java 组合使用怎么样? 这个问题很难回答,首先,许多程序员认为 Forth 是低级语言,让他们采用 40 多年前的 Chuck Moore 方式编程,显然有一定困难。但从另一个方面来说,Forth 是"可扩展的",即程序员可通过定义新"词"增加功能组件,从应用角度来看，这种扩展能力使 Forth 越来越适合于应用开发，且开发速度快。对于程序员而言，只要成功入门，就可快速成长。为了提升整体表现，许多微控制器放弃了解释器，转而采用 Forth。

Java 在嵌入式系统中的应用领域越来越广，Java 的优势在于其具有平台独立性及其"立足"面向对象的特点。尽管单片微控制器还没有独立的 JVM，但已有许多改善 Java 实时性的解决方案。不过 Java 在未来嵌入式系统中的发展趋势尚不明朗。

语言分类汇总见表 4.1，该表根据语言的普及度及项目规模分类。语言的评价是一个复杂问题，汇总表中只能表示一般的情况，而无法给出绝对的评价指标。

表 4.1　根据项目规模和程序员数量对比编程语言的适用性

项目规模	小	中	中	大
程序员数	一位	一位	多位	多位
PBASIC	+	OK	−	− −
Forth	+	+	+	+
Java	OK	+	+	+
C	+	+		−
C++	−	OK	+	++
Ada	−	OK	+	++
汇编语言	OK	OK	−	− −
"−"表示语言的劣势	"− −"表示这些劣势将严重影响项目开发	"OK"表示正常	"+"表示语言的功能强大	"++"表示语言的功能非常强大

4.10　习题

4.1　比较解释器与编译器的差异。

4.2　解释如何采用下列 BASIC 代码测试位 2 的状态：

```
10 IF((V/4)-((V/8)* 2))= 1
```

4.3　判断正误：采用汇编语言编码就能轻易提升用解释器编写的程序性能。

4.4　判断正误：汇编语言是一种高级语言。

4.5　程序何时从编译状态转换到执行状态？

4.6　判断正误：汇编语言和机器语言是相同的。

4.7　判断正误：本章旨在教会读者编程。

4.8　本章介绍了哪些面向对象的语言？

4.9　介绍一种可采用解释器的案例。

4.10　简述 Java 和 PBASIC 的两个共同点。

4.11　列举本章中未提及的三种广泛使用的计算机语言。

4.12　如果要测试一个包含大量外设的微控制器电路，你将选择哪种语言？为什么？

4.13　如果要编写用于控制伺服电机微控制器的代码，你将选择哪种语言？为什么？

参考文献

[1]　*C Programming Language,* Kernighan, B.W., and Ritchie,D.M., 2nd ed., Prentice Hall, 1988.

[2]　*History of Programming Languages,* Wexelblat, R.L.（Ed.）, Academic Press, 1981.

[3]　*Threaded Interpretive Languages,* Loeliger, R.G., Byte Books, 1981.

第5章　嵌入式系统的程序结构

编程入门课程将会解释基本程序结构、任务分配、循环、测试，以及与编程语言相关的其他内容，对于有这类课程学习经历的读者而言，回顾总结后即会发现，程序的运行是受输入控制的。程序总会在某个固定位置查找输入，并等待输入出现，如果程序正在查找某种特殊的输入(如鼠标点击或键盘敲击输入)，则不会进行其他任何工作；反之，如果程序正在运行计算功能，则无法检测输入，如果此时点击鼠标，程序至少不会响应第一次的点击动作。尽管这种编程方法在大多数情况下可以接受，但并不适合机电一体化系统，因为机电一体化系统往往有多个输入，而且无法预测这些输入的激活时间，采用传统的编程方法可能导致输入丢失，这对于机电一体化系统而言是无法接受的。本章将介绍两种可用于机电一体化系统的互补性编程结构，通过本章学习，读者将会：

1. 明确事件与给定系统的相关性。
2. 能够绘制表示系统特性的状态图。
3. 理解噪声对于表示事件发生的信号的影响。
4. 学会编写事件检测例程、服务例程和状态机函数。

5.1　背景

下面以典型的机电一体化系统——DVD 播放器开始本章的讲解。传统 DVD 播放器的前面板上有许多按钮，机器内部有光盘输入传感器，托盘状态传感器及遥控器接收模块等。DVD 播放器内的嵌入式计算机控制程序必须能够在任意时间、按任意顺序响应任意输入类型，如快进、停止、播放、暂停及其他操作，DVD 播放器程序无法预测遥控器何时发出操作命令，这些操作命令可能在光盘播放过程中到来，因此无法采用单次单输入程序结构。

这类系统需要一种能对多输入做出快速响应的程序结构，即在任意时间响应任意序列，这个需求既是嵌入式系统的常见需求，也是个人计算机的需求。例如在使用常见的文字处理软件时，用户打字，程序接收键盘的输入信息，并将字符输入到文档中；与此同时，用户也可以点击屏幕上的其他位置，比如将鼠标箭头移到文档的另一个位置，即可改变字符的插入点；如果将鼠标箭头移到菜单位置，将会显示详细的下拉菜单；如果选择改变字体格式，则可改变下一个输入字符的格式。因此，计算机的文字处理软件及其他运行于 Windows、MacOS、X-Windows 等图形化用户界面(GUI)的程序，都与 DVD 播放器有着相同的需求，即能够同时处理多个变量输入。因此，嵌入式系统和操作系统选用了同一种通用程序结构——**事件驱动编程**，以实现多输入异步响应。

5.2　事件驱动编程

事件驱动编程模型将程序结构分成两组，即事件与服务。事件表示应用中一些感兴趣事情发生，服务则是因响应事件而执行的一组操作；事件可来自外部，如点击鼠标，亦可由程序的其他部分生成，如定时器的计时时间已到。程序持续检测事件，一旦事件发生，则执行相关的服务响应。

为了实现事件的持续检测，必须连续运行事件检测例程，即必须加快服务响应执行速度，以便尽快返回以执行事件检测例程，因此，不允许服务进入等待或长时间中断状态。例如 WHILE 循环的开关控制操作，其终止条件不受程序控制，这种不定循环的程序结构称之为**阻塞代码**，事件驱动编程模型只支持非阻塞代码。

那么，如何处理开关问题呢？设计者可定义一个独立的开关关闭事件，当开关关闭事件未发生时，程序将持续扫描其他事件，并进行相关响应。

5.3　事件检测器

事件的发生具有随机性和不可确定性。以开关为例，开关的打开或关闭过程表示事件；图 5.1 给出了事件驱动条件下，开关由开到关的过渡过程。

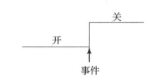

图 5.1　用事件表示的变量转换

事件检测器是用于测试事件发生的小段代码，为了检测事件，例如开关的事件，其输出持续有值，事件检测器必须记录历史数据，如果检测数据与历史数据不同，则表示事件发生。相关伪代码如下：

IF switch is closed now AND switch was open last time
THEN SwitchClosed event has occurred.

为了检测事件，必须随时更新状态。必须保存开关的最新状态变量值，并可被事件检测器反复调用。相关的 C 语言示例如程序清单 5.1 所示。

程序清单 5.1　使用 C 语言编写的事件检测器

```
unsigned char CheckSwitchClosed( void)
{
    static unsigned char LastState = OPEN;
    unsigned char CurrentState;
    unsigned char EventStatus;

    CurrentState = GetSwitchState();
    if((CurrentState != LastState) &&
       (CurrentState == CLOSED))          /* the event test */
        EventStatus = TRUE;
    else
        EventStatus = FALSE;

    LastState = CurrentState;             /* update state variable */

    return(EventStatus);
}
```

仔细阅读以上程序可以发现，LastState 是一个局部变量，它仅存在于函数内。另外，它还需要通过静态修改器发布，以便在函数调用时返回数据。另两个变量则不然，虽然它们也仅存在于函数内，但不需要在函数调用时返回数据。需要特别注意的是，静态变量的初始化只有一次，非静态变量则在每次执行函数时都需进行初始化。

局部变量 CurrentState 的使用揭示了一个重要概念，即使用 CurrentState 变量只会读取开关的一个状态,但实际上开关有两个状态。因此,首先需要对某个事件的开关状态进行测试,然后更新 LastState 变量。由于该过程只读取了一次开关状态,并将读取结果赋值给局部变量,因此可以避免在检测过程中或变量更新过程中发生状态切换。一旦发生状态切换,则检测失败,事件丢失,但 LastState 变量依旧会被更新。

以上基本功能适用于大多数用以检测两个独立状态切换的事件检测器。当变量值处于某个设定范围内时,事件将被触发,此时将事件定义为不同阈值间的转换。以光电传感器为例,如果在光电传感器上使用同一个基本函数——测试高于/低于阈值的 GetSwitchState() 函数,即可发现当光强从低于阈值上升到高于阈值时,将会检测到一系列的 ON-OFF-ON-OFF 事件,其分析参见图 5.2。

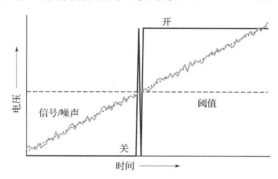

图 5.2　事件检测过程中的信号噪声导致的啁啾现象

任何表示实际(模拟)信号状态的测试变量都会受噪声影响,当变量的测量值位于阈值附近时,噪声可能导致其在阈值上下波动,直到信号与噪声之和真正大于阈值。测量值在阈值附近的上下波动将触发一系列虚假事件,用户则希望状态响应不受噪声影响,即信号从小到大的变化过程只触发一次事件。

要解决这个问题,最直观的方法是对信号源进行处理以减少噪声的影响(见第 14 章和第 15 章),例如采用滤波器滤除噪声,但这种方法需要增加额外硬件投入,且可能对信号的响应速度产生不良影响。另一种方法则是通过增加软件复杂性来降低噪声的影响,这种方法不需要增加额外硬件投入。

图 5.3 给出了滞后处理的原理图。滞后表现为对上升和下降信号的响应不同,对转换点的适当滞后可消除噪声导致的虚假事件。如果滞后电压范围大于噪声幅度,则当信号从滞后区的低阈值变换到高阈值时,只会有一次事件触发。

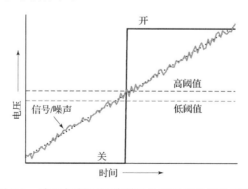

图 5.3　采用高/低双阈值滞后处理以消除啁啾现象

基于软件即可实现滞后处理,具体方法是将单一阈值改为变量,变量有两个取值,即低阈值和高阈值，当信号初值低于转换阈值时，选择高阈值为触发阈值。随着信号值的增加，其与噪声之和最终会超过高阈值，从而触发事件。当信号初值高于转换阈值时，选择低阈值为触发阈值，以防止叠加噪声触发新事件，当信号与噪声之和低于低阈值时，触发事件。由于两个阈值之差大于噪声的幅度，因此噪声不会触发虚假事件。当信号与噪声之和低于低阈值时，将会触发事件"光已消失"，此时再将阈值设置为高阈值，等待下一次检测。可以将滞后处理打包到 GetLightState()函数中，该函数能够实现滞后，并构建一个二值开关系统；在编写类似的开关基本事件检测程序时，可以直接调用 GetLightState()函数。其 C 语言示例见程序清单 5.2。

程序清单 5.2　用 C 语言编写的滞后处理软件

```
unsigned char GetLightState( void)
{
    static unsigned char Threshold= HI_THRESHOLD;
    unsigned char LightState;

    if( LightValue >= Threshold)    /* above the threshold ? */
    {
        LightState = LIGHT_ON;
        Threshold = LO_THRESHOLD;
    }else                           /* must be below */
    {
        LightState = LIGHT_OFF;
        Threshold = HI_THRESHOLD;
    }
    return(LightState);
}
```

此处使用静态局部变量来保存在两次连续调用函数间隙需要保持的内部信息，该静态局部变量值即可视为阈值；当光强高于阈值时，表示光源开启，此时将阈值设为低阈值；采用低阈值能够消除由于噪声导致的误判；只有当光强低于低阈值时，才表示光源关闭，此时再将阈值设置为高阈值，即使噪声引起光强增加，仍将判决为光源关闭。需要注意的是，每调用一次 LightValue()函数只会读取一次光强，如果在一次调用过程中读取两次光强，则可能因采样值变化导致判决混乱。

当然，滞后也可用硬件实现，详见第 11 章。

5.4　服务

所谓服务，是指对检测事件执行的操作，即当检测到某种事件后，程序执行的简单行为。例如用于检测碰撞事件的、携带凹凸传感器的机器人，检测到碰撞后需要执行服务响应，如停止前进、转向、向另一方向移动。

服务是一种非常简洁的函数，能够启动所需操作并快速返回结果，从而使程序能检测其他事件，避免事件漏检。事件驱动编程的核心思想是如何快速检测事件，避免事件漏检，因此需要事件检测器和服务程序均能快速执行，二者均不会陷入无限循环状态(阻塞代码)。

如果使用 WHILE 循环，则要添加一个事件，在此可用服务例程启动执行过程，并用事件检测器检测结束条件。以移动机器人为例，如果设计者想在碰撞后能后退一秒以远离障碍物，则可能会写出如程序清单 5.3 所示的响应代码。

程序清单 5.3　反面示例：执行阻塞代码的响应例程

```
void BumpResponse( void)
{
    unsigned int StartTime = GetTime();
    DriveMotors(REVERSE);
    while((GetTime() - StartTime) < BACKUP_TIME)
        ;                       /* wait for backup time to expire */
    DriveMotors(STOP);
}
```

程序清单 5.3 中的代码是有问题的，当后退定时器计时结束前，程序无法响应任何其他输入，即在机器人后退过程中发生的其他事件都会被忽略。如果要解决这个问题，则需加入响应例程，这个例程用于驱动电机反向运转，同时启动后退定时器，并编写一个新的事件检测器以检测定时器的计时结束时间（见程序清单 5.4）。

这个响应例程可定义为 BackupTimeoutCheck()函数，用于关停电机及完成其他规避操作，该方法可在后退定时器计时结束之前保持其他事件检测能力。

5.5　事件驱动程序的建立

事件驱动程序包括两个主要步骤，首先调用初始化例程，然后采用无限循环方式检测事件并执行服务例程。虽然目前有一些软件架构可用于简化事件检测和服务调用程序，但仅涉及如程序清单 5.4 所示的架构优化。采用事件驱动架构的主函数如程序清单 5.5 所示。

程序清单 5.4　新事件检测例程的优化响应

```
Void BumpResponse( void)
{
    unsigned int StartTime = GetTime();
    DriveMotors(REVERSE);
    StartTimer(BACKUP_TIMER, BACKUP_TIME);
}
unsigned char BackupTimeoutCheck( void)
{
    static unsigned char LastTimerState = TRUE;
    unsigned char ReturnVal;
    unsigned char CurrentTimerState = IsTimerExpired(BACKUP_TIMER);
    if((CurrentTimerState == TRUE) &&
        (LastTimerState == FALSE))
            ReturnVal = TRUE;
    else
            ReturnVal = FALSE;
    LastTimerState = CurrentTimerState;
    return (ReturnVal);
}
```

程序清单 5.5　采用事件驱动架构的主函数

```
void main(void)
{
    DoInitializations();
    while(1)
    {
        if(EventChecker1())
            ServiceRoutine1();
        if(EventChecker2())
            ServiceRoutine2();
            .
            .
            .
    }
}
```

程序员的编程任务主要集中在事件检测器和服务程序的设计与编写，采用较短的事件检测和服务例程有助于简化设计，且易于执行，不易出错，只需稍加用心，即可在设计阶段解决调试问题。例如，在设计中合理定义事件及事件的响应方式，即可尽量避免编程阶段或执行阶段的调试问题。

在设计阶段进行调试是非常有意义的，这意味着调试过程可以摆脱硬件和软件限制，这是程序员最喜欢的一种调试方式。通常情况下，调试是整个设计过程中最困难的阶段，耗时也最长，调试工作越早开始越好。因此，采用较短的事件检测和服务例程的方式显然比不采用事件驱动程序的方式更加节省时间。

5.6　示例

为一个简单机器设计一款小型软件，用以模拟蟑螂的行为特征，即在有光照时向前走，在黑暗（无光）时停止，如果碰到障碍物，则向左转，调头，反向跑 3 秒，如果 3 秒结束时，蟑螂位于有光区，则继续沿直线前进。

首先需要确定基本事件和服务响应，列举如下：

有光——事件
　　向前走——服务响应
无光——事件
　　停止——服务响应
碰到障碍物——事件
　　左转，调头，反向跑 3 秒——服务响应

注意事件的描述方法，事件表示的是状态的转换瞬间，而非状态本身，每一个事件描述都是为了捕捉状态的转换。初级程序员对此经常出现理解偏差，认为检测传感器状态或输入状态即是检测事件，结果可想而知，输出的是一系列"事件"流，对应了一系列服务响应。示例中的"有光"是一个事件，该事件是在从无光到有光的转换瞬间发生的，并不表示光状态，因此，只有能够检测变量转换的事件检测器才具有事件检测能力。

碰到障碍物后的一系列处理问题也是十分有趣的，程序员又该如何处理反向跑 3 秒这个服务响应呢？由 5.4 节可知，此时需要引入一个新的外部事件，即反向定时器计时结束，综合后可得

有光

　　向前走

无光

　　停止

碰到障碍物

　　左转，反向驱动，设置 3 秒反向定时器

反向定时器计时结束

　　直行并设置无光事件

当内部事件反向定时器计时结束时，机器需要将行进方向调整为正前方，并设置无光事件，即强制修改光状态变量的最后状态值[1]。此时，如果处于有光条件，则会检测到有光事件，机器根据服务响应向前走。整个架构围绕事件和服务构建，以需求文档的形式呈现。接下来就可以进行行为测试了，在此仅仅测试事件假设条件，因此不需要硬件，设计者可以在大脑中或图纸上构建机器行为逻辑。

下面举例说明设计调试过程，在此以反向定时器计时结束为例说明如何对服务进行合理简化。读者可能会问，假如不设置无光事件，而是让机器继续向前移动，又会如何呢？这个简化看起来是合理的，下面可以测试一下，假设机器在反向行进过程中进入了无光区，无光事件被触发，机器停止前进，当反向定时器计时结束时，机器将在无光区前进，这与无光事件的服务响应不符，由此证明该简化方法有误。以上给出的调试过程说明，设计阶段的调试是一个严密的逻辑过程，可以在程序员开始编程之前避免大部分的逻辑错误。

以上调试过程表现出设计与需求文档之间的矛盾，例如

碰到障碍物

　　反向定时器计时结束，无光

在设计文档中，一旦无光，则停止移动，仔细检查设计文档可以发现，这可能是一种不正确的行为。

设计文档中描述的是"如果碰到障碍物，则向左转，调转方向，反向跑 3 秒"，如果机器在反向跑 3 秒的过程中进入无光区，则违背了文档中的"无光则停"原则。

评价软件设计的关键是发现需求文档中的不确定性，如果不进行设计，这种不确定性可能一直存在且无人发现，直到有一天用户发现了问题，说"这不是我想要的!"。真到了那一天，设计者就悔之已晚了。采用事件驱动设计模式正是为了避免这种尴尬，设计者可以在设计早期进行评价测试，将逻辑不确定性问题消弭于无形。

5.7　事件驱动编程综述

事件驱动编程模型代表了一种软件思考方式，适用于多输入及不可预测事件条件，它将问题

---

[1] 这种设置会导致状态变量取值超出事件检测函数允许的状态值范围，这种结果显然是不合理的。我们将在状态机部分讨论如何解决此类问题。

分解成一组相对简单的事件检测和服务响应例程，程序性能可通过事件与服务响应测试进行评价，是一种在代码编写之前进行的测试和评估方法。

尽管事件驱动编程模型能够处理许多问题，但在处理复杂问题时也可能失败。如果将其与状态机概念相结合，则可解决几乎所有的问题。

5.8　状态机

如前所述，事件驱动编程模型表现出强大的软件问题解决能力，事实上，如果将其与**状态机**的概念相结合，则会令程序员"心花怒放"。这种组合不仅保持了事件驱动编程的各种优点，而且可以解决几乎所有的问题。

状态机的全称是**有限状态机**(FSM，Finite State Machine)或**有限状态自动机**(FSA，Finite State Automata)，所谓"机器"(machine)，是用来表示反应式系统行为关系的。**反应式系统**指那些在某个时间点并非所有输入均被激活的系统，这与事件驱动编程有异曲同工之妙，事件可以驱动状态机。

状态机由一系列状态和状态之间的转移条件构成，在任何时间点上，状态机只可能处于某一个状态，状态表示持续时间，当状态机处于某一状态时，该状态会有一定的持续时间，例如5.6节中的蟑螂示例，如果一直处于有光状态，则蟑螂的前进时间将为无限长。因此，状态一般表示为动名词[如推出(pumping)、驱动(driving)、填满(filling)、等待(waiting)等]，相比而言，状态之间的转换是瞬时的，用以响应事件，图 5.4 给出了状态机的基本结构图，该图也被称为**有限状态图**(FSD，Finite State Diagram)或**状态转换图**(STD，State Transition Diagram)。

图 5.4 所示的FSD给出了密码为2-1-8的电子键盘锁的状态转换特性，FSM 有四种可能状态："不对""对 1 个""对 2 个""开锁"。气泡表示状态，气泡之间的箭头线表示转换，箭头线旁边给出的是触发该转换的事件。FSM 将处于某种状态，并正在等待转换事件的到来。

输入数字"2"时，FSM 状态从"不对"转换为"对 1 个"。当处于"对 1 个"状态时，输入"1"则向"对 2 个"状态转换，否则返回"不对"。如果下

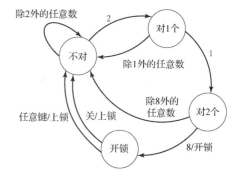

图 5.4　一种简单的电子键盘锁的状态转换图

一个输入为"8"，则向"开锁"状态转换，否则返回"不对"。注意，此处的转移箭头旁的注解分为两个部分，"8"(分子)表示触发转换的事件，"开锁"(分母)表示与转换相关的响应操作。此时的操作是开锁，因此状态机是在转换过程中执行任务，简而言之，是在"做事"。

状态图基本完成后需要测试，此时需要考虑事件的前后关系和FSM描述的系统特性。显然，在上例中，只有当输入为 2-1-8 时，FSM 才会进入"开锁"状态，但是如果输入了四位数呢？比如输入 2-1-8-1，则 FSM 最终停留在"不对"状态，未能开锁。如果输入 1-2-1-8 呢？最后的状态是"开锁"，试想，有许多四位序列以 2-1-8 结束，这就表示有多种可能可以开锁。

现在设计者必须进行决策，要么接受这种现实，要么加以改进，消除不想要的响应。事实上，如何解决发现的问题并不那么重要，重要的是发现了问题。注意，刚刚进行的设计测试发现了潜在问题，而此时程序员还没有开始编写代码，这就是状态机的魅力所在。在编写代码前，设计者可以轻松地进行重复测试，这就是"设计调试"与"实施调试"的最大差异。

5.9　软件状态机

状态机可以用软件实现,最直接的方式(可能不是最好的方式)是采用一系列嵌套的 if-then-else 语句,利用 if 语句来测试可能发生的状态,每一次状态测试都包含另一组嵌套的 if 语句,用于处理在该状态下可能发生的事件,这些 if 语句可以被打包成一个函数,该函数将在保持静态局部变量的条件下跟踪状态机的当前状态,这个状态机函数至少包括一个参数,用于将最近发生的事件传递给状态机。对于上面的开锁示例,其 C 语言状态机函数如程序清单 5.6 所示。

程序清单 5.6　C 语言编写的采用嵌套的 if 语句的电子键盘锁状态机执行程序

```c
void LockStateMachineIF( unsigned char NewEvent)
{
    static unsigned char CurrentState = NoneRight;
    unsigned char NextState;

    if( CurrentState == NoneRight)
    {
        if( NewEvent == KeyEqual2)  /* Key == '2' ? */
            NextState = OneRight;
        /* no else clause needed, we are already in NoneRight */
    }else if( CurrentState == OneRight)
    {
        if( NewEvent == KeyEq1)     /* Key == '1' ? */
            NextState = TwoRight;
        else
            NextState = NoneRight; /* Bad Key go back to none */
    }else if( CurrentState == TwoRight)
    {
        if( NewEvent == KeyEq8)     /* Key == '8' ? */
        {
            NextState = Open;
            OpenLock();
        }
        else
            NextState = NoneRight; /* Bad Key go back to none */
    }else if( CurrentState == Open)
    {
        NextState = NoneRight;
        LatchLock();
    }
    CurrentState = NextState;       /* update the current state variable */
    return;
}
```

该状态机的主函数如程序清单 5.7 所示。

该程序将永远运行下去[while(1)]，调用事件检测例程 CheckKeys()检测键输入，当事件检测器发现有新键按下时，LockStateMachine()函数将调用一个参数，该参数指示按下了哪个键，此时"事件:服务对"为 CheckKeys:LockStateMachineIF。

程序清单 5.7　程序清单 5.6 所示状态机的主函数

```c
void main(void)
{
    unsigned int KeyReturn;
    while(1)
    {
        KeyReturn = CheckKeys(); /* check for events */
        if( KeyReturn != NO_KEYS)
            LockStateMachineIF(KeyReturn); /* run state machine */
    }
}
```

虽然嵌套的 if 语句可以解决此类问题，状态机包含有限的几个状态，每种状态有 1~2 条跳转路径，但是随着状态机复杂度增加，其功能也会更加强大，且更易于阅读。一般而言，采用嵌套 switch:case 结构生成的代码相比嵌套的 if-then-else 语句更加有效。程序清单 5.8 给出了基于 switch:case 结构的开锁状态机的 C 语言代码。

程序清单 5.8　基于 switch:case 结构的电子键盘锁状态机的 C 语言代码

```c
void LockStateMachineCASE( unsigned char NewEvent)
{
    static unsigned char CurrentState = NoneRight;
    unsigned char NextState;
    switch(CurrentState)
    {
        case NoneRight :
            switch(NewEvent)
            {
                case '2':
                    NextState = OneRight;
                    break;
                default:    /* we are already in NoneRight */
                    break;
            }
            break;
        case OneRight :
            switch(NewEvent)
            {
                case '1':
                    NextState = TwoRight;
                    break;
                default:    /* anything else sends us back */
```

```
                NextState = NoneRight;
                break;
            }
            break;
        case TwoRight :
            switch(NewEvent)
            {
                case '8':
                    NextState = Open;
                    OpenLock();
                    break;
                default:
                    NextState = NoneRight;
                    break;
            }
            break;
        case Open :
            NextState = NoneRight;
            LatchLock();
            break;
    }
    CurrentState = NextState;
    return;
}
```

　　虽然此时 C 语言代码的长度明显长于 if-then-else 版本，但编译器生成的机器代码长度却差不多。此时，由于添加了事件案例标记和显式默认案例，代码变得更加清晰。随着状态数量和事件数量的增加，状态机会变得越来越复杂，对代码的清晰性和有效性要求也更高，switch:case 结构的代码将表现出更加明显的优势。

5.10　蟑螂示例的状态机

　　下面再来看看事件驱动编程部分给出的蟑螂示例如何以状态机实现。此时事件与响应操作均保持不变，只是改变了表示方式。首先需要画出状态转换图，如图 5.5 所示。

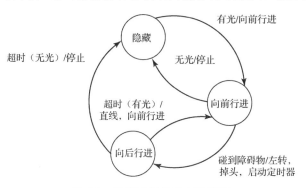

图 5.5　蟑螂示例的状态转换图

　　此时定义三个蟑螂的行为状态，分别为隐藏、向前行进和向后行进，触发状态之间转换的事件不变。

　　该图给出了状态机的另一个特性，即保护条件。注意，当蟑螂向后行进时，定时器计时完成事件将触发两个可能的转换之一，触发条件为当前光状态，即当前光状态为保护条件，要实现转换，必须同时满足事件条件和保护条件。

　　当单个事件根据保护条件进行两种转换时，务必小心，两个过渡保护条件不允许有重叠，否则可能发生同时满足两种保护条件的情况，此时响应将不再具有唯一性。

　　如图所示，状态机未出现采用事件驱动编程时出现的不确定性。此时，只有当状态机处于向前行进状态时才会响应无光事件。因此，如果在反向行进过程中进入无光区，它将持续反向行进3秒，当反向定时器计时结束后，再基于当前光状态确定下一步响应，要么继续前进，要么停止前进。

　　对于纯事件和服务而言，状态机还有另一个优点。在5.6节的案例中，需要设置一次无光事件，该事件是强制设置的，与事件检测器检测到的事件无关，而如果使用状态机则无须设置无光事件。

　　如果问题的复杂度进一步增加，那么读者将会发现状态机的优势表现得越来越明显；例如添加向后行进时的后向障碍物响应。与前向障碍物响应类似，蟑螂在向后行进过程中如果碰到障碍物，则应首先改变行进方向(转为向前行进)，然后转向(右转)。当以上行为完成后，则再次进入向后行进状态。此时状态机需要增加一个新状态(前向逃避)、一个新事件(向后碰到障碍物)、一个新动作(右转，向前)，以及两个新的状态转换，修改后的状态机如图5.6所示。

　　修改后的状态机对定时器计时结束事件将产生两个截然不同的响应，如果向后行进，则需放直机器车轮，其具体响应取决于保护条件；如果向前逃避，我们会发现车轮先向左转再向右转，因此对事件的响应与当前状态有关。事实上，仅仅采用事件和服务响应可能导致混乱，利用状态机可以很好地解决这种混乱。

　　虽然图5.6所示的状态机可能并不完整(例如未设置向前逃避的停止条件)，但它很好地解释了行为表现。这充分体现了状态机的优势，即允许设计者在设计初期掌握设计特性，并清晰地展示出来，然后快速进入调试阶段。

　　需要特别强调的是，本章讲述的是如何编写小

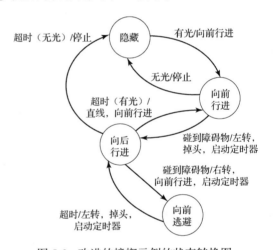

图5.6　改进的蟑螂示例的状态转换图

软件使控制系统实现一些有趣的行为，用于执行单个功能的代码一般也相对简单。采用事件和状态机，读者可以很容易地将问题分解为相对简单的子问题(如保险杠测试，光测试，向前驱动等)，以保证在没有逻辑错误的前提下编写代码。状态机可以在一个简单框架内描述所需设计行为的复杂性，采用事件驱动/状态机只需将设计框架填满简单的子代码，就能确保程序设计的质量和效率。

5.11　习题

5.1　根据自己的理解，基于DVD播放器设计事件驱动与响应。

5.2　理解事件并绘制STD以描述DVD播放机的功能，注意，此次仅考虑DVD播放机自身事件，不包括遥控功能。

5.3　定义函数 GetRoomTemperature()，用于输出房间温度，该温度值为一个变量，用 SetPoint 表示，编写伪代码，调用 IsTemperatureTooHot() 和 IsTemperatureTooCool() 函数，返回 TRUE-FALSE 值，并为 SetPoint 温度值设置高/低阈值，执行滞后处理。

5.4　设计应答机软件的响应事件列表。

5.5　为汽车编写一款巡航控制代码，采用 GetVehicleSpeed() 获取车速，用伪代码编写一个简单函数 TestAccelDecel()，该函数根据设置的 DesiredSpeed，分别返回 NeedAccelerate、NeedDecelerate 或 SpeedOK，需提供抗噪功能，即在切换点附近进行滞后处理。

5.6　某应用程序的开关状态通过读取 PortA 变量确定。开关状态由变量 PortA 的 4 个状态位表示。用伪代码编写事件检测函数 TestSwitch()，根据上次调用 TestSwitch() 时的状态返回 Opened、Closed 或 NoChange。

5.7　设计微波炉软件响应事件列表。

5.8　对于图 5.7 所示的简易微波炉，根据以下功能描述绘制 STD。

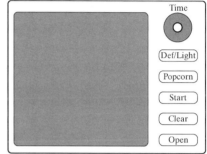

图 5.7　习题 5.8 的微波炉前面板

(a) 按下 Open 按钮，打开门，微波炉停止工作，并保持这个状态。

(b) Clear 按钮用于定时器清零，微波炉工作时该按钮无效。

(c) 按下 Start 按钮，微波炉开始工作，与定时器设置无关，微波炉启动后，定时器开始工作，当定时器递减为零时，微波炉停止工作。

(d) 按下 Popcorn 按钮，定时器将被强制设为 2 分钟。

(e) 按下 Def/Light 按钮，微波炉功率减半。

(f) 旋转 Time 旋钮以设定时间，然后按下旋钮中心按钮，在中心按钮未被按下之前不执行其他操作，此时，旋钮设定的时间将写入定时器。

(g) 微波炉门上有一个开关，用于检测门的开/关状态。

5.9　假设习题 5.8 的微波炉开关是一个单变量开关，为定时器设置函数 SetTimer()，该定时器可通过函数 IsTimerExpired() 读取，微波炉功率可通过 SetPower() 函数设置。用伪代码编写例程，包括事件检测器、状态机函数，以及执行习题 5.8 的设计功能的 main()。

5.10　绘制饮料售卖机的 STD，该售卖机接受 5 美分、10 美分、25 美分的硬币，饮料售价每瓶$0.75。

5.11　基于图 5.4 绘制改进的电子键盘锁 STD，当输入 2-1-8 序列后，如果继续输入其他数字，则无法开锁。

5.12　状态机能够用于描述多种常见行为，例如确定相关事件，绘制 STD 以表示“害羞的参会者”行为——即参会者不会主动与人交流，但如果有人主动与之交流，则参与交流。

参考文献

[1]　"Build Applications Faster with State Transition Automatons," Cline, A., *C/C++ Users Journal*, December 1992.

[2]　"State Machines in C," Fischer, P., *C Users Journal*, December 1990; 8(12).

[3]　"Who Moved My State?" Samek, M., *Dr. Dobbs Journal*, April 2003.

第 6 章 软 件 设 计

软件设计的内容丰富，以之为主题可独立成书。限于篇幅，本书将其压缩为一章，仅选取可能对软件设计质量影响较大的内容予以分析。本章将软件设计类比为建筑物设计，从广义角度讨论软件和建筑物设计的重要性。

本章的内容包括两个部分，6.1 节到 6.4 节为第一部分，将软件设计等效为物理模拟，并重点讲述软件设计中涉及的关键设计方法。第二部分为 6.5 节，以贯穿软件设计各阶段的一个小问题为例，解释本章第一部分讲述的概念和相关技术。

经过本章的学习，读者将理解软件设计的重要性，并能有效地运用任务分解、信息隐藏、伪代码和软件接口规范等来完成软件设计。

6.1 引言

许多新手程序员，甚至一些有经验的程序员都没有软件设计的习惯，这与软件编写的基本方法有关。一般人谈到软件创作，立刻会想到敲代码、写程序，实际上对于编程而言，"写"是非常可怕的字眼，无论程序员如何努力地编写代码、加注释，只算提供了详细的字面说明，而无法对软件进行整体描述。优质软件更像建筑的设计蓝图，写程序首先应该描述如何构建程序，而不是坐下来就开始写，这与房屋建造过程相似，即先有图纸，再造房子。

6.2 软件设计与房屋建造

众所周知，有关房屋建造的小任务可以随意计划，甚至可以没有正式计划；但复杂的建筑任务则需要详细的策划[①]。在此以两个建筑任务——建造犬舍和建造独栋别墅为例进行对比。犬舍较小，结构相对简单，其功能仅限于遮风挡雨，不涉及内部装修，因此建造犬舍是一个简单任务。相比而言，独栋别墅对结构的要求较多，不仅需要遮风挡雨，还需要保持通风，房屋内部有多个房间，有内部装修需求，还要考虑水暖管道、供电、采光、供暖、通风等，因此在房屋设计中需要对其进行综合考虑。

一个会使用锯子、榔头、钉子的熟练工可以用一个下午的时间建好一个犬舍，并不需要进行详细设计，仅需考虑犬舍的外形美观问题，以及如何凭借个人经验建造出这个比较美观的犬舍。因此，对于一个简单任务而言，设计与执行可以同时进行。但建造独栋别墅就是另一回事了，没有人会疯狂到不设计就开工，因为这是一个复杂任务，房屋的结构和基础设施相互关联，需要合理布局，以确保安全、功能完备、适合入住。

实际上，对于软件工程师而言，机电一体化系统的设计中同时存在犬舍、独栋别墅，甚至摩天大楼的建造任务，这种类比非常恰当，因为机电一体化系统如同建筑工程项目，即项目越复杂，对前期设计的要求就越高。此时需要一个熟悉软件架构的程序员，在短时间内编写、调试一个没有经过正规设计的简单测试程序。测试程序的设计简单随意，其软件架构质量完全取决于程序员的经验。这种方法仅适用于编写代码量为 1~2 页的小型程序，通常由资深程序员完成，其目的在

---

① 此例源自 Steve McConnell 的 *Code Complete* 一书[1]。

于用一种简单的方法实现自动处理，也可用于测试一种新方法的有效性。这种程序非常有用，可以提供给用户使用。但在商业模式下，最重要的是利用软件解决一般性问题，否则用户是不会"买单"的，这就需要详细规划、细节设计，以及有效的后期维护；良好的逻辑组织和优秀的设计是保证后期可维护性的关键，与建造房屋类似，软件编写必须先有设计。

软件设计流程可以参考建造房屋的过程。当建筑师开始设计房屋时，首先需要确定到底要修一座什么样的房屋，即需要对房屋进行定义，是大型建筑还是简易建筑？抑或居于二者之间？一旦确定了设计目标，即可开始考虑房屋的大小和布局问题，该阶段可能产生不同的设计方案，设计者需要选择一个最佳方案。确定了基本布局以后，下一步是进行细节设计，此阶段则需考虑管线布局、墙壁接缝、地缝、屋顶载荷，以及其他设计细节。以上设计完成后，才能开始施工，一般施工也分为几个阶段，施工监察部门将分阶段对施工进行严格检查，以确保房屋符合建筑标准要求。

软件设计也需要使用上述方式。与选择房屋类型相似，软件设计需要首先确定应用程序功能，在软件工程中称之为"需求驱动的问题定义"，即分析需求以获得设计框架，所有的细节设计都是基于该框架展开的，接下来就是施工——编写代码。

机电一体化系统的问题定义非常宽泛，设计者往往无法直接确定软件功能。因此，在开始软件设计之前，还需要进行预处理。机电一体化系统设计是基于需求的，设计者只会获得关于需求的定义，因此首先需要将整个系统划分为若干子系统，明确子系统的功能，并严格划分子系统中软件、硬件和机械系统任务并分别确定解决方案。系统架构将对子系统进行详细定义，一旦确定了软件的相关部分，则将遵循软件开发流程进行嵌入式软件设计。机电一体化系统的总体设计细节详见第 30 章的项目规划部分。

6.3 软件设计技术简介

本节将介绍几种软件设计的基本方法，这些方法能够很大程度地提升新手程序员的代码编写水平。下面将分节介绍软件设计的专业术语，并阐述其在软件设计中的用法。本章后面部分将给出应用示例，以说明不同技术在应用设计中的关联性问题。

6.3.1 分解

软件设计中最重要基本概念是**分解**，即如何将大问题分解成容易理解的一系列小问题，将这些小问题的解决方案进行组合，就能解决复杂问题。分解是设计的第一步，没有问题的分解，可能会使设计者对整体功能缺乏清楚认识而落入局部陷阱。

设计过程中涉及多个层面的分解问题。从系统层面来看，需要将问题分解成硬件和软件；对于子系统而言，同样需要将子系统功能分配给硬件和软件。到了代码编写阶段，还需将功能分配给不同的代码段，而不是想到哪里就写到哪里。

所谓软件功能分解，指根据软件模块功能对程序功能和数据进行分组，不同的语言对功能和数据分组使用的术语也略有不同，C++称之为类，Ada 中则被称为包，一般而言，模块可以独立执行。本章所述的模块指功能和数据的分组，这些分组组合后可实现高级功能。

6.3.2 抽象、信息隐藏

与分解密切相关的另一个概念是**抽象**，分解使设计者将问题分解成若干子任务，并用几个简单词语描述任务目标。当然，说起来容易做起来难，要实现这几个词语表达的功能需要详细的细节设计。所谓抽象，即创建一个能够执行设计功能的虚拟实体，设计者需要考虑抽象出来的虚拟实体之间的交互问题，以达成设计目标。抽象的意义在于，设计者无须关注虚拟实体的内部细节，只需了解如何使用这些虚拟实体，即将功能声明与定义实现分离。在与软件工程相关的编程语言中，这个过程被称为**信息隐藏**。

模块设计的重要目的是使设计程序能最大程度表现隐藏在模块中的信息，使其能更简单地解决调用层次中较高等级的问题，并可在不影响功能模块使用的前提下对内部程序进行修改。设计独立接口（见 6.4.4 节）能使设计者将因程序修改（如发现 bug）而带来的影响降到最小。

下面将给出"隐藏"示例，以便读者更加清晰地理解"隐藏"的概念。现有一 LCD 接口模块（见 7.3.2 节），需要隐藏的内容包括：

1. 初始化显示所需的操作序列。
2. 写入字符所需的操作序列。
3. 硬件接口连接的端口线集合。
4. 将数据或命令传送到显示器所需的实时机制。

如果程序的其余部分只使用一些已定义的高级功能模块，则可在不影响程序中其他代码的前提下改变显示内容。例如因更换不同生产商的显示器而导致的显示内容的变化，再如因加入数据登录系统也会导致显示内容的变化。如果将显示内容隐藏在模块内部，则可在不影响其他代码的前提下改变显示内容。

再来看另一个例子——键盘接口。本书作者曾经开发了一款产品，在开发过程中，该产品的键盘硬件成本被大幅度削减，需要重新修改与键盘硬件交互的软件。由于软件开发团队深谙信息隐藏之道，将按键解码测试所需的所有环节全部控制在模块内部，并未涉及其他模块，因此仅用了一个下午就完成了软件的修改工作。

以上两个例子均为信息隐藏的典型应用，即显示了如何将信息隐藏用于外部硬件接口；同样，隐藏的概念适用于无硬件接口的软件模块的内部细节设计。本章稍后将给出相关示例，进一步探讨模块内部软件设计的信息隐藏问题。

6.3.3　伪代码

当总体设计框架确定后，软件设计将进入细节设计阶段。在此阶段，设计者需要采用一种方法来表示编程任务的执行细节。早期程序员往往采用流程图进行细节设计，虽然目前流程图仍然在用，但已逐渐被更为灵活的非图形工具替代，如**程序设计语言（PDL）**或简单伪代码[1]。

伪代码或 PDL 可以用于结构化描述，其方便之处在于不需要采用特定编程语言即可进行算法描述，伪代码可用任何编程语言实现。实际应用中，伪代码有一个默认的假设条件，即已有的大部分现代编程语言都支持结构化编程，如循环，条件语句等；不过，即使编程语言不直接支持结构化编程，依旧可以采用伪代码指导算法程序的编写，当然，需对这些编程语言进行结构化处理。

新手程序员往往认为编写伪代码是在浪费时间，觉得直接编写代码效率更高。在此忠告一句，千万不要直接编写代码。如果伪代码与某种语言的相似度较高，设计者将会重点关注编程语言的语法问题，而很少考虑设计的优劣。编写伪代码绝对不是浪费时间，通过编写伪代码，设计者能在问题的解释过程中发现可能存在的设计问题；即便没有发现设计问题，伪代码对于实际代码的编写也是大有裨益的，伪代码可用于注释实际代码，采用此种方式编码，程序员将不会染指"无注释代码"的恶习。

伪代码注释同样有助于设计者提升伪代码的编写水平，如果发现伪代码与实际代码高度相似，则需要提高抽象水平，例如，用描述语言描述"采用循环调用数组表示定循环"如下：

```
For every element in the array
   Do something interesting to the element.
```

与实际代码相近的伪代码表示为

```
For i=1 to 100
    Do something interesting to the ith element.
```

上例所示伪代码并未传递关于数组中所有待处理元素的代码信息，仅仅表示了程序员的程序执行意向，且该伪代码并未涉及更高层次的设计，也无法以之为基础指导实际代码的编写。当然，程序员能够基于该伪代码迅速编写实际代码，但这种伪代码缺乏对程序意图的解释，因此很难保证编写出来的实际代码能与设计意图良好匹配。

6.4 软件设计流程

软件设计流程包括多个步骤，图 6.1 为经典软件开发模型——**瀑布模型**。近年来研究者又推出了多种软件设计流程，以弥补瀑布模型的缺陷，但这些新推模型往往更加复杂。本书讨论变种瀑布模型，该模型采用了线性连接，并认为软件设计开发是一个闭环过程，能够通过设计反馈过程不断更新信息，具体流程如图 6.2 所示。

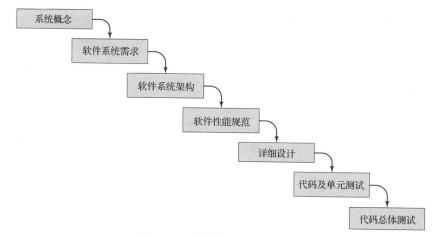

图 6.1　经典软件开发框架模型

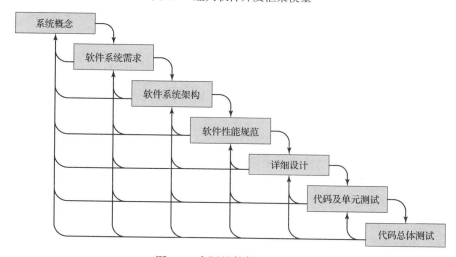

图 6.2　实际的软件开发模型

6.4.1 需求分析

软件设计面临的第一个问题是需求分析，即系统设计必须满足需求要求。因此机电一体化系统的系统架构师需要首先与用户沟通，确定系统的必要功能。此处再次引入建造房屋的类比，建筑师首先需要了解用户需求，如家庭需求的具体细节，包括房间大小、走廊、功能分区等。家庭住宅的需求样例如下：

1. 四口之家，孩子们有独立卧室。
2. 一间客卧。
3. 有专用娱乐区。
4. 有机动空间。
5. 占地面积 1500 平方英尺[①]。

需求分析是项目开发的重要环节。正如本书第 30 章(重点介绍系统分析)特别强调的，设计开发过程中的所有决策都必须能够回溯关联到某个需求，这种关联不仅局限于系统层面，也与软/硬件设计相关。因此需求分析必须围绕系统功能需求展开，之后的所有决策都将与需求进行回溯关联，而每一项需求也将与开发工作量密切相关，只有做好需求分析，才不会被开发过程中偶然迸发出的"异想天开"而左右。

用业内的话来说，最好的方式是基于需求分配实验室或项目，但很少会将分配结果用必要需求列表的形式表示出来。需求分析中最重要的第一步且并非总能正确完成的一步(详见 32.3 节)，是完全解读分配结果，并将其转换为一系列准确描述的软件需求。

6.4.2 定义程序结构

完成了需求理解和需求定义之后，设计者需要进行任务分解，即将任务分解为规模适度的子任务，并形成总体结构，以便组合子任务，进而形成总体功能需求。此阶段一般会设计多种解决方案，比如是否采用事件驱动(见第 5 章)?如果采用事件驱动，又如何定义事件？是否采用状态机(见第 5 章)？如果采用状态机，状态转换图又是什么样的？这些问题都需要在程序结构的构建过程中确定下来。

再次引入建造房屋的类比。当房屋设计完成后，下一步是确定房屋的具体施工方案，如采用浇铸地基还是石条地基？采用木结构还是砖结构？事实上，程序结构的定义方法很多，多到令人眼花缭乱，难以选择。本书将重点关注第 5 章介绍的事件驱动和状态机，稍后将以基本编程课程介绍的功能函数为例进行详解。

程序结构涉及的另一重要任务是程序**模块**的分割问题，此处的模块指本地数据集合及其相关操作。C 语言中的模块等同于源文件，在模块分割过程中需要遵循信息隐藏规则，模块的内部执行细节需要独立于"外部世界"，即程序中的其他模块。

在执行模块分割时首先需要明确几个概念，如内聚与耦合，所谓内聚，是指将一组函数和数据关联组合在一起，设计者能通过内聚构思程序，提升对程序的认知度。耦合的本质是连接，所有程序的构建都离不开耦合，但耦合并不涉及程序本身，模块间的耦合度越高，对模块协同的要求也越高，设计难度也越高。模块间的耦合度越低，模块的独立性越好，测试也越方便。

如果要将问题分割为模块，则必须时刻牢记信息隐藏，即需要时刻自问"该模块中的哪些信息需要隐藏？"要使程序整体结构便于理解，就必须解读模块中的隐藏细节。

[①] 1 平方英尺≈0.0929 平方米。

定义程序结构的最后一步是建立整合规划，即确定模块间的组合方法和组合顺序，以构建完整的应用程序。当然，所谓整合规划并无对错，只有优劣。一般而言，整合规划应从最底层模块（硬件接口）开始，层层向上，直至顶层功能构建。在 C 语言中，一般采用 main() 函数实现整合。随着设计复杂度的提高，main() 函数整合缺陷初现，当发生调试问题时，main() 函数方式很难追溯低层问题，即无法保证程序修改没有影响模块交互。为了解决这种回归测试问题，需要对各模块进行独立测试。

6.4.3 性能规范

系统级软件（见第 30 章）要求系统必须展现用户需求的关键功能，从另一方面来说，软件性能规范给出了特殊、可量化的指标要求，以保证系统能够满足用户需求。对于某些特殊案例而言，有时可用需求文档或需求响应文档来代替性能规范。但大多数情况下，软件设计需要提供性能规范，以确保设计满足需求的必要文档。6.5.4 节给出了两种性能规范的典型示例。

6.4.4 接口规范

对于模块化软件而言，还需定义软件模块之间的交互规范——**接口规范**。接口规范定义了其他模块中的可调用功能，为此必须提供每个模块的详细接口规范。接口规范详细描述了某个模块可提供的功能（**公共接口**），对应的功能参数，功能的返回值，以及执行功能可能导致的不良后果。例如可能对软件和硬件带来不良影响的功能，如启动电机，以及需要使用公共接口（公用功能）的数据结构定义。在此需要注意，接口规范不涉及功能执行问题，仅只给出了功能的外部特性，当设计者描述模块之间的交互问题时，只涉及接口规范定义的功能，公共接口规范不包括模块内部功能。

在编写接口规范时，设计者应充分考虑功能调用的结果，例如，如果因外部硬件故障或参数错误导致功能失效，则可调用功能的返回值应包含必要的故障指示。

在软件设计中，接口规范十分重要，第一，它能够使设计者合理评价设计，通过了解可调用功能，设计者能更加充分的理解模块间的调用关系，以确保整体设计的合理性。第二，它能使设计团队在项目实施阶段合理调度人力，完备的接口规范能使不同模块设计者能并行完成模块功能设计，即只要设计的模块符合接口规范，即可支持产品的整合。第三，接口规范是详细模块设计及其功能设计的依据，它有助于设计者理解模块的外部功能，使其在设计过程中能充分满足设计需求。另外，接口规范也是测试工具设计的基础（见 6.4.7 节）。

6.4.5 详细设计

完成模块划分和接口定义后，即可进行模块的**详细设计**。

模块设计流程是总体设计流程的细化。在详细设计阶段，设计者需要确定如何实现满足接口规范的功能，并且需要定义模块的内部结构、用于表示模块内部数据的数据结构及用于实现特定功能的数据处理算法。与系统级架构设计类似，也可能存在多种模块级架构类型，设计者可根据项目的具体情况进行优化设计。

在详细设计阶段，设计者编写伪代码以描述模块功能，包括外部功能和内部功能。伪代码表现了设计者的设计意图和选择的算法，伪代码提供描述功能，旨在使编程人员理解模块内部的设计意图，但不涉及模块间的交互问题。

6.4.6 实现

一旦完成伪代码，即可直接生成代码，所谓直接，并非表示直接可达，其作用在于使编程人员可专注于代码编写，而无须考虑上层设计问题。

6.4.6.1　模块的组织结构

有了详细设计，即可开始编写代码。在开始编写代码之前，最好停下来想一想模块的组织结构，这将对代码编写大有裨益。

设计者将应用任务分配给不同模块，生成详细设计文档，但仍需面对许多问题，其中非常重要的一件事，是在开始编写代码之前确定模块内部的详细布局，选择标准模块组织方式和代码编写风格，这些处理能够大幅度提升代码的可读性。在代码的调试过程中，设计者需要理解常量的定义、结构成员的名称和数组的规模，这些问题的答案都来自模块布局。因此，详细的模块布局能快速解决调试中面临的多种问题。

标准布局方式多样，但布局流程存在顺序关系。下面给出一个布局示例，希望读者能从中体会到精心谋划的标准布局对设计的贡献价值。本示例基于 C 语言，布局顺序可变(该原则对于所有语言均适用)。为了简化过程，需首先生成一个临时模板文件，该模板包括各部分的通用标题。当设计者需要构建新文件时，可将临时模板文件另存，并以待设计模板为文件名。下面详细解释布局过程。

文件以定义#define 预处理器开始，通常将宏定义为 TESTING，该文件与下一节讨论的测试工具一同使用。在文件开始进行测试定义，可使设计者在模块级测试和模块间互调过程中灵活查找注释或取消注释。

进行块注释，定义模块并说明模块功能。

列出构建模块所需的标准库头文件及其他参考模块的头文件(#include)。

列出本模块使用的预处理宏定义。

定义模块内部数据类型，模块涉及的所有宏定义类型和数据类型都需出现在公用头文件中，并与前述的标准头文件一致。

定义模块内的局部变量，这类变量被称为模块级变量，这类变量只能在文件内使用。

定义模块的局部原型函数，以及在模块详细设计阶段所必需的局部数据类型和局部数据。公用原型函数的声明应出现在模块的公用头文件中，模块的公用头文件应与前述的标准头文件保持一致。

C 语言模板如下：

```
#define TESTING
/*******************************************************************
Module
        Filename
  Revision
        1.0.1

Description

Notes
History
When            Who What/Why
------------ --- --------
*****************************************************************/
/*----------------------- Include Files -----------------------*/
#include <stdio.h>
```

```
#include <me218_c32.h> // local standard header file for 9S12C32 programming
/*------------------------- Module Defines -------------------------*/
/*------------------------- Module Types -------------------------*/
/*------------------------- Module Variables -------------------------*/
/*------------------------- Module Functions -------------------------*/
/*------------------------- Module Code -------------------------*/
/*------------------------- Test Harness -------------------------*/
#ifdef TESTING
void main(void)
{
}
#endif /* TESTING */
/*------------------------- End of file -------------------------*/
```

6.4.6.2 代码编写

做足准备，编写代码将是简单而愉快的过程，因为此时设计者已经充分理解了代码的编写目的，而且对如何组合模块以实现应用功能胸有成竹。接口规范已经详细描述了公用功能，将其复制到临时文件里即可转化为编程语言的模块注释；再将详细设计中的伪代码粘贴到临时文件的模块代码区，将其转化为注释，接下来就可以编写代码了。设计者只需根据伪代码注释编写程序，由于之前已经做足功课，因此代码的编写速度远比无设计的自由方式快很多，此时设计者一定能深刻体会到"磨刀不误砍柴工"的奥义。

6.4.7 单元测试

所谓**单元测试**是指单个模块功能的测试，一般而言模块编写者会提供测试工具，并完成测试。所谓测试工具，一般是一段程序，用于测试该模块是否能提供符合接口规范的功能，每个模块都有自己单独的测试工具。在 C 语言中，测试程序是一个 main() 函数，支持有条件编译，可生成待测模块的执行程序。单元测试在系统测试之前进行，用以验证模块的有效性，因此测试内容应包括全输入参数条件下所有的模块功能和接口功能，测试不仅包括有效输入参数测试，也包括无效输入参数测试，当公用功能输入数据超出有效范围之外时，模块应进入安全模式并返回失效指示。

6.4.8 集成

模块测试完成后，即可进行**集成**，无论软件还是硬件，子系统集成一般采用增量集成。如果设计者一次性将所有模块集成在一起，一旦发生故障，则很难发现故障来源。严格遵照增量集成方式，可明显提升集成效率。

集成阶段需严格按照集成计划执行集成，该集成计划在架构定义阶段产生。集成是一个按部就班的过程，需要完成模块测试的独立模块与其他模块进行小范围集成。一般而言，首先需要完成两个模块的集成，然后再逐次添加其他模块，随着集成模块数量的增加，测试程序也将越来越复杂。

6.5 示例

我们可以通过一些实际问题来解释程序设计的概念和处理流程。接下来将基于应用设计示例，分析之前讲述的软件设计概念和流程处理方法。本章将以莫尔斯码为例，解读红外 (IR) 光输入信号的解析方法，以及 IR 光的开/关对应的莫尔斯码消息；在接收并解码后，对应的消息应以滚动条方式显示在显示器上，每条消息都以某个恒定速率传输，每分钟约 5～10 个字，但不同消息的传输速率可能并不一致，具体取值未知。由于消息传输速率随时可变，因此该解决方案应包括可随时按下的按钮。按下按钮后，软件即可读取当前传输速率。在速率适配过程中，不能进行解码。

莫尔斯码是塞缪尔·莫尔斯(Samuel Morse)在 19 世纪发明的编码方案，广泛应用于电报和之后的早期无线电通信。莫尔斯码用"点"表示短时逻辑真状态(亮起)，用"线"表示长时逻辑真状态，"点"与"线"间的"空格"表示逻辑假状态(熄灭)，一组点和线表示一个字符(例如字母 A)。单位时间为点时间，所谓点时间，指的是 1 个点的持续时间，一个线等于 3 个点时间，点与线之间的时间间隔为 1 个点时间，字符后的空格为 5 个点时间，字后的空格为 7 个点时间。在速率标准中，标准字的持续时间为50 个点时间。

根据上面的问题描述，我们将按步骤进行模块软件设计，下面介绍软件设计的过程。

6.5.1　莫尔斯码接收机的需求分析

根据问题描述，可以获得需求，即解决方案中必须包括以下内容：

1. 必须响应 IR 脉冲，并将报文信息编成莫尔斯码。
2. 能够处理传输速率为每分钟 5～10 个字的莫尔斯码。
3. 按下按钮时，能够读取当前传输速率。
4. 能在显示器上以滚动条方式滚动显示数据。

与大多数初始需求列表一样，以上需求并不完整，因为问题描述不可能涵盖所有信息，系统架构师需要与用户沟通，获取更加详细的信息，诸如"光脉冲的上升、下降时间范围""按钮响应时延"等，此时需要从用户获得缺失的重要信息，具体内容将在第 30 章详细呈现。本章将以"按钮响应时延"为例进行说明，该例中用户需求是"按钮响应时延小于 50 ms"。

6.5.2　莫尔斯码接收机的系统架构

系统架构师将进行问题描述和需求分析，并将系统分解为一组功能模块，进而构建系统架构。对于一个需要多学科交叉融合的系统，在构建系统架构的过程中需要进行任务分解，即哪些任务由硬件完成，哪些任务又由软件完成。大多数情况下，系统架构师可能提出多种解决方案，并根据需求进行评估。我们为本例构建的系统架构非常简单，如图 6.3 所示。

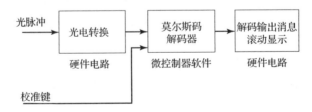

图 6.3　莫尔斯码接收机的系统架构

代表消息的光脉冲首先通过硬件电路转换成由逻辑高/低电平表示的数字信号，将该信号输入微控制器，软件将高/低电平分别对应成"1"和"0"，然后提取消息，再将其写入智能 LCD 模块进行显示。由于本章重点介绍软件开发，因此不涉及硬件问题(见 7.3.2 节)，光电转换原理参见14.4.2 节，本章接下来将详解图 6.3 中的莫尔斯码解码模块。

6.5.3 莫尔斯码接收机的软件架构

本例的输入是光脉冲和按钮，属于事件驱动类。另外，在系统校准和信号解码过程中，该应用对上升沿和下降沿的响应是不同的，符合状态机特性。因此，该应用软件可能有多种解决方案，可以采用阻塞代码，在上升沿和下降沿到来时处理输入脉冲。当然，为了满足按钮功能需求，需要插入代码以测试按钮是否能终止上升沿和下降沿到来等待程序。本章关注架构设计，因此不选用阻塞代码方案，接下来将重点分析基于事件驱动的架构设计，关于状态机的应用将在独立模块设计中详细介绍。

在软件架构的开发过程中，首先需要进行程序任务分解。如图 6.3 所示，本例的软件任务可分解为如下的 6 个子任务：

1. 校准以确定莫尔斯码点的时间。
2. 识别输入数据流中的点、线和空格。
3. 将点和线分割成字符组。
4. 将成组的点和线转换为可打印字符。
5. 在显示设备上显示解码字符。
6. 识别按钮按下并重新进行校准。

当然，还有其他的任务分解方案，但无论如何分解任务，都应完成上述的子任务。

接下来需要分析子任务列表，确定任务之间的关联性，以便进行分组。分析以上任务可知，任务 1 和任务 2 与莫尔斯码传输速率相关，需要关注莫尔斯码的定时信息；任务 4 需要了解点与线的各种合法组合方式，但并不涉及时间问题；任务 5 与莫尔斯码本身无关，只需了解如何进行设备控制；任务 6 与任务 1 均涉及按钮触发校准问题；任务 3 是任务 1、2、4 的关联点，既需要实现点、线组合，还需识别字符和空格代表的事件，并进行码组划分，使其能够被正确解码。基于以上分析，可构建如图 6.4 所示的软件架构。

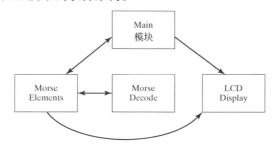

图 6.4 初始的莫尔斯码解码的软件架构

在本设计中，由于任务 1、2、3、6 均围绕莫尔斯码时序展开，因此可放在 Morse Elements（莫尔斯码元素）模块中处理。任务 4 在 Morse Decode（莫尔斯解码）模块中处理，任务 5 在 LCD Display（LCD 显示）模块中处理。箭头表示模块之间的交互关系。Main 模块调用 LCD Display 模块的初始化程序，使其准备显示消息，然后调用 Morse Elements 模块接收莫尔斯码，识别莫尔斯码的点、线和空格，并进行分组。再经过 Morse Decode 模块进行解码，解码结果送入 LCD Display 模块滚动显示。Morse Elements 模块需要与 LCD Display 模块交互，以确保在每个字的末尾加入两个字符：字的最后一个字符和字之间的空格。

以上功能架构可能并非最佳。该方案将按键处理放在 Morse Elements 模块，如果将其放在

Morse Decode 模块，可降低对 Morse Elements 模块的依赖性。同一等级模块之间的水平连线表示模块关联关系。如 6.4.2 节所述，设计中应尽量使关联最小化，当然，在功能调用层面，关联是不可避免的，但这种关联不会影响设计。Morse Decode 模块和 Morse Elements 模块之间存在关联关系，Morse Elements 模块负责集成点、线，用以支持解码。从这个层面来说，解码基于点、线和空格的组合结构，即需要对一系列的点、线和空格进行分组组合，这些字符分组将在 Morse Decode 模块和 Morse Elements 模块之间传递，即表示二者存在强关联关系。由于两个模块采用相同的点、线组合解释规则，因此违背了信息隐藏原则；在此可将点、线组合彻底迁移到 Morse Decode 模块，并提供一个功能接口，用于支持点、线组合的建立。当然，这样模块之间依旧存在功能级的关联关系。基于关联关系最小化原则，设计者应研究是否能进一步解决关联问题。

在开始进行架构改进之前，需要充分了解在架构分解中涉及的隐藏信息。在评价模块的隐藏信息时，首先需要自问："这个模块的隐藏信息是什么？"之前的改进框架就具有非常好的隐藏信息，Morse Elements 模块隐藏了关于从硬件电路获取信号和莫尔斯码的时间信息，Morse Decode 模块则隐藏了点、线的组合表示，LCD Display 模块隐藏了通过硬件接口将字符写入显示器的步骤和时间。

如果信息隐藏做得好，就不需要重新设计，只需关注模块之间的交互问题，即通过改进尽量减少模块之间的交互。如前所述，本方案是基于事件驱动的，我们可以通过分析事件来确定必要的响应。

最直接的事件是硬件相关事件，如上升沿、下降沿和按下按钮。下降沿到来时，不同的点、线组合对应不同的事件，上升沿到来对应点、字符、字的结束，可以考虑将这些特性编写为软件生成事件，并以 5.3 节和 5.4 节所述方法（如事件检测器和服务例程）进行处理。为了解决关联性问题，可为按键功能生成一个独立模块 Button（按钮），Main 模块通过调用 Button 模块和 Morse Elements 事件检测器，并通过 Morse Decode 模块和 LCD Display 模块对事件进行交互处理。当检测到点或线事件时，可将其添加到 Morse Decode 模块的内部表示；当检测到字符事件时，则对其进行解码，并发送到显示器；当检测到字事件时，也将对其进行解码显示，但此时会在显示结果中添加额外的空格；点事件则可被忽略。

基于此，可得相应的软件架构，如图 6.5 所示。

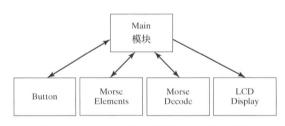

图 6.5　改进后的莫尔斯码解码的软件架构

对比图 6.4 可知，图 6.5 所示的架构保留原设计包含的所有隐藏信息，由于生成了独立的 Button 模块，因此消除了 Morse Decode 模块和 Morse Elements 模块之间的关联关系。Morse Elements 模块将封装莫尔斯码的时序信息，该模块还将对输入的莫尔斯码流进行时间校准，并基于校准时间将数据流分为点、线、字符空格和字空格。Morse Decode 模块会隐藏字符组的排列关系及其表示的字，当没有接收到完整的字时，该模块内需要以某个特定的方式来表示点、线。具体表示点、线组合的方法无须出现在后面的程序中，模块只需要宣称收到了一个新的点、线、字符空格或字空格。当接收到字符空格或字空格时，模块内的功能将前面收到的点和线翻译成字符，然后发送给 LCD Display 模块。LCD Display 模块将智能 LCD 的操作细节缩略为简单格式，显示器是只写设备，接收字符并显示，其他模块无须了解显示的方式，也无须了解端口和内存关于字符显示的相关操作。

6.5.4 莫尔斯码接收机的性能规范

性能规范指为了使系统满足整体需求，软件必须满足的特定和可量化指标。本示例的需求简单，软件需要满足的性能规范也较少，具体如下所示：

1. 软件必须能够对所有可显示的莫尔斯码组进行解码。
2. 软件必须能够显示所有可显示的莫尔斯码字符和空格。
3. 新字符到达时，软件必须能以自动换行的方式滚动显示。
4. 校准过程必须在按钮按下后 50 ms 内开始。
5. 软件必须在小于 120 ms 的时间内对字符进行解码并完成写入及显示功能。

前 3 个规范与莫尔斯码的接收与滚动显示直接相关，第 4 个源自需求开发过程中新发现的用户需求，第 5 个来自选择的特定软件架构。我们设计的软件架构是事件驱动架构，莫尔斯码的上升沿和下降沿是主体硬件事件，这意味着在下一个字符的第一个点或线的上升沿到来之前，我们不知道前一个字符已经结束，只能通过判断空格的长度来确定字符或字的结尾。为了不丢失所有输入信号的上升沿和下降沿，我们必须在下一个码字到来之前，将码字与空格一起解码并显示出来，因此有

$$\frac{1}{\left(\dfrac{10个字}{分钟} \times \dfrac{50个点时间}{字} \times \dfrac{1分钟}{60秒}\right)} = \frac{120\ \text{ms}}{点时间}$$

6.5.5 莫尔斯码接收机的接口规范

完成软件架构设计和模块的交互设计之后，下一步需要确定模块的接口规范。此时仅需根据前面讲述的接口规范原则，即可轻松识别出必要的功能。一般而言，针对模块交互过程的分析有助于理清其他功能需求。

6.5.5.1 Button 模块的接口规范

基于示例软件的事件驱动性质，Button 模块应包括去抖动硬件按键、需要报告的按键事件 ButtonDown 和 ButtonUp。我们需要对按键的端口进行初始化，并设置用于事件检测的固态变量，还需设置模块初始化功能——信号处理之前的开机过程。一般而言，每个模块都需要进行初始化。

InitializeButton() 函数不需要参数，不需要返回值。它用于完成模块内部所有端口线和数据结构的初始化，这是模块监视校准按钮所必需的。功能执行完成后，模块即可开始其他函数的调用。该函数不受模块外部因素的影响。

CheckButtonEvents() 函数不需要参数，但会返回一个与按钮相关的事件：ButtonDown，ButtonUp 或 NoEvent。该函数的测试方法是按下按钮再释放，并在输入端执行软件去抖动功能。该功能与它所调用的任何函数都不包含阻塞代码。

6.5.5.2 Morse Elements 模块的接口规范

如前所述，Morse Elements 模块包含三个公用函数。第一个函数是软件生成事件(与进入的点、线相关)检测器；第二个函数用于校准功能初始化，当检测到按钮按下时，Main 模块调用该函数，

该函数将隐藏模块内关于校准初始化过程的任何细节；第三个函数是模块初始化函数。此时，我们并不知道模块内部的设计细节，因此必须假设至少存在需要初始化的模块级变量。

由此可见，Morse Elements 模块包括三个公用函数 InitMorseElements()、StartCalibration() 和 CheckMorseEvents()，具体描述如下。

InitMorseElements() 函数不需要参数，不需要返回值。它负责完成模块内部端口线和数据结构的初始化，使之准备好捕捉 IR 光电传感器的上升沿和下降沿，并根据莫尔斯元素类型进行分类。当该函数执行完成后，即可等待被模块的其他函数调用。该函数不受模块外部因素影响。

StartCalibration() 函数不需要参数，不需要返回值。它负责 Morse Elements 模块的校准启动。调用该函数之后，直到校准过程完成，均不涉及字符显示。

CheckMorseevents() 函数不需要参数，返回一个莫尔斯码对应的事件或校准事件，如 DotDetected、DashDetected、CharSpaceDetected 和 WordSpaceDetected。该函数测试上升和下降沿及它们之间的时间间隔，并对时间间隔进行分类，生成莫尔斯码事件。该函数及其调用的函数均不包含阻塞代码。

6.5.5.3　Morse Decode 模块的接口规范

Morse Decode 模块构建并维护一个莫尔斯元素（点和线）组的内部码表，并将莫尔斯元素组解码为 ASCII[①]字符。为此，该模块需要加入点和加入线的函数，并进行解码。与其他模块一样，该模块也需要一个初始化函数，用于清除最后一个字符数据，等待新的莫尔斯元素的到来。Morse Decode 模块的接口规范如下。

AddDot() 函数不需要参数，不需要返回值。这个函数负责将点的表示加入内部莫尔斯元素组，该函数及其调用的函数均不包含阻塞代码。

AddDash() 函数不需要参数，不需要返回值。这个函数负责将线的表示加入内部莫尔斯元素组，该函数及其调用的函数均不包含阻塞代码。

ClearMorseChar() 函数不需要参数，不需要返回值。该函数用于清除表示内部莫尔斯元素组的数据结构，该函数及其调用的函数均不包含阻塞代码。

DecodeMorseChar() 函数不需要参数，应返回 ASCII 字符。该函数根据莫尔斯元素内部数据结构的当前状态来确定对应的 ASCII 字符，如果莫尔斯元素组无效，则返回 "#"。该函数及其调用的函数均不包含阻塞代码。

请注意，在 DecodeMorseChar() 函数的描述中出现了新的特性，根据函数返回值可知，莫尔斯元素组可能无效，前面并无相关说明，因此此时应加入错误指示符 "#"（非莫尔斯码的定义），这是完善接口规范的一种示例，如果方便联系用户，可询问用户意见，并根据其建议在用户需求中添加响应。

6.5.5.4　LCD Display 模块的接口规范

LCD Display 模块的接口相对简单，它只需一个函数进行显示子系统和相关硬件的初始化，并用第 2 个函数写入显示字符。

InitDisplay() 函数不需要参数，不需要返回值。该函数负责初始化与显示相关联的硬件，并实

---

① ASCII 即美国标准信息交换码（American Standard Code for Information Interchange），可将字符串和控制字符编为 7 位数字码。显示和打印设备一般采用 ASCII 码来实现数值与字符串之间的转换。

现与显示器通信所需的内部数据结构的初始化。函数执行完成后,模块即可准备接收对 WriteChar() 函数的调用,并以打字显示的方式在 LCD 中显示字符,外部效果与显示器硬件的状态有关。

WriteChar() 函数只有一个参数:待写入显示器的新字符。执行此函数后,显示器的显示内容左移,新字符填入最右侧空格,生成滚动显示效果。该函数及其调用的函数均不包含阻塞代码。

6.5.6 莫尔斯码接收机的详细设计

本设计均假设存在一个用于定时的函数,该函数读取时钟,并以之确定当前时间,进而构建一个全事件驱动系统,事件一旦发生,即可被快速检测。此处需保证事件检测、读取时间与实际事件发生时间的间隔小于定时间隔。

6.5.6.1 Button 模块的详细设计

Button 模块必须包括去抖动开关,并且满足按钮最大时延需求和校准需求。尽管有多种基于软件的去抖动方法,但本设计选择了最简单的一种:检测开关弹起。该方法涉及事件检测器中的时间,所以无论事件检测器被调用频率有多高,开关硬件采样只与弹起率相关。为使其工作并满足响应时间要求,采样间隔应短于 50 ms。

```
Pseudo-code for the Button module
Data private to the module: LastButtonState, TimeOfLastSample

InitializeButton
Takes no parameters, returns no value.
Initialize the port line to monitor the button
Sample the current button state and use it to initialize
LastButtonState,
Set TimeOfLastSample to the current time
End of InitializeButton

CheckButtonEvents
Takes no parameters, returns one of the following events:
    NoEvent, ButtonDown, ButtonUp
Local Variables: ReturnValue
Set ReturnValue to NoEvent
If more than the debounce interval has elapsed since the last sampling
    If the current button state is different from the LastButtonState
        If the current button state is up
                Set ReturnValue to ButtonUp
        Else
                Set ReturnValue to ButtonDown
        Endif
        Set LastButtonState to the current button state
    Endif
    Record current time as TimeOfLastSample
Endif
Return ReturnValue
End of CheckButtonEvents
```

6.5.6.2　Morse Elements 模块的详细设计

Morse Elements 模块依旧采用全事件驱动方案,因此同样不允许使用阻塞代码。如果 CheckMorse-Events()函数在内部执行硬件事件监测和响应,则可采用 5.5 节所述的事件驱动 main()结构。

我们对 Morse Elements 模块进行功能分解,识别点和线的任务涉及多个子任务,有些子任务与校准任务共享子任务。

1. 检测输入信号的上升沿和下降沿。
2. 确定输入信号边沿之间的时间间隔。
3. 将输入的数据流分类,并排序成点、线、点空格、字符空格和字空格。

需要响应的硬件事件有两个,即上升沿和下降沿。对上升沿和下降沿的具体响应取决于模块状态,即处于校准状态还是解码状态,状态不同,则响应也不同。因此对于设计者而言,了解事件的历史有助于确定响应方式。我们可以设想采用状态机捕获模块特性,如图 6.6 所示的状态图即可用于描述对硬件事件的响应。

状态图有三个基本域:Calibrating(校准),Waiting for End of Character(等待结束字符),Decoding(解码)。状态机初始化为 Calibrating 域,等待上升沿的到来。Waiting for End of Character 域的功能可确保解码获得的第一个字符为合法字符,而非校准完成的结尾部分。因此,我们在状态图的绘制过程中发现了一个新需求,即对输入流进行类型判决。由于每个上升沿和下降沿的时间是事件检测所必须获取的参数,因此可将其相关记录从状态机响应中分离出来,归入事件检测器,由事件检测器执行相关事件检测。我们在设计过程中还发现需要增加两个软件生成事件,用于检测字符或字结束事件及校准结束事件,校准结束事件触发 Waiting for End of Character 域,等待字或词结束事件触发进入 Decoding 域。表示脉冲长度和空格长度的函数需根据莫尔斯码编码规则分别进行脉冲和空格分类,TestCalibration()函数用于确定最近一次的上升沿或下降沿是否能提供足够的数据,以确保能对点到来时间实现有效校准。

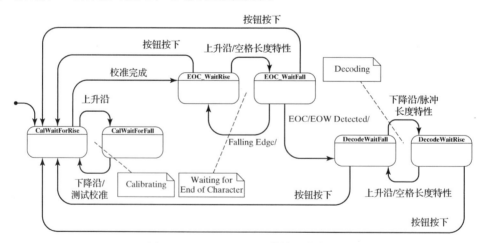

图 6.6　Morse Elements 模块的状态图

状态图不涉及用于校准莫尔斯码传输速率的算法,该算法可能是一种简单且速度较慢的算法:

```
Capture a large number of time intervals between rising and falling edges
Prepare a histogram of those time intervals
Find the most common time interval. This is the dot time.
```

点的持续时间与字符内点和线之间的时间间隔均为 1 个点时间，对于英语消息而言，点时间在消息内出现的频次最高，因此选择的算法应具备快速发现并校准的能力。另外，点和线的持续时间之比为 1:3，因此需要收集相邻脉冲的持续时间，检测其比例是否为 1:3 或 3:1。由于时间测量并不准确，因此测试获得的时间间隔只可能是±1，如果检测结果为 1:3 或 3:1，则可确认短的持续时间表示"点"，而非点时间−1 或点时间+1。

基于以上接口规范、状态图和校准算法，即可开始设计用于描述公用函数和模块函数的伪代码。

```
Pseudo-code for the Morse Elements module
Data private to the module: LengthOfDot, TimeOfLastRise, TimeOfLastFall,
    FirstDelta, CurrentState


InitializeMorseElements
Takes no parameters, returns no value.
Initialize the port line to receive Morse code
Set CurrentState to be CalWaitForRise
Set FirstDelta to 0
End of InitializeMorseElements


StartCalibration
Takes no parameters, returns no value.
Call MorseElementsSM with the event ButtonPressed and CurrentTime
End of StartCalibration


CheckMorseEvents
Takes no parameters, returns one of the following events:
    NoEvent, DotDetected, DashDetected, CharSpaceDetected
    WordSpaceDetected
Local Variables: ReturnValue
Set ReturnValue to NoEvent
If the state of the Morse input line has changed
   If the current state of the input line is high
      Record current time as TimeOfLastRise
      Call MorseElementsSM with the event RisingEdge and CurrentTime
      If the return from MorseElementsSM is EndOfCharacterFlag
         Call MorseElementsSM with EOCDetected and CurrentTime
         Set ReturnValue to CharSpaceDetected
      ElseIf the return from MorseElementsSM is EndOfWordFlag
         Call MorseElementsSM with EOWDetected and CurrentTime
         Set ReturnValue to WordSpaceDetected
      EndIf
   Else (current input state is low)
      Record current time as TimeOfLastFall
      Call MorseElementsSM with the event FallingEdge and Current-Time
            If the return from MorseElementsSM is CalCompleteFlag
                Call MorseElementsSM with CalibrationCompleted
                and CurrentTime
                Set ReturnValue to NoEvent
```

```
                ElseIf the return from MorseElementsSM is
                    DotDetectedFlag
                    Set ReturnValue to DotDetected
                ElseIf the return from MorseElementsSM is
                    DashDetectedFlag
                    Set ReturnValue to DashDetected
                EndIf
        Else (Morse input line is unchanged)
            Set ReturnValue to NoEvent
        EndIf
        Return ReturnValue


        MorseElementsSM (implements the state machine for Morse Elements)
        Takes two parameters
            (ThisEvent), one of the following events:
            RisingEdge, FallingEdge, CalibrationCompleted, EOCDetected
            EOWDetected, ButtonPressed
            (ThisTime), the time that the event was detected
        Returns EndOfCharacterFlag, EndOfWordFlag, DotDetectedFlag,
            DashDetectedFlag, CalCompleteFlag, NoFlag, BadPulseFlag,
            BadSpaceFlag
        Local Variables: ReturnValue, NextState
        Set ReturnValue to NoFlag
        Set NextState to CurrentState
        Based on the state of the CurrentState variable choose one of the follow-ing
blocks of code:
            CurrentState is CalWaitForRise
                If ThisEvent is RisingEdge
                    Set TimeOfLastRise to ThisTime
                    Set NextState to CalWaitForFall
                Endif
                If ThisEvent is CalibrationComplete
                    Set NextState to EOC_WaitRise
                Endif
            End CalWaitForRise block
            CurrentState is CalWaitForFall
                If ThisEvent is FallingEdge
                    Set TimeOfLastFall to ThisTime
                    Set NextState to CalWaitForRise
                    Call TestCalibration
                    If the return from TestCalibration is CalComplete
                        Set ReturnValue to CalCompleteFlag
                    EndIf
                Endif
            End CalWaitForFall block
            CurrentState is EOC_WaitRise
                If ThisEvent is RisingEdge
```

```
                    Set TimeOfLastRise to ThisTime
                    Set NextState to EOC_WaitFall
                    Call CharacterizeSpace function
                    If return from CharacterizeSpace shows EOC or EOW
                        Set ReturnValue to EndOfCharacterFlag
                    EndIf
                Endif
                If ThisEvent is ButtonPressed
                    Set NextState to CalWaitForRise
                    Set FirstDelta to 0
                Endif
        End EOC_WaitRise block
        CurrentState is EOC_WaitFall
            If ThisEvent is FallingEdge
                    Set TimeOfLastFall to ThisTime
                    Set NextState to EOC_WaitRise
                EndIf
            Endif
            If ThisEvent is ButtonPressed
                    Set NextState to CalWaitForRise
                    Set FirstDelta to 0
            Endif
            If ThisEvent is EOCDetected
                    Set NextState to DecodeWaitFall
            Endif
        End EOC_WaitFall block
        CurrentState is DecodeWaitRise
            If ThisEvent is RisingEdge
                    Set TimeOfLastRise to ThisTime
                    Set NextState to DecodeWaitFall
                    Call CharacterizeSpace function
                    Set ReturnValue to the return value from
                    CharacterizeSpace
                    EndIf
                Endif
                If ThisEvent is ButtonPressed
                    Set NextState to CalWaitForRise
                    Set FirstDelta to 0
            Endif
        End DecodeWaitRise block

        CurrentState is DecodeWaitFall
            If ThisEvent is FallingEdge
                    Set TimeOfLastFall to ThisTime
                    Set NextState to DecodeWaitRise
                    Call CharacterizePulse function
                    Set ReturnValue to the return value from
                    CharacterizePulse
```

```
                    EndIf
                Endif
                If ThisEvent is ButtonPressed
                    Set NextState to CalWaitForRise
                    Set FirstDelta to 0
                Endif
            End DecodeWaitFall block
    Return ReturnValue
    End of MorseElementsSM
```

　　在编写状态机的伪代码之前，需要仔细研究状态图，并在编写转换代码时在图中进行相应标注，以确保已经编写了执行相关转换的代码。

　　另外，还需要在下面给出的 TestCalibration()函数中确定前一个上升/下降沿是否提供了足以支持校准的数据。

```
TestCalibration
Takes no parameters, returns either CalInProgress or CalCompleted.
Local variable SecondDelta, ReturnValue
Set ReturnValue to CalInProgress
If calibration is just starting (FirstDelta is 0)
    Set FirstDelta to most recent pulse width
Else
    Set SecondDelta to most recent pulse width
    If (100 * FirstDelta/SecondDelta) less than or equal to 33
        Save FirstDelta as LengthOfDot
        Set ReturnValue to CalCompleted
    ElseIf (100 * FirstDelta/Second Delta) greater than or equal to 300
        Save SecondDelta as LengthOfDot
        Set ReturnValue to CalCompleted
    Else (prepare for next pulse)
        Set FirstDelta to SecondDelta
    EndIf
EndIf
Return ReturnValue
End of TestCalibration
```

　　由图 6.6 的状态图可知，下降沿到来时［见图 6.7(a)］调用 CharacterizePulse()函数，而上升沿到来时［见图 6.7(b)］调用 CharacterizeSpace()函数。

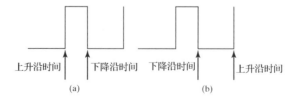

图 6.7　时间间隔：(a)调用 CharacterizePulse()函数时；(b)调用 CharacterizeSpace()函数时

CharacterizeSpace

```
Takes no parameters, returns one of EndOfCharacterFlag, EndOfWordFlag,
BadSpaceFlag
Local variable ReturnValue, LastInterval
Set ReturnValue to BadSpaceFlag
Calculate LastInterval as TimeOfLastRise - TimeOfLastFall
If LastInterval OK for a Character Space
    Set ReturnValue to EndOfCharacterFlag
Else
    If LastInterval OK for Word Space
        Set ReturnValue to EndOfWordFlag
    EndIf
EndIf
Return ReturnValue
End of CharacterizeSpace
```

CharacterizePulse

```
Takes no parameters, returns one of DotDetectedFlag, DashDetectedFlag,
BadPulseFlag,
Local variable ReturnValue, LastPulseWidth
Set ReturnValue to BadPulseFlag
Calculate LastPulseWidth as TimeOfLastFall - TimeOfLastRise
If LastPulseWidth OK for a dot
    Set ReturnValue to DotDetectedFlag
Else
    If LastPulseWidth OK for dash
        Set ReturnValue to DashDetectedFlag
    EndIf
EndIf
Return ReturnValue
End of CharacterizePulse
```

6.5.6.3 Morse Decode 模块的详细设计

Morse Decode 模块的内部设计细节将围绕设计者选择的内部数据结构而展开，该数据结构表示莫尔斯元素和打印字符之间的对应关系。例如，可采用树形链表结构来表示解码知识，树上的每一个节点都包括三个部分：（1）当前元素为点时下一个节点的引用方式；（2）当前元素为线时的下一个节点的引用方式；（3）一组莫尔斯元素结束时该节点的打印字符。这种数据结构支持快速解码，但要求编程人员充分理解链表结构。

采用字符串的数据结构更加简单易懂，一旦检测到点或线，则将字符加入字符串中。字符串解码过程包括从合法可打印莫尔斯字符列表中寻找可匹配的莫尔斯元素和预定义字符串，C 语言可使用标准库函数 strcmp() 进行字符串比较，并用以下数组识别所有的有效莫尔斯码组。

```
char LegalChars[] = "ABCDEFGHIJKLMNOPQRSTUVWXYZ1234567890?.,:'-/()\"=
!$&+;@_";
char MorseCode[][8] ={".-","-...","-.-.","-..",".",".-.","--.",
                ".....","..",".---","-.-",".-..","--","-.","---",
                ".--.","--.-",".-.","...","-","..-","...-",
```

```
".—","-..-","-.—","—..",".——","..—-",
"...—","....-",".....","-....","—...","—-..",
"——.","——-","..—..",".-.-.-","—..—",
"—-...",".——.","-....-","-...-","-.—.-",
"-.—.-",".-..-.","-...-.","-..—.—","...-..—",
".-...",".-.-.","-.-.-.",".—.-.","..—.-"
};
```

LegalChars 数组的第一个元素对应捕获的 MorseCode 数组的第一个元素包含的点、线组合。LegalChars 数组的第二个元素对应捕获的 MorseCode 数组的第二个元素包含的点、线组合。以此类推，LegalChars 的每个字符的数组索引对应 MorseCode 数组中同一索引的莫尔斯码字符串。

由于字符数组的数据结构简单，因此解码算法简单易行。示例中基于此设计的模块伪代码如下所示。

```
Pseudo-code for the Decode Morse module
Data private to the module: MorseString, the arrays LegalChars and
MorseCode shown above


ClearMorseChar
Takes no parameters, returns nothing
Clear (empty) the MorseString variable
End of ClearMorseChar


AddDot
Takes no parameters, returns a symbolic value indicating success or failure
    If there is room for another Morse element in the internal
        representation
            Add a Dot to the internal representation
            Return Success
    Else
            Return Failure
End of AddDot


AddDash
Takes no parameters, returns a symbolic value indicating success or failure
    If there is room for another Morse element in the internal
        representation
            Add a Dash to the internal representation
            Return Success
    Else
            Return Failure


DecodeMorse
Takes no parameters, returns either a character or a symbolic value
indicating failure
        For every entry in the array MorseCode
                If MorseString is the same as current position in MorseCode
                    return contents of current position in LegalChars
```

```
        EndIf
    EndFor
return ERROR, since we didn't find a matching string in MorseCode
```

6.5.6.4 显示设备的详细设计

对于示例中的显示设备，可采用 7.3.2 节介绍的智能 LCD。这类设备的伪代码基本相同，仅在初始化程序中有些许差别，因此无须纠结特定显示的初始化细节，只需编写初始化功能的高级伪代码。

```
Pseudo-code for the Display module
InitDisplay
Takes no parameters, returns nothing
Issue the sequence of commands necessary to place the display into a
single line mode with auto-scrolling to the left and the insertion point
set to the rightmost point on the display.
End of InitDisplay
WriteChar
Takes a single parameter, the character to write, returns nothing
    Set the port line to choose the data register in the display
    Place the value of the character to write onto the port lines
    Pulse the enable line high, then low
End of WriteChar
```

信息隐藏设计不会将显示细节泄露给其他模块，其优点显而易见。即使更换 LCD，也无须改变其他三个模块的设计。只要采用相同的接口规范，则设计改动将仅限于显示模块的内部设计和相关的伪代码，而无须改变其他模块的设计。

6.5.6.5 Main 模块的详细设计

Main 模块负责协调所有其他模块，将其设计为事件检测循环，用于发现按钮按下或其他高级事件——接收可识别的莫尔斯元素。

```
Pseudo-code for the Main module
Main Function
Takes no parameters, returns nothing
Initialize the Button module
Initialize the MorseElements module
Initialize the MorseDecode module
Initialize the Display module
Do
    Check for button events
    If the returned event is ButtonDown
        Start the calibration process
    EndIf
    Based on the return from CheckMorseEvents do one of the following
        blocks
        DotDetected
            Call AddDot function
        EndDotDetectedBlock
```

```
                        DashDetected
                            Call AddDash function
                        EndDashDetectedBlock
                        CharSpaceDetected
                            Call DecodeMorse function
                            If the return values from DecodeMorse was not ERROR
                                    Print returned value to the display
                            Else
                                    Print a '?' to the display
                            EndIf
                        EndCharSpaceDetectedBlock
                        WordSpaceDetected
                            Call DecodeMorse function
                            If the return values from DecodeMorse was not ERROR
                                    Print returned value to the display
                            Else
                                    Print a '?' to the display
                            EndIf
                            Print a space to the display
                    EndWordSpaceDetectedBlock
            Forever
            End of Main Function
```

6.5.7 莫尔斯码接收机的实现

上一节中的伪代码可采用任意的嵌入式编程实现。需要注意的是，基于事件驱动的设计一般会假设事件检测过程能够检测到所有的硬件事件，并且上升沿和下降沿的时间戳准确，这对程序执行会造成一些性能限制。但即使选用低端嵌入式处理器（如 2 MHz 时钟的 Freescale MC68HC11），所有可编译的语言均可满足要求。相反，该设计的解释器对处理器速度的要求更高一些。

6.5.8 莫尔斯码接收机的单元测试

模块测试工具将用于单元测试。与其他任务类似，测试工具也采用增量式编程，一般从一个独立的模块函数（与模块中的其他函数没有关联）测试工具入手，然后开始添加其他无低级关联关系的函数，再添加低级调用函数，最后测试模块的公用函数。需要特别注意的是，在设计测试流程时，千万不要忘记测试非法输入参数或外部溢出的参数［例如调用 Morse Decode 模块中的 AddDot()和 AddDash()函数］对系统性能的影响。Morse Decode 模块的完整测试实例如下：

```
            Call ClearMorseChar
            Print MorseString
            Call AddDot and make sure that it reports success
            Print MorseString
            Call AddDot 6 more times, this is the maximum size of a character group
            Make sure that each call reports success
            Print MorseString
            Call AddDot make sure that it reports failure
            Print MorseString
```

```
Call ClearMorseChar
Print MorseString
Call AddDash and make sure that it reports success
Print MorseString
Call AddDash 6 more times, this is the maximum size of a character group
Make sure that each call reports success
Print MorseString
Call AddDash and make sure that it reports failure
Print MorseString

Call ClearMorseChar
Construct some legal strings, especially at the beginning and end of the
array limits
For each of these strings
     ClearMorseChar
     Use AddDot & AddDash to build a representation
     Call DecodeMorse
     If no error reported
         Print the returned character
     Else
         Print a '?' to the display
     EndIf
EndFor

Construct some illegal strings
For each of these strings
     ClearMorseChar
     Use AddDot & AddDash to build a representation
     Call DecodeMorse
     If no error reported
          Print message to alert to the failed test
     Else
          Print message to alert to the successful test
     EndIf
EndFor
```

6.5.9 莫尔斯码接收机的集成

模块通过单元测试后，即可开始对其进行集成。在本例中，集成过程始于将 Morse Elements 模块集成到 Main 模块。Main 模块调用 Morse Decode 模块，打印接收到的点、线，以及字符间的空格。当收到 1 行或 2 个点、线组合时，需要进行手动解码，以确定输入有效。如果发现有问题，则表示在 Morse Elements 模块的测试环节中可能有所遗漏，因为本集成过程与 Morse Elements 模块的测试环节并无差异。一旦确认 Morse Elements 模块返回的点、线组合有效，即可开始调用 Morse Decode 模块的 AddDot()、AddDash() 和 DecodeMorse() 函数，然后打印解码字符，否则返回进行 Morse Decode 测试。如果字符到终端的打印过程正常，则可加入显示模块。如果显示模块测试完成，则标志着系统测试完成，即设计已经完全能够满足系统需求了。

6.6　习题

6.1　从三个方面讲述编程与写作的不同点。

6.2　从三个方面讲述编程与建造房屋的相同点。

6.3　定义软件设计的分解过程。

6.4　判断对错：耦合是模块的一个理想特性。

6.5　判断对错：模块功能可以用模块的通用接口表示。

6.6　为 6.5.6.2 节所述的 Morse Elements 模块编写测试工具伪代码。

6.7　根据独立模块的上下文关系描述测试工具功能。

6.8　判断对错：伪代码是设计过程的一部分，而不属于实现过程。

6.9　使用 6.5.6.2 节所示的伪代码，编写实现 InitializeMorseElements() 函数的实际代码。

6.10　编写实际代码以实现以下伪代码：

```
For every element in the array
multiply the element value by Gain and add the result to the running
Sum
```

参考文献

Code Complete, Steve McConnell, 2nd ed., Microsoft Press, 2004.

第7章 处理器间通信

7.1 引言

任何一个电路或系统都包含多个组件，这些组件之间相互作用，并以某种方式进行通信。这种通信可以采用某种简单形式呈现，如单个模拟电压值或多个时变数字信号。但有些组件之间存在大量数据交互需求；例如，计算机向打印机快速、无差错地发送文件，涉及的数据量大，且希望快速完成传输。处理器间的信息传输方式多种多样，本章重点关注一些相对复杂的高级应用案例，这些应用需要快速实现大量数据传输。其他信息交互类型将在后面的相关章节进行阐述，第 16 章将讲述两个数字逻辑器件之间的信息交互问题，数字输入/输出将在第 17 章详述，第 19 章将讨论模拟接口，以及 A/D、D/A 转换。

与个人计算机和打印机类似，微控制器的处理器间通信希望以简单易行的方式实现快速、无差错传输。如前所述，机电一体化设计者掌握了达成以上目标所必需的多种相关技术，并有标准流程作为参考，具备完成该设计任务的能力。对于设计者而言，首先需要熟悉各种常用解决方案和经验性案例，然后需要提出能满足应用需求的特定解决方案。本章致力于寻求一种方法，使读者能快速熟悉常用的通信方法和标准，当然，这并不意味着本章将列出方法和标准的清单——非本书重点，且与处理器间通信关联不大。如有需要，设计者可通过查阅相关标准获取信息。

本章重点讲述：

1. 数字通信的两种基本方法：位并行和位串行。
2. 位并行通信的特点。
3. 位串行通信的特点。
4. 基于定时、同步(共用一个时钟)的处理器间通信和基于定时、异步(无时钟)的处理器间通信(即有一个共同的时钟信号)。
5. 实现同步串行通信的几种方法。
6. 实现异步串行通信的常见方法。
7. 常见的通用信令。
8. 如何在不支持直流信号传输的媒质[如射频信号(RF)链路和标准电话线]上实现通信。

7.2 没有媒质就没有消息

设计者首先需要明确如何将数据从信源传到信宿。在许多情况下，数据传输可通过电路连接方式实现，即用线连接。除此之外，还有许多可用于数据传输的媒质，图 7.1 描述了早期的、基于媒质的信息中继方式，有意思的是，古老的烽火传信采用了与现代通信相同的通信规则，具体说明如下：

- 信源和信宿必须访问媒质。
- 必须使用共同认可的符号。
- 必须共同遵守通信规则，如谁开始发送，如何发送。

如今有多种可选的通信媒质,每种媒质都有各自的特性和优缺点。表 7.1 列出了几种典型媒质。

图 7.1　原始的无线通信

表 7.1　通信媒质和标准示例

媒　质	标 准 示 例
直接连接，有线，物理连接	RS-232，RS-485 以太网 通用串行总线(USB)
光	光纤 红外(IR)发射和检测
无线电频率	WiFi(802.11a/b/g/n) 蓝牙 AM 无线电 FM 无线电

7.3　位并行和位串行通信

从最简单的层面上来看，数字通信将一台数字设备的输出连接到另一台数字设备的输入，并建立逻辑电平和时序关系，即将数据从数字设备的输出传输到另一台数字设备的输入，并在另一台数字设备中读取数据并解释，这就是处理器间通信的基础，看起来简单明了。实际上通信的困难并不在于其基础理论有多复杂，而在于如何实现快速、高效、可靠的数据交换。

如前所述，数字数据可用"二进制"表示，每个二进制数(1 比特/1 位)的取值为"0"或"1"，将二进制比特进行组合，可以获得任意长度的二进制数组，例如数字 65 000 可用 16 位的二进制数组表示:

$$65\ 000 = 1111\ 1101\ 1110\ 1000$$

各类数据(如字符，有符号和无符号整数，字符串，浮点数，等等)均可用一组二进制数表示，具体表示方法详见第 2 章和第 3 章。

如果每次从信源向信宿传输 1 个比特，则通常采用**串行方式**，也称**位串行通信**。如果同时有多个比特从信源传输到信宿，则一般采用的是**并行方式**，也称**位并行通信**。目前，以上两种方式都被广泛应用，常用的 COM 端口和 USB 即为典型的串行通信案例，而计算机的并行打印接口和 PCI 总线则是典型的并行通信案例。另外，微控制器的数据和地址总线也是典型的并行通信案例（见第 2 章）。

7.3.1 位串行通信

无论数据有多长，串行通信链路一次只传输 1 比特数据，这表示通信将会十分频繁，具体频繁程度取决于传输速率，即**比特速率**。发送端必须将数据流分成独立比特，并将其按照事先定义好的顺序和时间进行发送，接收端则需要将接收的数据重新组合成数据流，以便进行解码和使用。

假设以标准逻辑电平电压表示比特：0 V 表示逻辑电平 0；5 V 表示逻辑电平 1（本章后面会讨论电平偏移问题）。据此可获得用于表示 0 V 和 5 V 电压的数据流，如图 7.2 所示。

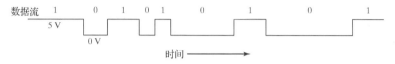

图 7.2　基本的位串行通信：电平对应的比特数据流

图 7.2 未涉及建立通信的关键因素——定时，事实上，没有定时信息，信源与信宿是无法建立通信关系的。对于信宿而言，必须了解信源数据流比特的开始与结束时刻，才能在正确的时刻实现正确接收。定时是串行通信成功与否的关键，是组织数据传输的基础，本章讲述的第一个问题是**同步串行通信**（synchronous serial communication），在希腊语中，"syn" 表示 "跟随"，"chronous" 表示 "时间"，同步串行通信表示串行通信的收发端共用一个时钟。接下来，本章将讨论**异步串行通信**（asynchronous serial communications），在希腊语中，"asyn" 表示 "没有"，此处表示收发端无共用时钟。

7.3.1.1 同步串行通信

同步串行通信包含至少一个串行数据连接，一个用于指示数据线上的比特数据是否有效的时钟连接，以及一个通信收发端之间的共用地。图 7.3 所示为同步串行通信的典型例子。如图中所示，发送数据的处理器也控制时钟线，这是最简单的同步串行通信的实现方法，其中的发送端被称为系统**主机**，可将数据发送到一个接收处理器或外设（**从机**），并告诉从机何时读取数据线。

仔细观察图 7.3 可获得一些重要细节，图中标出了时钟信号的上升沿（0~5 V 转换），表示上升沿触发。即当上升沿到来时，发送端数据线上的数据是有效的。实际应用中，既可能采用**上升沿触发**，也可能采用**下降沿触发**。图中标出了时钟线的**空闲状态**，该状态可为高电平，也可为低电平。图中设置为空闲高电平时钟，即当无数据传输时，时钟线设置为 5 V，时钟沿和空闲状态的四种组合都可以使用。如图 7.3 所示，在串行通信链路中，任何时刻都可能存在时钟和数据传输，但对数据速率和时间一致性未做定义，接收端检测到时钟上升沿即开始读取数据线的数据。当然，串行通信通常存在传输速率上限，该上限由发送端/接收端性能决定。

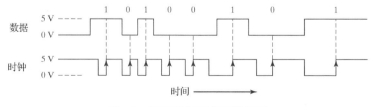

图 7.3　同步串行通信的数据流

　　图 7.3 所示为一种简单的同步串行通信应用，实际中常会遇到更加复杂的应用。同步串行通信解决方案已经标准化，微控制器和外设等硬件模块均根据标准构建。因此，一般不用自己设计同步串行接口硬件和软件，取而代之的是选择标准化模块，从而大大简化设计任务。典型的标准化接口模块有 Freescale 的**串行外部设备接口**（SPI，Serial Peripheral Interface），飞利浦的 I^2C（Inter-Integrated Circuit）总线，以及 National Semiconductor 的 **Microwire**。这些接口虽略有差异，但均具备前面描述的基本特征。本章以 Freescale 的串行外部设接备接口（SPI）为例进行详细分析。

　　Freescale 的 SPI 要求系统在一个主机和至少一个从机之间进行数据传输，可根据需要选择网络中的不同节点充当系统主机，即网络中的不同成员可在不同时间充当主机。对于数据传输而言，系统主机控制单向数据线和共享时钟线，数据线方向为主机出–从机入，也可缩写为 MOSI。从机间共享另一条单向数据线，方向为主机入–从机出，也可缩写为 MISO。时钟为串行时钟或 SCK。图 7.4 所示为单主机、多从机系统。

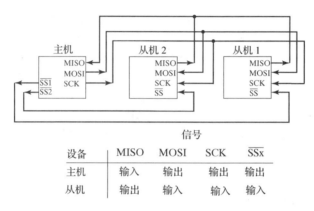

设备	MISO	MOSI	SCK	$\overline{SSx}$
主机	输入	输出	输出	输出
从机	输出	输入	输入	输入

图 7.4　SPI 同步串行通信系统：单主机、多从机

　　如图 7.4 所示，MOSI 是一条从主机流向从机的单向输出线，对于主机而言，MOSI 是输出线，对于从机而言，MOSI 是输入线，主机通过从机选择线（记为 $\overline{SS}$ 或 SS*，此处*表示低电平触发，即在逻辑 0 状态激活芯片）确定 MOSI 指向从机，从机选择线使某个特定从机接收和发送数据，当某个从机被选中或被激活时，它将控制输出线 MISO，系统中所有从机共用一条 MISO 线，未被选中的从机需将其 MISO 输出置为高阻态（具体设置方法详见 17.3 节），以确保不会发生数据线控制冲突。某些设计无须从机向主机返回数据，此时可同时选择多个从机。

　　SPI 接口定义了四种数据传输模式，这四种模式均需在数据传输前设置从机选择线（$\overline{SS}$），如图 7.5 所示。从机选择线为低电平触发，四种 SPI 模式详见表 7.2，相关示意图见图 7.6。

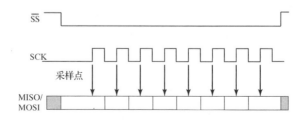

图 7.5　SPI 连接（MOSI，MISO，SCK，$\overline{SS}$）及其时序

表 7.2　四种 SPI 模式

SPI 模式	SCK 空闲状态	SCK 活动状态
0	低	上升
1	低	下降
2	高	下降
3	高	上升

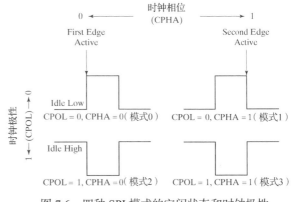

图 7.6　四种 SPI 模式的空闲状态和时钟极性

模式 3 是最常用的 SPI 模式，该模式要求在传输数据之前将时钟线从高电平转换为低电平，以此通知接收端准备接收数据。模式 0 和模式 2 则要求一旦完成 $\overline{SS}$ 设置和时钟线的第一次电平转换，从机随即进入准备读取数据状态。

同步串行通信的其他标准，如 I^2C 和 Microwire，其功能与 SPI 的类似。虽然这三种标准的实现方式、特性、优缺点各不相同，但它们具有共同的特点，即采用一条独立线控制时钟，以有效数据激活接收机，并在特定时间段读取数据。SPI 和 Microwire 的性能相似，二者均采用两条单向数据线（如 MOSI 和 MISO）和一条时钟线，I^2C 则只有一条双向数据线和一条时钟线。相比于其他两种标准，I^2C 协议更加完善，能够基于两线传输完成包括个人设备寻址、传输确认、速度选择和主机选择等功能。I^2C 于 20 世纪 80 年代初由飞利浦半导体公司（现为 NXP）定义，用于消费类产品的内部总线。

I^2C 接口支持多种 IC 从机，用于实现电视调谐、电视解码、音频增益控制，以及常用的机电一体化功能，如 A/D（D/A）转换器、I/O 线扩展、传感器、时钟/日历等。Microwire 和 SPI 的优势在于能够提供更高的传输速率，I^2C 的优势则在于能支持多主机系统和小型硬件接口。应用不同，需求也不同，设计者在选择标准时应充分考虑应用需求，然后再确定选择方案。

7.3.1.2　异步串行通信

许多应用案例无法提供独立的时钟。例如，基于射频链路的通信方式无法通过添加独立的连接以指示数据准备完成。因为对于无线信道而言，独立的连接意味着需要添加一个单独的信号频率。尽管也可以用有线连接实现，但这些串行通信链路一般没有独立的时钟线，需要采用**异步串行通信**。当然，所谓异步并非不需要时钟信号，实际上，网络中的每个节点都有自己的时钟，以及确保数据读/写有效的方法，只是不需要添加额外连接使所有节点共用一个时钟而已。但该方式能够确保网络中的每个节点保持自己的时钟。异步串行通信应用广泛，常用于 PC 的串行 COM 端口和 USB 端口。

有线异步串行连接通常由至少一条数据线和一个共用地组成。如果采用双向数据线（并非常用），那么网络中两个或两个以上节点间可实现相互通信，任意节点均可根据需要充当发送端或接收端。如果采用单向数据线，则每条数据线只支持从一个处理器到另一个处理器（发送到接收）的通信。如果要使单向数据线支持双向通信，则需添加额外连接线。异步串行链路功能的核心概念是"**比特时间**"——单个数据比特在数据线上的持续时间，数据的发送者和接收者必须就比特时间、比特时间的开始/结束指示达成共识，以确保通信的有效进行，**数据传输速率**（后续也称比特速率）一般表示为**比特/秒（bps）**或**千比特/秒（kbps）**，该参数与比特时间的关系为

$$数据传输速率(bps) = \frac{1}{比特时间(s)} \qquad (7.1)$$

图 7.7 所示为一典型的异步串行数据传输波形。在该示例中，我们将继续假设采用标准逻辑电平电压来表示比特，即 0 V 表示逻辑 "0"，5 V 表示逻辑 "1"。图 7.7 给出了 8 位数据的传输过程。在进行传输之前，数据线空闲并等待数据到来，该状态被称为"**标记状态**"（marking state），并设为逻辑 "1"。数据传输开始的第一个标志是数据线状态从标记状态向间隔状态的转换，转换从**起始位**（start bit）开始。起始位为 0 电平，持续时间为 1 比特时间。尽管起始位不携带数据，但其作用很重要。如果没有起始位，接收端就无法将第一个数据位与标记状态进行正确的分离。发送端通过起始位告知接收端数据即将到来。从标记状态向间隔状态的转换完成后，接收端等待 1 比特时间，然后开始接收数据。

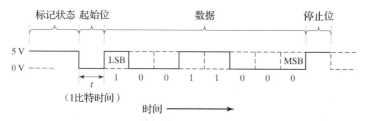

图 7.7 异步串行数据传输波形，包括 8 位数据，1 个起始位，1 个停止位

起始位结束后即开始在数据线上传输第一个数据比特，异步串行通信首先传输**最低有效位**（LSB，Least Significant Bit），最后传输**最高有效位**（MSB，Most Significant Bit）。图 7.7 所示为 8 位的数据字段——一般数据字段都为 8 位，7 位字段很少见，对于某些特殊配置，也可采用 5 位或 9 位数据字段。但无论如何，为了实现定时，收发两端的数据字段长度必须保持严格一致。

紧跟 MSB 之后的是**停止位**（stop bit），用来表示数据传输结束。停止位传输完成后即可开始新一轮数据传输。有些标准定义了多于 1 位的停止位长度，相当于在传输结束后还需等待某个特定时间长度后再进入标记状态。需要附加停止位的系统一般需一定的附加时间来读取和处理数据。随着计算能力和处理速度的提高，需要附加停止位的应用已越来越少。大多数情况下，在停止位结束后无须等待即可开始传输下一个起始位。

综上所述，起始位和停止位标志着数据的起始和结束，可称之为**分帧位**（framing bit）。虽然分帧位不传输数据，但其负责数据传输初始化和传输结束指示，因此也非常重要。在串行通信模式中，每次传输至少需要 2 位的分帧位。

除了分帧位和数据字段，异步串行数据传输有时还包括用于检错的**奇偶校验位**（parity bit）。奇偶校验位一般紧跟在最后一个数据位 MSB 之后。顾名思义，奇偶校验位用于平衡数据组中 0 和 1 的比例。如果数据组中 1 的个数为偶数，则奇偶校验位置为 0，这种情况被称为**偶校验**（even parity）。如果数据组中 1 的个数为奇数，则奇偶校验位置为 1，这种情况被称为**奇校验**（odd parity）。如果传输过程中发生奇数个差错，则可利用奇偶校验位实现检错，但奇偶校验位无法检测偶数个差错。由于奇偶校验位的检错能力有限，其应用面已越来越小，取而代之的是更加有效的检错方式，如**循环冗余校验**（CRC，Cyclic Redundancy Check），这类检错方式采用了更加高级、灵活的算法来实现差错检测。CRC 算法并非本章重点，有兴趣的读者可查阅参考文献[1]，图 7.8 所示为包含奇偶校验位的数据帧。

异步串行通信链路的特性可用比特速率、数据位长度、奇偶校验类型(如果有)和停止位长度等参数进行描述。这些参数的取值多种多样,例如可选用比特速率的典型值有:300 bps,1200 bps,2400 bps,4800 bps,9600 bps,19 200 bps,38 400 bps,56 700 bps,115 200 bps,但从理论上来说,其取值可为任何值。数据位长度的取值范围为 5～9 位(通常为 8 位或 7 位)。奇偶校验可为偶校验(E)或奇校验(O),也可以不使用(N)。停止位长度可以为 1 位、1.5 位或 2 位。最常用的帧结构的数据位长度为 7 位,无奇偶校验位,停止位长度为 1 位。如果比特速率为 9600 bps,则可表示为 9600 8N1。换言之,如果数据位长度为 7 位,有奇偶校验位,停止位长度为 2 位,则可表示为 9600 7E2。

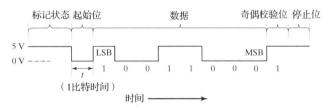

图 7.8　异步串行数据传输,有奇偶校验位。数据位长度为 8 位,偶校验,停止位长度为 1 位(8E1)

尽管异步串行通信链路易于搭建,但依旧面临一系列设计问题。不过,大部分的微控制器和外设能够为设计提供完备的底层硬件,设计者只需合理选择硬件调制器以实现数据收发,无须关注底层硬件结构。硬件调制器又被称为**通用异步收发机**(UART,Universal Asynchronous Receiver Transmitter)。在某些情况下,UART 包含外设,允许用户进行配置,以前述的方式实现同步串行通信。这类 UART 又被称为 **USART**(Universal Synchronous/Asynchronous Receiver Transmitter,**通用同步/异步收发机**)。目前,制造商已制定了相关标准,并且市面上已有标准的 UART 产品出售,只要设计者掌握了一种相关应用的设计方法,即可推广到其他类似设计,从而大大降低了设计难度。Freescale 的**串行通信接口**(SCI,Serial Communications Interface)就是标准 UART 调制器的代表产品。

如果设计的系统包含 UART 或 USART,则设计者仅需执行一系列的设置操作,如定义比特速率、帧数据位长度、奇偶校验位及停止位长度等。设置完成后,设计者即可开始设计启动/关闭收发机、差错检测、收发寄存器数据流出入管理等控制流程。这些设计虽然比较复杂,但异步串行数据传输的总体设计任务已大大简化。

在异步串行接收机中,UART 一般会在每个比特时间对输入数据检测 16 次,以此获取接收线状态样值,并确定帧是否开始、数据何时开始发送、噪声是否对异步串行通信带来影响等。

当接收线处于标记状态时,UART 以 16 倍的比特速率检测起始位的开始位置,如果连续检测到三次逻辑 0 电平,则表示起始位已经到来。此时,UART 还需对接收线再进行 3 次检测,具体时序如图 7.9 所示。

图 7.9 所示为理想时序,即不包含无效采样点,从标记状态到开始位的转换无差错,接收线工作正常,并且在开始位持续时间内保持在逻辑 0 电平。试想如果接收线受到噪声干扰,那么以上过程是否还能完成? 此时,噪声可能导致错误检测。UART 需要报告是否检测到起始位,如果无法确定数据的有效性,UART 则通过设置错误标志来给出指示。

UART 采用"三判二"机制,如果连续三个标记状态采样样本后跟一个逻辑 0 电平样本,则可获得起始位的起始位置,因此第一个逻辑 0 样本为起始位的第一个样本。除此之外,后面获得

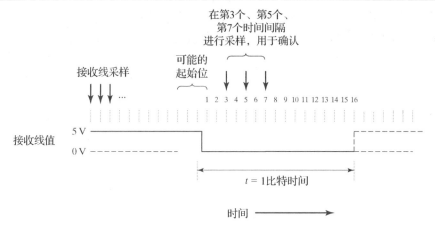

图 7.9 UART 的接收线检测标准流程——检测起始位的开始位置

的三个附加样本(第 3 个、第 5 个和第 7 个样本)如果均为逻辑 0 样本,则可确定进入起始位。三个附加样本还会出现以下情况:

1. 三个样本中的两个为逻辑 0 样本,一个为逻辑 1 样本。
2. 三个样本中的一个为逻辑 0 样本,两个为逻辑 1 样本。
3. 三个附加样本均为逻辑 1 样本。

第 1 种情况,三个样本中的两个指示有起始位,一个指示无起始位,表示接收线受到噪声干扰,但 UART 依旧判决进入起始位,将继续读取数据,但会设置噪声标志,表示受到噪声干扰。第 2 种情况,三个样本中有两个指示无起始位,UART 的判决为非有效起始位,此时 UART 不会继续读取数据。第 3 种情况则表示前一个逻辑 0 样本是噪声导致的错误样本,即并非真正的起始位的开始位置。这就是 UART 解释信息的具体方法。此方法能最大限度避免因误判而导致的数据误读。一般而言,UART 基于"三判二"机制进行判决,但在第 1 种情况下需要设置噪声状态指示。以上几种情况的时序详见图 7.10。

一旦检测到有效起始位,即将根据图 7.11 所示的时序读取数据。每个比特时间读取三个样本,即图中的第 8 个、第 9 个和第 10 个样本。然后 UART 依旧以"三判二"机制判决该位的值是 0 还是 1。如果存在三个样本不一致的情况,则需设置噪声标志。

当完成数据接收后,还需获取三个停止位的样本,以判断是否已经到达停止位。如果未检测到有效停止位,则需设置用于指示分帧错误(framing error)的标志位,即表示接收到的数据未形成基于起始位和停止位的标准格式的帧结构。

以 16 倍的比特速率进行采样可能导致收发时钟不匹配,进而导致接收机的采样时间无法对准发送数据的实际比特时间,即发生采样时间偏移。这种偏移可能导致采样时刻偏离比特时间的中心位置,如果这种偏移不会导致采样点偏离对应比特,则影响不大,因为收发系统总会在起始位的位置重新进行同步校准。因此最大的时间偏移为起始位加数据位,一般为 9 位。问题在于,如果出现速率失配,是否还能正确检测停止位,图 7.12 给出了两种可能发生的情况,即发送端超前接收端和发送端滞后接收端。

考虑到起始位检测存在固有的 1/16 比特时间的误差,并假设 3 个停止位样本均落在停止位的比特时间内,即可计算出系统无差错条件下可容忍的最高失配率为±4.5%。需要注意的是,4.5%表示实际两个时钟之间的总速率失配率(4.5%是实际的总速率不匹配的两个时钟之间的加或减指示,无论发送机或接收机都是"快速"设备）。在大多数的微控制器中，比特速率时钟来自系统时钟，异步通信采用标准比特速率，如 300 bps，1200 bps，2400 bps，4800 bps，9600 bps，19200 bps，38 400 bps，56 700 bps，115 200 bps。

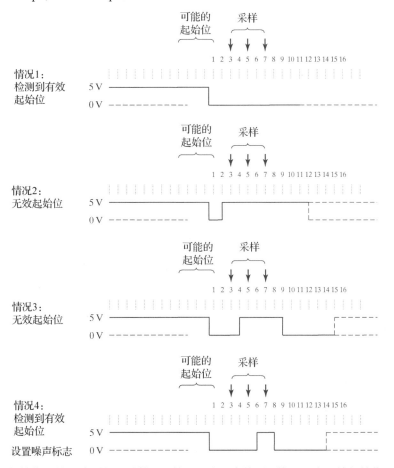

图 7.10 起始位和错误检测的四种情况。情况 1 为正常检测。情况 2 为无效起始位，三个附加位均指示无起始位。情况 3 为无效起始位，三个样本中的两个指示无起始位。情况 4 为有效起始位，三个样本中的两个指示有起始位，此时需设置噪声标志

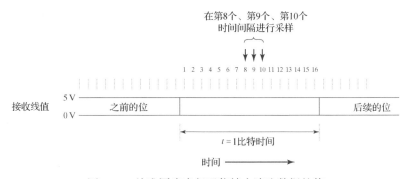

图 7.11 从准同步串行通信帧中读取数据的值

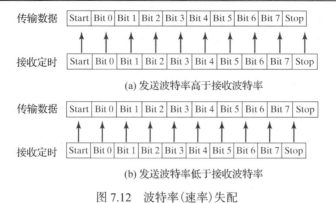

(a) 发送波特率高于接收波特率

(b) 发送波特率低于接收波特率

图 7.12　波特率(速率)失配

7.3.2　位并行通信

在现代设计中，设备间通信和设备内通信一般采用位并行通信方式。例如，尽管过去用于打印机和其他外设的个人计算机的并行端口已被串行(如 USB)端口替代，但 PC 主板与扩展卡之间依旧采用 PCI 总线接口。本节将以一种典型的并行通信设备——**智能液晶显示器(LCD)** 模块为例展开讲解。智能 LCD 由计算机进行操作来产生 LCD 上显示的字符，这里采用 Hitachi HD44780 多功能兼容芯片。

HD44780 通过 4 条或 8 条数据线和 3 条握手线与微处理器相连，图 7.13 给出了 PIC16C84 微控制器与典型智能 LCD 模块的连接方式。

$D_0 \sim D_7$ 数据线(也可为 $D_0 \sim D_3$ 数据线，数据线条数取决于模块的位数，即采用 8 位模块还是4 位模块)用于实现微控制器与显示器之间的数据交互，数据交互过程由 E、RS、R/$\overline{\text{W}}$ 线控制，E(使能端)线用于传输同步，RS(寄存器选择)线用于确定传输的是指令数据还是显示数据，R/$\overline{\text{W}}$(读/非写)线控制数据的传输方向。例如，数据从微控制器传向显示器，或从显示器传向微控制器。智能 LCD 模块的完整操作过程并非本节重点，本节重点关注两台设备间的数据传输方式。

显示器内部有两个部分可以进行读/写操作，具体传输内容由 RS 线状态决定。当 RS 线置为高电平时，传输的是显示数据。当 RS 线置为低电平时，传输的是指令数据。数据的传输方向由 R/$\overline{\text{W}}$ 线确定，当 R/$\overline{\text{W}}$ 线置为低电平时，数据将从微控制器传向显示器。

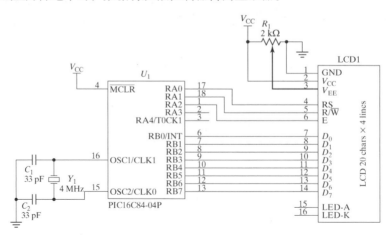

图 7.13　PIC16C84 微控制器与智能 LCD 模块间的接口

设备间的数据的位并行传输流程如下：

1. 微控制器将需要传输到显示器的数据(指令数据和显示数据)放到连接 $D_0 \sim D_7$ 的端口线上。
2. 微控制器通过设置 RS 线的电平来选择数据类型：LCD 指令或 LCD 显示数据。
3. 微控制器通过设置 R/$\overline{\text{W}}$ 线的电平来选择操作类型：读操作或写操作。
4. 微控制器将 E 线置为高电平，如果数据从微控制器传输到显示器，则需保持 E 线高电平 500 ns，然后再将其置为低电平以结束数据传输；如果数据从显示器传输到微控制器，则微控制器将 E 线置为高电平后，需要在 E 线置为低电平前从连接显示器的端口线上读取数据。

以上为两台设备之间完成位并行交换的基本流程。在某些情况下，R/$\overline{\text{W}}$ 线和 E 线被独立的 RD 线和 WR 线替代，其中 RD 线执行读操作，WR 线执行写操作。此时，发送机和接收机之间可实现并行传输，可通过握手线进行控制。

7.4　信号电平

现在，我们已经了解了逻辑 0 状态、逻辑 1 状态和间隔状态，但并未深入讨论不同逻辑状态对应的实际电平。事实上目前有多种关于信号电平的设置标准，本节将重点对比常见的信号电平标准。

7.4.1　TTL/CMOS 电平

最简单的方法是直接采用微控制器和外设引脚的"逻辑电平"作为信号电平，如第 16 章和第 17 章所述，数字输入、输出电平需要根据设备特性和供电方式确定。一般而言，逻辑电平 0 对应电压地，逻辑电平 1 对应电源电压(一般为 5 V)。逻辑电平信号用于设备间通信和设备内通信，一般采用位并行和同步串行通信方式。

7.4.2　RS-232

目前有两种常用的设备间异步通信标准，RS-232 标准便是其中之一。RS-232 标准一般用于个人计算机(PC)的串口(也称为 COM 端口[①])，是一种实现 PC 和嵌入式系统通信的基本接口。根据 RS-232 标准，每台设备一般有两条数据线(一收一发)和共用地，一台设备的发送线与另一台设备的接收线相连。EIA(Electronic Industries Alliance)给出了 RS-232 接口的官方标准，官方名称为 EIA-232，但设计者习惯性沿用传统称呼，即 RS-232。除信号外，EIA 还给出了该接口的其他详细标准，如信号命名规范、标准连接器引脚分配和数据传输协议(会话规则)等。本书重点关注逻辑 1 和逻辑 0 的电平电压。

EIA-232 标准属于单端信号标准，在这类系统中，引脚电平电压的定义是以共用地为参考的。从这个角度来说，电平电压与 7.4.1 节定义的 TTL/CMOS 信号不同，EIA-232 是一种双极性信号标准，即信号包括正电平信号和负电平信号。EIA-232 口的空闲状态为标记状态(逻辑 1)，其电平电压范围为−25 ~ −3 V，即发送机的输出电压最高不超过−3 V，最低不低于−25 V。间隔状态(逻辑 0)的电平电压范围为 3 ~ 25 V。由于大部分微处理器采用 3 ~ 5 V 的单电源供电方式，因此制造商推

---

① 硬件 COM 端口已逐渐退出历史舞台，无论笔记本还是台式机都以 USB-串口适配器替代 RS-232 适配器。顾名思义，适配器插入 PC 的 USB 端口，适配的串口可与 RS-232 设备通信。

出的配套接口芯片的电源电压也为 3 ~ 5 V。接口芯片能够提供正、负电压，并实现 EIA-232 与逻辑电平的转换。

7.4.3 RS-485

RS-485 标准是 EIA-232 标准的抗干扰性能补充标准。RS-485 标准提供了一种平衡差分信号标准，用以提升单端口 EIA-232 的抗噪声能力。RS-485 标准不再采用对地绝对电压来表示逻辑状态，而是采用了两条信号线的差分电压，从而避免了因绝对电压误差导致的误判，进而保证了信号的完整性。

EIA-232 标准定义了一个点对点系统，即以单一发送机连接到单一接收机。RS-485 标准允许多台设备共享一对信号线，详见图 7.14。

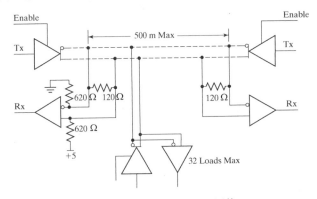

图 7.14 典型的 RS-485 网络

图 7.14 所示的方法支持多路共用连接，最多可支持 32 个标准节点共用同一对信号线。为了保证电流通过，网络上的设备均接入共用地，但信号线的逻辑状态判决与信号线的绝对电压值无关，信号线的逻辑状态由两条信号线的电压差决定。

如果 1# 线的电压比 2# 线的电压高 200 mV，则记为逻辑 1；如果 1# 线的电压比 2# 线的电压低 200 mV，则记为逻辑 0。此处仅关注电压差，而非绝对电压值。例如，1# 线的电压等于 3 V，如果 2# 线的电压小于 2.8 V，则判为逻辑 1；如果 2# 线的电压大于 3.2 V，则判为逻辑 0。

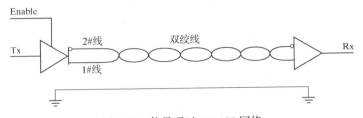

图 7.15 信号通过 RS-485 网络

如图 7.14、图 7.15 所示，RS-485 是一种半双工网络，即在某一个给定时刻，信号只可能从某台设备传输到另一台设备。这与 EIA-232 接口不同，EIA-232 接口有独立的接收线和发送线，因此信号可同时进行双向传输，即支持全双工通信。但如果成对使用 RS-485 接口，也可支持全双工通信。

7.5　带限信道上的通信

前面的内容仅涉及有线通信方式，有线通信信道支持的信号频率范围为 0 ~ 10 MHz，具体工作频带由驱动电路而非信道本身决定。显而易见，该定义不适用于其他常见的通信方式，如电话通信、光通信和无线通信等，信道对这些通信方式的限制远大于有线通信，7.5.1 节介绍的多种通用调制技术能使信号顺利通过带限信道，如无线信道(见 7.7 节)、电话声道等。

7.5.1　有限的带宽和调制解调器

所有通信信道均有带宽限制，无线信道的带宽取决于频谱的上限、下限频率。一般而言，频谱的下限频率不会低至 0 Hz，而信号每秒的传输次数必须低于频谱的上限频率。如果要在这些信道上传输数据，则必须面对这些限制。在异步通信时，两台传输设备之间的信道可能长时间处于空闲状态，此时信道上只有频率很低(接近 0 Hz)的信号。由于大多数通信信道的频率范围不会低至 0 Hz，因此，要使信号在带限信道上传输，必须对其进行调整。

图 7.16 给出了修改信号的示例，即在原始设备之间插入一对用于修改信号的新设备——**调制解调器**。

调制解调器将逻辑信号转成适合在带限信道中传输的信号。目前存在多种调制解调方式，具体内容将在后面介绍。

图 7.16　带限信道上的通信

7.5.1.1　调制技术

带限信道(包括射频信道和电话系统)的调制解调技术可分为多种类型，如幅度调制(AM)、频率调制(FM)、相位调制(PM)，也可采用混合调制技术。调制是将数字信息转变成基带信号，再用载波生成频带信号。射频调制解调器的基本原理与电话调制解调器类似，不同的是射频调制解调器的载波频率高于电话调制解调器的载波频率。

7.5.1.2　幅度调制

幅度调制(AM，调幅)是用逻辑状态控制载波的通/断，如图 7.17 所示。

调幅也指**开关转换键控**(OOSK)、**移幅键控**(ASK)或**开关键控**(OOK)，该方法简单易行，是研究数字调制技术的基础，一般不用于电话系统，但在射频通信中时有采用。在 ASK 系统中，有载波代表数据流中的逻辑 1，无载波代表逻辑 0。这种调制技术可用于异步通信，但收发双方需要约定共同的比特时间。

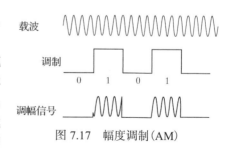

图 7.17　幅度调制(AM)

7.5.1.3　频率调制

用逻辑状态控制载波信号的频率，即为**频率调制**（FM，调频）[1]，调频也指**移频键控**（FSK），详见图 7.18。

FSK 常用于简单的电话调制解调器，早在 1962 年，AT&T 就发布了系统功能标准——Bell 103 标准。该标准分别定义了参与通信的两台设备采用的频率，一台设备用频率为 2225 Hz 的载波表示逻辑 1，用频率为 2025 Hz 的载波表示逻辑 0。另一台设备则用频率为 1270 Hz 的载波表示逻辑 1，用频率为

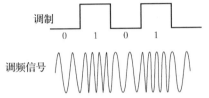

图 7.18　频率调制（FM）或移频键控（FSK）

1070 Hz 的载波表示逻辑 0。由于采用了不同的工作频率，因此两台设备采用全双工模式通信，并用滤波器提取不同频率的信号。但是这种方法需要耗费几个周期来确定信号频率，因此能够提供的最大数据传输速率很低。基于 Bell 103 标准的设备只能提供约为 300 bps 的数据传输速率。

7.5.1.4　相位调制

用逻辑状态控制载波的相位，即为**相位调制**（PM），也指**移相键控**（PSK），如图 7.19 所示。

移相检测相对简单，即使电话系统也可采用多相位的移相键控，图 7.20 所示为用相对移相表示双比特组移相。

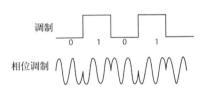

图 7.19　相位调制（PM）或移相键控（PSK）

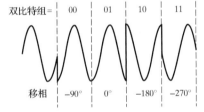

图 7.20　2 位 PM 编码

7.5.1.5　正交幅度调制

将 PSK 与 AM 结合，即可将更多的信息加入信号，从数学上来看，这种方式既可等效为移相键控，也可等效为移幅键控。对两个正交载波（相位差 90°）进行幅度调制，再将两个载波相加，即可获得**正交幅度调制**（QAM）信号，如图 7.21 所示，两个载波的幅度（I 和 Q）分别对应 X 轴和 Y 轴。也可以采用极坐标矢量表示调制信号的幅度和相位，相位以 X 轴正方向为参照。

相对于前述几种调制方式，正交幅度调制比较复杂，但能在给定时间内传输更多的比特数，因此编码效率较高。图 7.21 所示的例子采用 2 个幅度和 8 个相位，产生 16 种相位–幅度组合，即可在给定时间内一次传输 4 比特信息。以此

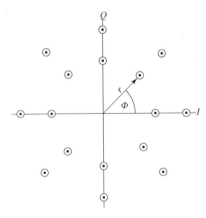

图 7.21　正交幅度调制（QAM）

---

[1] 此处 FM 的使用方法与 FM 无线电中的相同。主要差别在于 FM 无线电使用模拟电压进行调制，而此处的 FM 则采用数字电压控制调制。FM 调制解调器与电话线连接，面向频率为几 kHz 的音频信号，而 FM 无线电则采用频率为 88~108 MHz 的 RF 信号。

类推，正交幅度调制还能产生更多的相位–幅度组合，电话系统最多可有 512 种组合，可在给定时间内一次传输 9 比特信息。

7.6　红外光通信

电视机和 DVD 播放机的遥控器采用红外(IR)光通信方式，红外光谱的波长范围较大(750 nm ～ 1 mm)，但大多数红外光通信设备采用的波长为 850 ～ 950 nm，遥控器对指令进行编码，使其控制 IR 发光二极管(LED)的发光强度。

光频率不宜直接调制，因此 IR 遥控器利用载波控制 IR LED 的开/关频率，从而实现载波调制，大多数遥控器采用的载波频率为 32 ～ 40 kHz。对 IR 接收器而言，有载波表示逻辑 0，无载波表示逻辑 1，详见图 7.22。

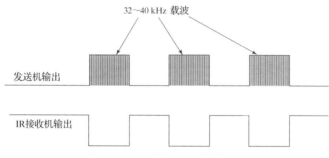

图 7.22　IR 遥控器的载波调制

尽管这种方式可用于传输异步数据流，但对于 IR 接收器而言并无实用价值。IR 信号产生和检测之间存在时延，时延的长短取决于背景光强度，在收发两端很难保持帧的完整性，因此大多数的远程控制都采用 OOSK 调制载波，但使用一种不同的编码方式对数据流编码。目前已有许多成熟方法，但都是将定时信息加入消息，发送的并非任意字符串数据，而是离散消息。

时间信息被添加在每条消息的循环前缀中，循环前缀由固定图样的载波脉冲组成，接收机基于循环前缀和已知的载波脉冲图样来确定消息的比特时间。同理，接收端将自己的定时调整为每条消息的发送速率，并且在一个非常短的时间(远小于 1 s)内保持与发送定时同步。图 7.23 所示为循环前缀结构，该循环前缀包括三个相同的宽带脉冲，后跟一个两倍宽度的脉冲，表示循环前缀的结束和数据的开始。

为了提高传输的可靠性，大多数 IR 遥控器并不直接使用载波通/断来表示逻辑 1 或逻辑 0，而是将逻辑数据进行编码，以控制载波持续时间。图 7.24、图 7.25 和图 7.26 给出了三种具体实现方法。

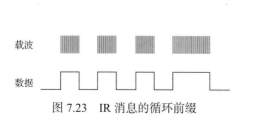

图 7.23　IR 消息的循环前缀

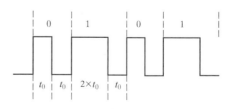

图 7.24　高电平编码波形

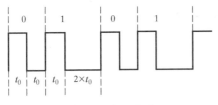

图 7.25　低电平编码波形

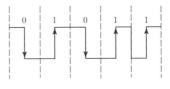

图 7.26　移位编码波形

高电平编码波形：逻辑信息包含在高电平数据中，逻辑 0 用持续时间为 t_0 的高电平表示，逻辑 1 用持续时间为 $2t_0$ 的高电平表示，两个逻辑电平之间插入持续时间为 t_0 的低电平。

低电平编码波形：与高电平编码波形相反，逻辑 0 用持续时间为 t_0 的低电平表示，逻辑 1 用持续时间为 $2t_0$ 的低电平表示，两个逻辑电平之间插入持续时间为 t_0 的高电平。

移位编码波形：编码方式与前两种方法完全不同，即不是将信息直接对应高、低电平持续时间，而是关注电平的变化方向，如图 7.26 所示。高–低转换对应逻辑 0，低–高转换对应逻辑 1。

以上方法均应用广泛，不同制造商都有其独特的编码标准及消息含义(如幅度升/降，信道升/降)，功能并无明显优劣之分，因此不同制造商均推出了自己独有的解决方案。

红外光通信的另一个重要内容是官方标准，红外数据组织发布了 IrDA 标准，该标准适用于个人计算机间通信、PDA 间通信，并支持与外设(如打印机)通信，其通信方式与 IR 遥控器不同：不采用载波调制传输信息，而是直接用 IR 脉冲的通/断来表示逻辑 0 和逻辑 1，数据采用 8 比特字符异步传输，详见图 7.27。

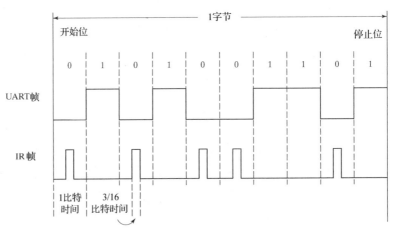

图 7.27　IR 数据关联编码

在无载波情况下，IrDA 可获得更高的数据传输速率(高达 16 Mbps)，但对收发机的时序同步要求较高。另外，IrDA 的遥控距离一般小于 1 米，远小于 IR 的遥控距离(通常为几米)。为了更加有效地推进 IrDA 标准，各制造商致力于芯片开发，这些芯片采用标准异步数据流，其 LED 符合 IrDA 标准，其中一些芯片还包含 IrDA 数据流接收电路，并能产生标准 UART 输入数据流。

7.7　无线电通信

无线电通信采用的技术与电话调制解调器和 IR 链路的类似，其系统复杂度取决于具体应用。射频(RF)通信可分为三类，即 RF 遥控、单信道数据链路和 RF 网络，这些应用的目标各不相同，设计中面临的问题也差异巨大。

一般情况下，无线电通信链路面临的问题与电话和 IR 通信相似，即通信媒质的带宽限制问题、信号电平变化问题和干扰问题。

7.7.1　RF 遥控器

RF 遥控器（如车库门开启器）是最简单的射频链路应用实例，这类设备一般采用单一频率 RF 载波和 OOSK 调制方式。除此之外，与 IR 遥控器相类，RF 遥控器有多种备选编码方案。RF 遥控器一般价格低廉，不需要精确定时。

与 IR 遥控不同，RF 遥控需要提供安全保障及通信信道鲁棒性。例如，你会希望只有自己能够打开自家的车库门。为此，尽管 RF 遥控只有两条信息，即开门和关门，但信息中需要包括用于安全保障的附加比特。一般而言，附加比特有两个用途，其一为了提升链路的抗干扰鲁棒性，需要添加附加比特用以确认消息的有效性；其二用于安全保障。

现代车库门开启器采用滚动密码安全系统，该系统不再通过发送固定消息来开关车库门，而是每次都从百万条可选消息中选择一条消息来开关车库门。为了完成该操作，收发机需要预先知道下一条代码，这是一个同步过程。要实现车库门开启器的同步，需同时按下车库门控制器按钮（安装在车库内）和遥控器上的开启按钮。

芯片供应商，如 Holtek，设计了用于 RF 遥控系统的专用消息编解码芯片。这些编解码芯片与简单的 AM 发送机和接收机相结合，即可构建固定消息系统，如果采用滚动密码安全系统，则需采用小型微控制器来生成消息。消息生成算法各异，但需保证收发端算法统一。

7.7.2　RF 数据链路

市面上有许多用于建立 RF 数据链路[2]的 RF 收发机产品，大多数采用单一频率，调制方式一般采用 OOSK，较复杂系统一般采用 FM 或 FSK。

目前已有多种解决方案面市，低端产品一般主打低价，这类产品需要用户提供编码和链路管理方案；高端产品则更加关注智能化，这类产品提供编码和链路管理方案，对于用户应用而言更像"虚拟线"。

7.7.3　RF 网络

先进的 RF 通信设备已经加入 RF 网络，因此需要关注通信标准，如 WiFi（IEEE 802.11a/b/g/n）、蓝牙（IEEE 802.15.1）和 Zigbee（IEEE 802.15.4）。这些设备一般采用相对复杂的调制技术（如 QAM）来提升数据传输吞吐量，因此采用的 RF 技术也较复杂，一般采用多频点方案以提升抗干扰能力。

RF 网络不仅需要考虑信息传输协议，还需要考虑多设备信道共享协议和设备间的互操作性问题。

7.8　习题

7.1　判断对错：异步通信需要共享时钟线。

7.2　解释位串行和位并行通信的差异。

7.3　在哪种情况下典型 UART 需要设置噪声标志？

7.4　在同步串行通信中，SS*（$\overline{SS}$）线的作用是什么？

7.5　判断对错：所有标准同步串行通信协议均包括两条数据线和一条时钟线。

7.6　奇偶校验位的用途是什么？

7.7　判断对错：IR 遥控器通常使用 FSK 调制方式。

7.8　判断对错：RS-485 属于差分信号标准。

7.9　解释 RS-232 和 RS-485 信号标准之间的基本差异。

7.10　假如 8N1 异步串行数据流起始位下降沿之后的第 10 个比特的中心电平为"spacing level"，则 UART 的错误位（如果有的话）应如何设置？

7.11　图 7.28 所示波形为哪种调制方式？该调制方式适用于哪些设备类型？

7.12　图 7.29 所示波形一般采用 OOSK 调制方式，请识别波形用途，并说明其应用设备。

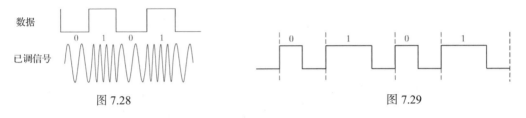

图 7.28　　　　　　　　　　　　　　　　　　　　图 7.29

参考文献

[1]　*Understanding Data Communications,* Friend, G.E., Fike, J.L., Baker, H.C., and Ballamy, J.C.,Howard W. Sams & Company, 1988.

[2]　RF link sources:

Linx: http://www.linxtechnologies.com/

Digi International: http://www.digi.com/

Ember: http://www.ember.com/

Helicomm: http://www.helicomm.com/

Ewave: http://www.electrowave.com/

RFM: http://www.rfm.com/

扩展阅读

Microprocessor Based Design, Slater, M., Mayfield Publishing Co., 1987.

第8章　微控制器外设

除 CPU 外，微控制器还包括外围硬件子系统，又称微控制器外设。外设能增强主处理器的功能，并将其从那些需要执行大量指令且软件复杂度较高的任务中解放出来。目前市面上常见的微控制器子系统基本大同小异，经过几代演变与改进，机电一体化行业已有了能够支持多种功能的经典外设子系统。经过本章的学习，读者将会了解：

1. 并行输入/输出子系统。
2. 定时器子系统。
3. 脉冲宽度调制（脉宽调制）子系统。
4. 模数（A/D）转换器子系统。
5. 中断。

尽管此处讲述的子系统与平常意义上的微控制器子系统有些许差异，但从设计上来说两者的共同之处很多，有基础的读者能很快上手编程，执行常规操作。本章虽然涉及硬件子系统，但重点依旧侧重于"软件"部分，因为这些硬件子系统均受微处理器控制，需要通过编程来实现硬件配置，所以在讨论硬件时必须同时讨论软件。

本章中对子系统的描述将基于制造商数据表展开，因此，读者在学习此章之前应先浏览第18章，熟悉子系统功能原理图。

8.1　访问控制寄存器

微控制器外围硬件子系统的配置与操作通过一组**硬件状态**和**控制寄存器**来实现，这些硬件状态和控制寄存器有特定的内存映射位置。从表面来看，这些内存映射位置与普通内存并无不同，但其具有特殊功能——用于外围硬件子系统的查询（用于状态寄存器）和行为操作（用于控制寄存器）。微控制器不同，其映射方式也可能不同，在某些微控制器中，状态/控制寄存器映射为一个包含程序存储器和便签式存储器的组合内存（见第2章）。组合内存有独立的**输入/输出（I/O）** 存储空间和独立的存储映射。另一些微控制器则将 I/O 存储空间与便签式存储器组合，状态/控制寄存器映射为组合存储器的一部分。要实现与独立的 I/O 存储空间中的寄存器进行交互，需要使用特殊的机器语言指令，所幸嵌入式系统的大多数高级语言均采用了特定编译器，从而降低了编程复杂度并简化了任务。这些编译器（或解释器）能为程序员提供特定文件名的程序，用以访问状态/控制寄存器，因此程序员可将状态/控制寄存器当作预定义变量进行读/写操作。本章中讨论的寄存器操作正如读/写变量一般简单易学，即读变量时只需在赋值语句的右侧加变量名，写变量时只需在赋值语句的左侧加变量名。

8.2　并行输入/输出子系统

对于机电一体化系统而言，微控制器的主要任务是感知物理世界的状态，该任务将通过读取数字输入引脚状态并控制数字输出引脚状态来完成。这些数字 I/O 引脚可在软件控制下实现输入/输出功能，因此软件设计中的一个重要任务是配置引脚功能，使其满足应用需求。

8.2.1 数据方向存储器

可编程(输入或输出)端口(8 条 I/O 线组)通常与两个寄存器相连。其中之一为数据方向寄存器(DDR，Data Direction Register)。当然，不同的制造商对其有不同命名方式，Freescale、Atmel 等称其为 DDR，Texas Instruments 则将其简称为方向寄存器，Microchip 则称之为 TRIS 寄存器。这些寄存器的名称虽不同，但功能却相同。DDR 的每个比特的状态都与 I/O 引脚状态相对应；外接设备不同，DDR 的比特状态值也不同(0 或 1)，因此需要参照微控制器数据表来设置 DDR。通过 DDR 设置端口方向非常简单，只需根据设置的比特图样写入 DDR。例如，为了将 Freescale MC9S12C32 端口 T 上的低 4 位设置为输出，将高 4 位设置为输入，只需将端口 T 的 DDR(通常被称为 DDRT)设置为 0x0F(二进制的 00001111)。由于大多数嵌入式系统的 C 编译器定义了控制寄存器，因此可将其作为变量处理，通过 DDR 设置端口 T 的程序如下：

```
DDRT = 0x0F; /* bits 4-7 = 0 (inputs), bits 0-3 = 1 (outputs) */
```

8.2.2 输入/输出寄存器

完成引脚方向定义后，即可进行读/写操作(从输入引脚读数据或向输出引脚写数据)。微控制器的读/写方式有两种，即采用独立的只读或只写寄存器，也可以采用读/写寄存器。

对于只读或只写寄存器而言，若要执行读操作，则需读取与输入对应的寄存器；反之，如要对输出端口执行写操作，则需写入与输出端口对应的寄存器。一般情况下，用户可以从输出寄存器读取数据，如对其执行读操作，则输出寄存器将返回最后写入输出端口的值，这个值可能并不是用户想要的那个值，因此使用该功能的时候必须谨慎。

如果采用读/写寄存器，则硬件端口将根据寄存器特性自动执行读/写操作。当执行写操作时，将新数据写入锁存器，并将引脚设置为输出状态。当执行读操作时，将读取对应输入端口的状态，问题在于"从输出状态引脚到底读取了什么？"对于不同的微控制器而言，这个问题的答案各不相同，有些微控制器的读取端口返回引脚上的实际状态，而另一些则返回最后一个写入输出引脚的值，后者返回的是内部锁存器的状态，而非引脚状态。

如果微控制器内含组合 I/O 寄存器和可读功能，例如 Microchip PIC 系列芯片，则一般会报告引脚状态，此时可能因外部负载下拉致输出引脚状态错误，需要在引脚外接上拉电阻。例如，我们对输出引脚端口写入状态"1"，但引脚外部负载需要的电流过大，从而导致引脚输出电压低于判为高电平所需的最低电压，引起输出错误。反之，如果只对端口执行写操作，则不会出现以上问题，此时仅需保证最大输出电流不超过引脚允许的输出电流即可。当我们需在保持端口某些引脚状态前提下改变端口其他引脚状态时，即可能发生上述问题，此操作被称为写改读操作，即改变数据存储位中的某些数据比特位。该操作将先读取数据存储位的状态，然后修改需要改变的位，再将修改后的结果返回给数据存储位。如果读取过程返回的结果与写入输出引脚的状态相同，则工作正常；反之，如果读取数据寄存器返回的状态与输出希望获得的状态正好相反，则无法保证工作正常。这显然是无法接受的，而且错误排查难度很大。最初人们采用"卷影副本"来保存写入到端口的状态值，所有写改读端口的比特操作都将基于端口特性的内部"卷影副本"进行。端口此时在实际端口寄存器只执行写操作。

Freescale MC9S12 系列的寄存器可读取引脚状态和组合 I/O 寄存器状态，这在很大程度上提高了应用灵活性，并且易于获知外部负载是否改变了输出引脚状态。只需将端口 I/O 寄存器的状态值与端口输入寄存器的状态值(实际引脚状态)进行比较，即可得知状态是否一致。如果二者状态不同，则表示连接到引脚的负载过大，引起输出端口状态改变。

8.2.3　共享功能引脚

微控制器不可能设计成提供足够多的引脚以支持不同的子系统同时运行。为了节省芯片资源，引脚一般都具有多种功能。而机电一体化系统设计者只需确定引脚属性，即将其设置为并行 I/O 端口或连接至其他微控制器子系统，如下面介绍的定时器、PWM 和 A/D 转换器等。一些新型微控制器支持将任何功能子系统映射至任何引脚端口，但我们一般会将某个功能子系统与一组特定的引脚端口相连，并通过控制选择其功能，即确定该引脚为功能子系统引脚还是并行 I/O 端口引脚。如果多个子系统共用相同引脚，则会造成选择困难。例如，如果设备同时拥有串行通信接口 (SCI) 和串行外围接口 (SPI) 通信子系统，并且二者共享同一端口，则设计者在实现具体功能时只能二选一。

并行 I/O 端口、子系统模块与引脚的交互功能示意图如图 8.1 所示。

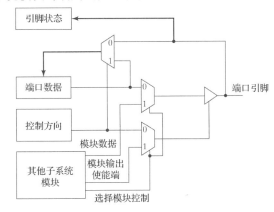

图 8.1　引脚内部连接功能框图

由图可见，并行 I/O 端口与一些其他子系统共用并行 I/O 端口引脚。引脚的具体功能由从其他子系统引出的"选择模块控制"线控制。如果选择子系统模块，则模块数据和模块输出使能端将通过一对复用线 (见图中梯形图标) 连接到端口引脚。如果子系统模块不控制引脚，则引脚方向将由方向控制线控制，端口数据和引脚状态寄存器将用于引脚数据的读取和写入。

设计者还需在数据表中查找子系统的默认状态。大多数情况下，并行 I/O 子系统的默认引脚状态为输入状态。当然也有例外，如 PIC 家庭微控制器中对应 A/D 转换器的引脚会被重设为模拟输入。为了将其用于数字 I/O 端口，不仅需要正确地配置 TRIS 寄存器 (PIC 版本的 DDR)，还必须改变 ANSEL (H) 寄存器的赋值，以实现与图 8.1 所示的"选择模块控制"线功能相同的 PIC。

8.3　定时器子系统

时间间隔测量是微控制器的基本任务之一，目前所有微控制器都包括专门用于测量时间间隔的硬件，即**定时器**。本章将重点讲述定时器的基本架构，该架构已广泛应用于微控制器中。具体来说，本节将重点讲解以下三种系统：

1. 定时器溢出系统。
2. 输出比较系统。
3. 输入捕获系统。

下面将详解分析以上系统的基本操作、寄存器的典型设置方式及控制位设置方式。

8.3.1 定时器基础

现有定时器的架构基本相同，即由一组级联触发器对输入时钟周期进行计数(见第 18 章)。需要注意的是，此处并未详述计时问题，因为基本时间信息并非由定时器提供，而是由输入时钟源确定。定时器的时间信息是根据计数输出和确定的时间间隔推断得到的。许多微控制器内含计数器/定时器子系统，设计者可通过内部时钟驱动计数器来构造定时器，也可采用外部时钟源实现计数功能。如果外部信号是一个时钟信号，则可以用于定时器；如果外部信号不是时钟信号，则可以用于随机发生事件的计数。

计数器/定时器子系统的计数器一般采用触发器级联结构，8(16)个触发器级联即可构成 8(16)位时间寄存器，对应的计数范围分别为 0 ~ 255(8 位)和 0 ~ 65 535(16 位)。计数器由时钟源驱动，在时钟源和计数器之间还可插入分频器，以实现不同的计数速率，具体结构如图 8.2 所示。

多速率定时器的原理如图 8.2 所示，时钟 M 为本振时钟。分频器对本振时钟分频，产生一系列时钟。本例中，通过分频可得 1/2、1/4、1/8、1/16、1/32、1/64、1/128 本振频率时钟。PR_0、PR_1、PR_2 控制多路复用器(MUX)实现时钟选择，并选定时钟驱动计数器 TCNT。为了降低能耗，可通过将时钟使能(Timer Enable)位清零来禁用整个定时器子系统。

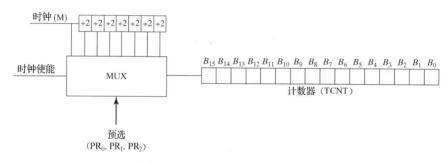

图 8.2 用于计数的多速率定时器

计数器可分为两大类，即可重置计数器和自由运行计数器。可重置计数器是指计数器可以在程序控制下实现写操作，并根据写入值进行计数，大多数可重置计数器采用加法计数。自由运行计数器只在时钟上下沿到来时进行简单的加、减计数，其写入功能可忽略。当然在一些应用中也会对自由运行计数器进行写操作，该操作使计数器按照某种与写入值无关的方式进行计数，这种情况被称为重加载。在大多数情况下，高级计数器(如 8.3.3 节和 8.3.4 节讨论的输出比较和输入捕获)采用自由运行计数器。

8.3.2 定时器溢出

无论定时器有多少位，都会面临溢出问题，一旦到达最大(加计数)或最小(减计数)有效计数值，定时器都将**翻转**，然后从头开始计数，翻转(溢出)状态检测是计数器/定时器子系统必须具备的基本功能之一。为了解决溢出问题，可在状态寄存器中设置一个用于反映溢出状态的比特，设计者只需编写程序来周期性检测该比特的状态。一旦检测到溢出，则采用相应操作；最简单的操作方法是将该比特清零并准备下一次溢出检测，针对溢出的其他响应因应用程序而异。溢出检测可用于定时器有效长度的扩展，当检测到溢出时，软件控制变量加 1。将该变量与定时器的值相结合，即可有效扩展测量时间长度。实际上，该过程人为(用软件)增加了定时器寄存器的长度，可测量的时间间隔也因之增加。

可重置计数器溢出也可用于表示超时，具体处理过程如下：

1. 首先选择适当的分频比，即根据允许测量的时间间隔来设置计数器长度。
2. 然后计算写入定时器的值，并将其写入定时器寄存器。
3. 最后，如果时间超过设置的时间间隔，则设置溢出标志，如果软件需要对超时状态进行处理，则需要持续监控溢出标志。当溢出标志被设置时，执行相关操作。

由于大多数计数器/定时器采用加计数（增量计数），如果想用溢出（从最大值向 0 跳转）来表示时间结束，则需要计算出计数的时间间隔所对应的计数值，此时不能简单地将需要计数的时间间隔的值写入计数器。当开始一次新的计数时，首先将定时器寄存器设置为能引起定时器翻转的时钟数，再对其求补码，即可获得写入值。另一种设置方法是将初值设置为定时器的最大值，然后加 1，再减去定时器需要设置的时钟数，例如用 16 位计数器对 3 个时钟周期进行计时，写入值应为

0000	0000	0000	0011	需要的计数 = 3
1111	1111	1111	1100	反码
			0001	加 1 成为补码
1111	1111	1111	1101	写入的值 = 65 533

或

65 535	最大 16 位计数值
65 536	+1
−3	需要的计数的负数 = 3
65 533	写入的值 = 65 533

此时计数器的计数值依次为 65 534，65 535，0。然后设置溢出标志。

直观来看，此时的时间间隔应为 3 个时钟周期，但实际上该时间间隔接近 4 个时钟周期。出现这种不确定性的原因在于，计数器的写操作可能不与其加操作同步，如果加操作发生在写操作之前，时间间隔可能略小于 4 个时钟周期；如果加操作与写操作几乎同时发生，则时间间隔等于 3 个时钟周期加上写操作和下一次加操作之间的时间差，这种不确定性源于时钟与事件的不同步。

8.3.3　输出比较

实际应用中的定时器远比前一节中介绍的基本定时器更加复杂，这些定时器中通常会添加输入捕获（IC）和输出比较（OC）函数，本节将重点讨论输出比较函数，输入捕获函数会在下一节中详解。我们可以基于数字比较器和寄存器来实现**输出比较（OC）**函数，并将比较结果存入基本计数器/定时器。

如图 8.3 所示，定时器/计数器寄存器（TCNT）的值将会一直与输出比较寄存器（TCx）的值进行比较，以确定何时二者相等（见 18.2.1 节）；一旦二者相等，输出比较系统的硬件电路将设置状态寄存器，并根据相关控制寄存器的设置执行操作，典型操作包括使相关输出引脚发生上升、下降或跳变；比较完成后，某些应用也支持多输出引脚同时操作。还有一种不常见但十分有用的情况，即当进行输出比较时将计数器/定时器清零，使多输出系统能够选择一个输出来充当其他输出的任意计数系数（如第 3 章所示，通道不同，系数也不同）。

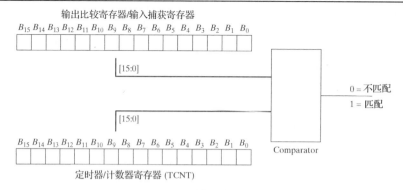

图 8.3　输出比较系统

最简单的一种输出检测的方法是检测给定时间超时，即需要检测两个输入事件之间的时间间隔是否超过预置的最大时间间隔。在软件设计中可进行如下设置：每当事件检测器检测到一次事件时，即重置输出比较，如果下一次事件在事件之间允许的最大时间间隔之前到来，则不会有比较事件输出。如果有比较事件输出，则表示事件之间的时间间隔超过了允许的最大时间间隔，并以之为依据进行相关操作。输入事件检测器的伪代码示例如下：

```
IncomingEventChecker
    If CurrentPinState not equal LastPinState
        Event = IncomingEventDetected
        Program output compare to CurrentTime + MaxInterEventInterval
    Else
        Event = NoEvent
Save CurrentPinState as LastPinState
Return Event
```

如图 8.3 所示，当前时间可通过读取 TCNT 值获得，此时可编写一个独立的事件检测程序，用于检测输出比较标志的设置状态，如果该标志已被设置，则表示超时。

如前所述，利用输出比较系统的硬件操作能力，无须微控制器的计算，即可生成准确的时间输出，即一旦系统设置了软件指令，无须其他软件交互就可实现相应功能。例如，汽车电子发动机控制系统就是采用这种方式生成火花塞定时控制信号和喷油脉冲宽度控制信号。

8.3.4　输入捕获

输入捕获(IC)是在外部事件发生时捕获计数器计数值的最好方式。IC 是一种硬件捕获方式，无须通过软件持续检测引脚状态来检测转换时间，因此节约了事件检测和响应时间。一旦事件被捕获，计数器的当前值将会被写入输入捕获寄存器，并设置状态位，用以表示检测到 IC 事件。

如图 8.4 所示，ICx 引脚的上升沿将会触发 IC，此时 TCNT 值被传输到输入捕获寄存器(TCx)。需要注意的是，触发器可选择上升沿触发、下降沿触发或上升/下降沿触发。

硬件捕获定时器的计数，软件只需随时检测输入捕获标志，以确保不发生事件遗漏的情况。事件捕获完成后的任何时间都可以读取 TCx，寄存器则记录事件发生的准确时间(去除定时不确定性)。IC 的时间分辨率取决于最高时钟频率(时钟周期)，即计数器计数速率，而非软件检测引脚频率(即软件检测捕获标志的频率)，IC 允许对外部事件进行准确定时，定时操作皆由硬件完成，这就使得 CPU 能在定时操作的同时执行其他任务，如运行软件。

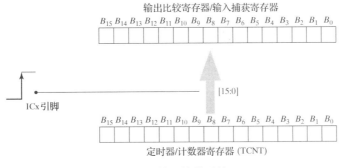

图 8.4 输入捕获系统

下面举例说明，现有一装备了编码器的电机(见第 13 章)，能在电机旋转时产生脉冲信号，如果输入捕获系统与编码器输出相连，在每个上升沿到来时进行捕获，则可以使用下列伪代码计算电机转速：

```
InputCaptureEventChecker
  If InputCapture flag is set (new edge has occurred)
        Save the contents of the input capture register as CurrentTime
        Calculate motor speed (in Revolutions/time) as
            1/(EncoderPulsesPerRevolution*((CurrentTime - LastTime)*
            TimePerTimerTick))
  Endif
Save CurrentTime as LastTime
Return
```

输入捕获系统常用于电机转速控制系统，通常采用增量编码器来测量电机转速。在汽车电子发动机控制系统中，输入捕获可用于测量发动机转速，并使火花塞点火脉冲与曲轴旋转同步。

8.3.5 基于输入捕获和输出比较的发动机控制

输入捕获和输出比较(IC/OC)子系统最早出现于 20 世纪 70 年代末，主要用于汽车电子发动机控制系统的专用微控制器中。彼时电子发动机控制系统已装备空气流量传感器(或采用其他方式估计进入发动机的空气总量)和曲轴位置传感器(能够提供发动机曲轴的实时位置信息)。控制器的输出与电源驱动器相连，控制喷油器和点火线圈；曲轴位置传感器的输出信号送入输入捕获系统，即可根据曲轴位置传感器信号沿之间的时间间隔来确定发动机转速。因此仅需捕获两个连续曲轴位置脉冲之间的时间间隔，控制器即可据此计算出发动机转速和曲轴旋转角速度，输出比较系统则可在某个特定时刻(如对应某个曲轴旋转角度)设置固定时延以触发火花塞。空气流速可用于计算进入每个气缸的空气总量，一般当油气比为 14.7:1 时可实现充分燃烧。因此根据已知的空气总量，即可计算出所需的燃油总量。如果已知喷油器的喷油量，即可根据所需燃油总量计算出喷油器的喷油频率。第二个输出比较通道可精确控制喷油时间，以确保为气缸提供足够的燃油。当然，实际应用情况可能比较复杂，但是基本的电子发动机控制是可以通过一个输入捕获和两个输出比较通道完成的。

8.4　脉冲宽度调制(PWM)

　　数字输出只有两种状态(开/关)和两种电压电平(高/低),无法产生模拟电压输出;如需产生介于高电平和低电平之间的模拟电压输出,设计者首先会想到采用数模转换器(见第 19 章),实际上还有一种更简单的方法可实现模拟电压输出,即在高、低电平之间做快速切换,如切换速度高于设备响应速度,则会输出平均电平。例如,假设输出在 0~5 V 之间切换,如果切换到 5 V 的时间比例为 50%,则有效输出电压为 5 V 的 50%,即 2.5 V。此时将一个简单 RC 低通滤波器加到数值输出端,即可产生模拟输出。如果输出的切换频率远高于(10 倍或 100 倍)低通滤波器的拐角频率,则输出的模拟电压值等于工作周期(信号处于高电平的时间比例)× 5 V,并且电压纹波较小,详见图 8.5。

　　尽管可以用纯软件产生低频 PWM 信号,但目前许多应用需要高频 PWM 信号,高频 PWM 信号的生成需要硬件(如微控制器)支持。要对 PWM 子系统进行编程,首先需要充分了解用于 PWM 信号生成的硬件特性,本节将重点讨论 PWM 子系统的工作原理,在下一节中,我们还将介绍如何用输出比较系统生成 PWM 信号。

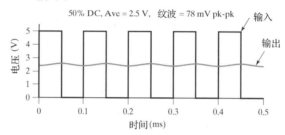

图 8.5　采用滤波 PWM 产生模拟电压

　　生成 PWM 信号的关键步骤是设置输出波形的周期及其占空比,此二者决定了 PWM 信号特性。图 8.6 所示为基于 Freescale MC9S12 系列微控制器的 PWM 系统框图。

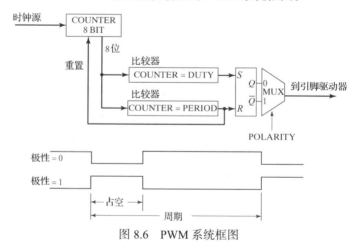

图 8.6　PWM 系统框图

　　图 8.6 的系统采用 COUNTER 计数 PWM 输出操作的频次。不同于输入捕获和输出比较系统采用的定时器/计数器寄存器,COUNTER 允许 PWM 子系统和 IC/OC 子系统独立运行。COUNTER 由时钟驱动,该时钟与 PERIOD(寄存器)的写入值共同确定 PWM 的输出周期。当 COUNTER 值与 PERIOD 值不同时,时钟驱动计数器加 1,直至二者相等。此时触发器控制的 PWM 输出状态被重置,Q 输出变为低电平。COUNTER 重置为零,开始新一轮计数。

与此同时，在图 8.6 所示的系统中，DUTY（寄存器）值也会与 COUNTER 值进行比较，如果两个值相同，则触发器控制的 PWM 输出状态被重置，Q 输出变为高电平，再次生成 PWM 输出并确定占空比。在典型的操作中，COUNTER 的初值为零，触发器的输出为低电平，该状态成为"重置状态"，表示硬件第一次通电使用。当 COUNTER 与 DUTY 匹配时，表示下一次事件发生。此时触发器的输出为高电平。COUNTER 继续计数，直到与 PERIOD 值相同。此时，触发器设为低电平，COUNTER 重置为零，新一轮计数开始。

本例中实际的 PWM 输出来自多路复用器，该复用器与触发器的 Q 和 $\overline{Q}$ 输出相连，并通过 POLARITY 位的状态选择输出。如果选择 Q，则 DUTY 值表示低电平持续时间；如果选择 $\overline{Q}$，则 DUTY 值表示高电平持续时间。尽管并非所有微控制器都支持该功能，但 POLARITY 位控制使得控制系统更加灵活，既可以高电平有效，也可以低电平有效。

8.5　PWM 使用输出比较系统

硬件 PWM 系统不需要软件初始化过程即可产生 PWM 输出。虽然这类系统已非罕见，但其普及度依旧不如输出比较系统。尽管如此，我们可以用一对输出比较通道和小开销软件来获得任意 PWM 输出频率。

基于 OC 系统生成 PWM 信号至少需要两个 OC 通道，其中至少有一个 OC 通道需用于控制硬件的多个输出引脚。一个输出比较通道用于生成周期性输出波形，另一个则用于产生输出的"活动部分"。"活动部分"可以是 PWM 信号的高电平部分，也可以是低电平部分，具体情况取决于设计者的定义。如果输出比较通道的个数大于 2，则每条附加通道都会提供周期相同的附加 PWM 输出。

PWM 输出周期由可控制多个输出引脚的 OC 通道设置。进行比较时，程序会根据生成输出的极性来设置 PWM 输出（可能为高电平，也可能为低电平）。软件开销与输出比较相关，根据输出比较事件的响应，开始准备下一个 PWM 周期，即将输出比较周期设置为一个 PWM 周期。清除输出比较周期标志，对其他输出比较进行编程，根据设置的占空比来确定转换点。图 8.7 所示为三个输出比较（A、B、C）产生两个 PWM 通道（1 或 2）的时序图。

在图 8.7 中，输出比较周期始于点 A。输出通道设为高电平，软件清除输出比较周期标志，并基于输出比较控制通道 1 和 2 的占空比，具体的做法是在点 A（输出比较时间）将通道 1 和 2 置为高电平，并将该值写入输出比较寄存器。通道 2 在点 B 从高电平向低电平转换，通道 1 则在点 C 从高电平向低电平转换，然后在时间点 D 对输出比较周期进行例行重置，以上即为保持 PWM 输出的所有软件操作。每个通道的输出比较功能都会将输出引脚置为低电平，所以点 B 和点 C 的转换只涉及硬件，无须更多的软件参与。

这种 PWM 生成方法存在一定的局限性。点 B 和点 C 都是在始于点 A 的 OC 周期内完成响应的，因此受到最小输出占空比的限制。在软件中，我们可以假设 0%占空比为最小输出占空比，但从 0%占空比到最小非零 PWM 的转换由 OC 系统重置时间决定，而并非取决于 OC 定时器的频率。PWM 频率越高，转换时间就越长，在大多数应用中，转换时间均控制在可接受范围内。

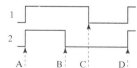

如果并未对 PWM 频率做专门要求，则可基于 OC 系统用类似方法生成零软件开销 PWM。假设图 8.7 中点 A 时间为零，则每次计数器翻转都会与自由运行计数器的值进行匹配，并根据自由运行计数器

图 8.7　基于三个输出比较产生两个 PWM 通道

的溢出周期来设置 PWM 周期。此时输出波形的上升沿位置固定，无须重置 OC 周期。OC 寄

存器中点 B 和点 C 的值只有在占空比发生改变时才会改变，因此无须软件参与即可保持 PWM 输出。该方法的最大缺陷在于其生成的 PWM 频率较低。假如时钟频率为 2 MHz，采用 16 位自由运行计数器，溢出速率约为每 32 ms 一次（31 Hz）。当时钟频率升至 10 MHz 或 20 MHz（微控制器的频率上限）时，PWM 频率可提升至 165 Hz 或 330 Hz。这样的频率实在难以满足需求，一般仅用于直流电机控制。

8.6 模数（A/D）转换器子系统

除了一些特殊用途的设备，微控制器的模数（A/D）转换器子系统（见图 8.8）一般采用简单的连续逼近 A/D 转换器（见第 19 章）。一些用于电力线监控和仪器的设备一般采用 16 位 sigma–delta（Σ-Δ）转换器（见第 19 章）。这类转换器的输出数据速率（每秒样本数）较低。为了使其具备多模拟输入转换能力，可将 A/D 转换器与模拟复用器（MUX）芯片组合，通过复用器选择与 A/D 转换器连接的模拟输入端（多选一）。配置 A/D 转换器的子系统需综合考虑 A/D 转换器和复用器的选择问题。

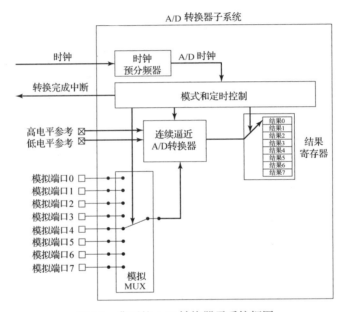

图 8.8　典型的 A/D 转换器子系统框图

8.6.1 A/D 转换过程

在大多数情况下，采用微控制器将模拟输入电压转换成数字形式包括以下几个步骤：

1. 选择转换通道。
2. 完成选择后，等待输入的电压稳定。
3. 打开 A/D 转换器。
4. 给转换器足够时间使其完成转换，并设置 A/D 转换器的状态寄存器标志，表示转换完成。
5. 从 A/D 转换器的结果寄存器读取数字结果。

如 8.6.3 节所述，这些步骤是自动执行的，但其执行次序固定。

8.6.2　A/D 转换器时钟

如第 19 章的 19.5.4 节所述，连续逼近转换需经过多个步骤，A/D 转换器时钟源自微控制器的主时钟，具体时钟频率由 A/D 转换器的结构决定；时钟频率的选择需综合考量转换速率、转换器能耗和转换分辨率。由于每次转换都会消耗能量，因此转换速率越高，能耗就越大。对于 A/D 连续逼近转换器而言，转换所需的逼近次数是分辨率的函数。如果 A/D 转换器时钟频率确定，则分辨率越高，转换时间就越长。如果采用自动多通道转换（见 8.6.3 节），则 A/D 转换器时钟会受到多路复用器切换速度的影响。

基本的 A/D 转换器时钟系统通常可采用数字分频器实现（触发器级联），此时 A/D 转换器可基于微处理器本振时钟来选择系列时钟，如 1/2、1/4、1/8 微处理器本振时钟，A/D 转换器选择某个时钟频率并不意味着该 A/D 转换器以之为工作频率。每个 A/D 转换器都有最大时钟频率，实际应用时可根据精度需求进行分频，最大时钟频率参数由两次转换步骤的间隔时间决定，该间隔时间取决于 A/D 转换器的内部结构；另外，A/D 转换器也有最小时钟频率参数。为了使设计者能灵活选择微控制器时钟（根据应用需求选择）和 A/D 转换器时钟，微控制器一般会提供多种频率以满足 A/D 转换器的定时需求和其他应用需求，如低能耗需求和高速率需求。对于程序员来说，其设计的算法要保证能够根据需求实现微控制器时钟分频，并使分频所得时钟频率小于等于 A/D 转换器允许的最大时钟频率，且大于最小时钟频率。

8.6.3　自动 A/D 转换处理

较复杂的 A/D 转换器子系统需提供单通道或多通道自动转换功能，自动 A/D 转换能够减少模拟输入监测的编程开销，本节将重点介绍多种常用的自动处理方案，并讨论编程技巧。

所谓自动，从直观上理解即为消除转换过程中的手动操作。一些 A/D 转换器子系统支持**连续转换模式**，即在上一次转换完成后立刻开始下一次转换。该方式大大简化了单通道系统的编程任务，即只需读取 A/D 结果寄存器便可获得最近一次转换的结果。

通常连续转换模式能自动选择转换通道。**多通道转换**首先需要定义转换通道表，当转换开始时，首先处理转换通道表中的第一个通道，并将转换结果存储到该通道专用结果寄存器中。第一个通道的转换完成后，即切换至下一个通道进行转换，以此重复，直至转换通道表中所有通道完成转换过程。此时，自动转换子系统可选择终止转换操作，也可启动下一次转换，后一种选择能为多通信系统提供连续转换功能，并可大大简化多路模拟输入监控软件。

8.7　中断

大多数微控制器的外设子系统都包含状态位，一旦出现某个特定状态，可通过硬件设置状态位。本章将通过定时器子系统来介绍状态位，详解如何利用状态位来表示定时器溢出、输入捕获和输出比较等事件，程序员可编写软件测试状态位状态，以此判断是否触发了事件。这种手动测试状态位的方式被称为**轮询**，是监测子系统状态的最简单方式。当然，轮询并非实现状态监测的唯一方法，大多数处理器都会提供硬件公告机制，这种方式无须状态位进行连续监控，一旦事件触发，则启动程序发布公告，这种公告机制被称为**中断**。

所谓中断，是指当某事件触发时应有某种响应。比如，正当你全神贯注于工作时，忽然有个人拍了拍你的肩膀，你的工作瞬间便被打断了。与之类似，处理器在执行程序的过程中也可能被打断。当中断发生时，正在执行的指令（程序）被打断（暂时停止），处理器被迫执行中断程序；当中断程序执行完成后，再返回中断点继续执行原来的程序。中断代码段通常被称为**中断服务例程**（ISR）；处理器不同，中断设置也不同，有的处理器只提供一个 ISR，有的则可提供多个 ISR。

为了能在不影响程序正常运行的情况下返回到中断点，需要进行一系列操作，这些操作因处理器而异。特别当 ISR 采用高级编程语言时，与处理器硬件关联的编译器需要特别关注这些细节问题，以便高级编程语言能集中精力处理中断响应，而无须考虑中断进入和中断返回问题。ISR通常采用普通程序，但需包含面向编译器的关键词，这些关键词使编译器知道当前处理的是 ISR。ISR 的内部处理细节与应用密切相关，对于中断响应而言，唯一需要做的事情是告知硬件目前中断执行完成；该过程一般被称为**中断源清洗**，包括清洗控制寄存器或状态位。如果未进行清洗，则ISR 中断源就会像一个对你的回答不满意的孩子，一次又一次地打断你，永不停止。

8.8　习题

8.1　图 8.1 中，如引脚为输入，则 DDR 的写入值是什么？

8.2　现有一微控制器，具有独立输入和输出寄存器。请编写 C 语言的代码，对输入位 3 进行采样，并将采样值传到输出位 7，并保持其他位不变。

8.3　对于本章介绍的寄存器，哪些框架特性可用于表示输出引脚的负载过大，输出电压超出该状态的输入电压范围？

8.4　某应用要求高精度定时和足够长的时间间隔（其最大值会导致 16 位寄存器溢出），采用定时的其他特性编写伪代码，以实现虚拟 32 位输入捕获计时赛，要求伪代码采用事件和服务例程（一组事件检测器及其相关服务）。

8.5　假设有一电机连接到时钟频率为 100 kHz 的定时器系统的输入捕获引脚，输出精度为 100 个脉冲，编写伪代码以实现初始化例程、输入捕获事件检测，以及电机转速计算服务。

8.6　现有如图 8.6 所示 PWM 子系统，假设 DUTY 值等于 128，PERIOD 值等于 240，POLARITY 值等于 1，则占空比为多少？

8.7　现有如图 8.6 所示 PWM 子系统，假设 DUTY 值等于 128，PERIOD 值等于 129，则 COUNTER 中的序列值等于多少？

8.8　现有时钟频率为 24 MHz 的微控制器，A/D 转换器对时钟进行 2, 4, 6, 8, 10, 12, …, 64 分频，可知最小时钟频率等于 500 kHz，最大时钟频率等于 2 MHz。如要求 A/D 时钟频率满足 A/D 转换器限制要求，求预分频范围。

8.9　比较 Freescale DDR 和 Microchip TRIS 寄存器的特性。

8.10　现有如图 8.6 所示的 PWM 子系统，时钟频率为 24 MHz，如要求占空比为 1%，则最大 PWM 输出频率应为多少？

参考文献

[1]　*Embedded C Programming and the Atmel AVR,* Barnett, R.H., Cox, S., and O'Cull, L., 2nd ed.,Thomson Delmar Learning, 2006.

[2]　*Embedded Microcontrollers,* Morton,T.D., Prentice Hall, 2001.

[3]　*MSP430 Microcontroller Basics,* Davies, J.H., Newnes, 2008.

第三部分　电　子　学

第 9 章　基本电路分析及无源元件

第 10 章　半导体

第 11 章　运算放大器

第 12 章　实际运算放大器与比较器

第 13 章　传感器

第 14 章　信号调理

第 15 章　有源数字滤波器

第 16 章　数字输入/输出

第 17 章　数字输出和电路驱动

第 18 章　数字逻辑和集成电路

第 19 章　A/D 和 D/A 转换器

第 20 章　稳压器、电源和电池

第 21 章　噪声、接地和隔离

第9章 基本电路分析及无源元件

电子学基础和线性电路是机电系统分析与设计的基础，本章将介绍其中最重要的内容，旨在培养读者的分析能力和物理直觉，使之具备使用常用电子元件和集成电路的能力。本章对现有产品的信息进行了拓展分析，以期指导读者如何针对特定应用选择恰当的元件。

本章内容包括：

1. 电路分析的基本规则和方法。
2. 常用无源元件的特征。
3. 电阻、电容和测量设备的实际性质与物理性质。

电路设计者必须具备的两大能力，即对电路的直观感知能力和分析处理能力。本章首先介绍电路性能的快速分析方法，并将分析结果用于解析对比实验，以验证解析过程的正确性。为了更加直观，本章以水替代电流，将流体流动引入电路特性描述。在本章中，该方法被称为"流体模拟"。

本章将从分析简单电路入手，使学生能基于电路结构来判断电路的基本功能，并能通过表达式对电路性能进行定量分析。与此同时，学生将理解为什么会存在不同类型的电阻和电容，进而掌握电子元件选择方法。

9.1 电压、电流和功率

电压和电流是描述电路与电子元件的基本参数。所有电路中都有电流流动，因此可用电流-电压关系(V-I 特性)描述元件的典型特征。本章将首先介绍电流的测量方法。

物理学家通常用电子流来描述电场效应，本章则沿用电气工程的传统方法(源于 Benjamin Franklin)，将电流看成带正电的粒子流。就电路的外部特性而言，这两种方法是等效的。真实电路中的电子是带负电的，但电气工程学科产生之初便假设电流为带正电的粒子流，并沿用至今，因此本书也假设电流为带正电的粒子流。

假设带电粒子的数量用**电荷**(Q) 的单位即**库仑**(C) 来表示，定义 1 库仑为一特殊数量($6.241\ 506\times10^{18}$)带电粒子的电荷。**电流**则定义为在某个时间段内经过某一指定点的带电粒子的数量(dQ/dt)，电流流速用每秒电荷库仑数来表示，单位为**安培**(1 A = 1 C/s)。通常用符号 I 或者 i 表示电流。在本书涉及的几种典型机电系统中，电流变化范围为飞安(fA，10^{-15} A 量级)到几十安培。

在本章介绍的第一个流体模拟中，电流被比拟为水管中的水流，虽然该类比并不完全恰当，但有助于读者建立对电流的直观认知。从技术角度来看，水力系统和电气系统的控制方程极为类似。但本书重点不在于此，此处不再赘述，本章关注的是如何描述电子元件、电路及相关的现象，引入水流类比只是为了帮助学生能更加直观地了解看不见的电压和电流。

电流是电路对外部作用电场的响应。在此可用重力场中的势能来类比电场中的**电动势**。电场对带电粒子做功，使其在电路中移动。此时可用单位电荷所做的功(dW/dQ)来衡量电场的强度，即**电压**。电压的单位为**伏特**(V，某些参考书为 E)，它表示移动 1 库仑电荷所做功的量(**焦耳**，J)，1 V = 1 J/C，本书中电压的变化范围为微伏(μV，10^{-6} V 量级)到几十伏特。电压的定义对于我们通

常感兴趣的做功的速率(即**功率**)非常有意义。如果以恒定速率做功，可将功率描述为

$$功率 = \frac{功}{时间} = \frac{焦耳}{秒} = \frac{焦耳}{库仑} \times \frac{库仑}{秒} = VI \tag{9.1}$$

在电气工程中，功率是电压和电流的乘积。如果已知作用于某设备的电压及经过该设备的电流，则该设备消耗的功率为电压和电流的乘积。

在电路中，电压差带来电流的流动，如果电路中没有电压差，则电路中无电流通过。在流体模拟中，管道中响应压强差导致水流流动，此处可将电路导体与管道类比，电压与压强类比，而电流与水流类比。

电压不是一个绝对值，而是一个相对值，电压可用电路中两点间的差值来表示，设备的性能则由其引脚间的电压差决定。当然，现实中依旧存在诸如"晶体管基极电压"的定义，此处需要说明的是，如果在描述电压时只提到了某个特定点，则表示以"地"为默认参考点，"地"的概念详见 9.2 节。

流体模拟中同样存在类似电压测量中的差值特性，如最常见的压强测量方式，即所谓表压，指的是相对大气压力的压强测量。但是流体模拟的压强和电压在某些方面并不完全相同，压强由粒子碰撞产生，当无碰撞时(如真空)则可能存在绝对为零的参考点，电压则不可能有绝对值为零的参考点。

在电路中，电压由**电压源**产生，常见的电压源包括**电化学电池**或**蓄电池**、**供电电源**、**信号发生器**及某种类型的**传感器**。理想电压源产生恒定电压，该电压与流出电压源的电流无关；与之相对应，压强可由水泵产生，也可由水柱底部的势能产生——类似于用电动势描述电压。电压源分为两大类，第一类被称为**直流电源**(DC)，可产生单极性的恒定电压；第二类被称为**交流电源**(AC)，其输出电压随时间而变。交流电源可发生极性变化。当然这种表述并不准确，交流电源中随时间变化的电压既可能保持对地的相对极性，也可能发生极性变化，即无论是否发生极性变化，只要存在电压变化，该电压源即为交流电源。

除电压源外，还有**电流源**。理想电流源可产生恒定电流，该电流与电压无关。事实上，除非存在一种能提供$-\infty$到$+\infty$的电压范围的设备(这种设备显然并不存在)，就无法实现理想电流源。尽管如此，电流源的概念在电路分析中非常有用，从另一个方面来说，在有限电压范围内的等效电流源是具备可实现性的。

大多数电路中的电流为毫安(mA，10^{-3}A)级或是微安(μA，10^{-6}A)级。当然也有例外，大电流者如执行器电路，通常需要数百毫安到几安培的电流；小电流者如集成电路，其电流可低至几飞安。

图 9.1 给出了一些典型电压源和电流源的电路符号。

图 9.1　典型电压源和电流源的电路符号

9.2　电路和地

闭合电路中才可能存在电流。所谓闭合电路，即为从电源的一端到同一电源的另一端具有流通路径的电路(见图 9.2)。

如果从电源的一端到另一端的路径断开或不连通，则这种电路被称为**开路**(见图 9.3)，开路电路中没有电流。

如果同一装置两端间存在流通路径，但无其他任何元件(见图 9.4)，则这种电路被称为**短路**。

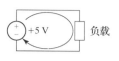
图 9.2　简单电路

图 9.3　开路电路(无电流)

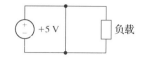
图 9.4　电源与地的短路电路

　　无源元件的短路(生成短路的过程)大多只会带来瞬时作用,电源短路则会造成极大的电流,从而损坏电压源,该情况需绝对避免。

　　如 9.1 节所述,当描述某点的电压时,默认参考点为地;那么什么是地,哪里又是地呢? 对于连接到电力系统的电路,物理上的地是指埋在地下的导体棍或导体管,对于电池供电或没有直接连接到电力系统的装置,地可以是连接在电池或其他电源的负极上的任一点。在以上两种情况下,地都是电路的通用参考点,表示该点的电压为 0 V。

　　在电路中,可采用多种不同的符号来表示不同类型的地(见图 9.5)。

　　需要注意的是,地符号并没有统一的标准;最常用的符号是图 9.5 中所示的"大地"符号,该符号忽略了很多(很可能是大多数)没有实际连接到地面的情况。

　　通常,电路原理图用地符号表示电流流回电压源负极的返回路径,以形成完整的闭合电路。如图 9.6(a)或图 9.6(b)所示,用该电路图表示闭合电路,能很大程度地简化电路原理图,即不再需要画出每一条回到电源的连接线。

　　需要注意的是,尽管许多实验室或工作台的电源与电力系统相连,但其输出为**悬浮式**;**悬浮式电源**并没有连接到物理地的直接回路;这类供电器通常需要三个输出端(或者 N 个输出电压需要 $2N+1$ 个输出端),如图 9.7 所示。

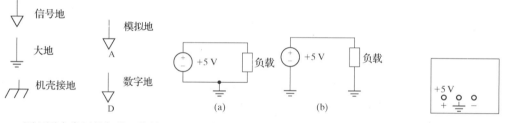

图9.5　原理图中常用的各种地符号　　图9.6　简单电路中表示地的不同方法　　图9.7　有悬浮式输出的电源输出

　　在图 9.7 所示的电源中,在"+"端和"−"端之间产生 5 V 电压输出。如果该电源用于电路供电,应将"−"端连接到电路的接地点,也可在该电源的"−"端和接地端(见图 9.7 中间的端点)之间连接跳线,实现电路接地,但该步骤并非必需。

9.3　相关定律

　　大部分电子元件的特征可用电压响应和电流响应来表示。在进行电路分析之前,首先介绍相关的基本定律——基尔霍夫电流定律和基尔霍夫电压定律。

基尔霍夫电流定律(基尔霍夫第一定律)

　　流入电路中某一点的电流之和等于流出该点的电流之和。

　　如果定义流入电路某点的电流为正值,流出该点的电流为负值(或者反之),则基尔霍夫电流定律的数学表达式为

$$\sum_{k=1}^{n} I_k = 0 \tag{9.2}$$

基尔霍夫电压定律（基尔霍夫第二定律）

电路中任意闭合回路的电压差值之和为零。

该定律可用数学表达式表示为

$$\sum_{k=1}^{n} V_k = 0 \tag{9.3}$$

基尔霍夫电流定律（KCL）的本质是电荷守恒原理；电荷流从根本上讲是电子流，电路中既无法产生电荷，也无法毁灭电荷，因此流入和流出某一点的电荷之和必定为零，如果不为零，则要么电荷被毁灭了，要么电路中某一点生成了电荷。与流体模拟类比，KCL 可解释为进入管道的水都必须离开管道。

采用流体模拟的闭合回路可轻松理解基尔霍夫电压定律（KVL），如图 9.8 所示。

如果测量左边或者右边水柱顶部的压强（见图 9.8 中的 A 点），则会发现表压为零；沿水柱向下，压强将会随着测量点之上水柱高度的增加而逐渐增大，该压强在垂直水柱最底部（B 点）达到最大；反之，如果沿水柱向上测量，其压强将会逐渐降低，再次回到顶部时，压强将重新回零。该实验可从水柱的任一点开始，重复进行，当一次回路测试完成时，最终的压强测量值将与最初测量值相同。

图 9.8　流体模拟的闭合回路

9.4　电阻

当水流过管道时，由于束缚（管道横截面积减小）或由于流动液体对管道固定管壁存在黏性阻力，水流将会受阻；为了抵抗阻力以使水顺利流过，需要增加压强（通过水泵）。由于阻力会导致管道中压强的降低，因此水流离水泵越远，管道中的压强越小，阻力也越大；与之类似，电流在电路元件中流动时，同样也会受到阻力，当电流通过**电阻**时，电阻会导致电压下降。

电阻元件中电压和电流的关系可用**欧姆定律**表示，如下所示：

$$V = I \times R \tag{9.4}$$

其中 V 是电压，单位为伏特，I 是电流，单位为安培，R 是电阻，单位为**欧姆**（Ω）。电压和电阻的关系可用欧姆定律和安培的概念来表示：1 伏特表示 1 安培的电流通过 1 欧姆电阻所需的电动势。虽然欧姆定律[①]还有一种更基础、更物理化的表述方法，但实际应用中一般使用 $V = IR$（单位为伏特、安培和欧姆）。

如图 9.9 所示，欧姆定律描述了 V-I 特性曲线。对于电阻而言，V-I 特性曲线的斜率值被称为电阻的电阻值。通常情况下，即使元件具有非线性的 V-I 关系，其特性亦可用 V-I 特性曲线来描述。通常情况下 V-I 特性曲线的瞬时斜率被称为元件的**有效电阻**。如图 9.9 所示，线性电阻的 V-I 关系是线性的，即表示它是一种线性电路元件。

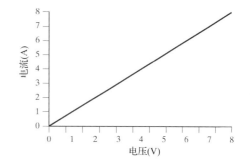

图 9.9　1 欧姆电阻的 V-I 特性曲线

[①] 恒定电流的电阻由零度条件下横截面积恒定、质量为 14.4521 克的 106.3 厘米的汞柱提供。(International Electrical Congress, Chicago, 1893.)

9.4.1　串联电阻和并联电阻

任何由前面介绍过的三种元件(电压源、电流源和电阻)构成的电路都可用上述三个定律(KVL、KCL 和欧姆定律)来描述电压和电流的关系，如图 9.10 所示。

图 9.10 的电路中有两个**串联的**电阻。根据定义，当两个元件串联时，流过两个元件的电流相同，根据 KVL，可基于电路电压降总和来描述电路中电压、电流和电阻之间的关系：

$$V - iR_1 - iR_2 = 0 \tag{9.5}$$

上式可改写为

$$V = i(R_1 + R_2) \tag{9.6}$$

从式(9.6)可知，该电路的电阻值等于各个串联电阻值之和。

需要注意的是，此处应首先假设式(9.5)中的电流方向，该方向可由设计者自行定义，但从直观上来看，选择经过电压源电势增加的方向更为合理；如果设计者选择了相反方向，电流表达式的符号将呈负极性，即表示电流的实际流向相反。

图 9.11 所示的两个电阻的电路结构为**并联**。

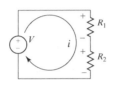

图 9.10　串联电阻

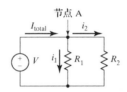

图 9.11　并联电阻

当两个元件的电压相等时，则认为它们是并联的。

要理解两个电阻的组合方式，需要建立一个基于欧姆定律的表达式，以描述电压、电流和两个电阻之间的组合关系：

$$V = I_{\text{total}}R_{\text{parallel}} \tag{9.7}$$

可利用 KCL 在节点 A 分析电阻组合，得式(9.8)。

$$I_{\text{total}} = i_1 + i_2 \tag{9.8}$$

由于两个电阻上的电压相同，即可单独研究每个电阻：

$$i_1 = \frac{V}{R_1} \tag{9.9}$$

$$i_2 = \frac{V}{R_2} \tag{9.10}$$

将式(9.8)、式(9.9)和式(9.10)代入式(9.7)可得

$$V = \left(\frac{V}{R_1} + \frac{V}{R_2}\right)R_{\text{parallel}} \tag{9.11}$$

由式(9.11)可得 R_{parallel} 的表达式：

$$R_{\text{parallel}} = \frac{V}{\left(\dfrac{V}{R_1} + \dfrac{V}{R_2}\right)} \tag{9.12}$$

上式可化简为

$$R_{\text{parallel}} = \frac{R_1 R_2}{R_1 + R_2} \tag{9.13}$$

上式可推广到任意电阻并联的情况:

$$\frac{1}{R_{\text{parallel}}} = \frac{1}{R_1} + \frac{1}{R_2} + \cdots \frac{1}{R_n} \tag{9.14}$$

9.4.2 分压器

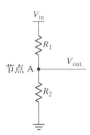

图 9.12 分压器

图 9.12 的电路被称为**分压器**,该电路虽然简单,但是很常见。

下面针对该电路进行分析。首先假设无电流流向 V_{out}。根据 KCL,所有流入节点 A 的电流都必须流出,因此从 V_{in} 通过 R_1 流向节点 A 的电流必须等于从节点 A 通过 R_2 流向地的电流。根据欧姆定律,可列出 R_1 和 R_2 上电压的两个等式,在此假设通过 R_1 的电流与通过 R_2 的电流相等,并记为 I;R_2 下端接地,即为零电压参考点。这样有

$$V_{\text{in}} - V_{\text{out}} = I R_1 \tag{9.15}$$
$$V_{\text{out}} - 0 = I R_2 \tag{9.16}$$

在以上等式中,均假设电流从 V_{in} 流向地。当然,这个假设可能并不准确,如果 V_{in} 是负值,电流将向反方向流动。事实上,如何假设电流方向并不重要,重要的是在整个分析过程中需要使用一致的假设。如果假设的电流方向与实际相反,则电流表达式将全部表现为负数,但并不影响分析结果,因此电流方向假设一致性是正确构建等式的关键。

式(9.15)和式(9.16)中包含两个未知参数(I 和 V_{out}),可用多种方法求解。将两个等式相加可得

$$V_{\text{in}} = I(R_1 + R_2) \tag{9.17}$$

可得 I 的表达式:

$$I = \frac{V_{\text{in}}}{(R_1 + R_2)} \tag{9.18}$$

用式(9.18)代替式(9.16)中的 I,可得

$$V_{\text{out}} = V_{\text{in}} \frac{R_2}{(R_1 + R_2)} \tag{9.19}$$

式(9.19)被称为**分压器等式**,在本章和其他章节中还会多次用到该结论。在进行下一步分析之前,我们有必要观察该等式的结构并证明该结论的正确性(在分析时必须养成这个习惯)。由式(9.19)可知,输出电压与输入电压成正比,且比例因子恒定,符合线性电路特性,由此可证明式(9.19)的正确性。进一步而言,我们还可在极端情况下检验式(9.19)的正确性。例如,当 R_2 取值无穷大时,电路中没有电流,R_1 的两端没有电压降,此时可以预期 V_{out} 等于 V_{in},与式(9.19)的结果匹配。如果 R_2 被短路(例如,$R_2 = 0\ \Omega$),则 V_{out} 将被直接连接到地。此时可以预期 $V_{\text{out}} = 0\ \text{V}$,同样与式(9.19)的结果匹配,由此可以证明式(9.19)是正确的。这个过程虽然冗长,但却非常必要,因为它能使读者在计算结束前验证是否出错。

基于以上分析,我们可使用并联或串联的方式来组合电阻,并采用以上公式简化电路分析。

9.5 戴维南等效电路

在对复杂电路进行电路分析之前,首先需要对部分电路进行简化。运用**戴维南**(Thevenin)等

效电路是一种非常有效的电路简化方法。**戴维南定理**指出，含有电压源和/或电流源的二端电阻网络(实际上可为任何线性元件)可等效为单个电阻和单个电压源串联。

等效电压源(**戴维南等效电压**或 V_{th})等于两个节点之间的开路电压。等效串联电阻(**戴维南等效电阻**或 R_{th})可由多种方法求得，其一可在等效电路中采用欧姆定律，即 R_{th} 等于 V_{th} 除以 A、B 两点短路时的电流；其二可分析无电压源或电流源时网络的等效电阻，此时需用短路线替代电路中的电压源，电流源则用开路线替代。完成以上等效后，则得到一组可直接运用并联或串联规则的电阻。

图 9.13 中，开路电压为 $V_A - V_B$：

$$\left(\frac{V_{in}}{R_1 + R_2} \times R_2 \right) - 0 = V_{in} \frac{R_2}{R_1 + R_2} = V_{th} \tag{9.20}$$

去掉电压源 V_{in} 并短路 V_{in} 点和地，可以求得 R_{th}。此时，R_1 和 R_2 并联，其并联电阻值即为戴维南等效电阻值：

$$R_{th} = \frac{R_1 R_2}{R_1 + R_2} \tag{9.21}$$

该过程可以多次重复，用仅包含一个电压源(V_{source})和一个电阻(R_{th})的简单等效电路替换部分电路。本章后面将会给出一个运用戴维南等效电路获得电阻和电容网络响应的例子。

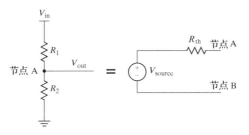

图 9.13　分压器的戴维南等效电路

9.6　电容

另一个重要的无源元件是**电容**。电容是一种二端元件，稳定的直流电流无法通过，但允许交流电流通过。电容的流体模拟如图 9.14 所示。

图 9.14 中，柔性膜将阻止任何真实流体通过端口。然而，某一边(A)突加的压强会导致柔性膜扭曲，并从膜另一边(B)排出液体，造成瞬时电流；随着液体排出，柔性膜两侧的压力差逐渐变小，膜的扭曲度逐渐减少，瞬时电流也随之逐渐下降。当柔性膜两侧压力相等时，电流下降至零，此时进入平衡态，柔性膜将存储较大液压能。与流体模拟类似，电容是容纳电能的元件。

图 9.14　电容的流体模拟

电容的 *V-I* 特性是一个积分式：

$$V(t) = \frac{1}{C} \int_0^t I(\tau) d\tau = \frac{Q(t)}{C} \tag{9.22}$$

式(9.22)给出了电容值 C 的表达式。电容的单位为**法拉**(F)，表示 1 库仑/伏特(C/V)；典型的电容值范围为几十皮法(pF，10^{-12}F 量级)到几百微法(μF，10^{-6}F 量级)。由式(9.22)可知，电容的电压和储存的电荷呈线性关系(斜率为 $1/C$)，即电容也是线性电路元件。

式(9.22)有利于读者理解电容的能量容纳本质，如果将式(9.22)进行微分，其结果可用于了解电容的动态特性，如式(9.23)所示：

$$I(t) = C\frac{\mathrm{d}V}{\mathrm{d}t} \tag{9.23}$$

式(9.23)说明通过电容的电流是电容大小和电容上电压改变速度的函数。为了检验这个结论，下面将对比流体模拟结果和式(9.23)的预期结果。

1. 当压强(电压)稳定时，没有流体(电流)流动，即稳定状态下 $\mathrm{d}V/\mathrm{d}t$ 为零。此时，根据式(9.23)可知电流为零，即流体模拟和式(9.23)的结论一致。

2. 给定的压强(电压)差使膜位移，导致膜另一侧的流体也发生位移。位移发生的时间越短，膜另一侧产生的流速(体积/时间)也越高。式(9.23)中，电压变化越快($\mathrm{d}V/\mathrm{d}t$ 越高)，电流(电荷/时间)越大，二者一致。

3. 如果膜面积增大，流体容积率也随之增大；在膜位移时间间隔相同的条件下，膜面积越大，排出的液体越多，流速也更大。电气模拟中膜的面积对应电容值，由式(9.23)可知，当电容尺寸(例如电容值)增大、$\mathrm{d}V/\mathrm{d}t$ 相同时，电容越大，电流越大，这种特性与流体模拟类似。

由式(9.23)，根据功率的一般表达式 VI 及功率的定义 $\mathrm{d}E/\mathrm{d}t$，可推导出存储在已充电电容中的能量(E，单位为焦耳)，如式(9.24)所示：

$$E_{\mathrm{C}} = \int P\mathrm{d}t = \int VI\mathrm{d}t = \int VC\frac{\mathrm{d}V}{\mathrm{d}t} = \int CV\mathrm{d}V = \frac{1}{2}CV^2 \tag{9.24}$$

在电容内部，两端连接在由薄绝缘层(电介质)分隔开的两块极板上，如图 9.15 所示。电容值由两个极板的面积、间隔距离(d)和绝缘层的特性决定。电容的具体结构和不同参数对实际电容性能的影响将在 9.14 节详述。

从物理学的角度来看，任意两个被绝缘间隙分隔的导体都可以组成电容，该结论在第 21 章讲述噪声时还会用到。

电容的基本思想是电荷在电容的极板处堆积存储，某一端电流和电压的振荡将通过借用存储的电荷的方式传递到另一端。该状态持续时间有限，因为电容存储的电荷数是有限的，但如果电流和电压的振荡周期与电荷的存储量匹配，即可产生有用的电压和电流。

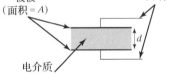

图 9.15　典型平行板电容

实际上，"通过"电容的电流振荡和通过电阻的恒定电流是类似的。在电容中，虽然离开电容左边电极的电流电荷并不是进入电容右边电极的电流电荷，但就外部特性而言，电流从一边流入，且从另一边流出，看上去就像有电流"通过"。后面我们还将分析这些系统的特征，以证明事实确实如此。

式(9.22)说明，当电容电压发生变化时，电容电极上的电荷非增即减。经过一段时间的电荷数的增/减，便形成电流，电流进而导致电容电压的改变。如电容的两块极板接入交变电压，则生成交变电流。

9.6.1　串联电容和并联电容

在此可用与电阻分析相同的方法来分析由多个电容组成的电路，即采用 KCL 和 KVL。图 9.16 是一个包含多个并联电容的电路。

因为并联元件的电压相同，即有

$$I_{\text{total}} = I_1 + I_2 + I_3 = C_1\frac{\mathrm{d}V}{\mathrm{d}t} + C_2\frac{\mathrm{d}V}{\mathrm{d}t} + C_3\frac{\mathrm{d}V}{\mathrm{d}t} = (C_1 + C_2 + C_3)\frac{\mathrm{d}V}{\mathrm{d}t} \tag{9.25}$$

由此可知，该电路的总电容值等于并联电路中单个电容值之和。

如果将一组电容串联（见图9.17），则根据KVL和串联元件上的电流相同的原则，可得

$$V_{\text{total}} = V_1 + V_2 + V_3 = \frac{1}{C_1}\int I\mathrm{d}t + \frac{1}{C_2}\int I\mathrm{d}t + \frac{1}{C_3}\int I\mathrm{d}t = \left(\frac{1}{C_1} + \frac{1}{C_2} + \frac{1}{C_3}\right)\int I\mathrm{d}t \tag{9.26}$$

由此可知，串联电容的总电容计算公式与并联电阻的总电阻计算方式类似：

$$\frac{1}{C_{\text{total}}} + \frac{1}{C_1} + \frac{1}{C_2} + \frac{1}{C_3} + \cdots \frac{1}{C_n} \tag{9.27}$$

图9.16　并联电容　　　　　　　　　　图9.17　串联电容

9.6.2　电容和时变信号

当有多个时变信号作用于电路元件时，可采用**叠加原理**和**傅里叶定理**来分析电路特性。叠加原理指出，对于含有多个信号源的电路，可分别分析单个信号源的电路特性，将结果叠加即可获得总电路特性。叠加原理适用于所有由线性电路元件构成的电路。傅里叶（Jean Baptiste Joseph Fourier，1768—1830）定理指出，任何频率为f的周期波形可用f，$2f$，$3f$，$\cdots$，nf的（可能是无穷多的）正弦和或余弦和（例如叠加）来表示。傅里叶定理的意义在于，我们可以基于正弦波响应来分析电路特性，即分析任何电路对任何周期波形的响应。

假设电流和电压均为正弦振荡，其表达式为

$$I = I_0\mathrm{e}^{\mathrm{j}\omega t} \tag{9.28}$$

$$V = V_0\mathrm{e}^{\mathrm{j}\omega t} \tag{9.29}$$

其中$\mathrm{j}=\sqrt{-1}$（这里使用"j"而非"i"，以避免与公式中电流的符号混淆），指数函数表示角频率为ω（$\omega = 2\pi f$）的正弦波。将这两个函数和电容的电流电压关系式[见式(9.23)]结合，可得

$$I_0\mathrm{e}^{\mathrm{j}\omega t} = C\mathrm{j}\omega V_0\mathrm{e}^{\mathrm{j}\omega t} \tag{9.30}$$

$$I_0 = C\mathrm{j}\omega V_0 \tag{9.31}$$

解出V_0即可得电压振荡幅度与电流振荡幅度、频率及电容之间的关系式：

$$V_0 = I_0\frac{1}{\mathrm{j}\omega C} \tag{9.32}$$

式(9.32)与电阻欧姆定律非常类似。在欧姆定律中，$V = IR$，式(9.32)的电压振荡幅度和电流振荡幅度同样具有线性关系。在电容关系式中，电压振荡幅度和电流振荡幅度成正比，比例常数为$1/(\mathrm{j}\omega C)$。

类比欧姆定律，可将$1/(\mathrm{j}\omega C)$定义为电容的**等效电阻**，也被称为**电抗**。这种"电阻"具有一些特殊性质。首先，与频率相关的"电阻"将随频率的降低而增大。当频率降为零时，电阻值为无

穷大。这个结论从直观来看是符合逻辑的，因为电容的极板被绝缘体分隔，恒定电流($f=0$ Hz，或者 DC) 无法通过；其二，这种等效电阻是虚数，即分母中包含 $\sqrt{-1}$。在电容电路的分析中，参数 $\sqrt{-1}$ 等效为 90° 的相移，即电容的电压振荡和电流振荡之间存在 90° 的相差。最后，等效电阻与电容 C 值成反比，表示对于给定振荡频率，大电容值的电容的等效电阻较低，即对于给定电压振荡，大电容将允许更多的电流通过；反之，对于相同的电压振荡，大电阻通过的电流较小，从这个角度来看，电容的"电阻"值和电容值成反比。

在电气工程中，**阻抗**用来指代包含复数成分的电阻，电阻的阻抗为实数（电压和电流之间没有相位差）；电容的阻抗为虚数（90° 的相位差）。在实际应用中，阻抗被用来指代可能包含复数或实数的电阻表达式。下面将给出等效电阻和阻抗在电路分析中的应用实例，以便读者理解实际电路中电容的特性。电容的重要特性如下：

1. 在电容两侧外加 DC 电压时，无电流通过电容。
2. 在电容上外加交流电流和电压时，电容特性与电阻类似，即电流和电压的幅度之间具有简单的线性关系，该线性关系与欧姆定律类似。

9.7　电感

本章讨论的最后一个无源元件是**电感**。电感通常由绕在金属或磁芯上的线圈构成（见图 9.18），电感的本质特征是抵抗电流的变化。与电容类似，电感也是储能元件，能量将被存储在磁场中。电感的单位为亨利 $[1\ \mathrm{H}=1\ \mathrm{V}/(1\ \mathrm{A/s})]$。

描述电感特征的积分表达式和微分表达式为

$$I(t)=\frac{1}{L}\int_0^t V(\tau)\mathrm{d}\tau \tag{9.33}$$

$$V=L\frac{\mathrm{d}I}{\mathrm{d}t} \tag{9.34}$$

由式(9.33)和式(9.34)可知，电压可改变电感中的电流，或者电流的改变将导致电感上产生电压。电感的流体模拟如图 9.19 所示。

图 9.18　电感实物图

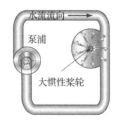

图 9.19　电感的流体模拟

图 9.19 中，浆轮的惯性将阻止水流通过浆轮的刀片，随着时间延长，浆轮将向上自旋，且不再对流体产生阻力。如果水泵停止抽水（等效于开路），浆轮的惯性使其持续旋转，并在浆轮的入口和出口产生压强差；与之类似，如果电感电路中的电流突然消失，电感内的磁场崩塌将在电感的两端产生电压差。

电感中存储的能量可用与电容分析类似的方法来推导。由功率的一般表达式 $P=VI$ 及功率的定义 $\mathrm{d}W/\mathrm{d}t$，将功率等同于能量 E（单位：焦耳），可得

$$E_L = \int P \mathrm{d}t = \int VI\mathrm{d}t = \int L\frac{\mathrm{d}I}{\mathrm{d}t}I\mathrm{d}t = \int LI\mathrm{d}I = \frac{1}{2}LI^2 \tag{9.35}$$

第 23 章中的缓冲处理部分还将详述电感的磁场能量问题。

9.7.1 电感和时变信号

与电容分析类似，我们可以通过分析电感上的正弦电流和电压来获得幅度关系。依旧首先假设电流和电压振荡为正弦振荡：

$$I = I_\mathrm{o} \mathrm{e}^{j\omega t} \tag{9.36}$$

$$V = V_\mathrm{o} \mathrm{e}^{j\omega t} \tag{9.37}$$

将式(9.36)和式(9.37)代入式(9.34)可得

$$V_\mathrm{o} \mathrm{e}^{j\omega t} = j\omega L I_\mathrm{o} \mathrm{e}^{j\omega t} \tag{9.38}$$

可化简为

$$V_\mathrm{o} = I_\mathrm{o} j\omega L \tag{9.39}$$

同样，可令 $R_L = j\omega L$，称之为**电感的等效电阻**，式(9.39)与欧姆定律相类似。和电容相反，电感"电阻"随着电感值和频率的增大而增大；与电容相同，电感中也存在相移，其等效电阻表达式中也含有虚数 j。

事实上，电感有很多我们不喜欢的特性，例如磁滞效应，尺寸和质量过大，高成本，产生的磁场容易引起电路中的噪声等。除了少数例外，如射频(RF)和开关电源电路，现代电路设计中很少用到电感。本书不涉及 RF 设计，对于开关电源中的电感仅要求理解其操作原理；但即便如此，我们仍需重视电感，因为在设计中可能遇到不同类型的电感问题，并需对其进行处理。电路中的每条线都具有电感特性。虽然电感值很小，但在某些情况下也可能产生严重后果。机电工程师在处理高电流负载切换(见第 21 章)的相关噪声时，往往需要考虑这个问题。另外，电容的引线和结构(见 9.14.1 节)可能使电容中产生寄生电感，从而影响电容对不同应用的自适应特性(见 9.14 节)。通过线圈产生压力的电磁激励器，例如电机和螺线管(见第 22 ~ 26 章)，都表现出与电感相同的电气特性。因此，即使电路中不包括实物电感，电感依旧存在，了解电感的基本特性有助于设计者预估电路可能出现的情况。

9.8 时域法和频域法

在分析由电阻和电容组合的电路之前，还需要了解两种用于电路系统动态特性分析的方法——时域法和频域法，这两种方法都是电气系统和机械系统设计所必需的方法，非常重要。

采用**时域法**分析系统特性非常直观，仅需观察示波器即可了解系统的时间函数特性。图 9.20 给出了一些常见且有用的时域信号。

频域法实际上并不比时域法复杂，但由于频率特性无法通过常用的测量仪器观测，因此对大多数人而言，频域法显得不如时域法直观。频域法着眼于分析系统性能与频率的直接关系，频域特性可用多种方式表示，最常用的是幅频特性图，如图 9.21 所示。幅频特性图给出了增益(或幅度比)与频率的函数关系图。

在此可利用幅频特性图(通常简称为**波特图**)描述电路对频率的特性。需要注意的是，波特图中的响应被画成 x 轴上所示频率的正弦函数，其他波形(方波、三角波及其他)信号则需要将组成该信号的正弦波形(**傅里叶序列**)叠加后再进行分析。

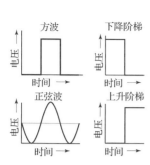

图 9.20　典型的时域信号

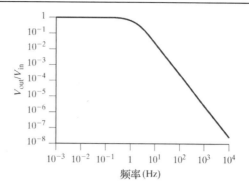

图 9.21　幅频特性图(波特图)

9.9　包含多种元件的电路分析

如前所述,根据基尔霍夫定律,由每个元件上的电压、电流等式和交叉点上总输入、输出的电流等式,即可求得电路中任一点的电流和电压。本节将运用这些原理研究由多种元件组成的电路,尤其是 RC 电路(即包含电阻和电容的电路)。

9.9.1　基本 RC 电路结构

RC 电路涉及两种重要的电路结构,如图 9.22 所示。

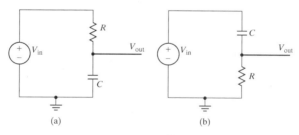

图 9.22　(a)低通 RC 滤波器;(b)高通 RC 滤波器

根据频域特性(见 9.9.5 节),图 9.22(a)中的电路被称为**低通滤波器**,图 9.22(b)中的电路被称为**高通滤波器**;电源 V_{in} 可以是任何电压源或信号源;高通滤波器结构有时也被称为**交流耦合**,因为电阻 R 两端产生电压的电流将会"通过"电容 C。

9.9.2　低通 RC 滤波器的时域特性

低通 RC 滤波器电路如图 9.23 所示。当开关从 A 点移至 B 点时,可等效为图 9.20 中的上升阶梯函数。

如开关在 A 点停留的时间足够长(定义见后),电容 C 放电完成,V_C 和 V_R 均等于 0 V。当开关移动到 B 点时,根据 KVL 可列出:

$$V_S = RI + \frac{1}{C} \int I \, \mathrm{d}t \tag{9.40}$$

对式(9.40)做微分,代入初始条件,即开关闭合时 $V_C = 0$ V

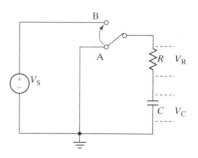

图 9.23　低通 RC 滤波器开始对电容充电

（电容两端的电压不能瞬时变化），可得 I 关于时间的表达式：

$$I = \frac{V_S}{R} e^{\frac{-t}{RC}} \tag{9.41}$$

由此可得电阻和电容两端的电压关于时间的表达式：

$$V_R = V_S e^{\frac{-t}{RC}} \tag{9.42}$$

$$V_C = V_S \left(1 - e^{\frac{-t}{RC}} \right) \tag{9.43}$$

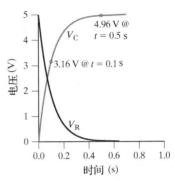

图 9.24 图 9.23 的充电过程中 V_R 和 V_C 的变化曲线

每一个表达式中都包含 R 和 C 的乘积，即**时间常数**，用符号 τ 来表示。V_R 和 V_C 的变化曲线（见图 9.24）给出了当驱动电压（V_S）为 5 V、时间常数为 0.1 s 时电路的特性。

当开关闭合 $t = \tau$ 后，电容两端的电压升至驱动电压的 63.2%；当开关闭合 $t = 5\tau$ 后，电容两端的电压升至驱动电压的 99.24%，如果开关在状态转换前至少闭合了这么长的时间，则可以满足假设的初始条件。

如开关保持在 B 点的时间大于等于 5τ，则电容被完全充电，如此时开关回到 A 点，该电容将通过电阻 R 放电，此时可用与充电时相同的方法进行分析。充电完成后，电容两端的电压初始值等于 5 V。经分析发现，在充电和放电状态下，式（9.41）和式（9.42）相同，放电过程中的电容电压表达式如下：

$$V_C = V_S e^{\frac{-t}{RC}} \tag{9.44}$$

式（9.44）非常直观，电容电压随着放电过程的进行而逐渐减小。如式（9.44）所示，从 $t = 0$ 时刻开始，随着时间增加，电容电压 V_S 逐渐下降（e 为负指数）；图 9.25 给出了放电过程中的电压变化曲线。

数字系统中经常出现具有连续上升沿和下降沿的方波，因此分析电路的方波输入响应尤其重要（见图 9.26），读者可通过示波器观察到这种响应特性。

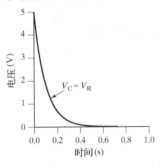

图 9.25 放电过程中 V_R 和 V_C 的变化曲线

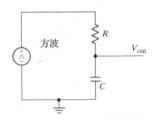

图 9.26 用于 RC 电路的方波

图 9.26 用方波发生器替代电路元件 V_S 和开关，如方波的周期远大于 RC 时间常数（至少 10 倍），则可将上升沿和下降沿看作独立事件，并沿用式（9.41）～式（9.44）预测其响应，波形如图 9.27 所示。注意，此时低通滤波器对方波的响应特性将导致波形边缘圆滑。

如果方波的周期远小于 RC 时间常数，其输出没有足够的时间上升至驱动电压的最大幅度，当然也同样不能降至零（见图 9.28），则此时输出幅度将小于驱动电压，波形严重失真。

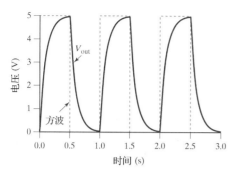

图 9.27　低通滤波器对方波的响应曲线

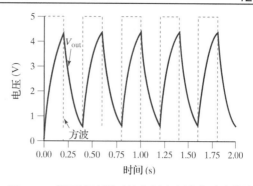

图 9.28　低通滤波器对较高频率方波的响应曲线

9.9.3　高通 RC 滤波器的时域特性

高通滤波器电路如图 9.29 所示。与低通滤波器相比，该图只是简单地交换了图 9.23 中 R 和 C 的位置。

如果开关位于 A 点的时间足够长（同上，超过 5τ），则电容 C 将被完全放电，V_C 和 V_R 均为 0 V。当开关移至 B 点，根据 KVL 有

$$V_S = RI + \frac{1}{C} \int I \, \mathrm{d}t \qquad (9.45)$$

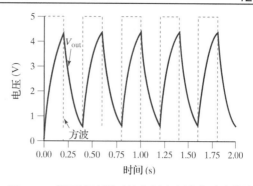

图 9.29　高通滤波器的充放电转换

比较式 (9.45) 和式 (9.40) 可发现二者完全相同，这是符合逻辑的。图中串联的三个电路元件相同，电流特性也必然相同，元件两端的电压差也一致。因此，可用相同的表达式 [见式 (9.42) 和式 (9.43)] 来描述电阻和电容两端的电压。

与 9.9.2 节中的低通滤波器相同，电容充电完成后将开关从 B 点移至 A 点，但电路特性与低通滤波器相异：电容充电完成后，电容 $C+$ 端的电压高于电容 $C-$ 端的电压，差值等于源电压 V。开关移至 A 点，电容 $C+$ 端被置于零电位，电容两端的电压无法瞬间改变，$C-$ 端的电压比 $C+$ 端的电压低 V 伏特，即电压为 $-V$，可得 V_C 和 V_R 表达式：

$$V_C = V_R = -V_S \mathrm{e}^{\frac{-t}{RC}} \qquad (9.46)$$

高通滤波器的放电曲线详见图 9.30，当开关闭合时，电阻和电容两端的电压瞬变至 $-V$（本例中为 -5 V），接下来的变化过程与低通滤波器的类似，电压从 $-V$ 开始以指数形式上升。

将方波信号送入高通滤波器（与低通滤波器的分析相同），可得图 9.31 所示波形，其中响应曲线的上升沿出现正极性的尖峰，下降沿出现负极性的尖峰，呈现交流耦合方波的典型形式。

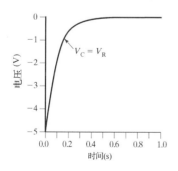

图 9.30　高通滤波器的放电曲线

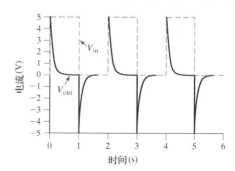

图 9.31　高通滤波器对方波的响应曲线

9.9.4　RL 电路的时域特性

图 9.32 的电路与图 9.23 的电路非常类似，仅用电感取代了电容。如前所述，电路中一般不直接使用电感，但图 9.32 中的开关从 A 点移至 B 点的情况却具有实际应用意义，如电路中激活螺线管或打开电机时的情况。

此时电感电流为

$$I = \frac{V_S}{R}\left(1 - e^{\frac{-t}{(L/R)}}\right) \tag{9.47}$$

当 $R = 10\ \Omega$、$L = 1\ \text{H}$ 且 $V_S = 5\ \text{V}$ 时，响应曲线如图 9.33 所示。式(9.47)与式(9.43)(描述低通 RC 滤波器充电过程中的电容电压)非常类似，电感电流与电容电压类似，均以指数形式上升，此时定义 L/R 为 RL 电路的时间常数 τ。

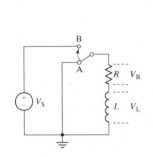

图 9.32　RL 电路生成流过电感的电流

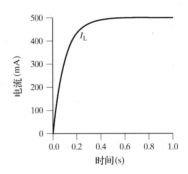

图 9.33　RL 电路中电流的上升过程

根据式(9.47)和欧姆定律，可列出电阻上的电压表达式：

$$V_R = V_S\left[1 - e^{\frac{-t}{(L/R)}}\right] \tag{9.48}$$

由式(9.48)和 $V_L = V_S - V_R$ 可得 V_L 的表达式：

$$V_L = V_S\left(e^{\frac{-t}{(L/R)}}\right) \tag{9.49}$$

注意式(9.48)和式(9.43)、式(9.49)和式(9.42)的相似之处。在 RL 电路中，V_R 的变化与 RC 电路中 V_C 的特性类似，V_L 与 RC 电路中 V_R 的特性类似，具体图形如图 9.34 所示。

当电感中的电流达到最大值后，如将开关移回 A 点，则可利用初始条件 $I_L = V_S/R$ 求得 I[式(9.50)]、V_R[式(9.51)]和 V_L 的零输入响应表达式[式(9.52)]：

$$I = \frac{V_S}{R}\left(e^{\frac{-t}{(L/R)}}\right) \tag{9.50}$$

$$V_R = V_S\left(e^{\frac{-t}{(L/R)}}\right) \tag{9.51}$$

$$V_L = -V_S\left(e^{\frac{-t}{(L/R)}}\right) \tag{9.52}$$

上述表达式能有效描述零输入过程，但图 9.32 所示开关由 B 点移至 A 点对电感断电的情形并不常见，相对而言，图 9.35 所示电路中的情况更为常见。

图 9.35 的情况与前面完全不同，开关打开时并未形成电流通路。从理论上来说，此时电流将瞬间停止，即 dI/dt 为无穷大，电感磁场瞬时崩塌，且将在电感两端产生无穷大的电压差。实际上，崩

塌的磁场将产生一个电压，其电压值将快速达到使开关空隙中的空气电离化的水平，高电压产生电弧，电流流过电弧，电感中存储的能量消散，这个电压尖峰(被称为**电感反冲**)可能损坏开关，导致局部发热或接触不良，如果采用晶体管开关(见第 10 章)，则晶体管可能被击穿。第 23 章将详细说明如何利用二极管及其他缓冲方法来避免电压尖峰(该过程被称为**缓冲**)，以供设计者选择。

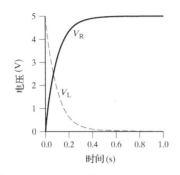

图 9.34　图 9.32 的 RL 电路的充电过程中 V_R 和 V_L 的变化曲线

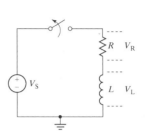

图 9.35　开路电路对电感放电

9.9.5　低通 RC 滤波器的频域特性

　　9.4 ~ 9.5 节中电阻的分析方法也适用于包含电容和电感的电路，但在分析中需采用电容和电感的等效电阻，即元件的阻抗。例如，图 9.12 中的分压器可变为图 9.36 所示电路，用阻抗替代电阻。

　　如图 9.37 所示，Z_1 为电阻，Z_2 为电容，其分析过程可能完全不同。

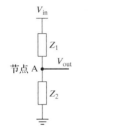

图 9.36　分压器

图 9.37　将图 9.12 中的电阻 R_2 替换成电容 C 的分压器

　　基于前述电容的"等效电阻"概念可简化分析过程，最简单的方法是将电容看作一个电阻，只是该电阻是等效电阻或根据式(9.32)求出的阻抗，在对分压器进行分析时可将该表达式作为 R_2 代入，然后推导计算。同样也可将式(9.19)中的 R_2 替换为电容，可得

$$V_{out} = V_{in}\frac{R_2}{(R_1 + R_2)} = V_{in}\frac{(1/j\omega C)}{(R_1 + (1/j\omega C))} = \frac{V_{in}}{(j\omega C R_1 + 1)} \qquad (9.53)$$

　　如果此处仅想了解电压对幅度的影响，则可通过乘以复共轭开平方根的方法求得复数 V_{out} 的幅度：

$$|V_{out}| = (V_{out} \times V_{out}^*)^{1/2} = \frac{V_{in}}{(1 + R_1^2 C^2 \omega^2)^{1/2}} \qquad (9.54)$$

　　由式(9.54)可知，对于较小的 ω，分母将趋于 1。当 ω 较小时，有 $V_{out} = V_{in}$；当 ω 较大时，分母变得很大，V_{out} 非常小。以上特性即为低通特性，即低频信号几乎没有**衰减**(V_{out} 的幅度降低)地通过电路，而高频信号将被衰减，这个电路结构也因之命名为"低通滤波器"。

　　如用电容替换 R_2，则可将其看成是一个"有阻力"的元件，并且它的电阻在高频时将变小。

在频率很高的极端情况下，电容的"电阻"将接近于零，即当 R_2 很小时，图 9.12 中的分压器输出也接近于零。

可分析包含电阻和电容的混合电路的极端情况，即首先考虑用大电阻代替所有的电容(低通情况)，再考虑用小电阻代替所有的电容(高通情况)，以获得边界条件。通常情况下，可根据边界条件对电路特性进行合理预测，这种基于极端情况的分析法在实际测试中非常实用。

经过以上分析，读者即可初步了解电路元件的值及频率特性。基于低通滤波器分析结果，可得 V_{out}/V_{in} 比值的对数与频率的相关图形：幅频特性图(波特图)。在图 9.38 中，滤波器的电容值为 10 μF，电阻值为 10 kΩ。

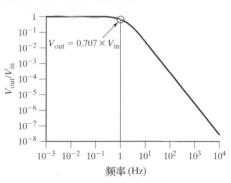

在高频部分，曲线斜率为-1，说明 V_{out}/V_{in} 由 $1/\omega$ 确定，斜率和频率指数之间的关系可通过 log-log 坐标图表示，该图能直观反映两者的相关性。

图 9.38　图 9.37 中低通滤波器的波特图

对于某个特定滤波器，其本质特性是滤波器从让输入信号"通过"[$\log(V_{out}/V_{in})$ 曲线中等于 1 的平坦部分]的频率转换到让输入信号衰落(曲线中倾斜部分)的频率，其波特图如图 9.38 所示。在转换区域，频率特性曲线在一定频率范围内是平滑曲线，而非折线；一般定义**拐角频率**为输出功率降为输入功率 1/2 时的频率点，该频率点对应输入幅度乘以 $1/\sqrt{2}$ (0.707)的输出幅度点，通常用分贝 (dB) 表示，其中 dB = 20 $\log_{10}(V_1/V_2)$，V_1 是输出电压，V_2 是输入电压。采用分贝表示时，滤波器的拐角频率被称为**-3 dB 点**。简单低通滤波器的-3 dB 点(即拐角频率，f_c)定义为

$$f_c = \frac{1}{2\pi RC} \tag{9.55}$$

9.9.6　高通 RC 滤波器的频域特性

再次回到图 9.12 所示的分压器电路[或者更一般的形式(见图 9.36)]，用电容替换 R_1，如图 9.39 所示。其分析过程与低通滤波器类似，但结果不同。

采用如前所述的直观方法，研究频率极低和极高情况下的电路特性可知，当频率极低(DC)时，电容中无电流通过，输出电压为零；反之，当频率极高时，电容的有效电阻非常小，大部分或者全部的 V_{in} 会传递到 V_{out}，即该电路允许高频通过，阻塞低频，构成高通滤波器。按照 9.9.5 节中低通滤波器的分析方法，可求得电路特性的分析表达式。将式(9.19)中的 R_1 用电容的阻抗来替换，可得

$$V_{out} = V_{in}\frac{R_2}{(R_1 + R_2)} = V_{in}\frac{R_2}{[(1/j\omega C) + R_2]} = V_{in}\frac{j\omega C R_2}{(j\omega C R_2 + 1)} \tag{9.56}$$

与低通滤波器相同，通常需要求得输出电压的幅度：

$$|V_{out}| = (V_{out} \times V_{out}^*)^{1/2} = V_{in}\frac{\omega R_2 C}{(1 + R_2^2 C^2 \omega^2)^{1/2}} \tag{9.57}$$

在图 9.40 所示的波特图中，再次使用 10 μF 电容和 10 kΩ 电阻构造滤波器。在图中，y 轴使用了更常见的单位 dB。

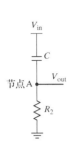

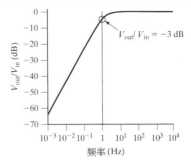

图 9.39 用电容 C 替换图 9.12 中电阻 R_1 的分压器电路   图 9.40 高通滤波器的波特图

9.9.7 直流偏压的高通 RC 滤波器

如图 9.41 所示的电路略微复杂。在该电路中，交流输入信号接入 V_{in}，在 V_{out} 测量输出信号，当输入信号为幅度等于 1 V(峰-峰值为 2 V)、频率为 1 kHz、中心值为 0 V 的振荡信号时，我们来分析输出信号。

采用戴维南定理将图 9.41 虚线右边的部分电路化简，可得图 9.42 所示电路；由 R_1(3 kΩ)、R_2(2 kΩ)和+5 V 的电源可知，A 点和 B 点之间的开路电压等于 2 V。因此，图 9.42 的简化电路中的 V_{th} 等于 2 V，将 V_{th} 除以短路电流可得 R_{th}，即 2 V/(5 V/3 kΩ) = 2 V/1.66 mA = 1.2 kΩ。

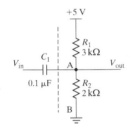

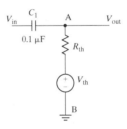

图 9.41 采用电容和电阻构成的较复杂电路   图 9.42 图 9.41 的戴维南等效电路

由此可知，图 9.42 中 V_{th} 为 2 V，R_{th} 为 1.2 kΩ，该电路为高通滤波器。同时，其输出的振荡信号有 2 V 的电压偏置，因此，输出电压 V_{out} 包含由 V_{in} 产生的 AC 项和分压器产生的戴维南等效电压(见图 9.42)。

求戴维南等效电阻的另一种方法是将所有的电压源短路(若有电流源，也需断开所有电流源)，然后分析简化后的电阻网络。短路电压源相当于将+5 V 和地连接，从而使 3 kΩ 电阻和 2 kΩ 电阻并联，可得戴维南等效电阻为 1.2 kΩ，该结果与前述方法的结果相同。

最后，由式(9.57)可得，当频率为 1 kHz 时，该高通滤波器有

$$\frac{V_{out}}{V_{in}} = \frac{\omega RC}{(\omega^2 R^2 C^2 + 1)^{1/2}}$$

$$\frac{V_{out}}{V_{in}} = \frac{(2\pi)(1000)(1200)(0.1e^{-6})}{\{[(2\pi)(1000)]^2(1200)^2(0.1e^{-6})^2 + 1\}^{1/2}}$$

$$\frac{V_{out}}{V_{in}} = 0.6$$

此时，输出振荡信号幅度为 0.6 V(峰-峰值为 1.2 V)，并且有 2 V 电压偏置(见图 9.43)。

　　为了分析复杂的电路，读者应具备熟练运用欧姆定律、KCL、KVL、戴维南等效定理及阻抗的概念来分析含有电压源、电阻、电容和电感的电路的能力。

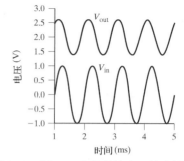

图 9.43　图 9.41 电路的输入、输出波形

9.10　仿真工具

　　尽管利用前述人工分析方法可以分析复杂电路，但工程实践中一般使用仿真工具，当电路中的电流环路多于 1～2 个时，会采用计算机辅助工具进行分析。对于本章讲解的线性电路，可采用矩阵工具（如 MATLAB、MathCAD 和 Mathematica）来求解由 KVL 和/或 KCL 列出的等式。还有许多面向电路分析的专业仿真工具，这些工具既可仿真本章介绍的线性元件，也可仿真第 10 章介绍的晶体管和二极管的非线性响应。

　　电路仿真工具大多基于底层的分析引擎，如 SPICE（Simulation Program with Integrated Circuit Emphasis，集成电路仿真程序）。一般而言，仿真工具都集成了原理图采集功能，设计者仅需画出简单的电路图，仿真工具即可列出等式并完成分析。分析对象参数包括 DC 工作点、瞬时响应（时域特性）和 AC 响应（波特图）。本章中介绍的瞬时响应和波特图是基于仿真工具（Protel DXP）创建的，还有其他高级分析方法，如蒙特卡洛分析（当每个元件的边界值变化时分析电路特性）和温度与电压扫描，均可有效帮助设计者研究电路对外部环境的敏感性。

　　目前，原理图采集工具和仿真工具已有商业版面世（见本章"扩展阅读"），学生可申请免费版本。对于学生而言，免费工具软件是分析电路特性时必备的。

9.10.1　仿真工具的局限性

　　与所有仿真一样，电路仿真的效果与仿真模型直接相关。同时，仿真结果需要根据预期性能进行分析，只有设定预期性能，才能正确分析仿真结果的合理性。如果仿真参数设置错误（例如初始条件设置错误），可能无法发现电路设计问题。最后需要说明的是，真实的电压源、电流源、电阻、电容和电感远比前述理想元件复杂。对于大多数元件而言，典型的仿真模型只能采集主要特性，但无法包括所有细节，另外对运算放大器（见第 11 章）之类元件的仿真将涉及复杂模型，且初始条件设置非常敏感，也会影响仿真结果的真实性。通常情况下，仿真工具将有助于设计者完成电路设计的初步分析，探查设计对元件边界值的敏感性。使用仿真工具可使设计者在开发流程早期确定电路的基本特性。但仿真模型无法采集所有电路特性，不能用于构建和测试物理样机。

9.11　实际电压源

　　9.1 节介绍了理想电压源的特性，即为负载提供恒定电压，其生成电压与负载电流无关。实际电压源可能非常接近理想状态，也可能与理想状态相距甚远，本节将通过构建戴维南等效电路来说明实际电压源的特性。实际电压源的戴维南等效电路如图 9.44 所示。

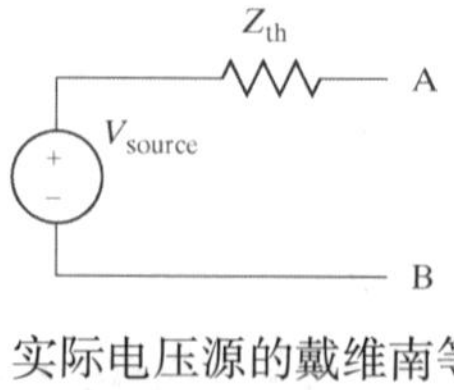

　　本例中，电压源标称输出为 V_{source}。戴维南阻抗，又称**输出阻抗**，是一种反映阻抗动态特性和静态特性模型的简单方法。由该模型可知，跨接在 A、B 端之间负载的电流值将影响两端之间的电压，即电压源的电流将引起两端测试电压偏差。负载电流包括静态电流和

图 9.44　实际电压源的戴维南等效电路

动态电流，其中动态电流源于负载变化，例如晶体管切换。

　　大部分供电电源的 Z_{th} 值在低频时非常小，约为毫欧姆(mΩ)量级，甚至更小。但 Z_{th} 值随频率增大而增大，典型台式供电电源的输出阻抗在频率小于 1 kHz 时为 1 ~ 10 mΩ，当频率为 1 MHz 时则升至 1 ~ 2 Ω。所幸高频电流交变幅度远小于负载电流均值，因此在满足额定电流条件的情况下，供电电源能够满足理想电压源的性能要求。实际上，在中、低电流条件下，供电电源的特性与理想电压源的特性非常相似。需要注意的是，一旦电流高于额定电流，供电电源将无法充当理想电压源，因此在使用供电电源时必须注意额定电流参数。

　　除供电电源外，传感器也是一种常见的电压源。实际上大部分传感器(见第 13 章)的外部特性都表现为电压源，即其输出电压与测量参数相关。传感器电压源需要设计接口电路，这类电路设计需重点关注传感器的输出阻抗。通常情况下，传感器的输出阻抗变化范围较大，低者如内置信号传感器的几欧姆，高者如 pH 探测器的数百兆欧姆。

9.12　实际测量

　　对于电路设计者而言，除了必要的参数计算，还需要对设计电路进行实测，实测结果用于验证参数计算的正确性，并检验电路功能是否满足设计需求。显而易见，测量过程的正确性将直接影响测量结果，进而影响电路评价。因此在进行测量之前，必须深入了解测量设备的特性，以保证测量结果的有效性和可信性。

9.12.1　电压测量

　　图 9.45 给出了采用**数字电压表**(DVM)测量简单分压器输出电压的示意图。

　　DVM 无法实现精确测量，原因在于接入 DVM 即会改变被测系统的外部特性，如图 9.45 所示，可用 1 MΩ 内阻来表示 DVM 的接入。问题在于，电路计算分析需要假设输出端无电流流过，一旦测试设备 DVM 连接到分压器节点，必然会发生分流，即有部分电流将流入 DVM。这些分流到 DVM 的电流将导致输出电压变化，因此需要对包含测量仪器的电路进行计算分析，以获取电压变化值。

　　一般情况下，DVM 和示波器的内阻为 1 ~ 10 MΩ，实际的电阻值由测量仪器本身和相关设置决定。

　　图 9.45 标注的 DVM 内阻为 1 MΩ，该内阻将从 R_2 上分流，分流比例与 DVM 内阻和 R_2 电阻值的比值相关。假设 DVM 内阻为 R_2 的 10 倍，则总电流的 1/11 将被分流至 DVM，导致电压测量误差。测量仪器测量分路电流的方法被称为"**加载**(loading)"，即测量仪器的接入将导致电路电压下降。电压误差值由 R_1 决定，如 $R_1 = R_2$，实际测量电压将比理想测量值低 4.7%。若 $R_1 = 10 \times R_2$，则实际测量电压将比理想测量值低 9.2%。

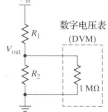

图 9.45　连接到分压器的数字电压表

　　根据经验可知，只有当测量仪器的内阻(或者内阻抗)与电路电阻(或阻抗)具有可比性时，才需考虑分流问题。如果测量仪器的内阻远大于(几个量级)电路电阻，则可忽略因分流问题导致的测量误差，这对测量仪器的设计具有指导意义。例如，如果图 9.45 中 $R_1 = R_2$，测量仪器的内阻和 R_2 相同(即所有电阻均为 1 MΩ)，分流到测量仪器的电流与流经 R_2 的电流相同，则必然产生较大误差。此时，电阻 R_2 和测量仪器的内阻并联后的电阻值为 $R_2/2$，测量点上的电压将不再为 $V_{in}/2$，

而将降至 $V_{in}/3$。因此，采用 DVM 测量 1 MΩ 量级或更大电阻的电路电压时，均会产生较大误差。

反之，如果 $R_1 = R_2 = 10$ kΩ，则测量仪器分流的电流仅为 R_2 电流的 1%，即只会使 R_2 电流降低 1%，对应 1% 的电压测量误差。若测量仪器的内阻为 1 MΩ，R_2 与测量仪器的内阻并联后的有效电阻为 9.9 kΩ，节点电压将从 $V_{in}/2$ 降至 $V_{in}×(99/199)$，约降低 0.5%。当然，测量仪器的内阻一般存在 5% 的误差，但在应用中可忽略其对测量误差的影响。

总之，只有测量仪器的内阻远大于被测电路的电阻时，才能保证电压测量的准确性。若电路电阻为 1~10 kΩ，则廉价 DVM（1 MΩ 内阻）就能很好地胜任电压测量工作。反之，如果电路电阻为 MΩ 量级，则需要内阻为数十 MΩ 到数百 MΩ 的 DVM 才能保证测量误差满足要求，这类 DVM 通常价格较高。

9.12.2 电流测量

DC 电路的电流测量方法如图 9.46 所示，即在电路中串联一个小电阻，通过测量该电阻上的电压降来实现。

这个串联的小电阻被称为**分流电阻**，其取值范围通常为几毫欧到几欧姆，容差范围为 0.1% 到 1%，万用表（DMM）便是基于该方法实现 DC 和 AC 电流测量的。

这种方法同样存在测量仪器的分流问题，并因此导致电压下降，进而影响电路响应。由于该电压降是测量仪器在测量过程中引入的，因此被称为**负担电压**（burden）。事实上目前并无有效手段可以消除负担电

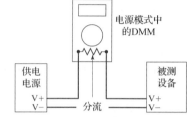

图 9.46　电流模式下用数字万用表测量电流

压，因此必须在分析过程中加以考虑。高质量万用表测量小于几百毫安的电流时，其负担电压可控制在 2 mV/mA 范围内，当电流较大时（>500 mA），负担电压通常维持在 30 mV/A 左右。

9.13　实际电阻

理想电阻特性可用欧姆定律描述，理想电阻的电阻值在任何环境和电路条件下均为常数，一般情况下均假设电阻为理想电阻。事实上，在大部分情况下电阻也确实是理想的，然而某些应用场景可能存在实际电阻与理想电阻的差异，这种差异必须在电路设计及搭建过程中予以考虑。

9.13.1　实际电阻模型

实际电阻模型如图 9.47 所示，该模型适用于大部分实际电阻。如图所示，除实际电阻外，模型还包括一个串联电感（L_S）和一个并联电容（C_p）。虽然 C_p 对甚高频（>1 GHz）RF 电路影响明显，但对于实际机电系统可完全忽略。串联电感的大小与电阻结构密切相关，对于最常见的电阻类型（碳膜电阻），L_S 可以忽略。但是，如果设计的电路中需要稳定、准确且抗功耗的线绕电阻（这种电阻在很多重要方面均与 9.6 节中介绍的电感类似），则必须考虑 L_S 的影响，因为线绕电阻的串联电感一般较大。

9.13.2　电阻构造基础

从物理上来说，电阻是一种二端元件，两根金属线分别连接到圆柱形电阻两端。可构成电阻的材料很多，最常见、最便宜的是碳薄膜，采用这种材料的电阻被称为**碳膜电阻**。另外，电阻也可由金属膜、细导线、掺杂半导

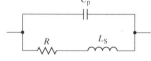

图 9.47　实际电阻模型

体和陶瓷氧化物构成，其中后两种一般不用于分离元件。电阻的结构与构成材料取决于设计的电阻值及功能特性需求。从电路分析的角度来看，电阻没有种类差别，其阻抗表达式都服从欧姆定律；但从实际应用的角度来说，不同类型电阻的特性存在一定差异，需要根据应用需求选择电阻类型。

一块实际材料的电阻值与材料的电阻率及材料尺寸有关，关系式如下：

$$R = \frac{\rho l}{A} \tag{9.58}$$

其中，ρ 是电阻率，单位为欧姆·厘米（$\Omega \cdot cm$），l 是电阻材料的长度，A 是横截面积。导线电阻同样可采用这个公式来计算；金属的电阻率很低，金属电阻的电阻值也很小。在实际应用中，将固定长度的细电线插入电路通路，即可生成特殊需求的小阻值电阻（$m\Omega$ 量级）。

9.13.3　碳膜电阻

碳膜电阻是最常见的电阻。碳材料成本低，电阻率高，由于碳材料为薄膜结构，横截面积小，电阻外尺寸小，因此电阻值范围大。碳膜电阻价格低廉，100 个碳膜电阻只需 1 ~ 2 美分，价格远低于其他类型的电阻，非常实用。

碳膜电阻的电阻值用印在电阻上的色带表示，使用者根据电阻的色码（见附录 A）即可获取电阻值信息。色带法是一种非常简单的电阻值识别方法，其成本低廉，简单易读。典型的碳膜电阻如图 9.48 所示。

碳膜电阻的电阻值存在一定容差，不同的电阻类型，其容差也不同，常见的容差范围有 1%、2%、5% 或 10%。事实上，所有的电子元件都存在一定程度的容差，电路设计中的元件容差与机械设计中的设计公差类似，只要保证元件的实际值与额定值的差异控制在容差范围内，设计的电路就应可以实现正常功能。当选择电阻时，需严格保证实际电阻的电阻值偏差控制在容差范围内，以确保电路的正常工作。另外，通过在大电阻上增加小电阻来提高精度的方法是不可行的，例如，从表面上看，在一个 100 kΩ 5% 容差的电阻上增加一个 1 kΩ 5% 容差的电阻，可获得一个 101 kΩ 的电阻。然而，由于 100 kΩ 电阻的 5% 误差可能导致实际电阻值在 95 ~ 105 kΩ 之间，即使加入一个 1 kΩ 电阻，对于保证精度也于事无补。如果设计需要一个 101 kΩ 的电阻，则只需选择精度更高的电阻。最高精度的碳膜电阻容差为 1%，一般的碳膜电阻容差约为 2% 和 5%。

图 9.48　典型的碳膜电阻

碳膜电阻的电阻值范围较大，小至 1 Ω，大至 20 MΩ。对于低成本设计而言，可选容差为 10% 的碳膜电阻。一般情况下，设计者通常选择 5% 或 2% 容差的碳膜电阻。在此条件下，电阻值的相对差异可能高达 10% 左右。附录 A 列出了 5% 容差电阻的标准值。电路设计过程中，一旦计算获得了电阻理论值，则需要查表寻找恰当的标准电阻。在计算过程中，也需要特别注意电阻容差。例如，如果理想电阻用于限流，则需要保证电阻的最小值不低于某个特定值。此时不能简单地选择最接近该计算值的电阻，而应充分考虑容差，选择标准电阻值减去容差仍大于计算值的电阻。

碳膜电阻还有另一个重要特性，即电阻的热敏性，碳膜电阻的电阻值受温度影响较大，当温度范围在 0 ~ 100° 之间时，电阻值可能变化 15% ~ 20%；碳膜电阻的热敏性可用温度系数来表示，表示为**百万分之几**（ppm）/℃。ppm 是表示分数关系的一种简单方法，与用 % 表示百分之几类似，例如：

$$100 \ ppm = \frac{100}{1 \ 000 \ 000} = 0.01\% \tag{9.59}$$

用 ppm 来表示热敏性非常直观，可以省略小数点后的一串 "0"。

有意思的是，如果应用仅需监测温度变化，而不需要准确的温度值，则可利用碳膜电阻的热敏性,将其当作一个超低成本的温度计,例如 Allen-Bradley 碳膜电阻具有热敏性可复制能力,室温条件下可以将测量误差控制在 5℃以内。低温条件下,电阻值将迅速增加,可实现低温条件下的高灵敏度测量。当然,如果设计的电路需要具有温度稳定性,碳膜电阻的热敏性将严重影响电路工作表现,为了实现电路功能,需要选择具有抗热敏性的高成本电阻。

9.13.4　金属膜电阻

目前,市面上另一种常见的电阻是金属膜电阻。从物理外观上看,这种电阻的外形和尺寸与碳膜电阻的类似。

金属膜电阻的容差范围为 0.01%～5%,最常用的金属膜电阻的容差为 0.1%和 1%。显而易见,小容差电阻(0.01%或 0.1%)的成本较高,仅用于电阻值的精度对设计功能影响较大的关键环节。金属膜电阻的电阻值范围从 0.01Ω 到约 33 MΩ,比碳膜电阻的阻值范围更大。除此之外,金属膜电阻的温度系数比碳膜电阻的小得多,因此适用于对电阻值精度要求较高的电路环节。金属膜电阻的价格范围从单价 3¢(5%容差,350 ppm/℃温度系数)到单价超过$5(0.01%容差,5 ppm/℃)。综上所述,金属膜电阻与碳膜电阻的功能差别体现在以下几个方面:精度提升(0.01%～1%相比于 1%～10%),温度系数降低(5～100 ppm/℃相比于 500～1500 ppm/℃),成本增加(3¢到几美元相比于 1～2¢)。

金属膜电阻既可用标准色码来标注,也可用数字标注(例如"1102"),如图 9.49 所示。色码标注规则与碳膜电阻的相同,但增加了第 4 条色带以表示精度。数字标注采用 4 位数字(1%电阻),例如图 9.49 所示的"1102"。该数字表示 3 位小数和一位指数,即电阻值为 110(1102 的前 3 位)乘以 10^2(1102 的最后一位为指数),标注为"1102"的表示电阻值为 11 kΩ。对小于 100 Ω 的电阻,将通过插入一个字母来表示小数点的位置。

除了电阻值代码,电阻上通常还有其他用于表示温度系数、生产日期和批号的数字或字母串,注意在读取的过程中不要混淆,使用者只需读取包含 4 位的数字标注。另外,需要牢记金属膜电阻的电阻值范围,如果 4 位数字指示的值超过了这个范围,则可能表示该 4 位数并非电阻值代码。例如,"1002"可能是表示电阻值的代码,而"5137"则不是,因为其表示的电阻值(51.3 MΩ)远超金属膜电阻的电阻值范围。

图 9.49　典型的金属膜电阻

9.13.5　电阻的功耗

实际电阻和理想电阻的另一区别是功耗,有电流通过的实际电阻的功耗为

$$P = VI \tag{9.60}$$

功耗过大可能导致电阻过热;碳膜电阻和金属膜电阻都有最高工作(额定)温度要求,一般的电流通过电阻就可能导致电阻过热,并超过最高工作温度。因此,必须记录每个电阻的允许功率,并计算其功耗,大部分碳膜电阻和金属膜电阻可承受的功耗为 1/8 W 或 1/4 W。当在电路中使用这些电阻时,最好首先初步估算电流和电压,如果其乘积超过 0.1 W,则需进行详细计算,或考虑改变设计方案。

例如,一个 1 kΩ、1/8 W 电阻的电压为 20 V,结合欧姆定律,根据式(9.60)可以求得功耗为

$$P = VI = V\frac{V}{R} = \frac{V^2}{R} = \frac{20^2}{1e^3} = 0.4 \text{ W}$$

此时,电阻功耗为 0.4 W,远大于电阻额定功耗 0.125 W。可以预见,这个电阻将很快升温并超过额定温度,升温的速度则由热传导定律和其他因素决定。电阻产生的热量一部分被导线传导,一部分扩散到周围的空气中,还有一部分则通过红外辐射传导出去。注意,一般情况下热量不会

通过辐射传导，一旦发生辐射传导，则表示电阻温度已经很高，电阻可能已经损毁。如果电阻长期工作在超过额定温度的状态，则可能导致不可修复性损毁。如果计算结果表明实际的功耗超过1/8 W 或 1/4 W，则可选择额定功耗为 0.5 W、1 W、2 W 或具有更大额定功耗的电阻，这种电阻被称为**功率电阻**。

由此产生了另一个关键问题，即如何解读制造商提供的产品说明书。产品说明书会给出详细的安全工作条件参数，并提供元件在安全工作范围内的详细特征参数。一旦元件功耗超出额定功耗，则可能出现运行故障。对于一个典型的 1/8 W 电阻，当功耗小于 1/8 W、环境温度低于 70℃时，可保证实际电阻值控制在典型值的容差范围内。反之，如果功耗超过额定功率，则无法保证实际电阻值的准确性。另外需要说明的是，即使严格按照说明书进行设计，也无法保证不发生故障，不可预见的故障可能随时发生。

理论上来说，为了避免电阻温度快速攀升，电阻产生的热量应该等于扩散到空气中的热量，热量扩散依靠的是传导和对流，电阻表面积越大，散热能力越好，因此功耗越大的电阻，其表面积也越大。例如，1/4 W 碳膜电阻的表面积大于 1/8 W 碳膜电阻的表面积。因此，可以通过电阻尺寸对电阻额定功率进行初步判定，1/4 W 碳膜电阻的体积大于1/8 W 碳膜电阻的体积，并且价格较贵，需谨慎使用。

图 9.50　典型的功率电阻

功率电阻具有良好的散热性能，能抗高温，这类电阻通常由陶瓷和金属等材料构成并被封装，其封装表面一般有许多小洞，以提高散热能力，并保证封装的牢固性。图 9.50 展示了几种不同的功率电阻。

功率电阻通常电阻值较小，因为 $P = IV = V^2/R$，因此大电阻一般功耗较低。例如，假设 1 MΩ 电阻的耗散功率为 1 W，则需要多大的外加电压？答案如下：

$$P = \frac{V^2}{R}; PR = V^2; V = \sqrt{PR} = \sqrt{1 \times 1\mathrm{e}^6} = 1000 \text{ V}$$

事实上，机电设备的电压一般不会有这么高，因此，大电阻值的功率电阻很少见，常见的功率电阻的电阻值远低于 1 Ω，如果在 0.1 Ω 电阻两端外加 1 V 电压，则功耗为 10 W。由此可见，为了满足电压条件，小于等于 1 Ω 的电阻均为功率电阻。

当外加电压小于等于 5 V 时，电路中电阻值大于 1 kΩ 的电阻的功耗一般小于 0.1 W。因此，在机电系统设计中，通常不用担心大于等于 1 kΩ 电阻的功耗问题。当然，对于小于等于 100 Ω的电阻，则需要注意功耗问题。一般情况下，将 5 V 电压外加于 100 Ω 电阻，其功耗为 1/4 W。因此，在任何情况下使用小电阻(例如小于 1 kΩ)时，都需要考虑功耗问题。

9.13.6　电位器

除了固定电阻，还有**可变电阻**。可变电阻两端之间的电阻值可变，实际的电阻值可通过调节旋钮、螺丝方向或是滑块位置而改变。另有一种三端元件——**电位器**是可变电阻的变种，其原理如图 9.51 所示。图中，电位器的两端(上下两端)之间的电阻值是固定的，第三个端口[见图 9.51(b)的左边端口]连接移动接触点(被称为**抽头**，可位于上下两端之间的某一点)。此时，抽头构成了一个分压器，即将两个固定端之间的总电阻值分成两部分，抽头与一端之间的电阻为 R_1，与另一端之间的电阻为 R_2。电位器的应用范围比简单可变电阻的更大，功能也更全面，如果不需要分压功能，则可将电位器的抽头与其中一端相连，即可构成可变电阻[见图 9.51(c)]，可变电阻和电位器可用于最佳电阻值的调整与校准。图 9.52 展示了一些典型的电位器。

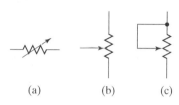

图 9.51　电阻的电路符号：(a)可变电阻；(b)电位器；(c)电位器构成的可变电阻

图 9.52　典型的电位器

相对于固定电阻，电位器稳定性较差，对温度也更加敏感，并且价格昂贵。因此应谨慎选择使用，以确保物尽其用。

9.13.7　电阻的选择

那么，如何根据应用需求选择电阻呢？首先应该回答以下几个问题。

1. 是否已通过分析获得电阻的精确值？元件的精确值是构建电路的关键，如果在设计阶段缺乏必要信息而难以获得精确值，则需采用电位器。如果可以确定取值范围，则可根据范围下限选择固定电阻，将其与一个电位器串联，当该电位器电阻达到最大值时，需保证总电阻达到取值范围上限。

2. 如果已知必要参数，那么选择多少精度的电阻才能满足电路要求？即需获取电阻的精度指标，以确定电阻类型——选择碳膜电阻还是金属膜电阻。

3. 电阻功耗是多少？这将决定电阻的最大额定功率。

4. 电阻的热敏性如何？即在工作温度范围内电阻值稳定性如何？电阻的热敏性取决于温度系数，温度稳定性需求也是选择电阻类型的重要依据。

5. 相对于电阻绝对值，应用是否更关注电阻值与温度的比值？如果是，则可选用 SIP 或 DIP 封装。

6. 电路中是否存在大量相同的电阻？如果是，则可考虑集成，如 SIP 或 DIP 联排电阻。

9.14　实际电容

如 9.6 节所述，理论上理想电容的特性可用式(9.23)描述。与理想电阻类似，理想电容的特性也忽略了环境和电路条件的影响。在分析环节中，一般假设电容均为理想电容。但是，实际应用中则需考虑导致实际电容偏离理想状态的其他特性。除了 9.14.1 节讲述的寄生效应，所有电容都有工作电压(WV)参数，以及描述电容值随温度变化的温度系数，我们将在后面章节中进行讨论。

电容的应用一般可分为四大类：定时，滤波，交流耦合，旁路/去耦。前面讨论 RC 电路特性时已经讨论了定时器(见 9.9.2 节和 9.9.3 节)和滤波器(见 9.9.5 节和 9.9.6 节)。耦合器与滤波器类似，二者的不同之处在于耦合器隔离的是 DC 信号，允许通过的是 AC 信号。本章不讨论旁路/去耦电路，该部分内容将在第 21 章中介绍。在旁路/去耦电路中，电容用于存储电荷，这些电荷可为元件提供瞬时电流。旁路/去耦电路的电容需满足双重条件，即大电容值和快速传递存储的电荷的能力，这两个条件通常是矛盾的。电容值的精度和稳定性要求随应用不同而变化，定时器和滤波器对精度要求较高，耦合器则对精度要求较低，旁路/去耦电路对精度不敏感。

9.14.1　实际电容模型

除了考虑需要的电容值(C)，还要关注实际电容的**等效串联电阻**(ESR)，如图 9.53 所示。图中的 R_S 为等效串联电阻，L_S 为**等效串联电感**(ESL)，并联电阻(R_L)用于电容放电，并联小电容 C_{DA} 和电阻 R_{DA} 用于模拟**电介质吸收**(DA)。电介质吸收是电荷从电极迁移到电介质材料的必然结果，电介质吸收会导致以下现象：对一个充满电的电容放电(例如，用短路线快速放电)，然后测量电容的电压，在无外部电源接入的情况下，电容两端依旧存在电压降，这是由于被吸收到电介质的电荷在此过程中返回电极，诸如此类的寄生效应将导致电容有效值随频率变化而变化。另外，寄生效应与电容的结构有关，需要根据应用需求选择合适的电容元件。例如，对充电保持能力要求很高的定时器电路需要选择大 R_L 和小 C_{DA}。

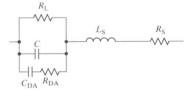

图 9.53　实际电容的典型模型

9.14.2　电容构造基础

从物理上来看，电容的构造方式有很多种。下面列举目前市面上最常见的几种电容的参数，如尺寸、形状和材料及成本和性能等。最简单的电容结构包括两个大面积的平行极板，如图 9.15 所示，此类电容的电容值与极板尺寸、极板间距及极板间的电介质材料有关：

$$C = \frac{\varepsilon \varepsilon_o A}{d} \tag{9.61}$$

其中，ε_o 是物理常数，即"自由空间介电常数"，取值为 8.85×10^{-12} F/m；ε 是"相对介电常数"，空气的 ε 等于 1，电容电极间电介质材料的 ε 则可高达 1200。

例如，用两块尽可能接近但不接触的 1 cm×1 cm 的金属极板构造电容，其中空气间隙为 25 微米(0.001 英寸)，可计算电容值：

$$C = \frac{\varepsilon \varepsilon_o A}{d} = \frac{(1)(8.85 \times 10^{-12})(1 \times 10^{-4})}{25 \times 10^{-6}} = 35 \, \text{pF}$$

这个电容值很小，但非常有用。以此类推，使用这种方法还可以生成具有更小电容值的电容。相对而言，大电容值电容的制造较为困难；那么 35 pF 的电容值到底表示什么？假设典型电路的振荡频率约为 10 kHz，则 35 pF 电容的"等效电阻"(在 9.6.2 节中也讨论过)应为

$$"R_C" = \frac{1}{j\omega C} = \frac{1}{j(2\pi\,10000)(35 \times 10^{-12})} = 5 \, \text{M}\Omega$$

这个等效电阻值很大，RC 滤波器常采用阻值约 1 ~ 10 kΩ 之间的电阻。若要使振荡频率为 10 kHz 的电容获得 10 kΩ 的等效电阻，则需要大于 35 000 pF 的电容。问题在于极板面积、极板间距及加工容差的限制，这类电容无法采用平行极板结构实现。

许多重要应用需要小尺寸的大电容，因此必须找出相应的解决方案。目前主流技术大多致力于电容变量优化，如缩小导体间的间距，最大化电介质面积，和/或增大导体间材料的相对介电常数等。种类繁多的解决方案催生出各类的电容，不同类型电容的特性各异、优劣各异、尺寸各异、价格各异。在实际应用中(例如设计一个电路)，必须充分了解电容类型，下面我们将介绍最常见的几种电容。

9.14.3　极性和非极性电容

电容可分为两类：**极性电容**和**非极性电容**。非极性电容的两端没有区别，可以从任一方向接入电路；极性电容则对电容两端的极性有明确规定。在电路图中，高电位的一端以符号"+"标注（见图 9.54），这个标注将直接影响电路中电容的插入方式，以及加到电容两端的电压极性，从而导致设计难度增加。但极性电容能提供非极性电容无法实现的大电容值，为了满足设计目的，必须接受这种极性限制条件。

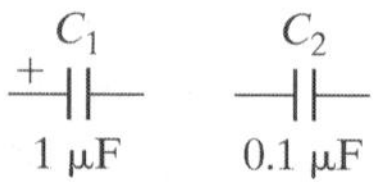

图 9.54　极性电容 C_1 和非极性电容 C_2 的电路符号

9.14.4　陶瓷圆盘电容

陶瓷圆盘电容价格低廉，从结构上来看，该类电容充分利用了特定陶瓷材料［例如锆钛酸铅（PZT）］高介电常数的特点。采用陶瓷薄圆盘构成的电容，其电极分别放置在圆盘的两面（通过丝网印刷技术）。陶瓷圆盘电容通常用褐色隔热材料包覆，电容值标注在圆盘上，其范围从几皮法（pF）到 0.22 μF。陶瓷圆盘电容如图 9.55 所示。陶瓷圆盘电容对不同频率的信号均能保持恒定电容值，其工作频率范围覆盖低频到甚高频（几 MHz）。

廉价陶瓷电容的主要缺点是其电容值受温度影响严重，该特性可能导致同一批次的元件出现较大的电容值误差——可能高达±25%。一般而言，误差为+80%/–20%的廉价陶瓷电容比比皆是。当然，价格越高，误差也越小，对于那些对电容值的精度要求不高的应用，选用陶瓷电容是非常经济实惠的。当然，如果设计者想用陶瓷电容替代原来电路中的非陶瓷电容，则需谨慎考虑。因为这种替换可能导致精度问题，后面我们将就此进行详细讨论。

图 9.55　陶瓷圆盘电容

9.14.5　多层陶瓷电容（独石电容）

多层陶瓷电容也由陶瓷电介质构成，但构造方法与陶瓷圆盘电容的不同。这种电容由多层陶瓷叠合在一起构成陶瓷块，因此被称为多层陶瓷（MLC）电容。相比于陶瓷圆盘电容，多层陶瓷电容的电容密度（每单位体积的电容值）较大，从而降低了 ESL 且尺寸更小（见图 9.56）。对于有尺寸要求的应用而言，多层陶瓷电容比陶瓷圆盘电容更合适。与陶瓷圆盘电容类似，多层陶瓷电容同样具备在高频条件下的电容值保持能力。需要说明的是，这两种电容的电容值均与外加电压相关。当廉价陶瓷电介质的外加电压为额定工作电压的 50%时，可能损失 80%的电容值。更有甚者，当外加电压下降到额定电压的 80%时，许多电容的电容值可能出现大幅度下降。采用不同配比电介质（通常为 C0G 或 NP0）的多层陶瓷电容的价格相对较高，但对外加电压不敏感，并且具有极低的温度系数（30 ppm/℃）。现代电路设计中，多层陶瓷电容常见于局部旁路数字和模拟集成电路中（见第 21 章）。

图 9.56　普通陶瓷圆盘电容与独石电容的实物对比

9.14.6　铝电解电容

铝电解电容应用了铝的特性。在将金属铝浸入导电电解溶液后，两个导体金属表面形成一层非常薄（2～5 nm）的绝缘氧化层，电容的电容值与绝缘层的厚度［见式（9.61）中的 d］成反比。该类电容不需要精密的制造工艺，只需选择恰当的导体面积，即可获得所需的大电容值。此外，将一大张铝箔卷成圆柱形，全部放入电解溶液，即可获得较大的导体面积，这种低成本的构造方法导致铝电解电容一般呈圆柱形(见图 9.57)，电容值范围则从几百纳法(nF)到几十万微法(μF)。但铝电解电容也存在显著缺点，由于特殊的端结构，铝电解电容的电感值(ESL)通常较大。由于采用液体电介质，漏电流(R_L 值小)一般很高，温度敏感性也较高。一般情况下，工作温度为 25℃，电容值的变化范围约为±20%，甚至高达 44%。这个指标与陶瓷电容类似，但并无明显优势。另外，铝电解电容不适用于频率高于 20 kHz 的应用，当工作信号频率为 50 kHz 时，与 120 Hz 工作频率的条件相比，铝电解电容可能损失 30%的电容值。

图 9.57　铝电解电容

从设计角度来看，铝电解电容的绝缘层只对某种极性的电压是稳定的，而在另一种极性电压的作用下将发生分解。因此，铝电解电容是极性电容，在使用过程中必须确定电路中外加于电解电容的电压极性，如果连接方向错误，则将导致铝电解电容损毁。

将铝电解电容并联到电源两端，可以帮助消除噪声——第 21 章将更全面地说明噪声、接地和隔离的问题，但必须注意电容的插入极性，一旦发生插入极性错误，铝电解电容的 R_L 值(如图 9.53 的标注)将非常低，此时将有较大电流尖峰通过电容，导致功率耗散(由于电流通过电阻)。此过程中产生的热量将导致电容性能进一步退化，使泄漏电阻值进一步下降。如果电源具有足够的电流供给能力(通常都可以)，这种状态会一直持续下去，直到产生大电流、高热量，并发生灾难性损毁，甚至爆炸；一旦发生这种情况，电解溶液可能喷射到整个电路板，从而造成电路板损毁，因此这种情况应尽量避免。铝电解电容是最便宜的微法级电容，也是能够提供几百微法级电容值的唯一电容类型。对于设计者而言是很好的选择，但在使用时必须注意两端的"+""–"极。

9.14.7　钽电容

钽电容和铝电解电容类似，同样利用氧化物薄层来构成电介质，只是钽的绝缘层更薄，介电常数也更大，因此尺寸也更小。图 9.58 给出了几个钽电容的实物图片。钽电容的第二电极通常为附着在绝缘氧化物上的脱水金属薄膜，因此电容中不再有麻烦的电解溶液。与铝电解电容相同，钽电容也是极性电容，对其外加极性错误的偏压也将导致元件损毁。与铝电解电容不同的是，外加反向偏压将使钽电容变得非常热，最终滚热的钽小球会爆炸，并飞出封装外壳。与电解电容类似，钽电容的初始精度相对较低(典型值为 ± 20%)，提高制造成本后可降至± 5%。钽电容比铝电容的价格高，适合于小尺寸、高电容值的应用需求。当工作频率小于等于 100 kHz 时，钽电容的电容值较稳定。当频率超过 100 kHz 时，电容值将下降，其频率性能优于铝电解电容，但是不如陶瓷电容。钽电容广泛应用于旁路电路，详见第 21 章。

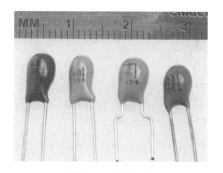

图 9.58　钽电容

9.14.8　薄膜电容

薄膜电容采用其他绝缘薄膜材料，如云母、聚酯薄膜、聚酯、聚丙烯和聚苯乙烯等。为了获得高密度，通常会在塑料薄膜上真空蒸镀一层很薄的金属，即构成所谓的金属化薄膜电容。即便如此,这类电容的体积也远大于独石电容(见图 9.59)。薄膜电容具有不同于前面介绍的几种电容的特点,如高电容值精度(可提供 1%容差)、低温度系数(温度范围为−40℃到 80℃,2%电容值变化)、低电介质吸收等,其尺寸一般较大,成本较高,但能满足对高精度、稳定电容的应用需求。

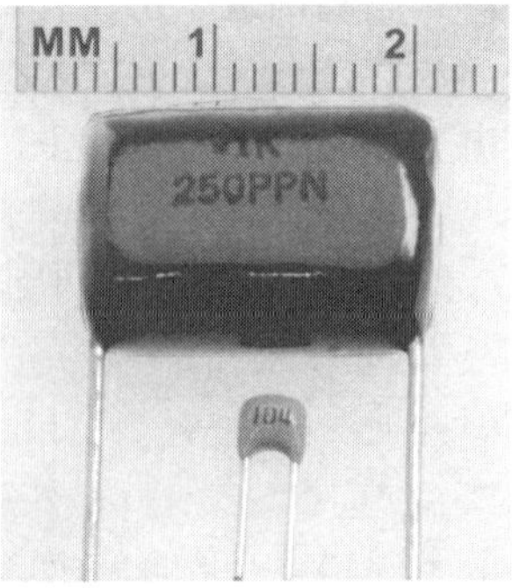

图 9.59 薄膜电容与独石电容(0.1 μF)的实物对比

9.14.9 双电层电容/超级电容

这类电容(有时统称为超级电容)采用最先进的电介质材料和电极,可获得大的电容值(不超过 5000 F)。与其他电容相比,超级电容对电压范围的要求更高,其工作电压一般低于 5.5 V,当工作电压为 2.5 V 时,电容值最大。通常这类电容用于能量存储,能释放很大的冲击电流,并可在更换电池时短时间维持系统运行。

9.14.10 电容标识

电容标识包括设计者所需要的参数,有时还包含生产信息。电容上必须标识电容值,如果是极性电容,还需标识导线极性。除此之外,还需标识容差(容差代码见表 9.1)、额定工作电压(见表 9.2)和额定温度。额定温度通常包括工作温度范围(见表 9.3 左边两列)及在该温度范围内电容值的变化情况(见图 9.3 右边一列)。这些信息的标识方式多样,其内容取决于电容类型或制造商。标识方式必须符合行业标准,设计者在充分理解这些标准后,即可根据外观识别电容类型,并读取电容参数。

表 9.1 EIA 容差代码

代 码	容 差	代 码	容 差
A	±0.05 pF	M	±20%
B	±0.1 pF	N	±30%
C	±0.25 pF	P	−0% ~ +100%
D	±0.5 pF	Q	−10% ~ +30%
E	±0.5%	S	±22%
F	±1%	T	−10%~+50%
G	±2%	U	−10%~+75%
H	±2.5%	Y	−20%~+50%
J	±5%	Z	−20%~+80%
K	±10%		
L	±15%		

表9.2 EIA 电容额定工作电压代码

代 码	VDC
0G	4.0
0J	6.3
1A	10
1C	16
1E	25
1V	35
1H	50
1J	63
2A	100
2D	200

充分了解不同类型电容的取值范围对于识别电容标识很有帮助,图 9.60 给出了前面介绍的各种电容的电容值范围。

在后面的章节中,我们将基于电容类型及其标识给出电容值选择的基本方法。在此之前,我们首先介绍这些标识使用的标准代码,这些代码由电气工业化联盟(EIA)标准定义。

电容值的容差可以直接以百分比表示,或如表 9.1 所示用字母代码标识。

额定工作电压可以直接用数值和 V 或者 VDC 或者 WVDC(工作电压 DC)表示(后跟一个一位的制造商代码),或以 EIA 标准的两位代码表示。最常用的 EIA 代码如表 9.2 所示。

表 9.3　陶瓷电介质额定温度

低　　温	高　　温	电容值的变化
X = –55℃	5 = +85℃	F = ±7.5%
Y = –30℃	6 = +105℃	P = ±10%
Z = +10℃	7 = +125℃	R = ±15%
		S = ±22%
		T = +22%~ –33%
		U = +22%~ –56%
		V = +22%~ –82%

9.14.10.1　陶瓷电容(圆盘和 MLC)标识

根据尺寸大小，陶瓷电容可以直接用数字和单位(pF 或 μF)标注，或采用与电阻标识类似的方法，根据 EIA 标准用三位数字代码来标识。三位数字代码中，前两位为有效数字，小数点在第二位数的右边，第三位是指数位。这三位数字 EIA 代码表示的数值的单位是 pF。两位有效数字最常用的标准值为：10、12、15、18、22、27、33、39、47、56、68、82。在这些最常用的标准值之间还有其他可用值，但需要特别定制。一个标识为"104"的电容，其电容值为 $10×10^4$ pF = 0.1 μF，如图 9.60 所示。陶瓷电容值的范围不到 1 μF，因此直接用 μF 标识时，标识上将会出现小数点。

最常见的陶瓷电容的容差代码为 J(±5%)、K(±10%)和 M(±20%)，当然，实际中也存在某些容差较小的电容。陶瓷电容的电容值随温度的变化有两种标识方法，温度稳定部件(温度常数 ± 30 ppm/℃)标识为 C0G 或 NP0(是零，不是"O")。温度不稳定部件用三位数字代码标识，以表示其高低温工作范围，以及相对于 25℃室温时电容值的最大变化，常用的代码值如表 9.3 所示。

Z5U 标识了一种非常常用的低成本陶瓷电介质，表示电容的工作温度范围为+10℃到+85℃，相对于 25℃室温，电容值的最大电容变化范围为+22% ~ –56%。

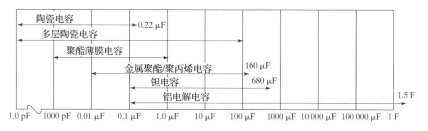

图 9.60　不同类型电容的取值范围

9.14.10.2　铝电解电容标识

铝电解电容的物理尺寸和电容值相对较大，电容上有足够的位置标示电容参数，因此铝电解电容标识的可读性较好。其电容值直接用数字标识，大多以 μF 或 MFD 结尾，额定工作电压用以 V、VDC 或 WVDC 结尾的电压值表示。由于铝电解电容是极性电容，因此必须标识正确的极性，一般用负号(–)标识负极性端。

9.14.10.3　钽电容标识

钽电容可与铝电解电容一样，直接用 μF 标识，也可使用三位数字 EIA 代码。当然，这可能导致混淆，需要参照图 9.60 解决，如钽电容标识为"220"，其电容值是多少呢？数字 220 既可被解读为 μF 的数量(220 μF)，也可被解读为三位数字 EIA 代码($22×10^0$ pF = 22 pF)。图 9.60 给出了钽电容的电容值范围为 0.1 ~ 470 μF，因此可以排除 22 pF 的可能性。钽电容也是极性电容，需要正确的极性指示，一般采用正号(+)或圆点来标识钽电容的正极性端。

9.14.10.4　薄膜电容标识

薄膜电容通常直接用 μF(带小数点)或用三位数字 EIA 代码标识。其容差通常用容差代码 F、G 和 J 标识。

9.14.11　电容的选择

可用电容类型繁多，对于设计者而言，电容选择过程异常艰难。为了帮助设计者尽快入门，本书给出了一些指导原则，这些原则能帮助设计者选择电容。为了简化选择过程，本书将参照 9.14 节给出的四个大类——定时、滤波、AC 耦合和旁路/去耦，根据应用类型选择电容。

定时电路性能主要受电容充放电准确度的影响，因此需要电容具有较高的初始准确度(C 值容差小)，以及良好的温度特性和电压稳定性、低泄漏和低介电吸收。综合考虑，应选择塑料薄膜电容。

滤波与电容在某频率范围的特性密切相关，因为滤波的目的就是通过一定频率范围的频率，阻止其他频率通过。这类应用对初始准确度要求较高，同时需要一定范围的温度稳定性，并能在一定频率范围内保持电容值。因此，对于相对低频率(<100 kHz)的应用，可选择塑料薄膜电容；对于较高频率(>1 MHz)的应用，可选择独石电容(尤其是 C0G 电介质)。

AC 耦合即阻止直流电压、允许交流部分通过。该应用特别关注泄漏特性，对初始准确度和温度依赖性要求不高。一些塑料薄膜电容，特别是特氟龙、聚苯乙烯和聚丙烯等泄漏值非常低，是这类应用的最佳选择。独石电容的泄漏值虽然有点高，但成本较低，因此也是合理的选择对象。

旁路/去耦电路旨在为电荷提供本地存储，并能快速传导以提供瞬时的电流需求，它对电容值的上限不灵敏，只需确保下限值。由于大部分的旁路是在电源和系统地之间或在某些特定的元件之间，因此无须关注泄漏问题。旁路/去耦电路用于以下两种情况：大型旁路(电路或系统作为整体)和局部旁路(电路中的单个元件)。大型旁路需要相对大的电容——典型值为几十微法到几百微法，可选用铝电解电容和钽电容。如果对尺寸有特殊要求，或是电压瞬变速度较快，可考虑选择钽电容，并采用多种电容并联方式：可在电源附近并联一个大电解电容，同时在电路板边缘设置几个钽电容，这种方法可降低印制电路板的电感。与大型旁路相反，局部旁路则需要一个小电容，一般可在每个集成电路旁边放置一个小的陶瓷电容(0.01 ~ 0.1μF)，旨在最小化导线和线路电感的影响，并尽快响应电压瞬变。这些局部旁路电容应尽可能靠近每个元件的电源和接地引脚，一般情况下，所有的集成电路都需要添加此类旁路电容(具体内容详见第 21 章的电气噪声和接地部分)。

9.15　习题

9.1　一个特定的二端元件，如果流入一端的电压和电流为 7.5 V 和 1 A，流出另一端的电压和电流为 5 V 和 1 A，这个元件耗散的功率是多少？

9.2　图 9.61 中 A 端和 B 端之间的电阻是多少？

9.3　确定图 9.62 中子电路模块 A 的戴维南等效电路。

9.4　确定图 9.62 中子电路模块 B 的戴维南等效电路。

9.5　图 9.62 中 V 点的电压是多少？

9.6　如果使用一个内阻为 100 kΩ 的电压计来测量图 9.62 中 V 点的电压，那么电压的测量值是多少？

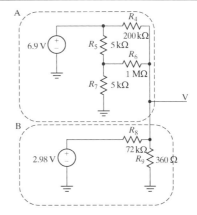

图 9.62 习题 9.3 ~ 9.6 的电路

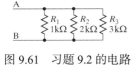

图 9.61 习题 9.2 的电路

9.7 图 9.63 中的曲线图描绘了一个 RC 电路被一个 0 ~ 5 V 上升沿激励的输出。画出 RC 电路结构。根据给出的数据，其时间常数是多少？

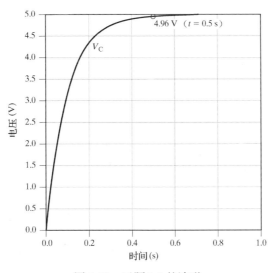

图 9.63 习题 9.7 的波形

9.8 图 9.64 给出了串联 RL 电路被一个 0 ~ 5 V 上升沿激励时的电流波形。

(a) 估计被激励的电压源两端的总电阻。

(b) 估计电路的电感值。

9.9 设计一个电路，输入可变频率、幅度为 1 V 的正弦信号，输出信号频率为 1 Hz 时，幅度约为 1 V，频率为 1000 Hz 时，幅度约为 0.5 V。选择实际元件值，尽可能接近给定的幅度。

9.10 对于习题 9.9 中设计的电路，输出幅度在什么频率时约为 0.707 V？

9.11 要使得一个 10 kΩ、1/8 W 的电阻超出其额定功率，需施加的最小电压为多少？

9.12 对于一个温度系数为 1000 ppm 的电阻，当温度为 25℃ 时，测得电阻为 997 Ω。如果冷却到 –40℃，预期的电阻值范围为多少？如果将它加热至 65℃ 呢？

9.13 哪个电容在物理体积上较大：0.1 μF 的陶瓷电容或是 0.1 μF 的独石电容？

9.14 哪个电容在物理体积上较大：10 μF 的铝电解电容或是 10 μF 的钽电容？

9.15 如果一个独石电容的标识为 103X5F，预期的电容值为多少？

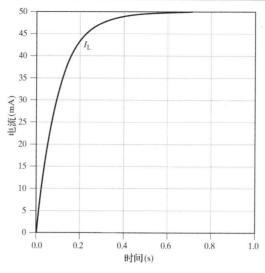

图 9.64　习题 9.8 的波形

9.16　给出两个独石电容，其中一个标识为 104C0G，另一个标识为 104Z5U。它们有什么相似之处？又有什么区别？

9.17　如果设计一个 RC 低通滤波器电路，拐角频率为 10 kHz，在小于 0.1 mA 时其信号幅度为几伏特，哪种类型的电阻和电容（即取值）是好的选择？

9.18　设计一个电路，输入可变频率、幅度为 1 V 的正弦信号，输出信号频率为 1000 Hz 时，幅度约为 1 V，频率为 1 Hz 时，幅度约为 0.5 V。选择实际元件值，尽可能接近给定的幅度。

9.19　一些独石电容材料表现出电压依赖性。当外加电压增加时会发生什么情况？

9.20　分别列出极性电容和非极性电容的两个例子。

扩展阅读

Practical Electronics for Inventors, Scherz, P., 2nd ed., McGraw-Hill, 2006.

免费仿真工具：

PSpice 9.1 Student Version, Orcad/Cadence

LTSpice, Linear Technology

TopSPICE, Penzar

TinaTI, Texas Instruments

廉价学生版本：

Tina, DesignSoft

MultiSim Student Edition, National Instruments

第 10 章 半 导 体

本章将继续介绍一种广泛应用的电子元件——**半导体**。正如其名，半导体元件材料的电阻既不像金属或其他**导体**那么低，也不像**绝缘体**那么高。最常见的半导体材料是硅(Si)，纯态硅用途有限，但在其中掺入少量特定材料(物理上被称为掺杂)后，即可通过外加电压来调节材料的导电性。将不同的掺杂材料分层组合，即可制造出不同种类的半导体元件。半导体是构成本书后面章节涉及的复杂电子元件的基本单元。多个半导体、电阻或电容组成的独立元件被称为**集成电路(IC)**。本章将主要讲述作为分离元件的半导体元件，IC 的特性将在本书后面的章节中阐述。为了保持本书的统一风格，我们将着重阐述半导体的外部特征(而非元件内部的物理特性)，以及如何根据这些外部特征构造有用电路。本章对晶体管的介绍仅限于开关元件，具体内容包括：

1. 二极管的类型及其基本特征。
2. 双极结型晶体管(BJT)的特征及其在开关中的应用。
3. 金属氧化物半导体场效应晶体管(MOSFET)的特征及其在开关中的应用。
4. 如何从元件数据表中获取相关的信息，使其能在特定应用中使用。

为了使读者能对元件特征产生直观认识，本章将继续沿用第 9 章使用的流体模拟示例来介绍半导体的特征。

本章旨在使读者具备分析包含线性元件(电压源、电阻和电容)和半导体的简单电路的能力，并能定性描述整个电路的基本功能；进而利用必要的分析手段对定性描述进行拓展，以确定晶体管在不同系统中的通/断特性。读者应理解不同类型二极管和晶体管的特性，并根据应用需求选择元件。

10.1 掺杂、空穴和电子

硅(Si)是目前用于电子元件制造的最常用的半导体材料，其他半导体材料，如锗(Ge)和砷化镓，由于具备一些能满足特殊需求的特殊性质，常被用于制造具有特殊功能的元件。诚然，从设计层面来看，设计者并不需要理解半导体元件的物理原理，但掌握一些关于材料性质的背景知识将对理解描述元件的术语大有裨益。

纯晶体硅对于元件设计者而言并无实际用途。从分子结构来看，纯晶体硅的四价电子被共价键紧紧联结在晶体中相邻的硅原子上，只有在纯晶体硅结构中加入少量的其他材料(**掺杂**)，才能使其成为一种有用的电子材料。硼(B)和磷(P)是目前最常用的**掺杂质**(硅晶体中加入的原子)。

硅含有四价电子，而磷含有五价电子，在硅晶体中掺入磷，磷的四个电子将加入相邻硅原子的共价键，另一个电子则与晶体松散结合(没有参与共价键)。如果对该材料外加电压，这个游离的电子将通过晶格转移，从而形成电流。由于掺杂后的晶体含有游离电子(带有负电荷)，因此这种材料被称为 n 型半导体。需要说明的是，这种材料不携带净负电荷，磷中多出的游离电子仍会被原子核中的质子中和。

硼仅有三价电子，当硼被加入硅晶体时，三个电子将加入相邻三个硅原子的共价键，在第四个硅原子处留下一个 "**空穴**"。如果对该材料外加电压，相邻硅原子的一个电子可能发生移动并落入空穴，这个移动的电子将留下另一个空穴。因此，在外加电压的影响下，空穴将通过晶格转移，虽然空穴本身并没有电荷，但可将其看作正电荷载体。这种材料被称为 p 型半导体，与 n 型材料相比，p 型材料也不带电，因为硼原子少了一个价电子，其原子核也少一个质子。

基于以上半导体的背景知识和术语，我们可以开始讨论最有趣的部分：这些材料能构成什么元件？我们又该如何使用这些元件？

10.2　二极管

二极管是最简单的半导体元件，它具有单向导通特性，通常由 p 型半导体材料与 n 型半导体材料组合而成，其电特性类似于液压单向阀。在图 10.1(a) 中，右边的压强高于左边，单向阀关闭，流体无法通过。在图 10.1(b) 中，左边的压强高于右边，单向阀开启，流体通过。

二极管的流体模拟如图 10.2 所示，当阴极电压高于阳极电压时，无电流通过 [见图 10.2(a)]。反之，当阳极电压高于阴极电压时，有电流通过 [见图 10.2(b)]，但有一定损失 (两极间存在电压降)。二极管符号中的箭头方向表示电流的可流动方向，电流是从阳极流向阴极，即可根据电流方向判断端口极性。

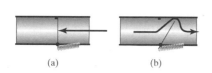

图 10.1　液压单向阀：与二极管类比。
(a) 流体无法通过；(b) 流体通过

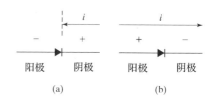

图 10.2　二极管特性：(a) 无电流通过二极管；(b) 有电流通过二极管

10.2.1　二极管的 *V-I* 特性

二极管的基本电压-电流(V-I)特性如图 10.3 所示。在图形右侧区域中，阳极电位高于阴极，该区域被称为正向偏压区。在正向偏压区，当外加电压低于 V_f 时，二极管中几乎无电流通过；反之，一旦外加电压超过设定阈值(二极管的**正向电压** V_f)，通过二极管的电流将快速增大。图形左侧区域的情形与右侧的正好相反，即阳极电位低于阴极，该区域被称为反向偏压区。在反向偏压区，当反向电压低于**反向击穿电压**(V_r)时，仅有微弱的漏电流(I_l)通过二极管从负极流向正极；反之，当反向电压大于反向击穿电压时，反向电流将快速增大。需要说明的是，除稳压二极管(见 10.2.5 节)等特殊应用，反向电压需小于反向击穿电压，以避免损坏二极管。

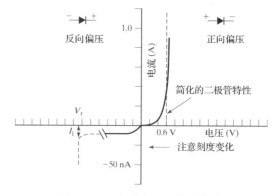

图 10.3　二极管的 *V-I* 特性曲线

基于以上讨论,二极管特征模型可简要总结如下:

1. 外加反向偏压时,二极管中没有电流。
2. 外加正向偏压小于 V_f 时,没有电流。
3. 外加正向偏压大于 V_f 时,二极管中有电流通过。

10.2.2　V_f 的大小

V_f 的大小取决于构造二极管的材料,以及制造 p 型和 n 型材料时选用的掺杂质。

图 10.4 给出了基于锗(Ge)半导体材料的二极管和基于硅(Si)的二极管的 V-I 特性对比图。当数十毫安量级的电流通过这些二极管(信号级电路的常见情况)时,锗二极管(例如 1N34A)的正向电压(V_f)约为 0.3 V,硅二极管(例如 1N4001)的正向电压则为 0.6 V。由此可见,锗二极管的 V_f 远小于硅二极管的 V_f,并且反向偏压时的漏电流是硅二极管的 100 ~ 1000 倍。

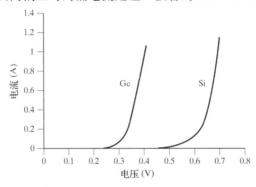

图 10.4　锗二极管和硅二极管的 V-I 特性曲线

下面将引入 V_f,对二极管简化特征模型进行进一步完善。一般而言,在没有特殊说明的情况下,可默认硅二极管的 V_f 为 0.6 V,锗二极管的 V_f 为 0.3 V。

10.2.3　反向恢复

当二极管从正向偏压转换至反向偏压时,电流不可能瞬间消失,需要经过一段时间才能使电流趋于零,这个时间长度被称为**反向恢复周期**。如图 10.5 所示。

对二极管外加反向偏压后,正向电流开始下降,经过一段时间(几百纳秒)后,电流将转化为反向电流;一般而言,只要电流足够小,反向恢复周期足够短,就不会影响二极管功能。某些应用中对反向恢复周期有明确要求,例如何时会产生反向电流。第 23 章将以 DC 发动机驱动电路中的二极管为例来详细解释。

10.2.4　肖特基二极管

除了锗、硅二极管,还有一种常用于机电系统的二极管——肖特基(Schottky)二极管(见图 10.6)。

硅、锗二极管利用两种不同半导体材料的联结(pn

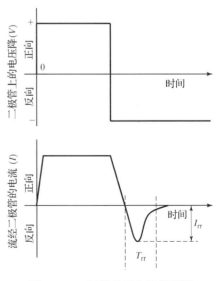

图 10.5　二极管的反向恢复周期

结)构成二极管，而肖特基二极管则将金属和半导体相连，因
此肖特基二极管的特性与 pn 结二极管的略有不同。

肖特基二极管(例如 1N5817)的正向电压明显小于硅二极管
的正向电压，通常取值范围在 0.3～0.4 V 之间，其 V_f 与锗二极管　图 10.6　肖特基二极管的电路符号
的基本一致。肖特基二极管能够更快地在导通和关断状态之间转换，反向恢复周期几乎为零。另外，
肖特基二极管的漏电流大小介于锗、硅二极管的漏电流之间，肖特基二极管的最小漏电流几乎与硅二
极管(相比于低泄漏硅二极管)的相同。当然，某些肖特基二极管的反向漏电流也可能达到一般硅二极
管的 10 倍。

10.2.5　齐纳二极管

齐纳(Zener)二极管(见图 10.7)是 10.2.1 节所描述的反向
击穿避免规则的特例，其特有的设计可避免在反向击穿过程中
烧毁元件。

当正向偏压或反向偏压低于齐纳电压(V_Z)时，齐纳二极管　图 10.7　齐纳二极管的电路符号
与一般硅二极管类似(见图 10.8)。

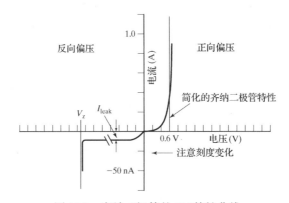

图 10.8　齐纳二极管的 $V\text{-}I$ 特性曲线

当反向偏压增大至齐纳电压时，二极管开始反向导电；理想齐纳二极管的 $V\text{-}I$ 特性曲线在稳压
电压处与横轴(V 轴)垂直，此时，二极管阴极到阳极的电压降等于齐纳电压 V_Z。实际的齐纳二极
管，其 $V\text{-}I$ 特性在齐纳电压处并非完全与 V 轴垂直，而是一条有一定斜率的斜线，从而导致二极
管的电压降随电流变化而变化。

如图 10.9 所示，将齐纳二极管视为电路中的一个电阻，即可构造稳压电路，下面讲解其工作原
理。首先，假设电流从节点 A 流向 V_o 端($i_1 = 0$)，如果 V_i 大于齐纳二极管 D_1 的 V_Z，则节点 A 处的电
压为 V_Z，电流 $i_Z = (V_i - V_Z)/R_1$，电流方向为流入 D_1。其次，假设电流 i_1 从 V_o 端流出，如果其他条
件保持不变，输出电流的增大将导致 R_1 两端的电压降增大，V_o 电压将下降。如果二极管两端电压降
低，则流经二极管的电流也将随之降低，以补偿电流 i_1 的增量。如果输出电流(i_1)变化，则流经二极
管的电流也会变化，以确保 i_1 保持不变，进而保证二极管的电压
降固定为 V_Z。只要电流 v_Z 小于等于 V_Z/R_1，流经 R_1 的电流将为
常数，二极管通过调整电流 i_Z 即可保持节点 A 电压 V_Z 不变。

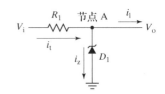

这个稳压电路十分有用，但它也存在几个缺点，诸如效率
低、功耗有限、稳定性差等。该电路能在 i_1 为零时依旧保持 V_i

图 10.9　一种简单的齐纳稳压器

产生的电流为常数，此时所有输入功率都被转化成热量。注意，如果 i_1 为零，则所引起 R_1 两端电压降 $(V_i - V_Z)$ 的电流都将流经 D_1，功率 $i_Z \times V_Z$ 将转换为热量。任何实际的稳压二极管都有一个有限的功耗容量，并以之为依据设置负载功率阈值。如果 V-I 特性曲线在 V_Z 处垂直于横轴（V 轴），则该稳压器至少对电压稳定。遗憾的是，实际元件 V_Z 处的 V-I 特性曲线并不完全垂直于横轴（V 轴），此时输出电压为电流 (i_1) 的函数，并随电流变化而变化。某些应用可以容忍这种电流变化，对于那些无法容忍电流变化或对输出电流效率和电流值有更高要求的应用，可考虑采用第 20 章介绍的 IC 稳压器。

10.2.6　发光二极管

特定材料（通常含有镓）的半导体二极管能在正向偏压状态下发光，从而构成发光二极管（LED）。发光二极管最初用于指示灯，近年来，随着其最大光输出功率的大幅度提高，LED 开始用于照明。因其电/光转换效率较高，LED 的应用范围不断扩大，不仅可用于电子设备的指示灯，也被广泛用于汽车刹车灯、交通灯、手电筒、自行车头灯，甚至家用、办公照明。LED 的电路符号如图 10.10 所示。

从电气工程角度来看，LED 与硅二极管存在以下两处实质性差别。其一，LED 的正向电压 V_f 远大于标准硅二极管的 V_f，并且正向电压值与发光颜色相关，高频光对应高 V_f 值（见图 10.11）。其二，LED 正向导电区的 V-I 特性曲线不是垂直线，并且倾斜角比硅二极管的更大，这说明其正向电压随电流变化的程度大于硅二极管的情况。

图 10.10　LED 的电路符号

最简单的 LED 应用仅需一个电压源和一个用于限流的串联电阻（见图 10.12）。通过选择电阻 R_1，可使 $(V_S - V_f)/R_1$ 满足 LED 的正向电流阈值要求。如果电压源 (V_S) 是一个微控制器的输出引脚，则必须谨慎选择 R_1，以控制该引脚的输出电流。在以上两种情况下，电阻 R_1 是避免造成 LED 和驱动电源损坏的关键。一般情况下，LED 的正向电流为 20 mA，低功率 LED 则可低至 2 mA。由于微控制器的引脚往往只能提供几毫安的电流，因此低功率 LED 特别适用于微控制器的输出引脚，照明用 LED 则可工作在几百毫安的直流电流范围内。

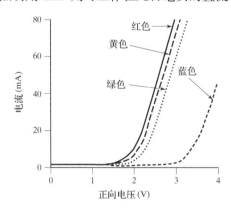

图 10.11　LED 的 V-I 特性曲线

图 10.12　一种简单的 LED 电路

10.2.7　光电二极管

本书介绍的最后一种二极管是光电二极管，具体内容详见第 13 章的传感器部分。从某种意义上来说，光电二极管是对 LED 的补充。与 LED 不同，光电二极管并不发光，但对光敏感。光电二极管的电路符号如图 10.13 所示，需要特别注意的是，光电二极管符号与 LED 符号类似，但加上了用于指示光子方向的箭头。

照射在 pn 结上的光使流经光电二极管的漏电流发生变化(见图 10.14)。

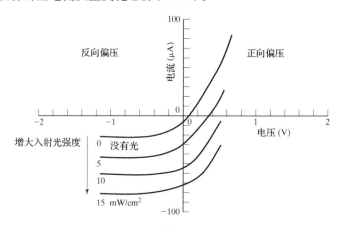

图 10.13　光电二极管的电路符号　　　　图 10.14　光电二极管的 *V-I* 特性曲线

光电二极管的详细内容将在第 13 章介绍。

10.3　双极结型晶体管(BJT)

pn 结由 p 型材料层和 n 型材料层联结构成, 如在其上增加第三层, 即可获得**双极结型晶体管** (BJT), 基于两种材料不同的组合方式(P-N-P 序列和 N-P-N 序列), 可构建两种不同类型的 BJT(见图 10.15)。注意, 符号中的圆圈有时被省略。

BJT 类似电流控制阀, 即由基极的小电流控制集电极和发射极之间的大电流(见图 10.16)。BJT 通过小电流控制大电流, 其应用范围广泛, 例如微控制器可以通过 BJT 开启或关闭电机。

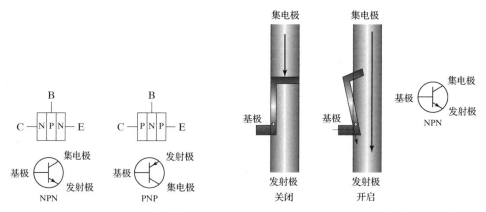

图 10.15　PNP 和 NPN 双极结型晶体管　　　图 10.16　NPN 双极结型晶体管的流体模拟

基极和发射极构成的二极管需要正向偏压和导通电流驱动, 即 NPN 晶体管的基极电压必须比发射极电压高大约 0.6 V。PNP 晶体管的基极电压则必须比发射极电压低大约 0.6 V。图 10.17 给出了开启和关闭 BJT 的必要条件。

图 10.18 给出了使用 NPN 晶体管构建的开关电路。在该电路中, 控制电压 V_{in} 产生电流 i_B 流入晶体管基极, 基极电流控制大电流 I_C 从集电极流向发射极。由于负载和地之间接有开关元件, 因此这种结构通常被称为**低侧驱动**。

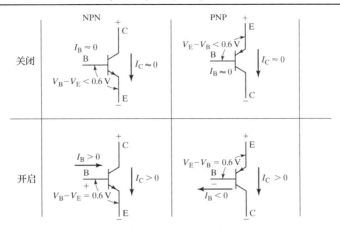

图 10.17 双极结型晶体管控制

为了描述该结构中晶体管的特征，图 10.19 给出了基极电流 I_B 变化时，集电极电流 I_C 与集电极-发射极电压 V_{CE} 之间的函数关系图。

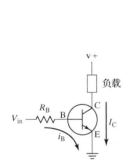

图 10.18 共射极电路结构

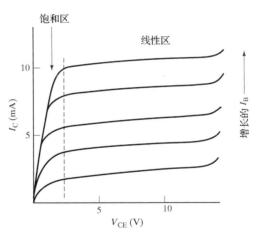

图 10.19 晶体管特性曲线

图中虚线右侧区域被称为**线性区**，线性区的 V_{CE} 相对较大，基极电流 (I_B) 与集电极电流 (I_C) 相关性较强；虚线左侧区域被称为**饱和区**，V_{CE} 相对较小，I_B 与 I_C 无直接相关性，在饱和区中，多条 I_B 曲线合并成一条曲线，无法根据 V_{CE} 和 I_C 的测量值确定基极电流。同时，基极电流的变化也不会导致 V_{CE} 显著变化，即基极电流增大不会导致 V_{CE} 和 I_C 增大。

使用晶体管作为开关时，为了使负载获得最大供电电压，通常希望 V_{CE} 越小越好。因此晶体管需要工作在饱和区，并尽可能降低功耗和热噪声。工作在线性区的晶体管的 V_{CE} 较大，相对功耗也较高。

问题是如何才能确保晶体管工作在饱和区呢？在线性区，基极电流与集电极电流之间的关系可用相关系数（有效**电流增益**）h_{fe} 或 β 来表示，该参数可从元件数据表中获得，其取值范围为 50 到几百，具体取值不仅取决于晶体管的类型，也与样本个体特性有关。用作开关时，BJT 将工作在饱和区，相关系数 β 已无法体现基极电流和集电极电流的关联关系。对于任意 BJT，当工作点从线性区移至饱和区时，进入饱和区越深，有效电流增益越低，V_{CE} 也越低。图 10.20 给出电流增益（h_{fe} 或 β）随 V_{CE} 的变化曲线，可通过其理解基极电流和集电极电流的关联关系变化趋势。

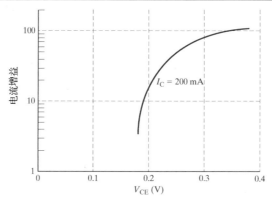

图 10.20　饱和区的 β 曲线

需要注意的是，当电流增益 (I_C/I_B) 低于 $10 \sim 20$ 时，V_{CE} 的下降趋势不再明显。对于大部分晶体管（包括低电流开关元件和高电流功率元件）而言，尽管不同类型晶体管的 V_{CE} 最小值各不相同，但其 V_{CE} 值均会在电流增益低于 $10 \sim 20$ 时趋于稳定，因此一般将 $I_C/I_B = 10{:}1$ 定义为饱和区边界，相关数据可在元件数据表中查得，一般采用如图 10.21 所示的曲线来确定饱和 BJT 的"开启电压"。

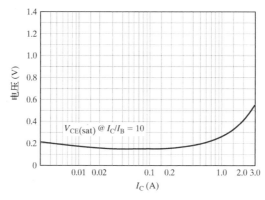

图 10.21　TIP32A BJT 的开启电压（Used with permission from SCI LLC, DBA ON Semiconductor.）

图 10.21 所示曲线给出了一个隐含条件，即在无特定说明时，可假设饱和态 V_{CE}（$V_{CE(sat)}$）约等于 0.2 V。

例 10.1　BJT 低侧驱动问题

如图 10.22 所示的电路，当 $V_{in} = 5\,V$ 时，Q_1 的状态是关闭还是开启？Q_1 工作在饱和区还是线性区？如果在线性区，如何改动电路才能使其工作在饱和区？

要解决该问题，首先需要获得 I_C 和 I_B，并计算其比值，再将计算结果与饱和区的标准进行比较。首先可根据 V_{in}、R_2 及基极-发射极二极管正向电压降（0.6 V）来计算 I_B，即 $I_B=(5\,V - 0.6\,V)/2.2\,k\Omega = 2\,mA$。要计算 I_C 则需获取 Q_1 的状态，此时有电流流入 Q_1 的基极，可假设其处于饱和态，即可假设 $V_{CE} = 0.2\,V$，计算可得集电极电流 $I_C =(10\,V - 0.2\,V)/100\,\Omega = 98\,mA$。进而可得 $I_C{:}I_B$ 为 $98/2 = 49{:}1$，该计算值明显高于晶体管饱和所需的 I_C/I_B 值（$10 \sim 20$）。因此可以推断，此时的基极电流无法使晶体管进入饱和区，进而判断此时的晶体管工

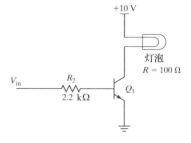

图 10.22　低侧驱动 BJT 电路

作在线性区。假设 I_C 为 98 mA，能够点亮图中的小灯。要使晶体管进入饱和区，则必须增大基极电流以保证 $I_C/I_B = 10$，据此可计算所需的基极电流为 9.8 mA。为了获得该电流，需要将 R_2 减小到 470 Ω（使用标准电阻值），此时基极电流增大为 9.4 mA，$I_C/I_B = 98/9.4 = 10.5{:}1$，满足晶体管饱和条件。

例 10.2　BJT 高侧驱动问题

图 10.23 给出了灯泡被晶体管高侧驱动的电路。所谓**高侧驱动**，即开关元件（晶体管）位于电源和负载（例中的灯泡）之间，此时晶体管被看作负载的源电流，负载另一端则通常接地。一般而言，低侧驱动采用 NPN 晶体管，高侧驱动则大多使用 PNP 晶体管。为了开启图 10.23 中的 Q_2，需要将基极电压拉低至低于发射极电压 0.6 V，并提供基极电流流出的通道。

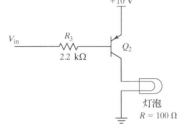

图 10.23　高侧驱动 BJT 电路

问题：1）如果 V_{in} 为 0.25 V，Q_2 开启并处于饱和态吗？2）如要关闭 Q_2，需要多大的 V_{in}？

与上例类似，为了判断 Q_2 是否处于饱和态，首先需要获得 I_C 和 I_B。由图可知，集电极电流 $I_C = (10 \text{ V} - 0.2 \text{ V})/100 \text{ Ω} = 98$ mA。基极电流计算方法与上例类似，但此时电压降 V_{BE} 为 0.25 V，由此可得基极电流 $I_B = (10 \text{ V} - 0.6 \text{ V} - 0.25 \text{ V})/2.2 \text{ kΩ} = 9.4$ mA，进而可得 $I_C/I_B = 98/9.4 = 10.5{:}1$，满足晶体管饱和条件，并且接近设计值 10:1。由此可知，当 V_{in} 为 0.25 V 时，Q_2 开启并处于饱和态。

要关闭 Q_2，则需足够高的基极电流来阻止 V_{BE} 达到发射极-基极结正向偏压所需的 0.6 V。如果保证 V_B 高于 9.4 V（10 V − 0.6 V），则基极电流将趋于零，R_3 上无电压降，因此推断，关闭 Q_2 需要在 V_{in} 提供高于 9.4 V 的电压。

10.3.1　复合晶体管对（达林顿对）

当 BJT 用于饱和开关时，其电流增益仅为 10:1～20:1，如此低的电流增益很难满足设计需求。实际上，有很多方法能够解决单个 BJT 的有限增益问题，最常见的方法是采用复合晶体管对（达林顿对，见图 10.24）结构。这种结构十分常见，可以采用与单个晶体管相同的三端封装。

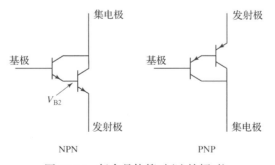

图 10.24　复合晶体管对（达林顿对）

但复合晶体管对的特性与单个 BJT 的存在诸多差异，下面通过 NPN 晶体管进行说明。第一，从基极到发射极的电流通道来看，复合晶体管的电流穿过了两个基极-发射极结，因此其 V_{BE} 是单个 BJT 的两倍，即 $2 \times 0.6 \text{ V} = 1.2$ V。V_{CE} 的求解过程则更加复杂，需首先假设左侧晶体管工作在饱和区；根据经验法则可知，此时右侧晶体管的基极电压（V_{B2}）比集电极电压低 0.2 V，电压（V_{B2}）需比发射极电压高 0.6 V 才能开启右侧晶体管，即右侧晶体管（及整个封装）的 V_{CE} 为 0.2 V + 0.6 V =

0.8 V。根据晶体管电流增益为 10:1 的经验法则,可知复合晶体管对的电流增益等于 100。然而,右侧晶体管的 V_{CE} = 0.8 V,并未进入饱和区,其电流增益略高于饱和区增益。在实际应用中,当复合晶体管对的电流增益处于 200:1 ~ 500:1 的范围时,可认为其处于饱和态。

复合晶体管对可作为独立元件使用,例如 TIP100 系列晶体管,这类元件通常采用常见的 TO-220 封装,适用于集电极电流不超过几安培的应用。复合晶体管对也可用于多晶体管封装,例如将在第 17 章中详细讲解的 ULN2003,它共有 7 个复合晶体管对,其基极电阻支持逻辑级驱动。

PNP 复合晶体管对的分析与 NPN 型的类似,但极性相反。要开启 PNP 复合晶体管对,其基极电压需比发射极电压低大约 1.2 V。当 PNP 复合晶体管对开启且饱和时,集电极电压需比发射极电压低大约 0.8 V。

总之,复合晶体管对以 V_{BE} 和 V_{CE} 为代价换取了电流增益的大幅度增加。

10.3.2　光电晶体管

如果 BJT 的基极端大至能与光直接接触,则照射在基极范围的光子能量可形成基极电流,用以控制集电极到发射极的电流,即构成光电晶体管(见图 10.25)。

光电晶体管的特性和 NPN BJT 的类似,差异仅在于基极电流被照射到元件上的光替代(见图 10.26)。

本书将详细讲解工作在饱和区和线性区的光电晶体管,详见第 13 章的传感器部分;第 11 章和第 12 章中将讲述光电晶体管接口和信号调理电路的关键元件——运算放大器。

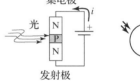

图 10.25　光电晶体管

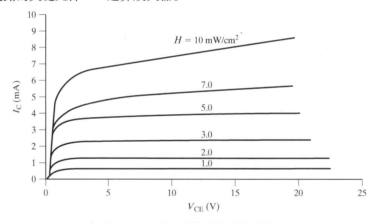

图 10.26　光电晶体管的特性曲线

10.4　金属氧化物半导体场效应晶体管(MOSFET)

金属氧化物半导体场效应晶体管(MOSFET)是本章讨论的第二种重要晶体管,它和 BJT 存在两个本质区别:

1. 采用电压控制(BJT 采用电流控制)。
2. 完全开启时,传导通路等效为小阻值电阻(BJT 等效为固定电压降)。

与 BJT 相类,MOSFET 也有两种结构,即 N 沟道和 P 沟道(见图 10.27)。当然,MOSFET 也可分为增强型和耗尽型,本书仅讨论广泛应用于机电系统的增强型元件。

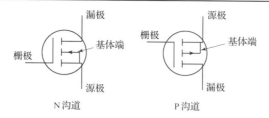

图 10.27 MOSFET 晶体管的电路符号

MOSFET 是四端元件，但市面上的 MOSFET 元件通常将基体端与源极相连，因此从封装来看为三端元件。**栅极**是控制端，控制 N 沟道元件的**漏极-源极**电流或 P 沟道元件的源极-漏极电流。当栅极电压比源极电压高于某个设定值（见 10.7.2 节）时，N 沟道元件开启；当栅极电压比源极电压低于某个设定值时，P 沟道元件开启。这类元件最简单的应用是逻辑级 MOSFET，当栅极-源极电压等于 4.5 V 时，逻辑级 MOSFET 元件将完全开启，而其他非逻辑级 MOSFET 则需要 10 V 或者更高的电压才能完全开启。图 10.28 给出了逻辑级 MOSFET 的开/关条件。

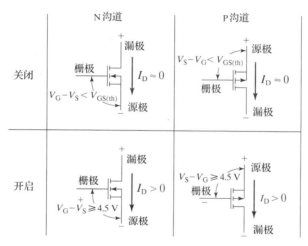

图 10.28 MOSFET 晶体管控制

图 10.29 为 N 沟道 MOSFET 的流体模拟，栅极处的液压强度（模拟电压）使膜片向内运动，驱动连接杆使膜片移动而打开阀门。这种模拟不仅可表现元件的电压控制特性，也可利用膜片来等效电容特性。稳态时，无须液压驱动膜片来保持阀门处于开启状态，但需要瞬时液压驱动膜片发生位移，才能实现阀门的开启。

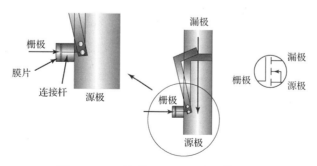

图 10.29 N 沟道 MOSFET 的流体模拟

MOSFET 与 BJT 的 V-I 特性类似(见图 10.30)。与 BJT 不同的是，MOSFET 无 I_B 曲线，取而代之的是栅极-源极电压(V_{GS})曲线。

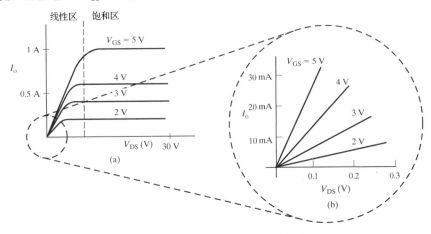

图 10.30　MOSFET 的 V-I 特性曲线

图 10.30 中虚线左侧区域为线性区，饱和区则位于右侧，该特性很容易与 BJT 特性相混淆。为了更好地理解线性区的概念，我们放大图 10.30(a)原点附近区域的 MOSFET 特性曲线，如图 10.30(b)所示。由图 10.30(b)可见，与 BJT 不同，MOSFET 特性曲线并未在原点附近汇聚成一条曲线。实际上，当 V_{GS} 一定时，MOSFET 的导电沟道对较小的 V_{DS} 表现出线性 V-I 特性，即可等效为压控电阻——其漏极-源极电阻(R_{DS})受栅极-源极电压(V_{GS})控制。右侧区域为饱和区，在该区域内，MOSFET 的电流达到了栅极-源极电压能够提供电压的最大值。此时，漏极电流将不再随着 V_{DS} 的增加而增加，即当 V_{GS} 超过某一特定值时，晶体管完全开启——饱和。此时的饱和是 I_D 的饱和。尽管 BJT 和 MOSFET 之间存在混淆的术语，但我们希望这两种元件应用于开关时均能工作在最小电压损耗区(即尽量靠近 y 轴)。对于 MOSFET 而言，即工作在线性区，一般需尽量避免 MOSFET 进入饱和区。

MOSFET 工作在线性区时，漏极-源极沟道可等效为小阻值电阻，其取值范围较大，信号级 MOSFET 一般为几欧姆，而功率 MOSFET 则降至几十毫欧姆，其漏极-源极电压降可能远小于 BJT 的集电极-发射极电压。例如图 10.21 所示的 BJT，当导电 100 mA 时，其开启电压 $V_{CE(sat)}$ 约为 0.15 V。而等功耗 MOSFET 的开启电阻($R_{DS(on)}$)仅为 100 mΩ，开启电压 V_{DS} 仅为 10 mV。由于 MOSFET 电阻小，因此功耗也小，图 10.21 所示 BJT 导电 100 mA 时的功耗为 10 mW($0.1\ \text{V}\times0.1\ \text{A}$)，而 $R_{DS(on)}$ 为 100 mΩ 的 MOSFET 的功耗仅为 1 mW$[(0.1\ \text{A})^2\times0.1\ \Omega]$。

需要说明的是，目前的制造技术必然会在漏极与源极之间产生寄生二极管(见图 10.31)。

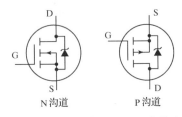

图 10.31　N 沟道和 P 沟道 MOSFET 中的寄生二极管

对于信号级 MOSFET(I_{DS} 在几百毫安量级或更小)而言，可将寄生二极管看作一个普通二极管，但功率 MOSFET 的反向击穿特性将导致该二极管的表现类似于齐纳(稳压)二极管的特征。无论信号级 MOSFET 还是功率 MOSFET，其可转换电压均受限于二极管击穿电压。传统 MOSFET 的击穿电压变化范围从大约 50 V 至几百伏，明显低于 BJT 元件的 1 kV。该二极管的正向特性 (V_f) 与正向电流为几毫安、V_f 约为 0.6 V 的普通硅二极管的类似。

例 10.3 MOSFET 低侧驱动问题

在图 10.32 的电路中，如果 V_{in} = 5 V，则 Q_1（逻辑级 MOSFET）是关闭还是开启的，其工作在线性区还是饱和区？如果工作在饱和区，则如何改变电路可使之工作在线性区？

如前所述，MOSFET 的线性区的 V_{DS} 较低，因此首先需要计算 V_{DS} 值。Q_1 为逻辑级 MOSFET（5 V V_{GS} 时为低 $R_{DS(on)}$），外加电压为 5 V。当逻辑级 MOSFET 开启时，其开启电阻小于等于 100 mΩ，由此可估算漏极电流和 V_{DS}。假设 $R_{DS(on)}$ = 100 mΩ，计算可知漏极电流为 10 V/100.1 Ω = 99.9 mA，电压 V_{DS} 为 99.9 mA×100 mΩ = 9.99 mV。由此可知，此时电压 V_{DS} 很小，接近 0 V，即可推断此时 MOSFET 工作在线性区。

例 10.4 MOSFET 高侧驱动问题

如图 10.33 所示，如果 V_{in} 在 0～10 V 之间变化，哪两种状态下灯泡会被点亮。

图 10.32 低侧驱动 N 沟道 MOSFET   图 10.33 高侧驱动 N 沟道 MOSFET

当 P 沟道 MOSFET 用于电源电路时，电源需为正极性。本例中，电源为 10 V，如果 V_{in} 等于 0 V，则与 V_{GS} 之间将有 10 V 电压差（本例中为 -10 V），远高于 P 沟道 MOSFET 的开启条件，灯泡将被点亮。当栅极为 10 V 时，V_{GS} 的电势为零，MOSFET 关闭。P 沟道 MOSFET 开启时，其电流等于图 10.32 所示 N 沟道 MOSFET 的计算电流。

10.5 如何选择 BJT 和 MOSFET

从纯技术观点来看，选择 BJT 还是 MOSFET 主要取决于可提供的控制电压和控制电流，即根据应用需求进行选择，有些应用只能选择 BJT，有些则只能选择 MOSFET。当然，也存在二者均能满足需求的应用。这种情况下，一般将选择成本较低的 BJT。

10.5.1 何时 BJT 是最好（唯一）的选择

机电系统选择 BJT 并非由于其具有较高的电压转换能力，而是其较低的开启电压，这对于低控制电压的应用意义重大。就目前的技术而言，开启 MOSFET 需要 4.5 V 的 V_{GS}，当 V_{GS} 为 3 V 时，其 $R_{DS(on)}$ 也很小。问题在于，如果应用仅能提供 1 V 的控制电压，BJT 将成为唯一选择，此时需要采用多个晶体管（见 10.6 节）来满足电流增益需求。

10.5.2 何时 MOSFET 是最好（唯一）的选择

当可用控制电压足够高且对开关电压降或功耗有严格要求时，MOSFET 将是最好的选择。如要求开关元件两端的电压降小于 0.1 V，MOSFET 将是唯一可行的选择。在可用电压充足但电流较小时，MOSFET 也可能是最好的选择。此时为了获得足够的电流增益，可采用单个 MOSFET 替代多 BJT 的方案。

10.5.3　当 MOSFET 和 BJT 均可行时如何选择

当可用控制电压和控制电流均满足条件时，MOSFET 和 BJT 均可选。此时将不再考虑技术因素，转而关注其他因素，如成本或复杂度。MOSFET 电路相对简单（不需要基极电阻，但是 BJT 需要），但价格相对较高。BJT 成本较低，但功耗较大，可能导致效率低和散热高。对于特定应用而言，设计者需综合评价成本、设计复杂度、效率等因素，选择恰当的晶体管元件以优化设计。

10.6　多晶体管电路

有些应用必须使用多晶体管结构。例如，有些应用不仅需要提供低控制电压，也需要提供小工作电流，这是单晶体管难以实现的。再如，有些应用在采用单晶体管结构时可能满足控制电流要求，但控制电压超过了可控范围，此时则需采用组合多晶体管结构。

图 10.34 所示电路中的电流流入负载，满足低可控电压和小电流条件。此时输入端可提供电流小于等于 6 mA，单 BJT 结构无法提供足够的电流增益为 10 Ω 负载供电。另外，V_{in} 幅度仅为 2 V，也不可能采用高侧驱动来控制 PNP 晶体管 Q_2 的开启/关闭，因此难以关闭晶体管。在图 10.34 所示电路中，2 V 的 V_{in} 足以开启 Q_1，通过选择适当的 R_1 可使 Q_1 工作在饱和区。Q_1 开启将拉低 Q_2 的基极电压，Q_2 基极将有基极电流流出，选择恰当的 R_2 可使 Q_2 进入饱和区。

理想晶体管关闭时不允许电流通过，此时无须加入 R_3。但实际晶体管即使在关闭状态也存在一定的漏电流，如不加入 R_3，则 Q_1 的漏电流将产生流经 Q_2 的基极电流。该电流被放大后传至负载，必然引起负载电流误差。设置恰当的 R_3 值可将 Q_1 漏电流带来的电压降控制在 0.6 V 以内。此时，漏电流将不再从 Q_2 的基极流出，转而流向 R_3。当然，即使加入了 R_3，Q_2 产生的漏电流也会流向负载，但此时流入负载的漏电流将因 R_3 的存在而大幅下降。

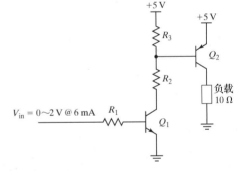

图 10.34　双极输入双晶体管电路

此时可采用晶体管特性经验法则来计算 R_1 和 R_2。如果 Q_2 开启并饱和（$V_{CE} = 0.2$ V），则集电极电流为 (5 V − 0.2 V)/10 Ω = 480 mA。根据 $I_C:I_B = 10:1$ 的饱和条件，可知此时 Q_2 需要 48 mA 的基极电流。另外，由于 R_3 的电阻值远大于 R_2，可忽略 R_3 的电流，因此可以计算 R_2 的值，即 (4.6 V − 0.2 V)/48 mA = 91.7 Ω。如选择 91 Ω 标准阻值的电阻，考虑 5% 的电阻容差，其实际电阻值可能高于 95 Ω，因此可考虑选择 R_2 为 82 Ω 标准阻值的电阻。

Q_1 的集电极电流为 48 mA，根据 $I_C:I_B = 10:1$ 经验法则可知，需要 4.8 mA 的基极电流以保证 Q_1 工作在饱和区，即需要确保 R_1 小于等于 (2 V − 0.6 V)/4.8 mA = 291.7 Ω。考虑 5% 的电阻容差，R_1 可选择 270 Ω 标准阻值的电阻。

图 10.35 所示电路能提供负载电流和足够大的输入电流，但其电压幅度范围难以控制输出电压。V_{in} 能为 BJT 提供足够的输入电流以驱动负载，但其最大输入电压无法关闭 Q_2。5 V 的 V_{in} 足

以开启逻辑级 MOSFET Q_1，因此可省略图 10.34 的基极电阻（R_1）。需要注意的是，虽然 V_{in} 可以提供高达 50 mA 的电流，但由于输入级使用了 MOSFET，因此只能为 Q_1 栅极提供几微安的漏电流（见 10.7.2 节）。

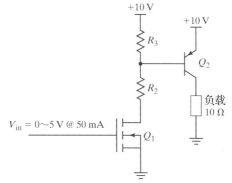

图 10.35　输入级为 MOSFET 的双晶体管电路

10.7　查阅晶体管数据表

现有的晶体管种类多达几千种，设计者在根据某种应用选择元件时需要考虑多个参数。幸运的是，如果仅将晶体管用于开关电路，并仅在其参数可用范围内使用，则需考虑的参数个数有限且可控。本节将重点关注开关电路晶体管的重要参数，并重点解读开关元件的说明书。读者需要了解以下内容：

1. 驱动元件开关状态改变需要多大电压？
2. 驱动元件开关状态改变需要多大电流？
3. 开启元件需要哪些条件？
4. 开启时元件表现出哪些特征？
5. 关闭时元件表现出哪些特征？

设计者将依据以上问题的答案去选择元件，并预测其在设计电路中的功能表现。

在阅读元件数据表时需要特别注意表中标注的测试条件。一般而言，数据表会给出不同测试条件下的元件特性参数，设计者应根据应用条件与测试条件的符合程度从表中筛选，以获取恰当的参数，并以之为依据进行电路性能预测。

10.7.1　查阅 BJT 数据表

下面以图 10.36 中的 TIP31/32 BJT 数据表为例进行说明。数据表中的参数 $V_{CEO(sus)}$ 描述的是 BJT 的可转换电压，该参数表示处于关闭状态的 BJT 可承受的集电极-发射极电压。有些数据表会省略 "sus" 部分，小信号级晶体管的 $V_{CEO(sus)}$ 约为 40 V 或更高。对于大功率晶体管而言，该参数值可能大于 60 V。

元件的切换电流受多种因素和参数影响，每个元件都会设定最大功耗值。如果实际功耗超过最大功耗，元件温度将持续上升甚至被烧毁。一般数据表中该参数的环境温度条件（T_A）和外壳温度条件（T_C）均为 25℃，即工作于室温环境（T_A = 25℃）且无外加散热器的元件可参考该参数。通常表中所谓的 "平均" 条件指工作于室温且无外加散热器的条件。需要说明的是，表中给出的参数实际上是元件功耗的理论上限。事实上，在没有空调或冷却装置的情况下，一般应用条件难以维持 25℃的外壳温度。

由于功率 BJT 的功耗相对较高，因此常常受到功耗参数限制。在计算 BJT 的功耗时，需要考虑产生功耗的两个物理通道，即集电极-发射极通道（$I_C \times V_{CE(sat)}$）和基极-发射极通道（$I_B \times V_{BE(sat)}$）。

对于功率 BJT，数据表通常给出连续电流最大值和集电极峰值电流。集电极峰值电流与平均功耗无关，但受限于电路传入半导体的连接线。连续电流最大值参数针对一种极端情况给出，由于封装外壳本身具备降温能力，因此结与外壳之间一般存在温差，即可能出现外壳温度满足要求而结温度过高的情况。

TIP31A, TIP31B, TIP31C, (NPN), TIP32A, TIP32B, TIP32C, (PNP)

THERMAL CHARACTERISTICS

Characteristic	Symbol	Max	Unit
Thermal Resistance, Junction to Ambient	$R_{\theta JA}$	62.5	°C/W
Thermal Resistance, Junction to Case	$R_{\theta JC}$	3.125	°C/W

ELECTRICAL CHARACTERISTICS (T_C = 25°C unless otherwise noted)

Characteristic		Symbol	Min	Max	Unit
OFF CHARACTERISTICS					
Collector–Emitter Sustaining Voltage (Note 2)		$V_{CEO(sus)}$			Vdc
(I_C = 30 mAdc, I_B = 0)	TIP31A, TIP32A		60	–	
	TIP31B, TIP32B		80	–	
	TIP31C, TIP32C		100	–	
Collector Cutoff Current (V_{CE} = 30 Vdc, I_B = 0)	TIP31A, TIP32A	I_{CEO}	–	0.3	mAdc
(V_{CE} = 60 Vdc, I_B = 0)	TIP31B, TIP31C		–	0.3	
	TIP32B, TIP32C		–	0.3	
Collector Cutoff Current		I_{CES}			μAdc
(V_{CE} = 60 Vdc, V_{EB} = 0)	TIP31A, TIP32A		–	200	
(V_{CE} = 80 Vdc, V_{EB} = 0)	TIP31B, TIP32B		–	200	
(V_{CE} = 100 Vdc, V_{EB} = 0)	TIP31C, TIP32C		–	200	
Emitter Cutoff Current (V_{BE} = 5.0 Vdc, I_C = 0)		I_{EBO}	–	1.0	mAdc
ON CHARACTERISTICS (Note 2)					
DC Current Gain (I_C = 1.0 Adc, V_{CE} = 4.0 Vdc)		h_{FE}	25	–	–
(I_C = 3.0 Adc, V_{CE} = 4.0 Vdc)			10	50	
Collector–Emitter Saturation Voltage (I_C = 3.0 Adc, I_B = 375 mAdc)		$V_{CE(sat)}$	–	1.2	Vdc
Base–Emitter On Voltage (I_C = 3.0 Adc, V_{CE} = 4.0 Vdc)		$V_{BE(on)}$	–	1.8	Vdc
DYNAMIC CHARACTERISTICS					
Current–Gain – Bandwidth Product (I_C = 500 mAdc, V_{CE} = 10 Vdc, f_{test} = 1.0 MHz)		f_T	3.0	–	MHz
Small–Signal Current Gain (I_C = 0.5 Adc, V_{CE} = 10 Vdc, f = 1.0 kHz)		h_{fe}	20	–	

2. Pulse Test: Pulse Width ≤ 300 μs, Duty Cycle ≤ 2.0%.

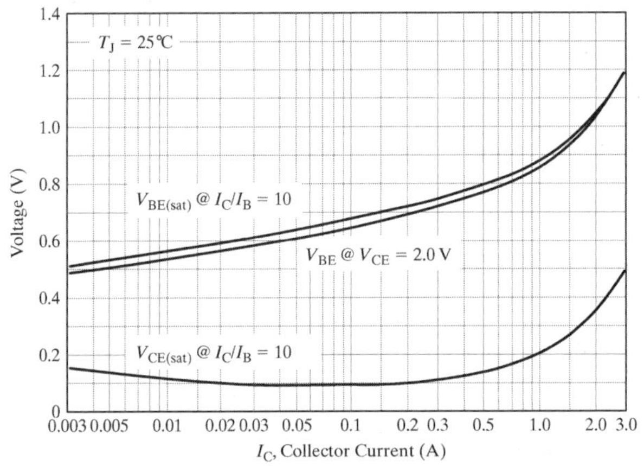

图 10.36　TIP31/32 BJT 数据表摘录(Used with permission from SCI LLC,DBA ON Semiconductor.)

　　BJT 的控制能力与其切换的电流值直接相关，市面上大部分单 BJT 均可根据电流比($I_C:I_B$)为 10:1～20:1 进行设计；复合晶体管对的 $I_C:I_B$ 一般控制在 200:1～500:1 量级。对于某个特定元件而言，需要考虑参数 $V_{CE(sat)}$ 的测试条件，如 I_C 和 I_B 的值。体现 BJT 控制能力的另一参数是开启元件并使其饱和所需的基极电压，数据表[通常标注为"ON CHRACTERISTICS"（开启特性）]给出了代表饱和态下基极–发射极电压参数 $V_{BE(sat)}$ 的最大值，该参数通常用 $V_{BE(sat)}$-I_C 关系曲线图表示。

　　描述 BJT 开启特性的临界参数是 $V_{CE(sat)}$，该参数表示饱和态下的集电极-发射极电压。数据表中会给出该参数的最大值，并采用典型值的集电极电流关系曲线表示。

　　实际处于关闭状态的 BJT 仍会存在集电极-发射极漏电流，该参数将基于两种不同条件给出。当基极电流为零（基极开路）时，漏电流 I_{CEO} 表示基极开路时的集电极-发射极电流，描述了基极开路条件下的元件性能。当基极短路(基极电压约等于发射极电压)时,漏电流 I_{CES} 表示基极短路时的集电极-发射极电流。

10.7.2 查阅 MOSFET 数据表

本节对图 10.37 所示 N 沟道 MOSFET 2N7000 的数据表进行解读。MOSFET 可转换的最大电压取决于二极管击穿电压参数 BV_{DSS}(有时也表示为 $V_{(BR)DSS}$),该参数表示漏极-源极能承受的击穿电压。典型元件的击穿电压范围为 $50 \sim 100$ V,当然也可通过提高成本获得更高的击穿电压。

2N7000

Electrical Characteristics $T_A = 25°C$ unless otherwise noted

Symbol	Parameter	Conditions	Type	Min	Typ	Max	Units
OFF CHARACTERISTICS							
BV_{DSS}	Drain-Source Breakdown Voltage	$V_{GS} = 0$ V, $I_D = 10$ μA	All	60			V
I_{DSS}	Zero Gate Voltage Drain Current	$V_{DS} = 48$ V, $V_{GS} = 0$ V	2N7000			1	μA
		$T_J = 125°C$				1	mA
		$V_{DS} = 60$ V, $V_{GS} = 0$ V	2N7002 NDS7002A			1	μA
		$T_J = 125°C$				0.5	mA
I_{GSSF}	Gate - Body Leakage, Forward	$V_{GS} = 15$ V, $V_{DS} = 0$ V	2N7000			10	nA
		$V_{GS} = 20$ V, $V_{DS} = 0$ V	2N7002 NDS7002A			100	nA
I_{GSSR}	Gate - Body Leakage, Reverse	$V_{GS} = -15$ V, $V_{DS} = 0$ V	2N7000			-10	nA
		$V_{GS} = -20$ V, $V_{DS} = 0$ V	2N7002 NDS7002A			-100	nA
ON CHARACTERISTICS (Note 1)							
$V_{GS(th)}$	Gate Threshold Voltage	$V_{DS} = V_{GS}, I_D = 1$ mA	2N7000	0.8	2.1	3	V
		$V_{DS} = V_{GS}, I_D = 250$ μA	2N7002 NDS7002A	1	2.1	2.5	
$R_{DS(ON)}$	Static Drain-Source On-Resistance	$V_{GS} = 10$ V, $I_D = 500$ mA	2N7000		1.2	5	Ω
		$T_J = 125°C$			1.9	9	
		$V_{GS} = 4.5$ V, $I_D = 75$ mA			1.8	5.3	
		$V_{GS} = 10$ V, $I_D = 500$ mA	2N7002		1.2	7.5	
		$T_J = 100°C$			1.7	13.5	
		$V_{GS} = 5.0$ V, $I_D = 50$ mA			1.7	7.5	
		$T_J = 100C$			2.4	13.5	
		$V_{GS} = 10$ V, $I_D = 500$ mA	NDS7002A		1.2	2	
		$T_J = 125°C$			2	3.5	
		$V_{GS} = 5.0$ V, $I_D = 50$ mA			1.7	3	
		$T_J = 125°C$			2.8	5	
$V_{DS(ON)}$	Drain-Source On-Voltage	$V_{GS} = 10$ V, $I_D = 500$ mA	2N7000		0.6	2.5	V
		$V_{GS} = 4.5$ V, $I_D = 75$ mA			0.14	0.4	
		$V_{GS} = 10$ V, $I_D = 500$ mA	2N7002		0.6	3.75	
		$V_{GS} = 5.0$ V, $I_D = 50$ mA			0.09	1.5	
		$V_{GS} = 10$ V, $I_D = 500$ mA	NDS7002A		0.6	1	
		$V_{GS} = 5.0$ V, $I_D = 50$ mA			0.09	0.15	

图 10.37 N 沟道 MOSFET 2N7000 数据表摘录(Courtesy of Fairchild Semiconductor.)

与 BJT 相类,MOSFET 元件可承受的最大电流由最大允许功耗(P_D)、最大连续电流和峰值漏电流(I_D)共同决定。

开启 MOSFET 所需电压(V_{GS})以参数 $R_{DS(on)}$ 为测试条件给出。需要特别注意的是,此时的 V_{GS} 并非阈值电压($V_{GS(th)}$),阈值电压有其特殊的测试条件——相对较大的 V_{DS}(漏极和源极之间的电压)和仅为几百微安的 I_D。另外,MOSFET 开启时,漏极-源极通道可等效为一个电阻。综上所述可知,测量阈值电压时,漏极-源极电阻值大约为 $2 \sim 8$ kΩ 量级。由前面的讨论可知,MOSFET 开启时的漏极-源极电阻值范围为几毫欧到几欧姆。显然,对于开关而言,$2 \sim 8$ kΩ 量级的电阻值太大了。即便如此，阈值电压（$V_{\mathrm{GS(th)}}$）依旧是一个重要参数，它给出了保证元件关闭所需要的栅极-源极电压。

相对于理想 MOSFET 而言，实际 MOSFET 存在栅极-源极泄漏，即当漏极-源极电压足够高、MOSFET 元件开启时，将会有一个很小的漏电流流入栅极。在高温条件下，该电流的取值范围从几纳安到几百微安不等，但明显低于 BJT 要求的基极电流。

当 MOSFET 开启时，漏极-源极之间可等效为接入一个低阻值电阻 $R_{\mathrm{DS(on)}}$，该参数表示开启状态时的漏极-源极电阻，并将在数据表的"ON CHRACTERISTICS"一栏内给出。典型的 $R_{\mathrm{DS(on)}}$ 是 V_{GS} 的函数，可通过 I_{D}-V_{DS} 曲线确定，该曲线可在数据表的图形部分中找到。

当 MOSFET 关闭时，漏极-源极的漏电流与漏极-源极电压（V_{DS}）几乎不相关。此时的漏电流将基于条件 $V_{\mathrm{GS}}=0$ 给出，定义为零栅极电压漏极电流或漏极-源极漏电流，记作 I_{DSS}。

10.7.3 应用实例

本章最后给出一个典型电路实例，通过该实例为读者提供一次查阅数据表的经历。该典型电路采用 2N7000 信号级 MOSFET 和 TIP32A 功率 BJT，用于控制 15 Ω 接地负载电阻的功率。这类负载的典型应用实例是汽车风挡雨刮。请从 10.7.1 节和 10.7.2 节给出的数据表中找到所需的参数。

如图 10.38 所示电路在图 10.35 的基础上增加了明确的晶体管参数和电阻值。下面我们将根据数据表中的参数来估计当输入电压（V_{in}）为 0 和 5 V 时电路的性能。

如前所述，当输入电压为 5 V 时，我们希望两个元件均处于开启状态，此时负载上有电流通过。在此可首先假设 TIP32A 的集电极-发射极电压降为 0.2 V，并基于该假设获取数据表参数，计算可得集电极电流为 (10 V − 0.2 V)/15 Ω = 653 mA。接下来根据计算所得的集电极电流，在 TIP32 数据表（见图 10.36）中查找"开启电压"，可知 653 mA 的集

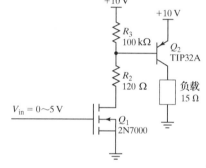

图 10.38 电路实例

电极电流对应的实际元件 $V_{\mathrm{CE(sat)}}$ 的预测值约为 0.17 V，该值略低于 0.2 V 的经验法则假设，此时需下调集电极-发射极电压降至 0.17 V，并重新计算集电极电流 (10 V − 0.17 V)/ 15 Ω = 655 mA；再查同一曲线图，可得 $V_{\mathrm{BE(sat)}}$ 约为 0.85 V。如果令 Q_2 饱和，该 $V_{\mathrm{BE(sat)}}$ 值对应的基极电流约为 65 mA。查阅 2N7000 数据表（见图 10.37）可知，当栅极驱动电压为 4.5 V、I_{D} 为 75 mA 时，表中给的 $R_{\mathrm{DS(on)}}$ 最大值为 5.3 Ω。基于该最大值可计算出最保守条件下 Q_2 可以达到的最小基极电流。根据以上数据，计算可得 I_{B} 为 (10 V − 0.85 V)/120 Ω + 5.3 Ω = 73 mA。该值从准确意义上来说是 I_{B} + I_{R3} 的值，但 I_{R3} 仅为 (0.85 V)/100 kΩ = 8.5 μA，远小于 I_{B}，可忽略不计。由于基极电流 I_{B} 为 73 mA，饱和假设成立。

当 V_{in} = 0 V 时，由于没有足够大的栅极电流用于开启 2N7000，因此该 MOSFET 处于关闭状态，此时漏极到源极将会存在最大 1 μA（I_{DSS}）的漏电流。该电流流经 R_3 并产生电压降 1 μA × 100 kΩ = 0.1 V，此时 Q_2 的基极电压等于 9.9 V，该电压足以使 Q_2 进入关闭状态。当 Q_2 关闭时，将有约 200 ~ 300 μA 的漏电流流向负载，其中 200 μA 的取值源自 TIP32 的参数 I_{CES}。需要说明的是，此时并未完全满足 I_{CES} 的测试条件 V_{EB} = 0 V（实际 V_{EB} = 0.1 V），因此可预测所有漏电流的实际值范围应在该参数与 I_{CEO}（300 μA）之间。该漏电流能否被容忍则完全取决于负载特性，但由于该电流仅为开启电流的 1/2000，因此在大多情况下均可接受。

10.7.4 各种晶体管电路

下面给出各种晶体管电路，如图 10.39、图 10.40、图 10.41 所示。

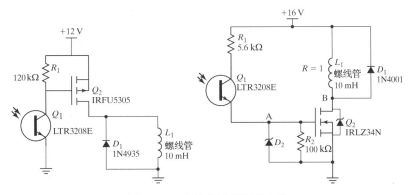

图 10.39 光控螺线管驱动电路

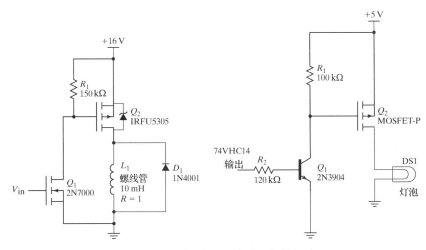

图 10.40 逻辑输入驱动对地负载电路

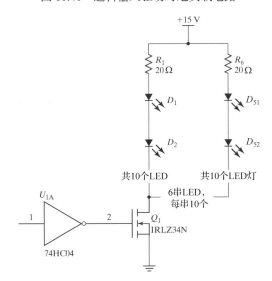

图 10.41 包含 60 个 LED 的照明电路

10.8　习题

10.1　假设二极管均为理想二极管，如果 D_1 的正向电压降为 0.6 V，图 10.42 所示电路的电流是多少？

10.2　假设二极管均为理想二极管，如果 D_1 的正向电压降为 0.6 V，图 10.43 所示电路的电流是多少？

图 10.42　　　　　　　　　　　　　　　　图 10.43

10.3　图 10.44 的二极管设置被称为"二极管桥"或"全波整流器"。如果 AC 电压源 V_S 输出峰-峰值为 24 V(±12 V)，频率为 100 Hz，请画出电阻上电压降的曲线图(假设具有理想二极管特性)。

10.4　如图 10.45 所示电路，应用图 10.46 给出的二极管参数确定 $T_A = 25℃$ 时的最大电流值。如果增大电压源功率，在超过二极管的反向击穿电压前可以增大多少？

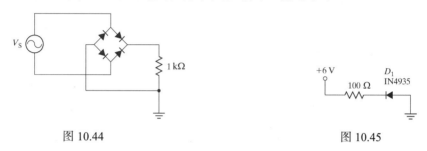

图 10.44　　　　　　　　　　　　　　　　图 10.45

Maximum Ratings and Electrical Characteristics		@ T_A = 25℃ unless otherwise specified					
Single phase, half wave, 60Hz, resistive or inductive load. For capacitive load, derate current by 20%.							
Characteristic	Symbol	1N4933 G/GL	1N4934 G/GL	1N4935 G/GL	1N4936 G/GL	1N4937 G/GL	Unit
Peak Repetitive Reverse Voltage Working Peak Reverse Voltage DC Blocking Voltage	V_{RRM} V_{RWM} V_R	50	100	200	400	600	V
RMS Reverse Voltage	$V_{R(RMS)}$	35	70	140	280	420	V
Average Rectified Output Current (Note 1)　　　　　　@ T_A = 75℃	I_O			1.0			A
Non-Repetitive Peak Forward Surge Current 8.3ms single half sine-wave superimposed on rated load (JEDEC Method)	I_{FSM}			30			A
Forward Voltage　　　　　　　@ I_F = 1.0A	V_{FM}			1.2			V
Peak Reverse Current　　　　@ T_A = 25℃ at Rated DC Blocking Voltage　@ T_A = 100℃	I_{RM}			5.0 100			μA
Reverse Recovery Time (Note 3)	t_{rr}			200			ns
Typical Junction Capacitance (Note 2)	C_j			15			pF
Typical Thermal Resistance Junction to Ambient	$R_{θJA}$			100			℃/W
Operating and Storage Temperature Range	T_j, T_{STG}			-65 to +150			℃

图 10.46　数据表摘录(Courtesy of Diodes Incorporated. All rights reserved.)

10.5　如果 D_1 和 D_2 是理想二极管：

(a) 当输入电压 V_{in} 的取值范围为-10 V 到+10 V 时，画出 V_{out} 的曲线图。

(b) V_{in} 的取值范围相同时，画出流经电阻的电流曲线图。

(c) 图 10.47 的电路通常被称为"电压钳"，请简要描述该电路的功能。

10.6　如果(理想)稳压二极管 D_1(见图 10.48)的稳定电压为 4.3 V，V_{out} 为多少？

(a) $V_S = 3.3$ V；　(b) $V_S = 5$ V；　(c) $V_S = 12$ V；　(d) $V_S = -5$ V。

图 10.47　　　　　　　　　　　　图 10.48

10.7　用 5 V 电源设计一个电路，点亮一个正向电压降 $V_f = 2.2$ V 的 LED。在设计中使用 5% 标准电阻值，并保证流经 LED 的电流值在 17 ~ 20 mA 之间。

10.8　图 10.23 中的 Q_2 被 NPN 晶体管代替，为保证 Q_2 开启并饱和，V_{in} 需要多大的电压？

10.9　在图 10.49 的电路中，应用 IRLZ34N N 沟道 MOSFET 的参数(见图 10.50)，如果要保证流经负载电阻的电流至少为 2.125 A，那么 V_{in} 的最小值为多少？此时电阻上的功耗是多少？MOSFET 上的呢？

10.10　基于图 10.51 和图 10.53 的电路，说明晶体管是关闭的，开启的且没有工作在线性区，还是开启的且工作在线性区。如果可能，根据图 10.52 和图 10.54 给出的参数，计算流经负载电阻的最小电流。

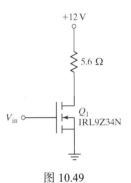

图 10.49

	Parameter	Min.	Typ.	Max.	Units	Conditions
$V_{(BR)DSS}$	Drain-to-Source Breakdown Voltage	55	——	——	V	$V_{GS} = 0V$, $I_D = 250\mu A$
$\Delta V_{(BR)DSS}/\Delta T_J$	Breakdown Voltage Temp. Coefficient	——	0.065	——	V/°C	Reference to 25°C, $I_D = 1mA$
$R_{DS(on)}$	Static Drain-to-Source On-Resistance	——	——	0.035	Ω	$V_{GS} = 10V$, $I_D = 16A$
		——	——	0.046		$V_{GS} = 5.0V$, $I_D = 16A$
		——	——	0.060		$V_{GS} = 4.0V$, $I_D = 14A$
$V_{GS(th)}$	Gate Threshold Voltage	1.0	——	2.0	V	$V_{DS} = V_{GS}$, $I_D = 250\mu A$

图 10.50　IRL9Z34N 数据表摘录(1)(Courtesy of International Rectifier © 1998.)

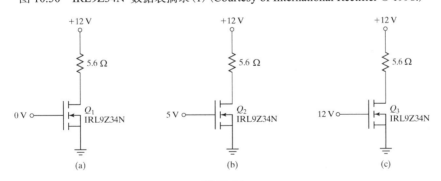

图 10.51

	Parameter	Min.	Typ.	Max.	Units	Conditions
$V_{(BR)DSS}$	Drain-to-Source Breakdown Voltage	55	——	——	V	$V_{GS} = 0V$, $I_D = 250\mu A$
$\Delta V_{(BR)DSS}/\Delta T_J$	Breakdown Voltage Temp. Coefficient	——	0.065	——	V/°C	Reference to 25°C, $I_D = 1mA$
$R_{DS(on)}$	Static Drain-to-Source On-Resistance	——	——	0.035	Ω	$V_{GS} = 10V$, $I_D = 16A$
		——	——	0.046		$V_{GS} = 5.0V$, $I_D = 16A$
		——	——	0.060		$V_{GS} = 4.0V$, $I_D = 14A$
$V_{GS(th)}$	Gate Threshold Voltage	1.0	——	2.0	V	$V_{DS} = V_{GS}$, $I_D = 250\mu A$

图 10.52　IRL9Z34N 数据表摘录(2)(Courtesy of International Rectifier © 1998.)

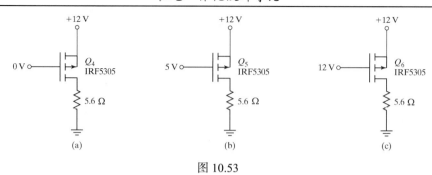

图 10.53

	Parameter	Min.	Typ.	Max.	Units	Conditions
$V_{(BR)DSS}$	Drain-to-Source Breakdown Voltage	-55	—	—	V	V_{GS} = 0V, I_D = -250µA
$\Delta V_{(BR)DSS}/\Delta T_J$	Breakdown Voltage Temp. Coefficient	—	-0.034	—	V/°C	Reference to 25°C, I_D = -1mA
$R_{DS(on)}$	Static Drain-to-Source On-Resistance	—	—	0.065	Ω	V_{GS} = -10V, I_D = -16A
$V_{GS(th)}$	Gate Threshold Voltage	-2.0	—	-4.0	V	V_{DS} = V_{GS}, I_D = -250µA

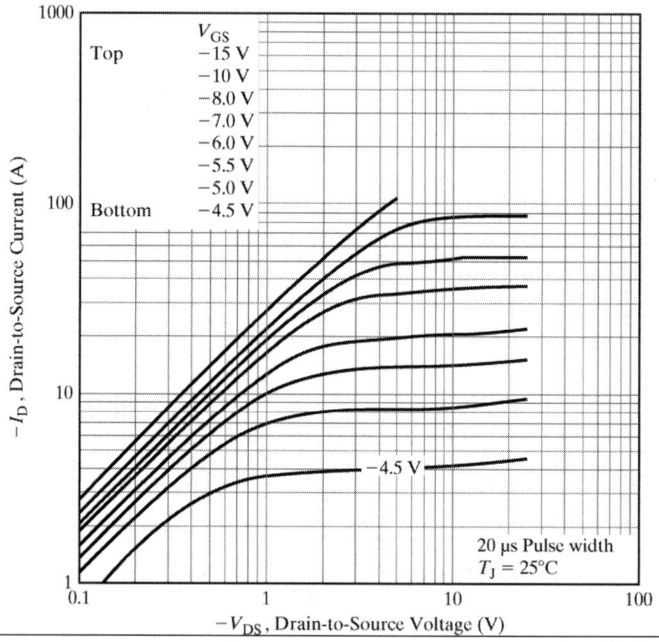

图 10.54 IRF5305 数据表摘录(Courtesy of International Rectifier © 2000.)

10.11 设计一个满足以下所有条件的电路。

(a) 使用单个 BJT(使用 BJT 特性经验法则,并且保证其工作在饱和区)。

(b) 使用 BJT 来开关流经 LED(V_f= 2.2 V)的电流。

(c) 使用 5 V 电源。

(d) 当 LED 关闭时,BJT 基极驱动为 0 V 信号,当 LED 开启时为 3 V 信号。

(e) 关闭状态流经 LED 的电流约为 0 mA,开启状态约为 100 mA(±10%)。

(f) 使用 5% 标准电阻值。

(g) 回答下列问题:

  i. 这是低侧驱动还是高侧驱动结构?

  ii. 驱动 BJT 基极需要多少稳定电流?

10.12 设计一个满足以下所有条件的电路。

  (a) 使用单个 IRL9Z34N N 沟道 MOSFET(这个元件的数据表可在网上查询)。MOSFET 工作在线性区。

  (b) 使用 MOSFET 来开关流经 LED(V_f= 2.2 V)的电流。

  (c) 使用 5 V 电源。

  (d) 当 LED 关闭时,IRL9Z34N 的栅极驱动为 0 V 信号,当 LED 开启时为 5 V 信号。

  (e) 关闭状态流经 LED 的电流约为 0 mA,开启状态约为 100 mA(±10%)。

  (f) 使用 5%标准电阻值。

  (g) 回答下列问题:

    i. 这是低侧驱动还是高侧驱动结构?

    ii. 驱动 IRL9Z34N 栅极需要多少稳定电流?

10.13 设计一个满足以下所有条件的电路。

  (a) 使用单个 BJT(使用 BJT 特性经验法则,并且保证其工作在饱和区)。

  (b) 使用 BJT 来开关流经 50 Ω 负载的电流。

  (c) 使用 5 V 电源。

  (d) 当负载关闭时,BJT 基极驱动为 5 V 信号,当负载开启时为 0 V 信号。

  (e) 关闭状态流经负载的电流约为 0 mA,开启状态约为 35 mA(±10%)。

  (f) 使用 5%标准电阻值。

  (g) 回答下列问题:

    i. 这是低侧驱动还是高侧驱动结构?

    ii. 驱动 BJT 基极需要多少稳定电流?

10.14 设计一个满足以下所有条件的电路。

  (a) 使用单个 IRFU5305 P 沟道 MOSFET(这个元件的数据表可在网上查询)。MOSFET 工作在线性区。

  (b) 使用 MOSFET 来开关流经 50 Ω 负载的电流。

  (c) 使用 12 V 电源。

  (d) 当负载关闭时,BJT 的基极驱动为 12 V 信号,当负载开启时为 0 V 信号。

  (e) 关闭状态流经负载的电流约为 0 mA,开启状态约为 200 mA(±10%)。

  (f) 使用 5%标准电阻值。

  (g) 回答下列问题:

    i. 这是低侧驱动还是高侧驱动结构?

    ii. 驱动 IRFU5305 栅极需要多少稳定电流?

10.15 如图 10.55 所示电路,当 V_{in} = 0 V 时,V_{out} 为多少? 当 V_{in} = 3.3 V 时,V_{out} 为多少? 在每种状态下,V_{in} 需要转换多少电流?

10.16 当 V_{in} = 0 V 时,流经 R_L 的电流为多少? 当 V_{in} = 5 V 时,流经 R_L 的电流为多少? 在每种状态下,V_{in} 需要转换多少电流? 参见图 10.56。

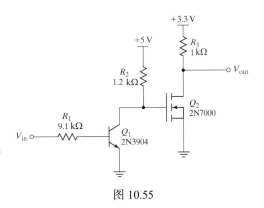

图 10.55

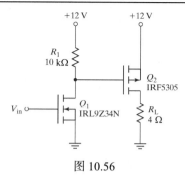

图 10.56

扩展阅读

The Art of Electronics, Horowitz, P., and Hill,W., 2nd ed., Cambridge University Press, 1989.

Practical Electronics for Inventors, Scherz, P., 2nd ed., McGraw-Hill, 2006.

第11章 运算放大器

运算放大器(operational amplifier，通常英文中简写为"op-amp"，也可简称为运放)是一种基本电子元件，用于调节控制送入微控制器的模拟信号。运算放大器的应用电路种类繁多，但基本特性有规律可循，设计者仅需根据运算放大器的基本特性，参照基础电路知识，即可搭建用于调节传感器信号的常用电路。本章重点讲述理想运算放大器的基本功能，以及运算放大器电路的分析方法，讨论实际运算放大器和理想运算放大器的异同，包括如何从数据表中筛选必要信息，以及关于运算放大器的应用优化子类——比较器的简单讨论。学习本章之后，读者应具备以下能力：

1. 能够识别基本运算放大器电路结构。
2. 能够运用运算放大器的黄金准则来分析运算放大器电路，并构建描述输入-输出关系的传递函数。
3. 能够理解比较器的特性及其与运算放大器的区别。
4. 能够说明实际运算放大器与理想运算放大器的异同。
5. 能从数据表中提取相关参数，并根据参数为应用对象选择运算放大器。

11.1 运算放大器的特征

运算放大器是调节模拟信号的最常用的电路元件，是一种有源器件。从功能上来看，运算放大器有 2 个输入和 1 个输出，电路符号如图 11.1 所示；2 个输入分别为**反相输入**(标为"−")和**同相输入**(标为"+")。如式(11.1)所示，运算放大器的输出电压等于同相输入与反相输入之差乘以运算放大器的**增益** G。通常情况下，增益 G 的值很大(典型实际放大器增益可能高达 10^5 量级)，而输出电压则受限于电源电压，即无论输入电压有多高，输出电压的幅度总在$-V_s$和$+V_s$之间。

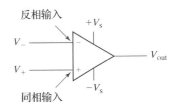

图 11.1 运算放大器的电路符号

$$V_{\text{out}} = G\,(V_+ - V_-) \tag{11.1}$$

在绘制运算放大器电路时，通常会省略电源连接，但在实际搭建的电路中必须包括电源，因为运算放大器是有源器件，没有电源就无法工作。

11.2 负反馈

如图 11.1 所示的简单差分放大器是一种**开环**运算放大器结构(没有反馈)。由于这种放大器的放大倍数太大，输入电压经过放大器后都会被限幅，即无论输入电压有多高，其输出电压均为$-V_s$ 或$+V_s$。这种结果完全没有实用意义，因此开环运算放大器结构一般不用于实际电路。实际电路的运算放大器通常采用图 11.2 所示的**闭环负反馈**结构；所谓闭环(闭合环路)，表示电路中从输出反馈回输

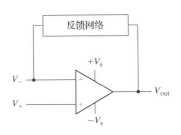

图 11.2 闭环负反馈电路

入的连接，而"负反馈"则指输出被连接到反相输入(与同相输入相反)。

当电路工作于闭环负反馈状态时，其功能特性由反馈网络及运算放大器决定。对于典型的闭环电路而言，运算放大器的开环增益对电路的实际增益影响很小，这有助于设计者选择合适的电路增益以获取能够满足应用需求的输出值。

11.3　理想运算放大器

实际运算放大器电路分析可基于理想运算放大器模型展开。第12章将重点讲述实际运算放大器的非理想特性，进而证明在目前的大多数应用中，实际运算放大器的性能是接近理想运算放大器的。

理想运算放大器模型如图11.3所示，图中放大器的输出电压由理想电压源产生，该电压源连接到理想测量仪，用于测量两个输入端之间的电压差。使用理想运算放大器模型需基于以下三个假设：

1. 增益$[V_{out}/(V_+ - V_-)]$无穷大。
2. 无输入电流，这是理想电压测量的必要条件。
3. 输出阻抗为零，这是理想电压源的重要特性。

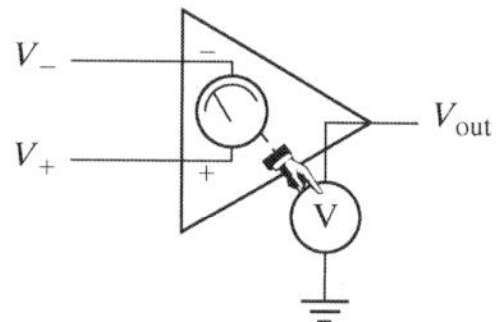

基于理想运算放大器定义及其相关的三个假设，可大大简化运算放大器电路的分析过程。因此，即使明确知晓运算放大器电路的非理想特性将影响设计功能，设计者也会首先基于理想运算放大器展开分析，然后再考虑非理想特性对设计功能的影响。

图11.3　理想运算放大器模型

11.4　分析运算放大器电路

11.4.1　黄金准则[①]

基于理想运算放大器的假设，可得两条**黄金准则**(The Golden Rules)。基于这两条黄金准则，即可降低运算放大器电路分析的复杂度。

黄金准则 1：输入端无电流流入。
黄金准则 2：当放大器工作于负反馈状态时，输出电压将使两个输入电压尽可能相等。

黄金准则 1 源自理想运算放大器模型的假设条件。黄金准则 2 则是运算放大器增益无穷大的结果，如果输出端与反相输入端相连(二者连线上允许存在其他电路元件，如电阻)，并且同相输入电压高于反相输入，则输出电压将被向上拉起，直到反相输入电压与同相输入电压趋于一致。当反相输入初始电压高于同相输入的电压时，输出电压将被拉低——同样使同相与反相输入电压趋于一致；当增益无穷大时，同相电压与反相电压将完全相等。

11.4.2　同相运算放大器结构

同相运算放大器结构如图11.4所示。假设 V_{in} 的初始值为 1 V，V_{out} 为 0 V，R_f 与 R_i 构成分压器，此时反相输入也为 0 V，即此电路的初始条件为同相输入电压高于反相输入电压。由理想运算放大器模型可知，这种初始条件将导致输出电压升高(因为 V_+ 高于 V_-)。升高的输出电压再作用于

---

① 该方法引自 *The Art of Electronics*, Horowitz, P., and Hill, W., 2nd ed., Cambridge University Press, 1989。

分压器，将导致反相输入电压升高，重复往返，输出电压不断升高，直至反相输入电压和同相输入同样达到 1 V。反馈回路中的电流以及使同相与反相输入电压相等所需的输出电压均取决于电阻 R_f 和 R_i。

基于黄金准则可分析同相运算放大器电路的响应。应用准则 2，可知节点 A(见图 11.5)电压为 V_{in}，基于此可计算电流 i_1：

$$i_1 = \frac{V_{out} - V_{in}}{R_f} \tag{11.2}$$

和电流 i_2：

$$i_2 = \frac{V_{in} - 0}{R_i} \tag{11.3}$$

黄金准则 1 则说明运算放大器的输入端无电流流入，因此有 $i_1 = i_2$。

$$\frac{V_{out} - V_{in}}{R_f} = \frac{V_{in} - 0}{R_i} \tag{11.4}$$

将 V_{out} 和 V_{in} 联系起来，可得

$$V_{out} = V_{in}\left(1 + \frac{R_f}{R_i}\right) \tag{11.5}$$

由此可知，输出电压与输入电压的极性相同(因此被称为"同相")，同相运算放大器的增益，即输出电压与输入电压之间的放大关系为 $(1 + R_f/R_i)$。

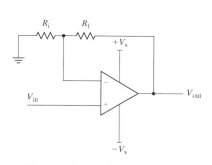

图 11.4　同相运算放大器结构

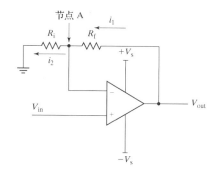

图 11.5　标注电流方向的同相运算放大器结构

11.4.3　反相运算放大器结构

图 11.6 给出了一种同相运算放大器的变形结构，被称为**反相运算放大器**。顾名思义，该放大器的输出与同相运算放大器的完全相反。将同相输入与 R_i 左侧的连接交换，即可构成反相放大电路。该电路的分析方法与同相放大电路相同，应用黄金准则 2，可令节点 A 点电压为 0 V。化简可得 i_1 和 i_2 的表达式：

$$i_1 = \frac{V_{out} - 0}{R_f} \tag{11.6}$$

$$i_2 = \frac{0 - V_{in}}{R_i} \tag{11.7}$$

运算放大器的反相无电流流入，引入黄金准则 1，令 $i_1 = i_2$，则有

$$\frac{V_{out} - 0}{R_f} = \frac{0 - V_{in}}{R_i} \tag{11.8}$$

整理后可得 V_{out} 和 V_{in} 的关系式：

$$V_{\text{out}} = -V_{\text{in}}\left(\frac{R_{\text{f}}}{R_{\text{i}}}\right) \tag{11.9}$$

反相运算放大器的输出电压和输入电压的极性相反（因此被称为"反相"），并且输出与输入电压的幅度放大关系由系数 $R_{\text{f}}/R_{\text{i}}$ 决定。将两者结合，可知反相运算放大器的增益为 $-R_{\text{f}}/R_{\text{i}}$。

如前所述，理想情况下同相结构的闭环运算放大器电路增益取决于反馈电阻与输入电阻的比值，而非反馈电阻的绝对值。在实际电路中，电阻取值从几千欧到数百千欧不等，这种对电阻取值的限制源于实际运算放大器的非理想特性。关于运算放大器非理想特性的具体分析见 12.1 节，届时我们将详细说明电阻值限制条件的确定依据。

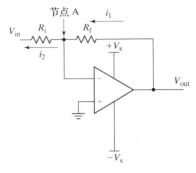

下面举例说明。假设图 11.6 的电路的输入电压 V_{in} 为 1 V，$R_{\text{f}} = R_{\text{i}} = 10\text{ k}\Omega$。根据式(11.7)可求出电流 i_2：

$$i_2 = \frac{0 - V_{\text{in}}}{R_{\text{i}}} = \frac{-1\text{ V}}{10\text{ k}\Omega} = -0.1\text{ mA}$$

图 11.6　反相运算放大器结构

计算出的电流为负值，即表示推导该表达式时所假设的电流方向与实际电流方向正好相反。

根据 i_2 的值，基于黄金准则 1，令 $i_1 = i_2$，整理式(11.6)，可得 V_{out} 的表达式：

$$V_{\text{out}} = R_{\text{f}} i_1 = 10\text{ k}\Omega \times -0.1\text{ mA} = -1\text{ V}$$

此处 V_{out} 的值与直接采用式(11.9)所得的结果相同。

11.4.3.1　虚地

有趣的是，图 11.6 中节点 A 的电位为 0，从电路结构来看，节点 A 并未接地，但电位却为 0。节点 A 表现出的这种性质被称为虚地，节点 A 被称为虚地点，虚地点的存在可简化电路分析。例如，当分析流经电阻 R_{i} 的电流时，可认为电阻的右端接地。当然，实际上 R_{i} 的右端并未接地。

11.4.3.2　"平凡"的地

对于电路设计初学者而言，电路中的地是十分神奇的，电路中的地有两个作用：(1)地是整个电路的通用电压参考点，(2)地为电流提供流回电源的回路。对于初学者而言，必须明白元件与地的不同连接方式对应的功能。当需要给元件供电时，与地连接旨在建立回流通路，主要表现在电源与元件地引脚之间的连接方式。对于其他接地连接，主要是为电路提供 0 V 参考点，即下面讲述的参考电压连接。

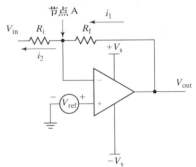

当地用于 0 V 参考点时，可将其看作一个恰好为 0 V 的电压源（当然，和接地电位电压相同），由此可见，地并不那么神奇，它只是表示一种电压，接地连接可用一个具有其他电势的电压源来代替，此时电路依然可以正常工作，只是传递函数不同而已。

下面基于图 11.7 所示电路来证明这个结论，该电路和图 11.6 的电路基本相同，只是用一个到电压源 V_{ref} 的连接替代了原同相输入的接地连接。

图 11.7　带偏置电压的运算反相放大器

参照推导式(11.6)~式(11.9)的方法，可推导出 V_{out} 和 V_{in} 之间的关系表达式。此时节点 A 电压为 V_{ref}：

$$i_1 = \frac{V_{\text{out}} - V_{\text{ref}}}{R_{\text{f}}} \tag{11.10}$$

$$i_2 = \frac{V_{ref} - V_{in}}{R_i} \tag{11.11}$$

$$\frac{V_{out} - V_{ref}}{R_f} = \frac{V_{ref} - V_{in}}{R_i} \tag{11.12}$$

$$V_{out} = (V_{ref} - V_{in})\left(\frac{R_f}{R_i}\right) + V_{ref} \tag{11.13}$$

式 (11.13) 的增益由 V_{ref} 和 V_{in} 的电压差决定, 即该运算放大器表现出了基本差分放大器的特性。此时参考电压 V_{ref} 导致输出电压偏移, V_{in} 的负号表示 V_{in} 增加将导致 V_{out} 降低, 这与反相结构特征相符。另外, 输出是否存在实际极性反转, 取决于 V_{in} 和 V_{ref} 的相对值。最后, 如果 $V_{ref} = 0$, 即可得到基本反相运算放大器结构的传递函数。

例 11.1 设计一个用于测量室温的 LM34 温度传感器放大电路。LM34 是一种精密温度传感器, 输出电压正比于华氏温度, 比例因子为 10 mV/℉。将 LM34 用于测量室温, 测量的温度范围为 50℉ 到 90℉, 输出电压范围为 0.5 ~ 4.5 V。

解: 由题意可知, 放大电路的增益为 10[(10 mV/℉×40℉)/(4.5 V – 0.5 V)=10], 应选用同相放大电路结构, 即 0.5 V 对应 50℉, 4.5 V 对应 90℉。据此可画出电路图初稿 (见图 11.8)。

为了获得增益 10, 可将 R_f 和 R_i 的比值设为 9:1, 另外还需确定 V_{ref} 值, 最简单的方法是以温度为 50℉ 的条件作为基准。此时, LM34 的输出电压为 50℉ ×10 mV/℉ = 500 mV; 由黄金准则 2 可知节点 A 的电压为 0.5 V。如题意要求在这个温度下输出电压也应为 0.5 V。如果节点 A 的电压和 V_{out} 均为 0.5 V, 则 i_1 为 0, i_2 为 0, V_{ref} 为 0.5 V。

同样, 我们也可以采用温度范围的上限温度来测试计算结果, 此时 LM34 的输出为 90℉×10 mV/℉ =

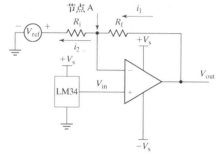

图 11.8 LM34 初级信号调理

0.9 V。节点 A 的电压因此也为 0.9 V, 输出电压等于 4.5 V。由此可得 R_f 电压为 4.5 V – 0.9 V = 3.6 V, 则 i_1 为 3.6 V/R_f。由黄金准则 1 可知, i_2 也应为 3.6 V/R_f, 电流 i_2 流经 R_i (为 1/9R_f), 并产生 3.6 V/R_f× R_f/ 9 = 3.6 V/9 = 0.4 V 的电压降。因为节点 A 的电压为 0.9 V, 则 V_{ref} 为 0.5 V, 与计算结果吻合。因此, 图 11.8 所示电路能满足设计要求。在下一节我们将讨论如何产生 0.5 V 的 V_{ref}。

11.4.4 单位增益缓冲器

如想用分压器产生参考电压, 并且要求该参考电压能承受大电流 (毫安量级), 则需要一个增益为 1 的放大器。实际上, 类似的应用需求还有很多, 这些应用都希望放大器的增益恰好为 1。在第 9 章讲述的分压器分析法中, 假设图 11.9 中的 V_{ref} 点无电流流入、流出。在实际应用中, 流入或流出 V_{ref} 的电流将改变分压器表达式, 进而严重影响参考电压值, 其影响幅度一般在 10% 以上, 这将导致流过分压器电阻 R_1 和 R_2 的电流比 V_{ref} 的电流大 50 ~ 100 倍; 即如果 V_{ref} 的电流为 2 mA, 则将有 100 ~ 200 mA 的电流流入分压器。流过分压器的大电流将在电阻上转化为热能并散发出去, 导致功率浪费。另外, 此时电阻 R_1 和 R_2 的功耗在 0.5 ~ 1 W 之间, 即需要选用功率电阻构成分压器, 导致成本上升。由此可见, 这种设计方案存在很大缺陷。

设计者认为, 利用运算放大器的输入特性可以很好地解决这个问题, 即将 V_{ref} 连接到运算放大器的输入, 则根据黄金准则 1 可知, 此时运算放大器没有电流流出, 不会对 V_{ref} 产生影响。运算放大器的输出将为负载提供电流，这种输入与输出电流之间的隔离被称为**缓冲**。

从前面分析的各种电路可知，同相放大电路能够很好地满足设计需求，因为同相放大电路的输入电压直接连接到运算放大器的输入，不会出现输入电压的反相。但是，由同相放大电路的增益表达式 $(1 + R_f/R_i)$ 可知，其增益必然大于 1。进而可知，如果 $R_f = 0$ 而 $R_i = \infty$，则同相放大电路增益正好为 1。当然这种假设仅存在于理论中，实际应用难以实现，但可基于此进行修正；修正后的同相放大电路被称为**单位增益缓冲器**电路(见图 11.10)。

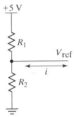

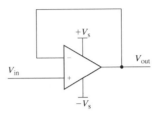

图 11.9　基于参考电压的分压器　　　　图 11.10　单位增益缓冲器

结合图 11.9 和图 11.10 的电路(增加一处修正)，可得实际参考电压源电路(见图 11.11)。

在图 11.11 中，电容 C_1 用于去除电源波动，即消除 $+V_s$ 的波动对 V_{ref} 的影响。另外，分压器中的电阻与 C_1 构成低通滤波器，可降低 $+V_s$ 的波动对运算放大器输入的影响。由于 $+V_s$ 为常量，因此应选择能产生相对较长时间常数(例如，数十毫秒至数百毫秒)的 C_1 值。

如果采用标准电阻获得目标电压，并且能容忍电阻容差带来的不确定性，则可保证图 11.11 所示电路工作正常。如果采用标准电阻无法获得目标电压，则可考虑采用可变电阻代替 R_1 和 R_2。为了实现可变电阻的微调控制，可将标准电阻与电位器(见图 11.12)串联。当然也可直接采用电位器，但其调整精度不如前者。另外，单个的电位器可能出现电阻值为 0 Ω 的情况，这也是不满足需求的。因此，采用标准电阻 (R_{1a}) 和电位器 (R_{1b}) 串联的方式显然更为可靠。

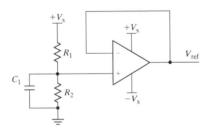

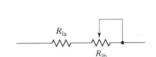

图 11.11　实际参考电压源电路　　　　图 11.12　高精度电位器

选择标准电阻 R_{1a} 时，必须保证电阻容差的最大范围的电阻值小于设计需求总电阻的最小值。可变电阻 R_{1b} 则应稍大于标准电阻 R_{1a} 的最小值与 R_{1b} 的最小值(电位器标注的电阻值减去其最坏情况偏差)之和。使用这种方法选择电阻值，能够最大限度提高组合电阻的调整分辨率，并且避免了组合电阻为零的情况。以上方法适用于任何电路中组合电阻的选择。实际上，除标准电路和测量仪器，一般少有这类需求，大多数机电系统可以忽略电阻容差。当然，在某些情况下，也可选择具有更小容差(2%，1%，或更小)的电阻来满足应用需求。

11.4.5　差分放大器结构

图 11.13 给出了**差分放大器**的基本电路，该放大器有两个输入端，下面通过详细推导其传递函数，以说明"差分放大器"名副其实。

进行电路分析之前，首先应确定那些与其他部分相关性较少的局部电路。如图中分压器的局部电路，包括 V_2、R_i、节点 B、R_f，仅与运算放大器的同相输入端相连。根据黄金准则 1（输入端没有电流），可将该局部电路看成一个理想分压器，由此可得节点 B 的电压表达式：

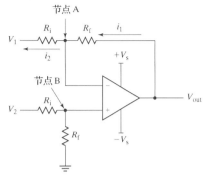

图 11.13　差分放大器

$$V_B = V_2\left(\frac{R_f}{R_i + R_f}\right) \tag{11.14}$$

由于运算放大器的输出端将反馈到反相输入端（负反馈），根据黄金准则 2，可令节点 A 的电压等于节点 B 的电压，由此得 i_1 和 i_2 的表达式：

$$i_1 = \frac{V_{out} - V_2\left(\dfrac{R_f}{R_i + R_f}\right)}{R_f} \tag{11.15}$$

$$i_2 = \frac{V_2\left(\dfrac{R_f}{R_i + R_f}\right) - V_1}{R_i} \tag{11.16}$$

根据黄金准则 1，在反相输入端有 $i_1 = i_2$，因此，

$$\frac{V_{out} - V_2\left(\dfrac{R_f}{R_i + R_f}\right)}{R_f} = \frac{V_2\left(\dfrac{R_f}{R_i + R_f}\right) - V_1}{R_i} \tag{11.17}$$

由此可得输出电压与两个输入电压之间的关系式：

$$V_{out} = (V_2 - V_1)\frac{R_f}{R_i} \tag{11.18}$$

式（11.18）说明"差分放大器"确实名副其实，即其输出电压与两个输入电压之差成正比，并且总增益为 R_f/R_i。

实际在使用图 11.13 所示电路时，需特别注意由两个输入电压之差带来的一系列问题。首先需关注减法运算的准确性问题，式（11.18）的推导中假设两个 R_i 的电阻值完全相同，两个 R_f 的电阻值也完全相同。在实际电路中，这种假设难以成立，电阻值的差异将直接导致传递函数改变，从而使表达式更加复杂，其输出结果也只能与输入电压差值近似相关。其二，R_f 和 R_i 的电阻绝对值将影响输出，为了尽量减小 V_1 和 V_2 的电流，R_f 和 R_i 的电阻值应尽可能大。如第 12 章所述，这与最小化运算放大器的非理想特性引起的偏差是矛盾的。因此，图 11.13 的电路一般只用于当电压源能承受大电流（即低输出阻抗）时的低精度减法。如果需要进一步增加差分放大器的准确度，可采用仪表放大器，详细内容见第 14 章的信号调理部分。

11.4.6　求和器结构

图 11.14 给出了另一个具有两输入端、一输出端的电路——求和器。图 11.13 的电路中的输出由两个输入电压之差决定，而图 11.14 的电路中的输出则由两个输入电压之和决定。下面将再次通过分析以说明"求和器"的说法是否名副其实。

与图 11.13 的电路不同，图 11.14 电路并不能分割出包括

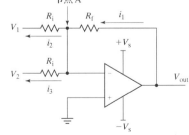

图 11.14　求和器

两个输入端的局部电路，但如第 9 章所述，对两个独立电压输入可使用叠加原理来分析输出特性。

下面针对单个输入进行分析。根据戴维南等效法，可先将一个输入端短路。先对 V_2 短路，即将其电压设为 0 V。此时电路等效为同相输入接地、反相放大结构，节点 A 为虚地点，此时 $V_1 = V_2 = 0\,\text{V}$。V_2 端连接的输入电阻 R_i 两端无电压差，$i_3 = 0$，与 11.4.3 节分析的反相放大电路类似，输出为

$$V_{\text{out}} = -V_1 \frac{R_f}{R_i} \tag{11.19}$$

再对 V_1 短路，即 $V_1 = 0\,\text{V}$，此时 V_1 端连接的输入电阻 R_i 两端无电压差，$i_2 = 0$，与图 11.6 所示反相放大电路类似。唯一的区别在于 i_2 被 i_3 替代，因此式 (11.9) 中的 V_1 将被 V_2 替代，有

$$V_{\text{out}} = -V_2 \frac{R_f}{R_i} \tag{11.20}$$

基于式 (11.19) 和式 (11.20)，利用叠加原理，可获得总的响应公式：

$$V_{\text{out}} = -V_2 \frac{R_f}{R_i} + \left(-V_1 \frac{R_f}{R_i}\right) = -\frac{R_f}{R_i}(V_2 + V_1) \tag{11.21}$$

式 (11.21) 说明"求和器"名副其实。图 11.14 所示电路为**反相求和器**，即输出电压与输入电压的相位相反。

11.4.7　跨阻放大器结构

前面讨论的均为输入电压/输出电压电路。尽管微控制器的输出多用电压表示，但其输入并不一定都是电压，也可以是电流，如第 10 章介绍的光电二极管和光电晶体管，这两种元件都会产生正比于射入传感器的光能的电流，并且当这两种元件端口电压保持恒定时，从光能到电流的传递函数表现出线性特性。利用运算放大器，即可构成一个具有以上特性的简单电路——**跨阻放大器**。

在图 11.15 的电路中，节点 A 仍为虚地点（被运算放大器保持在 0 V），即无论有多少光能照射到光电晶体管上，其电压始终固定为 $+V_s$。光电流 i_S 流入节点 A，即可获得线性光能-电流传递函数。基于黄金准则 1 可知 $i_f = i_S$，因此 $V_{\text{out}} = -i_f R_f$。放大电路的输出电压与流经传感器的电流 i_S 相关，并且等于电流 i_S 与增益系数（即反馈电阻值 R_f）的乘积。注意，输出电压与电流反相。

之所以称为"跨阻放大器"，是因为其功能与电阻类似，即将电流转换为电压。该电路在很多方面优于普通电阻，因为节点 A 的电压恒定，即无论电流大小，都不会影响节点 A 的电压，因此与采用普通电阻时不同，跨阻放大器电路中的寄生电容不会因光电流改变而发生充放电，即光电流的上升/下降时间不受 RC 电路充放电时间的影响。

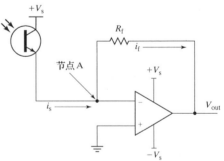

图 11.15　跨阻放大器

11.4.8　运算放大器上的计算

前面分别讨论了乘法、加法、减法的运算放大器电路，再加上分压器（除法），读者应该已经能够实现各种基本数学运算。在过去很长一段的时间，模拟计算机因其运算速度远高于彼时之数字计算机，被广泛用于实现模拟信号的数学运算中。作为模拟计算的关键电路，运算放大器电路也可用于积分和微分运算，但基于运算放大器构建的积分器和微分器并非本书重点，本书仅在第 14 章的低通滤波器和高通滤波器部分会涉及积分器与微分器的典型频率特性，此处不再

赘述。目前，积分和微分运算一般采用软件实现。至于一般的加减法运算，由于采用数字电路会消耗较多资源，因此依旧基于模拟电路来实现。第 14 章将进一步讲解信号调理电路中的求和/差分放大电路，第 19 章中涉及的数模转换也与放大电路相关。

11.5　比较器

比较器是机电系统的重要组成部分，用于比较某个特定模拟电压与参考电压。例如，如果输入电压高于参考电压，则输出一个高电压，否则输出一个低电压。尽管高增益的放大器(见图 11.16)也可实现比较器功能，但由于运算放大器存在饱和现象，因此并不是构成比较器的最佳选择。

如果运算放大器的输出无法响应输入电压的变化，则表示该运算放大器处于**饱和态**。尽管饱和态不会对运算放大器造成物理损伤，但此时的放大器已不能正常工作。例如图 11.16 的电路，假设参考电压为 1 V，输入电压为 0.999 V(比参考电压低 1 mV)，根据式(11.13)可计算出输出电压为

$$V_{\text{out}} = (V_{\text{ref}} - V_{\text{in}})\left(\frac{R_{\text{f}}}{R_{\text{i}}}\right) + V_{\text{ref}} = (1\ \text{V} - 0.999\ \text{V})(10\ 000) + 1\ \text{V} = 11\ \text{V}$$

但由于电路的正电源电压为 5 V，当输出电压高于正电源电压时，输出将饱和，即无法达到上述计算的电压。

如果输入电压从 0.999 V 升至 1.001 V(从比参考电压低 1 mV 到高 1 mV)，根据式(11.13)，可算出输出电压为

$$V_{\text{out}} = (V_{\text{ref}} - V_{\text{in}})\left(\frac{R_f}{R_i}\right) + V_{\text{ref}} = (1\ \text{V} - 1.001\ \text{V})(10\ 000) + 1\ \text{V} = -9\ \text{V}$$

理想情况下，此时运算放大器的输出需要立刻从正电压转换为负电压。但由于饱和态的运算放大器晶体管需要一段时间(微秒量级)才能恢复到线性状态。然后还需要再经过一段时间重新进入负饱和态，因之将产生输出响应延迟。为了解决这个问题，设计者针对处理速度进行优化，设计了一种类似于运算放大器的元件——比较器。当输入电压发生反转(同相输入电压超过反相输入电压，或反相输入电压超过同相输入电压)时，利用比较器可快速改变输出，这种输出响应的改变与同相、反相电压差无关。比较器的电路符号如图 11.17 所示。

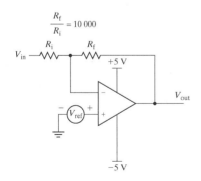

图 11.16　基于放大器的比较器

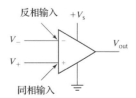

图 11.17　比较器的电路符号

将运算放大器的电路符号(见图 11.1)和比较器的电路符号(见图 11.17)进行对比后可以发现，除了低侧电源电压从运算放大器中的$-V_s$变为比较器中的地，其他完全相同。这反映了一个事实，即绝大多数比较器采用单电源供电。

那么如何在电路图中识别运算放大器与比较器呢？一般电路图中的元件都有专门的编号标识，设计者可通过元件编号识别。如果遇到无法识别的元件编号，则可在网上查找，或查看元件在电路中的连接方法。运算放大器通常采用闭环负反馈结构，而比较器则通常采用正反馈结构或开环结构[1]（例如，在输出端和任意输入端之间无连接）。

大部分比较器的输出方式与运算放大器的不同，如图 11.18(a)所示，运算放大器是**图腾柱输出**（有时也被称为**推挽式输出**）。这种输出方式既可拉高输出电压（此时 Q_1 开启、Q_2 关闭，电流方向为流出），也可拉低输出电压（此时 Q_2 开启、Q_1 关闭，电流方向为流入）。尽管有时也会将比较器设计为推挽式，但通常情况下采用图 11.18(b)所示电路结构，如 Q_3 为双极结型晶体管，该结构被称为集电极开路输出（或当 Q_3 为 MOSFET 时，称之为开漏输出）。这种输出

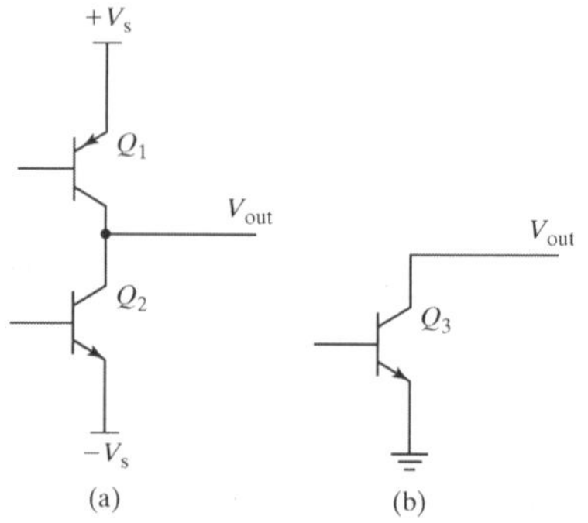

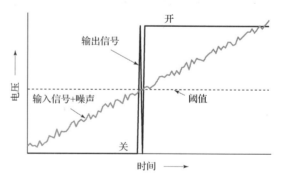

图 11.18　(a)图腾柱输出；(b)集电极开路输出

方式使得比较器可通过开启 Q_3 来拉低输出电压，但不能将 V_{out} 拉至高电压，其高输出电压的值取决于 Q_3 关闭时用于产生高输出电压的外部元件。事实上，这种方式能够提供灵活多变的高输出电压。关于推挽式和集电极开路输出问题将在第 17 章的数位输出和功率激励器部分详细介绍。

11.5.1　比较器电路

最简单的比较器电路如图 11.19 所示。假设比较器为集电极开路输出，**上拉电阻** R_{PU} 连接在输出和电源之间，当 V_{in} 超过 R_1 和 R_2 构成的分压器设置的电压 V_{ref} 时，输出 V_{out} 为 5 V，否则为 0 V。这种电路就是**同相比较器**。如想构建**反相比较器**，只需将两个输入端简单对换，即可使当 V_{in} 高于 V_{ref} 时电路输出 0 V，否则输出 5 V。

当 V_{in} 在参考电压上下快速转换时，图 11.19 的电路工作正常。但如果电压转换速度较慢，则可能遇到 5.3 节讨论软件比较器时描述的振颤问题，如图 11.20 所示。由于信号携带噪声，当变化缓慢时，可能因噪声的影响而导致多次输出转换。

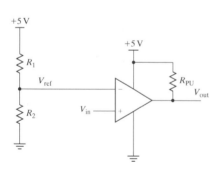

图 11.19　简单的同相比较器电路

图 11.20　比较器输出端的振颤

该问题的解决思路与软件比较器的类似，即在系统中加入迟滞，对于硬件比较器而言，即指将输出信号反馈回参考电压的输入端。此时参考电压将随着输出电压变化。图 11.21 为简单修改的反相比较器电路，称之为**迟滞反相比较器**。带有迟滞（同向或反向）的比较器也称**施密特触发器**。

---

[1] 在撰写本书时，德州仪器(TI)发布的比较器中有 104 个具备集电极开路或漏极开路特性，但仅有 26 个具备推挽式输出。

为了实现有效的迟滞效应,通常 R_3 比 R_{PU} 的电阻值大 100 倍以上。为了简化分析,可忽略 R_{PU},当 V_{in} 低于 V_{ref} 时,电路输出高电平,由图 11.22 的简化电路结构推导,可得 V_{ref} 的计算式(11.22)。

$$V_{\mathrm{ref(hi)}} = V_{\mathrm{CC}} \frac{R_2}{R_2 + (R_1 \| R_3)} \tag{11.22}$$

当 V_{in} 高于 $V_{\mathrm{ref(hi)}}$ 时,输出变为低电平,R_3 右端接地,并与 R_2 并联(见图 11.23),可得 $V_{\mathrm{ref(low)}}$ 的表达式:

$$V_{\mathrm{ref(low)}} = V_{\mathrm{CC}} \frac{(R_2 \| R_3)}{R_1 + (R_2 \| R_3)} \tag{11.23}$$

具体的迟滞值为 $V_{\mathrm{ref(hi)}}$ 与 $V_{\mathrm{ref(low)}}$ 之差。一旦输入电压 V_{in} 超过 $V_{\mathrm{ref(hi)}}$,则必须下降至 $V_{\mathrm{ref(low)}}$ 才能触发输出状态跳变,如果噪声的幅度小于迟滞值,则不会发生多次跳变的现象。

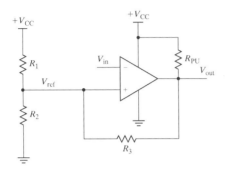

图 11.21　迟滞反相比较器

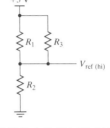

图 11.22　比较器输出为高电平时的 V_{ref} 等效电路

基于电路分析方法,可用式(11.22)和式(11.23)计算已知电路的电压上下限阈值。但从电路设计的角度却不易实现,三个电阻值决定了两个阈值,即需要确定三个变量,该系统为非约束性系统。为了解决这个问题,我们给出以下设计步骤[1]来确定 R_1、R_2 和 R_3 的值。

1. 令上限阈值为 VA_1。
2. 令下限阈值为 VA_2。
3. 由 $VA_1 - VA_2$ 计算 ΔVA。
4. 由 $n = \dfrac{\Delta VA}{VA_2}$ 计算 n。
5. 选择 $R_3 = 1\ \mathrm{M\Omega}$。
6. 由 $R_1 = nR_3$ 计算 R_1。
7. 由 $R_2 = \dfrac{R_1 \| R_3}{\dfrac{V_{\mathrm{CC}}}{VA_1} - 1}$ 计算 R_2。

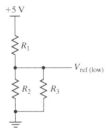

图 11.23　比较器输出为低电平时的 V_{ref} 等效电路

8. 如果 R_1 和 R_2 的电阻值过大(超过几百千欧),回到第 5 步并选择一个较小的 R_3 值。如果 R_1 和 R_2 的电阻值过小(小于几千欧),回到第 5 步并选择一个较大的 R_3 值。

R_{PU} 值将根据连接至 V_{out} 的元件需求和比较器输出级的特性来决定,如应用无特殊要求,经验做法是采用一个 $3.3\ \mathrm{k\Omega}$ 的上拉电阻。R_{PU} 值的选择问题将在第 17 章讲解集电极开路输出时详细说明。

施密特触发器(迟滞比较器)非常有用,目前已应用于(具有固定阈值的)一些微控制器的输入及其他需要处理缓慢变化输入的数字逻辑芯片中。

---

[1] AN-74 "LM139/LM239/LM339 A Quad of Independently Functioning Comparators," National Semi conductor Corp., 1973.

11.6 习题

11.1 说明如何利用分压器表达式来推导反相运算放大器结构的传递函数(输入-输出关系)。

11.2 在习题 11.1 中，哪条黄金准则使你能够使用分压器表达式？

11.3 设计同相求和器电路，且增益等于 2。假设放大器为理想运算放大器，且选用 5%容差电阻。

11.4 为光电晶体管设计一个跨阻放大器，当无光照时电路输出为 2.5 V，且输出电压随光照强度增加而增大。假设电源电压为+5 V，放大器为理想运算放大器。设计电路，给出基于光电流和输出电压的增益表达式。

11.5 若图 11.9 所示分压器产生 2.5 V 电压，并向外部电路输出 $0 \sim 2$ mA 电流，则 R_1 和 R_2 取何值可使 V_{ref} 的变化低于其空载值的 1%？电阻的功率等级需为多少？

11.6 描述大多数比较器的输出级和运算放大器的输出级的区别。

11.7 在图 11.24 所示电路中，当输入电压 V_{in} 从 $0 \sim 5$ V 变化时：

(a)画出 LED(D_1)在给定输入电压范围内的状态。

(b)画出基于给定输入电压范围的输出电压，并包括 LED 的对应状态。

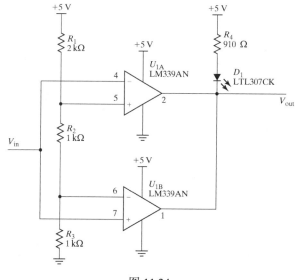

图 11.24

11.8 设计一个电路来实现一个滞环宽度约为 200 mV、中值约为 1 V 的迟滞反相比较器。选择 5%容差电阻，若电阻值准确，则给出预期的阈值。

11.9 如果 5%容差电阻的偏差值为容差上限，则习题 11.8 电路中阈值(最小到最大)的范围是多少？

11.10 对于图 11.25 的电路，回答下列问题：

(a)电路中 V_{out} 为多少？

(b)如果 R_2 变为 2 kΩ，V_{out} 为多少？

(c)在(a)和(b)的条件之间变化时，流经 R_1 的电流如何变化？

(d)写出 V_{out} 关于 R_2 值的一般函数表达式。

11.11 对于图 11.26 的电路，回答下列问题：

(a)若 $V_1 = V_2 = 1$ V，节点 A 和节点 B 的电压为多少？

(b) 若 $V_1 = 1.1\text{ V}$，$V_2 = 1\text{ V}$，节点 A 和节点 B 的电压为多少?

(c) 若 $V_1 = 1\text{ V}$，$V_2 = 1.1\text{ V}$，节点 A 和节点 B 的电压为多少?

(d) 写出节点 B 与节点 A 的电压差和 V_1、V_2 的关系式，以及对应的电阻值。

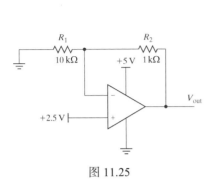

图 11.25

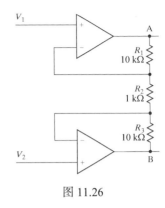

图 11.26

扩展阅读

The Art of Electronics, Horowitz, P., and Hill,W., 2nd ed., Cambridge University Press, 1989.

Intuitive Operational Amplifiers, Frederiksen,T.M.,McGraw-Hill, 1988.

Op Amps for Everyone, Carter, B., and Mancini, R., 3rd ed., Newnes, 2009.

第 12 章 实际运算放大器与比较器

尽管第 11 章中理想运算放大器与实际运算放大器的特性存在差异，但目前实际运算放大器的特性在大多应用中都接近理想特性。因此可利用黄金准则组合多个运算放大器电路，并基于理想假设条件进行分析。但如果对精度有特殊要求，或信号主频率在千赫兹量级，则需考虑运算放大器的非理想特性。本章将首先讲述运算放大器的主要非理想特性，并给出设计中的解决方案，然后再给出次要非理想特性。最后，以典型运算放大器数据表来描述实际运算放大器的特性，并说明如何在数据表中提取设计所需要的重要信息。学习本章之后，读者应具备以下能力：

1. 理解实际运算放大器与理想运算放大器的差异。
2. 了解实际运算放大器与理想运算放大器的特性最常见的差异表现。
3. 能从数据表中提取相关参数，并以之为依据选择适合于应用需求的运算放大器。

12.1 实际运算放大器的特性——理想假设的失效

12.1.1 非无穷大增益

实际运算放大器的增益不可能无穷大，产生有限增益的直接原因是之前的放大器增益公式过于简单，无法反映实际情况。如前所述，无限增益条件下反相运算放大器的增益表达式为

$$V_{\text{out}} = -V_{\text{in}}\frac{R_{\text{f}}}{R_{\text{i}}} \tag{12.1}$$

如果增益无穷大假设不成立，则将影响式(12.1)的准确性，有限增益运算放大器的实际传递函数为

$$V_{\text{out}} = -V_{\text{in}}\frac{A\left(\dfrac{R_{\text{f}}}{R_{\text{f}} + R_{\text{i}}}\right)}{1 + A\left(\dfrac{R_{\text{i}}}{R_{\text{f}} + R_{\text{i}}}\right)} \tag{12.2}$$

其中 A 为运算放大器的有限开环增益。这个等式的推导过程符合一般电路分析原理，在此不再详述。基于式(12.2)和给定运算放大器的开环增益(A)，即可发现实际运算放大器与理想运算放大器的差异。一个廉价运算放大器的直流(0 Hz)开环增益一般不低于 15 000(84 dB)，通常为 25 000(88 dB)，如采用 $R_{\text{f}} = 20 \text{ k}\Omega$ 和 $R_{\text{i}} = 2 \text{ k}\Omega$ 构建反相运算放大器，理想运算放大器可获得–10 的直流增益。假设实际运算放大器的开环增益为 15 000，由式(12.2)可得实际增益为

$$-\frac{A\left(\dfrac{R_{\text{f}}}{R_{\text{f}} + R_{\text{i}}}\right)}{1 + A\left(\dfrac{R_{\text{i}}}{R_{\text{f}} + R_{\text{i}}}\right)} = -\frac{15\,000\left(\dfrac{20\,\text{k}\Omega}{20\,\text{k}\Omega + 2\,\text{k}\Omega}\right)}{1 + 15\,000\left(\dfrac{2\,\text{k}\Omega}{20\,\text{k}\Omega + 2\,\text{k}\Omega}\right)} = -\frac{15\,000(0.909)}{1 + 15\,000(0.0909)} = -9.993$$

计算获得的实际运算放大器与理想运算放大器的直流增益之间有 0.07%的误差，采用增益更高的运算放大器可降低增益误差。如果运算放大器的开环增益不随频率变化而变化，则只需考虑临界条件下的误差。但问题在于运算放大器的开环增益是随频率变化的，从而导致问题分析的复杂度大大增加。

12.1.2　开环增益随频率的变化

运算放大器的直流开环增益最大，可在几赫兹到几百赫兹范围内保持不变。具体频率范围与价格相关，价格越高，频率范围越大，市面上绝大部分运算放大器都表现出以上特性，如图 12.1 所示。

运算放大器的增益曲线斜率大多符合图 12.1 所示的曲线斜率，这是单位增益稳定补偿的结果。因此，该图可用一个数据对来表示，即直流开环增益和开环增益降至 1 时的频率值。增益降至 1 时的频率值被称为**单位增益带宽**，其取值与**增益带宽乘积**(GBW)相同。当曲线斜率一定时，在很大频率范围内 GBW 将是一个常数。图 12.1 所示运算放大器的可用单位增益带宽和 GBW 均为 1 MHz。

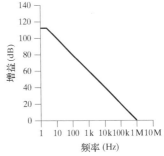

图 12.1　实际运算放大器的开环增益与频率的关系曲线

我们关注的是以上问题对设计的启示，如果增益误差可被接受，则可采用 GBW 估计在该误差条件下放大器的频率范围。例如，如果容许 10% 的增益误差，则可根据式 (12.2) 确定开环增益为 99 (~40 dB)。基于图 12.1 所示运算放大器的频率响应曲线及理想放大的增益需求 (−10)，此时可放大信号的频率为小于等于 10 kHz。如需将误差控制在 1% 以内，则需 10 990 (~81 dB) 的开环增益，此时可放大信号频率为小于等于 90 Hz。另外，由结果可知，要将误差控制在 10% 或更小，所需的开环增益比要求的闭环增益大 10 倍 (20 dB)。若要将误差控制在 1% 以内，则所需的开环增益比要求的闭环增益大 1000 倍 (60 dB)。基于以上原则，可算出给定频率下特定闭环增益所需的 GBW。

例 12.1　要放大一个 40 kHz 信号，放大系数为 10，并且增益误差小于 10%，则所需 GBW 为多少？

解：当增益误差控制在 10% 以内时，其开环增益是闭环增益的 10 倍。即开环增益为 100，信号频率为 40 kHz，计算可得 GBW 为 100×40 kHz = 4 MHz。

元件的直流开环增益最高可达 120 dB (1 000 000)，通常情况下一般在 90 ~ 110 dB 范围内变化。此时需要特别注意，大多数运算放大器的 GBW 性能将直接影响输入偏置电流 (见 12.1.3.1 节)，因此具有最大 GBW 的元件，其输入偏置电流并不是最低的。常用运算放大器的 GBW 参数范围从大约 100 kHz 到几 GHz。

12.1.3　输入电流不为零

实际晶体管是电流驱动的，特别是用作线性放大器的晶体管，其输入电流是不为零的。导致放大器输入端存在电流流入/流出的原因有二，即输入偏置电流和输入阻抗。

12.1.3.1　输入偏置电流和输入失调电流

根据黄金准则 1，流入或流出实际运算放大器输入引脚 (大多数情况为流出) 的输入偏置电流与外加输入电压基本无关。但实际元件需要一个小电流来驱动内部晶体管进入线性区。这个小电流将与运算放大器周围的元件相互影响，其取值常常作为运算放大器的选择依据。

偏置电流流经反馈网络的戴维南等效电阻，在运算放大器输出端产生电压降。该电压降将被放大，放大增益等于噪声增益：

$$G_{noise} = 1 + \frac{R_f}{R_i} \tag{12.3}$$

反相和同相结构的噪声增益是相同的。偏置电流产生的输出电压与信号不相关，但会导致输出偏移。

偏置电流作用于反馈电阻，并产生偏移电压。反馈网络中电阻值越大，偏置电流产生的偏移电压越大，这种非理想特性源于 11.4.3 节所述的电阻绝对值上限：实际电路中，电阻值的变化范围从几千欧到几百千欧不等，输出端与两个输入端的反馈电阻可能不同，因此流经反馈网络的偏置电流产生的电压将导致运算放大器两个输入端的电压不同。在基本的反相运算放大器结构（见图 11.6）中，两个输入端的反馈电阻不同，导致偏置电流产生电压差，从而产生输入端电压差。该问题可通过均衡两个输入端的阻抗来进行补偿。

图 12.2 所示电路可补偿反相放大器偏置电流的影响，图中电阻 R_B 为 $R_B = R_f \parallel R_i$。此时，两个输入的偏置电流流经同一反馈电阻，产生相同电压，运算放大器的输入端不会产生差分电压。如果 R_B 的值能精确匹配，且每个输入引脚的偏置电流恰好相等，则偏置电流的影响将被完全抵消。问题在于，反相输入引脚的输入偏置电流通常与正相输入引脚的输入偏置电流不同，输入引脚上偏置电流的差值被称为**输入失调电流**，该电流难以修正。因此，即使 R_B 完全等于反馈网络的戴维南等效电阻，由于流入（或流出）引脚的电流不相等，两个偏置电流产生的输入电压也不相等。好在失调电流较小，通常为偏置电流的 $1/10 \sim 1/3$，因此图 12.2 的电路依旧能抵消大部分偏置电流的影响。

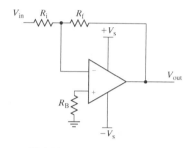

图 12.2　带有偏置电流补偿的反相运算放大器

输入偏置电流的取值范围从几百纳安（nA，10^{-9}A 量级，如廉价的双极型和优化高频特性的运算放大器）到几十飞安（fA，10^{-15} 量级，如静电计或光电探测器）。以上典型电路均涉及小传感器电流，因此需要采用大反馈电阻的跨阻电路。

12.1.3.2　输入阻抗

输入偏置电流与输入电压基本无关，但**输入阻抗**将产生随输入电压变化的电流。一般情况下需考虑两种输入阻抗，即**共模输入阻抗**和**差分输入阻抗**。共模输入阻抗出现在输入端与地之间，差分输入阻抗则出现在两个输入引脚之间，两种阻抗的取值范围通常从 2 MΩ（低成本运算放大器）到太欧（teraohm，10^{12}Ω 量级）。同相运算放大器的输入电压直接连接到输入端，其输入阻抗与设计直接相关；反相放大电路的输入阻抗则由 R_i 确定。对于大多数应用而言，运算放大器的输入阻抗对电路性能影响较小。只有当连接输入端的信号源的输出阻抗很大时（例如输出阻抗超过 250 MΩ 的 pH 探针），才需要考虑运算放大器的输入阻抗问题。传感器的输出阻抗与放大器的输入阻抗构成分压器结构，此时输入阻抗需大于 25 GΩ，方能将分压器产生的误差降到 1%以下。所幸类似 pH 探针的大输出阻抗非常罕见，大多数传感器的输出阻抗一般控制在几十千欧的范围内，因此无须考虑运算放大器输入阻抗的影响。

12.1.4　输出电压源的非理想特性

前面给出的模型将运算放大器的输出视为电压源。实际运算放大器的电压源具有非零输出阻抗，即运算放大器也具有小输出阻抗（通常为几欧到几百欧）。根据运算放大器的最初理想假设，负反馈的输出阻抗补偿功能可将运算放大器的有限输出阻抗对电路性能的影响降至最小。

图 12.3 所示为有负反馈输出阻抗的运算放大器（表示为运算放大器符号内部输出端上的电阻）。注意，由于输出阻抗"在环内"，因此这个阻抗上产生的任何电压降都将降低反相输入电压，

并使电压源产生一个略高的电压来补偿输出阻抗上的
电压降。当开环增益无穷大时，有效输出阻抗为零，
开环增益有限时，有效输出阻抗为

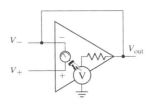

图 12.3   有负反馈输出阻抗的运算放大器

$$Z_{effective} = \frac{Z_{open\ loop}}{1 + A\left(\dfrac{R_i}{R_f + R_i}\right)} \quad (12.4)$$

一个开环增益为 15 000 的运算放大器，假设 $R_f{:}R_i$
为 10:1，开环输出阻抗为 100 Ω，则其有效输出阻抗为

$$Z_{effective} = \frac{Z_{open\ loop}}{1 + A\left(\dfrac{R_i}{R_f + R_i}\right)} = \frac{100}{1 + 15\ 000\left(\dfrac{1}{10 + 1}\right)} = 0.073\ \Omega$$

由计算结果可知，这个电路的有效输出阻抗非常小，对大多数应用的影响微不足道。当然，在测量仪器设计中，几百微伏量级的输出电压误差均可能影响测量结果，需要予以考虑。通常情况下，如果放大器的输出被送入电压分辨率为毫伏量级的微控制器，这种误差将小到难以测量。

12.1.5   其他非理想特性

下面将介绍可能与机电系统中运算放大器设计相关的其他非理想特性。本书并不打算给出这些非理想特性的详细列表，其相关补偿问题也不是本章关注的重点，以下内容旨在评估实际运算放大器是否满足特定设计需求，使用户能以之为依据选择元件。

12.1.5.1   输入失调电压

如果工作于开环状态的理想运算放大器的两个输入端短路，则输出电压为零。但由于加工过程中的差异问题，实际运算放大器的输出电压不可能为零；**输入失调电压**以差分电压形式加载于运算放大器输入端，旨在使开环输出恰好等于 0 V。输入失调电压值是运算放大器产品的重要技术参数，输入失调电压的取值范围从几毫伏到 1 μV 或更低。运算放大器的价格越高，输入失调电压越小。输入失调电压被噪声增益［见式(12.3)］放大后表现为输出电压的偏移。

处理输入失调电压影响的方法有两种：(1)接受它或(2)使电路具有消除(取消或归零)该影响的能力。方法 1 非常简单，并且在大多基于微控制器的系统中完全可以接受，微控制器可使用软件读出偏移值，然后用放大器输出数据减去该偏移值。如果方法 1 无法满足设计需要，则可通过设计电路来补偿影响，一些为高精度应用特别设计的运算放大器在 IC 中包含专用的插脚和电路，可对运算放大器电路进行校准，使输入偏置电压归零。

12.1.5.2   电源

严格上来说，电源问题不属于运算放大器的非理想特性问题，但电源的选择对运算放大器的性能至关重要，因此电源成为评价运算放大器性能的因素之一。读者可能已经注意到，本书前面涉及的运算放大器都外加了两个极性相反的电源，如+15 V 和–15 V。实际上，除了一些特殊的应用，所有运算放大器都可工作于"双电源"条件。需要注意的是，目前的微处理器已很少使用双电源，双电源的应用成本也高于单电源(如+5 V 电源)。这一发展趋势导致了运算放大器的演进，即从双电源向单电源的演进。**单电源运算放大器**能工作在单电源条件下，这为设计者提供了更多的选择余地。

12.1.5.3 输入共模电压范围

运算放大器的输入电压受电源电压限制，如果输入电压远超电源电压范围，其产生的大电流可能烧毁运算放大器。

需要注意的是，即使输入电压被限制在电源电压范围以内，并不表示该运算放大器能正常工作，大多数运算放大器都会对允许输入电压给出进一步的限制说明。用于描述允许输入电压范围的参数被称为**输入共模电压范围**，该参数表示能保证运算放大器正常工作的输入电压范围，如果输入电压超出该参数限制，则运算放大器可能出现"倒相"，即输出电压突然从运算放大器正常工作状态的极性跳转至相反极性，因此需要严格控制输入可用信号的电压范围。例如常见的运算放大器 LM324A，其输入共模电压范围为从地（使其能适用于单电源）到 $V_{CC} - 1.5$ V。当电源电压等于 5 V 时，该运算放大器仅在输入信号为 0 ~ 3.5 V 时才能正常工作。如果输入电压大于 3.5 V，则运算放大器可能出现"倒相"现象。

为了解决这个问题，放大器制造商设计了一种运算放大器，其输入电压范围上限为电源电压，这类元件被称为**轨至轨输入**（rail-to-rail input，RRI）元件。

12.1.5.4 输出电压摆幅

如 11.1 节所示，实际运算放大器的输出电压也受电源电压限制，即输出电压不能超过电源电压。对于某些运算放大器，其输出电压甚至远低于电源电压。例如，当 LM324A 工作于 +30 V 单电源时，可产生的最大输出电压为 26 V。由此可知，实际应用中输出电压摆幅通常需低于电源电压 1 ~ 2 V（或更多）。

为了解决该问题，放大器制造商设计了一种输出电压摆幅能尽量接近电源电压的运算放大器，即所谓的**轨至轨输出**（rail-to-rail output，RRO）元件。这种运算放大器产生的最大输出电压一般比电源电压小几十毫伏。将其与 RRI 元件结合使用，可得用于微控制器的单电源、**轨至轨输入/输出**（RRIO）运算放大器。

在输出电压摆幅测试中隐藏了运算放大器的一个重要性能参数，该测试需要指定保证输出电压摆幅的负载电阻值，这个负载电阻值与运算放大器的电阻值选择密切相关。该负载电阻值可用于表示下一级负载电阻和反馈网络等效电阻的并联电阻，该测试的负载电阻值一般等于 11.4.4 节所述的电阻推荐值的下限值。

12.1.5.5 输入共模抑制比

如果理想差分放大器的两个输入电压相同，则其输出应为 0 V。对于实际元件则并非如此，施加于运算放大器两个输入端的任何电压（共模电压）都产生输出响应，用于描述该响应大小的参数被称为**共模抑制比**（CMRR），定义为

$$CMRR = \frac{A_{differential}}{A_{common\,mode}} = \frac{A_{open\,loop}}{A_{common\,mode}} \tag{12.5}$$

$A_{open\,loop}$ 定义为

$$A_{open\,loop} = \frac{V_o}{\Delta V_{in}} \tag{12.6}$$

$A_{common\,mode}$ 定义为

$$A_{common\,mode} = \frac{V_o}{V_{common\,mode}} \tag{12.7}$$

综合式（12.5）和式（12.7），可得由共模电压引起的等效差分输入电压表达式：

$$\Delta V_{\text{in}} = \frac{V_{\text{common mode}}}{\text{CMRR}} \qquad (12.8)$$

等效差分输入电压将被电路闭环增益放大。

例如，依旧使用廉价元件(LM324A)的数据表，其 CMRR 最小为 65 dB (1778)。如果共模输入电压为 2.5 V，则等效差分输入电压为

$$\Delta V_{\text{in}} = \frac{2.5}{1\,778} = 1.4\,\text{mV}$$

该差分电压与信号一样获得闭环增益。对于加载于几伏特共模电压之上的毫伏级信号，其共模电压响应与信号本身具有可比性，此时需要使用具有更好 CMRR 参数的运算放大器。一般价格适中的运算放大器的 CMRR 参数在 100 dB 量级，即可将等效差分输入电压降至 25 μV。

12.1.5.6　温度效应

所有的失调电压和偏置电流都将受温度变化的影响，这种影响通常被称为**温度漂移**，元件的数据表将会提供每个参数对应的温度系数。工作在常温条件下的运算放大器，其温度漂移现象并不明显；但对于需要工作在整个温度范围(−40℃到+125℃)的产品而言，必须考虑温度漂移问题。一般而言，温度漂移难以用硬件进行补偿，因此为了满足温度条件，最好的办法是选择温度漂移参数较好的运算放大器。

12.2　查阅运算放大器数据表

12.1节的各种参数来源于运算放大器数据表。数据表给出的参数大多较为直观，但需要注意的是，除了前面介绍的几种非理想特性参数，数据表中还包含了大量有用信息。下面将针对典型的运算放大器数据表进行讲解，并从中寻找电路设计者最感兴趣的信息。

12.2.1　最大值、最小值和典型值

在典型的运算放大器数据表中，信息通常分为三栏，分别标注为最大值(Max)、最小值(Min)和典型值(Typical)。设计者需要特别关注最大值和最小值，虽然典型值给出了元件的典型特性，但是并不是所有元件都是典型的。对于设计者而言，需要保证设计适用于某个选择的运算放大器类型，而非经过筛选后符合"典型"参数的元件；因此需要保证设计能满足制造商确定的性能参数范围内任何元件的正常工作条件，最大值和最小值即代表了制造商的性能保证，即制造商保证生产的每个元件值都限定于最大值/最小值范围内。如果我们设计的电路在该范围内能正常工作，即表示设计成功。如同第 9 章所述的电阻与电容，所有的运算放大器(实际上是所有元件)都有容差，成功的设计将保证所有容差范围内的元件能够正常工作。

12.2.2　数据表首页

数据表首页一般都是商业信息，其目的是吸引设计者，使之关注并选择该元件。有趣的是，商业信息较浓的数据表首页通常包含了大量有用信息，但是这些信息的可信度并不高。例如，首页上可能标注该运算放大器为"10 MHz GBW"，但阅读其详细信息后将会发现，"10 MHz GBW"为该运算放大器的典型值，实际上最小 GBW 仅有 6 MHz。除此之外，首页中还包含一些非常重要的信息，例如在醒目位置用大字体明确标注"Single Supply RRIO"运算放大器，便于设计者进行元件初筛。如果首页标明"1 MHz GBW"，而设计最低要求为 4 MHz GBW，则不需要继续阅读该元件的数据表的详细内容。

12.2.3 绝对最大定额

数据表的绝对最大定额（Absolute Maximum，Ratings）表示元件的物理极限（见图 12.4），关键词是"绝对"，即一旦超过这些参数，将可能对元件造成永久性损坏。事实上，我们的设计不能让元件工作于绝对最大定额附近。此处有一个例外，虽然部分数据表也会给出元件的工作/储存温度范围，但并不代表元件工作在工作温度范围之外会导致永久性损坏。

Absolute Maximum Ratings (Note 12)

If Military/Aerospace specified devices are required, please contact the National Semiconductor Sales Office/Distributors for availability and specifications.

	LM124/LM224/LM324 LM124A/LM224A/LM324A	LM2902
Supply Voltage, V$^+$	32V	26V
Differential Input Voltage	32V	26V
Input Voltage	−0.3V to +32V	−0.3V to +26V
Input Current		
(V$_{IN}$ < −0.3V) (Note 6)	50 mA	50 mA
Power Dissipation (Note 4)		
Molded DIP	1130 mW	1130 mW
Cavity DIP	1260 mW	1260 mW
Small Outline Package	800 mW	800 mW
Output Short-Circuit to GND		
(One Amplifier) (Note 5)		
V$^+$ ≤ 15V and T$_A$ = 25°C	Continuous	Continuous
Operating Temperature Range		−40°C to +85°C
LM324/LM324A	0°C to +70°C	
LM224/LM224A	−25°C to +85°C	
LM124/LM124A	−55°C to +125°C	
Storage Temperature Range	−65°C to +150°C	−65°C to +150°C
Lead Temperature (Soldering, 10 seconds)	260°C	260°C
Soldering Information		
Dual-In-Line Package		
Soldering (10 seconds)	260°C	260°C
Small Outline Package		
Vapor Phase (60 seconds)	215°C	215°C
Infrared (15 seconds)	220°C	220°C
See AN-450 "Surface Mounting Methods and Their Effect on Product Reliability" for other methods of soldering surface mount devices.		
ESD Tolerance (Note 13)	250V	250V

Electrical Characteristics

V$^+$ = +5.0V, (Note 7), unless otherwise stated

	Parameter	Conditions	LM124A Min	LM124A Typ	LM124A Max	LM224A Min	LM224A Typ	LM224A Max	LM324A Min	LM324A Typ	LM324A Max	Units
1	Input Offset Voltage	(Note 8) T$_A$ = 25°C		1	2		1	3		2	3	mV
2	Input Bias Current (Note 9)	I$_{IN(+)}$ or I$_{IN(-)}$, V$_{CM}$ = 0V, T$_A$ = 25°C		20	50		40	80		45	100	nA
3	Input Offset Current	I$_{IN(+)}$ or I$_{IN(-)}$, V$_{CM}$ = 0V, T$_A$ = 25°C		2	10		2	15		5	30	nA
4	Input Common-Mode Voltage Range (Note 10)	V$^+$ = 30V, (LM2902, V$^+$ = 26V), T$_A$ = 25°C	0		V$^+$−1.5	0		V$^+$−1.5	0		V$^+$−1.5	V
5	Supply Current	Over Full Temperature Range R$_L$ = ∞ On All Op Amps										mA
		V$^+$ = 30V (LM2902 V$^+$ = 26V)		1.5	3		1.5	3		1.5	3	
		V$^+$ = 5V		0.7	1.2		0.7	1.2		0.7	1.2	
6	Large Signal Voltage Gain	V$^+$ = 15V, R$_L$≥ 2kΩ, (V$_O$ = 1V to 11V), T$_A$ = 25°C	50	100		50	100		25	100		V/mV
7	Common-Mode Rejection Ratio	DC, V$_{CM}$ = 0V to V$^+$ − 1.5V, T$_A$ = 25°C	70	85		70	85		65	85		dB

LM124/LM224/LM324/LM2902

图 12.4 LM324 运算放大器的绝对最大定额及数据表首页（Courtesy of National Semiconductor Corporation.）

12.2.4 电气特性

运算放大器的电气特性(Electrical Characteristics)部分(见图 12.4 和图 12.5)是数据表的核心内容,这部分数据表涵盖了参数说明、参数有效条件及参数的测试条件信息等。这些信息对于设计至关重要,尤其需要关注参数的脚注(Note),这些脚注往往包含了重要信息。下面通过 LM324 数据表示例来帮助读者理解设计需求与数据表数据之间的关系,下面每段开头的粗体数字对应图 12.4 和图 12.5 所示运算放大器数据表的编号。

Electrical Characteristics (Continued)

V⁺ = +5.0V, (Note 7), unless otherwise stated

	Parameter		Conditions		LM124A Min	LM124A Typ	LM124A Max	LM224A Min	LM224A Typ	LM224A Max	LM324A Min	LM324A Typ	LM324A Max	Units
	Power Supply Rejection Ratio		V^+ = 5V to 30V (LM2902, V^+ = 5V to 26V), T_A = 25°C		65	100		65	100		65	100		dB
	Amplifier-to-Amplifier Coupling (Note 11)		f = 1 kHz to 20 kHz, T_A = 25°C (Input Referred)			−120			−120			−120		dB
8	Output Current	Source	V_{IN}^+ = 1V, V_{IN}^- = 0V, V^+ = 15V, V_O = 2V, T_A = 25°C		20	40		20	40		20	40		mA
		Sink	V_{IN}^- = 1V, V_{IN}^+ = 0V, V^+ = 15V, V_O = 2V, T_A = 25°C		10	20		10	20		10	20		
			V_{IN}^- = 1V, V_{IN}^+ = 0V, V^+ = 15V, V_O = 200 mV, T_A = 25°C		12	50		12	50		12	50		µA
9	Short Circuit to Ground		(Note 5) V^+ = 15V, T_A = 25°C			40	60		40	60		40	60	mA
	Input Offset Voltage		(Note 8)				4			4			5	mV
10	V_{OS} Drift		R_S = 0Ω			7	20		7	20		7	30	µV/°C
	Input Offset Current		$I_{IN(+)} - I_{IN(-)}$, V_{CM} = 0V				30			30			75	nA
11	I_{OS} Drift		R_S = 0Ω			10	200		10	200		10	300	pA/°C
	Input Bias Current		$I_{IN(+)}$ or $I_{IN(-)}$			40	100		40	100		40	200	nA
12	Input Common-Mode Voltage Range (Note 10)		V^+ = +30V (LM2902, V^+ = 26V)		0		V^+-2	0		V^+-2	0		V^+-2	V
	Large Signal Voltage Gain		V^+ = +15V (V_OSwing = 1V to 11V) $R_L \geq 2$ kΩ		25			25			15			V/mV
	Output Voltage Swing	V_{OH}	V^+ = 30V (LM2902, V^+ = 26V)	R_L = 2 kΩ	26			26			26			V
				R_L = 10 kΩ	27	28		27	28		27	28		
		V_{OL}	V = 5V, R_L = 10 kΩ			5	20		5	20		5	20	mV
	Output Current	Source	V_O = 2V	V_{IN}^+ = +1V, V_{IN}^- = 0V, V^+ = 15V	10	20		10	20		10	20		mA
		Sink		V_{IN}^- = +1V, V_{IN}^+ = 0V, V^+ = 15V	10	15		5	8		5	8		

Note 4: For operating at high temperatures, the LM324/LM324A/LM2902 must be derated based on a +125°C maximum junction temperature and a thermal resistance of 88°C/W which applies for the device soldered in a printed circuit board, operating in a still air ambient. The LM224/LM224A and LM124/LM124A can be derated based on a +150°C maximum junction temperature. The dissipation is the total of all four amplifiers — use external resistors, where possible, to allow the amplifier to saturate of to reduce the power which is dissipated in the integrated circuit.

LM124/LM224/LM324/LM2902

图 12.5 LM324 运算放大器数据表的电气特性部分(Courtesy of National Semiconductor Corporation.)

Note 5: Short circuits from the output to V$^+$ can cause excessive heating and eventual destruction. When considering short circuits to ground, the maximum output current is approximately 40 mA independent of the magnitude of V$^+$. At values of supply voltage in excess of +15V, continuous short-circuits can exceed the power dissipation ratings and cause eventual destruction. Destructive dissipation can result from simultaneous shorts on all amplifiers.

Note 6: This input current will only exist when the voltage at any of the input leads is driven negative. It is due to the collector-base junction of the input PNP transistors becoming forward biased and thereby acting as input diode clamps. In addition to this diode action, there is also lateral NPN parasitic transistor action on the IC chip. This transistor action can cause the output voltages of the op amps to go to the V$^+$ voltage level (or to ground for a large overdrive) for the time duration that an input is driven negative. This is not destructive and normal output states will re-establish when the input voltage, which was negative, again returns to a value greater than −0.3V (at 25°C).

Note 7: These specifications are limited to −55°C ≤ T_A ≤ +125°C for the LM124/LM124A. With the LM224/LM224A, all temperature specifications are limited to −25°C ≤ T_A ≤ +85°C, the LM324/LM324A temperature specifications are limited to 0°C ≤ T_A ≤ +70°C, and the LM2902 specifications are limited to −40°C ≤ T_A ≤ +85°C.

Note 8: V_O 1.4V, R_S = 0Ω with V$^+$ from 5V to 30V; and over the full input common-mode range (0V to V$^+$ − 1.5V) for LM2902, V$^+$ from 5V to 26V.

Note 9: The direction of the input current is out of the IC due to the PNP input stage. This current is essentially constant, independent of the state of the output so no loading change exists on the input lines.

Note 10: The input common-mode voltage of either input signal voltage should not be allowed to go negative by more than 0.3V (at 25°C). The upper end of the common-mode voltage range is V$^+$ − 1.5V (at 25°C), but either or both inputs can go to +32V without damage (+26V for LM2902), independent of the magnitude of V$^+$.

Note 11: Due to proximity of external components, insure that coupling is not originating via stray capacitance between these external parts. This typically can be detected as this type of capacitance increases at higher frequencies.

Note 12: Refer to RETS124AX for LM124A military specifications and refer to RETS124X for LM124 military specifications.

Note 13: Human body model, 1.5 kΩ in series with 100 pF.

图 12.5(续)　LM324 运算放大器数据表的电气特性部分(Courtesy of National Semiconductor Corporation.)

1． 12.1.5.1 节所述的 25℃ 环境温度条件下的输入失调电压参数；数据表的下一页中还有一个条目，用以说明整个工作温度范围内的失调电压。LM124A、LM224A 与 LM324A 均采用相同的硅芯片，元件测试结果显示，LM124A 和 LM224A 的性能相对较好。

2． 12.1.3.1 节所述的 25℃ 环境温度条件下的输入偏置电流参数；数据表的下一页中还有一个条目，用以说明整个工作温度范围内的输入偏置电压。这个参数是一个正值，通常表示电流流入元件引脚，此处出现了第一个对设计至关重要的脚注：数据表下一页的脚注 9(Note 9)说明电流实际上是流出引脚的。

3． 12.1.3.1 节所述的 25℃ 环境温度条件下的输入失调电流参数。注意最大失调电流值仅为最大偏置电流值的三分之一，典型失调电流值只有典型偏置电流值的 11%，在数据表的下一页给出了整个工作温度范围内的输入失调电流。

4． 12.1.5.3 节所述的 25℃ 环境温度条件下的输入共模电压范围参数；数据表的下一页中还有一个条目，给出了整个工作温度范围内的输入共模电压范围。脚注 10(Note 10)说明，当元件工作于单电源状态下，输入电压不能低于 0.3 V，并且在任意电源电压条件下，最高无损输入电压为 32 V。由此可见，脚注为设计者提供了重要的设计信息，设计者需灵活应用这些信息，以实现最佳设计。

5． 整个工作温度范围内运算放大器的内部电流。该电流不包括流入反馈网络和外部负载的电流，该电流能保证实现元件的基本功能。该参数对于电池供电应用及其他小功耗应用的设计非常重要。

6． 大信号电压增益是运算放大器开环增益的一种表达方式(见 12.1.1 节和 12.1.2 节)。数据表中的参数对应于 25℃ 工作温度条件，下一页中还有一个条目，给出了整个工作温度范围内大信号的电压增益，此处关于测试条件的描述给出了更多有用信息。给定增益的测试负载设为≥2 kΩ，这个负载值在其他参数测试时也将沿用。该负载由反馈网络的负载和运算放大器驱动的外部负载共同构成，表示运算放大器能够驱动的总负载。

7． 12.1.5.5 节所述的 25℃ 环境温度条件下的共模抑制比。

8． 对于初学者而言，输出电流是个容易混淆的参数。初学者往往将其与反馈网络中的电阻值或运算放大器期望能驱动的负载值相关联，实际上这样的想法是不恰当的。仔细观察条件栏，则会发现这个参数的给出条件是差分输入电压为 1 V。若运算放大器工作于闭环负反馈，且输出电压未超过运算放大器输出电压摆幅限制(不饱和)，则两个输入的差分输入电压应为 0 V，远远达不到 1 V 的条件要求。此处给出的电流参数有助于使设计者了解运算放大器进入饱和区后的电流值，但无法描述元件线性区的工作性能。对于设计者而言，放大器的线性区才是最需要设计考量的重点。

9、10、11 和 12 是在整个工作温度范围内有效的输入失调电压、输入偏置电流、输入补偿电流和输入共模电压范围参数。

12.2.5　封装

数据表同样包括运算放大器的封装信息和图例。运算放大器一般具有一系列封装选项，包括不同的构成参数和每个封装包含的运算放大器数量。运算放大器可以有单运算放大器封装(每个封装包括一个放大器)、双运算放大器封装(每个封装包括两个放大器)和四运算放大器封装(每个封装包括 4 个放大器)。封装引脚数为 8 ~ 14 个，一般采用双列直插封装(DIP)，如图 12.6 所示。

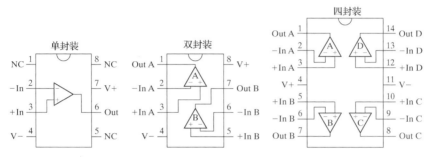

图 12.6　双列直插封装(DIP)运算放大器的常见引脚

当然，贴片封装也很常见，贴片封装的引脚间距小于 DIP 封装的 1/2。贴片封装体积小，封装成本低。随着技术的发展，各种产品的小型化趋势不可逆转，因此贴片封装表现出更好的应用价值。贴片封装运算放大器与图 12.6 所示的 DIP 布局不同，特别是单运算放大器封装，其中的 5 引脚封装去掉了 DIP 封装中不使用的引脚。

所有的制造商对单、双和四运算放大器的 DIP 封装采用相同的引脚排列，特别是四封装运算放大器，其引脚排列适合构造缓冲器，只需简单将角上引脚与内侧引脚相连即可，每个角向内数第 3 个引脚为同相输入端，V+(正电源)和 V−(负电源)引脚一般难以区分。对于四封装运算放大器可采用一种简单的方法进行识别，即"如果标记在右侧，则 V+在上方"。

12.2.6　典型应用

数据表还给出典型应用，通常包括数据表设计者认为能表现特定运算放大器性能的一系列应用电路示例，数据表的这一部分对于设计大有裨益，熟悉数据表中的应用示例(以及一些制造商发布的模拟应用手册)是积累运算放大器相关设计经验的有效方式。

对于市面上的一些运算放大器，典型应用部分给出了针对某些特定应用的运算放大器相关设计的详细解决方案，包括旁路电容的需求，如何驱动电容负载以达到稳定(当运算放大器没有内部补偿时)，如何保持稳定的单位增益，如何设计电路板使其满足特定元件的超低偏置电流需求等问题。因此，数据表的典型应用部分与电气特性部分同样重要。

12.3　比较器数据表的读取

比较器数据表参数在很多方面都和运算放大器数据表参数类似，如输入失调电压、输入偏置电流、输入失调电流、输入共模电压范围及电压增益(类似于运算放大器的开环增益)等。当然也包括一些新参数，如响应速度和集电极开路(或开漏)的相关参数。第 17 章将详解集电极开路参数及集电极开路输出。

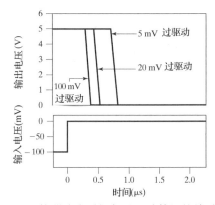

响应速度参数被称为"响应时间"，指输入状态跳变后，输出状态改变所需要的时间。除了数据表的电气特性给出的简单数字，通常还会给出一个类似图 12.7 的图形，用以详细说明元件对不同过驱动等级的响应状况。

过驱动电压是指输入跳变时，输入电压与阈值电压的差值。

图 12.7　比较器响应时间与过驱动等级的关系曲线

另一种说法是，过驱动电压是状态转换时刻输入电压超过阈值电压的值。图 12.8 给出了不同过驱动电压的两个例子。如图 12.7 所示，过驱动电压越大，输出转换延迟时间越短。

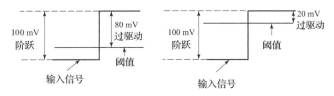

图 12.8　100 mV 阶跃产生的两种不同的过驱动电压

12.3.1　比较器封装

比较器封装也分为单封装、双封装和四封装。需要注意的是，标准四比较器的输出引脚和运算放大器的完全不同(见图 12.9)。另外，并非所有制造商都采用相同的输出引脚，具体使用时必须查阅数据表。

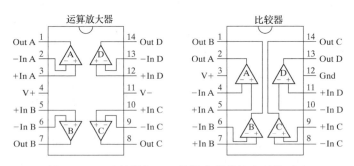

图 12.9　四比较器与四运算放大器的输出引脚对比

12.4　运算放大器的对比

设计者在充分了解不同运算放大器的性能差异之后，需要掌握对比方法，以便选择满足应用需求的运算放大器。表 12.1 给出了部分经筛选的运算放大器，我们期望通过该表指导设计者如何根据应用需求来搭配性能参数，以实现设计优化。设计优化过程归根结底是不同性能指标的平衡过程。设计者将会发现，如果仅考虑某个特定的性能指标，则可能找到在该指标上比优化选择结果更好的元件。但这种片面强调单个性能指标的设计方法是不可取的，设计需要兼顾多个指标，以实现综合最优。表 12.1 中的所有元件均为四封装运算放大器，价格为 2008 年的参考价格，计价单位为 1000 个（DIP 封装），LTC6088 为贴片封装。

表 12.1　不同运算放大器的性能对比

参数	LM324	LM6144	LMC6484I	LTC6088
输入失调电压	7 mV	3.3 mV	3.7 mV	1.4 mV
输入偏置电流	250 nA	526 nA	4 pA	40 pA
输入失调电流	50 nA	80 nA	2 pA	30 pA
最高输出电压(10 kΩ)	3.5 V	4.87 V		4.96 V
最低输出电压(10 kΩ)	0.02 V	0.05 V		0.04 V
最高输出电压(2 kΩ)	3 V	4.8 V	4.7 V	4.88 V
最低输出电压(2 kΩ)		0.13 V	0.24 V	0.12 V
最高输出电压(600 Ω)			4.24 V	
最低输出电压(600 Ω)			0.65 V	
单位增益带宽	1 MHz	6 MHz	1.5 MHz	9 MHz
斜率	0.42 V/μs	11 V/μs	0.63 V/μs	7.2 V/μs
输入共模电压范围	0 ~ 3.5 V	0 ~ 5 V	0 ~ 5 V	0 ~ 5 V
静止电流(芯片)	1.2 mA	3.5 mA	3.6 mV	5 mA
成本(1000 个)	\$0.144	\$2.94	\$1.25	\$1.72
温度范围	0℃ ~ 70℃	−40℃ ~ 85℃	−40℃ ~ 85℃	−40℃ ~ 85℃

(Data courtesy of National Semiconductor Corporation and Linear Technology Corporation.)

LM324 是销量很大的一款运算放大器，该款设计在 40 多年以前（1974 年）即已定型，许多生产商使用类似的元件编号，设计参数也差不多。其输入级采用的双极结型晶体管（BJT）影响了输入偏置电流幅度、输入共模电压范围和输出电压摆幅。1 MHz GBW 表示当增益误差小于等于 10% 时，只能对小于等于 10 kHz 的信号维持 10 倍增益。根据现代标准，其性能被描述为"足够的"，但仅表示该元件应用范围较大。

LM6144 定型于 20 世纪 90 年代，定型时间晚于 LM324。LM6144 是最早出现的 RRIO 运算放大器之一，其输入级使用双极性晶体管，输出级则使用 MOSFET。新的输入电路设计允许在输入级采用 BJT，以提供 RRI 共模电压范围，CMOS 输出级则能满足 RRO 电压摆幅，BJT 输入级需要平衡输入偏置电流和速度，速度越快，所需输入偏置电流也越大。LM6144 设计者的选择侧重高频性能，以获得更大的工作带宽，因此其输入偏置电流较大，为 LM324 的两倍。LM6144 的闭环增益为 LM324 的 10 倍，最高可放大信号频率为 60 kHz，增益误差低于 10%。

随着 CMOS 加工工艺的飞速发展，在 LM6144 定型之后数年，即出现了全 CMOS 运算放大器——CMOS 运算放大器与晶体管匹配良好，能有效抑制输入失调电压。注意，此处所谓的"有效抑制"是相对于 BJT 输入级的 LM6144 而言。在输入级使用 CMOS 能使 LMC6484 的输入偏置电流极低，约为 4 pA（4×10⁻¹²A）[1 pA 表示 1 GΩ（非常大的电阻值）电阻两端电压差为 1 mV 时的电阻电流值]。对于大多数应用而言，其输入偏置电流趋于零。此类低电流的测量需要保证测试装置电路板表面的漏电流不会被吸入偏置电流。LMC6484 的输出级能在 600 Ω 负载电阻（相对较低）产生一个较大的电压摆幅，这类 RRIO 运算放大器的缺点之一是 GBW 仅为 1.5 MHz。

表 12.1 中最新的运算放大器是定型于 2007 年的 LTC6088，由其设计思路即可推断通用运算放大器的性能趋势，即越来越接近理想假设。LTC6088 的输入失调电压仅为 1.4 mV，优于表中所有

其他元件。对于合理闭环增益下的通用放大器可对其忽略不计。输入偏置电流(40 pA)虽为 LMC6484 的 10 倍，但仍然低至难以测量。尽管 2 kΩ 负载上的电压降说明该设计远未达到理想电源电压的输出状态，但其输出电压摆幅也同样优于表中其他元件，其 9 MHz 的 GBW，表示该运算放大器最高可在增益为 10、增益误差小于等于 10%的条件下放大到 90 kHz 的信号。LTC6088 采用贴片封装，原型设计相对复杂，但这是追求多功能、小型化的必然结果。

　　表 12.1 中介绍了现有的运算放大器，并预测了未来的发展趋势，即未来可能出现一系列与 LTC6088 类似的元件，这类元件更接近于理想假设，虽然无法达到绝对完美，但已能足够接近。对于电路设计者而言，技术难点不是如何构建一个能实现应用性能的电路，而是如何在降低成本的基础上优化运算放大器的性能。许多运算放大器制造商提供 Web 服务，设计者可根据应用需求快速缩小元件选择范围，提升设计效率。

12.5　习题

12.1　在 Internet 上找到 Microchip MCP6294 放大器的数据表，当其工作于单独的 5 V 电源时，根据元件参数回答下列问题。

　　(a)对于一个闭环增益为 10、最大增益误差为 10%的电路，使用本章给出的原则，确定可放大的最大信号频率。

　　(b)在该频率上的实际增益为多少？

　　(c)如果电源电压降至 3.3 V，这些结果将如何变化？

12.2　在 Internet 上找到 Microchip MCP6294 放大器的数据表。如果 MCP6294 放大器在整个温度范围内工作于单独的 5 V 电源下，图 12.10 所示电路输出电压的可能范围是多少？可以忽略温度变化对其他电路元件的影响。

12.3　若运算放大器需以 10 为系数放大 10 kHz 的正弦波，增益误差小于 1%，则所需 GBW 为多少？

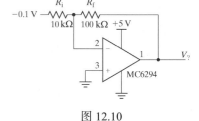

图 12.10

12.4　设计一个电路，实现一个中值约为 1 V 的 200 mV 滞宽的反相比较器。选择 5%容差电阻，如果电阻是准确的，期待的阈值是多少？

12.5　如果习题 12.4 的电路中电阻值的偏移量为 ± 5%，你期待的阈值范围(最小到最大)是多少？

12.6　如图 12.11 所示电路中，V_{out} 为多少？写出 V_{out} 关于相关元件参数的表达式。

12.7　如图 12.11 所示电路中，R_1 的目的是什么？

12.8　使用 Web 服务，根据输入/输出特性(即 RRI、RRO 或 RRIO)将下列运算放大器分类：LM139A，MCP6031，OPA337，MC34072A，ADA4051-2，LT1012。

12.9　对于 MC6294，在温度范围–40℃到 125℃，期待的最大输入失调电压和输入偏置电流是多少？如果温度范围缩减为–40℃到 85℃，这些数字将如何变化？

12.10　如图 12.12 所示电路中，V_{out} 为多少？写出 V_{out} 关于相关元件参数的表达式。

12.11　找到 MAX9024 的数据表并回答下列问题。

　　(a)其输出引脚与图 12.9 的比较器相比如何？

　　(b)其输出级和 11.5 节描述的相比如何？

　　(c)其传输延迟与 LM339A 的参数相比如何？

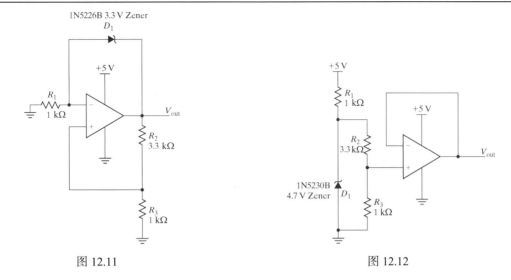

图 12.11　　　　　　　　　　　　　　　图 12.12

扩展阅读

Intuitive Operational Amplifiers, Frederiksen,T.M.,McGraw-Hill, 1988.

Op Amps for Everyone, Carter, B., and Mancini, R., 3rd ed., Newnes, 2009.

第 13 章 传 感 器

13.1 引言

传感器用于采集环境信息，并将信息传至机电系统，使其做出决策并激励响应。传感器为微控制器和其他电路元件提供物理世界的信息，包括各种参数和特性，如位置、光线、压力和人际互动等。传感器是构建机电系统的基本模块之一，支持几乎所有的机电系统任务。

目前，市面上已有许多介绍传感器的书籍，有的文献侧重于传感器的设计，有的则关注实验室环境下传感器的应用。限于篇幅，本章不可能覆盖所有相关的内容，只能围绕机电系统的主题展开。尽管测量仪器与机电系统有许多共同之处，但我们认为两者从本质上来看是不同的。本章将介绍机电系统中几种最常用的传感器，并简略说明其工作方式，进而讲解如何将多种传感器整合到设计中。本章内容基于市面上已有的传感器展开，不涉及传感器设计问题。学习本章之后，读者应具备以下能力：

1. 掌握传感器将物理量转换为电信号的典型方法。
2. 熟悉描述传感器特性和性能的术语。
3. 熟悉机电系统中最常见传感器的类型。
4. 能够设计和构建传感器接口电路。
5. 做好为机电应用选择和使用传感器的准备。

13.2 传感器输出和微控制器输入

作为物理信息(例如光、压强、温度、力)和微控制器之间的纽带，**传感器**(sensor)及其相关电路的首要任务是产生可测电信号，该信号与其测试的物理量——**被测变量**(见图 13.1)相关。传感器是**换能器**(transducer)的一种，换能器指将能量从一种形式转换到另一种形式的元件。例如，力换能器将机械力转换为电信号，制动器(我们将在以后章节介绍)将电能转换为机械能。为避免概念混淆，本章将统一使用术语"传感器"。

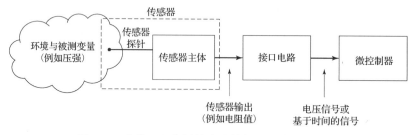

图 13.1　将物理现象转换为微控制器可读取的信号

为了将传感器连接到微控制器，首先应明确微控制器的输入类型，再将传感器获得的物理量转换为与输入类型匹配的电信号。微控制器的可用输入类型十分有限，实际上，微控制器只能测量两种参数，即电压和时间。微控制器均接受数字输入，能够读出电压高于阈值电平时输出的逻辑电平(1)，或低于阈值电平时输出的逻辑电平(0)。大多数微控制器芯片包含**模数转换器**(ADC，见第19章)，能够读取模拟电压。微控制器需要时钟源，大多数微控制器提供用时钟源(或可选的候补时钟源)对外部事件计时的功能。

传感器的基本工作是将单独的物理参数转换为数字电压、模拟电压或随时间变化编码的电压信号。在此特别强调"单独"，因为优质传感器必须具备的关键特性是，对除被测物理参数之外的其他物理参数均不敏感。例如，优质温度传感器输出的温度参数不会受压强、加速度、湿度和任何其他环境因素变化的影响。

13.3 传感器设计

传感器的基本目的是实现从被测物理参数到电压或时变信号的转换，有时这种转换需要经历多个步骤，为了有效实现转换，被测物理参数必须影响传感器的某些性质。传感器必须与电路相连，物理参数的变化将对应传感器接口输出电压的变化。下面举例说明。

13.3.1 用热敏电阻测量温度

热敏电阻是一种常用的传感器，其电阻值随温度变化而变化。热敏电阻的类型很多，13.5.3.2节将详细讲解其传感器性能，本节只需要了解其电阻值是温度的函数。

图 13.2 所示为暴露在环境温度 T_{amb} 中的热敏电阻，当热敏电阻与环境保持平衡时，其阻值将反映环境温度。由于热敏电阻是利用电阻值反映被测变量的，因此无法将其与微处理器直接相连，需首先将其转换为电信号或时变信号方可与微处理器的输入端相连，即需将热敏电阻与能够实现信号转换功能的**接口电路**相连。本例选择了一种最简单的方式，即在电阻的高电压端(连接至 5 V 电源)构建分压器，分压器的输出 V_{out} 将随热敏电阻的电阻值变化而变化，V_{out} 即可作为有内置 ADC 的微控制器的输入。当然，构建接口电路的方法还有很多，详见 13.4.4 节。

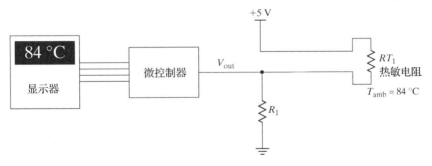

图 13.2　用热敏电阻测量温度

13.3.2 测量加速度

测量加速度通常比用热敏电阻测量温度更具挑战性。当然，如果存在某种材料，其电阻值变化是加速度的函数，即可采用与上一节中类似的方法来测量加速度。遗憾的是，这种神奇的材料至今未被发现，所以只能另辟蹊径。实际上，探索加速度的测量方法是非常有趣的，读者可以在探索过程中进一步明确如何将被测变量转换为有用输出。

　　图 13.3 给出了一种简单的实现方法,即在弹簧上附加一个物块。由基础物理学可知,只有施加外力才能移动物块、拉伸弹簧,此过程将使物块产生加速度,即可通过测量物块位移来获取加速度信息。

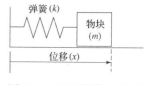

图 13.3　测量弹簧+物块系统的加速度传感器

　　回顾牛顿第二运动定律有

$$F = ma \tag{13.1}$$

弹性形变公式为

$$F = kx \tag{13.2}$$

综合以上二式,可得

$$\frac{kx}{m} = a \tag{13.3}$$

　　通过式(13.3),可基于弹簧的弹性系数 k 和物块 m 的位移 x 获得待测变量(加速度 a)。因此,只要能测量位移 x,即可获得加速度,此时加速度的测量被转化为位移 x 的测量。

　　上例说明,经过多个步骤即可将被测变量转化为电参数输出,见图 13.1 中的传感器模块。加速度参数可通过位移获得,因此需研究有效的位移测量方法。在过去很长一段时间内,业内研究者致力于研究位移的测量方法,且贡献了多种经典位移测量方法,其中既不乏简单廉价的方法,也有准确度高但价格昂贵的方法,用户可根据应用需求合理选择。在选择测量方法时需重点考虑的参数有测量准确度、响应速度、成本和尺寸等,设计者应尽量优化传感器,尽可能以最小的成本满足应用需求。

　　例如,可将物块直接与电位器滑片相连以感知位移。此时,电位器的电阻值将会随加速度变化而变化。这种方法简单易行、价格低廉,但测量准确度较低,重复测试能力有限,且受摩擦力影响较大,不适用于对测量准确度有明确要求的应用。为了减少摩擦力的影响,可考虑采用无接触式测量方法,如 13.5.1.3 节介绍的反射式红外(IR)发射-探测器对和 13.5.6.5 节介绍的电容式传感器,均可实现无接触测量。市面上还有一种平衡加速计,也被称为伺服加速计,其测量原理是将可移动物块保持在某个固定位置,通过测量保持物块位置所需外力的大小来获得外部加速度参数。

13.3.3　传感器性能术语定义

　　上面的传感器设计例子揭示了一个问题,即当传感器的输出由其性能需求决定时,设计者将会面临设计选择难题。目前,有多种描述传感器性能的术语,本节将给出术语定义。显然,对传感器性能术语给出统一的准确定义对设计十分有利,但遗憾的是,由于传感器行业发展迅速,传感器领域的不同组织往往根据自己的最新研究成果定义术语,而这些不同组织给出的术语往往存在些许差异。

　　传递函数:输入物理信号(被测变量)与电输出信号之间的函数关系,既可以用公式表示,也可用关系曲线图表示。

　　灵敏度:输入物理信号和输出电信号之间的关联关系。灵敏度通常表示为输出电信号的变化与输入物理信号的变化之比,同样,它也可用传递函数对输入物理信号的导数来表示。例如,热敏电阻(测量温度)的灵敏度单位为 Ω/℃。

　　跨度或动态范围:表示可被传感器转换成电信号的输入物理信号的范围。当输入物理信号超出动态范围时,将不能保证输出电信号满足元件性能要求。传感器供应商一般会给出动态范围指标,传感器数据表中给出的其他性能参数只在输入物理信号处于动态范围以内时有效。当输入物理信号超过动态范围时,将会因非线性特性、饱和、限幅等产生严重差错,有时甚至可能损坏传感器。动态范围的单位与其大小有关，例如，动态范围较小的温度传感器可用感知的温度表示动态范围，单位为℃。当传感器动态范围较大时，则需用分贝(dB)表示，即有

$$\text{dB} = 20 \log_{10}\left(\frac{\text{最大可测量信号}}{\text{最小可测量信号}}\right) \tag{13.4}$$

如式(13.4)所示，当最大和最小可测量信号的比值为 10 000 时，用 dB 表示的动态范围为 80 dB。一般而言，对于动态范围较大的元件(如麦克风、感光器等)，其动态范围单位为 dB；而对于动态范围较小的元件(如温度计)，只会给出输入信号范围和准确度。

准确度：表示实际信号和理想输出信号间的最大期望误差；例如，温度计给出的准确度指标为小于1℃。另外，准确度也可用全刻度输出(F.S.O.)的百分比来表示；例如，动态范围为 0~100℃、准确度为±1℃的温度传感器，其准确度还可表示为 1% F.S.O；传感器的准确度可通过标准校准予以改善，当传感器的偏移误差明显而增益误差较小时，可采用简单的单点校准，即选择传感器动态范围内的一点，计算传感器输出的被测变量值与被测变量的已知值之比。当偏移误差和增益误差都很大时，则可能需要采用两点校准。如果传感器输出表现出如图 13.4 所示的高度非线性特性，则需要采用多点校准。有兴趣的读者可在章末扩展阅读部分列出的关于仪器应用方面的参考文献中，找到关于校准方法的详细描述。

非线性(又称线性度)参数：指在指定动态范围内对线性传递函数的最大偏移。描述非线性参数有很多种方法，最常见的方法是将实际传递函数与"最佳线性度直线"进行比较，"最佳线性度直线"为传递函数动态范围中线，此时，采用比较法即可获取非线性参数的最小值，能够体现传感器的最佳性能。另一种方法是将误差范围与最小二乘拟合线进行比较以获得非线性参数。非线性参数的单位一般与被测变量相同，当然，也可以采用 F.S.O.百分比来表示。

迟滞：对于某个输入物理信号值，其输出取决于传感器的输入量位于正行程还是负行程，正行程表示输入量增大的行程，负行程则表示输入量减小的行程。如图 13.4 所示，对于相同的输入信号值，正行程和负行程对应的输出是不一样的。迟滞被定义为正、负行程输出值的差值，单位一般采用被测信号的单位。例如，温度传感器的迟滞可能为 2℃，表示对于相同输入，其输出可能存在小于等于 2℃的差异，具体取值取决于该温度传感器处于升温环境还是降温环境。

噪声：传感器输出中与输入物理信号无关的部分。噪声造成有用信号的畸变，是设计者希望能够尽量消除的对象。所有传感器都会有噪声输出，当传感器噪声小于电路中其他元件的噪声或小于物理信号的变化幅度时，则可忽略其影响，如图 13.5(a)所示。但在大多数情况下，传感器的噪声会影响传感器系统性能，如图 13.5(b)所示。

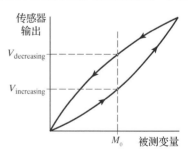

图 13.4　传感器传输中的迟滞现象

大多数数据表仅给出噪声幅度的均方根值(rms)，有时也会给出典型的噪声与频率的关系曲线，用户只能根据这些有限的数据估计具体应用中可能出现的噪声。

大多数噪声源产生的噪声为高斯白噪声，所谓"白"，指的噪声谱密度在频域为常数，如导线和电阻等导电材料中存在的**约翰逊(Johnson)噪声**。约翰逊噪声由载荷子的热扰动产生，通常表现为白噪声。白噪声的噪声谱密度单位为 $\text{V}/\sqrt{\text{Hz}}$。由于白噪声在频域内表现出均匀分布特性，因此可以将噪声直接与测量值叠加，其幅度反比于测量带宽的平方根值。由于带宽与测量时间成反比，噪声将随测量时间的平方根值增加而下降。这就解释了为什么增加平均测量时间、降低信号带宽，即可提高**信噪比**(输出信号与噪声之比)。为了设计有效的信号调理电路(见第 14 章和第 15 章)，需要进行噪声谱分析。

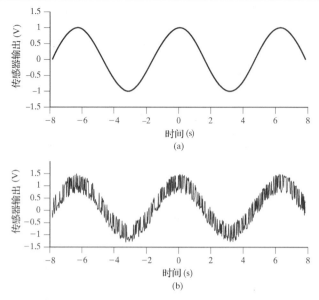

图 13.5 传感器的输出波形：(a)低噪声；(b)高噪声

分辨率：被测变量的可识别最小变化量。信号波动随时间变化，因此最小可测量幅度与波动发生时刻相关，即需要基于测量特性定义分辨率。如前所述，白噪声会对许多传感器造成影响，白噪声的功率谱在频域是均匀分布的，此时定义分辨率的基本参数为物理信号/$\sqrt{\text{Hz}}$。基于此可定义某一特定测量的分辨率为分辨率的基本参数与测量带宽平方根的乘积。在传感器数据表中，分辨率的单位是信号/$\sqrt{\text{Hz}}$，也可表示为某一特定测量的最小可测信号值，数据表中不会给出除白噪声外其他干扰源关于分辨率的影响参数。

带宽：传感器可检测输入物理信号的频率范围。传感器对于物理信号的瞬时变化的响应都需要经历一定的响应时间。另外，大多数传感器能够对阶跃信号输入快速响应，但当输入的信号保持高电平时，如图 13.6 所示，输出会呈现一定幅度的衰落。

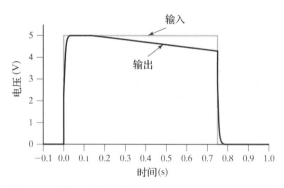

图 13.6 输入无变化条件下传感器的输出响应衰减

阶跃响应时间常数的倒数和衰减时间分别对应上、下截止频率。传感器的带宽指上、下截止频率之间的频率范围，带宽的单位为 Hz，如果只给出一个频率，则假设最低频率为 0 Hz。对于那些当输入信号为直流信号(频率为 0 Hz)时无输出信号的传感器(例如麦克风)而言，带宽是一个频率范围，如从 20 Hz ~ 20 kHz。

　　为了使读者更好地理解以上参数定义，下面通过一个特定传感器实例加以说明。前面已经讨论了测量加速度的两种方法，在此选择 Freescale MMA1250 测量加速度，其详细信息见图 13.7。

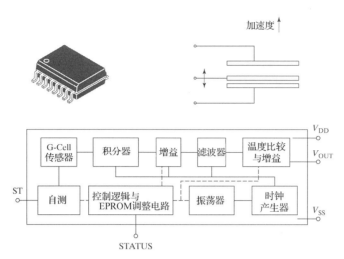

图 13.7　Freescale MMA1250 加速计（Copyright Freescale Semiconductor, Inc.2010. Used by permission.）

　　与前面讨论的宏观设计不同，Freescale MMA1250 是一种 MEMS（微机电系统）加速计，采用紧凑型 16 引脚 SOIC（小尺寸集成电路）封装，它包括前面讨论过的所有机械元件，如检测物块、弹簧、位移传感器，以及将输出转换为电压的各种必要电路。其中，检测物块由硅晶片构成，这是一个非常小的物块，如图 13.7 所示。物块两侧放置电容位移传感器，用于检测在外加加速度作用下物块的位移长度。另外，MMA1250 还包括滤波器电路，用于优化信号调理特性和传感器最终输出特性。查阅 MMA1250 加速计数据表，可得各项参数如下。

　　传递函数：MMA1250 加速计数据表未给出具体传递函数表达式，也未提供输入-输出关系曲线图。传递函数隐含在多个元件的输出参数中，包括"0 g"输出、灵敏度和非线性等参数。由此，可写出当输入处于允许输入范围内时的输出表达式：

$$V_{\text{out}} = 2.5 \text{ V} + 400 \text{ mV/g} \tag{13.5}$$

　　MMA1250 可测量正负两个方向的加速度，0 g 表示加速度为 0 时的输出，即为 y 轴截距。由数据表可知，当 $V_{\text{DD}} = 5.0$ V（V_{DD} 为电源电压）时，传感器的 0 g 输出为 2.5 V。该参数的容差范围是：在 25℃环境温度条件下，0 g 输出电压处于 2.25 ~ 2.75 V 之间；在允许工作温度范围（−40℃ ~ 105℃）条件下，输出最低可达 2.0 V，最高可至 3.0 V。构建传递函数表达式还需要灵敏度参数，$V_{\text{DD}} = 5.0$ V 时，该参数的典型值为 400 mV/g。数据表同时给出了允许工作温度范围内灵敏度的变化范围：最低 370 mV/g，最高 430.1 mV/g。特别说明，以上所有参数条件均为电源电压等于 5 V，实际系统的电源电压通常在 5 V 上下变化；因此表中给出的第一个参数即说明允许电源电压在 5.0 V 的 5%范围内波动，即当电源电压处于 4.75 ~ 5.25 V 范围内，元件均可正常工作。更多关于元件在允许工作温度范围内的性能描述详见数据表（见图 13.8）的注 3 和注 4。为了便于讨论，本例采用 $V_{\text{DD}} = 5.0$ V 时 MMA1250 的性能参数，此时传递函数由式（13.5）给出，响应曲线见图 13.9。

Table 2. Operating Characteristics
(Unless otherwise noted: –40°C ≤ T_A ≤ +105°C, 4.75 ≤ V_{DD} ≤ 5.25, Acceleration = 0g, Loaded output.[1])

Characteristic	Symbol	Min	Typ	Max	Unit
Operating Range[2]					
Supply Voltage[3]	V_{DD}	4.75	5.00	5.25	V
Supply Current	I_{DD}	1.1	2.1	3.0	mA
Operating Temperature Range	T_A	–40	—	+105	°C
Acceleration Range	g_{FS}	—	5	—	g
Output Signal					
Zero g (T_A = 25°C, V_{DD} = 5.0 V)[4]	V_{OFF}	2.25	2.5	2.75	V
Zero g (V_{DD} = 5.0 V)	V_{OFF}	2.0	2.5	3.0	V
Sensitivity (T_A = 25°C, V_{DD} = 5.0 V)[5]	S	380	400	420	mV/g
Sensitivity (V_{DD} = 5.0 V)	S	370	400	430.1	mV/g
Bandwidth Response	f_{-3dB}	42.5	50	57.5	Hz
Nonlinearity	NL_{OUT}	–1.0	—	+1.0	% FSO
Noise					
RMS (0.1 Hz – 1.0 kHz)	n_{RMS}	—	2.0	4.0	mVrms
Spectral Density (RMS, 0.1 Hz – 1.0 KHz)[6]	n_{SD}	—	700	—	$\mu g \sqrt{Hz}$
Self-Test					
Output Response (V_{DD} = 5.0 V)	ΔV_{ST}	1.0	1.25	1.5	V
Input Low	V_{IL}	V_{SS}	—	$0.3 V_{DD}$	V
Input High	V_{IH}	$0.7 V_{DD}$	—	V_{DD}	V
Input Loading[7]	I_{IN}	–300	–125	–50	μA
Response Time[8]	t_{ST}	—	2.0	25	ms
Status[9], [10]					
Output Low (I_{load} = 100 μA)	V_{OL}	—	—	0.4	V
Output High (I_{load} = 100 μA)	V_{OH}	V_{DD} – 0.8	—	—	V
Output Stage Performance					
Electrical Saturation Recovery Time[11]	t_{DELAY}	—	—	2.0	ms
Full Scale Output Range (I_{OUT} = 200 μA)	V_{FSO}	V_{SS} + 0.25	—	V_{DD} – 0.25	V
Capacitive Load Drive[12]	C_L	—	—	100	pF
Output Impedance	Z_O	—	50	—	Ω
Mechanical Characteristics					
Transverse Sensitivity[13]	$V_{XZ,YZ}$	—	—	5.0	% FSO

1. For a loaded output the measurements are observed after an RC filter consisting of a 1 kΩ resistor and a 0.1 μF capacitor to ground.
2. These limits define the range of operation for which the part will meet specification.
3. Within the supply range of 4.75 and 5.25 volts, the device operates as a fully calibrated linear accelerometer. Beyond these supply limits the device may operate as a linear device but is not guaranteed to be in calibration.
4. The device can measure both + and – acceleration. With no input acceleration the output is at midsupply. For positive acceleration the output will increase above V_{DD}/2 and for negative acceleration the output will decrease below V_{DD}/2.
5. The device is calibrated at 3g. Sensitivity limits apply to 0Hz acceleration.
6. At clock frequency ≅70 kHz.
7. The digital input pin has an internal pull-down current source to prevent inadvertent self test initiation due to external board level leakages.
8. Time for the output to reach 90% of its final value after a self-test is initiated.
9. The Status pin output is not valid following power-up until at least one rising edge has been applied to the self-test pin. The Status pin is high whenever the self-test input is high, as a means to check the connectivity of the self-test and Status pins in the application.
10. The Status pin latches high if a Low Voltage Detection or Clock Frequency failure occurs, or the EPROM parity changes to odd. The Status pin can be reset low if the self-test pin is pulsed with a high input for at least 100 μs, unless a fault condition continues to exist.
11. Time for amplifiers to recover after an acceleration signal causes them to saturate.
12. Preserves phase margin (60°) to guarantee output amplifier stability.
13. A measure of the device's ability to reject an acceleration applied 90° from the true axis of sensitivity.

图 13.8　Freescale MMA1250 加速计数据表 (Copyright Freescale Semiconductor, Inc. 2010. Used by permission.)

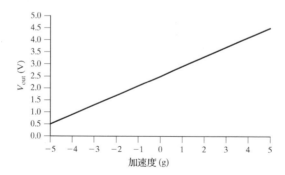

图 13.9　V_{DD} = 5.0 V 时 Freescale MMA1250 的响应曲线

由此可见，尽管产品制造商没有给出明确的传递函数，但给出了足以推导传递函数的信息。另外，制造商将输入物理信号(加速度)转换成可变电压(V_{out})，大大减轻了设计难度。当传感器外加电源为 5 V 时，0 g 输出为 2.5 V，+5 g 输出为 4.5 V，−5 g 输出为 0.5 V。此处需要注意，0 g 值和灵敏度都有容差，因此需要通过校准使传感器工作在最佳准确度状态。若要将此传感器输出与微控制器 ADC 输入相连，则需添加接口电路并进行信号调理。

灵敏度：数据表给出了当 $V_{DD} = 5.0$ V 时的灵敏度参数(400 mV/g)，该元件良好的灵敏度表现为其赢得了广阔的市场空间。灵敏度可被认为是传递函数的斜率，灵敏度取值的容差范围很大：在允许工作温度范围内为±7.5%。

跨度或动态范围：由图 13.8 给出的 MMA1250 工作特性，可查阅得到加速度不超过 5 g 条件下的性能参数(用符号 g_{FS} 表示，FS 指全刻度)，这对应数据表首页的 "±5 g" 加速度条件。

准确度：MMA1250 数据表并未提供准确度参数，与传递函数类似，该参数同样可以通过其他参数表示。根据式(13.5)，可求得 5 V 电源条件下传感器的传递函数为 $V_{out} = 2.5$ V $+ 400$ mV/g，在未校准条件下，y 轴截距(通常为 2.5 V)和斜率(通常为 400 mV/g)都会存在偏差，y 轴截距可能变化 20%，参数仍在可用范围(2.0 ~ 3.0 V)内，而斜率的变化则可能高达 7.5%(370 ~ 430.1 mV/g)。当 5 g 加速度作用于传感器时，标准输出电压为 4.5 V，但实际值处于 3.85 ~ 5.0 V 之间，仍在可用范围内，准确度则为 14% F.S.O.。需要特别说明的是，从这些参数来看，理论上 V_{out} 最高可达 5.151 V，但这已超过 5 V 的电源电压，因此不可能实现。

除偏移和增益误差，非线性特性也会影响准确度指标。当传感器输出未满足传递函数的线性等式时，就会产生附加误差。

如果条件允许，应尽量对传感器进行校准，单个传感器的校准可大幅降低误差，甚至可以消除容差对 0 g 参数(y 轴截距)的影响。为了降低或消除非线性带来的影响，一般需要采用多点校准。

迟滞：MMA1250 并未给出迟滞参数；在此可假设该传感器的迟滞量很小，或可忽略不计。但由于没有参数依据，对于这个问题也不能随便下结论，如需要获得准确参数，可直接联系制造商的应用工程师。当然，设计者可以通过测试传感器样本获取一些有用信息，但将其用于设计则存在一定风险。

非线性参数：由图 13.8 可知，MMA1250 的非线性指标为±1% F.S.O.。如上节所述，非线性特性将直接影响元件感知准确度，因此假设传递函数是线性的。但实际的传递函数存在 1% F.S.O.的准确度误差。此时可对传感器进行多点校准，以拟合多项式曲线(或其他合适的曲线)，这将有助于减轻非线性对传感器的影响。

噪声：MMA1250 的噪声参数特别详细，噪声可表示为最大量级(对频率 0.1 Hz ~ 1 kHz 的典型值为 2.0 mV rms)或谱密度($700\ \mu g/\sqrt{Hz}$)。

分辨率：数据表未给出分辨率参数，但可基于噪声特性(< 4 mV rms)和灵敏度(约 400 mV/g)获得分辨率表达式。分辨率定义为最小可测量信号，其表达为

$$\text{分辨率} = \frac{\text{噪声}}{\text{灵敏度}} \tag{13.6}$$

基于此，传感器可望达到的分辨率水平如下：

$$\text{MMA1250的分辨率} = \frac{4\ \text{mV rms}}{400\ \text{mV/g}} = 0.01\ \text{g} \tag{13.7}$$

同样，我们还可对给定带宽的多个样本求统计平均，并基于噪声谱密度参数($700\ \mu g/\sqrt{Hz}$)表示分辨率。例如，对于平均时间间隔为 0.1 s(测量带宽为 10 Hz)的样本，其分辨率为 $700\ \mu g/\sqrt{Hz} \times \sqrt{10\ Hz} =$

2210 µg，如将平均时间间隔增至 10 s(0.1 Hz 带宽)，则分辨率按数量级提高，为 $700\ \mu g/\sqrt{Hz} \times \sqrt{0.1\ Hz} = 221\ \mu g$。

带宽：数据表给出的传感器带宽的典型值为 50 Hz(±7.5 Hz)，不推荐在最小保证带宽(42.5 Hz)以外的频率下测量加速度，因为此时无法保证传感器输出能够准确反映加速度的变化。

13.4　基本传感器与接口电路

前面讲述了传感器的基础知识，以及它的性能和参数的表示方法。根据输出形式，本节将对传感器进行分类，并给出不同类型传感器的典型连接方法。

13.4.1　开关传感器

开关是最简单，也是最常见的一种传感器。开关可能只有两个端口，也可能有多个端口。开关断开时为开路，开关合拢时为短路。目前有很多不同的开关类型和开关结构，如按钮、滑片、拴扣、霍尔、触摸、微型、杠杆、薄膜、瞬时、键控、汞柱和簧片等，详见图 13.10。虽然开关类型很多，但目标相同，即感知与之接触的对象或力，进而判断是否需要执行状态改变。开关的典型应用包括通/断电源、提供人机接口(如键盘)、行进限制感知、环境检测及角度感知等。读者如果有兴趣，可以数数自己车内的开关数目，一般的汽车都有点火开关、车灯开关、驾驶杆上的转向灯开关，现代汽车上至少有 20 多个开关。

(a) 栓扣拨动开关　(b) 滑片开关　(c) 船形翘板开关　(d) 按钮开关　(e) DIP　(f) 微型开关，快动限位开关

图 13.10　开关实物图

开关的电气结构多样，但结构分类方法十分明确。一般开关基于刀和掷的数量分类，开关中刀的数量指其能开关的独立电路数量，单刀开关只能开关一个电路，电路符号如图 13.11(a)所示。双刀开关能开关两个独立电路，其电路符号如图 13.11(b)所示。对比单刀开关和双刀开关的电路符号可知，双刀开关是由同一控制杆控制的两个单刀。目前单刀、双刀和三刀开关最为常见，但刀数更多的开关也在市面上有售。

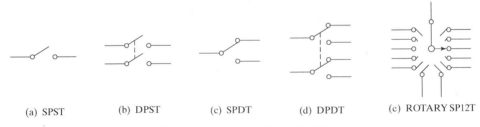

(a) SPST　　(b) DPST　　(c) SPDT　　(d) DPDT　　(e) ROTARY SP12T

图 13.11　不同结构的开关示意图

开关掷数是指开关可切换的独立接触点数量。在理解刀与掷两个概念的基础上，即可用开关的速记符号表示开关的电气结构。一般将开关表示为"xPyT"，其中"x"是刀的数量(S = 单，D =

双，T＝三，数字 4，5，6 等表示超过三刀的情况），"y" 是掷的数量（同样，S＝单，D＝双，诸如此类）。如图 13.11(a) 所示的简单通/断开关是一种"单掷"开关，即只有两个独立状态，一个是接触点断开，另一个是接触点闭合。根据刀的基本知识可知，简单通/断开关为单刀单掷(SPST)开关。双掷开关也是一种常见开关，如图 13.11(c) 所示的单刀双掷开关(SPDT)，以及图 13.11(d) 所示的双刀双掷开关(DPDT)。开关可由单掷至数十掷，例如，图 13.11(e) 所示的旋转式开关的掷数已经很多。

13.4.2 开关接口

使用开关接口的目的通常是构建一个用于确定开关状态的电路。理想情况下，电路在一个状态输出数字逻辑低电平，在另一个状态（相反状态）则输出数字逻辑高电平。实现该功能所需的电平与读取电平的元件相关，具体内容详见第 16 章的数字输入和输出部分。一般而言，逻辑低电平接近 0 V，逻辑高电平则接近电源电压，通常为 5 V。本节假设电源电压为 5 V，更多假设条件详见第 16 章。

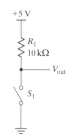

图 13.12 简单的开关接口电路

简单的开关接口电路采用单电阻结构，该开关可实现许多基本功能，具体电路如图 13.12 所示。

图 13.12 的电路可被视为分压器，开关可等效为电阻，当其闭合时表现为小电阻(<1 Ω)，而当其断开时，则表现为大电阻(>10 MΩ)。在第 9 章给出了分压器的一般表达式，因此可得开关接口电路的电压表达式：

$$V_{out} = 5\ V \frac{R_{S1}}{R_1 + R_{S1}} \tag{13.8}$$

开关断开时的有效电阻为 R_{S1}(>10 MΩ)，该电阻远大于 R_1(10 kΩ)，因此式(13.8)的分子和分母基本相等，V_{out} 非常接近 5 V 电源电压。当开关闭合时，R_{S1}(<1 Ω)远小于 R_1(10 kΩ)，此时分子接近零，V_{out} 接近 0 V。为确保分析正确，在此假设只有很小的电流流经节点 V_{out}，如果有大电流流经节点 V_{out}，则必影响 V_{out} 值，使之无法输出正常的数字逻辑电平。因此，必须使与开关电路连接的元件的输入阻抗远大于 10 kΩ，一般微控制器的数字和模拟输入及其他逻辑元件均可满足此条件。但设计者必须清楚地意识到另一个问题，这类开关都连接了一个高输出阻抗（如 10 kΩ）的分压器，可能导致不满足输入阻抗条件。

对于机械开关的接口，还需注意另一个问题，大多数机械开关都可能发生"**开关抖动**"现象。开关中弹簧驱动的移动电触头构成一个摩擦阻尼质点弹簧动力系统。开关状态改变时，电触头弹起，开关实际只"开启"一次，但在几毫秒内出现多次（通常约为 10 次）电路连通或断开过程，如图 13.13 所示，这种现象显然不受欢迎。可以想象一下在键盘上打字时的情景，按一次键，但响应多次，即意味着屏幕上会连续出现多个输出符号，这显然是无法容忍的。因此这种开关抖动必须消除（即指开关去抖）。

解决开关抖动的方法有多种，最简单的方法是采用硬件——添加 RC 低通滤波器，具体电路见图 13.14。低通滤波器能降低开关由低到高的转换次数。如果选择了相应的元件值，使其上升时间长于开关抖动的周期（同样，通常只有几毫秒），则在电路输出端将仅发生一次开关切换。

该电路采用了 11.5.1 节的施密特触发器和反相器(74HC14)，将低通滤波器输出端相对缓慢变化的电压转换为适合接入 V_{out} 尖锐边沿的数字逻辑输入。

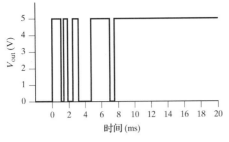

图 13.13　开关抖动

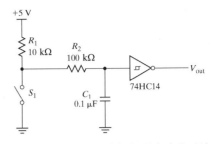

图 13.14　通过添加低通滤波器和施密特触发器来消除开关抖动

　　此时需要谨慎选择低通滤波器的电阻和电容，以保证在开关抖动期间，上升沿输出电平低于施密特触发器的高电压阈值。开关抖动结束后，电路将有稳定输出，此时上升沿输出电平将达到施密特触发器的高电压阈值，具体过程如图 13.15 所示，此处选择 100 kΩ 电阻、0.1 μF 电容，RC 上升时间为

$$\tau = (100 \text{ k}\Omega)(0.1 \text{ μF}) = 10 \text{ ms} \tag{13.9}$$

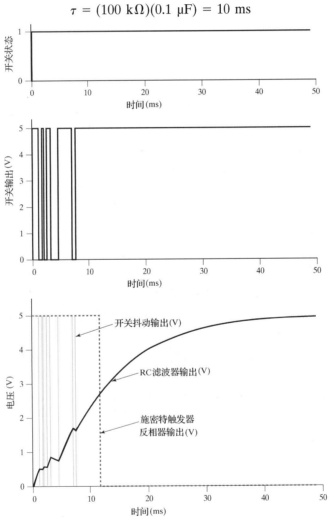

图 13.15　图 13.14 所示电路的开关抖动响应。上图为开关状态，开关在 $t = 0$ 时刻闭合；相应的电压抖动响应特性如中图所示，下图中灰色实线为开关抖动输出，黑色实线为 RC 滤波器输出，灰色虚线为施密特触发器反相器输出

开关不同，其开关抖动持续时间也不同，可能偏离施密特触发器要求的典型值(10 ms)。设计者必须查阅开关数据表，开关制造商一般会给出开关抖动时间。需要注意的是，该时间为开关状态改变到抖动结束的持续时间，而非抖动间隔时间。

还有几种其他的硬件方法可以解决开关抖动问题。其实我们还可以选择一种最省事的方法，一些 IC 制造商提供消除开关抖动的特殊元件，如 MAX6816(Maxim Integrated Products)和ON14490(ON Semiconductor)的开关接口芯片，直接选用这些芯片则可事半功倍。

开关抖动也可通过软件处理，标准方法是将开关连接到微控制器(例如，将微控制器的数字输入直接连接到图 13.12 中的 V_{out})，因为人类不可能在 10 ms 内多次按下开关，因此采用软件处理能够非常直接地区分开关切换和开关抖动。

13.4.3 电阻式传感器

电位器、热敏电阻、光电池、应变计和弹性传感器的被测变量均为电阻的函数，因此被称为电阻式传感器。大多数传感器表现为可变电阻，其电阻值由被测变量决定。以 13.3.1 节的热敏电阻为例，当采用热敏电阻测量温度时，微控制器无法直接测量电阻，必须先将可变电阻转换为可变电压，再送至模数转换器(ADC)进行测量。

13.4.4 电阻式传感器接口

13.4.4.1 分压器中的电阻式传感器

将可变电阻转化为可变电压的最简单的方法是采用分压器，具体电路如图 13.16 所示。该电路与 13.3.1 节讨论的热敏电阻连接电路相同。

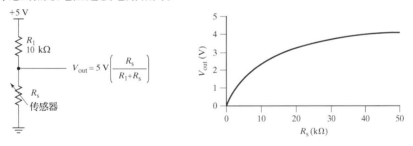

图 13.16　基于电阻式传感器(充当下侧电阻)的分压器

图 13.16 所示电路中的传感器位置可根据实际应用进行调整。例如，将传感器与 R_1 交换位置(见图 13.17)，即可在 V_{out} 实现反相检测。如果想将低阻值对应低电压，则可将传感器放置于 V_{out} 和地之间。反之，如果希望低阻值对应高 V_{out}，只需交换 R_1 和传感器 R_s 的位置即可。

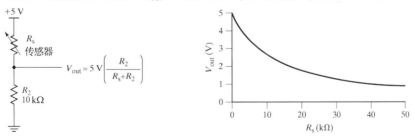

图 13.17　基于电阻式传感器(充当上侧电阻)的分压器

尽管图 13.16、图 13.17 的分压器电路十分简单有效，但不一定适用于所有应用，主要原因是该电路输出与传感器电阻 R_s 之间的关系是非线性的。当然，对于大多数电路而言，这种非线性可以接受，但对于有高准确度需求的应用，则需对传感器和接口电路进行校准，以修正传递函数曲线。

分压器存在的另一个问题是输出阻抗高。如图 13.16 所示的电路，10 kΩ 电阻与 R_s 并联，当 V_{out} 节点与低输入阻抗的电路相连时，将会有大电流流出 V_{out}，即意味着传感器接口电路成为节点 V_{out} 的有效"负载"，从而影响 V_{out} 电压值。实际上，只要节点 V_{out} 有外接电路，即存在流出电流 I_{out}，则设计者应尽可能使 I_{out} 最小，以减小其对 V_{out} 测量准确度的影响。

对于不适合采用分压器电路的应用，还可选择其他方法，但均较前者复杂。

13.4.4.2　使用电流源测量电阻

如果应用需要线性电路响应，则可利用电气工程中最基本的线性关系公式——欧姆定律（$V = IR$），由此可得 R 的表达式：

$$R = \frac{V}{I} \tag{13.10}$$

假设有一已知恒定电流 I 流经电阻 R，可测得电阻上的电压降为 V，此时可采用恒定电流源计算电阻值。具体电路如图 13.18 所示，由于电流 I 已知，因此可通过 R_s 计算获得 V_{out}。

问题在于世界上并不存在理想电流源；实际上任何电路都无法保证能在任何条件下（包括开路和短路）产生恒定电流，因为要达此目标，工作电压的变化范围将从-∞到+∞。实际的电流源仅可保证在有限范围内工作正常，尽管如此，电流源依旧可用于欧姆表测量电阻。

如图 13.19 所示为实际常用的恒定电流源电路。

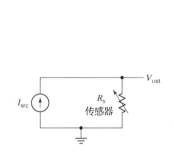

图 13.18　采用电流源测量电阻

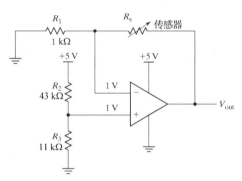

图 13.19　常用的恒定电流源电路

该电路通过运算放大器使流经 R_1 的电流为常数。理想情况下，根据运算放大器黄金准则，可假设输入电流为零，输出电压约等于输入电压（采用负反馈结构即可实现）。此时同相输入电压约为 1 V（为了保证准确度，R_2 和 R_3 可选择标准 5%容差电阻，在不考虑电阻容差条件下，同相输入电压为 1.02 V），反相输入电压因此也为 1 V。这样，运算放大器的输出必须为 R_1 和 R_s 提供所需电流，以保证二者之间的节点电压等于 1 V；R_1 电阻恒定，流经的电流也恒定，其上的电压降固定为 1 V（1 V－0 V ＝ 1 V）。流经 R_1 的电流等于 1 mA（1 V/1 kΩ），理想条件下反相输入电流为零，所有电流都将流向传感器 R_s，R_s 的电阻值决定运算放大器的输出电压值，此例中运算放大器的输出范围为 1～5 V，电流等于 1 mA。当 R_s 的电阻值大于 3.9 kΩ 时，运算放大器输出 5 V 的饱和电压，该电压为输出电压 V_{out} 的最大值（运算放大器采用+5 V 单电源供电）。电路输出特性如图 13.20 所示，此时 R_s 和 V_{out} 之间呈线性关系，传递函数简单，易于获得测量结果。

13.4.4.3　惠斯通电桥

前例适用于阻值范围较大的传感器。如前所述，当分压器传感器的阻值范围为 0 ~ 50 kΩ 时，恒定电流源电路的阻值范围为 0 ~ 4 kΩ。但是有些传感器的阻值范围很小，如应变计，只会给出标称、非零基准电阻值（例如 100 Ω），其阻值范围很小，仅为几欧姆。此时需要采用如图 13.21 所示的惠斯通（Wheatstone）电桥。

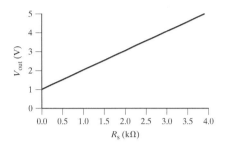

图 13.20　图 13.19 电路的响应特性曲线

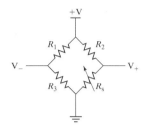

图 13.21　惠斯通电桥

观察图 13.21 可知，惠斯通电桥由两个分压器组成，左侧分压器由 R_1 和 R_3 组成，右侧分压器由 R_2 和 R_s 组成。电桥的输出电压等于两个分压器中点电压的差值，其 V_{out} 可基于式(13.11)计算获得：

$$V_{out} = V_+ - V_- = +V \left[\frac{R_s}{R_s + R_2} - \frac{R_3}{R_3 + R_1} \right] \tag{13.11}$$

一般情况下，惠斯通电桥的 4 个电阻会选择相同标称值的电阻。当 R_s 等于标称值时，该电桥被称为"平衡"电桥，此时 $V_{out} = 0$ V。另外，当满足 $R_1/R_3 = R_2/R_s$ 条件时，依旧可通过选择电阻值使得电桥两侧的输出电压相等。除了以上两种情况，采用其他电阻值将改变电桥的有效偏置，并使电桥产生差分电压输出。当 R_s 偏离标称值时，V_+ 和 V_- 之间的差值对应 R_s 偏离量的大小。例如，如果所有电阻，包括传感器 R_s 的标称值均为 100 Ω，则当 R_s 变化 ±2 Ω 时，差分电压（$V_{out} = V_+ - V_-$）与 R_s 的关系如图 13.22 所示。

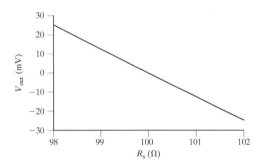

图 13.22　惠斯通电桥的差分电压输出（R_s = 100 Ω ± 2 Ω，$R_1 = R_2 = R_3$ = 100 Ω，电源电压为 5 V）

典型惠斯通电桥的 V_{out} 取值范围很小（±25 mV），因此，在将其与其他电路元件（如微控制器的模数转换器）连接之前，需先放大 V_{out}，此时需要采用测量放大器。仪表放大器的原理详见 14.5.1 节。

有些传感器对温度敏感，导致设计难度陡增，例如应变计，其阻值是应变值和温度值的函数。惠斯通电桥具有良好的抗温度漂移特性，可通过设计使惠斯通电桥的电阻处于相同的温度条件下。例如，将它们安装在整块铝板上，或放在同一块印制电路板上。当所有电阻的温度系数相同时，其电阻值随着温度的漂移量也相同，因此可大幅降低或消除温度对电路输出的影响。

在电路中使用多个传感元件可增大差分电压（V_+ 和 V_- 的差值），进而提升惠斯通电桥的有效增益。例如，可将图 13.21 中的 R_s 换成应变计，从而引起基线响应。如将 R_1 也换成应变计，且该应变计与替换 R_s 的应变计承受相同的应变，此时输出的差分电压值将会加倍。当应变计电阻增大时，电桥左侧分压器的输出(V_-)随 R_1 增加而减小(13.4.4.2 节中 R_1 值恒定)，电桥右侧分压器的输出(V_+)随着 R_s 增加而增大(与 13.4.4.2 节相同)。以此类推，如将电桥中的电阻都换成传感器，则可进一步增大输出电压差。目前的载荷传感器大多利用了惠斯通电桥的以上特征，具体内容详见 13.5.2.2 节。

以下应用可考虑使用惠斯通电桥。

1. 高增益差分测量：该应用将利用惠斯通电桥的输出初始平衡(或为零)特性。
2. 高灵敏度测量：针对具有标称非零电阻值的电阻式传感器，该传感器的电阻值偏移量很小。
3. 受温度条件影响的测量：当电桥元件温度一致时，可减轻温度效应的影响。

13.4.5   电容式传感器

另一类重要传感器——电容传感器的电容值是物理输入信号的函数，这类传感器有距离感应器、位移传感器、计算机触摸屏、墙体立柱传感器、液面传感器和化学成分传感器等。相比于测量电压或电阻，电容传感器要求精确测量电容，这对于设计者而言挑战更大。电容的测量是动态的，需要处理时变信号。

13.4.6   电容式传感器接口

13.4.6.1   使用阶跃输入测量电容

第 9 章介绍的 RC 阶跃响应电路包含了电容和电阻，该电路能响应阶跃输入，即当 RC 电路的输入为阶跃输入时，输出电压与输入电压的关系为

$$V_{\text{out}} = V_{\text{in}} \left(1 - e^{\left(\frac{-t}{RC}\right)}\right) \tag{13.12}$$

RC 电路原型如图 13.23 所示，当 $V_{\text{in}} = 5\,\text{V}$、$R = 10\,\text{k}\Omega$ 时，图 13.23 给出了两个 C_s 取值(0.1 μF 和 0.05 μF)对应的 V_{out}。

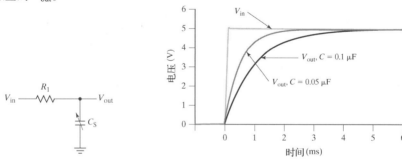

图 13.23   RC 电路的阶跃响应

该电路的时间常数 $\tau = RC$，表示输出电压 V_{out} 升至阶跃输入 V_{in} 的 63.2% 所需要的时间。如果 V_{in}、R 已知，则 C_s 是唯一变量，C_s 可通过阶跃响应确定，即首先检测 V_{out} 达到某个设定值(τ, 2τ, 或是任何便于测量的电压值)所需的时间，然后根据式(13.12)求出 C_s。要获取时间参数，首先需要使用比较器以确定电压穿越阈值电压的时刻(见 11.5 节)，然后进行快速模数转换。设计者必须确保获得输入阶跃时刻与输出电压穿越阈值时刻之间的精确时间差。微控制器能够很好地实现计时和模数变换，但有些应用的响应时间差很小，使用这种方法可能存在隐患。

13.4.6.2 使用振荡器测量电容

另一种常用的电容测量法是使用**振荡器**。振荡器电路根据电阻值和电容值确定振荡频率，图 13.24 给出了用于测量未知电容 C_s 的方波振荡器电路。

振荡器电路的基线频率（未连接 C_s）由 R_2 和 C_1 决定，即 $f \approx 1/(2.2R_2C_1)$（$R_1 \approx 10 \times R_2$）。加入并联电容 C_s 后，总电容增加（多个电容并联的等效总电容为各并联电容值之和，即总电容增加为 $C_1 + C_s$），相应频率降低，频率的降低幅度取决于电容值 C_s，基于此即可测量 C_s。这种方法是基于频率的，电容值（$C_1 + C_s$）只会影响输出方波信号的上升沿时间和下降沿时间，而不会影响方波幅度。特别需要注意的是，有很多方法可以构建频率受电阻值、电容值控制的振荡器。如图 13.24 所示的电路是其中最简单易学的一种。

13.4.6.3 使用惠斯通电桥测量电容

如将电容视为频变电容，则可采用惠斯通电桥，即将电桥中的电阻都替换为电容。具体电路如图 13.25 所示。

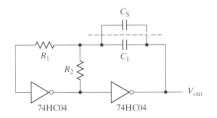

图 13.24 一种简单的方波振荡器电路，用于测量未知电容 C_s　　图 13.25 电容式惠斯通电桥

电容式惠斯通电桥的两个分压器均与频率相关，通常情况下 R_1、C_1、R_2 为已知参数，其电路的特性和电阻惠斯通电桥（见 13.4.4.3 节）的类似，但由于激励电压是时变的（例如正弦波），因此可对电桥两侧的 RC 网络的动态响应进行差分对比。使用惠斯通电桥测量电容继承了其在测量电阻时的各种优点，包括：

1. 电桥输出平衡（或归零），可消除偏移，可变电容的变化可直接通过测量零点偏移量获得，不需要考虑初始偏移。
2. 可直接测量电容偏移量。
3. 在同一温度条件下，如电桥元件具有相同的温度特性，则可减轻甚至消除温度变化带来的影响。

13.5 传感器纵览

前面几节给出了基于被测变量电气特性的传感器分类方法，并针对每一类传感器给出了将其电气特性转化为电压的基本方法。这些方法可根据需要进一步改进（如第 14 章和第 15 章介绍的信号调理技术和滤波技术），或直接连至微控制器。本章其余部分将讨论一些机电应用中常见的专用传感器。

13.5.1 光敏元件

光敏元件是机电系统中最通用和常见的传感器，除了可以检测入射光强度，还可以将其作为基本模块参与许多测试应用。本章将在后面对其详细介绍。本节重点讨论最常见的光敏元件。

13.5.1.1　光电二极管

光电二极管是最基本的光敏元件，详见图 13.26。光电二极管是一种半导体元件，采用光学透明封装，允许入射光直接照于半导体节点。其封装通常采用对待测光波长光学透明的材料，如聚碳酸酯。半导体节点在相对较窄的波长范围内对光敏感。当被敏感波长范围的光照射时，光子释放电子，产生小电流——**光电流**，电流的大小与入射光**辐照度**(单位面积内的辐射通量)相关。

为了使光电二极管正常响应，必须将其设置为零偏压(在正极和负极之间保持 0 V 电势)或反向偏压(负极电势比正极电势高约 1 V)。一般可采用跨阻电路使光电二极管保持反向偏压，并利用增益电阻 R_g 将光电流转换为电压，光电二极管的输出电压是入射光的函数。典型的光电二极管接口电路如图 13.27 所示，分压器由 R_1、R_2 组成，输出电压为 1 V。分压器的输出端与运算放大器的同相输入端相连，运算放大器的输出端与反相输入端之间跨接电阻 R_g，形成负反馈电路。基于黄金准则 2 可知，此时反相输入端电压将等于同相输入端电压，即均等于 1 V，从而使光电二极管正负极之间保持 –1 V 电压差，形成反向偏压。根据黄金准则 1 可知，运算放大器输出电流经增益电阻 R_g 反馈流入光电二极管，形成光电流。

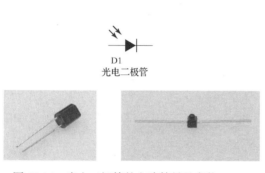

图 13.26　光电二极管的电路符号及实物

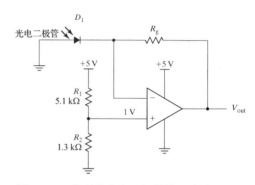

图 13.27　典型的光电二极管接口电路

光电二极管可检测光的波长取决于半导体材料及其生产工艺。最常见的硅光电二极管对近红外光谱的低端电磁辐射敏感，在 $\lambda = 1\ \mu m$ 附近获得感应峰值，人眼可识别的可见光范围为 380 nm < λ < 750 nm。Lite-On LTR-516AD 硅光电二极管的灵敏度曲线如图 13.28 所示。

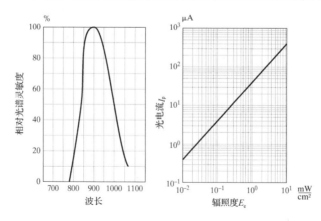

图 13.28　光电二极管的频率响应和光电流输出

在此特别需要关注光电二极管的一些重要特性。第一，光电二极管的动态范围很大。如图 13.28

所示，该光电二极管对波长 900 nm 的光最为敏感，其灵敏度的动态范围为 800～1050 nm，当辐照度处于 0.01～10 mW/cm^2 区间时，感应光电流与辐照度呈线性关系。由此可知，LTR-516AD 的动态范围为 1000:1（10 mW/cm^2:10^{-2} mW/cm^2），用 dB 表示即为 60 dB，动态范围很宽。第二，光电二极管的输出信号（光电流 I_p）非常小，但取值范围却很大，可小至 10^{-2} mW/cm^2 时的 0.4 μA，亦可大至 10 mW/cm^2 时的 400 μA，对于小量级信号，特别需要注意将输出信号电压调理至可用范围。第三，即使在没有可感应 IR 光的黑暗环境中，光电二极管仍会产生电流，这个电流称为暗电流，是由二极管半导体载荷子热激励导致的。暗电流源于热效应，其大小与温度有关，当反向偏压等于 5 V、温度为 25℃时，LTR-516AD 的典型暗电流为 1 nA；反向偏压等于 10 V，温度为 25℃时的最大暗电流为 30 nA。与光电流相比，25℃时的暗电流相对较小，随着温度上升，暗电流将快速增大，当温度为 80℃时，暗电流可达 0.4 μA，基本与 10^{-2} mW/cm^2 时的光电流相等。此时如果无补偿措施，必将导致严重的测量误差。

　　LTR-516AD 的响应速度非常快。查阅数据表可知，在反向偏压 V_R = 10 V、R_g = 1 kΩ 的条件下，输出上升/下降时间为 50 ns。因此，光电二极管适用于高速应用，如光纤数据通信，也可满足大动态范围应用的需求。光电二极管可用于家用电器 IR 遥控信号感知，该应用的难点在于，需要保证在高 IR 光条件下（白天）和无环境 IR 光条件下（黑屋）均能产生不饱和可用信号。另外，家用电子产品对成本要求苛刻，光电二极管价格低廉，大批量的单价仅为 10 美分左右，能够满足应用需求。

13.5.1.2　光电晶体管

　　当光电二极管的灵敏度特性不能满足应用要求时，可考虑采用**光电晶体管**。光电晶体管与光电二极管类似，其集电极-发射极电流与入射光强度相关。与光电二极管相比，光电晶体管的动态范围较小，响应时间较长，但感应电流较大。光电晶体管是一种双极结型晶体管（BJT），其半导体基区暴露于光照之下，光子撞击基区，使其释放电子，从而产生基极电流，将基极电流乘以 BJT 增益（通常约为 100），可得毫安级的集电极电流，而光电二极管只能提供微安级电流。图 13.29 给出了 NPN 光电晶体管的电路符号和常见的封装类型，与标准 NPN 晶体管的电路符号相比，光电晶体管的基极标注了光照符号。

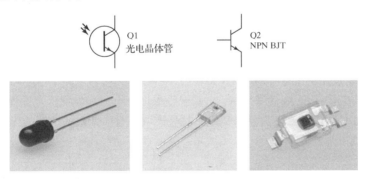

图 13.29　第一排：光电晶体管的电路符号和标准 NPN BJT 的电路符号；第二排：常见的封装

　　光电晶体管从集电极输出电流，下面以 Lite-On LTR-3208E 为例进行说明。图 13.30 给出了辐照度-集电极电流关系曲线，辐照度单位为 1 mW/cm^2，采用此单位的原因是 LTR-3208E 的光敏变化较大。从图中数据表可知，LTR-3208E 有多个光敏等级（A 级到 F 级），其光敏等级是基于 1 mW/cm^2 光照时的集电极电流大小进行排序的，本质上是基于传感器增益进行排序的。另外，同一等级内的增益差异依旧很大，特别是 F 级没有增益上限。由此可见，尽管每个独立元件的输出与辐照度之间呈线性关系，但不同元件的输出值差异巨大。

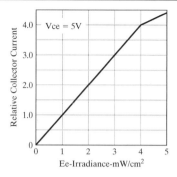

ELECTRICAL/OPTICAL CHARACTERISTICS AT TA=25°C

PARAMETER	SYMBOL	MIN.	TYP.	MAX	UNIT	TEST CONDITION	BIN NO.
Collector-Emitter Breakdown Voltage	$V_{(BR)CEO}$	30			V	$I_C = 1mA$ $Ee = 0mW/cm^2$	
Emitter-Collector Breakdown Voltage	$V_{(BR)ECO}$	5			V	$I_E = 100\mu A$ $Ee = 0mW/cm^2$	
Collector Emitter Saturation Voltage	$V_{CE(SAT)}$		0.1	0.4	V	$I_C = 100\mu A$ $Ee = 1mW/cm^2$	
Rise Time	T_r		10		μs	$V_{CC} = 5V$ $I_C = 1mA$ $R_L = 1K\Omega$	
Fall Time	T_f		15		μs		
Collector Dark Current	I_{CEO}			100	nA	$V_{CE} = 10V$ $Ee = 0mW/cm^2$	
On State Collector Current	$I_{C(ON)}$	0.64		1.68	mA	$V_{CE} = 5V$ $Ee = 1mW/cm^2$ $\lambda = 940nm$	BIN A
		1.12		2.16			BIN B
		1.44		2.64			BIN C
		1.76		3.12			BIN D
		2.08		3.60			BIN E
		2.40					BIN F

图 13.30　光电晶体管数据表(Courtesy of Lite-On, Inc.)

　　光电晶体管和光电二极管的动态范围不同；LTR-3208E 的线性动态范围为 $0 \sim 4$ mW/cm², 对于那些可以容忍 4 mW/cm² 处斜率陡峭变化的应用，其动态范围可扩大至 $0 \sim 5$ mW/cm²。即便如此，相对于 LTR-516DA 的 1000:1 动态范围而言，光电晶体管的动态范围显然很小。另外还需注意，图中标注了 "Vce = 5 V"，说明该响应是在集电极-发射极电压 V_{CE} 等于 5 V 的条件下获得的，如果设计者想使用数据表中的光电流-辐照度关联关系参数，则接口电路的 V_{CE} 必须等于 5 V。换言之，如果要使用光电晶体管的线性输出特性，则必须保证集电极和发射极之间保持恒定 2.5 V 或更高的电压。图 13.31 说明，只要 V_{CE} 保持恒定，其具体取值对于集电极电流的影响很小。当然，如果 V_{CE} 小于 2 V，则以上特性不成立，如图所示，此时所有曲线都将汇聚成一条线。

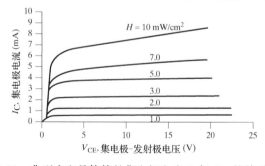

图 13.31　典型光电晶体管的集电极电流 I_C 与 V_{CE} 的关系曲线

对于特定晶体管，可简单采用上拉电阻或下拉电阻构造接口电路，具体电路如图 13.32 所示。

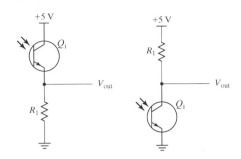

图 13.32 光电晶体管的电流流出结构(左图)和电流流入结构(右图)

这种方法简单易行，其输出随入射光强度而变，但二者之间的关系是非线性的。除此之外，响应时间也与增益有关，因为电阻的大小不仅影响增益，也影响寄生电容的充放电时间。图 13.32 的左图为电流流出结构，当光电晶体管 Q_1 上无光照时，V_{out} 有最小值(接近 0 V)，光照增加，V_{out} 也随之增加；相反，图 13.32 的右图为电流流入结构，无光照时，V_{out} 有最大值(接近 5 V)，光照增加，V_{out} 将随之下降。

对于以上两种结构，如果无法保证光电晶体管的恒定电压降，则将出现非线性特性。从本质上来说，以上两种结构的 V_{out} 都是分压器的输出，由欧姆定律 $V = IR$ 可知，V_{out} 值取决于增益电阻 R_1 上的电压降，此处 I 为光电晶体管的集电极电流，R 为电阻值。这些参数相互关联，相互制约，入射光强度决定集电极电流，集电极电流决定电阻上的电压降，电阻上的电压降反过来影响光电晶体管集电极-发射极上的电压降 V_{CE}，V_{CE} 则影响集电极电流。以上关系符合实际情况，但它们之间的关联关系可能是非线性的，甚至完全偏离线性响应曲线。实际上，非线性输出特性非常有用，可用于检测光源的开/关状态、物体与传感器的距离及反射 IR 光的物体颜色等。

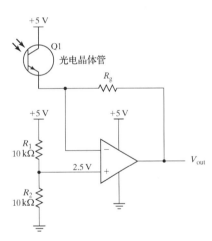

图 13.33 跨阻光电晶体管接口电路

对于涉及辐照度测量的应用，包含线性输出特性的接口电路比图 13.32 所示的电流流出或流入的非线性响应结构更具实用价值。在这样的应用中同样需要采用跨阻电路，具体电路结构如图 13.33 所示。

图 13.33 所示电路中，分压器使运算放大器的同相输入电压保持为 2.5 V，基于黄金准则 2 可知，反相输入电压也等于 2.5 V，光电晶体管 V_{CE} 等于 5 V - 2.5 V = 2.5 V。由图 13.31 可知，2.5 V 的 V_{CE} 足以保证光电晶体管产生线性集电极电流。此时，跨阻电路将集电极电流转换为电压，转换增益由 R_g 决定。根据黄金准则 1，在此假设所有光电流经 R_g 流入运算放大器输出端 V_{out}。跨阻电路用于实现电流到电压的线性转换——只需将集电极电流乘以增益电阻 R_g 即可获得电压值。另外，跨阻电路确保了光电晶体管集电极-发射极电压恒定，可以消除寄生电容充放电响应时间的影响。由于 V_{CE} 恒定，寄生电容不会影响传感器输出的上升/下降时间，即可增强光电晶体管的动态响应能力，具有很好的应用意义。

图 13.34 给出了 $R_g = 560\ \Omega$ 时图 13.33 所示跨阻电路的输出电压，此时假设当辐照度等于 1 mW/cm² 时，光电晶体管的集电极电流等于 1 mA。

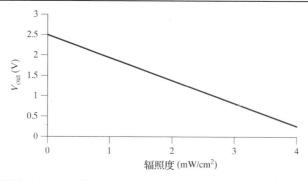

图 13.34　跨阻光电晶体管输出电压，采用 LTR-3208E，$R_g = 560\ \Omega$，集电极电流为 1 mA，辐照度为 1 mW/cm^2

当辐照度等于零时，跨阻电路的输出电压等于 2.5 V。随着辐照度增加，输出电压表现出线性下降特性，这是运算放大器输出从光电晶体管吸入电流的结果。如将光电晶体管发射极接地，并将其集电极连接到运算放大器的反相输入，即可使输出电压随辐照度线性增加，此时光电晶体管将从跨阻电路吸入电流。假设 R_g 值不变，则当辐照度等于零时，输出电压为 2.5 V；输出电压随辐照度增加而增大。

13.5.1.3　光发射/检测模块

光电晶体管通常和一个发光波长与之匹配的 IR LED 一同封装，该模块具备发射、检测两种功能，适用于多种应用场合。例如图 13.35(a) 的**光电开关**，LED 发光管直接照射光检测器——光电晶体管，当外来物体位于 LED 发光管与检测器之间时，光束被打断，检测器发生输出跳变。另一个实例是图 13.35(b) 的**反射式光电传感器**。在该传感器中，LED 发光管与检测器并行放置，LED 发光管发射的光被物体反射后抵达检测器；如已知物体反射系数，则可利用反射光强度准确测量较短距离(几毫米到几分米)，或简单检测物体出现与否。

图 13.35　光发射/检测模块：(a) 槽式光电开关；(b) 反射式光电传感器

13.5.1.4　感光元件

如果待检测光信号波长超出近红外范围，则无法采用标准光电二极管和光电晶体管进行检测，此时可选用**感光元件**。感光元件对可见光谱敏感，因此通常也被称为**光检测器**或**光电阻**，其电阻值随入射光强度变化而变化。感光元件的工作机理与光电二极管类似，即通过光子撞击感光表面释放电子。对于感光元件而言，光子的能量直接对应材料的导电能力——电阻。感光元件的电路符号如图 13.36 的左图所示，其中箭头表示元件的电阻值受光子影响，右图则给出了三种典型感光元件封装。

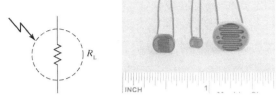

图 13.36 左图：感光元件电路符号；右图：典型感光元件封装

CdS（硫化镉）感光元件是最常见的廉价感光元件。图 13.37 给出了典型 CdS 感光元件与人眼归一化光谱响应的对比图，感光元件对于近红外光更敏感，其感光范围尽管比人眼宽一些，但二者差异不大。

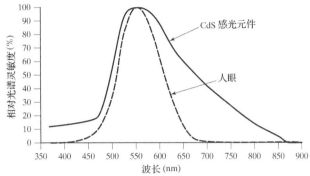

图 13.37 典型 CdS 感光元件与人眼归一化光谱响应的对比图

根据照射在 CdS 感光材料上的光子数量，其对应电阻值取值范围从几千欧（强光照射）到几兆欧（完全黑暗）不等。不同感光元件的电阻值也差异巨大，数据表通常给出的是大容差条件下绝对电阻与光照强度的关系。独立元件的相对响应特性可参照其对参考光照强度的响应获得，通常为 10 lux（1 lumen/m^2）和 100 lux，图 13.38 给出了典型 CdS 感光元件的响应。

感光元件的电阻随光照强度变化而变化，可以直接与其他电路元件相连，13.4.4 节给出的所有电阻式传感器的连接方法均适用于感光元件。

尽管感光元件优点明显，但却存在一个严重缺陷——响应速度慢，其上升时间的典型值为 50 ms，下降时间的典型值则为 25 ms，相比于光电二极管（约 10 ns）和光电晶体管（约 10 μs），其响应速度显然过慢。因此感光元件不适用于高速应用，但却非常适合于低速应用，如用于玩具、自动开/关路灯、报警系统、曝光系统等。

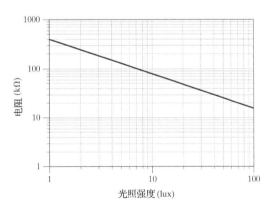

图 13.38 典型 CdS 感光元件的光照强度与电阻的关系曲线

13.5.2 应变传感器

应变（strain）被定义为材料因遭受外来机械应力而产生的形变，应变可用受力时材料长度的变化与材料原始长度的比值来表示：

$$\epsilon = \frac{\ell - \ell_0}{\ell_0} \tag{13.13}$$

　　应变测量结果可用于确定载荷导致的材料形变，可以作为其他测量（如测量挠度和力）的基础数据。应变测量是一个具有挑战性的话题，一般而言，应变是个非常小的量（通常远小于 1%）；应变计是实现应变测量的明智选择，其传感器的电阻值随受到的应变变化而变化，能够测量材料的小尺度变化。应变计可黏合（通常用黏合剂，例如氰基丙烯酸盐）在基础材料上，基础材料所受的应变将传递给应变计，只要应变计与基础材料牢固黏合，二者的形变必然相同。从概念上来说，应变计非常简单，是一种电阻随感知对象形变而发生些许变化的感知元件。

　　假设材料的电阻率为 ρ，长度为 L，横截面积为 A，可由式(13.14)计算出电阻值：

$$R = \frac{\rho L}{A} \tag{13.14}$$

　　所有应变计均利用了两个对电阻值有影响的基本性质，即对材料施加载荷将导致长度 L 和横截面积 A 的变化，一些应变计（如半导体应变计）在承受载荷时会引起电阻率 ρ 的显著变化。

　　应变将从两个方面改变电阻值。

1. 拉力使材料变长，压力则使其缩短。如图 13.39 所示，材料的长短变化可用 ΔL 表示，由导电材料电阻值的表达式[见式(13.14)]可知，材料变长可导致电阻值增大，反之则减小。

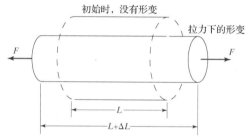

图 13.39　材料形变，长度与横截面积（虚线与实线轮廓）均有变化

2. 材料变长，则横截面积变小；反之，横截面积增大。当然也有一些材料无此特性，此类材料不能用于应变计。横截面积相对于给定长度的变化比被称为泊松（Poisson）比，见式(13.15)。

$$\nu = -\frac{\epsilon_{\text{transverse}}}{\epsilon_{\text{axial}}} \tag{13.15}$$

在泊松比公式中，$\epsilon_{\text{transverse}}$ 为横向应变（载荷法线方向），ϵ_{axial} 为轴向应变（载荷方向），几乎所有材料的泊松比都为正，取值范围从 0（软木）到 0.5（橡胶）。对比图 13.39 中的虚线和实线，可直观感受材料在拉力作用下的形变，式(13.14)说明，横截面积 A 减小将导致电阻值 R 增大，反之导致 R 减小。

　　所有正泊松比材料在拉力的作用下均呈现共同特性，即 L 增大、A 减小，固定长度材料的电阻值 R 增大；反之，在压力的作用下，则表现为 L 减小、A 增大，R 减小。

　　应变计的电阻值与基础材质应变之间的关系表达式为

$$GF = \frac{\mathrm{d}R/R}{\epsilon} \tag{13.16}$$

式中，GF 表示应变计的灵敏度系数，该指标取决于应变计材料特性。例如，金属箔应变计的灵敏度系数范围为 1～2，而半导体应变计（例如，压阻应变传感器）的灵敏度系数范围为 50～100，远高于金属箔应变计，但具体灵敏度系数是随应变而变的。

13.5.2.1 金属箔应变计

金属箔应变计结构如图 13.40 的左图所示。黑色区域为导电应变敏感材料，透明区域为绝缘基底，图 13.40 的右图给出了金属箔应变计的应用实例，金属箔应变计被安装于管道上，用以测量拉力和压力应变。

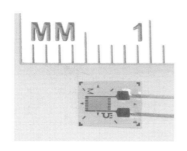

图 13.40　左图：金属箔应变计结构；右图：安装在管道上的金属箔应变计，用于测量拉伸和压缩时的应变

应变计的实际应用中涉及许多技术细节。首先是应变计的安装，应变计必须牢固黏合于基础材料之上，否则无法准确反映基础材料应变。第二需要考虑温度影响，温度对应变影响巨大，在温度作用下，基础材料和应变计材料均会发生热胀冷缩，因此金属箔应变计材料的热膨胀系数必须与基础材料的相匹配。例如，用于基础材料铝的应变计能够补偿温度对基础材料铝的尺度的影响，但如将该应变计用于测试基础材料不锈钢，则将呈现明显的温度效应。

13.4.4.3 节中的惠斯通电桥能抗温度漂移，可用于构建应变计接口电路。另外，惠斯通电桥具备测量较大标称值(几百欧或几千欧)电阻的小偏差量(几毫欧)的能力。由此可知，惠斯通电桥是构建应变计接口电路的明智选择。惠斯通电桥的输出电压是两个并联分压器中点间的电压差，需要采用放大器将其放大，但在放大差分电压的同时也会放大共模直流偏置，在此可选择仪表放大器，具体内容将在第 14 章给出。

13.5.2.2 载荷传感器(测压元件)

载荷传感器的测量对象是力，也就是测试外加载荷。载荷传感器需要选择能在外力作用下发生形变的材料，仅需根据材料的性质、几何形状及对载荷的响应，即可确定应变。准确来说，载荷传感器属于仪器仪表类，一般不会用于机电设备，非本书重点，在此仅进行简略介绍。

载荷传感器结构多样，既可测试低至几克的小压力，也可测试高达百万千克的大压力。载荷传感器通常采用高精度传感器，并且需要对左右每个传感器精确校准。载荷传感器的成本较高，最便宜的载荷传感器的成本也在 50 美元左右，最贵的可能要几千美元。图 13.41 的左图给出了几种常见的载荷传感器，右图则说明了每一种载荷传感器中应变计的典型安装位置。

载荷传感器的设计者希望传感器能准确测量来自有效方向(轴载荷)的力，该传感器应具有最优的线性度、灵敏度和温度稳定性，并且不会响应来自其他方向(轴外载荷)的力，因此应变元件的形状、力的施加方式、位置、力的大小及使用的应变计类型，都将严重影响设计目标的实现。将应变计与简单的应变元件(圆盘、圆柱或管状元件，如图 13.41 上部所示)相结合即可构成载荷传感器，用于测量轴向压力或拉力载荷；如圆盘、垫圈和罐式称重传感器等典型应用均采用此方式。大型圆盘和垫圈空间较大，可采用金属箔应变计，小型应变元件尺寸较小，对灵敏度要求高，可采用半导体应变计。此外，还可对载荷传感器机械元件外加弯曲力以测量应变，如梁式、悬臂式及平行四边形载荷传感器。这是一类较为复杂的载荷传感器，由几个应变计组合而成，既可测量拉力，也可测量压力。另外可在载荷传感器中加入惠斯通电桥以补偿温度漂移，提升测试灵敏度；

惠斯通电桥的相关内容参见 13.4.4.3 节。更加复杂的载荷传感器是通过测量剪切应变来测量载荷，典型例子如剪切梁载荷传感器，详见图 13.41 右下部分；如图所示，应变计以 45° 角安装于横梁的中性轴，一半在中性轴之上，一半在中性轴之下，此种方式可避免弯曲应变对剪切应变测量的影响，并且剪切应变与载荷安装位置无关，因此便于安装。这种载荷传感器只需采用低规格的简单封装即可获得较大载荷容量，设计者往往对其青睐有加。

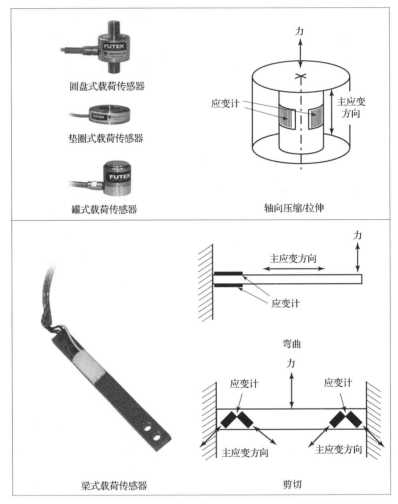

图 13.41　左图：常用载荷传感器；右图：相关应变计安装方案
（Courtesy of FUTEK Advanced Sensor Technology, Inc.）

13.5.3　温度传感器

许多设备都有温度测量需求，温度传感器因此成为最常用的传感器之一，基于物理学原理可建立多种测量温度的方法，本节将讨论其中应用最多的三种。

13.5.3.1　热电偶

热电偶式温度传感器基于热电效应的概念而产生，这个概念是 Thomas Seebeck 于 1821 年提出的，也称塞贝克效应。当沿导体方向出现热梯度时，热电效应出现，该效应使沿导体方向温度不同的两点之间存在一个小电压差。

一般我们不会直接测量同一导体上的低温点和高温点之间的电压差，而是将两个不同导体焊接在一起组成热电偶。热电偶可暴露在外，如珠形热电偶，也可被外壳覆盖组成，如图 13.42 所示的热电偶探针。如果选择两种热电特性差异较大的导体组成热电偶，则可获得较高的灵敏度。目前，有多种热电偶的导体组合对，通常用字母表示，如 K 型是铬镍合金和铝镍合金的组合，而 J 型则为铁和康铜的组合，E 型和 T 型是目前最常见的热电偶，其他还有 B、C、N、R、S 型等。主要根据材料的特性参数(如惯性、磁性、温度范围等)选择组合对象，以获得不同灵敏度(mV/℃)的热电偶，如果热电偶未明确标示准确度，则可默认其误差控制在±2℃范围。如应用需要，还可通过校准获得更高的测量准确度，图 13.43 给出了常见的 K、J、E 和 T 型热电偶的特性参数。

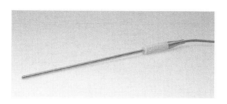

图 13.42　K 型热电偶。左图：珠形；右图：探针形

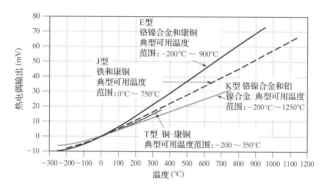

图 13.43　热电偶的类型、结构和输出特性[1]

在采用热电偶测量温度时需要设置参考温度，具体做法是将两个热电偶连接在一起组成回路，一个热电偶放置于参考温度环境下，如 0℃冰浴，另一个则放置于待测温度环境中，具体连接方式如图 13.44 所示。如果在两个热电偶之间放置一个伏特计，则可通过测得的电压获得两点之间的温差，二者的关系曲线如图 13.43 所示。

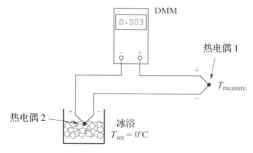

图 13.44　用冰浴温度作为参考温度，采用热电偶测量温度

上述方法简单易行，但使用不便。另一种方法是将热电偶直接连至待测点的温度传感器(如热敏电阻)，然后补偿该点温度与 0℃参考温度之间的差值，即进行**冷参考补偿**。目前热电偶仪、读

数器和数据记录仪中均使用该方法，图 13.45 给出了该方法的一个应用示例，其中参考电压 T_{ref} 由热敏电阻(R_T)测量获得，该电阻放置于接线端的温度模块底部。

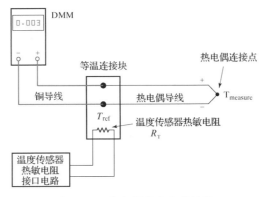

图 13.45　热电偶的冷参考补偿

13.5.3.2　热敏电阻

热敏电阻是另一种重要的温度传感器，热敏电阻的电阻值随温度变化而变化。众所周知，几乎所有元件(包括电阻)的特性都与温度相关，因此这种方法非常简单易行。对于一般应用而言，温度漂移会影响系统性能，但如果要利用元件的温度特性来测量温度，简直就是"天作之合"。热敏电阻材料一般为陶瓷和聚合物，而前面提到的**电阻式温度检测器**(**RTD**)则采用导电金属(如铂)材料，后者灵敏度较低且响应线性度较高。热敏电阻封装形式多样，应用不同，采用的封装也不同，详见图 13.46。

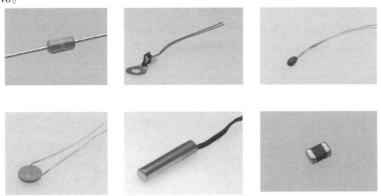

图 13.46　几种典型的热敏电阻封装

基于温度和电阻值的斜率关系，从功能上可将热敏电阻分为两类。第一类是**负温度系数**(**NTC**)热敏电阻，其电阻值随着温度上升而降低，NTC 热敏电阻特性响应曲线如图 13.47(a)(线性坐标)、图 13.47(b)(半对数)所示。图中热敏电阻的电阻值与温度之间呈非线性关系，其关联关系可采用传递函数计算获得，或根据制造商提供的数据表查得，也可利用用户测量的校正曲线获得。

第二类是**正温度系数**(**PTC**)热敏电阻。如前所述，NTC 热敏电阻可用于测量温度。PTC 则不然，当温度较低时，PTC 电阻值-温度曲线相对平坦，电阻值近似于一个常量，该区域被称为稳定区。当温度超过某个临界值后，电阻值随温度升高而快速增大，该区域被称为高电阻区域，详见图 13.48。PTC 的这种特征使其适用于限流和过载保护应用。

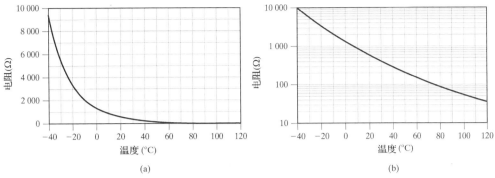

图 13.47 典型 NTC 热敏电阻的温度与电阻特性的关系曲线

PTC 热敏电阻可用于自复保险丝。在此类应用中，PTC 热敏电阻一般与电力负载(如电源或电机)串联。如负载电流在允许范围内，PTC 热敏电阻的电阻值较低(通常在几欧到几百欧之间)，根据 $P = I^2R$ 可知，热敏电阻产生的热能能量较低；反之，如电流超过允许范围，PTC 热敏电阻的电阻值则显著增大，电阻温度明显升高。因此，因故障而产生的大电流将使 PTC 热敏电阻产生的热能增大，元件电阻值大大增加——通常会增加几个数量级，使通过电流大大降低。整个过程与热传递相关，PTC 热敏电阻对超额定电流的响应时间很短，一般仅需几毫秒，将其用于自复保险丝，可实现自动恢复。当故障解除后，电流恢复正常，热敏电阻冷却后将恢复正常，可再次使用。

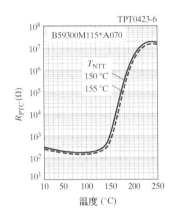

图 13.48 典型 PTC 热敏电阻的电阻特性曲线(EPCOS B59-300M115*A070 系列)(Courtesy of EPCOS CCTD.)

PTC 热敏电阻也可用作加热元件。由于其电阻值随着温度升高而增加，因此无须添加其他额外控制，仅通过控制电流大小即可调节加热温度。

13.5.3.3 半导体温度传感器

利用元件温度特性构造温度传感器的另一个典型例子是**半导体温度传感器**，也称**二极管温度计**，具体元件如 National Semiconductor 出品的 LM35(见图 13.49)。该元件的 V_{BE}(BJT 基极与发射极之间的电压降)是温度的函数。LM35 零售价约为 2 美元，工作电压范围为 4 ~ 30 V，温度范围为 -55℃ ~ 150℃，25℃时的温度准确度为±0.5℃。其传递函数极为简单，输出 V_{out} = 10 mV/℃。LM35 可直接供电，读取输出引脚电压并乘以比例系数 0.01，即可获取温度值，温度单位为℃。

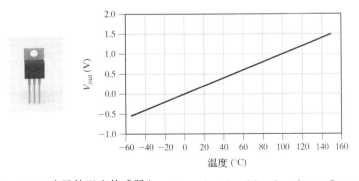

图 13.49 LM35 半导体温度传感器(Courtesy of National Semiconductor Corporation.)

13.5.4 磁场传感器

还有许多应用，如位置、距离、方向测量及磁性存储器应用等，都有磁场测试需求。目前有多种检测、测量磁场的方法，下面分别进行介绍。

13.5.4.1 霍尔效应传感器

1879 年，Edwin Hall 发现了霍尔效应，即磁场能使有电流通过的导体上产生一个可测量的电压——霍尔电压。如图 13.50 所示，外加磁场导致导体内的电流路径偏移，使垂直于纸平面向内的电流通过导体后发生了变形，形成霍尔电压，电压方向为从左至右。电流流经金属导体或半导体时会出现霍尔效应，霍尔电压的大小取决于外加磁场的磁通量和导电材料特性。霍尔效应传感器可测磁场范围为几百高斯到几千高斯，适合测量强磁场。

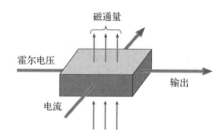

图 13.50　霍尔效应：磁场在承载电流的导体上产生电压

霍尔效应传感器既可实现模拟输出，也可实现数字输出。由于霍尔效应产生的电压一般较小，需要附加放大器，因此一般都将霍尔传感器和放大器集成封装，称之为**线性输出霍尔效应传感器**，也称 LOHET。Allegro A1386LLHLT-T 是典型的线性霍尔传感器，其输出特性如图 13.51 所示。线性霍尔传感器是双极性的，可感知南北磁极，其输出正比于检测到的磁通量。霍尔元件附着于感知元件，产生的小信号送入内部集成放大器进行缓冲放大，以降低噪声影响。

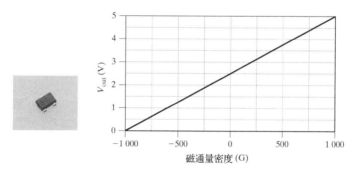

图 13.51　Allegro A1386LLHLT-T，可编程灵敏度、线性输出霍尔效应传感器

实际上，磁场强度与 $1/d^3$ 成正比（d 为测试点与磁极间距），表现出高度非线性特性，如以图 13.52(a)所示传感器和磁铁摆放方式，则其可测试位移距离仅为几毫米。随着距离增加，磁场强度将会快速下降，直至无法测量。图 13.52(b)和(c)给出了两种可用于测量大位移的方法；另外，线性霍尔传感器也可测量角度和连续旋转。实际上，只要磁场强度足够，霍尔传感器几乎无所不能。

霍尔传感器也可实现数字输出。与 LOHET 不同，数字霍尔"开关"并未将霍尔传感器与线性放大器集成在一起。传感器感知的模拟输出被放大并送入施密特触发器，进而产生数字输出并增加迟滞。当磁通量密度小于给定阈值时，霍尔开关呈现数字"关"状态；反之，当磁通量密度大于另一给定阈值时，霍尔开关将切换数字状态，即切换到"开"状态。由于施密特触发器存在迟滞现象，因此返回初始状态的触发阈值一般设定为低阈值。如前所述，迟滞效应能避免因多次穿越阈值而导致的输出状态的多次转换。

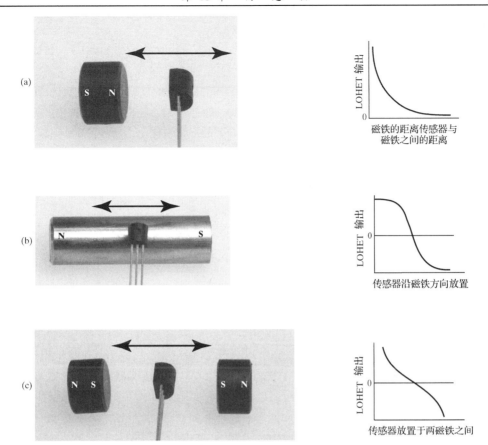

图 13.52　采用线性输出霍尔效应传感器(LOHET)测量距离

当数字霍尔传感器为单极性时,单极电压输出和磁通量密度值即可触发输出状态转换,如图 13.53(a)所示。当数字霍尔传感器为双极性时,一个磁极和磁通量密度值用于触发输出状态转换,另一个磁极和磁通量密度值则用于返回初始状态,如图 13.53(b)所示。双极性数字霍尔传感器又称"门闩",利用两个相反磁极改变开关状态,当磁场强度为零时,开关状态将保持不变。

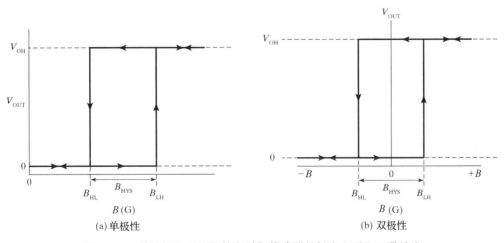

图 13.53　单极性和双极性数字霍尔传感器的触发电平和迟滞效应

13.5.4.2 磁簧开关

磁簧开关是一种最简单的磁场传感器，由一组触点组成，其中至少包括一个铁磁体触点。当出现强磁场时(可来自永久磁场或电磁铁)，触点可能发生吸合，打开一个常闭开关；也可能发生分离，并断开一个常开开关。当磁场消失时，触点将回归未激活状态。形如其名，触点的形状像簧片，既长又薄，具有弹簧张力，能确保触点处于正常未激活状态，如图 13.54 所示。相比于霍尔开关，磁簧开关价格低廉，易于实现。2008 年之后，SPST NO 磁簧开关的批量购置(单次购买 1000 只以上)的单价约为 25 美分，非常适合低成本应用。

磁簧开关应用范围广泛，可用于汽车、家用设备、玩具等。自行车码表是磁簧开关的典型应用，磁簧开关可感知车轮旋转和踏板转动，具体实现方式如下：在自行车前轮的辐条上安装一个小磁铁，磁簧开关则安装在前轮叉，每当轮子上安装磁铁的位置经过磁簧开关时，触点闭合。自行车码表通过计算闭合次数获得自行车速度及行驶距离参数。

图 13.54　磁簧开关，密封的玻璃胶囊中有一组触点

13.5.5　接近传感器

接近传感器用于检测传感器周边是否有物体接近，其输出为数字输出，仅指示周围"有或无"物体接近。接近传感器的检测范围很小，一般为几十厘米。接近传感器的典型应用如检测自动化控制电机接近基准位置或零点位置的时刻。接近检测可采用前面介绍的多种传感器实现，如接触型开关、微动开关、光电开关发射器-检测器对、反射发射器-检测器对、霍尔开关、磁阻开关和磁簧开关等，均可用于检测电机旋转基准位置。下面将介绍三种常用的接近传感器。

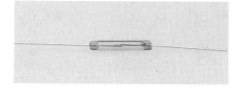

13.5.5.1 电容式接近传感器

电容式接近传感器通过检测电容值的变化来发现接近的检测对象。当检测对象进入电容的测试范围时，将破坏其周围电场，导致电容值变化。如图 13.55 所示的 Omron E2K-X 是一种典型的电容式接近传感器，能够检测 3 ~ 30 mm 范围内的多种金属和非金属物体，如玻璃、木材、水和塑料等。该传感器是一种非接触式传感器，目前广泛应用于自动化生产线。

图 13.55　电容式接近传感器(Omron E2K-X)(Courtesy of Omron Electronics，LCC.)

另外，电容式接近传感器也支持个人应用，电容式触摸传感器能够检测人类手指，如今广泛应用于计算机触摸板、mp3/媒体播放器控制及智能手机触摸屏等，深度进入了人类的日常生活。

13.5.5.2 电感式接近传感器

电感式接近传感器的原理与电容式接近传感器的类似，不同之处在于前者在线圈中加入振荡信号来建立磁场。电感式接近传感器可用于金属物体检测，接近这类传感器的金属物体将干扰磁场，非金属物体则不会对磁场造成影响。如图 13.56 所示的 Omron E2F 是一种典型的电感式接近传感器，与电容式接近传感器非常类似，该传感器可检测 8 mm 范围内的金属物体。

13.5.5.3 超声波接近传感器

超声波接近传感器发射高频声波，通过检测声波的返回时间来检测物体的距离。返回时间短

则表示检测物体与传感器距离近。图 13.57 所示为 Omron E4C-DS100 超声波接近传感器，检测范围为 9 ~ 100 cm。该传感器能够检测到可以反射超声波脉冲的任何物体（金属和非金属），其外形与电容式和电感式接近传感器的类似，只是末端多了一个压电元件。

图 13.56　电感式接近传感器（Omron E2F）（Courtesy of Omron Electronics，LLC.）　　　图 13.57　超声波接近传感器（Omron E4C-DS100）（Courtesy of Omron Electronics，LLC.）

13.5.6　位置传感器

如果不仅希望得知物体出现与否，还需获得物体与传感器的距离或物体的移动距离参数，则可采用**位置传感器**或位移传感器。本节将介绍一些常用的线性和角度位置传感器。

13.5.6.1　电位器

电位器是最简单的位置传感器，它是一种三端元件，其中两个端口间有固定电阻值，第三个端口连接在电阻体的动滑片上，随着滑片位置移动，滑片与两个固定端口间的电阻值也将改变，可通过测量可变电阻获取滑片位置。如图 13.58 所示的电位器的电路符号非常直观地说明了其结构和功能。

13.3.2 节曾介绍了一种电位器应用，即通过测定弹簧上物块的位移来估计加速度。基于电位器的测量将受到系统中的摩擦效应、温度效应、振动及磨损导致的长期漂移等因素的影响，测量准确度不高。但由于其价格低廉，封装类型和电阻值类型多样，可选范围

图 13.58　电位器的电路符号

大，因此颇受设计者欢迎。如果对测量准确度要求不高，则可选择电位器作为位置传感器。目前电位器被大量用于定位应用，例如图 13.59（a）和（b）为可用于立体声设备用户输入的旋转式电位器和线性电位器，图 13.59（c）为可用于视频游戏用户手柄的电位器。还有一种非常有用的电位器衍生结构——**电缆驱动线性位移传感器**，该电位器由精密的多圈旋转式电位器构成，其输入与一个拉力恒定的扭转弹簧和线轴相连。图 13.59（d）为 UniMeasure 公司出品的线性电位器。线性电位器的输出电阻与线轴拉出的线长度成正比，这是一种简单有效地测量相对较长距离（可测最长距离为 3 米/10 英尺）的方法，其成本低、准确度较高（约 0.5%）、重复精度高（0.05%）、线性度较高（0.5%）。

当电位器用于位置测量时，可等效为**绝对位置传感器**，即其输出只反映滑片位置，无须专门测量初始参考位置，而**相对位置传感器**则需要获得初始位置信息。

13.5.6.2　光学编码器

光学编码器既可用于绝对位置传感器，也可用于相对位置传感器，颇受设计者青睐。其常见使用方法详见图 13.60。图中 LED 光照射到有一圈小孔的不锈钢薄圆盘（光学不透明）上，圆盘相对于光源旋转，圆盘另一侧的光电二极管检测光通过小孔过程中的光等级变化，通过跟踪光等级变化即可跟踪圆盘旋转。由于这类传感器测量的是变化量，因此又称**增量编码器**。圆盘上的小孔可采用化学蚀刻和激光切削等工艺制造，孔的尺寸小、密度高，可提供很高的测量分辨率。目前已有每转 500 次以上分辨率的编码器。

(a) 旋转式电位器

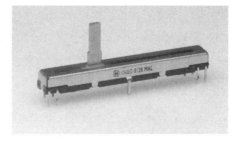

(b) 线性电位计(滑动电位器)

(c) 控制杆式电位器

(d) 电缆驱动线性位移传感器

图 13.59　电位器实物图

正交编码器可用于测量运动和旋转的方向，详见图 13.61。图中标注的 A、B 两点为两个光电二极管，用于测量光转换。A、B 两点间距等于半个孔间距，当其中一个光电二极管处于有光状态时，另一个必然处于无光状态，可以通过两个二极管的光状态确定运动方向。圆盘顺时针旋转和逆时针旋转时的波形序列见图 13.61 右侧。顺时针旋转时，A 的上升沿超前于 B 的上升沿；逆时针旋转时，B 的下降沿超前于 A 的下降沿。由于采用了正交编码，传感器的分辨率增加了 4 倍。当光照射编码盘上的某个孔时，会发生四次 A、B 状态转换——包括上升沿和下降沿的转换。对于一个有 500 个孔的编码盘，正交编码器可提供每转 2000 次的分辨率。

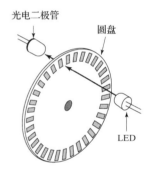

图 13.60　光学编码器

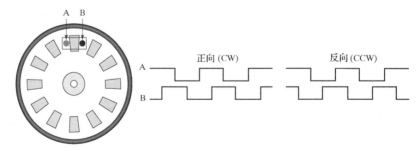

图 13.61　正交编码器。左图：有两个传感器的编码盘，传感器间距等于孔间距的一半；右图：传感器的输出波形

图 13.62 给出了光学编码器的典型应用案例，即将光学编码器安装在直流电机上，并分解说明了其内部结构。

图 13.62　第一排：带编码器的直流电机(左)和编码器(右)(防尘盖已
卸下)；第二排：直流电机，编码盘，传感器组件和防尘罩

　　还有一种反射光学编码器，其反射面包括反射区和无反射区，两个区域交替出现，依旧采用
光电二极管感知反射光级。以上两种编码器均包括旋转和线性两种结构。

　　绝对位置传感器也可选用光学编码器，如果在编码盘上的不同半径位置开孔，则可执行更为
丰富的计数功能。如图 13.63 所示的编码盘，任意一个 22.5° 扇形区内的黑白图案组合是唯一的，
如果采用独立光电传感器检测每个缺口的光状态，则传感器将输出代表每个扇形区域图案组合的
二进制数字。本例中，编码盘的绝对角分辨率为 1/16(22.5°)，也可通过增加扇形区域个数获得更
高的分辨率。当然，分辨率越高，成本也越高，而且必须保证一定的扇形区域面积，因此分辨率
也不可能无限制提高。

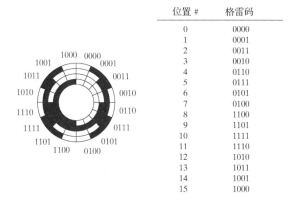

位置 #	格雷码
0	0000
1	0001
2	0011
3	0010
4	0110
5	0111
6	0101
7	0100
8	1100
9	1101
10	1111
11	1110
12	1010
13	1011
14	1001
15	1000

图 13.63　格雷码编码盘，分辨率为 22.5°，用于绝对位置测量

　　绝对编码盘的窄缝式开孔很少采用自然二进码规则，主要是因为自然二进码可能发生多位跳
变情况。如按自然二进制码编码，对"01"加 1 输出"10"，则两位同时发生了跳变。为了避免这
种情况，需要重新编码，即将自然码转换为**格雷码**。

13.5.6.3　感应式/齿轮齿传感器

　　感应式传感器可用于测量齿轮或轴的旋转，也被称为**齿轮齿传感器**，如图 13.64 所示。在汽车
中，该传感器常用于测量机轴位置和旋转速度，因其具有价格低廉、鲁棒性好、无触点、非光学(工
作时不需要保持清洁)等优良特性，在工业制造领域应用广泛。该传感器的最大挑战在于感应接口
设计，如何提高接口感应信号的有效性是设计者必须解决的重要问题。

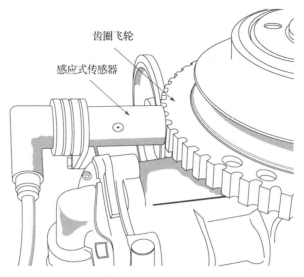

图 13.64　充当汽车发动机曲轴位置传感器的感应式传感器

如图 13.65 所示，感应式传感器的主体由一组线圈、一块磁铁和一个磁通集中器组成。磁通集中器使磁铁产生的磁场从线圈中心穿过，将其放置在含铁材料齿轮和具有凹槽的滑轮附近，二者之间的距离(气隙间隔)随齿轮或滑轮的移动而变化，导致感应磁场变化，线圈输出电压尖峰，如图中所示。输出电压幅度随被测对象速度增大而增大，并且随气隙间隔减小而增大。这类传感器的输出电压变化幅度较大，一般在 10 V 量级，因此使用时需多加小心，一方面需确保与之连接的器件具有足够大的电压动态范围，另一方面还需保证当输入电压高于电源电压时不会损毁器件。

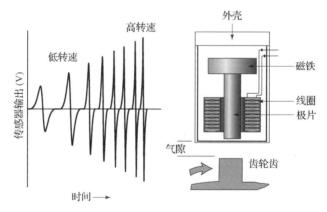

图 13.65　感应式传感器的结构及工作原理

13.5.6.4　反射式红外传感器

反射式红外(IR)传感器外形小巧、价格低廉、易于集成，且支持大多数应用需求。13.5.1.3 节给出了反射式红外传感器的基本概念，13.5.5 节则讲述了如何将其用于接近传感器，本节将进一步介绍如何将其用于目标距离检测。

具体检测方法如图 13.66 所示，图中发射器和检测器并排安放于传感器外壳内，当物体接近(大约 1 分米以内)发射器时，发射器发出的光照在物体上，经物体反射产生的反射光由检测器检测。

反射光强度及与之关联的集电极电流大小取决于被测物体的光学特性及其与检测器的距离。如果物体的光学特性已知且保持不变，则输出将仅取决于物体与传感器之间的距离。

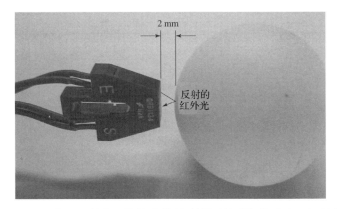

图 13.66　使用反射式红外传感器(发射器-检测器对)确定目标距离

当系统特性已知且距离较小时，光电晶体管的集电极电流特性与图 13.67 所示的 OPTEK OPB700 的特性类似。当物体(如特定类型的纸、标签或反射材料)与传感器的距离为 0.1 ~ 0.13 in 或更小时，集电极电流将从零增至最大值，注意图中曲线为归一化曲线。当距离为 0.11 ~ 1 in(具体数值取决于材料的反射特性)时，集电极输出电流将从最大值降低到最大值的 5% 左右。距离大于 0.11 in 的区域为非线性响应区，但非线性曲率较小，因此，如果距离变化较小，则也可近似为线性的。

13.5.6.5　电容式位移传感器

另一种小距离位移测量方法是采用**电容式位移传感器**。这里的小距离是指非常小的距离，电容式位移传感器的测量分辨率可达亚纳米级，可测量的最大距离范围小于 1 分米。当两个导电物体距离很近时，即可构成电容式位移传感器。回顾第 9 章可知，将两个导电圆盘贴近放置，即可构成圆盘电容，其电容值表达式为

$$C = \frac{\epsilon\epsilon_0 A}{d} \tag{13.17}$$

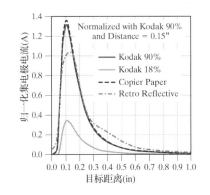

图 13.67　OPTEK OPB700 的归一化集电极电流与目标距离的关系曲线(Courtesy of TT Electronics OPTEK Technology.)

如导体介电系数($\epsilon\epsilon_0$)和导体面积(A)恒定，则电容值将是导体间距离 d 的函数。电容式位移传感器由简单圆盘电容和目标圆盘构成，其电容值与目标圆盘和简单圆盘电容之间的距离相关，因此只需测量电容值即可获得目标距离参数。13.4.6 节列举了多种电容值的测量方法，需要特别说明的是，如果要实现亚纳米级的测量分辨率，需要选用高灵敏度、低噪声的电容。设计者面临的巨大挑战是如何选择电容，一般而言，选用专业电容制造商的产品能够较好满足精度需求，如果对测量精度要求不高，则可采用前面介绍的电路完成。典型的电容式位移传感器的结构如图 13.68 所示。

从结构上看，图 13.68 所示传感器由三层同轴导电金属组成，最内层是感知元件，外面两层是保护环，以确保感知元件不受非目标物体的影响。该传感器直径略小于 5 mm，测量范围为 0 ~ 10 μm，测量带宽为 15 kHz，分辨率为 0.4 nm，线性度为 0.2%。以上测量指标表明，电容式位移传感器的测量性能可与干涉法相比拟，明显优于其他方法。除了可用于感知导体目标距离，电容式位移传

感器还可用于感知非导体目标距离，只需在测量目标另一侧放置导体材料即可实现。另外，电容式位移传感器还可用于导电表面涂层厚度的测量，如测量黏合剂或表面抛光剂的厚度，以及用于导体材料厚度的测量。当然，其测量性能受目标尺寸、对准与否及表面规则性的影响。

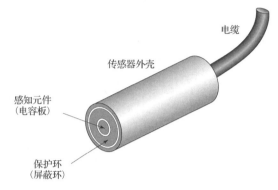

图 13.68　电容式位移传感器

13.5.6.6　超声波位移传感器

本章前面给出了多种高分辨率、高准确度测量短距离的方法，那么如何实现长距离测量呢？如长达几分米到几米距离的测量。超声波位移传感器(超声波测距仪)能够实现长距离测量，其工作原理与前面介绍的超声波接近传感器的相同。如图 13.69 所示，压电或静电元件发射高频声波脉冲，传感器测量发射声波和反射声波之间的时间延迟，输出声波往返的渡越时间，该时间与传感器和反射目标之间的距离成正比。

图 13.69　超声波测距仪发射、反射和检测超声波

图 13.70 给出了三种超声波测距仪模块，图 13.70(a)的 Parallax 28015 模块是一个集成模块，可通过独立数字 I/O 引脚与微控制器主机通信，其测量范围为 2 cm ~ 3 m；图 13.70(b)为裸超声换能器，无软件接口，使用时需外加接口电路，一般制造商会提供相关的产品；图 13.70(c)的 Maxbotix LV-EZ1 模块外加了数字 I/O 引脚、模拟输出引脚和串行接口来实现通信，其测量范围为 0 ~ 254 in(6.45 m)。

(a) Parallax 28015 模块

(b) Maxbotix UT 换能器

(c) Maxbotix LV-EZ1 模块

图 13.70　超声波测距仪模块

13.5.6.7　挠度传感器

有一些应用涉及曲率测量。在某些情况下，曲率可能与某些次要被测变量相关，如弧长和弹簧形变。此时可采用**挠度传感器**或**弯曲传感器**，详见图 13.71。在易弯曲基底(如聚酯薄膜或聚酰亚胺材料)上印刷一层薄涂层，即在基底表面形成一个电阻元件，从而构成挠度传感器。传感器的厚度最小可为 0.004 in，当传感器被弯曲时，会在印刷感知材料涂层上形成小裂纹，其电阻值将随

着曲率半径减小而增大，弯曲曲率越大，电阻越大。一般挠度传感器的标称未弯曲电阻约为 10 kΩ，在高曲率弯曲情况下，电阻值可能升至几百千欧。

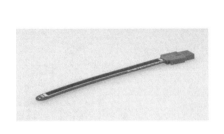

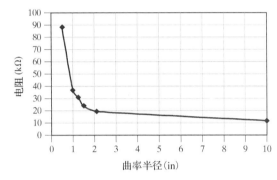

图 13.71　挠度传感器及其输出特性

挠度传感器的测量精度受环境温度和湿度影响较大，因此通常不宜用于高精度或高稳定度测量，但适用于曲率变化相对较快的测量应用，以及关注曲率半径相对变化的测量应用，如计算机游戏和虚拟现实模拟中的身体运动测量，汽车喇叭按钮感应、车内有气囊位置座椅乘客感知等。

13.5.7　加速度传感器

2008 年之后已不再直接采用以材料特性参数变化来测量加速度的方式。目前流行的方式是通过测量其他受加速度影响的参数来推算加速度，如附着在弹簧上的物块运动。本书之前介绍了基于市面上销售的元件来测量加速度的常用方法，如 13.3.3 节介绍的 MEMS 加速计，并基于 MEMS 加速计（Freescale MMA1250）讨论了通用传感器参数的定义，如准确度、分辨率和线性度等，此处不再赘述。读者如有需要，请参考 13.3.3 节。

13.5.7.1　倾斜度传感器

与加速度相关的另一个被测变量是倾斜度。**倾斜度传感器**可通过比较地球重力加速度的方向和传感器的方向来获得倾斜度参数。这种测量既可采用传统传感器实现，也可采用特定传感器实现。

简单的倾斜度传感器仅检测大倾斜度（90°）倾斜，即仅检测是否倾斜。例如，摄影时若照相机摆放方向不同，则输出的相片方向也不同。有多种方法可实现倾斜方向的粗略估计。如图 13.72 所示的 NKK DSBA1P，它采用一个随重力运动的物体来阻挡光学断流器对之间的光，当两轴之间的倾斜度超过 30° 时，小球将阻断 LED 和光电晶体管之间的光，即可测量倾斜度。

如需精确测量倾斜角，可采用倾斜罗盘或 MEMS 加速计，前者由一个边缘重、中心轻的旋转圆盘和一个量角器构成，详见图 13.73。

图 13.72　倾斜度传感器，可检测两轴
之间大于等于 30° 的倾斜度

图 13.73　标准倾斜罗盘

另一种高分辨率、线性感知倾斜的方法是采用**增量倾斜罗盘**，如图 13.74 所示。该方法虽然也受固有动态范围限制，但其简单有效。将标准倾斜罗盘的受力圆盘连接到光学编码器的输入端(可采用增量编码或绝对编码，详见 13.5.6.2 节)，则重力会将受力圆盘的重心拉至势能最低的位置，重心位置与编码器的相对位置即对应倾斜度参数。

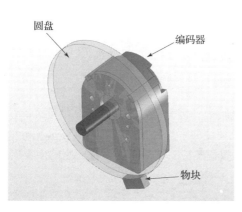
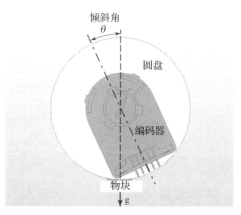

图 13.74　增量倾斜罗盘

这种方法有一个潜在问题，即当物块绕某点旋转时，可能形成钟摆效应。另外，当传感器输入与系统固有频率相近时，可能诱发振荡。为了降低这些不良影响，可在传感器中加入阻尼转子以降低振荡的势能，这样不仅能够减少过冲和建立时间，还可缩短传感器的响应时间。

13.5.8　压力传感器

测量压力的方法多种多样，但一般不会直接测量压力，可通过测量已知材料的应变而求解出待测压力；另外，也可通过测量材料承受压力时基础性质的改变情况来测量压力。

13.5.8.1　力敏电阻

构成**力敏电阻**(FSR)的核心是位于弹性导电层之间的压敏油墨。压敏油墨由导体和非导体材料构成，悬浮于聚合物基体中。当材料受压时，导体材料密度增加，体电阻下降。组装该传感器时，首先需将导体油墨放在两片独立的有弹性基底（如聚酰亚胺或聚酯材料）上，然后将压敏油墨放在其中的一片导体油墨上，再将两片基底对合，压敏油墨被夹紧、密封在两片导体油墨之间。该传感器厚度不超过 0.01 in。图 13.75 给出了几种 FlexiForce 传感器(Tekscan 公司出品)。

FSR 的压力-输出电阻特性高度非线性，而其电导 $1/R$ 与压力之间的关系曲线则非常接近直线（见图 13.76）。

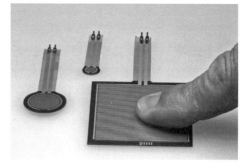

图 13.75　力敏电阻(FSR)，Tekscan 公司出品

FSR 是一种超薄、高鲁棒性、低成本、易集成的传感器，指示压力范围大。这类传感器的非线性度一般控制在±3%以内，在低成本、低技术难度条件下能实现如此性能已属不易。另一方面，与载荷传感器相比，FSR 的可重复性、迟滞和漂移参数相对较差。幸运的是，除了无法满足测量类应用需求，这些传感器能够满足大多数机电设计需求。

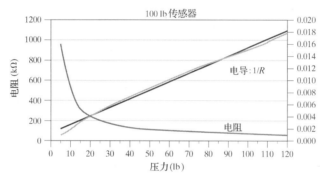

图 13.76　FlexiForce 传感器 FSR 的输出特性(Courtesy of Tekscan，Inc.)

13.5.8.2　压电式压力传感器

在**压电式压力传感器**中，压电元件外接负载，电荷数量与负载值成正比。图 13.77 给出了市面上典型的压电式压力传感器的结构，其感知元件为石英元件，预紧螺柱将垫片压紧固定在压电元件周围，当没有外加负载时元件受压，拉力用于对抗预紧力，因此测量预紧力即可测量拉力。

压电式压力传感器仅可用于动态负载测量。对于静态负载而言，由于大多数材料(包括绝缘材料)均存在电荷"泄漏"现象，当静态负载接入时，传感器会响应初始瞬态变化，一旦静态负载稳定，传感器的输出将很快衰减为零。实际上，许多应用都满足动态负载条件，如自动化制造设备，可以测量内燃机内部参数，如气缸压强、振荡和冲击等。

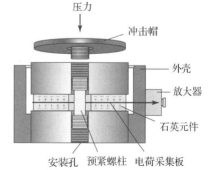

图 13.77　典型的压电式压力传感器的截面图

13.5.9　压强传感器

本节给出的最后一个被测变量是压强。压强定义为

$$压强 = \frac{压力}{面积} \tag{13.18}$$

由上式可知，只要压强作用面积已知，则可直接测量压力，因此常见的压强测量方法与压力测量方法类似。

13.5.9.1 基于应变计的压强传感器

基于应变计的压强传感器感知压强的过程分为两步。首先测量材料上的压强差，其次用应变计测量输出偏差。应变材料通常为薄膜或膜片，即使是很小的压强差也会导致被测变量值发生变化。目前，金属膜应变计传感器已被广泛应用，此类传感器既可由单独的金属膜应变计与膜片组合而成，也可通过喷刷涂层将应变计直接加到膜片表面。这类传感器的价格一般较高，因此普及率不高，仅用于仪器设备和恶劣环境中的应用。

13.5.9.2 半导体压强传感器

图 13.78 给出了半导体压强传感器 Freescale MPX2010 的内部结构，该传感器是基于标准半导体生产技术生产的典型压强传感器，其稳定性好、价格低廉。它将标注为 P_1、P_2 的压强加在硅感应器件(标注为 Die)的正反两面，封装管内注满硅胶，硅胶不仅能够保证 Die 与外部隔离，还可实现压强传递，即传递从不锈钢金属盖中心入口(P_1)外加的压强。

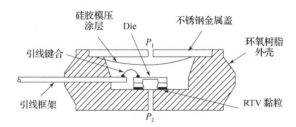

图 13.78 基于应变计的压强传感器——Freescale MPX2010 的内部结构
(Copyright of Freescale Semiconductor, Inc. 2010. Used with permission.)

MPX2010 使用压阻式应变计测量硅管芯形变，应变计采用惠斯通电桥结构，以保证增益最大化和温度效应最小化。该传感器易于实现电路集成，测量步长为 10 kPa，非线性度小于 1%，输出步长为 25 mV，响应时间为 1 ms，具有低迟滞(满量程的 0.1%)、低温度敏感性(在 0～80℃温度范围上为 1%)、价格低廉(一般价格低于 10 美元)等特点。

当然，除应变计外还有许多其他测量压强的方法，例如电容式位置传感器在小测量范围内表现出高测量分辨率特征，也可用于压强测量。图 13.79 给出了这类压强传感器的内部结构，该压强传感器由两个圆盘构成电容，电容的底部圆盘是固定的，另一圆盘被称为膜片，当膜片受外加压强作用而发生弯曲时，两个圆盘之间的电容发生改变，即可作为传感器的输出。

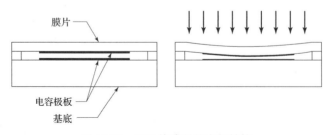

图 13.79 压强传感器的内部结构

13.6　习题

13.1　假设麦克风的动态范围为 88 dB，最大输出为 2.5 V rms，此麦克风能够测量的最小声音等级对应的输出信号值为多少（μV rms）？

13.2　从下列设备中选择两种传感器并简单描述其工作原理。

  （a）盖革计数器

  （b）力矩传感器

  （c）LVDT

  （d）pH 传感器

  （e）漩涡流量计

13.3　根据习题 13.2 中列出的某种传感器，选择一种市面有售的设备，查找描述该设备性能的数据表，回答下列问题：

  （a）传感器的感知范围为多少？

  （b）传感器的输出的形式是什么（例如，电压、电阻、电容或其他形式）？

  （c）传感器的传递函数是什么？

  （d）传感器误差的类别是什么？其总体准确度是多少？

  （e）传感器是否存在迟滞？如果存在，则迟滞为多少？

13.4　使用 PDL（也被称为"伪代码"，见第 6 章）描述开关去抖动算法，并说明当开关初始激活或被释放时是否会生成报告？

13.5　用 LM35DT 温度传感器测量环境温度，温度范围为 0～50℃。设计一个输出范围为 0.5～4.5 V 的接口电路，其输出在测量范围内与温度值呈线性关系。此处允许采用"理想"运算放大器，但是需选择标准 5%容差电阻。

13.6　"电压模式线性化"是一种基于标准 NTC 热敏电阻产生伪线性输出的方法，其中热敏电阻与标准电阻串联（$R_1 = R_{25C}$，即热敏电阻在 25℃时的电阻值）构建一个分压器，如图 13.80 所示。

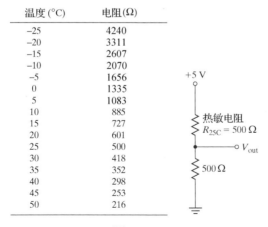

温度（°C）	电阻（Ω）
−25	4240
−20	3311
−15	2607
−10	2070
−5	1656
0	1335
5	1083
10	885
15	727
20	601
25	500
30	418
35	352
40	298
45	253
50	216

图 13.80

基于给出的热敏电阻特性画出 V_{out} 曲线。此时最大线性度误差（最匹配数据的直线和距离直线最远的数据点之间的差值）为多少？用伏特和% F.S.O.表示。

13.7　基于惠斯通电桥设计一个应变计接口电路。应变计标称（未形变时）电阻为 120 Ω，应变因子等于 2。

当应变计未承受应变时，电路输出应为 0 V，灵敏度为 0.5 mV/με。

13.8　为参数如图 13.28 所示的光电二极管设计输出电路，二极管输出级使用 74HC14(具有施密特触发器输入的逻辑反相器)。74HC14 将由 4.5 V 电源供电，当辐照度超过 3 mW/cm² 时，应保证其输出可以从逻辑高转换到逻辑低，当辐照度降至 0.1 mW/cm² 时，则由逻辑低转换为逻辑高。

13.9　光电晶体管接口电路如图 13.81 所示。使用图 13.30 给出的 LTR-3208E 的参数，当辐照度为 $0 \sim 3$ mW/cm² 时，画出 V_{out} 曲线，此处假设 LTR-3208E 的光敏等级选为 A 级。如果采用 5% 容差电阻，当辐照度为 3 mW/cm² 时，V_{out} 可能值的范围是多少？

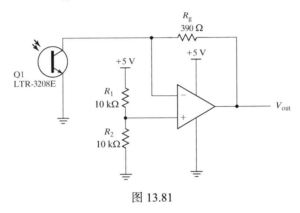

图 13.81

13.10　如果图 13.82 中的 R_1 是一个电阻值从 $8 \sim 11$ kΩ 变化的传感器，

(a) 对于左边的运算放大器(U_{1A})，其输出电压范围是多少？

(b) 对于右边的运算放大器(U_{1B})，其输出电压范围是多少？

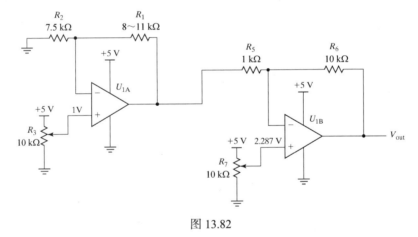

图 13.82

13.11　对于 MPX2010 压强传感器，使用图 13.83 中给出的参数回答下列问题：

(a) 如采用此设备，则可测量的压强范围是多少？

(b) 传递函数的表达式是什么？

(c) 当测量的压强等于 7.5 kPa 时，输出电压是多少？

(d) 无校准前提条件下，元件在 25℃时的总体准确度为多少(用% F.S.O.表示，这里被称为 V_{FSS} 或 "满量程跨度的电压")？

(e) 采用 5 V 供电，设备在正常操作时的(典型)功耗为多少？

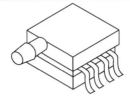

Table 2. Operating Characteristics (V_S = 10 V_{DC}, T_A = 25°C unless otherwise noted, P1 > P2)

Characteristic	Symbol	Min	Typ	Max	Units
Pressure Range[1]	P_{OP}	0	—	10	kPa
Supply Voltage[2]	V_S	—	10	16	V_{DC}
Supply Current	I_O	—	6.0	—	mAdc
Full Scale Span[3]	V_{FSS}	24	25	26	mV
Offset[4]	V_{OFF}	−1.0	—	1.0	mV
Sensitivity	$\Delta V/\Delta P$	—	2.5	—	mV/kPa
Linearity	—	−1.0	—	1.0	%V_{FSS}
Pressure Hysteresis (0 to 10 kPa)	—	—	±0.1	—	%V_{FSS}

图 13.83 （Copyright of Freescale Semiconductor, Inc. 2010. Used by permission.）

参考文献

[1]　NIST ITS-90 Thermocouple Database,Version 2.0, http://srdata.nist.gov/its90/main/its90_main_page.html, July 27, 2010.

扩展阅读

Handbook of Modern Sensors, Fraden, J., 2nd ed., AIP Press, 1996.

Handbook of Transducers, Norton, H., Prentice Hall, 1989.

第14章 信号调理

信号调理是将来自信源(如传感器)的信号进行传输、处理等操作后生成能被微处理器识别的标准信号的过程(如图14.1所示)。

图 14.1 从物理现象到微控制器输入的信号流

传感器的输出形式多种多样,既可能为电压,也可能为电流或电阻,由于本章主旨为信号调理,因此假设传感器的输出为电压。第 13 章中详述了如何将其他类型的输出转化为电压,在此不再赘述。传感器模块的输出电压可能叠加了其他信号(如噪声),因此不宜直接作为微处理器的输入信号。信号调理的目的在于提取并处理传感器的输出信号,使其适合作为微处理器的输入信号,其主旨在于放大有效信号、减少干扰信号。信号调理的底层电路模块详见第 9 章、第 11 章和第 12 章。

学习本章之后,读者应具备以下能力:

1. 掌握如何去除信号的直流偏置。
2. 理解采用滤波器的原因。
3. 能够分辨哪些情况需要采用特定的信号调理。

14.1 信号调理的基本操作

信号调理可分为两类,即基本信号调理和高级信号调理。常见的基本信号调理包括**偏置调整**、**放大和滤波**,均可采用电路实现。高级信号调理包含更多操作,其中的许多操作在微控制器未出现之前已经存在。随着微控制器的出现,这些操作的执行能力也发生了改变,许多过去面向模拟信号的操作已能由微控制器软件执行,当然还有许多操作需要先进行模拟信号处理,再将处理后的信号送入微控制器。本章稍后将介绍两种更加先进的技术,即峰值检测和精密整流,并解释为什么这两种操作适合在电路中实现,而非采用软件执行。

14.2 去除偏置

通常,来自传感器及其他信源的信号由有用的时变信号和直流电平叠加而成,该直流电平被称为**偏置**,如图14.2所示。

假如直接放大该信号,则在放大有用信号的同时也放大了直流偏置。如果时变信号幅度小于直流偏置,则同时放大有用信号和直流偏置会严重限制时变信号的放大倍数(增益),如图14.2所示。例如,轨到轨输入运算放大器采用+5 V 单电源供电(常见于微控制器系统),则最大放大倍数(增益)约为 1.8,即表示信号幅度峰-峰值(V_{pp})等于 1.8 V,远小于去除偏置后可获得的 5 V 峰-峰值(约减少为原有的 1/2.7)。由此可见，需要采用措施以避免直流偏置电压消耗放大器增益，直流偏置可在放大后再添加，使放大器的输出满足单电源放大器输出的要求。

14.2.1 放大值与偏置的相对值

我们可以采用 11.4.5 节介绍的差分放大器结构及简单的减法运算来去除直流偏置，但从实现角度来看，这种方法并不像想象中那么简单。11.4.3.2 节讲述了"平凡"的地，差分放大并不采用地作为参考点，而是选择某个电压值作为参考；基于此，构建如图 14.3 所示电路，放大器放大的是输入信号与参考电压的差值。

图 14.3 所示电路是图 11.7(带偏置电压的反相运算放大器)所示电路与图 11.11(实际参考电压)所示电路的综合。图 11.7 中的 V_{ref}(由图 14.3 中虚线椭圆内的电路产生)是图 11.11 所示参考电压的简化。由于分压器的中心电压(V_{ref})与运算放大器输入相连，因此不需要图 11.11 中的缓冲器，此时可选择反相放大器结构。假如不采用反相放大器，则必须由缓冲电压源提供 V_{ref}(见图 14.6)。

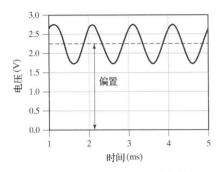

图 14.2 有直流偏置的时变信号

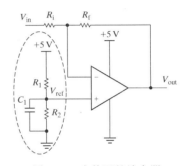

图 14.3 有偏置的放大器

图 14.3 所示电路的传递函数为

$$V_{out} = (V_{ref} - V_{in})\left(\frac{R_f}{R_i}\right) + V_{ref} \tag{14.1}$$

其中 V_{ref} 等于

$$V_{ref} = 5\,\text{V}\frac{R_2}{(R_1 + R_2)} \tag{14.2}$$

电容 C_1(如 11.4.4 节所述)可用于去除 5 V 电源纹波。

如式(14.1)所示，放大器放大的是信号和 V_{ref} 的差值，V_{ref} 加到放大器的差分端。采用图 14.3 所示电路放大图 14.2 所示信号，假设 V_{ref} 等于 2.25 V，则当输出电压范围为 0～5 V 时，可获得高达 4.5 的放大增益(R_f/R_i)。因此可产生 $4.5V_{pp}$ 的有用信号输出电压，远高于之前所述的 $1.8V_{pp}$。放大器的有用信号幅度越小，受直流偏置的影响就越大，去除直流偏置后的改善度就越明显，图 14.2 中的有用信号为 $0.5V_{pp}$，未去除直流偏置时的增益为 2，输出电压为 $1V_{pp}$。去除直流偏置后可获得的增益为 9，输出电压为 $4.5V_{pp}$。

如图 14.3 所示电路的偏置为理想直流偏置。实际应用中，偏置可能受到其他因素(如温度)的影响，导致偏置量的波动，此时的偏置已不再是理想直流偏置。例如，当传感器环境温度发生改变时，偏置量也随之改变。另外，调理电路本身也会受到温度变化的影响，如用于产生 V_{ref} 的电阻值可能因温度变化而改变，从而引起 V_{ref} 偏移。因此，即使事先已在某个温度条件下将 V_{ref} 调至与传感器偏置完全匹配，一旦温度变化，也可能导致匹配失效。因此应尽量选择温度系数较小的元件，以降低温度变化导致的 V_{ref} 漂移的影响。当有用信号频率很低（接近直流）时，图 14.3 所示电路是实现偏置调节以获得最大放大倍数的最佳选择（也可能是唯一选择）。

14.2.2　交流耦合的偏置去除

在某些情况下，直流偏置含有一定的频率成分，如图 14.4 所示电路为图 11.15 的跨阻放大器与图 11.11（无缓冲器）的参考电压综合所得，常用于检测频率为 1 kHz 的红外（IR）光（信标）。

R_{f} 值决定了电路增益及光电晶体管对 IR 光的响应幅度。在学生实验中经常会出现以下现象：在深夜调整 V_{ref} 和 R_{f} 的值，使其对发射器的 IR 光产生较大的信号响应（大于 1 V）；第二天早晨回来时，就会发现电路无法对 IR 信号产生响应了，并且运算放大器的输出一直保持为最大值，为什么会发生这种现象呢？我们可以从电路入手进行分析。

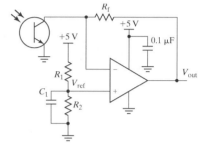

深夜与白天的差异在于 IR 光的背景中是否存在阳光。一般而言，阳光的强度远大于 IR 信号强度，如果电路工作在此条件下，则只能通过降低放大器增益以避免阳光导致运算放大器进入饱和态，那样的话有用信号（信标）的放大倍数也因之减小，即此时阳光产生了较大的直流偏置，且该直流偏置在白天一直存在，采用图 14.4 所示电路则难以消除其不良影响。

可利用偏置频率（1.16×10^{-5} Hz）和有用信号频率

图 14.4　IR 光电晶体管信号调理电路

（1 kHz）之间的频差来解决较大时变偏置问题。图 14.5 所示电路采用交流耦合（一般采用高通滤波器）滤除直流信号。该电路为基本反相电路和同相放大电路的变形，它利用了直流信号无法通过电容和地的特性，如图 14.5 所示的两种电路均可在 V_{in} 无时变信号输入时提供 2.5 V 的输出电压，图 14.5 中的电容 C_{in} 被称为**交流耦合电容**或**隔直流电容**。

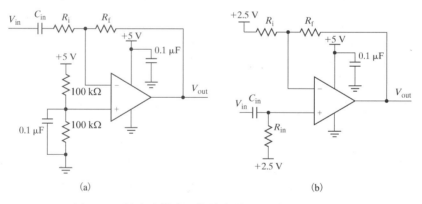

图 14.5　(a) 交流耦合反相放大器；(b) 非反相放大器

在图 14.5 (a) 中，C_{in} 和 R_{i} 共同构成角频率为 $\dfrac{1}{2\pi} R_{\text{i}} C$ 的高通滤波器，假设 $R_{\text{f}} = 100 \text{ k}\Omega$，$R_{\text{i}} = 10 \text{ k}\Omega$，$C_{\text{in}} = 0.1 \text{ μF}$，则计算可得高通滤波器的角频率为 159 Hz，电路增益等于 10。对于光电晶体管应用而言，假设阳光辐射幅度为 1 V，经过高通滤波器后输出电压幅度为 80 μV［衰减为原来的 $1/(80 \times 10^{-7})$，或 −101 dB］。与此同时，1 kHz 有用信号被放大了 9.9 倍，即 19.9 dB。

图 14.6 所示电路可为图 14.5 (b) 的电路提供 2.5 V 电源电压。图 14.6 电路采用分压器获得 1/2 正电平电压，因此该电路被称为**分幅器**，输出以**虚拟地**为参考，此处虚拟地的定义与第 11 章所述略有不同，但二者皆以某个固定电压为参考，而非物理连接到地。

由于拐角频率一般远离有用频率，可以容忍一定的电容误差，因此交流耦合应用一般对输入电容值精度要求不高，但需重点考量 C_{in} 的漏电流。漏电流可表示为电容等效直流元件，需尽量避免。如第 9 章所述，塑料薄膜电容（如采用特氟隆、聚苯乙烯和聚丙烯等材料）的漏电流都很小，可用作 C_{in}。单片陶瓷电容尽管存在漏电流，但其成本较低，因此也被视为 C_{in} 的合理备选电容。

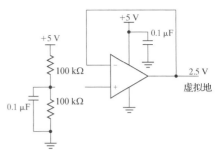

图 14.6　2.5 V 电压源

14.3　放大

如果采用理想运算放大器，则以单级放大器结构即可实现信号调理功能，此时仅需选择合理的放大器增益以保证输出幅度需求。然而，现实中并不存在所谓的理想运算放大器，实际的放大器都是非理想放大器。要确定单级放大器的实际增益，需要面对的首要问题是放大器的开环增益并非常量，而是一个随频率增加而减小的变量。如 12.1.2 节所述，环路增益下降将直接导致频率范围限制增大，使放大器无法获得足够的输出增益。例如，假设采用 LM324A（1 MHz GBW）放大频率为 10 kHz 的信号，希望获得 10 倍增益，但实际获得的增益误差可能高达 10%。为了将增益误差控制在 1% 以内，需要采用 GBW 等于 10 MHz 的放大器，以保证输入的 10 kHz 信号能获得 10 倍增益。

14.3.1　直流耦合多级放大

如果我们想获得更大的增益，如 200 倍增益或更大增益，又该如何处理呢？显而易见，此时需要采用多级放大器，若依旧采用 LM324A，且每级放大器增益不大于 10，则可采用三级放大器，各级增益分别为 10:10:2。考虑增益误差问题，可令三级放大器采用相同增益，此时每级放大器增益为 6，计算可得总增益为 $6^3 = 216$。该结构可增加每级放大器的开环增益与闭环增益之间的差值，将该差值最大化即可获得近似理想输出（见 12.1.2 节）。我们可以首先构建一个类似图 14.7 的电路，图中各级放大器之间采用导线连接（其频率响应可低至直流），因此这种级联方式被称为**直流耦合**。

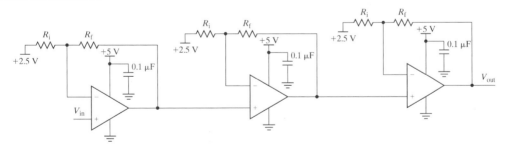

图 14.7　采用直流耦合的多级放大器

如果每级放大器的 R_f/R_i 值等于 5:1，则增益为 6，输入信号 V_{in} 的参考电压为 2.5 V，此时电路能够满足应用需求。但与此同时会出现另一个问题。

回顾 12.1.5.1 节可知，每个运算放大器都会呈现输入偏置电压，LM324A 运算放大器的偏置电压可能高达 3 mV，虽然该电压不高，但经过第一级放大器后将会获得 $(1+R_f/R_i)$ 的噪声增益。由此可知，第二级放大器的输入偏置电压将为 $(3\ mV \times 6) + 3\ mV = 21\ mV$。以此推算，第三级放大器的输入偏置电压可能高达 $(21\ mV\times 6)+3\ mV=129\ mV$，第三级的输出电压可为 $129\ mV\times 6=774\ mV$。经过三级放大器后，$3\ mV$ 的输入偏置电压将升至 $0.75\ V$，该值已高达电压幅度的 22%，显然不容小觑。下一节将介绍该问题的解决方案。

14.3.2　交流耦合多级放大

采用交流耦合即可降低输入偏置电压的影响，具体电路详见图 14.8。

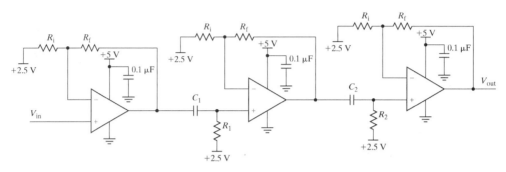

图 14.8　采用交流耦合的多级放大器

采用如图 14.8 所示电路，即可将前一级的直流偏置在进入下一级放大器前过滤掉，因此其最后输出的偏置电压仅为最后一级放大器的输入偏置电压与该级放大器噪声增益的乘积。采用交流耦合时各级放大器的增益往往不同，由于最后一级放大器决定了输出直流偏置，因此该级增益应尽可能小。

交流耦合高通滤波器的 R_1:C_1 和 R_2:C_2 共同确定了放大器的下限频率。对于许多应用而言，有用信号频率远大于直流，可采用交流耦合。如有用信号频率接近直流，则只能采用直流耦合。由于直流耦合受输入偏置电压影响较大，因此需要尽可能选择输入偏置电压较小的运算放大器。

14.4　滤波

第 9 章介绍了由电阻、电容构成的低通/高通滤波器，本节将介绍一些机电工程师常用的滤波器。

14.4.1　滤波器相关的专业术语

在讨论滤波器之前，首先需要了解一些常用的专业术语，下面基于图 14.9 所示低通滤波器频率响应曲线进行详细说明。

通带（pass-band）是指无衰减或衰减较小的频段。有些滤波器的通带响应十分平坦，而有些则在通带内存在波动，即存在纹波。滤波器**拐角频率**（F_c）对应响应幅度等于通带衰减 3 dB 的频率点。如果通带内存在纹波，则拐角频率定义为输出幅度低于最大允许纹波的点。但无论如何定义，拐角频率都表示通带的结束。

过渡区（transition region）始于幅度开始衰减的点（也可扩大至 F_c）到阻带的起始点（F_s）。在过渡区中，频率离通带越远，衰减越大。**阻带**（stop-band）定义为衰减最大频带范围，阻带衰减可能持续增加，也可能以纹波指标作为限制指标。**阻带衰减值**根据需求定义，一般选择的值应比通带幅度衰减 40 dB（衰减为原来的 1/100）。

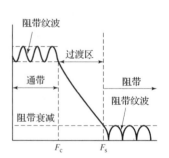

图 14.9　滤波器相关的专业术语
（以低通滤波器为例）

也可用极点和零点描述滤波器特性，极点和零点可从滤波器传递函数的数学表达式获取。本书不会深入讨论传递函数的数学表达式，仅关注极点、零点与滤波器特性的关系。抛开数学讨论，我们经常会接触到如"四极点滤波器"之类的名称；此时，极点数与电路中的复阻抗（一般为电容）数量相关，"四极点滤波器"又称"四阶滤波器"，此处"阶数"对应复传递函数中的频率指数。由于频率由复阻抗项产生，因此这两种表达方式是等效的。

除了之前提到的低通滤波器和高通滤波器，还有两种常见的滤波器，即**带通滤波器**和**带阻滤波器**。带通滤波器的响应曲线见图 14.10，如图所示，带通滤波器的衰减发生在中心频率两侧。

在高通滤波器后面加一低通滤波器即可构成带通滤波器。当然，也可设计精确带通滤波器，其一般为窄带滤波器，通带的宽度由**品质因素 Q** 决定，Q 定义为 $f_c / \Delta f$，其中 f_c 是中心频率，Δf 是滤波器的 3 dB 带宽（单位为 Hz）。

顾名思义，**带阻滤波器**能使大多数频率通过，但某些频率范围的频率无法通过，其响应曲线如图 14.11 所示，由图可知，带阻滤波器与带通滤波器的特性相反。

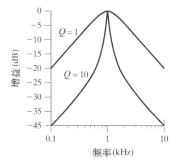

图 14.10　带通滤波器的响应曲线

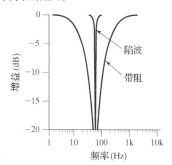

图 14.11　带阻滤波器的响应曲线

带阻滤波器必须独立设计，其阻带宽度也由品质因素 Q 决定，当阻带宽度很窄时，即为**陷波滤波器**。

14.4.2　噪声

如图 14.4 所示，频率为 1 kHz 的有用信号受到昼夜变化的背景辐射——噪声的影响。在另一个关注光强度的应用实例中，噪声即为频率 1 kHz 的交变波。应用不同，噪声也不同，简而言之，除了应用中的有用信号，其他的都是噪声。

噪声可通过三种方式进入电路。

1. 通过传感器进入。

   前述 IR 光电探测器示例中，有用的输出响应有两种，即对 IR 光背景的响应和对 IR 信标的响应。在某些特定条件下，传感器还可能对其他参数做出响应，如该例中的空气温度传感器也会对阳光辐射产生输出响应。

2. 从其他电路耦合进入。

   我们将在第 21 章重点讨论噪声如何耦合进入电路。一旦噪声与电路信号融合，则可能导致无法正常识别传感器信号。

3. 设备中固有的噪声。

   所有设备都会表现出小幅度的随机变化，如因温度效应导致的性能参数变化，这些变化可以等价为随机噪声源，其功率谱覆盖整个频域范围。

对于大多数机电一体化设备而言，噪声方式 3 对性能的影响并不大。当然也存在例外，如果需要检测较小的加速度，加速度响应幅度可能与加速度的热噪声处于同一量级。

对于噪声方式 1、2，首先，我们无法通过优化传感器电路来降低那些因有效的传感器响应带来的噪声(对应噪声方式 1)；其次，耦合噪声(对应噪声方式 2)也同样会带来许多挑战。我们将在第 21 章详细讨论消除耦合噪声的方法，然后可采用信号调理技术去除剩余的耦合噪声。

在信号调理中，一般采用**信噪比(SNR)** 描述噪声强弱，其单位为 dB。当 SNR 为正时，即表示信号幅度大于噪声幅度。滤波之目的在于优化 SNR，假如信号的频率成分与噪声的完全不同，则可采用滤波器对有用信号频率进行选择性放大，即首先确定有用信号频率，然后设计电路，使之在降低噪声影响的同时保留有用信号。

14.4.3 无源滤波器

第 9 章中介绍的 RC 滤波器就是一种**无源滤波器**，因为该滤波器由无源元件组成，不包括如晶体管、运算放大器等有源部分。图 14.12 的无源高通滤波器的传递函数如式(14.3)所示：

$$|V_{\text{out}}| = V_{\text{in}}\frac{\omega RC}{(1 + R^2C^2\omega^2)^{1/2}} \tag{14.3}$$

图 14.13 的无源低通滤波器的传递函数如式(14.4)所示：

$$|V_{\text{out}}| = V_{\text{in}}\frac{1}{(1 + R^2C^2\omega^2)^{1/2}} \tag{14.4}$$

图 14.12 无源高通滤波器

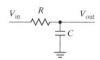

图 14.13 无源低通滤波器

我们还可以根据信号频率和滤波器的拐角频率来描述滤波器的传递特性，如用于表示高通滤波器传递特性的式(14.5)和用于表示低通滤波器传递特性的式(14.6)。

$$|V_{\text{out}}| = V_{\text{in}}\frac{\left(\dfrac{f}{f_c}\right)}{\left[1 + \left(\dfrac{f}{f_c}\right)^2\right]^{\frac{1}{2}}} \tag{14.5}$$

$$|V_{\text{out}}| = V_{\text{in}}\frac{1}{\left[1 + \left(\dfrac{f}{f_c}\right)^2\right]^{\frac{1}{2}}} \tag{14.6}$$

以上滤波器具有相同的过渡区特性。对于滤波器的每个 RC 对而言，从 –3 dB 点开始，频率每增加 10 倍，衰减增加 20 dB，或每倍频程(频率×2)衰减 6 dB。高通滤波器的响应曲线如图 14.14 所示。

前述的光电晶体管示例中，在很多环境下还能检测到另一种噪声源。强烈的白炽灯光频率位于 IR 频段，即便荧光灯也能发射 IR 能量。由于光电晶体管对可见光频率敏感，将导致光电晶体管的有用信号中掺杂了 120 Hz 的噪声。

相比于日光频率(1.16×10⁻⁵ Hz)，120 Hz 的噪声频率更加接近于 1 kHz 有用信号频率，需要引起重视。假设无源高通滤波

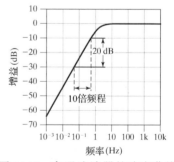

图 14.14 高通滤波器的响应曲线
(每 10 倍频程衰减 20 dB)

器的拐角频率为 1 kHz，则 120 Hz 噪声的衰减因子为 8.4；这个指标乍看不错，但实际噪声幅度是有用信号幅度的 10 倍。因此，尽管无源高通滤波器能够降低噪声、提高信噪比，但噪声幅度依旧大于有用信号幅度。

级联无源 RC 滤波器能获得−20 dB/10 倍频程的衰减值，但事情并不那么简单，第一级 RC 滤波器的有效输出阻抗会叠加到第二级 RC 滤波器的 R 上，从而导致拐角频率变化，此时可在两级滤波器之间添加增益缓冲器以消除该影响，这种方法既简单，又有效。在滤波器设计中引入运算放大器，大大拓展了有源滤波器的设计思路。有源滤波器的相关知识详见第 15 章。

14.5 其他信号调理技术

信号调理技术应用广泛，具体电路因应用需求而异。本节将重点介绍两种比较复杂的信号调理电路。

14.5.1 仪表放大器

许多应用采用差分信号，如第 13 章所述的惠斯通电桥一般存在较大的直流偏置，差分信号与我们定义的典型信号有所不同，大部分典型信号是以地为参考点的单端输出电压值，因此也被称为**单端信号**。**差分信号**不以地为参考点，而是以两个端口的差值电压为参考值，下面以差分信号的典型应用之一——惠斯通电桥为例进行说明。假设惠斯通电桥为基于应变计的全主动电桥，加载传感器后，电桥一侧的绝对电压上升，而另一侧的绝对电压下降，此时仅需关注电桥两端的相对电压。

尽管我们仅需测量两个端口的相对电压，但第 11 章所述的差分放大器在此并不适用，如图 14.15 所示，差分放大器在实用化过程中存在许多问题。

每个输入端的输入阻抗为 $R_f + R_i$，实际运算放大器的输入阻抗的最大值为数百千欧，无法提供高阻值输入，并且该电路对两个输入端的 R_f / R_i 值十分敏感。假如两个输入端的 R_f / R_i 不匹配，则该电路不仅会放大差分电压，也会放大共模电压，导致共模抑制比(CMRR，见 12.1.5.5 节)下降。

此时可添加单位增益缓冲器以解决输入阻抗过小问题，但是却无法解决因电阻失配导致的 CMRR 问题。若要同时解决以上两个问题，则需基于单片 IC 搭建**独立模块**，这种模块被称为**仪表放大器**，如图 14.16 所示。

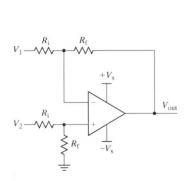

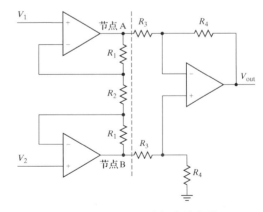

图 14.15　基本的差分放大器　　　　图 14.16　三级运放仪表放大器

图 14.16 的电路可沿图中虚线划分成两个部分，虚线右侧为一基本差分放大器，可随时解决电阻匹配问题。虚线左侧为基于两个运算放大器生成的单位增益缓冲器，并与电阻 R_1 和 R_2 共同构建

CMRR 抑制电路。为了充分理解图 14.16 的电路的工作原理，首选需要考虑 V_1 和 V_2 电压相同的情况。此时 V_1 和 V_2 电压被称为 V_{bias}，基于运算放大器黄金准则 2 可知，两个运算放大器的反相输入电压均为 V_{bias}，此时 R_2 两端的电压也均为 V_{bias}，即表示 R_2 上无电流，进而可知两个 R_1 上也无电流，节点 A 和节点 B 的电压也等于 V_{bias}。

如将共模电压加到两个输入端，差分放大器的输入端同样存在 V_{bias}，换言之，虚线左侧电路的**共模增益**等于 1。

下面考虑小差分信号的情况。假如将一个小差分信号 ϵ 加到输入端，则 V_1 电压等于 $V_{bias}+1/2\epsilon$，V_2 电压等于 $V_{bias}-1/2\epsilon$，根据运算放大器黄金准则 2 可知，R_2 两端的电压差为

$$\left(V_{bias}+\frac{\epsilon}{2}\right)-\left(V_{bias}-\frac{\epsilon}{2}\right)=\epsilon \tag{14.7}$$

再由欧姆定律可知，R_2 上的电流（从节点 A 流向节点 B）等于

$$\frac{\epsilon}{R_2} \tag{14.8}$$

电压差产生电流，流过 R_1，此时 V_A 如下：

$$V_A=\epsilon\frac{R_1}{R_2}+\left(V_{bias}+\frac{\epsilon}{2}\right) \tag{14.9}$$

同理可得 V_B：

$$V_B=-\epsilon\frac{R_1}{R_2}+\left(V_{bias}-\frac{\epsilon}{2}\right) \tag{14.10}$$

因此，加载到差分放大器输入端的电压 V_A-V_B 如下：

$$V_A-V_B=\left[\epsilon\frac{R_1}{R_2}+\left(V_{bias}+\frac{\epsilon}{2}\right)\right]-\left[-\epsilon\frac{R_1}{R_2}+\left(V_{bias}-\frac{\epsilon}{2}\right)\right]=\epsilon\left(1+\frac{2R_1}{R_2}\right) \tag{14.11}$$

差分输入电压以倍数 $1+2R_1/R_2$ 被放大，此时共模增益等于 1，输出电压为

$$V_{out}=(V_2-V_1)\left(1+\frac{2R_1}{R_2}\right)\left(\frac{R_4}{R_3}\right) \tag{14.12}$$

当 $R_4=R_3$ 时，该电路还表现出另一个优点，即可通过调整 R_2 的电阻值来设置电路的差分增益。

图 14.16 的电路并未对 R_3 和 R_4 进行匹配以获得较大的 CMRR，该问题可通过构建前述的独立模块解决。需要注意的是，R_3 和 R_4 的取值对差分放大器的增益影响不大，只对其取值范围有一定要求，此时仅需关注 R_3/R_4，因此可在 IC 制作完成后，采用计算机控制激光切割修正 R_3 和 R_4 的值，再进行整体封装。首先测量电阻值，然后用激光切割电阻，通过减小电阻横截面积来增加电阻值。该方法同样可用于 R_1 匹配过程，以获得高精度匹配电阻，保持高共模抑制比，将除 R_2 外的电阻与 IC 集成可降低温度漂移的影响。

元器件制造商，如 TI、Analog Devices、Linear Technology 和 Maxim Integrated Products 等，均有仪表放大器产品推出。由于在生产过程中引入了电阻修剪技术，这类放大器的性能指标远高于由分离元件搭建而成的电路。

14.5.2 峰值检测

随着微控制器的引入，基于软件的峰值检测方法逐渐普及，并逐渐取代了基于硬件的检测方法。但这种峰值检测方法仅对低频信号（小于几百赫兹）峰值检测有效，该检测法需采用微控制器对信号进行过采样。为了保证峰值采样率，采样频率一般为信号频率的 10 倍以上，信号频率越高，微控制器的执行时间就越长，这将导致其他应用的计算时间不足。因此为了减少处理器占用时间，信号频率超过 1 kHz 时，即需将峰值检测任务转移到模拟硬件上实现，推荐电路结构如图 14.17 所示。

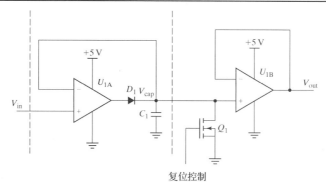

图 14.17　单电源峰值检测电路

图 14.17 所示电路基于两个运算放大器构建，第一个运算放大器(U_{1A})及其外围电路构成峰值检测器，当反相输入电压大于电容 C_1 的电压时，运算放大器的输出电压上升，并在二极管上产生反向电流。因此可知，电容电压(V_{cap})需要与放大器的输入电压保持一致，运算放大器的输出电压等于输入电压加二极管的前向电压降，用于补偿 V_f。当输入电压低于最近峰值时，二极管充当反向偏置，可防止电容因存储电荷流失而导致电压下降。第二个运算放大器(U_{1B})用于缓冲电容电压，以保证当输出负载阻抗较小时不会出现放电，MOSFET(Q_1)由微控制器控制，允许软件控制电容放电，并在检测到峰值后重置峰值检测器。

在设计图 14.17 所示电路时还需考虑一些其他因素，任何因运算放大器输入偏置电流导致的电容 C_1 的充电泄漏都会引起差错，因此需要选择输入偏置电流较低的运算放大器。但随之而来的问题是，在二极管阻止电容泄漏电流时，运算放大器的输出可能进入饱和态，当输入电压高于电容电压时，运算放大器需要经历一段时间才能脱离饱和态并重新开始对电容充电，因此需要采用快速运算放大器(GBW 大于 10 MHz)，以保证对高达数千赫兹的信号实现高精度跟踪。

C_1 的电容值受运算放大器的输出电路影响，输入电压跟踪速率为 I_{output}/C_1。另外，电压跟踪速率也受运算放大器的偏置电流影响，二极管和 MOSFET 的漏电流将会导致电压以 $(I_b+I_L)/C_1$ 的速率下降。选择相对较大的电容值(大于 0.5 μF)能够减少漏电流和偏置电流的影响，但会限制输入信号的跟随频率。一般而言，当放大器的偏置电流为几十微安、驱动电流为几十毫安时，选择 0.01 μF 电容较为适宜。最后，还需考虑运算放大器的选择问题，CMOS 放大器(互补 MOSFET 晶体管放大器，见 10.4 节)的输入偏置电流较小，可作为此类应用的备选放大器。但设计者需要注意的是，当采用单位增益驱动中等值的电容(几百 pF)时，大多数 RRIO CMOS 运算放大器(见 12.1.5.4 节)都可能变得不稳定；用于峰值检测的运算放大器需要确定放大器的驱动电容负载值，这些问题可通过查找产品数据表和数据图中关于负载电容稳定性的相关描述进行确认。

14.6　实例分析

14.6.1　幅度信息提取

下面的实例重点考量目标跟踪系统中的光电晶体管信号，信号幅度中携带了传感器与发射源的对准特性信息，发射源采用 1200 Hz 方波调制。信号调理解决方案如图 14.18 所示。

光敏元件光电晶体管将发射器产生的光转换为跨阻级电压，采用光电晶体管替代光电二极管可提高系统灵敏度。此时需要选择增益，以使背景辐射与最大信号幅度的叠加不会使放大器 U_{1A} 饱和。对电压进行交流耦合以去除低频和直流成分，并将单电源运算放大器输入信号的直流偏置调整至 2.5 V。由于有用信号频率为 1200 Hz，为了尽量减少信号损失并去除直流噪声，可将 RC 滤波器的拐角频率设为 800 Hz，放大器 U_{1A} 的输出经 RC 滤波器接入增益放大器模块（见图中增益放大器虚线框内部分），该模块包括两级放大器，假设每级放大器的 GBW 等于 1 MHz，则可提供约 80 倍的增益。如果应用需要更大的增益，则有两种解决方案，其一是采用高 GBW 放大器，其二是增加放大器级数。为了减少信号损失，图中 R_5-C_2 滤波器的拐角频率依旧设置为 800 Hz。图中的高通滤波器模块用于去除由室内照明产生的 120 Hz 干扰信号。高通滤波器后接一低通滤波器，二者共同构成一个中心频率为 1200 Hz 的带通滤波器。最后采用峰值检测器实现信号调理，调理输出将送到微控制器的模数（A/D）转换输入端，软件以周期 1/1200 Hz 执行 A/D 转换，即可获得上一次转换完成后的峰值幅度。转换完成后，微处理器的输出线输出信号以重置峰值检测器。

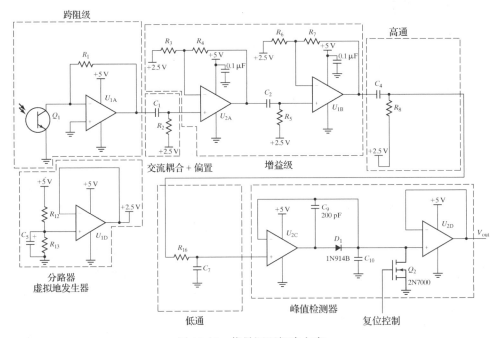

图 14.18　信号调理解决方案

14.6.2　定时信息提取

第二个实例依旧采用光输入信号，但要提取的信息改为信号边缘定时信息，这可能表示为对编码信息或简单的莫尔斯码做频率调制（见第 7 章）所产生的光信号。对于莫尔斯码而言，频率调制的结果是用不同的脉冲持续时间表示点和线，如需从定时中提取信息，则不用考虑幅度问题。当然，一般假设电路对幅度变化不敏感；定时信息提取方案见图 14.19。

因为光电二极管的响应速度高于光电晶体管的响应速度，所以图 14.19 中采用光电二极管作为感应元件，本设计将在光信号发生变化时形成尖锐边缘。跨阻级电压为交流耦合电压，直流偏置等于 2.5 V。本实例重点关注的是高频成分丰富的信号边缘，因此交流耦合设计中的滤波器拐角频率一般远高于基本信号频率。傅里叶系列方波（$f+1/3×3f+1/5×5f+1/7×7f+\cdots$）由基频及奇次谐波组成，一般拐角频率设为 3 次谐波频率或 5 次谐波频率，一般情况下会在综合考虑频率问题和信号幅度问题的前提下选择拐角频率。就频率而言，频率越高，边缘就越尖锐；就幅度而言，谐波频率越高，幅度就越小。常用的方法是将第一级交流耦合的拐角频率设为

$3f$，第二级的设为 $5f$，最后一级的设为 $7f$，随着增益等级的增加，信号幅度也会随之增加，以此尽力消除幅度影响。相比于光电晶体管，光电二极管的灵敏度较低，因此本实例采用三级放大结构。此时，放大器的 GBW 需根据 5 次和 7 次谐波频率确定。为了保证光电二极管产生的信号的边缘尖锐性，需要运算放大器的输出转换速率大于等于 5 V/μs，以期获得小于等于 1 μs 的信号上升时间。电路的最后一级是一个迟滞比较器，其比较中心阈值和信号放大偏置均为 2.5 V，最后一级的输出特性曲线见图 14.20。

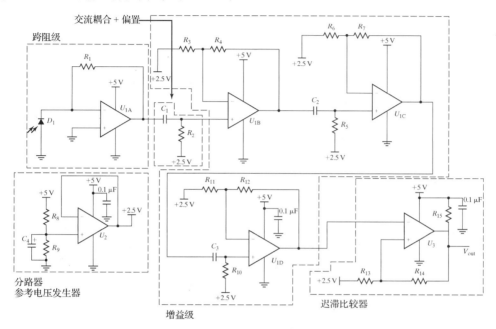

图 14.19 定时信息的信号调理

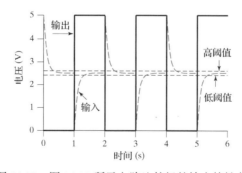

图 14.20 图 14.19 所示电路比较级的输出特性曲线

每当输入信号的上升沿和下降沿到来时，交流耦合方波信号在参考电压上下产生尖脉冲，此时需要比较器迟滞区足够宽，以避免比较器被放大器信号输出中必然存在的少量噪声触发。当信号幅度与阈值的差值足够大时，电路会将输入信号转化为输出方波信号，此时电路对放大器输出信号幅度不敏感。

此实例中运用图 14.17 所示电路，将边缘尖锐的光信号转换为边缘尖锐的数字信号，并在很大程度上弥补了因传感器响应时间和放大器带宽限制带来的不足。

14.7　习题

14.1　为了屏蔽直流，需选择哪种类型的电容？

14.2　为了改变图 14.16 的电路的差分增益，并且保持其共模抑制比不变，需改变多少个电阻？

14.3　设计信号调理电路，调理一种新型温度传感器的信号，使其能作为微控制器的输入信号。该传感器的线性响应范围为 0℃ ~ 100℃，温度系数为 $-100\ \Omega/℃$，温度为 0℃ 时，传感器电阻等于 11 kΩ，输出正比于输入温度，在温度范围 0℃ ~ 100℃ 内，比例因子为 -20 mV/℃。电路的实际输出电压由设计者自由选择，并且不规定偏置电压，要求在设备限值范围内能满足比例因子要求，假设所有元件均为 5 V 供电的理想元件。

14.4　设计一放大电路，放大直流偏置为 2 V、幅度在 0 ~ 0.2 V 之间缓慢变化的信号，要求放大系数等于 10，并且不放大直流偏置，实际输出电压值由设计者自行选择（允许包含偏置量），但其取值需控制在 0 ~ 5 V 范围内，即不超过电压值。

14.5　现有一频率为 6 kHz、幅度范围为 0 ~ 0.2 V 的正弦信号，叠加了一频率为 60 Hz、幅度范围为 0 ~ 1 V 的缓慢变化信号。设计放大器放大该信号，要求 6 kHz 信号放大系数等于 10，60 Hz 信号的衰减系数大于等于 10，选择一种简单易行的电路实现该应用要求。

14.6　有一些传感器采用双输出，实际有效信号为双输出电压之差，即采用差分输出。此时两个输出端都可能存在直流偏置，例如加速计的差分输出一般都有 2.5 V 的直流偏置。实际上，直流偏置的取值不易控制，设备不同，直流偏置也不尽相同。设计电路，将幅度为 0 ~ 0.2 V 的差分信号从频率为 0 ~ 100 Hz 的信号中分离出来，对其进行放大，要求放大系数等于 10，并具有较高的共模抑制比，此处假设设计中采用的运算放大器和电阻均为理想元件。

14.7　峰-峰值为 200 mV 的 1 kHz 的正弦信号上叠加了一峰-峰值为 200 mV、频率为 2.7×10^{-4} Hz（周期为 1 小时）的信号。设计电路，放大 1 kHz 信号，要求放大系数等于 10，并且将低频信号的幅度降至 1 μV 以下。要求采用无源滤波器，此处假设设计中采用的运算放大器和电阻为理想元件。如果采用 1% 容差电阻，又应如何修改设计电路？

14.8　直流电机转速输出范围为 -5 ~ 5 V，实际输出值与电机转速成正比，其取值正负与转动方向相关。设计电路，将该信号映射成幅度范围为 0 ~ 5 V 的信号，使其适合于 A/D 转换器输入。

14.9　基于 TI 公司的 INA156 来设计电路，放大基于惠斯通电桥（5 V 供电）的传感器输出，要求放大系数等于 10。

14.10　现有一台由摆锤和电位器构成的倾斜罗盘，为其设计信号调理电路，假设倾斜罗盘的测量范围为 $\pm 45°$ 左右，电位器能提供的最大电阻值为 25 kΩ，最大可调角度为 270°。选用中等精度电位器，电路输出具有线性特性，其传递函数为 10 mV/°。

扩展阅读

The Art of Electronics, Horowitz, P., and Hill, W., 2nd ed., Cambridge University Press, 1989.

Op Amps for Everyone, Carter, B., and Mancini, R., 3rd ed., Newnes, 2009.

第 15 章　有源数字滤波器

虽然第 9 章和第 14 章介绍的无源滤波器应用范围较大，但是在许多情况下无法满足应用需求；当有用信号和干扰信号之间的频率间隔较小时，无源滤波器无法在保证有用信号幅度的前提下有效去除干扰信号，此时需要单级滚降特性大于–20 dB/10 倍频程的带通滤波器。尽管我们可以通过级联方式使无源 RC 带通滤波器达到该指标要求，但如前一章所述，这种方案就是一个陷阱。将运算放大器引入有源滤波器设计显然比 RC 滤波器和缓冲器的简单级联方案更加有效。本章将基于有源滤波器展开，重点讲述有源滤波器电路，以及与之关联的微控制器中的数字信号处理(DSP)技术。

学习本章之后，读者应具备以下能力：

1. 根据应用选择滤波器：有源还是无源？
2. 了解有源滤波器的基础知识及其实现方法。
3. 了解有源滤波器的其他重要特性。
4. 发现软件信号处理过程中的一些有效方法。

15.1　有源滤波器

有源滤波器是包含有源组件的滤波器。通常选择的有源组件是运算放大器，一般可采用运算放大器构建初级滤波器(1 个复阻抗元件)，该运算放大器在后接次级滤波器时，其输出阻抗无损失。本节将重点阐述一种常用的基于运算放大器的二阶滤波器模块的电路拓扑，进而通过几乎完全相同的方式利用二阶滤波器级联构成高阶滤波器。级联滤波器的设计细节及设计流程详见 15.1.3.1 节。

15.1.1　相位延迟

在 9.6.2 节引入的电容阻抗表达式中，j($\sqrt{-1}$) 表示输出端有 90° 相移。尽管滤波器的幅度响应十分重要，但随着滤波器复杂度的增加，相位响应变得越来越重要，**波特相位曲线**(见图 15.1)是描述滤波器相位响应的典型曲线。

图 15.1 所示低通滤波器的响应截止频率很低，其通带影响因素为电阻阻抗，无相移产生，阻带影响因素为电容，产生 90° 相移。

如果仅关注单个频率分量的幅度，则无须考虑相位响应的影响，但需要关注信号的时域波形。任何波形(除了单频正弦波)都包含多个频率成分(见 9.6.2 节)。当这些不同的频率通过如图 15.1 所示滤波器时经历的延迟也不同，导致滤波器输出波形失真。例如，图 15.2 显示了三种不同类型的二阶低通滤波器对方形负向脉冲的时域输出响应，如图所示，三种滤波器的延迟特性各异。下一节将会分别介绍这些滤波器。

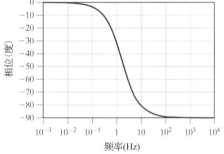

图 15.1　RC 低通滤波器的波特图

有些滤波器能获得较好的时域再生波形，有些则不能，其原因在于滤波器的相位特性各异，延迟特性也各异，从而直接影响再生波形质量。

15.1.2　滤波器响应特性

电阻值和电容值不同，滤波器的响应也不同。目前已有多种不同类型的滤波器，这些滤波器或以其发明者命名，或以其数学含义命名，本章将重点介绍三种最著名的滤波器。

巴特沃思滤波器也被称为**最大平坦滤波器**，其设计侧重于优化通带幅度响应的平坦性。与无源 RC 滤波器一样，有源滤波器的截止频率或拐角频率也定义为滤波响应的–3 dB 点。在拐角频率以外，巴特沃思滤波器的输出幅度与无源 RC 滤波器的相同，即每 10 倍频程下降 20 dB。

贝塞尔滤波器的设计则侧重于优化时间延迟，使其近似等于常数。时间延迟为常数表示相位与频率呈线性关系，因此贝塞尔滤波器又被称为**线性相位滤波器**。由于在整个通频带内保持延迟不变，贝塞尔滤波器能产生最佳时域响应，即最佳瞬态响应，如图 15.2 所示。与巴特沃思滤波器和 RC 滤波器一样，贝塞尔滤波器的拐角频率定义为滤波器输出响应的–3 dB 点。离开拐角频率，贝塞尔滤波器的响应衰减速度慢于巴特沃思滤波器的速度。

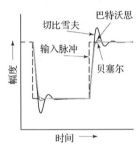

切比雪夫滤波器通过牺牲通带内幅度平坦性和线性相位延迟来改善过渡区的滚降特性(使其更快)。切比雪夫滤波器允许通带中存在纹波(变化的增益)，其设计特征可通过通带纹波峰-峰值表示(例如，0.1 dB 纹波，1 dB 纹波，3 dB 纹波等)。与巴特沃思滤波器和贝塞尔滤波器不同，切比雪夫滤波器的拐角频率由超出输出通带纹波的点决定，对于 1 dB 切比雪夫纹波，就是当输出从平均通带幅度下降到–0.5 dB 以下的频率点。如图 15.2 所示，由于冲激响应存在过冲和振荡，因此切比雪夫滤波器的时域特性在三种滤波器类型中是最差的。尽管切比雪夫滤波器存在通带纹波，时域响应特性也不好，但其能够实现过渡区最陡滚降，通带纹波越大，滚降越陡。

图 15.2　不同类型二阶滤波器的冲激响应

图 15.3 给出了以上三类六阶滤波器的响应对比。

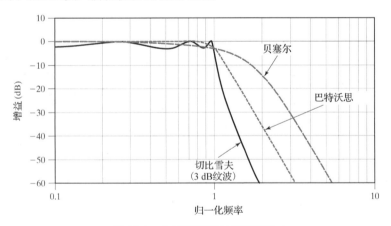

图 15.3　六阶滤波器的响应对比

15.1.3　有源滤波器的拓扑结构

每种特定响应的滤波器都可能存在多种不同的电路组成方式(电路拓扑)，本章重点不在于此，因此仅以常用拓扑为例进行说明，以期为设计者提供一种简化的滤波器设计流程。

本章以电压控制电压源滤波器(VCVS)为例展开,该滤波器也被称为 Sallen-Key 滤波器,它是一个二阶滤波器,可根据需要构建高通、低通和带通滤波器,电路拓扑详见图 15.4。这类电路采用单电源供电,可通过二阶级联构建高阶滤波器,第一级低通滤波器需要加入 C_i 和 R_i,后面各级滤波器加入 C_i 和 R_i 以降低前级滤波器带来的直流偏移。一般而言,R_i 为大电阻(约为 100 kΩ),并且 C_i 是 C_1 的 100 ~ 1000 倍,以确保由交流耦合电路确定的高通滤波器的拐角频率低于低通滤波器的拐角频率。

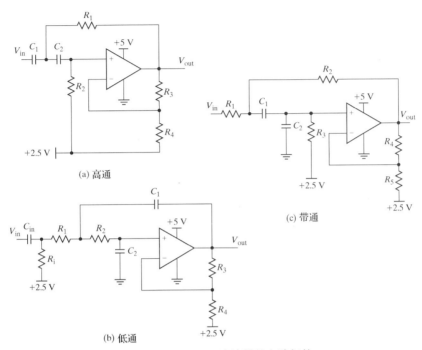

图 15.4　Sallen-Key 滤波器的电路拓扑

Sallen-Key 滤波器的性能参数受多个可调变量(电阻和电容)影响,如拐角频率、增益、响应类型和 Q 值,需合理选择元件以实现滤波器响应。目前已开发了多种软件包(参见本章参考文献中提供的软件包)和电路简化设计方法。在简化设计流程中,一般采用相同取值的电阻和电容,即 $R_1 = R_2$,$C_1 = C_2$,并通过选择 R_3/R_4 来确定滤波器的响应增益。该设计流程可用于低通、高通滤波器设计,宽带带通滤波器可采用高通滤波器与低通滤波器级联的方式实现,但窄带带通滤波器涉及太多的相互作用,难以实现合理简化。窄带带通 Sallen-Key 滤波器(以及其他拓扑结构)最好采用本章参考文献给出的软件包进行设计。

15.1.3.1　Sallen-Key 滤波器的简化设计流程

要进行滤波器设计,首先应确定有用信号和噪声的频率范围。有用信号的频率范围决定了滤波器的通带频率,干扰(噪声)的幅度和频率使设计者明确需要重点关注哪些频率点以滤除干扰(噪声)频率分量。获得以上信息后,设计者即可据此确定滤波器的类型和阶数。

1. 有用信号波形是否为正弦波(或近似为正弦波)? 如果不是,需要考虑波形形状吗?
   如果有用信号波形非正弦波,且需保持其波形形状,则需采用有线性相位响应的滤波器,如贝塞尔滤波器。
2. 通带中是否存在多个有用信号? 如果是,是否需要考虑其相对幅度?
   如果存在多个信号,并且信号的相对幅度携带重要信息,则滤波器响应在通带内应保持平坦，此时可选择带内平坦巴特沃思滤波器或低纹波（0.1 dB）切比雪夫滤波器。如果相对幅度不重要，则可使用具有更加陡峭带外衰减特性的高纹波切比雪夫滤波器。

3. 干扰信号需要衰减多少？

该问题太主观，也难以回答，理想情况下需去除所有干扰信号，但这不具备可实现性。当然，我们可以通过增加滤波器阶数来消除干扰，但这样做显然得不偿失，因此，对于设计者而言，只需将干扰信号控制在可接受范围内，使其不会导致有用信号无法正常接收即可。问题在于干扰信号衰减幅度与应用直接相关，因此无法给出共性答案。目前能够给出的最佳建议如下：如果干扰信号幅度小于 A/D 转换器的 1/2 LSB（见第 19 章），即干扰幅度小于 A/D 转换器的分辨率就不会影响测量结果。因此，必须根据应用确定噪声的影响，噪声与有用信号叠加，导致有用信号测量误差的干扰信号具有时变性，且由于幅度未知，必然导致测量结果的不确定性。对于某些系统而言，可进行系统总体建模以分析噪声的影响，也可采用实验测试确定衰减值。实验测试一般以低通滤波器为基础构建基本解决方案，如果低通滤波器无法达到预期，则可采用级联方式构建高级解决方案。

一旦获取衰减参数，即可根据图 15.5 ~ 图 15.8 确定滤波器阶数以获得需要的衰减值。

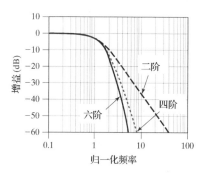

图 15.5　贝塞尔滤波器响应曲线

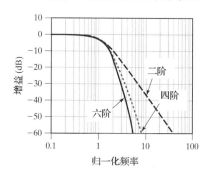

图 15.6　巴特沃思滤波器响应曲线

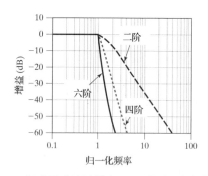

图 15.7　切比雪夫滤波器（0.5 dB 纹波）响应曲线

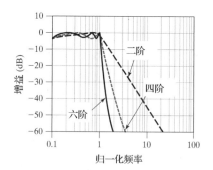

图 15.8　切比雪夫滤波器（3 dB 纹波）响应曲线

一旦确定了滤波器的响应类型、阶数和拐角频率，即可开始选择电路元件。

根据表 15.1 或表 15.2 所示系数计算元件值，如前所述，可将问题简化为 $R_1 = R_2$ 和 $C_1 = C_2$，因此只需选择一个 R 值和一个 C 值以确定滤波器拐角频率。根据表 15.1 或表 15.2 给出的理想拐角频率（F_C）和频率调节参数（F_{mul}）即可计算 RC 值，如式（15.1）所示：

$$RC = \frac{1}{2\pi \, (F_{mul} \times F_C)} \tag{15.1}$$

表 15.1　低通 Sallen-Key 滤波器的设计参数

阶数	级数	巴特沃思		贝　塞　尔		切比雪夫(0.5 dB)		切比雪夫(1 dB)		切比雪夫(2 dB)		切比雪夫(3 dB)	
		F_{mul}	G	F_{mul}	G	F_{mul}	G	F_{mul}	G	F_{mul}	G	F_{mul}	G
2		1.000	1.586	1.274	1.268	1.231	1.842	1.050	1.268	0.907	2.114	0.841	2.234
4	第一级	1.000	1.152	1.419	1.084	0.565	1.582	0.993	1.725	0.471	1.924	0.950	2.071
	第二级	1.000	2.235	1.591	1.759	1.031	2.660	0.529	2.719	0.964	2.782	0.443	2.821
6	第一级	1.000	1.068	1.606	1.040	0.396	1.537	0.353	1.686	0.316	1.891	0.298	2.042
	第二级	1.000	1.586	1.691	1.364	0.768	2.448	0.747	2.545	0.730	2.648	0.722	2.711
	第三级	1.000	2.482	1.907	2.023	1.011	2.846	0.995	2.875	0.983	2.904	0.977	2.922

表 15.2　高通 Sallen-Key 滤波器的设计参数

阶数	级数	巴特沃思		贝　塞　尔		切比雪夫(0.5 dB)		切比雪夫(1 dB)		切比雪夫(2 dB)		切比雪夫(3 dB)	
		F_{mul}	G	F_{mul}	G	F_{mul}	G	F_{mul}	G	F_{mul}	G	F_{mul}	G
2		1.000	1.586	0.785	1.268	0.812	1.842	0.952	1.268	1.103	2.114	1.188	2.234
4	第一级	1.000	1.152	0.705	1.084	1.769	1.582	1.007	1.725	2.213	1.924	1.052	2.071
	第二级	1.000	2.235	0.628	1.759	0.970	2.660	1.892	2.719	1.037	2.782	2.259	2.821
6	第一级	1.000	1.068	0.623	1.040	2.525	1.537	2.831	1.686	3.165	1.891	3.356	2.042
	第二级	1.000	1.586	0.591	1.364	1.302	2.448	1.339	2.545	1.370	2.648	1.384	2.711
	第三级	1.000	2.482	0.524	2.023	0.989	2.846	1.005	2.875	1.017	2.904	1.023	2.922

电容的可用取值数显然少于 1%(容差)电阻的可用取值数，因此需要首先确定电容 C_1、C_2 的标准值，再根据 R_C 值计算 R 值。如果计算获得的 R 值超出理想范围(如高达几十千欧至几百千欧)，则需重新选择电容值再计算 R 值。然后选择最接近计算所得的 R 值的 1%电阻作为 R_1、R_2。R_3、R_4 可采用表 15.1、表 15.2 的 G 值，通过式(15.2)计算获得。此时需注意，计算所得的 R_3 和 R_4 值应在正常电阻取值范围内。

$$R_3 = (G - 1)R_4 \tag{15.2}$$

以上即为简化设计流程，根据计算所得的元件值，即可构建滤波器电路。下面举例说明。

例如，构建一拐角频率为 1 kHz 的六阶 3 dB 纹波切比雪夫低通滤波器。该设计目标为六阶滤波器，由表 15.1 可知，需采用三级二阶滤波器级联，首先将表 15.1 中的对应参数和设计拐角频率代入式(15.1)，计算 RC 值。

$$RC = \frac{1}{2\pi(0.298 \times 1 \text{ kHz})} = 5.34 \times 10^{-4}$$

由于 R 的取值范围为几十欧到几百千欧，因此 C 的可选取值范围为几百皮法到几纳法。根据前述原则，需要首先选择电容值，此时选择 C 为 2 nF(0.002 μF)，据此求得 R 值等于 267 kΩ，然后选择 267 kΩ 标准 1%电阻。为了将本节所得电阻和电容与后级滤波器结构中相同位置的电阻和电容加以区分，其标识符号加下标后缀 "A"，以表示多级滤波器的第一级元件，记为 $R_{1A} = R_{2A} = 267$ kΩ，$C_{1A} = C_{2A} = 0.002$ μF。

	第二级	第三级
RC 值	$RC = \dfrac{1}{2\pi(0.722 \times 1 \text{ kHz})} = 2.2 \times 10^{-4}$	$RC = \dfrac{1}{2\pi(0.977 \times 1 \text{ kHz})} = 1.63 \times 10^{-4}$
R	147 kΩ	60.4 kΩ
C	1.5 nF	2.7 nF
G	2.711	2.922
R_3	17.4 kΩ	221 kΩ
R_4	10.2 kΩ	11.5 kΩ

滤波器的增益取决于 R_3/R_4 值，一般可查表获得。由设计需求可知增益为 2.042，可选用 169、162 倍数的 1% 电阻。此时选择 R_{3A} 为 16.9 kΩ，R_{4A} 为 16.2 kΩ，即可获得 2.043 的增益，增益误差为 0.1%。

在第二级和第三级滤波器设计中，重复以上过程即可获得设计所需电路元件参数。

将计算所得参数进行综合，构造如图 15.9 所示电路，本设计并未假设输入信号参考值为 2.5 V，而是考虑 C_{iA} 和 R_{iA} 后的信号参考值为 2.5 V。输出 V_{out} 的中心值为 2.5 V。

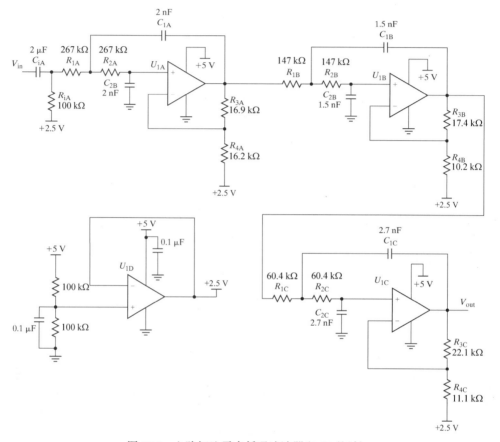

图 15.9　六阶切比雪夫低通滤波器（3 dB 纹波）

15.2　数字技术

并非所有的信号处理环节都在信号到达微控制器之前完成。信号到达微控制器后，在进行软件处理之前可能采用数字信号处理（DSP）技术对信号进行"调整"。本节将介绍两种 DSP 技术，即数字滤波和同步采样。

15.2.1　数字滤波

与模拟滤波类似，**数字滤波**可用于改善信号的频域特性。相比于模拟滤波器，数字滤波器可获得更加陡峭的过渡区特性和更多的控制能力。数字滤波器的"成本"在于软件的开发和滤波计算消耗的处理时间。DSP 是一种能快速有效执行数字滤波和处理操作的具有硬件特征的处理器（见

2.3 节）。DSP 应用领域广泛、算法多样，本书不再赘述，此处重点介绍一种简单易行的算法，并以之为基础解释复杂数字滤波器的构造及 DSP 与普通微控制器的差异。

15.2.1.1　滑动平均滤波器

最直观的数字滤波方法是对样本求平均，这种方法对处理随机噪声十分有效。滑动平均滤波器一般被认为是最佳滤波器，它可在保持输入信号的阶跃响应（时域行为）的同时降低随机噪声。

最简单的平均滤波算法是将最新输入数据与前一个输入数据做算术平均，并以平均值作为新的输出数据，该方法被称为 2 点滑动平均，其数学表达式为

$$Y_i = (X_i + X_{i-1})/2 \tag{15.3}$$

其中，Y_i 为滤波器的当前输出，X_i 为滤波器的当前输入，X_{i-1} 为滤波器的前一个输入。

可对式（15.3）进行扩展，对更多的输入点求平均，即有

$$Y_i = \left(\sum_{j=0}^{j=N-1} X_{i-j} \right) / N \tag{15.4}$$

滑动平均滤波器算法只涉及加法和减法等简单运算，无须大量的软件指令，且需要的微控制器时钟周期数少，实用价值高，易于实现。该算法的每次输出只需经过一次复杂运算（一次除法），如采样数为 2，则可将除法运算替换为简单的右移操作（在 3.8 节有详细描述），如果采样数大于 2，则可采用图 15.10 所示的简化算法求平均。

图 15.10 所示为 8 点滑动平均，观察可知，滤波器的两次连续求和涉及大量共有参数，若仅保留前面的输出计算（设为 SUM），则可根据 SUM 值重新计算 Y_{11}，详见图 15.11。

$$Y_{10} = (X_{10}+X_9+X_8+X_7+X_6+X_5+X_4+X_3)/8$$
$$Y_{11} = (X_{11}+X_{10}+X_9+X_8+X_7+X_6+X_5+X_4)/8$$

$$SUM_{11} = SUM_{10} - X_3 + X_{11}$$
$$Y_{11} = SUM_{11}/8$$

图 15.10　两次连续滑动平均输出的计算　　　图 15.11　滑动平均的简化算法

如图 15.11 所示，将 SUM 中最早的输入值由最新的输入值替代，然后求和，即可获得新的 SUM 值，其计算量仅为一次减法和一次加法。该算法执行速度快，但需要内部缓存来存放 N 个输入采样值和 1 个求和变量，8 点滑动平均滤波器的 C 函数见附录 B。

滑动平均滤波器的响应与之前章节中讨论的 RC 滤波器和有源滤波器的完全不同，其响应的数学表达式如式（15.5）所示：

$$H(F_{fs}) = \frac{\sin(\pi F_{fs} M)}{M \sin(\pi F_{fs})} \tag{15.5}$$

要想理解式（15.5），首先需要明白的是，此处所有数字滤波器的频率特性都与输入数据的采样频率（f_s）相关，但数字滤波器的响应曲线与采样频率无关，因此响应一般根据采样占空比（F_{fs}）进行估计，F_{fs} 的取值范围为 0 到 1/2（根据奈奎斯特极限确定，详见第 19 章）。为了使响应更加直观，图 15.12 给出了多个采样频率为 1 kHz 的滑动平均滤波器响应特性，图中一并给出二阶 RC 滤波器响应曲线，以便对比。

如图 15.12 所示，滑动平均滤波器为低通滤波器，截止频率很低，当以 1 kHz 采样时，4 点滑动平均的–3 dB 点仅为 115 Hz，32 点滑动平均的–3 dB 点则降至约 14 Hz，与–3 dB 点为 115 Hz 的二阶 RC 滤波器相比，4 点滑动平均的滚降特性略好，但增加平均点并未提高滚降率，仅降低了拐角频率。

该特性与之前模拟滤波器的特性一致，即时域表现良好的滤波器在频域表现不佳。

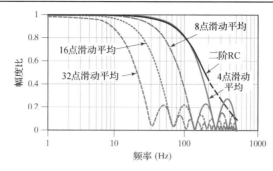

图 15.12　采样频率为 1 kHz 的滑动平均滤波器的波特图

15.2.2　数字信号处理

大部分数字信号处理(DSP)算法可归结为一种基本数学运算——**卷积**。卷积是将两个信号集作为输入，对其进行组合以产生第三个输出信号集的运算，其数学表达如式(15.6)所示。

$$Y_i = \sum_{j=0}^{j=N-1} X_{i-j} \times H_{i-j} \tag{15.6}$$

其中，Y_i 为输出值，X 为输入矩阵，H 是系数矩阵，根据上下文，H 矩阵可表示**冲激响应**、**滤波器函数**或**滤波器内核**。当输入样本为"10"时，其冲激响应即为滤波器输出值集合，由式(15.6)可知，滤波器的脉冲输入与 H 矩阵结合将会产生一系列输出值。H 矩阵的规模对应滤波器的抽头数，从输入到输出的转换特性完全由矩阵规模和具体取值决定。

基于式(15.6)构建的滤波器被称为**有限冲激响应(FIR)**滤波器，所谓"有限"，是相对于**无限冲激响应(IIR)**滤波器而言的，指改变该滤波器的输入只会导致有限个采样点(抽头数)的输出变化，其数学描述见式(15.7)。

$$Y_i = \sum_{j=0}^{j=N-1} X_{i-j} \times H_{i-j} + \sum_{j=1}^{j=M-1} Y_{i-j} \times G_{i-j} \tag{15.7}$$

IIR 滤波器的输出不仅取决于最近的输入采样值 X，也与最近的输出值 Y 与第二级滤波器的核函数 G 的乘积相关，即未来的输出与过去的输出相关，因此该滤波器也被称为**递归滤波器**。输入对输出的影响持续长度应大于滤波器内核(理论上为无限长)的抽头数，因此该滤波器又被称为无限冲激响应滤波器，与 FIR 滤波器不同的是，IIR 滤波器对脉冲输入的响应不与 H 或 G 直接相关。

除了可用于构建各种滤波器，卷积还可用于构建上节所述的简单滑动平均滤波器，详解式(15.6)即可发现，如果 H 数组为{1/4, 1/4, 1/4, 1/4}，则将其与输入 X 做卷积，即可获得与 4 点滑动平均相同的输出结果。当然，这并不代表卷积是实现滑动平均的有效方法，事实上也确实不是，此处介绍此示例仅为展示卷积的强大应用能力。采用卷积的 8 点滑动平均的 C 语言代码示例见附录 B。

下面以卷积算法为例，进一步说明 DSP 处理器的特性：

将 H 数组的值与输入 X 的对应值循环相乘并将乘积叠加，输出叠加和。

卷积算法的基本操作是**循环相乘-叠加(MAC)**。与普通微控制器不同，DSP 硬件支持零开销环路框架和 MAC 操作，传统处理器需要采用通用寄存器来跟踪输入值、H 数组值、循环次数和累加和，而 DSP 则内嵌支持卷积运算的硬件核。例如，如果要实现多个数据和参数的同时提取，通用处理器需要增加指针寄存器、乘法、加法和循环计数管理等多个指令操作，但 DSP 处理器只需进行简单设置，即可利用专用硬件核实现数据提取、增加索引寄存器、MAC 操作和循环计数等功能。

为了将 DSP 用于滤波器输出计算，编程人员首先需要设置特殊指针寄存器，这些指针寄存器分别对应输入值数组和滤波器的内核数组，指针寄存器指向存储数据和相关参数的独立地址空间(采用哈佛架构，见 2.10 节)，可同时完成数据和相关参数的读取功能；再加载一个长度等于滤波器内核抽头数的循环计数器寄存器，并将累加寄存器清零；然后采用一条单一指令启动滤波器计算，这些计算包括：数据和相关参数提取、指针寄存器递增、循环计数器递减、数据与相关参数相乘、结果累加等。计算频次为每个时钟周期计算一个抽头，时钟频率为几百 MHz。这种处理速度足以实时处理 50 kHz 以上的输入信号。

15.2.3　同步采样

　　同步采样是另一种重要的数字技术。所谓同步采样，顾名思义就是将采样信号与有用信号同步的过程。同步采样的同步过程包括频率同步和相位同步，频率同步常用于检测与有用信号频率接近的正弦噪声源，进而消除该噪声的影响。此时需以噪声频率的整数次倍频频率进行采样，再对采样值求滑动平均。由于正弦波的均值为零，因此该方法可有效去除噪声。例如，50 Hz 的有用信号受到 120 Hz 荧光灯的干扰，干扰信号强度远大于有用信号强度(本例中干扰信号强度为有用信号强度的两倍)，选择采样频率为 1200 Hz 的 10 点滑动平均滤波器，即可有效去除高强度干扰信号，如图 15.13 所示。

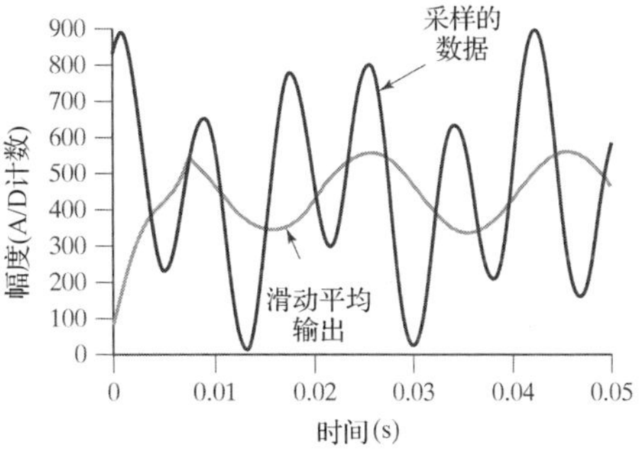

图 15.13　120 Hz 噪声和 50 Hz 信号的混合波形，以及一个噪声采样周期的滑动平均输出

　　本例采用简单滑动平均滤波器消除 120 Hz 噪声，但与此同时也导致 50 Hz 信号的衰减(在输入端有 300 个峰-峰值)，可考虑采用更加复杂的滤波器(例如 sinc³ 滤波器)，该类滤波器既可消除 120 Hz 噪声，也可将对 50 Hz 信号的影响降到最小。当然，无论采用哪种类型的滤波器，首先需要了解具体的干扰频率，否则无法有效去除干扰。

　　有时，也可将采样信号同时与信号的频率和相位进行同步，以确保采样点位于信号周期的某个特定位置。此时如信号并非由微处理器产生，则难以实现同步。当然，如果信号来自微处理器，则易于同步。第 13 章中介绍的反射目标传感器就是一个典型例子，反射目标传感器用于检测周围是否出现检测目标，最简单的实现方法是采用 LED 发射器进行不间断检测。但这种方法使检测器在检测目标的同时也受到背景光变化的影响，如果控制 LED 的通/断时间，即可利用检测器的同步采样消除背景光的影响。因此，可采用脉冲控制 LED 对发光二极管通电。检测器在几微秒(确保光电晶体管响应)后进行采样，然后熄灭 LED，再经过几微秒后，检测器再次采样。由于第二次采样期间 LED 处于熄灭状态，因此测量结果只反映背景光强度，从 LED 通电时的采样值中减去 LED 熄灭时的采样值，即可消除背景光的影响。

15.3　习题

15.1　有源滤波器与无源滤波器有什么不同？

15.2　哪种滤波器响应能够保持时域波形？

15.3　有用信号频率为 1 kHz，要抑制的干扰信号频率为 4 kHz，如果要使干扰信号衰减 40 dB，则以下两种滤波器的阶数应为多少？ a)贝塞尔滤波器；b)巴特沃思滤波器。

15.4 如果滤波器拐角频率为 1 kHz，则当信号频率为 4 kHz 时，采用以下的四阶滤波器分别可获得多大的衰减值？a) 贝塞尔滤波器；b) 巴特沃思滤波器；c) 3 dB 切比雪夫滤波器。

15.5 使用本章介绍的简化设计流程设计一个六阶 Sallen-Key 滤波器，电阻采用 1%容差电阻。

15.6 使用图 15.11 所示的快捷方式编写 C 语言代码，以实现 16 点滑动平均滤波器；函数原型为

```
int MoveAvg16Pt(int);
```

15.7 编写一个可实现四种功能模块的伪代码，用软件实现峰-峰值测量。具体功能原型如下：

```
void InitPeakRead(void);
void AddNewValue(int);
unsigned char IsNewPeakDetected(void);
int GetPeak2PeakAmp(void);
```

15.8 幅度在 0 ~ 0.2 V 之间的 6 kHz 正弦信号，叠加到幅度在 0 ~ 1 V 之间的 60 Hz 信号上，设计电路将 6 kHz 信号放大约 10 倍，60 Hz 信号则衰减为原来的 1/10，尽量采用简单电路实现设计目标。

15.9 输入信号与习题 15.8 相同，设计电路将 6 kHz 信号放大约 200 倍，并将 60 Hz 信号衰减为原来的 1/100。

15.10 编写 C 语言代码，以实现 15.2.3 节最后一段描述的同步采样算法。函数应为非阻塞函数，并假设能被重复调用，每次调用后，函数都将返回最新的测量值。

参考文献

[1] Active Filter Synthesis Tool from Analog Devices（http://www.analog.com/Analog_Root/static/techSupport/designTools/interactiveTools/filter/filter.html），12/03/09.

[2] FilterCAD: PC software from Linear Technology（http://www.linear.com/designtools/software/filtercad.jsp），12/03/09.

[3] Filter Designer: Web-based design tool from Texas Instruments（http://focus.ti.com/docs/toolsw/folders/print/filter- designer.html），08/30/08.

[4] Filter Lab: PC software from Microchip（http://www.microchip.com/stellent/idcplg?IdcService=SS_GET_PAGE&nodeId =1406&dDocName=en010007），12/03/09.

[5] Filter-Pro: PC software from Texas Instruments（http://focus.ti.com/docs/toolsw/folders/print/filterpro.html），12/03/09.

[6] Resistor/Capacitor Calculator（http://www-k.ext.ti.com/SRVS/CGI-BIN/WEBCGI.EXE/,/?St=32, E=0000000-000018296581, K=3113,Sxi=1,Case=obj%2832622%29），08/25/10.

扩展阅读

The Active Filter Cookbook, Lancaster,D., Newnes, 2nd ed., 1996.

"Analysis of the Sallen-Key Architecture," Texas Instruments Application Report SLOA024B, 2002.

The Art of Electronics, Horowitz, P., and Hill,W., 2nd ed., Cambridge University Press, 1989.

"More Filter Design on a Budget," Carter, B.,Texas Instruments Application Report SLOA096, 2001.

Op Amps for Everyone, Carter, B., and Mancini, R., 3rd ed., Newnes, 2009.

第16章 数字输入/输出

16.1 引言

本章我们将移步数字域。前几章介绍了多种电路元件，诸如电阻、电容和运算放大器等，并研究了其电压、电流及频率响应特性。本章我们将关注数字器件的逻辑状态（如1/0，真/假，开/关，高/低）表示问题。事实上，在一个独立的数字器件中表示一个孤立的逻辑状态是毫无意义的，因此本章将重点讨论各种数字器件之间的接口问题。对于一个设计者而言，必须充分理解数字器件的定义、用途、功能及其局限性，以及如何将其与其他电路元件联合使用。学习本章之后，读者应具备以下能力：

1. 理解数字器件的逻辑状态表示方法。
2. 理解数字器件之间的电流传递过程。
3. 理解数字器件的输入/输出定时问题。
4. 具备查阅数字器件数据表的能力。
5. 具备根据特定功能需求选择数字器件的能力。
6. 能实现数字器件之间的互连。

16.2 逻辑状态表示

数字器件的基本功能是用逻辑状态表示信息，两个逻辑状态"真（True）"和"假（False）"分别对应数字器件的状态"开（on）"和"关（off）"，目前的电子产品设计均基于此基础展开。我们用数字器件的逻辑状态"真"表示某种意义，如"高电平""数字1"和"开关闭合"，同样也可用逻辑状态"假"表示"低电平""数字0"和"开关断开"。数字器件用某个特定电压（准确地说是电压域）来表示某个特定的逻辑状态（如"1"或"0"），一般来说，用电压 $0 \pm \Delta_0$ 表示逻辑0/关/假（Δ_0 为0电压工差），用电压 $V \pm \Delta_1$ 表示逻辑1/开/真（V 为器件的供电电压，Δ_1 为1电压工差）。例如，数字器件的供电电压为5 V，此时用 $(5 \pm \Delta_1)$ V 表示逻辑1/开/真，用0 V 表示逻辑0/关/假。需要说明的是，并非所有数字器件的电源电压都是5 V，从目前的演进趋势来看，设计者采用的电源电压越来越低，数字器件的标准电源电压也越来越小，目前常用的有3.3 V、2.5 V、1.8 V，还有许多采用其他电源电压的数字器件，在此不再赘述。

16.3 数字器件的理想特性

与运算放大器类似，我们首先希望了解数字器件的理想特性。与运算放大器相比，数字器件的理想特性相对简单，但与运算放大器不同的是，实际应用中数字器件的性能很难达到理想设计特性，需要更加深入地了解这些器件的实际性能表现，例如通过研究器件的实测数据表，将其与理想性能指标进行对比，获取实测数据与理想数据之间的偏移量，并以这些偏移量为依据优化电路设计，改善器件性能。

数字器件一般有两类数字功能引脚：输入和输出。器件从输入引脚读取输入数据，并根据功能需求和输入数据执行操作，再将执行结果从输出引脚输出。数字器件种类繁多，如用于执行特殊逻辑功能（NOT、AND、XOR 等）的**逻辑器件**[如集成电路(IC)]、**微控制器**、**可编程逻辑器件**等。本章将以 Freescale MC9S12C32 微控制器为例来详解数字器件，尽管该器件包括模数转换器、定时器、脉冲宽度调制和串行通信模块，但本章仅关注其输入/输出特性。

首先需要设定用于表示逻辑 0 和逻辑 1 的电压，此处设定用 0 V 表示逻辑 0，用 5 V（电源电压为 5 V）表示逻辑 1。理想情况下，输入端的状态与其输入/输出电流无关，逻辑 0 与逻辑 1 之间的状态转换率变化范围从 0（保持在某个逻辑状态而无状态转换）到无穷大，我们可以在任意时刻、以任意速率改变输入状态，数字器件则根据输入状态变化做出响应。

理想数字器件的输出是用一系列响应电压表示的逻辑状态，依旧用 0 V 表示逻辑 0，用 5 V 表示逻辑 1。为了实现信息传输，输出端需要连接到其他器件的输入端，因此设计者希望输出端无输入/输出电流限制。据此推论，理想输出端应无输入/输出电流限制（电流可以为无穷大），即能够满足所有连接器件的电流需求，并且能实时响应输入变化。

16.4　数字器件的实际特性

实际的数字器件显然无法达到理想状态，因此应关注器件的实际特性与理想状态特性（前一节给出）之间的差异，这种差异将直接表现在数字器件的测试数据表中。例如，器件的数字输出电压可能不是标准的 0 V 或 5 V，而是稍高于 0 V 或稍低于 5 V。因为数字器件的输出连接到其他器件的输入端，后级器件的输入端需要正确识别前级器件的输出端电压，而该电压可能偏移给定标准值，其实际取值为以标准值为中心的电压域中的任意值。因此，并不要求数字器件的输入为精确的 0 V 或 5 V，而是能将以 0 V 或 5 V 为中心的电压域中的电压值识别为有效逻辑状态。

理想输入在引脚处无电流进出，这种理想状态在实际应用中难以实现。事实上为了检测输入电压，必须有电流流过输入引脚。有些器件能将该电流降到很小（微安级），电流越小，器件性能越接近理想值。需要说明的是，目前大多数器件的电流依旧为毫安级。理想数字器件能够支持任意大小的输入/输出电流值，但由于数字器件的输出端都可能与其他器件相连，因此其输出电流一般控制在毫安级。**功率驱动器**是一种专门用于大电流（从几百毫安到几安培）控制的器件，本书将在第 17 章中详细介绍。该类器件属于数字器件的一个子类，其工作电流可能较大，但仍有电流上限，即电流不可能趋于无限大。

最后，无论对于输入还是输出，实际器件都有时钟约束。

- 输入定时：每种器件都有输入信号状态切换的上限频率（约为几兆赫兹或更高），另外还会对状态转化过渡时间有相应的指标要求，一般会给出最大上升时间和下降时间的约束值。
- 输出定时：输出电压状态转换不是阶跃的，实际的输出信号都有固定的上升时间和下降时间。
- 时延：输入数据不能立刻产生输出响应，在信息通过器件传输时会产生一个很短的**传输时延**，该时延最终反映为输出响应延迟。
- 准备：输入端往往需要一段时间才能获得稳定的信息，称之为**初始化时间**。经过初始化时间后，输入端才能可靠地读取并处理信息，当器件读取输入数据时，数据必须在一段时间内保持稳定，这段时间被称为**保持时间**。

16.5　查阅数据表

制造商通过器件数据表承诺器件的性能，即所有器件的实际性能都将符合表中给出的性能参数。这对于制造商而言是一项巨大的挑战，他们需要保证制造出的每一个器件都符合数据表要求，唯有经过严格的设计、制造和测试环节才能确保达到这种高水准要求，这对于他们而言确实是关乎名誉的艰巨任务。

数据表为设计者提供了可靠的器件性能指标（一个明确的指标范围），某些指标会给出指标下限和上限，例如逻辑 1 的允许输入电压范围为[3.5 V, 5.1 V]，而另一些指标只会给出这个范围的最小值或最大值，例如输入信号的最大频率为 100 kHz，即表示输入信号的频率范围为[0 Hz, 100 kHz]。需要注意的是，制造商提供的性能数据表往往非常简洁，甚至只提供器件的基本信息，因此设计者面临着一个巨大的挑战，即如何发掘器件的精确参数，本书旨在为读者提升应对这种挑战的能力，使其能驾轻就熟地展开设计。

一旦确定器件选型，我们强烈建议设计者根据器件数据表给出的最差性能条件进行设计，这种看起来十分苛刻的方式能保证你的设计在最差性能条件下依旧能满足设计要求。例如，数据表列出了典型输出电压值 4.5 V 和输出电压最小值 3.8 V，则需以 3.8 V 为标称电压来设计电路，以保证设计的电路在非典型电压值条件下依旧能正常工作，这是因为制造商无法保证其产品均满足典型指标要求，而只能保证其产品满足某个指标范围要求。制造商也不可能做到面面俱到，设计者可能经常面临一个问题，即所需的参数未在数据表中列出，此时则需遵从"最差条件设计准则"，即采用数据表中最保守的性能参数。这种方法说起来简单做起来难，特别需要经验和深入思考。下面我们将列举相关实例，希望对设计者有所帮助。

设计之初，首先需要明确数据表中给出的**推荐工作条件**和**绝对最大额定值**之间的差异。推荐工作条件提供了器件使用建议、功能保证建议及使用周期延长建议等，而绝对最大额定值（不包括温度范围）对于工作在正常条件下的器件是没有意义的；事实上，工作在绝对最大额定值的器件随时面临被烧毁的危险，其性能表现自然也好不到哪里去，甚至不能保证正常运行。实用设计准则可参照"推荐使用条件"部分或数据表的其他部分。

16.6　数字输入

数字器件的输入将以某个特定电压范围判断逻辑 0 或逻辑 1，如果输入电压超出该设定范围，则无法保证判断结果的正确性。如果输入电压与器件给定输入电压范围之间的差距过大，则器件无法正常工作，甚至可能被烧毁。当然，如果器件正常供电，输入电压在标准给定范围内，并能满足其他指标条件，则该器件就可以实现设计功能。

下面依旧以 Freescale MC9S12C32（简称"9S12"）为例来深入探讨该问题。"9S12"是具有代表性的现代微控制器，其输入、输出特性表现具有一定的普遍性。假设工作电源电压为 5 V，即可在 9S12 数据表的电气特性部分找到器件的使用方法说明。这个部分包含两张表格，其一为"执行条件"，其二为"5 V I/O 特性"，另有一张表格给出了"3.3 V I/O 特性"（如果选择 3.3 V 电源电压则参照此表）。

16.6.1 输入电压要求

有效的输入电压范围为$[V_{IL}, V_{IH}]$，其中V_{IH}为输入高电压，对应逻辑高电平，V_{IL}为输入低电压，对应逻辑低电平。图16.1所示为9S12数据表，表中分别给出了高电压(V_{DD5})和低电压(V_{SS5})的上、下限范围。通常情况下，数字器件数据表不会同时会给出指定范围的上限和下限，而只会给出单边界限，但同时会提供电源电压的上、下限值。另外，数据表会在标记为"C"的列中给出更加详细的信息，以说明该指标的获取方式，如该列中的值为"P"，则表示数据是通过测试所有器件获得的，"C"表示数据来自大量采样样本统计结果，"T"表示数据来自少量采样结果。不过数据表并不一定会给出这些信息，是否给出完全取决于制造商。

Table A-4 Operating Conditions

Rating	Symbol	Min	Typ	Max	Unit
I/O, Regulator and Analog Supply Voltage	V_{DD5}	2.97	5	5.5	V
Digital Logic Supply Voltage[1]	V_{DD}	2.25	2.5	2.75	V
PLL Supply Voltage [1]	V_{DDPLL}	2.25	2.5	2.75	V
Voltage Difference VDDX to VDDA	Δ_{VDDX}	-0.1	0	0.1	V
Voltage Difference VSSX to VSSR and VSSA	Δ_{VSSX}	-0.1	0	0.1	V
Oscillator	f_{osc}	0.5	-	16	MHz
Bus Frequency	f_{bus}	0.5	-	25	MHz
Operating Junction Temperature Range	T_J	-40	-	140	°C

NOTES:
1. The device contains an internal voltage regulator to generate the logic and PLL supply out of the I/O supply. .

Table A-6 5V I/O Characteristics

Conditions are 4.5< VDDX <5.5V Termperature from -40°C to +140°C, unless otherwise noted

Num	C	Rating	Symbol	Min	Typ	Max	Unit
1	P	Input High Voltage	V_{IH}	$0.65*V_{DD5}$	-	-	V
	T	Input High Voltage	V_{IH}	-	-	VDD5 + 0.3	V
2	P	Input Low Voltage	V_{IL}	-	-	$0.35*V_{DD5}$	V
	T	Input Low Voltage	V_{IL}	VSS5 - 0.3	-	-	V
3	C	Input Hysteresis	V_{HYS}		250		mV
4	P	Input Leakage Current (pins in high ohmic input mode)[1] $V_{in} = V_{DD5}$ or V_{SS5}	I_{in}	–2.5	-	2.5	µA
5	C	Output High Voltage (pins in output mode) Partial Drive $I_{OH} = -2mA$	V_{OH}	$V_{DD5} - 0.8$	-	-	V
6	P	Output High Voltage (pins in output mode) Full Drive IOH = −10mA	V_{OH}	$V_{DD5} - 0.8$	-	-	V
7	C	Output Low Voltage (pins in output mode) Partial Drive IOL = +2mA	V_{OL}	-	-	0.8	V
8	P	Output Low Voltage (pins in output mode) Full Drive $I_{OL} = +10mA$	V_{OL}	-	-	0.8	V

图16.1 9S12数据表的工作条件和5 V I/O特性部分（Copyright of Freescale Semiconductor, Inc. 2010. Used by permission.）

9S12的工作电源电压范围为[2.97 V, 5.5 V]，根据行业规范，电源符号用V_{CC}（双极性器件）和V_{DD}（CMOS器件）表示[1]，表示9S12逻辑电平的输入/输出电压值由电源电压决定。本书假定9S12

---

① 趣谈：V_{CC}中的CC得名于双极性晶体管的集电极——通常与正电源相连；而V_{DD}中的DD则得名于MOSFET的漏极。同样，V_{EE}（射极E）和V_{SS}（源极S）通常用于表示接地引脚。

供电电压 V_{DD5} = 5 V，逻辑 0 的有效电压范围为[−0.3 V, 1.75 V（即 0.35×5 V）]，逻辑 1 的有效电压范围为[3.25 V（即 0.65×5 V），5.3V]。V_{IL} 和 V_{IH} 之间的电压域为**未定义区域**，制造商并未对该范围的器件做特别的定义。具体的电压范围如图 16.2 所示。

图 16.1 给出的另一个参数是**输入迟滞**（V_{HYS}），该参数值与 9S12 的数字输入特性有关。迟滞区以转换电压为中心，典型值为 250 mV。第 11 章详细讨论了迟滞，并利用比较器设计了迟滞电路，有迟滞的数字器件输入被称为施密特触发器输入。迟滞功能提高了数字器件对输入信号缓慢变化的容忍度，但可能导致未定义区域停留时间增加，从而影响状态判断速度。迟滞及其优缺点详见 11.5.1 节。9S12 数据表没有给出严格的输入迟滞参数，仅给出了"典型值"，而未给出参数范围。

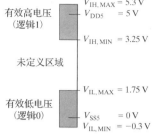

图 16.2　9S12 的数字输入电压范围，V_{DD5} = 5 V

对于许多器件而言，高于正电源电压和低于 0 电压的输入电压都是无效输入，但 9S12 数据表显示，该器件的输入电压范围要求相对宽松，即允许输入电压高于电源电压 0.3 V。当然，我们并不建议选择高于 V_{CC} 或低于 0 电压的输入电压，超出数据表推荐范围的输入电压可能导致器件的永久性损坏。

对于设计者而言，首先应该根据电源电压（3.3 V 或 5 V）确定 9S12 的 V_{IL} 和 V_{IH}，假设选择 5 V 电源电压，可得 V_{IL} 的范围为[0.3 V, 1.75 V]，V_{IH} 的范围为[3.25V, 5.3 V]。实际电源电压很难达到标准的 3.3 V 或 5 V，例如，一个典型的 5 V 电源的容差为 10%，其实际电压可能为 4.5 V 到 5.5 V 之间的任意值。另外，电路中其他器件的供电电压也可能不是 3.3 V 或 5 V，此时需从整体上考虑电路设计。因此，当设计者面临以上两种情况时，必须遵循"最差条件设计准则"（即设计的电路必须在所有可预估的情况下正常工作）来选择输入电压范围，即允许供电电压范围为[2.97 V, 5.5 V]，从而增加了数据表的解释难度。

假设电源电压为 (5 ± 0.5) V，即容差为 10%，由于 V_{IL} 和 V_{IH} 值都会随着电源电压 V_{DD5} 变化而变化，为了获得最保守的设计方案，需重新确定最差条件下输入电压范围，V_{IL} 则需根据最低电源电压 4.5 V 确定。在此需特别注意图 16.1 的 5 V 电源电压的 I/O 特性数据的有效条件是 4.5 V≤V_{DDX}≤5.5 V，即表示制造商希望该器件工作在电源电压的 10%容差条件下，其提供的数据表是在满足该条件的前提下获得的。遗憾的是，许多设计者对该说明基本视而不见，从而忽视了功能数据的测试条件。实际上器件的关键性指标都有特定的说明或附加测试条件，设计者在设计过程中必须特别注意这类信息。

根据 5 V I/O 特性规定，当输入电压为[−0.3 V, 0.35 V×V_{DD5}]时将被判为逻辑 0，据此可得最差条件下 V_{DD5} = 4.5 V 时 V_{IL} 的电压范围为[0.3 V, 1.575 V]，这是一个保守值，而当电源电压等于 5 V 时，V_{IL} 值等于 1.75 V。同理，逻辑 1 需根据电源电压上限值 5.5 V（即 5 V + 5 V×10%）确定，由此可得 V_{IH} 的下限值为 3.575 V（即 0.65 × 5.5 V）。而当电源电压等于 5 V 时，V_{IH} 正好等于 3.25 V。将最差条件，即 5.5 V 电源电压条件下的 V_{IH} 与 5 V 标准电源电压条件下的 V_{IH} 对比可知，最差条件下 V_{IH} 的取值范围更小，即对输入电压的精确度要求更高。考虑最差条件，图 16.1 给出的 V_{IH} 上限值为 V_{DD5} + 0.3 V，根据"最差条件设计准则"，假设电源电压可能为容差范围内的任意值，即可得输入电压范围为 5 V ± 5 V× 10%，如图 16.3 所示。

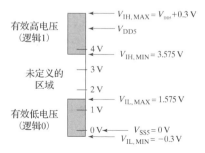

图 16.3　9S12 的数字输入电压范围，V_{DD5} = 5 V ± 5 V×10%

16.6.2 输入电流要求

前一节介绍了如何确定输入电压范围，本节将关注输入、输出引脚电流范围，包括**输入电流**、**输入漏电流**，即 9S12 数据表中的 I_{in}。一些器件的输入电流与逻辑输入有关，逻辑 0 用 I_{IL} 表示，逻辑 1 用 I_{IH} 表示。如图 16.1 所示，当 $4.5\text{ V} \le V_{DD5} \le 5.5\text{ V}$ 时，9S12 的最大输入电流为 $\pm 2.5\ \mu\text{A}$，这个指标给出了进、出引脚电流的最大值。此时可假设电流的最小值为零，虽然这样的假设在技术上不具备可实现性，但对器件电路设计并无大碍，因为设计需要重点关注的是最大输入电流，对其最小值并无特别要求。与 9S12 连接的器件必须满足 2.5 μA 的输出、输入电流条件。事实上，2.5 μA 的小电流不会增加设计难度，CMOS 器件的输入电流较小，如 9S12 的输入电流一般为微安级。CMOS 器件包括目前大多微控制器和"HC"系列数字器件；而双极结型晶体管器件，如"LS（低功耗肖特基）"系列数字器件，其最大输入电流可高达几百微安。

一般而言，输入电流用正电流值表示，输出电流则用负电流值表示，该表示方法适用于所有类型的引脚（单输入、单输出、输入/输出），且可通用于大多数工程控制领域。

16.6.3 上拉电阻和下拉电阻

对于无须其他器件输入驱动的器件（见 16.8 节），其设计电路依旧需要根据要求建立状态。众所周知，建立状态最简单的方式是有一个稳态输入（如逻辑 0 或逻辑 1），只需使电压、电流满足器件要求即可保证器件正常工作。此时需采用上拉电阻和下拉电阻：当器件的输入引脚与电源电压之间有电阻连接时，该输入被称为**上拉输入**，该电阻被称为**上拉电阻**；当输入引脚与地之间有电阻连接时，该输入被称为**下拉输入**，该电阻被称为**下拉电阻**。如果输入电平需要保持为低电平，则可将输入引脚直接与地相连，而无须再接电阻。

一般器件都需要输入上拉和输入下拉。例如，一个器件包括多个组件，如果存在未使用组件，则必须确定这些组件的输入引脚状态。如果引脚悬空，则其输入为**浮动输入**，这些浮动输入的状态随机，且可能频繁变化，导致额外的功耗并产生大量的热噪声。因此，必须确定电路中未使用的输入引脚状态，即将其稳定于高电平或低电平。对于工作在多模式状态的器件，其工作模式由一个或多个引脚（如输出使能端）状态决定，此时同样需要采用上拉电阻和下拉电阻来固定输入引脚状态，使器件保持在需要的工作模式。16.8.2 节还将介绍另一种上拉电阻和下拉电阻应用——器件输入与其他器件输出的连接时通时断。

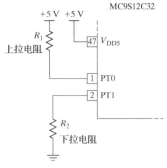

我们首先研究输入电平恒定时上拉电阻（对应逻辑 1）与下拉电阻（对应逻辑 0）的工作特性。图 16.4 给出了 9S12 的两个输入引脚，即端口 T 的引脚 0（"PT0"，连接上拉电阻，对应高电平）和端口 T 的引脚 1（"PT1"，连接下拉电阻，对应低电平）。此时需要确定上拉电阻和下拉电阻的电阻值范围。

由于 PT0 的输入电平应被判为逻辑 1，因此选择的上拉电阻 R_1 必须满足最大输入电流条件，且能保证输入电压（V_{PT0}）在 9S12 的高输入电压范围内。由图 16.1 和 16.6.1 节可知，V_{PT0} 的取值范围为 $[0.65 \times V_{DD5},\ V_{DD5} + 0.3\text{ V}]$，考虑 5 V 电源的 10% 容差范围，此

图 16.4 上拉和下拉输入

处选择的上拉电阻值需满足极端条件（电源电压为高值，并且产生的电流值最大）要求。如图 16.1 所示，输入漏电流（I_{in}）的最大值为 $\pm 2.5\ \mu\text{A}$，当电压大于 $0.65 \times V_{DD5}$（V_{IH} 的最小值）时将判为有效逻辑 1。因此，只要保证上拉电阻带来的电压降小于 V_{DD5} 和 V_{IH} 之差即可。根据欧姆定律，可得到 R_1 的最大值为

$$R_1 \leqslant \frac{\Delta V}{I} \tag{16.1}$$

对于最低电源电压值(5 V − 5 V×10% = 4.5 V)，有

$$\Delta V = 4.5 \ V - (0.65 \times 4.5 \ V) = 1.575 \ V \tag{16.2}$$

假设最大漏电流为 2.5 μA，则 R_1 的最大值为

$$R_1 \leqslant \frac{1.575 \ V}{2.5 \ \mu A} = 630 \ 000 \ \Omega = 630 \ k\Omega \tag{16.3}$$

对于最高电源电压值(5 V + 5 V×10% = 5.5 V)，则有

$$R_1 \leqslant \frac{5.5 \ V - (0.65 \times 5.5 \ V)}{2.5 \ \mu A} = 770 \ 000 \ \Omega = 770 \ k\Omega \tag{16.4}$$

由式(16.3)、式(16.4)可知，当电源电压小于 5.5 V 时，770 kΩ 的 R_1 难以满足输入电压要求，因此 R_1 的电阻值可选为 630 kΩ。

接下来研究给定电源电压条件下的输入漏电流问题。由数据表定义可知，9S12 的最大漏电流(I_{in})为 2.5 μA。由欧姆定律($V = IR$)可知，当电阻值确定时，电流越小，电阻上的电压降越小。对于上拉电阻电路，输入漏电流越低，电阻上的电压降越小，输入电压越高。由此可知，使漏电流小于最大允许值是保证输入电压高于最小输入电压值的关键，也就是保证器件在任何允许条件范围内正常工作的关键。

另外需要说明的是，实际应用中能提供的电阻值是有限的，且每种电阻都允许一定的电阻容差范围。所幸微控制器对电阻值的要求并不苛刻，只要保证小于 630 kΩ 即可。通常情况下，可选用价格低廉的 5%容差的碳膜电阻，详细电阻值见附录 A。此时应选择最接近标准电阻值的电阻，并综合考虑电阻值与容差，确保其电阻值低于最大标准值。根据附录 A 选取电阻，很显然最接近 630 kΩ 的是 620 kΩ，但考虑 5%容差范围后发现，其阻值可能高达 661.5 kΩ，远远超过了 630 kΩ 的最大标准值。因此只能选择阻值更小一级的电阻，由表可知为 560 kΩ，考虑 5%容差范围后的最大值为 588 kΩ，满足低于最大标准值要求，即为最佳选择。

确定最大上拉电阻后，下一步是确定最小允许值。如前所述，低输入漏电流通过上拉电阻影响输入电压。根据欧姆定律同样可知，当漏电流确定时，上拉电阻值越小，在其上产生的电压降也越小，即上拉电阻小于最大标准值则可确保输入电压高于 V_{IH} 的最小值。由此推理，电阻值为零(没有上拉电阻)即能获得最高输入电压(等于电源电压)。读者可能会疑惑，既然如此，为什么还要画蛇添足地加上拉电阻呢？实际上这种极端条件并无实用价值，由于电流随着输出状态变化而变化，当阻抗一定时，不同测试点存在瞬时电压差异，可能导致输入上拉端瞬时电压超过器件供电电压上限。如果电源引脚与输入引脚连接方式不当，将引起器件损毁。供电电压上限因器件而异，9S12 的电压上限是 0.3 V(大多数器件的常用值)，在输入端与电源之间加入上拉电阻是为了保护器件。一般而言，设计者需要计算最小上拉电阻，其典型值为 5 ~ 10 kΩ。

由此可知，图 16.4 中 9S12 的 PT0 上拉电阻 R_1 的取值范围为[5 kΩ，630 kΩ](见附录 A)。

下面介绍图 16.4 中 PT1 的下拉电阻。PT1 输入需被判为逻辑 0，在此需要研究下拉电阻 R_2 的取值，使其满足 9S12 的输入低电平(V_{IL})和输入电流(I_{in})要求，具体方法与上拉电阻的类似。

由图 16.1 可知，逻辑 0 的输入电压 V_{PT0} 的有效范围是[V_{DDS}−0.3V, 0.35×V_{DD5}]，最大输入漏电流为−2.5 μA(此处电流为负，因为该电流的流向是从输入端到地)；在此同样可以使用上拉电阻的确定方法来确定最大允许下拉电阻 R_2 的值，假设下拉电阻上的电压降为允许的最大 V_{IL} 与 0 电平之差，根据 9S12 输入电流标准可知，此时的电流是从引脚流向地的，根据欧姆定律可得 R_2 的最大值为

$$R_2 \leqslant \frac{\Delta V}{I} \tag{16.5}$$

对于最低电源电压值（5 V − 5 V × 10% = 4.5 V），有

$$\Delta V = 0.35 \times 4.5\ \text{V} = 1.575\ \text{V} \tag{16.6}$$

假设最大漏电流为−2.5 μA，则 R_2 的最大值为

$$R_2 \leqslant \frac{1.575\ \text{V}}{2.5\ \mu\text{A}} = 630\,000\ \Omega = 630\ \text{k}\Omega \tag{16.7}$$

对于最高电源电压值（5 V + 5 V × 10% = 5.5 V），则有

$$R_2 \leqslant \frac{0.35 \times 5.5\ \text{V}}{2.5\ \mu\text{A}} = 770\,000\ \Omega = 770\ \text{k}\Omega \tag{16.8}$$

不出所料，以上结果与上拉电阻完全相同，V_{IH} 与 V_{IL} 值以电源电压（V_{DD5}）为中心对称分布。由此可推断，最大允许下拉电阻的取值为 630 kΩ（与上拉电阻相同）。

同样，下拉电阻的最小允许值为 0 Ω。根据欧姆定律可知，如果下拉电阻很小，则输入电压 V_{IN} 将接近 0 电压（V_{SS5}），与上拉电阻类似，我们同样需要下拉电阻，因为如果器件的逻辑地电压高于输入引脚电压，必会产生电流倒灌，下拉电阻能抑制这种电流倒灌以保证器件的正常工作。有一些逻辑输入，如双极性晶体管，其低电平电流高于高电平电流，甚至接近毫安级。此时，采用最大下拉电阻值，依旧不能对器件提供足够的保护。在这种情况下，可省去下拉电阻，将输入引脚直接接地，以尽量降低输入引脚电压。

由此可对固定逻辑状态数字输入的上拉电阻和下拉电阻总结如下：

1. 在规定的电源电压范围内，最大允许上拉电阻值由输入高电压（V_{IH}）和输入电流（I_{in}）决定。
2. 在规定的电源电压范围内，最大允许下拉电阻值由输入低电压（V_{IL}）和输入电流（I_{in}）决定。
3. 推荐的上拉电阻最小值可接近零，但不等于零。这是因为器件有输入引脚电压限制——不能超过电源电压值 0.3 V，一般上拉电阻取值范围为[10 Ω, 100 kΩ]。
4. 最小下拉电阻的推荐值为零。要求器件输入引脚电压与 0 电压之差不小于某个给定值（通常为−0.3 V），必须采取必要措施，保证输入引脚和接地引脚之间的电压差最小。
5. 确定上拉电阻和下拉电阻取值后，可根据附录 A 选择电阻，此时需综合考虑电阻容差范围，确保其在最大容差范围内满足设计性能要求。

16.6.4 数字输入时序

除电压、电流外，输入信号还必须符合时序规范。9S12 数据表只给出了针对某些特定系统的输入时序规范。为了说明时序问题，本节引入另一种常见器件，即 ON Semiconductor 出品的双极步进电机驱动器件 MC3479，其引脚特性如图 16.5 所示。由图可知，MC3479 有多个用于控制步进电机运行模式（调整时间、步进方向、步长等）的数字输入引脚，用于驱动双极步进电机的输出控制电流高达 350 mA。步进电机的设计关键是步长控制，一般而言约为每步几度。要达到这样的步长精度，需要采用独立电机线圈顺序控制电流。MC3479 可以很容易地获得顺序控制电流，并以此控制电机轴步进旋转。通过时钟引脚（Clk）控制步进频率，通过方向引脚（$\overline{\text{CW}}$ /CCW）控制步进方向。步进电机的详细介绍参见第 26 章。

许多数字器件逻辑状态转换频繁，这就要求电压切换过渡时间不能太长。定义从逻辑低到逻辑高（上升沿）的转换时间为**输入上升时间**（t_r），定义从逻辑高到逻辑低（下降沿）的转换时间为**输入下降时间**（t_f），最大输入上升时间定义为输入电压从目标电压 10%到 90%之间的转换时间，称之为 10%～90%上升时间（下降时间也同理定义）。

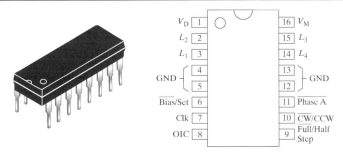

图 16.5　MC3479 双极步进电机驱动器件(Use with permission from SCI LLC, DBA ON Semiconductor.)

如图 16.6(a)所示为理想状态转换；理想情况下，输入从逻辑 0 状态(电压 0 V)阶跃为逻辑 1 状态(电压 V_{CC})。每个设计者都很清楚，这种理想情况是不可实现的。实际应用中，所有信号都需要经过一段时间(过渡时间)才能完成状态的转换。不可否认，某些情况下过渡时间可能很短，但阶跃是完全不可能实现的。图 16.6(b)给出了实际转换状态，即需要经过过渡时间 t_r 方能完成从低电平向高电平的转换。图 16.6(c)给出了由高到低的理想转换过程，图 16.6(d)则表现了真实的转换过程，即需要经过过渡时间 t_f 方能完成状态转换。与 9S12 类似，MC3479 采用施密特触发器输入，即允许至少 0.4 V 的迟滞，因此该器件对缓慢变化的输入电压具有较好的容忍度(如较长的上升时间和下降时间)，对未定义区域电压也能进行合理预测(见 11.5.1 节)。由于采用施密特触发器输入，MC3479 并未规定最大 t_r 或 t_f，但给出了其他参数测试时的 t_r 和 t_f 设置条件，分别为 10 ns 和 25 ns。

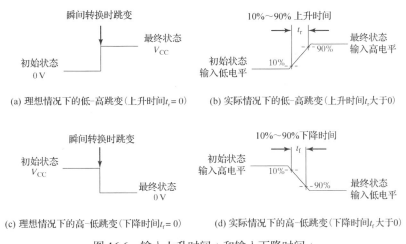

图 16.6　输入上升时间 t_r 和输入下降时间 t_f

MC3479 在数据表中的交流开关特性部分列出了时序要求，如图 16.7 所示。图中定义与数字输入相关，包括最大时钟频率、最小脉冲宽度(高/低时钟脉冲宽度和 $\overline{\text{Bias}}$/Set 脉冲宽度)、初始化时间、$\overline{\text{CW}}$/CCW 及 F/HS 输入的保持时间等。下面将分别进行讨论。

最大时钟频率(f_{CK})定义了输入的最高转换速率，进而决定了步进电机的步进步长。在 MC3479 数据表中，最大时钟频率用"Clk"表示(见图 16.5)，MC3479 的最大时钟频率为 50 kHz，最小步进速率为 0 Hz，即保持电机的转子不动，设计允许的时钟频率为[0 Hz, 50 kHz]。

在此还需进一步确定时钟输入波形，如分别对应逻辑高和逻辑低的时钟脉冲宽度为 PW_{CKH}、PW_{CKL}，即使输入时钟不是标准方波，也需保证 PW_{CKH} 和 PW_{CKL} 大于等于 10 μs，如图 16.8 所示。特别需要注意，此处 $\overline{\text{Bias}}$/Set 输入信号的脉冲宽度的最小值也为 10 μs。

AC SWITCHING CHARACTERISTICS ($T_A = +25°C$, $V_M = 12$ V) (See Figures 2, 3, 4) (Notes 5, 6)

Characteristic	Pins	Symbol	Min	Typ	Max	Unit
Clock Frequency	7	f_{CK}	0	–	50	kHz
Clock Pulse Width (High)	7	PW_{CKH}	10	–	–	μs
Clock Pulse Width (Low)	7	PW_{CKL}	10	–	–	μs
$\overline{Bias}$/Set Pulse Width	6	PW_{BS}	10	–	–	μs
Setup Time ($\overline{CW}$/CCW and $\overline{F}$/HS)	10–7 9–7	t_{su}	5.0	–	–	μs
Hold Time ($\overline{CW}$/CCW and $\overline{F}$/HS)	10–7 9–7	t_h	10	–	–	μs
Propagation Delay (Clk–to–Driver Output)		t_{PCD}	–	8.0	–	μs
Propagation Delay ($\overline{Bias}$/Set–to–Driver Output)		t_{PBSD}	–	1.0	–	μs
Propagation Delay (Clk–to–$\overline{Phase\ A}$ Low)	7–11	t_{PHLA}	–	12	–	μs
Propagation Delay (Clk–to–$\overline{Phase\ A}$ High)	7–11	t_{PLHA}	–	5.0	–	μs

5. Algebraic convention rather than absolute values is used to designate limit values.
6. Current into a pin is designated as positive. Current out of a pin is designated as negative.

图 16.7　MC3479 数据表的交流开关特性（Used with permission from SCI LLC, DBA ON Semiconductor.）

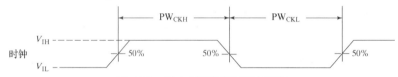

图 16.8　最小高/低时钟脉冲宽度

最后来看 MC3479 的**初始化时间**（t_{SU}）和**保持时间**（t_H）。初始化时间是指器件加电后到能稳定读取数据经历的时间，保持时间则指保证读取数据正确所需要的输入状态稳定时间，如图 16.9 所示。

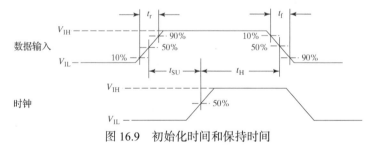

图 16.9　初始化时间和保持时间

当 MC3479 接收到前进一步的步进指令（一个上升沿）时，首先需要读取其他输入端的信息以确定步进方式，包括步进方向（从 $\overline{CW}$/CCW 获得）、最小步长（由 $\overline{F}$/HS 输入状态决定）、初始化时间 t_{SU}（5 μs）和保持时间 t_H（10 μs）。

16.7　数字输出

器件的数字输出规范定义了逻辑状态对应的输出电压范围、器件的电流驱动能力及定时特性，其数据表与输入规范类似，即不可能包罗万象，设计者需要仔细阅读注释并充分了解测试条件。当面临选择困难时，根据"最差条件设计准则"进行决策。

16.7.1　数字输出电压和电流

数字器件的数据表中定义了逻辑低电平的最高电压（V_{OL}）和逻辑高电平的最低电压（V_{OH}），输入数据表中对应的指标表示逻辑状态的电压范围，逻辑 0 的输出电压介于 0 V 和 V_{OL} 之间，逻辑 1

的输出电压则介于 V_{OH} 和电源电压(MC9S12C32 中的 V_{DD5}，其他器件中可能是 V_{DD} 或 V_{CC})之间。与输入规范相类，输出电压依旧与电源电压相关。当然，对于输出端而言，端口的流入/流出电流值和环境温度也会影响输出电压范围。一般来说，电流越大，温差越大，性能越差，下面以 9S12 微控制器为例进行说明。查阅图 16.1 可知，数据表给出了两个不同电平等级的 V_{OL} 和 V_{OH} 值，分别对应不同的引脚电流。输出电流与输出的逻辑状态相关，当逻辑状态为低电平时，输出电流为 I_{OL}；当逻辑状态为高电平时，输出电流为 I_{OH}。数据表分别给出了输出电流等于 2 mA 和 10 mA 时的 V_{OL} 和 V_{OH} 值。输出电流为 2 mA 对应数据表中的部分驱动状态，输出电流为 10 mA 对应数据表中的完全驱动状态，此时温度 T_A 的范围为–40℃ ~ +140℃，如图 16.10 所示。不同器件的数据表大同小异，呈现方式可能略有不同。例如，输出电流参数可能以单一参数的形式呈现，即此时无论逻辑状态如何，输出电流 I_{out} 并无差异。通常，输出电流会被列入输出电压参数的测试条件。

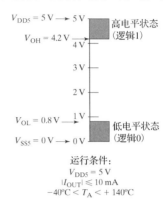

图16.10　MC9S12C32 输出电压范围，当 V_{DD5} = 5 V 时，I_{out} 的最大值等于 10 mA，环境温度范围为–40℃ ~ +140℃

设计者面临的最大挑战是，需要在一系列限制条件下保证器件输出电压处于正常范围。例如，假设电源电压为 5 V，考虑 10%的容差，则输出的电源电压下限为 V_{DD5} = 4.5 V(即 5 V – 5 V×10%)，对应 V_{OL} 和 V_{OH} 的最差条件，即 0 V ≤ V_{OL} ≤ 0.8 V 和 3.7 V ≤ V_{OH} ≤ 4.5 V，然后需要确定能够满足应用需求的输出电流值。对于 9S12 而言，这步操作相对简单，可直接根据数据表确定输出电流值，即为±2 mA 和±10 mA。有些器件的输出电流一般较小，如仅为几微安，对应小负载条件。也有一些器件(如 9S12)输出电流较大，则对应大负载条件。最后还需确定环境温度范围，大多数设备工作在室温条件(T_A = 25℃)，工业级应用的温度范围一般为–40℃ ~ 85℃，军用级应用则为–55℃ ~ 125℃，9S12 数据表推荐的工作温度范围为–40℃ ~ 140℃。

仔细查阅图 16.1 的数据表可知，数据表中并未明确给出最大输出电流的推荐值。事实上输出电流推荐值仅在 5 V I/O 特性部分稍有提及，即输出电压有效条件，据此可推断出最大输出电流的推荐值。此例再次说明了阅读数据表的重要性，充分理解注释和测试条件能帮助设计者获得隐含信息。

16.7.2　数字输出的时序特性

数据表给出的最后一组数据是数字输出的时序特性。由 16.6 节可知，为了避免输入电压落入无效区域(未定义的器件参数区域)，需尽量缩短输入信号的上升时间和下降时间。例如将其控制在 1 μs 以内。由于所有的真实信号需要一定的时间实现高-低、低-高转换，输出信号也因此需要定义上升时间和下降时间。大多数数字器件的**输出上升时间**(t_{TLH})和**输出下降时间**(t_{THL})参数在数据表中的交流特性部分给出，设计者可根据这些参数进行输入、输出匹配。以输入端为例，依旧以 "10% ~ 90%" 定义上升时间和下降时间，详见图 16.11。

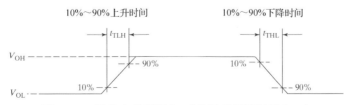

图 16.11　输出上升时间(t_{TLH})和输出下降时间(t_{THL})

对于大多数现代数字器件而言，输出上升/下降时间远小于输入上升/下降时间，一般差一个量级，即如果某个器件输出连接到相同器件的输入，则肯定能满足输入上升/下降时间需求。

数据表的交流开关特性部分描述了另一个时序参数——传输时延，如图 16.12 所示，MC3479 数据表在交流开关特性部分给出了传输时延参数。之前我们讨论过器件的实际特性与理想特性的差异，输入信息需要经过器件电路才能从输出端输出，整个过程需要经过一定时间方能完成，因此产生了**传输时延**，详见图 16.13。对于 MC3479 来说，输入时钟上升沿到来时刻和发生输出响应时刻之间的时延 t_{PCD} 通常等于 8 μs，输入变化时刻与输出响应时刻之间的典型时延则为 1 μs，输入时钟上升沿到来时刻与 $\overline{\text{Phase A}}$ 由高到低时刻之间的时延为 12 μs，如 $\overline{\text{Phase A}}$ 由低到高，则该时延为 5 μs。

AC SWITCHING CHARACTERISTICS (T_A = + 25℃, V_M = 12 V) (See Figures 2, 3, 4) (Notes 5, 6)							
Characteristic	Pins	Symbol	Min	Typ	Max	Unit
Propagation Delay (Clk-to-Driver Output)		t_{PCD}	–	8.0	–	μs
Propagation Delay ($\overline{\text{Bias}}$/Set-to-Driver Output)		t_{PBSD}	–	1.0	–	μs
Propagation Delay (Clk-to-$\overline{\text{Phase A}}$ Low)	7–11	t_{PHLA}	–	12	–	μs
Propagation Delay (Clk-to-$\overline{\text{Phase A}}$ High)	7–11	t_{PLHA}	–	5.0	–	μs

图 16.12　MC3479 数据表的交流特性的传输时延部分（Used with permission from SCI LLC, DBA ON Semiconductor.）

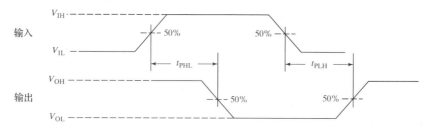

图 16.13　传输时延：输出随输入变化而产生响应的时间，此处 t_{PHL} 为输出从高电平转化为低电平的传输时延，t_{PLH} 为输出从低电平转化为高电平的传输时延

16.8　输入、输出匹配

数字器件之间必然存在连接，即一个器件的输出需要连接到另一个器件的输入。这种连接看似简单，但却必然面临匹配问题，即某个器件的输出不满足另一个器件的输入要求。此时需要引入接口电路，本节将重点介绍当输入、输出不匹配时的电路解决方案。

16.8.1　匹配特性评价

我们可以通过比较电压、电流及时序参数来确定输出、输入之间是否匹配。如果输出完全能够满足输入需求，则二者匹配；如不能，则需设计方案使之匹配。实际电路中，往往涉及多个（大于等于 2 个）器件之间的互连，因此必须首先确定输出是否能完全满足输入需求。可以想象，单凭使某个器件的输出同时满足多个器件的输入需求这一目的便足以令设计者抓狂，原因很简单，每种器件都有自己的需求，且不同器件的需求还可能互相矛盾，要想同时满足谈何容易。尽管器件制造商努力提供需求较为灵活的器件，但距离问题的解决还是长路漫漫。引入接口电路正是为了解决匹配问题，下面我们将用几个例子来说明这个问题。对于两个器件而言，最简单的连接方式莫过于将二者直接连接。下面以本章之前介绍的两种器件为例来详细讲解直接连接，将 9S12（电源

电压 V_{DD5} 为 5 V，±10%变化)的输出直接连接到 MC3479 的输入，MC3479 的电源电压范围为[7.2 V，16.5 V]，此处同样遵循"最差条件设计准则"。

前面虽然已经讨论了 MC3479 的时序规范，但并未详细介绍其电压、电流特性，图 16.14 给出了 MC3479 数据表中的部分直流电气特性参数。

DC ELECTRICAL CHARACTERISTICS (Specifications apply over the recommended supply voltage and temperature range (Notes 2, 3) unless otherwise noted.)

Characteristic	Pins	Symbol	Min	Typ	Max	Unit
INPUT LOGIC LEVELS						
Threshold Voltage (Low-to-High)	7, 8, 9, 10	V_{TLH}	–	–	2.0	Vdc
Threshold Voltage (High-to-Low)		V_{THL}	0.8	–	–	Vdc
Hysteresis		V_{HYS}	0.4	–	–	Vdc
Current: (V_I = 0.4 V) (V_I = 5.5 V) (V_I = 2.7 V)		I_{IL}	–100 – –	– – –	– +100 +20	μA

图 16.14　MC3479 数据表的直流电气特性(Used with permission from SCI LLC, DBA ON Semiconductor.)

为比较输出特性和输入需求，我们可以首先创建一张表格，在表格中对照填写相关指标要求。本例依旧遵照"最差条件设计准则"，选择最差条件指标(包括温度范围)制作表格，如下表所示。

9S12 的输出		MC3479 的输入		是否合适?
V_{OL} V_{DD} = 4.5 V 0 mA $\leq I_{OL} \leq$ 10 mA	0.8 V	V_{THL}	0.8 V	YES $(V_{OL} = 0.8 \text{ V}) \leq (V_{THL} = 0.8 \text{ V})$
V_{OH} V_{DD5} = 4.5 V –10 mA $\leq I_{OL} \leq$ 0 mA	3.7 V	V_{TLH}	2 V	YES $(V_{TLH} = 2 \text{ V}) \leq (V_{OH} = 3.7 \text{ V})$
I_{OL}	0 mA $\leq I_{OL} \leq$ 10 mA	I_{IL}	–100 μA	YES $(I_{OL} = 10 \text{ mA}) > (I_{IL} = 100 \text{ μA})$
I_{OH}	–10 mA $\leq I_{OL} \leq$ 0 mA	I_{IH}	+100 μA	YES $(I_{OH} = 10 \text{ mA}) > (I_{IH} = 100 \text{ μA})$

如上表所示，尽管逻辑低状态电压非常接近临界电压，但 9S12 的输出显然能够满足 MC3479 的输入要求。9S12 输出的低电压上限值与 MC3479 的最大输入低电压阈值(MC3479 数据表中由高到低的阈值电压，用符号 V_{THL} 表示)相同。总而言之，所有的需求都能得到满足，即两种器件可直接连接。需要特别注意的是，设计师必须确保所有的时序特性都能得到满足，包括时延、上升时间、下降时间、初始化时间和保持时间。

16.8.2　悬空和不确定输入端的上拉和下拉

16.6.3 节介绍了输入端的上拉、下拉电阻电路，这些电路设计均基于一个假设条件，即假设输入状态固定不变。本节将进一步讨论更为复杂的上拉和下拉电阻电路，假设器件的输入端连接到其他器件的输出端，但该输出端处于无输出驱动状态，即输出状态不确定。这种假设条件在应用中非常常见，例如，数字器件与可插拔外设(如键盘)相连，由于器件无法控制外设的插拔，因此必须在输入端设置一个固定的默认状态(如键盘错误)，以避免外设拔出时输入端处于不确定状态。当然，与此同时还需保证键盘插入时器件输入端能正确识别输入状态。为了实现上述功能，必须慎重选择上拉电阻和下拉电阻的取值。另一个常见案例是微控制器电路；大多数微控制器的数字 I/O 引脚可以通过软件设置为输入端或输出端。一般而言，当微控制器开机时，都会默认 I/O 引脚为输入端，初始化完成后才会根据程序要求设置 I/O 引脚属性，即如果根据程序将 I/O 引脚设置为输出端，则在开机到程序开始运行之间的时间段内 I/O 状态是不确定的，这个时间段可短可长，其具体值取决于控制软件。因此必须将这些引脚上拉至默认状态以避免因输入不确定性带来的误操作。

本节是 16.6.3 节的延续，将重点关注输入引脚悬空条件下上拉电阻与下拉电阻的设计。本例中的数字输入并未与任何其他器件相连（见 16.6.3 节的讨论），但有数字输出，此时需要分别考虑无输入连接和有输出连接条件下的指标要求，并以之为依据确定电阻值。如图 16.15 所示，9S12 的输出（端口 T 引脚 0，"PT0"）通过连接器连接到 MC3479 的 Clk 输入端，当 9S12 无输入时，MC3479 的输入通过 R_1 置高，当 9S12 有输入时，PT0 的状态由节点 A 的状态决定。

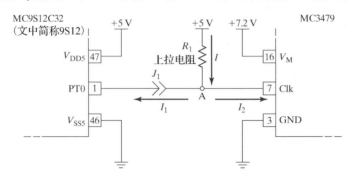

图 16.15 9S12 断开时，Clk 输入端的默认值由上拉电阻决定，连接 9S12 时，MC3479 的状态由 PT0 控制

为了保证电路正常工作，我们需要确定上拉电阻 R_1 的取值范围以满足 MC3479 输入的需求：

1. 当 9S12 断开时，MC3479 的输入被拉高。
2. 当 9S12 与 J_1 相连时，9S12 的输出将决定 MC3479 的输入。

第一种情况很简单，与 16.6.3 节中讨论的 9S12 类似。尽管 MC3479 所需的输入高电压和电流需求与前例有所不同，但分析方法一致。如图 16.14 所示，MC3479 的输入高电压阈值表示为 V_{TLH}，Clk 引脚的电压允许范围为 2 V $\leq V_{\mathrm{CLK}} \leq$ 5.5 V，$V_{\mathrm{I}} =$ 5.5 V 时的最大输入电流为 100 μA。将以上参数代入式（16.1）~式（16.3）即可发现，当 MC3479 的时钟输入（引脚 7）电平为 4.5 V（5 V ± 0.5 V 电源的最低电源电压值）时，最大上拉电阻 $R_{1(\max)}$ 等于 25 kΩ。

第二种情况相对复杂，此时需要 9S12 的输出 PT0 能确保节点 A 满足 MC3479 的高/低逻辑电平输入电压/电流条件。逻辑高状态时可假设 MC3479 的 Clk 输入端的输入电流（100 μA）均通过 R_1 获得，即有 $I = I_2$，从节点 A 到 PT0 的电流为 0，即 $I_1 = 0$。此时 PT0 将竭尽所能输出一个接近于 V_{DD5} 的电压，V_{DD5} 的上拉电阻能降低流向 PT0 的电流，使其能保持足够的电压。同样，当开关断开时，$R_{1(\max)} =$ 25 kΩ，$I_1 = 0$。

相比于逻辑高状态，逻辑低状态需要考虑的问题更多一些，因为此时有两个电流流入 PT0，其一源于上拉电阻电流 I，其二源于 MC3479 的 Clk 输入端电流（I_2，约为 −100 μA），我们希望节点 A 的电压需尽量接近 $V_{\mathrm{THL}} =$ 0.8 V（见图 16.14）。根据基尔霍夫电流定律、PT0 最大输出电流参数和 Clk 最大输入电流参数，可得

$$I = I_{1(\max)} + I_2 = 10\ \mathrm{mA} + (-100\ \mu\mathrm{A}) = 9.9\ \mathrm{mA} \tag{16.9}$$

最糟糕的情况是，电源电压达到上限值（5 V + 5 V×10% = 5.5 V），且上拉电阻 R_1 上的电压降等于最大可能值。此时尽管 PT0 的电压维持在 0.8 V，但没有最小输出电压参数，即逻辑低状态时的最小输出电压可能为 0 V，进而导致 R_1 上的电压降增大，此时上拉电阻的最小值为

$$R_{1(\min)} \geq \frac{V}{I} = \frac{5.5\ \mathrm{V}}{9.9\ \mathrm{mA}} = 556\ \Omega \tag{16.10}$$

由此可知 R_1 的有效值范围为：556 Ω $\leq R_1 \leq$ 25 kΩ。

　　实际电路设计的最后一步是选择电阻,即从现有的 5%容差电阻列表中选择电阻。由标准电阻列表可知,最接近 R_1 下限值($R_{1(\min)}$)的标准电阻值为 620 Ω(可低至 589 Ω),最接近 R_1 上限值($R_{1(\max)}$)的标准电阻值为 22 kΩ(最高可为 23.1 kΩ),在此范围内的任何标准电阻均在可选之列。一般而言,设计者们常常选择 10 kΩ 的上拉电阻。

　　同理,可采用下拉电阻(R_2)设计一个默认状态为逻辑低的电路,具体电路如图 16.16 所示。虽然该电路与逻辑高电路的分析方法相同,但为了保证方法解释的完整性,在此用另一个例子进行分析说明,我们将讨论如何确定下拉电阻 R_2 的允许值范围。对比图 16.15,图 16.16 用下拉电阻 R_2 替换了上拉电阻 R_1,从而将 MC3479 的 Clk 输入端拉到低电平。需要说明的是,此时必须加入电阻,如果 Clk 输入端直接接地,则 9S12 的 PT0 输出将无法驱动 MC3479。

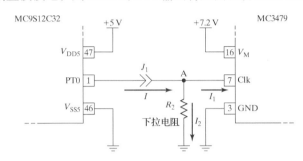

图 16.16　9S12 的 PT0 断开时,Clk 输入端的默认值由下拉电阻
决定,当连接 9S12 时,MC3479 的状态由 PT0 控制

　　首先,需要确定 R_2 的最大值。假设 9S12 断开,下拉电阻将 Clk 输入端置为逻辑低电平。由图 16.14 可知,MC3479 的低电压阈值 V_{THL}(阈值电压,高到低)等于 0.8 V,最大电流(I_{IL})等于−100 μA。基于以上参数,计算可得 $R_{2(\max)}$:

$$R_{2(\max)} \leqslant \frac{V}{I} = \frac{0.8\ \text{V}}{100\ \mu\text{A}} = 8\,000\ \Omega = 8\ \text{k}\Omega \tag{16.11}$$

　　若在 J_1 点将 Clk 输入端与 9S12 的 PT0 相连,则需确定能保证 PT0 电压的 R_2 值,使输入/输出电流能确保 MC3479 获得有效的逻辑状态。由上拉电阻电路分析可知,当 9S12 输出逻辑低电平时,可认为 PT0 无电流,即 $I = 0$。基于该假设可知,PT0 断开时的 $R_{2(\max)}$ 与 PT0 连接时的相同,且同样输出逻辑低电平。最后再来看看 $R_{2(\min)}$,此时 Clk 引脚状态为逻辑高,PT0 与 Clk 输入端在节点 A 相连。由图 16.1 可知,9S12 的 V_{OH} 的最小值等于 $V_{\text{DD5}} - 0.8$ V,最大输出电流 I_{OH} 则等于−10 mA。采用基尔霍夫电流定律,可得下拉电阻 R_2 的表达式,该表达式可用于确定最小允许电阻(见图 16.16)。

$$I_2 = I - I_1 = 10\ \text{mA} - 100\ \mu\text{A} = 9.9\ \text{mA} \tag{16.12}$$

　　与上拉电阻电路相同,当电源电压达到容许范围高值(5 V + 5 V×10% = 5.5 V)时,下拉电阻电路的性能最差,此时下拉电阻 R_2 上的电压降最大,由图 16.14 的 MC3479 数据表可获得各种相关参数。由数据表可知,输入电压阈值 V_{TLH}(低到高)等于 2 V,最大输入电流为 100 μA。在逻辑高状态,PT0 电压下限低于电源电压 0.8 V,但数据表并未给出最大输出电压参数。一般而言,最高电压可能等于电源电压高值,即 5.5 V,此时 R_2 上的电压降最大。考虑最大输入电流 100 μA(见图 16.14),即可根据欧姆定律得到 R_2 的最小值:

$$R_{2(\min)} \geqslant \frac{V}{I} = \frac{5.5\ \text{V}}{9.9\ \text{mA}} = 556\ \Omega \tag{16.13}$$

　　该结果与式(16.10)相同。简而言之,上拉、下拉电阻的选择方式都一样,只是拉的方向不同

而已。最后一个问题是电阻选择，根据附录 A 选择 5%容差的碳膜电阻，可得下拉电阻标准值范围为 620 Ω ~ 7.5 kΩ。

16.8.3　不兼容器件

通常情况下，如果两种数字器件的电源电压不同，则无法直接连接。随着低功耗器件的普及，低电压器件的兼容问题越来越严重。由公式 $P = VI$ 可知，降低器件功耗最直接的方法是降低电源电压，因此那些有低能耗需求的应用，如移动电话和多媒体播放器等电池供电器件，均会采用低电压供电方式。但问题在于，这些器件可能需要与高电压器件连接并进行信息交互。这就意味着电路设计需要兼容不同电压的电源，此时将采用接口电路。

如 16.8.1 节所述，电源电压 $V_{DD5} = 5$ V 的 9S12 输出能够直接驱动 MC3479 的输入。但通常情况下，这种驱动并不那么简单，需要输入与输出匹配，下面举例说明该问题。如图 16.17 所示，$V_{DD5} = 5$ V（±10%变化）的 9S12 与 XBee OEM RF 模块（Digi International Inc.）相连。XBee 模块是一种廉价、低功耗的小型无线电发射器/接收器，采用 ZigBee 无线通信标准（IEEE 802.15.4），将 9S12 与 XBee 相连，可实现局部范围通信，并产生多种应用亮点。

问题在于，XBee 的电源电压为 2.8 ~ 3.4 V，与 9S12 的 5 V 电源电压不同，本例采用 3.3 V 标准电源电压为 XBee 供电。在此需要注意，如果选择±10%容差的标准电源，则 3.3 V 标准电源的供电电压可能超过 XBee 的上限电源电压，因此需要选择具有更为苛刻容差指标的电源，本例选择±2.4%容差的电源。对于 3.3 V 标准电压，其电压变化范围为 3.22 ~ 3.38 V，能够满足 XBee 电源电压的要求。

图 16.17　XBee OEM RF 模块

若要将 XBee 与 9S12 直连，则需重新设计 9S12 电路，以使微控制器与 XBee 采用相同的电源电压。9S12 可接受的最低电源电压为 2.97 V，因此该方案从理论上来说是可行的。但对于许多实际应用而言，这样的做法并不现实，下面进行详细分析。

9S12 与 XBee 的信息交互是双向的，9S12 的输出与 XBee 的输入相连，而 XBee 的输出则同样需要与 9S12 的输入相连。因此，设计者需要首先查找两种器件的数据表，以确定二者是否能直接相连。答案是否定的，其问题在于两种器件的供电电源电压不同。为了实现匹配，首先需要查阅 XBee 数据表（见图 16.18）的电气特性，包括输入和输出的相关参数，再将其与图 16.1 给出的 9S12 数据表进行对比。

Table 1-03.　DC Characteristics (VCC = 2.8 - 3.4 VDC)						
Symbol	Characteristic	Condition	Min	Typical	Max	Unit
V_{IL}	Input Low Voltage	All Digital Inputs	-	-	0.35 * VCC	V
V_{IH}	Input High Voltage	All Digital Inputs	0.7 * VCC	-	-	V
V_{OL}	Output Low Voltage	I_{OL} = 2 mA, VCC >= 2.7 V	-	-	0.5	V
V_{OH}	Output High Voltage	I_{OH} = -2 mA, VCC >= 2.7 V	VCC - 0.5	-	-	V
II_{IN}	Input Leakage Current	V_{IN} = VCC or GND, all inputs, per pin	-	0.025	1	μA
II_{OZ}	High Impedance Leakage Current	V_{IN} = VCC or GND, all I/O High-Z, per pin	-	0.025	1	μA
TX	Transmit Current	VCC = 3.3 V	-	45 (XBee)	215, 140 (PRO, Int)	mA
RX	Receive Current	VCC = 3.3 V	-	50 (XBee)	55 (PRO)	mA
PWR-DWN	Power-down Current	SM parameter = 1	-	< 10		μA

图 16.18　XBee 数据表的电气特性（Courtesy of Digi International Inc.）

对比数据表的内容如下：

9S12 的输出 (V_{DD5} = 5 V，±10%)		XBee 的输入 (V_{CC} = 3.3 V，±2.4%)		是否合适？
V_{OL} V_{DD5} = 4.5 V 0 mA ≤ I_{OL} ≤ 10 mA	0.8 V	V_{IL} V_{CC} = 3.22 V	1.13 V	YES (V_{OL} = 0.8 V) ≤ (V_{IL} = 1.13 V)
V_{OH} V_{DD5} = 4.5 V −10 mA ≤ I_{OH} ≤ 0 mA	3.7 V	V_{IH} V_{CC} = 3.38 V	2.366 V	NO (V_{OH} = 3.7 V) >> (V_{CC} = 3.38 V)
I_{OL}	0 mA ≤ I_{OL} ≤ 10 mA			YES (I_{OL} = 10 mA) > (II_{IN} = 1 μA)
I_{OH}	−10 mA ≤ I_{OH} ≤ 0 mA	II_{IN}	±1 μA	YES (I_{OH} = −10 mA) ≤ (II_{IN} = −1 μA)

XBee 的输出 (V_{CC} = 3.3 V，±2.4%)		9S12 的输入 (V_{DD5} = 5 V，±10%)		是否合适？
V_{OL} V_{CC} = 3.22 V I_{OL} = 2 mA	0.5 V	V_{IL} V_{DD5} = 4.5 V	1.58 V	YES (V_{OL} = 0.5 V) ≤ (V_{IL} = 1.58 V)
V_{OH} V_{CC} = 3.22 V I_{OH} = −2 mA	2.72 V	V_{IH} V_{DD5} = 5.5 V	3.58 V	NO (V_{OH} = 2.72 V) < (V_{IH} = 3.58 V)
I_{OL}	0 mA ≤ I_{OL} ≤ 2 mA			YES (I_{OL} = 2 mA) > (I_{in} = 2.5 μA)
I_{OH}	−2 mA ≤ I_{OH} ≤ 0 mA	I_{in}	±2.5 μA	YES (I_{OH} = −2 mA) ≤ (I_{in} = −2.5 μA)

由数据表对比结果可知，9S12 与 XBee 的直接连接存在两个困难。第一，9S12 的输出电压 V_{OH} 远大于 XBee 的最大电源电压。由 16.6 节可知，如果输入电压超过电源电压或为负电压，可能导致器件损毁，因此不能直接将 9S12 与 XBee 相连。第二，XBee 的输出无法直接驱动 9S12 的输入，XBee 的逻辑高电平范围为 2.88 V ~ V_{CC}，9S12 的最小输入电压则为 3.58 V，即 XBee 的逻辑高电平无法使 9S12 做出正确响应。因此，如想将两者连接在一起，就必须采用接口电路。

半导体制造商对该问题做出了回应，推出了**电压电平转换器**组件。这类组件可实现电平转换，如将 3.3 V 信号电平转换为 5 V。目前该类产品的种类繁多，如 TI 的 TXB0104 和 Maxim 的 MAX3000E。

下面以 TI TXB0104（见图 16.19）为例进行解析。本例不会整体解释数据表，只需截取其中的重要部分，以便读者能通过本示例的解读，学会从数据表中获得设计所需要的重要数据。

从封装引脚来看，TXB0104 有两个端口，即图 16.19 左侧的端口 A 和右侧的端口 B。两个端口采用独立供电方式，其电源分别为 V_{CCA} 和 V_{CCB}，这两个电源和与之相连的器件的电源同源，由数据表可知 1.2 V ≤ V_{CCA} ≤ 3.6 V 和 1.65 V ≤ V_{CCB} ≤ 5.5 V，并且 V_{CCA} ≤ V_{CCB}。信号从 TXB0104 的一个端口输入，并转换到另一个端口输出。当然，这种转换是双向的，假设 V_{CCA} = 3.3 V，V_{CCB} = 5 V，则可将 3.3 V 输入信号连接到端口 A 通道 A1（引脚 2）。然后将信号转换为 5 V 信号，并从端口 B 通道 B1 输出（引脚 13）。反之，将 5 V 输入连接到端口 B 通道 B2（引脚 12），则将会从端口 A 通道 A2（引脚 3）输出 3.3 V 信号，该器件能基于引脚自动确定信号方向。

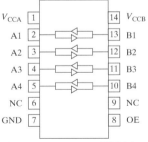

图 16.19　TXB0104 引脚图(Courtesy of Texas Instruments Incorporated.)

图 16.20 所示电路采用 TXB0104 的通道 1（A1 ~ B1）将 XBee 的数据输出引脚 D_{OUT} 连接到 9S12 的输入引脚（RXD）。由于 TXB0104 的通道具有双向中继功能，并能自动确定中继方向，因此可采用其通道 2（B2 ~ A2）实现反向中继，即将 9S12 的输出端（TXD）连接到 XBee 的数据输入引脚 D_{IN}。

TXB0104 的输出使能端(OE)通过上拉电阻接到 $V_{CCA} = 3.3$ V，以实现使能控制。当 OE 为逻辑低电平时，所有输入/输出引脚(A1 ~ A4 和 B1 ~ B4)均被禁用，器件关闭，进入节电模式。

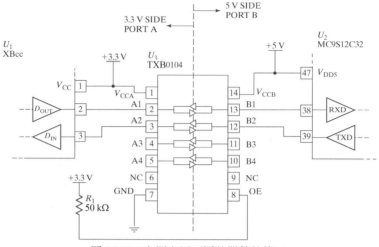

图 16.20　电源电压不同的器件的接口

TXB0104 必须满足 XBee 与 9S12 的正常工作条件，因此设计者需要查阅数据表，以确定器件的工作条件及输入/输出特性参数，并将其与 9S12($V_{DD5} = 5$ V)和 XBee($V_{CC} = 3.3$ V)的相关参数进行比较。实际上，对于任何输入/输出电源电压不同的电路(例如输入为 3.3 V，输出为 5 V)，都需要慎重考虑两种器件之间的连接问题。我们首先来看 XBee(U_1)的 D_{OUT} 端与 TXB0104 的 A1 输入(引脚 2)之间的连接。

XBee 的输出 ($V_{CC} = 3.3$ V，±2.4%)		TXB0104 的输入 ($V_{CCA} = 3.3$ V，±2.4%)		是否合适?
V_{OL} $V_{CC} = 3.22$ V $I_{OL} = 2$ mA	0.5 V	V_{IL} $V_{CCA} = 3.22$ V	1.13 V	YES ($V_{OL} = 0.5$ V) $\leqslant$ ($V_{IL} = 1.13$ V)
V_{OH} $V_{CC} = 3.22$ V $I_{OH} = -2$ mA	2.72 V	V_{IH} $V_{CCA} = 3.38$ V	2.2 V	YES ($V_{OH} = 2.72$ V) $\geqslant$ ($V_{IH} = 2.2$ V)
I_{OL}	0 mA$\leqslant I_{OL} \leqslant$2 mA	I_{in}	±5 μA	YES ($I_{OL} = 2$ mA) $\geqslant$ ($I_{in} = 5$ μA)
I_{OH}	−2 mA$\leqslant I_{OH} \leqslant$0 mA			YES ($I_{OH} = -2$ mA) $\leqslant$ ($I_{in} = -5$ μA)

由上表可见，TXB0104 与 XBee 的工作参数匹配，能够满足工作要求。下面再来看 TXB0104 的 B1 输出(引脚 13)是否满足 9S12(U_2)的 5 V 输入电压要求。

TXB0104 的输出 ($V_{CCB} = 5$ V，±10%)		9S12 的输入 ($V_{DD5} = 5$ V，±10%)		是否合适?
V_{OL} $V_{CCB} = 4.5$ V $I_{OL} = 20$ μA	0.4 V	V_{IL} $V_{DD5} = 4.5$ V	1.58 V	YES ($V_{OL} = 0.4$ V) $\leqslant$ ($V_{IL} = 1.58$ V)
V_{OH} $V_{CCB} = 4.5$ V $I_{OH} = -20$ μA	4.1 V	V_{IH} $V_{DD5} = 5.5$ V	3.58 V	YES ($V_{OH} = 4.1$ V) $\geqslant$ ($V_{IH} = 3.58$ V)
I_{OL}	0 μA$\leqslant I_{OL} \leqslant$20 μA	I_{in}	±2.5 μA	YES ($I_{OL} = 20$ μA) $\geqslant$ ($I_{in} = 2.5$ μA)
I_{OH}	−20 μA$\leqslant I_{OH} \leqslant$0 μA			YES ($I_{OH} = -20$ μA) $\leqslant$ ($I_{in} = -2.5$ μA)

由上表可知，TXB0104 的输出电压同样能与 9S12 的输入电压要求匹配。接下来再看反向中继，即查看 9S12 输出引脚与 TXB0104 的 B2 输入(引脚 12)及 TXB0104 的 A2 输出(引脚 3)与 XBee 的输入 D_{IN} 之间的参数匹配情况。此时 XBee 的工作电压为 3.3 V。

9S12 的输出 (V_{DD5} = 5 V, ±10%)		TBX0104 的输入 (V_{CCB}=5 V, ±10%)		是否合适?
V_{OL} V_{DD5} = 4.5 V 0 mA≤I_{OL}≤10 mA	0.8 V	V_{IL} V_{CCB} = 4.5 V	1.58 V	YES (V_{OL} = 0.8 V) ≤ (V_{IL} = 1.58 V)
V_{OH} V_{DD5} = 4.5 V −10 mA≤I_{OH}≤0 mA	3.7 V	V_{IH} V_{CCB} = 5.5 V	3.58 V	YES (V_{OH} = 3.7 V) ≥ (V_{IH} = 3.58 V)
I_{OL}	0 mA≤I_{OL}≤10 mA			YES (I_{OL} = 10 mA) ≥ (I_{in} = 5 μA)
I_{OH}	−10 mA≤I_{OH}≤0 mA	I_{in}	±5 μA	YES (I_{OH} = −10 mA) ≤ (I_{in} = −5 μA)

TXB0104 的输出 (V_{CCA}=3.3 V, ±2.4%)		XBee 的输入 (V_{CC} = 3.3 V, ±2.4%)		是否合适?
V_{OL} V_{CCA} = 3.22 V I_{OL} = 20 μA	0.4 V	V_{IL} V_{CC} = 3.22 V	1.13 V	YES (V_{OL} = 0.4 V) ≤ (V_{IL} = 1.13 V)
V_{OH} V_{CCA} = 3.22 V I_{OH} = −20 μA	2.82 V	V_{IH} V_{CC} = 3.38 V	2.36 V	YES (V_{OH} = 2.82 V) ≥ (V_{IH} = 2.36 V)
I_{OL}	0 μA≤I_{OL}≤20 μA			YES (I_{OL} = 20 μA) ≥ (II_{IN} = 1 μA)
I_{OH}	−20 μA≤I_{OH}≤0 μA	II_{IN}	1 μA	YES (I_{OH} = −20 μA) ≤ (II_{IN} = −1 μA)

由上表可知，该器件能在反向中继条件下实现正常匹配。当然，对于初学者而言，以上过程显得较为烦琐，但是设计者必须清楚，为了实现不同电压器件的正确连接并保证其正常工作，以上过程不可或缺。当然，电压电平转换器类型丰富，设计灵活，能够满足目前输入/输出转换的需要。

16.9　习题

16.1　MC9S12C32 的标准电源电压等于 3.3 V，如实际电压比标准电压高 10%，则会对输入高电平电压带来何种影响？请比较电源电压等于 3.3 V 时和比 3.3 V 高 10%两种条件下的输入高电平电压。

16.2　电源电压等于 3.3 V 的 MC9S12C32，当外部源向输出端注入 4 mA 电流时，输出低电平电压的最大值等于多少？参考图 16.21 所示数据表，假设无电流损失。

Table A-7　3.3V I/O Characteristics

Conditions are VDDX=3.3V +/-10%, Termperature from -40°C to +140°C, unless otherwise noted

Num	C	Rating	Symbol	Min	Typ	Max	Unit
1	P	Input High Voltage	V_{IH}	0.65*V_{DD5}	-	-	V
	T	Input High Voltage	V_{IH}	-	-	VDD5 + 0.3	V
2	P	Input Low Voltage	V_{IL}	-	-	0.35*V_{DD5}	V
	T	Input Low Voltage	V_{IL}	VSS5 - 0.3	-	-	V
3	C	Input Hysteresis	V_{HYS}		250		mV
4	P	Input Leakage Current (pins in high ohmic input mode)[1] V_{in} = V_{DD5} or V_{SS5}	I_{in}	−2.5	-	2.5	μA
5	C	Output High Voltage (pins in output mode) Partial Drive I_{OH} = −0.75mA	V_{OH}	V_{DD5} − 0.4	-	-	V
6	P	Output High Voltage (pins in output mode) Full Drive I_{OH} = −4.5mA	V_{OH}	V_{DD5} − 0.4	-	-	V
7	C	Output Low Voltage (pins in output mode) Partial Drive I_{OL} = +0.9mA	V_{OL}	-	-	0.4	V
8	P	Output Low Voltage (pins in output mode) Full Drive I_{OL} = +5.5mA	V_{OL}	-	-	0.4	V

图 16.21　Freescale MC9S12C32 的 3.3 V I/O 特性(Copyright of Freescale Semiconductor, Inc. 2010. Used by permission.)

16.3　采用 5 V 标准电源的 PIC16F690，其 TTL 低电平状态下的最大输入电压等于多少？参考图 16.22 所示数据表。

DC CHARACTERISTICS			Standard Operating Conditions (unless otherwise stated) Operating temperature　　-40°C ≤ TA ≤ +85°C for industrial　　　　　　　　　　　　　　　-40°C ≤ TA ≤ +125°C for extended				
Param No.	Sym	Characteristic	Min	Typ†	Max	Units	Conditions
	VIL	**Input Low Voltage**					
		I/O Port:					
D030		with TTL buffer	Vss	—	0.8	V	4.5V ≤ VDD ≤ 5.5V
D030A			Vss	—	0.15 VDD	V	2.0V ≤ VDD ≤ 4.5V
D031		with Schmitt Trigger buffer	Vss	—	0.2 VDD	V	2.0V ≤ VDD ≤ 5.5V
D032		MCLR, OSC1 (RC mode)(1)	Vss	—	0.2 VDD	V	
D033		OSC1 (XT and LP modes)	Vss	—	0.3	V	
D033A		OSC1 (HS mode)	Vss	—	0.3 VDD	V	
	VIH	**Input High Voltage**					
		I/O Ports:		—			
D040		with TTL buffer	2.0	—	VDD	V	4.5V ≤ VDD ≤ 5.5V
D040A			0.25 VDD + 0.8	—	VDD	V	2.0V ≤ VDD ≤ 4.5V
D041		with Schmitt Trigger buffer	0.8 VDD	—	VDD	V	2.0V ≤ VDD ≤ 5.5V
D042		MCLR	0.8 VDD	—	VDD	V	
D043		OSC1 (XT and LP modes)	1.6	—	VDD	V	
D043A		OSC1 (HS mode)	0.7 VDD	—	VDD	V	
D043B		OSC1 (RC mode)	0.9 VDD	—	VDD	V	(Note 1)
	IIL	**Input Leakage Current(2)**					
D060		I/O ports	—	± 0.1	± 1	µA	VSS ≤ VPIN ≤ VDD, Pin at high-impedance
D061		MCLR(3)	—	± 0.1	± 5	µA	VSS ≤ VPIN ≤ VDD
D063		OSC1	—	± 0.1	± 5	µA	VSS ≤ VPIN ≤ VDD, XT, HS and LP oscillator configuration
D070*	IPUR	**PORTA Weak Pull-up Current**	50	250	400	µA	VDD = 5.0V, VPIN = VSS
	VOL	**Output Low Voltage(5)**					
D080		I/O ports	—	—	0.6	V	IOL = 8.5 mA, VDD = 4.5V (Ind.)
	VOH	**Output High Voltage(5)**					
D090		I/O ports	VDD – 0.7	—	—	V	IOH = -3.0 mA, VDD = 4.5V (Ind.)

图 16.22　PIC16F690 的 I/O 特性（© 2008 Microchip Technology Incorporated.）

16.4　采用 3.3 V 标准电源的 PIC16F690，其施密特触发低电平电压的最大值等于多少？参考图 16.22 所示数据表。

16.5　电源电压为 5 V(±10%) 的 PIC16F690 微控制器想要与电源电压为 7.5 V 的 MC3479 输入端连接，这两种器件是否能够直接连接？为什么？参考图 16.22 所示数据表进行详细说明。

16.6　电源电压为 3.3 V 的 PIC16F690 是否能与电源电压同样等于 3.3 V 的 MC9S12C32 直接连接？为什么？参考图 16.21 和图 16.22 的数据表进行详细说明。

16.7　电源电压为 5 V 的 MC3479 的 $\overline{F}$/HS 输入上拉电阻的最大值等于多少？参考图 16.14 所示数据表，选用 5% 容差电阻。

16.8　电源电压为 5 V(±10%) 的 PIC16F690 微控制器是否能被电源电压为 3.3 V 的 XBee-Pro 的输出正常驱动？参考图 16.18 和图 16.22 所示数据表，如果某些输入能与 XBee-Pro 的输入匹配，则找到这些输入端，引用数据表进行说明。

16.9　设计一个无源元件电路，使电源电压为 5 V(±10%) 的 PIC16F690 微控制器驱动电源电压为 3.3 V 的 XBee-Pro 输入。在此可假设 XBee-Pro 的绝对最大输入高电平电压等于 V_{CC} + 0.4 V，参考图 16.18 和图 16.22 的数据表进行说明。

16.10　电源电压为 3.3 V 的 XBee-Pro 的输出能否正常驱动电源电压为 5 V(±10%)的 MC9S12C32 的输入？参考图 16.1 和图 16.18 的数据表进行说明。

16.11　XBee-Pro 输入端下拉电阻的最大值等于多少？参考图 16.18 的数据表进行说明。

16.12　如图 16.23 的电路所示，电阻 R 的允许值范围是多少？

提示：可考虑连接器断开条件，此时 PIC16F690 输入端为高电平有效。若电源电压为 5 V(±10%)，则需要根据电源电压的变化范围确定电阻值的上/下限。例如采用 5%容差电阻，其电阻值的上/下限均需满足数据表指标要求。参考图 16.22 所示 PIC16F690 数据表，并上网查找 LM339 数据表，进行综合说明。

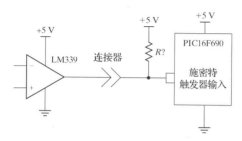

图 16.23　习题 16.12 的电路

16.13　网上查找 TI TXB0104 数据表，回答以下问题。

(a) 端口 A 的推荐电源电压范围是多少？对于端口 B 呢？

(b) 如果 V_{CCA} = 3.3 V(正)，下面的参数值分别等于多少？

i. 最小 V_{IH} 和最大 I_{IH}。

ii. 最大 V_{IL} 和最大 I_{IL}。

iii. 最小 V_{OH} 和最大 I_{OH}。

iv. 最大 V_{OL} 和最大 I_{OL}。

v. 端口 B 的电源电压允许范围。

(c) OE 输入端的功能是什么？

(d) OE 输入端的 V_{IH} 最小值等于多少？

(e) OR 输入端的 V_{IL} 最大值等于多少？

第 17 章　数字输出和电路驱动

除了第 16 章所述的输出特性，设计者在设计过程中还可能遇到其他性能问题。本章将进一步讲解第 16 章提到的输出特性及机电系统中常见的其他输出特性。通过本章学习，读者将能理解以下输出类型的特性，并能根据应用需求选择恰当的输出类型。本章涉及的输出类型包括：

- 逻辑电平输出
- 电路驱动输出
- 图腾柱输出
- 集电极开路输出
- 三态输出
- 高/低电平驱动输出
- 半电桥和全电桥

17.1　图腾柱输出

第 16 章所示的数字输出既允许电流流出，也允许电流流入，这种输出结构被称为**图腾柱**(totem-pole)输出，所谓"图腾柱"得名于电路原理图的结构，如图 17.1(a)所示，多个元件垂直排列，与图腾柱类似。

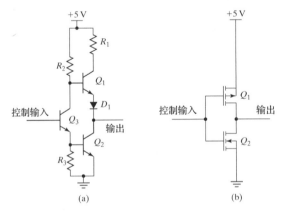

图 17.1　图腾柱输出：(a)双极性晶体管；(b)CMOS 晶体管

无论采用双极性结构还是 CMOS 结构，控制输入端都是通过 Q_1 或 Q_2 控制晶体管输出。当控制输入为低电平时，Q_1 开启，输出高电平，源电流流向负载。反之，当控制输入为高电平时，Q_2 开启，输出低电平，电流从外部负载流入。

如图 17.1(a)所示的双极性晶体管电路，当 Q_2 开启时，二极管 D_1 必须保证 Q_1 关闭，电阻 R_1 则用于限制因控制晶体管状态改变造成的瞬变电流。由于晶体管的开启速度远大于关闭速度，因此当输出电路从低电平转换为高电平时，Q_1 和 Q_2 可能瞬时产生大电流，电阻 R_1 则可限制直通电流的峰值。

17.1.1　图腾柱输出特性

双极性图腾柱输出电路中的 D_1 和 R_1 可能导致输出驱动能力不对称,如图 17.2 所示为 SN7400 (4 个二输入与非门逻辑器件) 的典型特性参数数据表。器件的流入电流可达 16 mA,流出电流则最大不超过 0.4 mA,远小于流入电流。一般而言,双极性图腾柱输出电路的源电流和宿电流驱动能力存在 10~20 倍差异。

recommended operating conditions (see Note 3)

		SN5400			SN7400			UNIT
		MIN	NOM	MAX	MIN	NOM	MAX	
V_{CC}	Supply voltage	4.5	5	5.5	4.75	5	5.25	V
V_{IH}	High-level input voltage	2			2			V
V_{IL}	Low-level input voltage			0.8			0.8	V
I_{OH}	High-level output current			−0.4			−0.4	mA
I_{OL}	Low-level output current			16			16	mA
T_A	Operating free-air temperature	−55		125	0		70	°C

NOTE 3:　All unused inputs of the device must be held at V_{CC} or GND to ensure proper device operation. Refer to the TI application report, *Implications of Slow or Floating CMOS Inputs*, literature number SCBA004.

图 17.2　SN7400 输出驱动数据表,双极性图腾柱输出 (Courtesy of Texas Instruments Incorporated.)

图 17.1(b) 所示为 CMOS 图腾柱输出电路,由于 CMOS 电路采用了互补 N 沟道或 P 沟道器件,表现出结构对称性,且 MOSFET 在开启状态时表现为电阻特性,因此该电路具有输入/输出电流对称特性。在图 17.3 所示的 74HC04(六反相器器件)数据表中,将输出电流和输入电流设置为输出电压的测试条件。

DC Electrical Characteristics (Note 4)

Symbol	Parameter	Conditions	V_{CC}	$T_A = 25°C$	$T_A = -40$ to $85°C$	$T_A = -55$ to $125°C$	Units
				Typ	Guaranteed Limits		
V_{IH}	Minimum HIGH Level Input Voltage		2.0V		1.5	1.5	1.5	V
			4.5V		3.15	3.15	3.15	V
			6.0V		4.2	4.2	4.2	V
V_{IL}	Maximum LOW Level Input Voltage		2.0V		0.5	0.5	0.5	V
			4.5V		1.35	1.35	1.35	V
			6.0V		1.8	1.8	1.8	V
V_{OH}	Minimum HIGH Level Output Voltage	$V_{IN} = V_{IL}$ $|I_{OUT}| \leq 20\,\mu A$	2.0V	2.0	1.9	1.9	1.9	V
			4.5V	4.5	4.4	4.4	4.4	V
			6.0V	6.0	5.9	5.9	5.9	V
		$V_{IN} = V_{IL}$ $|I_{OUT}| \leq 4.0$ mA	4.5V	4.2	3.98	3.84	3.7	V
		$|I_{OUT}| \leq 5.2$ mA	6.0V	5.7	5.48	5.34	5.2	V
V_{OL}	Maximum LOW Level Output Voltage	$V_{IN} = V_{IH}$ $|I_{OUT}| \leq 20\,\mu A$	2.0V	0	0.1	0.1	0.1	V
			4.5V	0	0.1	0.1	0.1	V
			6.0V	0	0.1	0.1	0.1	V
		$V_{IN} = V_{IH}$ $|I_{OUT}| \leq 4.0$ mA	4.5V	0.2	0.26	0.33	0.4	V
		$|I_{OUT}| \leq 5.2$ mA	6.0V	0.2	0.26	0.33	0.4	V
I_{IN}	Maximum Input Current	$V_{IN} = V_{CC}$ or GND	6.0V	±0.1	±1.0	±1.0	μA
I_{CC}	Maximum Quiescent Supply Current	$V_{IN} = V_{CC}$ or GND $I_{OUT} = 0\,\mu A$	6.0V	2.0	20	40	μA

Note 4: For a power supply of 5V ±10% the worst case output voltages (V_{OH}, and V_{OL}) occur for HC at 4.5V. Thus the 4.5V values should be used when designing with this supply. Worst case V_{IH} and V_{IL} occur at V_{CC}=5.5V and 4.5V respectively. (The V_{IH} value at 5.5V is 3.85V.) The worst case leakage current (I_{IN}, I_{CC}, and I_{OZ}) occur for CMOS at the higher voltage and so the 6.0V values should be used.

图 17.3　74HC04 输出驱动数据表,CMOS 图腾柱输出 (Courtesy of Fairchild Semiconductor.)

如第 16 章所述，典型 CMOS 元件的数据表将给出两种输出电流水平条件下的 V_{OH} 和 V_{OL}，即低电流条件(此例中≤20 μA)和高电流条件(此例中≤4 mA)。

17.2 集电极开路/漏极开路输出

如果在输出电路中省略源极晶体管(如图 17.1 中的 Q_1)，则需加入图 17.4 的驱动电路。此时将直接从晶体管集电极或漏极输出，这种结构被称为**集电极开路**(双极性晶体管)或**漏极开路**(场效应晶体管)结构。如图 17.4(a)所示为双极性晶体管结构，此时已经不再需要二极管和限流电阻。

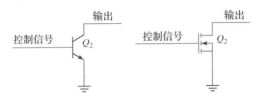

图 17.4   (a)集电极开路；(b)漏极开路

有源晶体管能使输出端输出高电平，且可作为电流源输出电流，但需通过加入上拉电阻来设置输出电压(见图 17.5)，从而保证高电平输出。

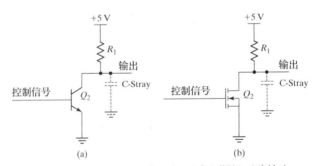

图 17.5 带上拉电阻的集电极开路和漏极开路输出

如果移除输出端的有源晶体管，集电极开路/漏极开路电路将通过牺牲某些性能来换取系统灵活性的提升。此时输出的高电平电压已不由含有输出级器件的电源电压决定，即可通过设置，输出大小不同的电压，这种情况下其最大电压可能不等于电源电压。例如，电源电压为 5 V 的器件可能产生幅度范围为 0~3.3 V 的输出电压，从而简化器件之间(采用不同电源电压的器件)的接口。另外，有些集电极开路/漏极开路输出允许上拉电压高于器件电源电压，能够提供大于器件电源电压的输出电压。

集电极开路/漏极开路结构的主要缺点是其输出与高/低电平的转换速率有关。由于输出的高电平电压由一个阻值相对较大的上拉电阻(与图腾柱输出 R_1 对比)提供，对杂散电容和输入驱动电容(见图 17.5 中的 C-Stray)的充电过程可能比典型数字上升/下降方式的更慢。因此在选择上拉电阻时，设计者需要权衡高/低电平转换速率和低电平状态下的功耗，上拉电阻小，则 RC 时间常数小，上升时间短，但在低电平状态时可能导致上拉电阻电流增大，进而引起功耗增加。

集电极开路/漏极开路结构能利用两个和两个以上的输出来驱动同一个输入。如前所述，图腾柱输出要求两个输出端完全隔离，否则可能发生严重损毁。例如，假设一个输出端处于低电平状态，而另一个输出端输出高电平。如果两个输出端未隔离，则将在电源与晶体管输出之间产生低阻通路，再通过输出端处于低电平状态的晶体管连接到地，如图 17.6 所示。这种情况可能产生大电流，从而烧毁两个晶体管。

如果将两个集电极开路/漏极开路的晶体管相连，只要两个晶体管之一进入低电平状态，那么上拉电阻都将抑制电流，如图 17.7 所示。这种方法将使两个输出之一进入低电平状态，这种结构就被称为"线或"或"线异或"连接。

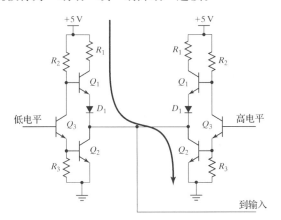

图 17.6　两个输出"冲突"的图腾柱输出

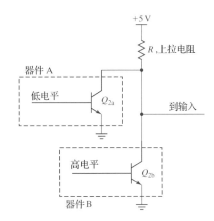

图 17.7　采用"线或"连接的两个集电极开路输出

17.2.1　集电极开路/漏极开路输出特性

尽管集电极开路/漏极开路电路的数据表形式与图腾柱结构的不同，但其实差异很小，图 17.8 给出了集电极开路放大器 LM339 的部分数据表。

Electrical Characteristics

at specified free-air temperature, V_{CC} = 5 V (unless otherwise noted)

PARAMETER		TEST CONDITIONS[1]		T_A[2]	LM239 LM339			LM239A LM339A			UNIT
					MIN	TYP	MAX	MIN	TYP	MAX	
V_{IO}	Input offset voltage	V_{CC} = 5 V to 30 V, V_{IC} = V_{ICR} min, V_O = 1.4 V		25°C		2	5			1	3	mV
				Full range			9				4	
I_{IO}	Input offset current	V_O = 1.4 V		25°C		5	50		5	50	nA
				Full range			150				150	
I_{IB}	Input bias current	V_O = 1.4 V		25°C		−25	−250		−25	−250	nA
				Full range			−400				−400	
V_{ICR}	Common-mode input-voltage range			25°C	0 to V_{CC} − 1.5			0 to V_{CC} − 1.5			V
				Full range	0 to V_{CC} − 2			0 to V_{CC} − 2			
A_{VD}	Large-signal differential-voltage amplification	V_{CC} = 15 V, V_O = 1.4 V to 11.4 V, R_L ≥ 15 kΩ to V_{CC}		25°C	50	200		50	200		V/mV
I_{OH}	High-level output current	V_{ID} = 1 V	V_{OH} = 5 V	25°C		0.1	50		0.1	50	nA
			V_{OH} = 30 V	Full range			1			1	μA
V_{OL}	Low-level output voltage	V_{ID} = −1 V,	I_{OL} = 4 mA	25°C		150	400		150	400	mV
				Full range			700			700	
I_{OL}	Low-level output current	V_{ID} = −1 V,	V_{OL} = 1.5 V	25°C	6	16		6	16		mA
I_{CC}	Supply current (four comparators)	V_O = 2.5 V,	No load	25°C		0.8	2		0.8	2	mA

(1) All characteristics are measured with zero common-mode input voltage, unless otherwise specified.
(2) Full range (MIN to MAX) for LM239/LM239A is −25°C to 85°C, and for LM339/LM339A is 0°C to 70°C. All characteristics are measured with zero common-mode input voltage, unless otherwise specified.

图 17.8　LM339（集电极开路输出）的部分数据表（Courtesy of Texas Instruments Incorporated.）

观察图 17.8 可知，表中没有 V_{OH} 值，这是由于集电极开路/漏极开路结构的高电平输出取决于外部上拉电阻的电压源，但数据表给出了明确的 I_{OL} 测试条件参数及其对应的 V_{OL}，还有一些其他诸如此类的小差异，在此不再列举。此处需要注意的是，I_{OH} 值为正，回顾第 16 章的内容可知正电流表示电流流入，而图腾柱结构的 I_{OH} 值为负，表示电流流出。

并非所有集电极开路/漏极开路电路的数据表都会采用 V_{OL} 描述输出低电压并用 I_{OH} 描述大电流输出。有些元件输出的低电压被称为**输出饱和电压**，而非 V_{OL}，但此时仍有**输出漏电流** I_{OH} 输出。

17.3　三态输出

集电极开路/漏极开路结构将多路输出与单一输入相连，导致输出速度下降。为了解决该问题，制造商推出了三态输出电路。所谓三态，即低电平态、高电平态和高阻抗态，三态输出电路的输出必为以上三态之一。National Semiconductor 率先发布了三态输出电路，并注册了商标"Tri-State"。目前，三态输出电路已被广泛应用。

要实现三态输出，至少需要两个控制端，目前大多数三态输出电路使用一个公用控制端获取高阻态，具体电路如图 17.9 所示。将其与图 17.1(a)所示的图腾柱输出电路相比，二者具有相似之处。需要说明的是，三态输出结构也可采用 CMOS 晶体管实现。

对比图 17.9 和图 17.1 可知，前者比后者多了一个晶体管 Q_4，该晶体管由一个新的控制端控制，即输出使能端 $\overline{\text{Output Enable}}$（符号中的横线表示低电平有效），当 $\overline{\text{Output Enable}}$ 为低电平时，晶体管 Q_4 关闭，其输出与图腾柱晶体管基于控制线（标记为 "Control Input"）的 Q_1/Q_2 驱动输出一致。当 $\overline{\text{Output Enable}}$ 为高电平时，Q_4 开启，锁定 Q_1/Q_2 信号，元件关闭，即其输出不再受输入控制端控制，此时三态晶体管将进入高阻态。

三态输出结构能同时关闭两个输出晶体管，因此允许多路输出连接到一个输入，此时需要确保只激活一个输出使能端。输出激活时，既可输出电流，也可输入电流，支持高速高/低状态转换和高阻状态输出。

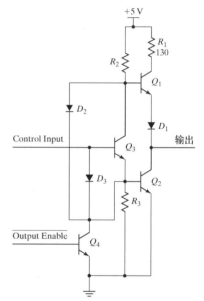

图 17.9　双极性三态输出电路

大多数微控制器的输出为三态驱动，可基于软件控制输入/输出引脚的状态。

17.3.1　三态输出特性

三态输出引脚数据表不仅给出了典型的图腾柱输出参数（V_{OL}, V_{OH}, I_{OL}, I_{OH}），还给出了高阻态条件下流入/流出漏电流的附加参数。三态输出微控制器 PIC16F690 的部分数据表见图 17.10。

编号为 D060 的参数给出了高阻态时 I/O 端口（输入/输出引脚）的漏电流，除 D080（V_{OL}）和 D090（V_{OH}）的参数外，数据表还给出了 I_{OL} 和 I_{OH} 的测试条件。

DC CHARACTERISTICS			Standard Operating Conditions (unless otherwise stated) Operating temperature -40°C ≤ TA ≤ +85°C for industrial -40°C ≤ TA ≤ +125°C for extended				
Param No.	Sym	Characteristic	Min	Typ†	Max	Units	Conditions
D060	IIL	Input Leakage Current(2) I/O ports	—	± 0.1	± 1	µA	VSS ≤ VPIN ≤ VDD, Pin at high-impedance
D061		MCLR(3)	—	± 0.1	± 5	µA	VSS ≤ VPIN ≤ VDD
D063		OSC1	—	± 0.1	± 5	µA	VSS ≤ VPIN ≤ VDD, XT, HS and LP oscillator configuration
D070*	IPUR	PORTA Weak Pull-up Current	50	250	400	µA	VDD = 5.0V, VPIN = VSS
D080	VOL	Output Low Voltage(5) I/O ports	—	—	0.6	V	IOL = 8.5 mA, VDD = 4.5V (Ind.)
D090	VOH	Output High Voltage(5) I/O ports	VDD − 0.7	—	—	V	IOH = -3.0 mA, VDD = 4.5V (Ind.)

*	These parameters are characterized but not tested.
†	Data in "Typ" column is at 5.0V, 25°C unless otherwise stated. These parameters are for design guidance only and are not tested.
Note 1:	In RC oscillator configuration, the OSC1/CLKIN pin is a Schmitt Trigger input. It is not recommended to use an external clock in RC mode.
2:	Negative current is defined as current sourced by the pin.
3:	The leakage current on the MCLR pin is strongly dependent on the applied voltage level. The specified levels represent normal operating conditions. Higher leakage current may be measured at different input voltages.
4:	See Section 10.2.1 "Using the Data EEPROM" for additional information.
5:	Including OSC2 in CLKOUT mode.

图 17.10　三态输出微控制器 PIC16F690 的部分数据表（© 2008 Microchip Technology Incorporated.）

17.4　低端驱动器

17.1 节至 17.3 节中讨论的是**逻辑输出**。逻辑输出用于描述输出在地与电源之间的切换，且支持毫安级的负载输入/输出电流。尽管逻辑输出能驱动除输入电路外的其他数字器件（如低电流 LED），但这些器件的负载驱动电流需求可能大于逻辑电平输出能提供的电流。为了实现高电流负载驱动，需要在逻辑电平输出端添加一类集成电路（IC），即**外围驱动器**或**电源驱动器**。

高电路负载驱动的具体电路拓扑见图 17.11。如图所示，开关元件位于负载与地之间，因此该电路被称为低端驱动电路。

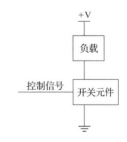

图 17.11　通用低端驱动结构

第 10 章讨论了 NPN 晶体管和 N 沟道 MOSFET 的开关配置问题。实际上，晶体管就是最简单的低端驱动器，如采用 5 V 逻辑电平驱动，N 沟道 MOSFET（如 2N7000）在保持 $R_{DS(on)}$ 等于 5 Ω 的条件下，能承受高达 200 mA 的输入电流。实际上，许多逻辑级 MOSFET（例如 IRLZ34N 或 MTP30N06）可用于开关高达 60 ~ 80 V 的电源电压。若将输出电压切换到 60 ~ 80 V，则电流可高达几十安培，而电阻 $R_{DS(on)}$ 则下降为几十毫欧。

除简单的晶体管外，IC 制造商还提供了一系列低端驱动电路的简化方案。例如 ULN2003，该器件集成了 7 个独立的 NPN 达林顿晶体管，采用 16 引脚双列直插（DIP）封装，最大电流为 500 mA，能限制基极电流，实现快速切换，且可缓冲感性负载。FDMS2380 则适用于高频率应用，该器件集成了一对用于控制 5 A 电流的低端开关，并具备主动缓冲、过压和欠压保护（如果在这种情况下电压超出额定值，则可防止器件产生副作用）、过流保护、过温保护和诊断输出等功能，且可将各种异常状态反馈给控制器。

17.4.1　低端驱动器数据表

低端驱动器数据表只给出了输入电流，与输出最相关的参数是可切换的输出电压/电流。尽管逻辑器件一般采用的通用字母符号是 V_{OL} 和 I_{OL}，但电源/外设驱动电路采用的字母符号一般会反映其构造结构。如图 17.12 所示，ULN2003 数据采用 $V_{CE(sat)}$ 描述低电压输出，以说明该器件采用了双晶体管结构，但其实际表示的是集电极-发射极饱和电压。

PARAMETER		TEST FIGURE	TEST CONDITIONS		ULN2003A MIN TYP MAX			ULN2004A MIN TYP MAX			UNIT
electrical characteristics, T_A = 25°C (unless otherwise noted)											
$V_{I(on)}$	On-state input voltage	6	V_{CE} = 2 V	I_C = 125 mA						5	V
				I_C = 200 mA			2.4			6	
				I_C = 250 mA			2.7				
				I_C = 275 mA						7	
				I_C = 300 mA			3				
				I_C = 350 mA						8	
$V_{CE(sat)}$	Collector-emitter saturation voltage	5	I_I = 250 μA,	I_C = 100 mA		0.9	1.1		0.9	1.1	V
			I_I = 350 μA,	I_C = 200 mA		1	1.3		1	1.3	
			I_I = 500 μA,	I_C = 350 mA		1.2	1.6		1.2	1.6	
I_{CEX}	Collector cutoff current	1	V_{CE} = 50 V,	I_I = 0			50			50	μA
			V_{CE} = 50 V,	I_I = 0			100			100	
		2	T_A = 70°C	V_I = 1 V						500	
V_F	Clamp forward voltage	8	I_F = 350 mA			1.7	2		1.7	2	V
$I_{I(off)}$	Off-state input current	3	V_{CE} = 50 V, T_A = 70°C	I_C = 500 μA,	50	65		50	65		μA
I_I	Input current	4	V_I = 3.85 V			0.93	1.35				mA
			V_I = 5 V						0.35	0.5	
			V_I = 12 V						1	1.45	
I_R	Clamp reverse current	7	V_R = 50 V				50			50	μA
			V_R = 50 V,	T_A = 70°C			100			100	
C_i	Input capacitance		V_I = 0,	f = 1 MHz		15	25		15	25	pF

图 17.12　低端驱动器 ULN2003 数据表（Courtesy of Texas Instruments Incorporated.）

ULN2003 的输出电流被称为 I_C，与达林顿晶体管的集电极电流类似。如逻辑电平输出数据表一样，ULN2003 数据表一般将 I_C 列为输出电压的测试条件。低端驱动器的高电平状态表示关闭，对于双极性器件而言，高电平状态对应的是集电极漏电流或集电极截止电流（参照图 17.12 中的 I_{CEX}）。高电平状态的输出电压由外部电路决定，低端驱动器数据表仅给出最大开关电压，即数据表中的绝对最大额定电压值。

17.5　高端驱动器

如图 17.13 所示，高端驱动器的开关元件放置在电源与负载之间，负载的另一侧接地。高端驱动器常见于汽车应用（如车灯、电机等），通常默认车辆底盘为地，负载安装在底盘与开关/控制器之间，开关/控制器输出电流，经负载流向地，并驱动负载。

晶体管也是最简单的高端驱动器，可采用 PNP 双极性晶体管或 P 沟道 MOSFET。PNP 晶体管与 NPN 晶体管的 $V_{CE(sat)}$ 基本相同，但 P 沟道 MOSFET 的 $R_{DS(on)}$ 值通常远高于 N 沟道 MOSFET 的值。这种差异源于 P 沟道 MOSFET 的设计方法，一般 P 沟道

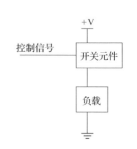

图 17.13　通用高端驱动器结构

MOSFET 需要更多的硅，价格相比于 N 沟道 MOSFET 更高，其 $R_{DS(on)}$ 值约为 N 沟道 MOSFET 的 2~5 倍。

17.5.1　高端驱动器数据表

与低端驱动器类似，IC 制造商同样给出了基于简化开关元件的高端驱动器的设计方案，例如 STMicroelectronics 的 VN808CM 器件，该器件集成了 8 个高端开关，采用 36 引脚小型封装(SOP)，能够为 160 mΩ的 $R_{DS(on)}$ 提供 700 mA 的电流，并提供输出电流限制、短路保护、过热保护、欠压锁定和状态输出功能。与许多高端驱动器 IC 一样，VN808CM 选用 N 沟道 MOSFET 作为开关元件，并采用了片上升压电路以提供输出电流。这类 IC 有最小输入电压要求，可确保产生能使 N 沟道 MOSFET 完全导通所需的高栅极电压。许多设备采用了欠压锁定功能，即当不满足最低电压条件时，禁止器件工作。

VN808CM 的部分数据表如图 17.14 所示，表中给出了典型器件型号。V_{CC} 的最小值对应欠压锁定功能，且等于欠压停止功能开启所需的最大电压。基于导通电阻 R_{ON} 和电流，可以计算出 V_{CC} 与输出负载之间的电压降。表中给出的供电电流参数(I_S)表示驱动电路消耗的电流，而非输出到负载的电流。若输出和地短路，则以 I_{LGND} 表示输出电流。当器件关闭时，仍有少量漏电流 $I_{L(off)}$ 流入负载；当器件关闭且不向负载输出电流时，输出端仍然存在电压 $V_{OUT(off)}$。

Table 3.　Power section

Symbol	Parameter	Test conditions	Min	Typ	Max	Unit
V_{CC}	Operating supply voltage		10.5		45	V
V_{USD}	Undervoltage shutdown		7		10.5	V
R_{ON}	On state resistance	I_{OUT} = 0.5 A; T_J = 25 °C I_{OUT} = 0.5 A;			160 280	mΩ mΩ
I_S	Supply current	OFF state; V_{CC} = 24 V; T_{CASE} = 25 °C ON state (all channels ON); V_{CC} = 24 V, T_{CASE} = 100 °C			150 12	µA mA
I_{LGND}	Output current at turn-off	$V_{CC} = V_{STAT} = V_{IN} = V_{GND}$ = 24 V V_{OUT} = 0 V			1	mA
$I_{L(off)}$	OFF state output current	$V_{IN} = V_{OUT}$ = 0 V;	0		5	µA
$V_{OUT(off)}$	OFF state output voltage	V_{IN} = 0 V, I_{OUT} = 0 A			3	V

图 17.14　高端驱动器 VN808CM 的部分数据表(Copyright STMicroelectronics. Used with permission.)

17.6　半桥和全桥

如果需要器件输出端能容忍超过逻辑电平输出的输入/输出电流，则可采用如图 17.15 所示的输出电路结构。该电路采用双极性晶体管，结构与 MOSFET 类似，称之为**推拉输出**或**半桥**。

图 17.15 所示电路结构与图腾柱结构类似，即在电源与地之间"堆叠"了两个晶体管。与图腾柱结构不同的是，半桥结构的源极没有电阻和二极管，并且 Q_1 采用的是 PNP 晶体管，这种结构不仅能降低器件功耗，还能容忍高于逻辑输出电平的输入/输出电流。当基极为低电平时，Q_1 开启；当基极为高电平时，Q_2 开启。将两个晶体管基极相连，即可同时控制两个晶体管，但此处未考虑 17.6.1 节中所述的击穿电流。

一般成熟的 IC 产品都至少包含两个半桥,可将两个半桥组合生成一个**全桥**,即 **H 桥**,如图 17.16 所示。

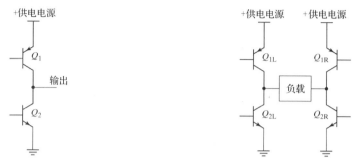

图 17.15　半桥(推拉)输出的基本结构　　　　图 17.16　两个半桥合成一个全桥

通过控制对角线晶体管(Q_{1L} 和 Q_{2R})或(Q_{1R} 和 Q_{2L}),可实现负载电流方向的控制,这对于电机驱动类应用意义重大,详细解释请参见第 23 章和第 26 章。

17.6.1　击穿电流和死区时间

晶体管电路设计的一个关键问题是如何保证开关速度。一般来说,晶体管的开启(导通)速度比关闭(关断)速度快。堆叠结构晶体管电路的单输入控制方式的原理与图腾柱电路的相同,即在由开转闭的过程中可能出现两个晶体管同时导通的现象。这种现象的持续时间虽短,但会在电源与地之间产生一个低阻通路,进而产生**击穿电流**。图腾柱双极性输出电路在电源和源(上)晶体管之间放置电阻来限制击穿电流,但由于功率驱动器电流较大,因此无法采用电阻限流。此时功率驱动器的内电阻将会带来很大的电压降,当其用作电流源时将消耗大量功率。

在实际应用中,设计者往往采用分别控制上、下晶体管的方式来解决桥式驱动器的击穿电流问题,即设法错开开启和关闭时间,在切换过渡期引入**死区时间**。当上、下晶体管均未激活时,死区时间能在晶体管开启之前为其提供足够的关闭保持时间。虽然这种方式牺牲了开关速度,但能避免击穿电流的产生。

17.6.2　H 桥数据表

与桥式驱动器关联最紧密的输出参数是可控电压和电流值、开关元件损毁电压及开关控制时序。另外,输入参数也会影响输出性能,图 17.17 给出了 L293B 的部分数据表(包括输出和输入),该器件包括 4 个 1 A 半桥。

L293B 的逻辑电源(V_{SS})和电机电源(V_S)采用不同的电源引脚。需要注意的是,电机电源电压可高达 36 V,但不能低于逻辑电源电压,因此,数据表给出了 4.5 V 的电机电源电压下限值。

负载输出电压根据开关元件的电压降获得,其中源晶体管(上晶体管)的电压降表示为 V_{CEsatH},吸入晶体管(下晶体管)的电压降表示为 V_{CEsatL}。当 L293B 构造成 H 桥电路时,开关电流通路中将同时包括源晶体管和吸入晶体管。

数据表最下方给出了 L293B 的时序规范。与电源驱动器一样,L293B 的时序规范也包括两部分,第一部分是延迟时间,表示输出对输入的响应时间,第二部分为 10% ~ 90% 的上升/下降时间。此处需要注意的是,开启延迟时间大于关闭延迟时间与下降时间之和,表示采用了死区时间以控制击穿电流。

ELECTRICAL CHARACTERISTCS

Symbol	Parameter	Test Condition	Min.	Typ.	Max.	Unit
V_S	Supply Voltage		V_{SS}		36	V
V_{SS}	Logic Supply Voltage		4.5		36	V
I_S	Total Quiescent Supply Current	$V_i = L; I_o = 0; V_{inh} = H$		2	6	mA
		$V_i = h; I_o = 0; V_{inh} = H$		16	24	mA
		$V_{inh} = L$			4	mA
I_{SS}	Total Quiescent Logic Supply Current	$V_i = L; I_o = 0; V_{inh} = H$		44	60	mA
		$V_i = h; I_o = 0; V_{inh} = H$		16	22	mA
		$V_{inh} = L$		16	24	mA
V_{iL}	Input Low Voltage		-0.3		1.5	V
V_{iH}	Input High Voltage	$V_{SS} \leq 7V$	2.3		V_{ss}	V
		$V_{SS} > 7V$	2.3		7	V
I_{iL}	Low Voltage Input Current	$V_{il} = 1.5V$			-10	µA
I_{iH}	High Voltage Input Current	$2.3V \leq V_{IH} \leq V_{SS} - 0.6V$		30	100	µA
V_{inhL}	Inhibit Low Voltage		-0.3		1.5	V
V_{inhH}	Inhibit High Voltage	$V_{SS} \leq 7V$	2.3		V_{SS}	V
		$V_{SS} > 7V$	2.3		7	V
I_{inhL}	Low Voltage Inhibit Current	$V_{inhL} = 1.5V$		-30	-100	µA
I_{inhH}	High Voltage Inhibit Current	$2.3V \leq V_{inhH} \leq V_{ss} - 0.6V$			±10	µA
V_{CEsatH}	Source Output Saturation Voltage	$I_o = -1A$		1.4	1.8	V
V_{CEsatL}	Sink Output Saturation Voltage	$I_o = 1A$		1.2	1.8	V
V_{SENS}	Sensing Voltage (pins 4, 7, 14, 17) (**)				2	V
t_r	Rise Time	0.1 to 0.9 V_o (*)		250		ns
t_f	Fall Time	0.9 to 0.1 V_o (*)		250		ns
t_{on}	Turn-on Delay	0.5 V_i to 0.5 V_o (*)		750		ns
t_{off}	Turn-off Delay	0.5 V_i to 0.5 V_o (*)		200		ns

* See figure 1
** Referred to L293E

图 17.17　包含 4 个 1 A 半桥的 L293B 的部分数据表（Copyright STMicroelectronics. Used with permission.）

17.7　温升问题

当切换大电流时，开关元件的电压损耗不仅包括负载电压损耗，还包括功率驱动器自身消耗的功率（$P = V \times I$），这种功率将转换成热能，并通过空气消散。众所周知，过热可能导致器件损坏，因此需要防止因热能导致的温度上升（温升）过高，这时就需要进行热分析。产品制造商通常会在数据表中给出器件的热性能参数，这些参数是基于简单热流模型的，可直接在电路中模拟，具体电路如图 17.18 所示。

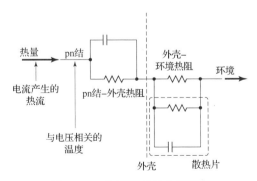

图 17.18　热流模型的电路模拟

在该模型中，温度对应电压，而热流对应电流，电阻则等效为热阻（℃/W）；电容表示外壳（可能有散热片)的热容量大小,支持热瞬变分析。基础热分析通常是稳态分析,即只有直流而无交流,此时可忽略热容量。

为了使读者能更加直观地理解该模型,下面以 L293B 为例进行说明,L293B 的热参数定义如图 17.19 所示。

THERMAL DATA				
Symbol	Parameter		Value	Unit
$R_{th\,j\text{-}case}$	Thermal Resistance Junction-case	Max.	14	$^{o}C/W$
$R_{th\,j\text{-}amb}$	Thermal Resistance Junction-ambient	Max.	80	$^{o}C/W$

图 17.19　L293B 的热参数定义(Copyright STMicroelectronics. Used with permission.)

器件热性能可基于 pn 结-环境特性评估,而无须考虑外部散热片和 pn 结-外壳特性,后者仅用于评价系统性能。下面分析一个无散热片应用。

数据表中的绝对最大值部分给出了最大允许结温——150℃,如要分析最恶劣条件下的稳态功耗,则需采用最大输出电流(1 A)和开关元件的最大电压降(包括 1.8 V 吸入电压和 1.8 V 电源电压,共 3.6 V),基于以上参数可知,最恶劣条件下的总功耗为 3.6 W。需要说明的是,此处忽略了器件内部操作消耗的功耗,因为该功耗远小于开关元件功耗。根据 PN 结-环境热阻可计算出温升:3.6 W × 80℃/W = 288℃。如需将结温控制在 150℃ 以内,则该器件需工作在环境温度低于-138℃条件下,显然这是无法实现的,必须进行改进。改进可基于两种思路展开:其一,改变电流以降低结温;其二,采用散热片。

假设器件工作于室温(25℃)环境,则意味着温升需要控制在 125℃ 以内才能满足结温要求。由前述内容可知,pn 结-环境热阻等于 80℃/W,据此可算出功耗需求为 125℃/(80℃/W)= 1.56 W。因此可知,晶体管最恶劣电压降条件的限制电流为 1.56 W/3.6 V = 434 mA。

如果 434 mA 电流依旧无法满足散热条件,则可添加散热片。此时需根据 L293B 的参数计算散热片的最小热阻,以确保功率耗散,使之满足结温需求,可计算获得满足最大 ROA 的总热阻:125℃/3.6 W = 34.7℃/W。如图 17.20 所示,总热阻由 pn 结-外壳热阻与并联的外壳-环境热阻和散热片热阻串联而成,如使用散热片,可忽略环境影响。

简单地将总热阻(34.7℃/W)减去 pn 结-外壳热阻(14℃/W),便可算出与 IC 封装的外壳-环境热阻并联的散热片的最大热阻,即有 34.7℃/W −14℃/W = 20.7℃/W。IC 封装的外壳-环境热阻等于 pn 结-外壳热阻和 pn 结-环境热阻之差,即有 80℃/W − 14℃/W = 66℃/W,再使用并联电阻的公式,获得散热片热阻表达式:

$$R_{total} = \frac{R_{case}R_{sink}}{R_{case} + R_{sink}} \tag{17.1}$$

$$R_{sink} = \frac{R_{case}R_{total}}{R_{case} - R_{total}} \tag{17.2}$$

计算可得散热片热阻为 30.2℃/W。基于该参数,设计者可以选择 16 引脚 DIP 封装的散热片。图 17.21 所示是一个热阻为 20℃/W 的散热片。

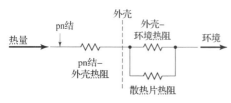

图 17.20　带散热片的散热途径

图 17.21　DIP 散热片

17.8　习题

17.1　如果希望以 7400 的输出驱动 LED 达到最大亮度，则 LED 是在 7400 输出低电平时还是输出高电平时开启（导通）？基于图 17.2 给出的最差条件设计准则和数据表进行分析。

17.2　如果希望以 74HC04 的输出驱动 LED 达到最大可能亮度，则 LED 是在 74HC04 输出低电平时还是输出高电平时开启？基于图 17.3 给出的最差条件设计准则和数据表进行分析。

17.3　如果以 7400 或 74HC04 驱动 LED，采用哪种器件，LED 输出的亮度较大？基于图 17.2 和图 17.3 给出的最差条件设计准则和数据表进行分析。

17.4　如要以"线或"结构中的两个 LM339A 输出驱动 MC9S12 系列器件的单个输入（见图 17.8 和图 16.1 的数据表），上拉电阻的最小值和最大值是多少？从 5%容差电阻中选择。

17.5　查找图 17.12 的 ULN2003A 数据表，那么能够支持 200 mA 输出电流的最低输入电压是多少？

17.6　对于习题 17.5 规定的条件，ULN2003A 集电极的输出电压是多少？

17.7　如果使用 5 V 供电的 L293B 驱动额定电流为 1 A 的电机，那么在停机状态下电机端的最小电压是多少？使用图 17.17 数据表，并画出电路原理图。

17.8　无散热片条件下使用 L293B 驱动额定电流为 400 mA 的电机，如果电机无限期停转，则最大结温是多少？假设 L293B 上有最大电压降，且环境温度为 25℃。

17.9　与习题 17.8 的条件相同，将图 17.21 所示散热片加到 L293B，则最大结温是多少？

17.10　设计电路用于开启一组 40 个红外 LED 灯（$V_f = 1.4$ V），已知 LED 的电流为 50 mA，使用 MC9S12 系列器件（见图 16.1 的数据表）的输出驱动，电路总元件数不超过 3 个，可选电源电压为+5 V、+12 V 和+15 V，参考数据表进行设计，保证设计参数在器件参数允许范围内。

扩展阅读

Electronic Circuits, Schilling,D.L., and Belove, C., McGraw-Hill, 1989.

Practical Electronics for Inventors, Scherz, P., 2nd ed., McGraw-Hill, 2006.

第18章 数字逻辑和集成电路

随着微控制器执行速度的增加，机电一体化工程师已无须考虑门级逻辑电路的设计问题。目前来看，除少数几种对处理速度要求过高的应用，如高速电机的高分辨率编码器接口，纯软件实现的计算速度无法满足应用需求，需要引入硬件逻辑门电路，其他大多数应用已完全可通过软件实现。但这并不意味着机电一体化工程师不需要了解数字逻辑的基本原理，因为工程师们需要了解用以描述器件性能的逻辑定义和逻辑符号，以熟悉器件性能，进而选择器件，生成设计文档并描述设计功能。通常情况下，外设设计文档用于描述外设功能，一般以功能原理图形式呈现，设计者需要仔细研读这些功能原理图，以便深入理解外设子系统的性能。此外，还有许多原来用于离散逻辑设计的数字逻辑器件，目前也用于微控制器外围电路的构建。一般而言，这些外围电路能使设计者更好地利用微控制器有限的器件引脚。

为了使读者了解数字逻辑，具备解读功能原理图的能力，并能将数字逻辑器件应用于微控制器设计，本章将重点讲述：

1. 组合逻辑的基本构成模块。
2. 如何使用组合逻辑模块描述微控制器外设功能。
3. 组合逻辑和时序逻辑的区别。
4. 时序逻辑的基本构成模块。
5. 微控制器电路采用的数字逻辑和器件综述。

18.1 基本组合逻辑

如第 3 章所述，布尔代数的逻辑运算可由四种基本组合逻辑门实现。所谓**组合逻辑**，指输出仅由当前输入状态决定的逻辑。四种基本组合逻辑门的电路符号如图 18.1 所示。

在图 18.1 中，与(AND,用数学符号"·"表示)门和或(OR,用数学符号"+"表示)门有两个或两个以上输入，异或(XOR)门为双入单出结构，非(NOT)门则为单入单出结构。从技术角度来看，异或门不是一种基本逻辑运算，因为要实现异或，需要执行三次基本运算，即 $[(A+B)\cdot\overline{(A\cdot B)}]$，但 XOR 运算非常有用，因此尽管计算次数较多，它也被视为一种基本运算操作。

逻辑运算"非"的电路符号一般指反相器，由两部分组成，即三角形符号和小圆圈符号，三角形与输入相连，表示缓存，小圆圈则与输出端相连，表示非(或反相)。当然，有些逻辑符号也将小圆圈放置在输入端。当小圆圈在输出端时，表示输出**低态有效**；当其在输入端时，表示输入低态有效。另外，非门还可以添加控制端，如图 18.2 所示，图中以一条垂直于输入/输出线的直线表示输出控制，该直线既可加于三角形下部，也可加于三角形上部。

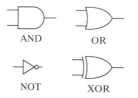

图 18.1 四种基本组合逻辑门的电路符号

图 18.2 带输出控制的反相缓存

输出控制线控制的是输出，当其未激活时禁用输出，由此形成"三态"模式，具体内容参见 17.3 节。

18.1.1　真值表

真值表通常用于表示门状态，是表征逻辑事件输入和输出之间全部可能状态的表格。基本逻辑功能真值表如图 18.3 所示。

I_1	I_2	O
0	0	0
0	1	0
1	0	0
1	1	1

AND

I_1	I_2	O
0	0	0
0	1	1
1	0	1
1	1	1

OR

I	O
0	1
1	0

NOT

I_1	I_2	O
0	0	0
0	1	1
1	0	1
1	1	0

XOR

图 18.3　基本逻辑功能真值表

当真值表用于表示组合逻辑门时，可构造分级真值表以实现局部逻辑分析和总体逻辑分析，具体示例如图 18.4 所示。

18.1.2　用组合逻辑描述微控制器子系统

在微控制器子系统中，数字逻辑符号常用于描述定时器子系统特性。图 18.5 所示电路描述了定时器/计数器寄存器的门控时钟（Gate Clock）信号的产生方法。

信号 TMR1ON、TMR1GE 和 T1GINV 表示微控制器中控制寄存器的状态。可通过编程来控制门的开关，$\overline{\text{T1G}}$ 是外部输入引脚状态，该逻辑将决定何时有门控时钟输出，即通过开关最右侧的与门来控制输出时钟的有无。另外，为了保证时钟输入（Clock Input）通过与门，必须保证 TMR1ON 为逻辑真。

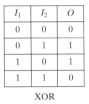

I_1	I_2	O_1	O_2	输出
0	0	1	1	1
0	1	1	0	0
1	0	1	0	0
1	1	0	0	0

图 18.4　多级逻辑电路和真值表示例

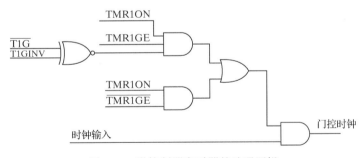

图 18.5　微控制器定时器的选通逻辑

18.2　组合逻辑功能实现

本节将介绍几种机电一体化系统常用的大规模组合逻辑功能，在 18.5 节还将介绍目前的几种常用器件。这些功能可用门级逻辑和真值表来表示，以此证明可由一系列门构造大规模的组合逻辑。需要说明的是，本节重点并非讲述组合逻辑的构造方法，而是希望读者能熟悉大规模组合逻辑功能，并能将其用于设计。

18.2.1 数字比较器

数字比较器是一种组合逻辑模块，用于比较比特图样对。该模块是第 8 章所述微控制器的组成部分。具体而言，数字比较器是微控制器输出比较系统的核心。

图 18.6 所示为二进制四位比较器，用于比较比特图样 A[3:0]和比特图样 B[3:0]，当 A、B 完全匹配时，比较器输出逻辑真。符号 A[3:0]是 A[3]、A[2]、A[1]、A[0]的成组表示，XNOR 门为低电平有效，由 XOR 门和反相器共同组成，采用二进制码，当 A、B 相等时，输出逻辑真。

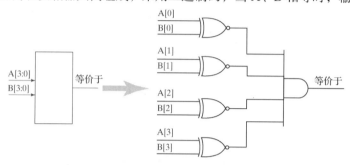

图 18.6 数字比较器及其实现

18.2.2 数字多路复用器

多路复用器为多输入/单输出系统，即通过控制线选择输入端，多路输入信号以时分方式与输出相连，利用多路复用器可同时监控多个输入端。数字/模拟多路复用器原理详见 8.6 节，数字多路复用器采用逻辑门进行控制，而模拟多路复用器则采用多路模拟开关实现。

图 18.7 所示为 2:1 数字多路复用器。如图所示，数字多路复用器由选择线控制 D_0、D_1 切换接入输出端，控制线数量每增加一条，可控输入端数量将增加一倍，即两条控制线可以控制四路输入，三条控制线则能控制八路输入，详见图 18.8。

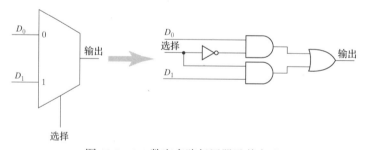

图 18.7 2:1 数字多路复用器及其实现

S_2	S_1	S_0	D_7	D_6	D_5	D_4	D_3	D_2	D_1	D_0	Y
0	0	0	?	?	?	?	?	?	?	1/0	1/0
0	0	1	?	?	?	?	?	1/0	?	1/0
0	1	0	?	?	?	?	1/0	?	?	1/0
0	1	1	?	?	?	1/0	?	?	?	1/0
1	0	0	?	?	1/0	?	?	?	?	1/0
1	0	1	?	?	1/0	?	?	?	?	1/0
1	1	0	?	1/0	?	?	?	?	?	1/0
1	1	1	1/0	?	?	?	?	?	?	1/0

图 18.8 3:8 数字多路复用器

18.2.3　解码器

从某种意义上来说，**解码器**实现的是多路复用的逆过程。解码器有多条输出线，但某个特定时刻只有一条输出线有输出，输出线由解码器的选择线控制激活。

图 18.9 给出了 2:4 解码器示例，该例输出为低电平有效（原理图中输出线上有小圈圈符号）；根据选择线（Select1 和 Select 0）的状态，译码器将选择激活一个 Y 输出端，使之处于低电平状态，其他三个 Y 输出端仍保持在高电平状态。注意，此例中始终有一个输出端处于激活状态，市面上的此类产品一般包括强制控制端，即可强制使所有输出端均处于不激活状态。

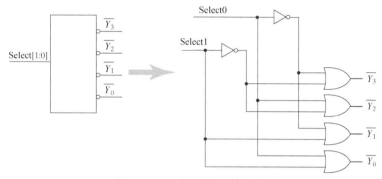

图 18.9　2:4 解码器及其实现

18.3　时序逻辑

以上介绍的逻辑均为组合逻辑，即任意时刻的输出都将由该时刻的输入状态决定，而不会反映其他时刻的输入状态。**时序逻辑**则将过去时刻状态引入逻辑控制，图 18.10 给出了简单的时序逻辑，这些逻辑器件包括 **RS 锁存器**、**SR 锁存器**、**SR 触发器**和 **RS 触发器**。通常情况下，**锁存器**和**触发器**的定义可互用，即表示该电路有两种工作状态，名称中的 R 表示输入的复位（Reset）端，S 表示输入的置位（Set）端，触发器常以输入端的名称来命名。

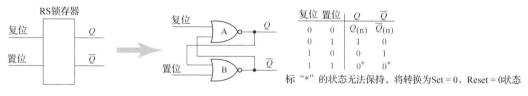

图 18.10　RS 锁存器及其实现

下面介绍 RS 触发器的工作原理，首先假设 S 端置高电平（1），R 端置低电平（0），此时或非（NOR）门 B 输出 $\overline{Q}$ 为低电平（见第 3 章的布尔代数恒等式）。由于 R 端置低电平，则或非门 A 的两个输入端均为低电平，其输出 Q 为高电平。然后，将 S 端拉低，由于或非门 A 的输出 Q 为高电平，因此或非门 B 的输出 $\overline{Q}$ 为低电平。如果或非门 B 的输出 $\overline{Q}$ 保持为低电平，则或非门 A 的输入状态保持不变，其输出也将保持为高电平。此时输入状态改变，而输出并未改变，如真值表第一行所示，$Q_{(n)}$ 表示前一个 Q 的输出值。如再将 R 端拉高，则 Q 和 $\overline{Q}$ 将同时发生状态跳变，即 Q 变低电平而 $\overline{Q}$ 变高电平。如再将 R 端拉低，即回到 $R = 0$，$S = 0$ 的初始设置状态，此时输出依旧是 Q 为低电平、$\overline{Q}$ 为高电平，即意味着相同的输入状态可能导致不同的输出状态，表示该电路"记住"了 R 端或 S 端在上一状态为高电平。

假如将 R 端和 S 端同时置为高电平，则输出 Q 和 $\bar{Q}$ 将均为低电平。如果将"双高态"转换为"双低态"，则从真值表推断，此时的输出应保持为上一个状态，但事实上当 R 端和 S 端变为"双低态"时，输出无法保持 Q 和 $\bar{Q}$ 均为低电平，其输出为 $Q=1$，$\bar{Q}=0$ 或 $Q=0$，$\bar{Q}=1$。此时 R 和 S 输入不会同时发生状态转换，即总有一个输入会先于另一个输入发生跳变。因此，可能在一个时间段内输入呈现为 0，1 态或 1，0 态，即当 R、S 同时从 0 向 1 跳变时将存在一个过渡态。

实际设计一般不采用 RS 触发器，我们将在 18.4 节讨论其他常见的触发器。

18.4 时序逻辑功能实现

单个触发器可用于构成无过渡态锁存器，另外，还可以通过级联方式实现顺序操作。

18.4.1 D 触发器

D 触发器是最常见的一种触发器，其输入端包括数据输入(D)和时钟输入(CP)，其电路符号及真值表详见图 18.11。

真值表的前两行为有时钟情况，在时钟 CP 的上升沿触发下，输出 Q 和 $\bar{Q}$ 响应输入 D 的状态变化。真值表的后两行表示无时钟情况，当 CP 为高电平(或低电平)时，输出 Q 和 $\bar{Q}$ 将不再响应 D 输入，而保持为上一个状态。电路符号中 CP 端的三角形及真值表中的箭头均表示 CP 上升沿触发，CP 端又称**边缘触发端**。当 CP 端保持为低电平或高电平时，Q 输出将保持上一个状态，即表现出记忆特性。另外，上升沿触发还可实现对 D 输入采样，以获得瞬时值。

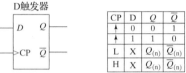

CP	D	Q	$\bar{Q}$
↑	0	0	1
↑	1	1	0
L	X	$Q_{(n)}$	$\bar{Q}_{(n)}$
H	X	$Q_{(n)}$	$\bar{Q}_{(n)}$

图 18.11　D 触发器及其真值表

18.4.2 J-K 触发器

可以想象，有两个数据输入端的触发器，其灵活性会更好，此时时钟上升沿可能触发四个输出状态：(1)置 1；(2)清零；(3)反转；(4)保持。J-K 触发器的电路符号及真值表见图 18.12。

相比于 D 触发器，J-K 触发器多了一种工作状态，即能实现输出状态转换，当 J、K 均为高电平时，每一个时钟上升沿都将触发一次 Q 和 $\bar{Q}$ 输出跳变。

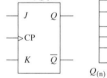

模式	J	K	Q	$\bar{Q}$
反转	1	1	$\bar{Q}_{(n)}$	$Q_{(n)}$
清零	0	1	0	1
置1	1	0	1	0
保持	0	0	$Q_{(n)}$	$\bar{Q}_{(n)}$

$Q_{(n)} = Q$ 先于最后一个上升时钟到来

图 18.12　J-K 触发器及其真值表

18.4.3 计数器

将一组触发器级联即可构成计数器，用于记录时钟脉冲个数。这些时钟脉冲可能来自不同时钟源的外设，也可能来自同一时钟源的外设。对于后者而言，计数器的计数结果表示时间。事实上，计数器是微控制器中定时器和脉冲宽度调制子系统的重要组成部分，具体内容详见第 8 章。

图 18.13 给出了利用级联触发器构成计数器的例子，图中 J-K 触发器的输入均置为高电平，导致输出在下降沿到来时发生跳变，触发器的输入端 J 和 K 均置为高电平，当时钟下降沿到来时输出反转。触发器的输出 Q 一方面连接计数器的 Q_i 输出，另一方面则连接至下一级触发器的时钟(CLK)端，并通过下降沿跳变触发下一个触发器状态转换。

我们可以通过图 18.13 给出的时序图理解计数器的工作方式。计数器的输出初始时为低电平，第一个到来的时钟下降沿触发 FF_0 触发器的输出 $Q(Q_0)$ 发生跳变，使其从低电平跳变为高电平。FF_0 的输出 Q 连接至 FF_1 的时钟端，由于 FF_1 也是下降沿触发，因此当 FF_0 的输出发生跳变时，FF_1

的输出不会发生跳变。第二个时钟下降沿到来时，Q_0 再次发生跳变，即由高电平转换为低电平，生成一个下降沿，该下降沿将触发 FF_1 发生跳变，其输出 $Q(Q_1)$ 将从低电平转换为高电平。

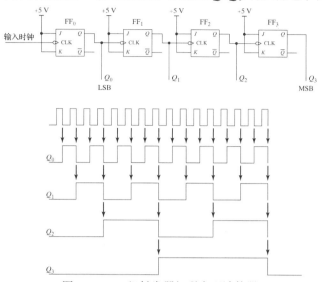

图 18.13　一组触发器级联实现计数器

　　我们可通过观察 Q 的输出状态来理解计数器的工作过程。如图 18.14 所示，4 个 Q 输出的初态均为"0"，时钟脉冲触发 Q 跳变，设置最右侧 Q 为 Q_0，最左侧 Q 为 Q_3，则可构成一个二进制计数器，计数范围为 0 ~ 15。

　　图 18.13 中的箭头表示下降沿触发，一次下降沿可能导致一系列输出 Q 的状态转换，由 16.4 节和 16.7.2 节可知，触发器存在固有的触发时延。对于级联触发器而言，触发时延会逐渐累积，从而导致输出的 Q_0 ~ Q_3 无法在同一时刻完成状态转换，即计数器输出呈现出"异步"跳变，因此这种计数器被称为**异步计数器**。显而易见，异步计数方式存在严重缺欠，我们可以预测计数过程(例如从 1111 计数到 0000)，Q_0 首先跳变，接下来 Q_1、Q_2、Q_3 依次发生跳变，经过一系列跳变后，才呈现出图 18.15 所示的输出。

	Q_3	Q_2	Q_1	Q_0
0	0	0	0	0
1	0	0	0	1
2	0	0	1	0
3	0	0	1	1
4	0	1	0	0
5	0	1	0	1
6	0	1	1	0
7	0	1	1	1
8	1	0	0	0
9	1	0	0	1
10	1	0	1	0
11	1	0	1	1
12	1	1	0	0
13	1	1	0	1
14	1	1	1	0
15	1	1	1	1
0	0	0	0	0
1	0	0	0	1

Q_3	Q_2	Q_1	Q_0
1	1	1	1
1	1	1	0
1	1	0	0
1	0	0	0
0	0	0	0

图 18.14　计数器输出与定时脉冲个数　　　　图 18.15　计数器的 Q 输出(从 1111 计数到 0000)

这种异步跳变方式显然是有问题的，因为每个 Q 输出组合都会表现为计数器的有效计数值。如果实时跟踪输出，则无法确定获得的 Q 输出组合是否为有效的计数输出，导致计数输出错误。因此我们需要一个能实现同步输出的计数器，即所有输出同时发生状态转换。事实上，目前常用的计数器均为同步计数器，相关的**并行输出计数器**不在本书的讨论范围内，在此不再详述。

18.4.4　移位寄存器

如图 18.16 所示，将一系列的 D 触发器串联，即可构成**移位寄存器**。图中时钟端的圆圈和三角标识表示下降沿触发。

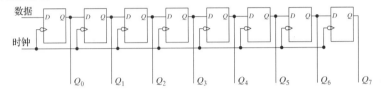

图 18.16　D 触发器构成的移位寄存器

假设所有 Q 输出和输入初始时为 "0"，时钟下降沿到来时，将触发所有触发器，即表示最左侧的输入状态将传递至 Q_0，Q_0 则传递至 Q_1，以此类推。如果左侧的输入为 "0"，则整个寄存器不会发生状态转换。

如果左侧的第一个输入为 "1"，当第一个时钟下降沿到来时，Q_0 转换为 "1"，其他输出保持不变。左侧的第二个输入为 "0"。当第二个时钟下降沿到来时，Q_0 转换为 "0"，而 Q_1 转换为 "1"。左侧的第三个输入为 "0"。当第三个时钟下降沿到来时，Q_0 转换为 "0"，Q_1 转换为 "0"，而 Q_2 转换为 "1"，以此类推。若接下来的输入均为 "0"，则当第八个时钟下降沿到来时，寄存器输出为全 "0"，具体状态转换过程如图 18.17 所示。

这种现象可从多个角度进行解读。一种最简单的思路是，Q_0 表示前一个时钟到来时的输入状态，Q_1 表示前两个时钟到来时的输入状态，以此类推，即通过输出序列即可了解不同时刻的输入状态。

如果采用微控制器控制数据和时钟，则在经过 8 次下降沿触发后，可通过控制输入数据获得任意组合的 8 位 Q 输出。这使得设计者可基于两个微控制器输出生成大量的数字组合输出，具体方法详见 18.6.3 节和 18.6.4 节。

时钟	D	Q_0	Q_1	Q_2	Q_3	Q_4	Q_5	Q_6	Q_7
0	0	0	0	0	0	0	0	0	0
1	1	1	0	0	0	0	0	0	0
2	0	0	1	0	0	0	0	0	0
3	0	0	0	1	0	0	0	0	0
4	0	0	0	0	1	0	0	0	0
5	0	0	0	0	0	1	0	0	0
6	0	0	0	0	0	0	1	0	0
7	0	0	0	0	0	0	0	1	0
8	0	0	0	0	0	0	0	0	1
9	0	0	0	0	0	0	0	0	0

图 18.17　输入为 "1" 时的移位寄存器输出

18.5　逻辑系列

在离散逻辑器件面世之初，制造商即通过定义标准数字标识符来表示逻辑器件功能。例如，数字 00 表示 4 个二输入与非（NAND）门器件，02 表示 4 个二输入或非（NOR）门器件。在典型的早期逻辑器件系列——晶体管–晶体管逻辑（TTL）系列中，四个 2 输入与非门器件标识为 7400（军用产品为 5400）。

随着器件产业的飞速发展，新面世的器件虽然逻辑功能相同，但由于器件设计者或侧重响应速度，或侧重器件功耗，导致电气特性差异明显。为此，器件制造商在 74（或 54）与表示逻辑功能的数字之间插入一个 2~4 个字母的标识符来表示这种差异，如用于表示高速 CMOS 的 HC、表示甚高速

CMOS 的 VHC 和表示数字超高速 CMOS 的 AHC, 高速 CMOS 系列可用于构造微控制器接口电路。当然, 设计者必须通过查阅器件数据表来选用器件, 并根据 16.8 节给出的流程评估兼容性。

　　本书关注的是器件的逻辑功能, 而非器件的电气特性, 因此本章后面部分的器件将用 xx 替代电气特性标识, 例如将器件表示为 74xx00。需要说明的是, 并非所有的逻辑器件系列都支持全部的逻辑功能, 鉴于其在构造微控制器接口电路中表现出的优势, 本章将重点关注高速 CMOS 系列。

18.6　基于逻辑器件的微控制器功能扩展

　　离散逻辑器件可用于微控制器功能扩展。例如, 对于一个特定设备而言, 微控制器的 I/O 端口数固定, 如果端口数不够, 设计者将面临两种选择。其一, 选择有更多输入/输出端口的微控制器, 这种方法虽然简单, 但显然会导致成本增加。其二, 采用逻辑器件实现 I/O 扩展, 这种方法成本低廉, 特别适用于不需要增加太多端口的情况。

18.6.1　基于多路复用器的输入功能扩展

　　如 18.2.2 节所述, 多路复用器可用于外部输入选择。如图 18.18 所示, 多路复用器 74xx151 可用于四端口微控制器的输入线扩展。图中, 微控制器利用 3 条输出控制线(选择位 0 ~ 2)控制复用器, 选择连接到微控制器输入端口(标识为 "数据输入")的外部输入端。如果外部输入少于 8 个, 则可将不用的端口接地(或接高电平), 并减少控制线的数量以保证输入读取效率。

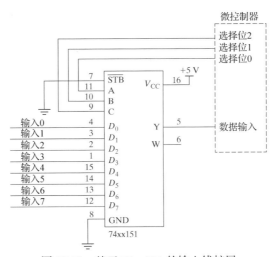

图 18.18　基于 74xx151 的输入线扩展

　　该电路结构需要编写对应的控制软件以保证正确选择输入线, 并正确读取/返回选择的输入线的状态, 在伪代码中需要定义函数 WhichBit, 如果输入线为高电平则返回 "TRUE", 反之则返回 "FALSE", 伪代码示例如下:

```
Write WhichBit to the output port connected to the multiplexer
Read the input port associated with the DataInput bit
Mask the result of the read to isolate the DataInput bit
If the result of the masking operation is TRUE
    return TRUE
else
    return FALSE
```

18.6.2　基于解码器的输出功能扩展

设计者可采用 18.2.3 节所述的解码器来增加微控制器的输出端口数。实现此功能的关键是，必须保证在任意时刻解码器只有一个有效输出，即在某一固定时刻，机器只会处于某一个特定状态，例如洗衣机包括加水、洗涤、甩干等状态，但绝对不会在洗涤时甩干。

图 18.19 给出了一个应用示例，其中采用 3 个输出位(选择位 0 ~ 2)选择要点亮的 LED，解码器包含一个附加的"使能"端，可用于关闭输出。74xx138 有 3 个使能端，其中两个为低电平开启，另一个为高电平开启。本例中，低电平使能端接地，高电平使能端则连接到微控制器的输出端。当微控制器的输出为低电平时，所有的 LED 都将熄灭。与多路复用器类似，如果输出少于 4 个，则可将其中一条选择线置为高(或低)电平，以减少控制线的数量。

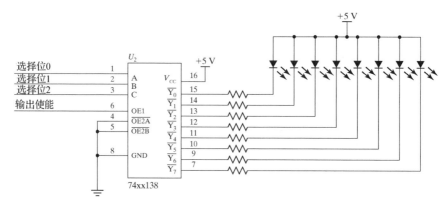

图 18.19　采用 74 xx138 通过 4 条控制线控制 8 个 LED

18.6.3　基于移位寄存器的输入功能扩展

修改图 18.16 所示移位寄存器的逻辑后，可得**并行输入、串行输出移位寄存器**。如图 18.20 所示，当移位/$\overline{写入}$ 线置为低电平时，时钟线脉冲将使触发器输出 Q 与输入状态($D_1 \sim D_4$)相同。若移位/$\overline{写入}$ 线置为高电平，则后续时钟线脉冲将捕获状态向右移位的输出 Q。

此时微控制器的 3 条控制线可用于对大量输入线进行任意采样。

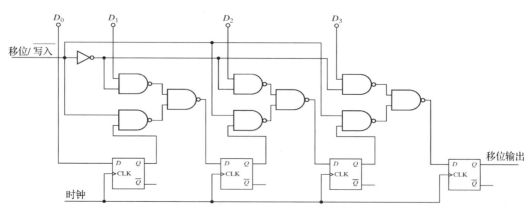

图 18.20　4 位并行输入、串行输出移位寄存器

图 18.21 的示例采用了 74xx165 移位寄存器，实现 8 位数字输入采样。其中微控制器用两条输

出线控制移位寄存器，以及使用一条输入线读取数字数据。可以级联多个 74xx165（多个 74xx165 连接在一起），以提供更长的移位寄存器和更多的数字输入线。

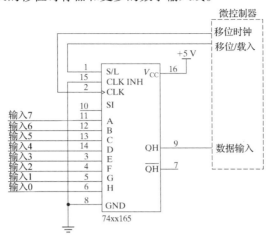

图 18.21　采用 74xx165 扩展输入线的数量

如图 18.22 所示，左侧 74xx165 的 QH 输出与右侧 74xx165 的 SI（串行输入）端口连接，两个芯片的另外两个控制引脚 S/L 和 CLK 也连接在一起，构成了 16 位移位寄存器。此时，微控制器的 3 条控制线将同时控制 16 个输入采样，但输入数据的移位寄存过程可能耗费较长时间。

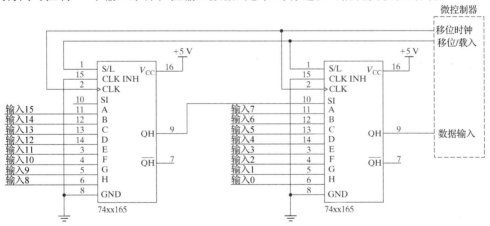

图 18.22　两个 74xx165 级联构成 16 位移位寄存器

基于移位寄存器的输入功能扩展也需要编写软件，并且该软件比多路复用器的更复杂。如果选用不包括 SPI 子系统的微控制器（见 7.3.1.1 节），则必须编写软件用于实现控制线控制和输入线读取，以读取移位寄存器的输入。当软件以这种方式控制 I/O 线时，称之为**位触发**，伪代码示例如下：

```
Clear the ShiftRegisterData variable used to accumulate the incoming data
Latch the input pin values into the shift register by first setting the
pin of the output port connected to the Shift/Load line low then high.
Repeat 8 times:
    Read the input port associated with the DataInput bit
    Mask the result of the read to isolate the DataInput bit
    If the result of the masking operation is TRUE
        Shift a 1 into the ShiftRegisterData variable
```

```
else
    Shift a 0 into the ShiftRegisterData variable
pulse (raise, then lower) the pin of the output port connected to
the ShiftClock line
End Repeat
Return the value of the ShiftRegisterData variable
```

上述伪代码虽然要比多路复用器的更复杂，但是优点也很明显，即可在不增加微控制器线数的基础上扩展获得更多的输入端。

18.6.4　基于移位寄存器的输出功能扩展

市面上销售的移位寄存器都比 18.4.4 节的例子复杂。一般而言，设计者并不关注输出状态变化，而对移位寄存器的状态更有兴趣，因此商用移位寄存器一般不会将移位寄存器的 Q 输出与芯片的输出引脚直接相连，这类芯片一般会采用锁存器实现输出驱动。此时，当新的数据进入移位寄存器触发器时，输出引脚的电平将与锁存器最后一次输出的值相同。当全部 8 位移位寄存器状态转换完成后，另一条控制线(标记为"寄存器时钟")将新的 8 位移位寄存器状态一次性转移至锁存器，具体电路如图 18.23 所示。

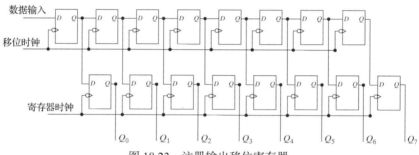

图 18.23　注册输出移位寄存器

从硬件角度来看，注册输出移位寄存器更加简单明了。图 18.24 所示为类似图 18.19 的 LED 驱动电路，此时只需 3 条控制线的移位寄存器即可实现 8 个 LED 的控制。对于图 18.19 的方案，图 18.24 的方案显然能更加灵活地控制所有的 LED，并且可在不额外增加微控制器引脚的条件下，通过 18.6.3 节的方法，利用移位寄存器实现输出功能扩展。与输入移位寄存器相比，使用输出移位寄存器将会增加软件控制的复杂度，并将导致输出状态更新时延的增加。

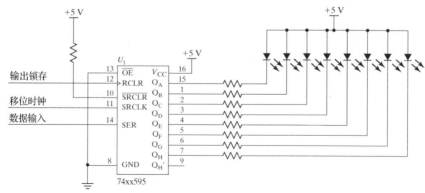

图 18.24　基于 74xx595 实现 8 个 LED 的控制，仅用 3 个微控制器输出引脚

18.6.5　使用 SPI 子系统与移位寄存器

微控制器也可能包含硬件 SPI 子系统，如 7.3.1.1 节所述，SPI 子系统能提供移位时钟和硬件，以实现微控制器数据的自动写入和读出，无须编写"位触发"软件以控制移位寄存器。SPI 子系统能有效实现硬件伪代码执行的"重复 8 次"循环。为了实现图 18.24 的含 SPI 的电路，需将时钟线连接至图 18.24 中标记为"移位时钟"的线，将 MOSI 线连接到数据输入线，并将输出端口线与标记为"输出锁存"的线相连。

18.7　555 定时器

将第 11 章所述的模拟比较器与 18.3 节所述的 RS 触发器相结合，可获得一种混合信号电路。该电路基于 RC 充放电电路来构造数字输出的模拟定时器。一般而言，微控制器的定时器子系统非常灵活多变，但在无微控制器或微控制器缺乏必要的软/硬件支持时，可采用模拟定时器来实现多种功能。该类芯片只需简单的外围电路即可构成混合信号电路。

最流行的模拟定时器是在 20 世纪 70 年代初推出的 NE555，该器件最初采用双极性晶体管设计，后又演进为 CMOS，并且每个器件提供两个定时器。下面将介绍该器件的基本功能——两个常见的定时任务：产生一个单脉冲及产生一个频率可控和占空比可控的周期脉冲。

18.7.1　555 定时器的内部结构

图 18.25 给出了 555 定时器的内部结构，其中包括一个双比较器和一个 RS 触发器。

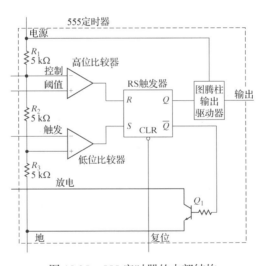

图 18.25　555 定时器的内部结构

如图所示，两个比较器构成了窗口比较结构，参考电压由电阻分压器电路中的 R_1、R_2 和 R_3 提供，分别置为供电电压的 1/3 和 2/3，比较器的输出控制 RS 触发器的状态。RS 触发器此时可充当记忆单元，存储比较器上一次的触发状态。RS 触发器的输出通过图腾柱放大器驱动，可输入/输出大电流(在 15 V 电源电压的情况下输出高达 200 mA 的电流)。RS 触发器的输出还控制着一个集电极开路晶体管，当输出为低电平时，晶体管 Q_1 工作。

18.7.2　非稳态操作

　　要使 555 定时器产生连续的周期脉冲，需添加外围电路，如图 18.26 所示，该外围电路包括两个电阻和两个电容。

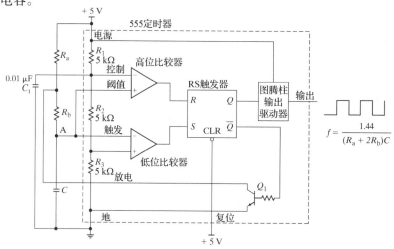

图 18.26　555 定时器的非稳态电路，用于产生连续脉冲序列

　　图 18.26 所示电路被称为**非稳态电路**，因其在任何状态下的输出都是不稳定的。当输出为高电平时，晶体管 Q_1 关闭，此时将通过 R_a 和 R_b 向定时电容 C 充电，当电容 C 的电压（连接到 555 定时器的阈值触发引脚）达到电源电压的 2/3 时，高位比较器触发，并反向保持 R（reset）输出，使其与 555 定时器输出同处低电平。Q_1 基极由触发器的输出 Q 逆向驱动，此时 Q_1 将开启，并通过电阻 R_b 使电容 C 放电。当电容 C 的电压下降到电源电压的 1/3 时，低位比较器关闭，其输出保持为触发器的 S（set）输入状态，使输出转换为高电平。然后，Q_1 关闭，定时电容 C 重新开始充电。图 18.27 给出了输出电压及电容电压的变化曲线。

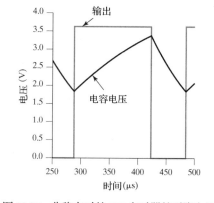

图 18.27　非稳态时的 555 定时器的引脚电压

　　该充放电过程无限重复，即可产生具有固有频率和工作周期的脉冲输出，其周期为

$$f = \frac{1.44}{(R_a + 2R_b)\,C} \tag{18.1}$$

占空比为

$$DC = \frac{R_a + R_b}{R_a + 2R_b} \tag{18.2}$$

　　由式（18.2）可知，占空比取值一般大于 50%，也可通过增加外围电路来降低占空比，该外围电路将使定时电容通过单一电阻实现充放电，具体电路可参见 Philips Semiconductor 给出的 NE555 应用建议[1]。

　　图 18.26 中的电容 C_1 并未直接影响定时波形，它与 R_1 共同构成低通滤波器，以稳定比较器的参考输入电压，该低通滤波器使阈值电压（触发电压）保持稳定，使其不受电源噪声的影响。

18.7.3　单稳态操作

　　图 18.28 所示为 555 定时器的第二类常见电路——**单稳态电路**。

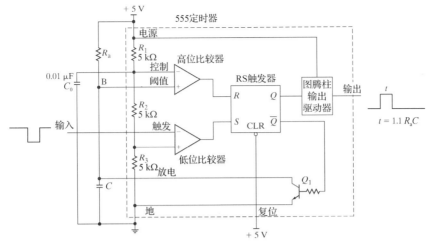

图 18.28　555 定时器的单稳态电路

在单稳态电路中，在触发器的输入端加入低输入脉冲，输出脉冲的持续时间 t 由外部电路 R_a 和 C 确定：

$$t = 1.1\, R_a C \tag{18.3}$$

电路稳态输出为低电平，晶体管 Q_1 开启，电容 C 电压保持为 0 V。当触发输入的电压低于电源电压的 1/3 时，低位比较器关闭，触发了触发器的 S 输入，触发器的输出变为高电平，晶体管 Q_1 关闭，此时通过电阻 R_a 向电容 C 充电。当电容 C 的电压达到电源电压的 2/3 时，触发高位比较器重置触发器，驱动输出变低，Q_1 开启，电容 C 放电。此时，如果触发输入的电压高于电源电压的 1/3，输出将返回稳定低值，并等待下一个触发脉冲到来。如果输入触发器在脉冲消失之前无法达到电源电压的 1/3，则 555 定时器输出将维持高电平。由此可见，必须保证触发脉冲宽度小于单脉冲的脉冲宽度。

18.7.4　其他用途的 555 定时器

除以上两种常用配置外，555 器件还有许多其他用途，例如产生**脉冲位置调制**(PPM)信号，该信号的高电平时间是固定的，低电平时间则随控制电压和线性电压斜率变化而变化。另外，双 555（或单 556）定时器还可用于产生**脉冲宽度调制**(PWM)信号，高电平时间和低电平时间随控制输入信号不同而不同，但总周期不变。555 电路应用广泛，并且有相关专著[2, 3]特别介绍该器件的不同使用方法。

18.8　习题

18.1　编写一段"位触发"伪代码，用 74HC595 将 3 条输出线扩展成 8 条输出线，采用高电平函数编写 8 位的值，并将其转换为 74HC595 的输出。采用低电平函数编写伪代码，以消除硬件间的相互影响，使其更易于变换输出端口和输出位。

18.2　在图 18.5 中，假设 TMR1ON、TMR1GE、T1GINV 为逻辑真，如果要将输入时钟转化为门控时钟，则 $\overline{\text{T1G}}$ 引脚应为哪种状态？

18.3　图 18.5 中 TMR1GE 位的功能是什么？（对比其两种状态逻辑特性的差异。）

18.4　参照图 18.29，Analog Input Mode = 0，Read TRISA = 0，Read PORTA = 0：

　(a) 如果所有 Q 输出均为 0，则 I/O 引脚的状态是什么(高电平、低电平或不确定)？

　(b) 如果 Data = 1，Write PORTA = 0，Write TRISA 脉冲为先高后低，则 I/O 引脚的状态是什么？

(c) 基于问题(b)的结论，如果 Data = 1，Write TRISA = 0，Write PORTA 脉冲先高后低，则 I/O 引脚的状态是什么？

(d) 基于问题(c)的结论，如果 Data = 0，Write PORTA = 0，Write TRISA 脉冲先高后低，则 I/O 引脚的状态是什么？

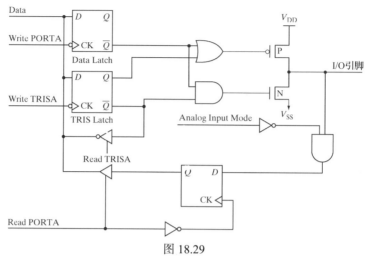

图 18.29

18.5 设计中面临微控制器输入线、输出线不足的问题；微控制器有 4 个可编程 I/O 引脚，但需要 4 个输入和 4 个输出。设计电路，将 4 个端口扩展为 8 个，扩展端口应具备普通端口功能，在读取输出端口时应同时返回 4 个输入位状态，实现 4 个输出端口同步刷新，并且确定 4 个端口的特性。

18.6 图 18.30 所示电路能实现什么功能？

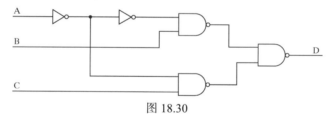

图 18.30

18.7 基于习题 18.5 的电路编写伪代码，读取 4 个输入，写入 4 个输出。代码应包括初始化函数、读函数和写函数。

18.8 设计一个 555 定时器电路，可用 74HC04 提供的 0.5 s 的 20 mA 正向电流和 1 ms 低电平脉冲来点亮 LED。

18.9 设计一个 555 非稳态多谐振荡器，频率约为 10 kHz(±10%)，占空比约为 50%(±10%)。R_a 大于等于 1 kΩ。给出详细的频率和占空比计算过程，画出电路原理图，确定元件的值和型号。

18.10 编写伪代码以控制如图 18.19 所示电路。顶层函数采用符号常量(Light0-Light7，All_OFF)来确定被点亮的 LED。

参考文献

[1] "AN170 NE555 and NE556 Applications," Philips Semiconductors, 1988.

[2] *555 Timer Applications Source Book,* Berlin, Howard M., Sams Publishing, 1979.

[3] *555 Timer IC Circuits,* Mims III, Forrest M., Radio Shack, 1992.

第 19 章　A/D 和 D/A 转换器

常见的机电一体化应用常基于微控制器实现环境感知，这些感知获得的环境信息常用于进程控制或物理量控制。之前章节中的微控制器输入/输出信息均为二进制形式，即用"1"或"0"表示开启或关闭、真或假。从本质上来说，微控制器是一种数字器件，并且只能处理数字信息。因此对于模拟传感器的输出信息而言，必须进行模数(A/D)转换后方能送入微控制器进行处理。微控制器的输出信息也需转换为模拟参量，即需要通过 A/D 转换器和数模(D/A)转换器实现微控制器与环境感知模拟信息之间的信息交互。本章的主要内容包括：

1. 模拟信息和数字信息之间的转换。
2. 描述 A/D、D/A 转换器性能的专业术语。
3. 两种转换器的误差和分类。
4. D/A 转换器的设计、工作原理及优缺点对比。
5. A/D 转换器的设计、工作原理及优缺点对比。
6. 基于应用的 A/D、D/A 转换器的选择方法。

19.1　数字域和模拟域的接口

如第 2 章所述，微控制器的核心是中央处理器(CPU)。CPU 可在存储器和算术逻辑单元(ALU)之间传递数据，ALU 的主要功能是执行数学和逻辑运算，CPU 无法处理模拟量，因此模拟信号必须在进出微控制器和存储器之前转换为数字信号，具体框图如图 19.1 所示。

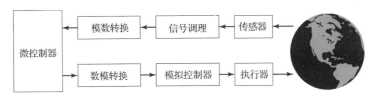

图 19.1　数字微处理器与模拟域的接口

当微控制器需读取模拟量时(例如光源亮度)，首先需要检测传感器的感知数据(传感器的相关内容参见第 13 章)。传感器的输出一般将通过信号调理电路进行优化，如提高分辨率、偏置调整和滤波(见第 14 章和第 15 章)。如果传感器的输出不是电压，信号调理模块还需将其转换为电压。传感器输出的模拟信号需先转换成数字信号方可送入微控制器，此时需要采用**模数转换器**(也称 **A-to-D** 或 **A/D 转换器**，简称 ADC)。ADC 将模拟电压转换为对应的数字信息，微控制器读取这些数字信息，并执行相关操作。

采用微控制器控制模拟输出(如音频扬声器)时，需采用 A/D 逆处理，即需将数字信息转换为模拟量，如图 19.1 的下部所示。微控制器一旦确定了模拟输出值，即将其对应的数字信息送入**数模转换器**(也称 **D-to-A** 或 **D/A 转换器**，简称 DAC)。DAC 将数字信息转换为模拟值，在将其输入执行器的控制端之前，也可先进行信号调理，如进行音频放大。

市面上出售的大多数微控制器都集成了片上多输入 A/D 转换器。一般而言，集成片上 A/D 转换器的分辨率和速度性能均不理想，但适用面广，经济实用。虽然也有少数微控制器集成了片上 D/A 转换器，但一般采用独立集成电路芯片实现数模转换。

19.2　连续信号的数字化

除了处理数字数据，微控制器还需在给定时间内执行指令，时间间隔由时钟决定，这对于模数转换非常重要。图 19.2 为典型的模拟电压信号(也可称为信号幅度)，模拟信号具有时间、幅度**连续性**，图 19.2 的信号即为时间(x 轴)、电压幅度(y 轴)连续的信号。

理想 A/D 转换器能够准确测量并表示这个信号。反之，理想 D/A 转换器则能完美重现该信号。问题在于微控制器及其控制的 A/D 和 D/A 转换器工作在固定的时间间隔内，即表现出时间离散性，另外，幅度也只能用离散增量表现，即表现出幅度离散性，因此，实际输出的只能是连续模拟信号的近似值。

由于微控制器在离散时间间隔内执行指令，因此只能周期性检测信号；与连续监测数据(见图 19.2)不同，微控制器只能捕捉离散时间点的信号值，该过程被称为**采样**。采样数据如图 19.3 所示，采样数据的关键参数是**采样间隔**，即相邻采样点之间的时间间隔，记为 Δt。高速信号的采样间隔不宜太大，否则可能导致严重的采样误差，甚至丢失重要信息。

图 19.3 为离散采样信号，采样值可能为任意电压电平值，即采样信号表现出幅度连续性和时间离散性。图 19.4 的信号则表现出幅度离散性和时间连续性，其幅度取值是离散的，例如信号幅度值可能为 3 V 或 3.25 V，但不会等于 3.14 V，这种情况被称为信号的量化，该信号被称为量化信号，量化值与实际值之间的差值被称为**量化误差**。D/A 转换器的分辨率决定了量化阶值，实际应用中的 D/A 转换器的输出一般具有**零阶保持(ZOH)**特性。

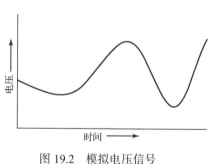

图 19.2　模拟电压信号

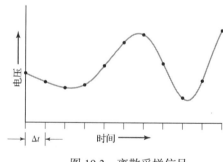

图 19.3　离散采样信号

图 19.5 所示信号同时具有幅度离散性和时间离散性，该信号为全数字信号。实际 A/D 转换器的输出一般为全数字信号，其处理过程包括采样和量化两步，即首先对信号采样，再进行幅度离散化处理。

图 19.5 表示了用数字采样信号表示模拟信号的一般方式，如图所示，模拟信号以取值相近的数字值(点)表示，采样率越高，分辨率越高，则量化误差越小，性能越好。

具体应用所需的最小采样率取决于输入的模拟信号频率，如果采样率过低，则可能丢失信号中包含的重要信息，且难以跟踪输入信号频率。如图 19.6 所示，当输入信号频率较高，而采样信号频率较低时，采样结果可能为频率远低于实际输入信号频率的正弦波，这种现象被称为**混叠**。

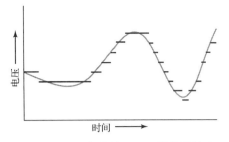

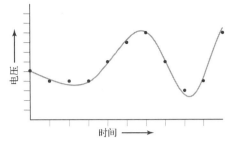

图 19.4　量化信号：D/A 转换器输出　　　　　图 19.5　数字信号：A/D 转换器输出

防止混叠的基本方法有两种，其一为使用**奈奎斯特定理**，得名于哈里·奈奎斯特(Harry Nyquist，1889—1976)。奈奎斯特认为，当采样信号频率大于等于输入信号频率的两倍时不会发生混叠效应。奈奎斯特定理为采样率的选择和 A/D 转换器的选型提供了依据。其二是采用**抗混叠滤波器**，该滤波器能够滤除采样信号中可能引起混叠效应的频率成分。例如，以 1 kHz 频率对频率为 100 Hz 的模拟信号采样，则可采用低通滤波器滤除高于 100 Hz 的频率成分。为了获得最佳效果，抗混叠滤波器应滤除大于等于**奈奎斯特上限频率**(即以该频率对模拟信号采样时，不会发生混叠效应的模拟信号的最高频率)的频率成分，本例中为 500 Hz。经过抗混叠滤波器后，被滤除信号幅度应小于 A/D 转换器可识别输入信号幅度的最小值，即小于可识别的最小电压增量。

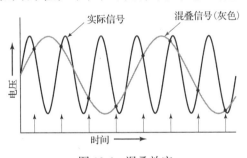

图 19.6　混叠效应

19.3　A/D 和 D/A 转换器的性能

A/D 或 D/A 转换器的性能由特有的性能术语表示。设计者首先需要熟悉这些术语，并理解理想转换器的理论性能表现。本节将首先讨论理想 A/D 和 D/A 转换器，进而分析误差来源，即实际转换器与理想转换器的误差。下面我们首先介绍表现 A/D 和 D/A 转换器性能的基本术语与相关概念。

分辨率：A/D 转换器的分辨率指数字输出离散值的个数，该取值与可识别的输入电压最小增量有关，A/D 转换器的输入电压动态范围将被划分为若干个离散增量，也称**计数**，A/D 转换器对模拟输入值编码，并输出编码结果，该结果即为计数值，也称**代码**。转换器分辨率越低，增量幅度越大；反之，分辨率越高，增量幅度越小。可以想象一下，假如我们手里有两把尺子，一把尺子的最小刻度为厘米，另一把尺子的最小刻度为毫米，这两把尺子都可以用来测量长度，但毫米尺的测量精度为厘米尺的 10 倍。A/D 转换器的分辨率即类似于尺子的最小刻度，这个最小刻度用"**位**"来表示。需要说明的是，理论上可用任意值或任意方式表示最小刻度。但对于数字系统而言，显然应以位表示分辨率，分辨率是 A/D 和 D/A 转换器的重要性能参数，并能以之为基础进行分类，例如"16 位 A/D 转换器"。分辨率 N 与计数值的关联关系如式(19.1)所示：

$$计数值 = 2^N \qquad\qquad (19.1)$$

理论上，A/D 转换器的位数可为任意值，但实际上常见的 A/D 转换器位数为 8 到 24 位。例如，8 位转换器的输出值个数为 2^8，计算可得分辨率为 1/256（1:256）；24 位转换器则可能有 2^{24} 个输出值，计算可得分辨率为 1:16 777 216。

D/A 转换器的分辨率由数字输入可接受离散值个数及输出端产生的离散模拟值个数共同决定。与 A/D 转换器相同，D/A 转换器的分辨率同样以"位"表示，连续增长的输入值的每个增量被称为一次计数，用于表示某个模拟值的计数输出被称为代码。式(19.1)同样可用于计算 D/A 转换器的计数值，其中分辨率为 N 位。D/A 转换器也可根据分辨率位数进行分类，例如"10 位 D/A 转换器"。目前常用的 D/A 转换器为 8~16 位（分辨率为 1:256 到 1:65 536），当然也有 4 位、24 位 D/A 转换器，但并不常见。

最低有效位(LSB)：如第 3 章所述，二进制数的 LSB 指最右侧位，其值为 $2^0 = 1$。对于 A/D 转换器而言，LSB 对应能引起数字输出变化的最小电压变化值，A/D 转换器每次计数的电压幅度由转换器的输入电压动态范围（即 0 V ~ V_{full}）和分辨率 N 决定。当然，输入电压动态范围通常还可表示为 V_{RH}（高参考电压值）~ V_{RL}（低参考电压值），也称 V_{span}，其具体幅度由 LSB 幅度决定。LSB 幅度（单位为伏特）等于转换器的最大输入电压乘以计数值的倒数：

$$LSB = \frac{V_{span}}{2^N} = \frac{V_{RH} - V_{RL}}{2^N} \tag{19.2}$$

给定 D/A 转换器的 LSB 由其输出类型决定，大多数 D/A 转换器采用电压输出方式，但电流输出 D/A 转换器也同样常见，即 LSB 也可以采用除电压单位（伏特）外的其他单位。一般而言，LSB 采用计数单位，而非具体输出物理量单位。当 D/A 转换器输出电压时，LSB 的定义与 A/D 转换器的相同，即表示一次计数对应电压值的大小，其具体值由 D/A 转换器动态范围（V_{span}）及分辨率 N 决定，详见式(19.2)。如果 D/A 转换器的输出为电流，则将对应电流幅度（单位为安培）：

$$LSB = \frac{I_{span}}{2^N} \tag{19.3}$$

例 19.1　求参考电压（单位为伏特）为 0~5 V 的 10 位转换器的 LSB 幅度。

$$LSB = \frac{V_{RH} - V_{RL}}{2^N} = \frac{5\text{ V} - 0\text{ V}}{2^{10}} = \frac{5\text{ V}}{1\ 024} = 4.88\text{ mV}$$

例 19.2　如果 D/A 转换器输出电压范围为 0~5 V，并且最小电压阶值为 100 μV，则该 D/A 转换器的分辨率位数为多少？

$$LSB = \frac{V_{RH} - V_{RL}}{2^N} = \frac{5\text{ V}}{2^N} = 100\ \mu V$$

$$2^N = \frac{5\text{ V}}{100\ \mu V} = 50\ 000$$

$$N = \log_2(2^N) = \log_2(50\ 000) = 15.6$$

即 D/A 转换器的分辨率为 16 位。

精度：A/D 转换器的精度表示实际输入电压与转换结果（即输出代码）的匹配度；反之，D/A 转换器的精度则表示实际输出电压与控制电压（基于输入代码）的匹配度。一般可用 LSB 表示精度，例如 10 位 MAX149B A/D 转换器（由 Maxim 公司出品）的精度为 ±1/2 LSB。

单调性：表示输出值随输入值呈正比变化，即在工作范围内输入值递增，输出值也递增，输入值递减，输出值则递减。此时转换器传递函数曲线斜率不会发生符号跳变。如斜率恒为零，则可能导致漏码，具体情况将在之后进行详细分析。对于转换器而言，单调性是一种理想特性，如果满足单调性条件，则 A/D 转换器不可能出现输入电压递增而输出值递减的情况，而 D/A 转换器则不会出现输入值递增而输出电压递减的情况。对于数字控制系统而言，保持单调性显得尤为重要，失去单调性可能导致系统不稳定。目前，市面上的转换器都具备单调性，数据表中对其具体性能有详细阐述。

漏码：如 A/D 转换器传递函数的斜率等于 0 将出现漏码，即无论输入电压如何变化，其输出将为恒定值，即输出不会随输入变化而变化。

最大采样率：表示 A/D 转换器可提供的最大采样率，单位为样本数/秒(S/s)或频率(Hz)。市面上普通 A/D 转换器的最大采样率从几赫兹到几百兆赫兹不等。当 A/D 转换器的采样率大于 1 GS/s 时，可获得更多的样本数，但成本也较为昂贵。

建立时间：表示 D/A 转换器的输出因输入变化而发生改变后，获得稳定输出电压所需要的时间。D/A 转换器的建立时间从几纳秒(10^{-9}秒)到几百微秒(10^{-4}秒)不等。

温度系数：表示温度变化对转换结果(A/D 或 D/A)的影响程度。理想情况下，A/D、D/A 转换器的转换结果与温度无关，但实际上温度将从多方面影响转换器性能，其影响程度一般以工作温度范围内输出最大误差(单位为 LSB)来表示。在数据表中可查阅到相关参数，如 0℃~70℃温度范围内的最大温度误差为 1/2 LSB。

19.3.1　理想 A/D 转换器的性能

A/D 转换器对模拟输入电压采样、量化，并输出数字结果，数字"代码"对应的值与输入电压相关。一般而言，输入电压范围由高、低参考电压差($V_{RH} - V_{RL}$)决定，其具体取值可由外部器件定义，也可由转换器自身决定。通常情况下，低参考电压 V_{RL} 为 0 V，当转换器的分辨率为 N 位时，有

$$V_{in} = \frac{代码}{最大代码} \times V_{span} = \frac{代码}{2^N} \times (V_{RH} - V_{RL}) \tag{19.4}$$

式(19.4)中的分子为 A/D 转换器输出代码，分母为转换器能够输出的最大代码。式(19.4)变形后，可得代码表达式：

$$代码 = \frac{V_{in}}{V_{span}} \times 最大代码 = \frac{V_{in}}{(V_{RH} - V_{RL})} \times 2^N \tag{19.5}$$

代码与输入电压之间的关系可用传递函数曲线来表示，详见图 19.7。**传递函数**表示器件输入信号(此时为模拟输入电压)与其输出(模拟输入的数字表示)之间的函数关系。

图 19.7 所示为理想 A/D 转换器的传递函数，其中，x 轴为模拟输入电压，y 轴为数字输出；低参考电压 V_{RL} 对应 0，V_{span} 对应 1，转换器分辨率为 3 位；需要特别说明的是，为了使读者能够清晰理解 A/D 转换过程，本例采用 3 位分辨率，实际应用中 3 位分辨率一般无法达到精度要求。当分辨率为 3 位时，其输出为 8 种代码之一(2^N，其中 $N = 3$)，对应十进制数 0~7，二进制数 000~111，A/D 转换器的任务是找到并返回与模拟输入电压(导致最小误差的代码)最接近的输出代码。如果 3 位转换器的 V_{span} 等于 5 V，则 LSB 为 5 V/(2^3) = 0.625 V，输出代码 "000" 对应的输入电压介于 0~0.3125 V 之间，即最小允许电压(此时为 0 V)到 1/2 LSB，"001" 对应的输入电压介于 0.3125~0.9375 V 之间，即等于 1 LSB，"010" 对应 0.9375~1.5625 V 的输入。当输入电压接近电压范围上限时，A/D 转换器输出的最大代码将对应 1.5 LSB 间隔的输入。本例中，二进制代码 "111" 对应的输入电压范围为 4.0625~5 V(间隔为 1.5 LSB)，即当模拟输入电压等于 V_{span} 时，可能产生较大误差。为了避免此类事件的发生，一般设定最大模拟输入电压等于 V_{span}-1 LSB[①]。对于理想 A/D 转换器而言，穿过 LSB 中心的线一定为直线。

---

① "Data Converter Codes-Can You Decode Them?", Kester,W.,MT-009 Tutorial, Rev.A, Analog Devices, Inc., October, 2008.

19.3.2　A/D 转换器的误差

　　A/D 转换器的误差有三类，本节将关注其中的两类，即**量化误差**和**采样误差**。众所周知，量化过程必然导致误差，即产生量化误差；A/D 转换器的数字输出为近似值，其对应的实际输入电压可能为数字输出代码 ± 1/2 LSB 内的任意值；图 19.8 所示 8 位转换器的传递函数为理想传递函数（如图 19.7 所示），由图可知，量化误差源自模数转换过程，无法减小也不能消除。

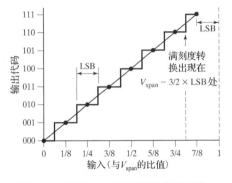

图 19.7　理想 A/D 转换器的传递函数　　　　　图 19.8　A/D 转换器的量化误差

　　采样误差源于较低采样率，对应多种误差类型，此处将重点讨论其与图 19.7 所示理想 A/D 转换器的传递函数的差异。如读者有测量经验，则必定熟知两种常见的直流误差：**偏移误差**和**增益误差**。A/D 转换器的增益误差和偏移误差的定义与其他器件类似。

　　图 19.9(a)的曲线未通过原点，此时需要对偏移电压进行软补偿，即对转换结果加(减)一个常数值。

　　图 19.9(b)所示为 A/D 转换器增益误差；如传递函数曲线斜率与理想斜率不同，或代码值(即图中的步长宽度)不等于 1 LSB，即会产生增益误差。如代码值小于 1 LSB，实际斜率将大于理想斜率(陡峭)，如图 19.9(b)所示；如代码值大于 1 LSB，则实际斜率将小于理想斜率。与偏移误差相同，增益误差可根据参考电压和满量程电压进行直接补偿，通常可采样软校正法对 A/D 转换器输出的数字值进行校正。

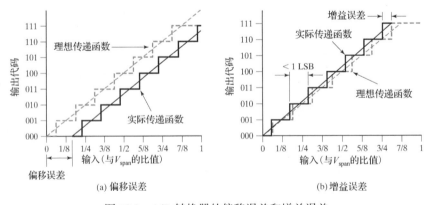

(a) 偏移误差　　　　　　　　　　　　(b) 增益误差

图 19.9　A/D 转换器的偏移误差和增益误差

　　如前所述，增益误差源自 A/D 转换的输出代码以固定值偏离 1 LSB，该定义假设所有 A/D 转换的输出代码为理想的。实际的 A/D 转换的输出代码宽度不可能正好等于 1 LSB，即不同输出代码的增益误差具有独立不相关性，不同代码的增益误差不同，导致传递函数的非线性，因此这类误差可归为**非线性误差**，描述非线性误差的方法通常有两种。

第一种方法是采用**差分非线性误差(DNL 误差)**进行描述,即表示为任一 A/D 代码与下一代码的差值,详见图 19.10(a)。需要注意的是,图 19.10(a)所示例子中,通过代码中心的线具有非线性特性,当差分非线性误差大于 1 LSB 时即可产生漏码,此时 A/D 转换器的输出将不会随输入而变。描述非均匀代码宽度的第二种方法是考虑各种误差的累积效应,也称**积分非线性误差**或 **INL 误差**。以上两类误差均以 LSB 表示。

通常情况下,设计者只会关注各种误差条件下的综合表现,乐观主义者称之为**绝对精度**,悲观主义者则称之为**绝对误差**或**总误差**。无论如何表述,以上术语均对应偏移误差、增益误差和积分非线性误差之和(差分非线性误差已包含在积分非线性误差中)。

A/D 转换器的第三类误差被称为**动态误差**,当表征或处理快速变化(动态)的信号时,需要考量 ADC 的动态特性。例如当将音频信号送入滤波器时,即需分析转换器的频域性能,本章不再赘述。

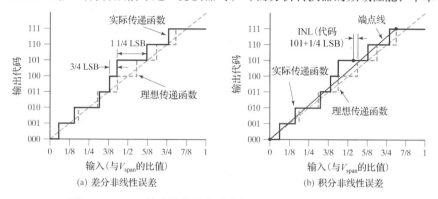

图 19.10　A/D 转换器的差分非线性误差和积分非线性误差

19.3.3　理想 D/A 转换器的性能

D/A 转换器将数字输入转化为模拟电压或电流输出;参考电压(V_{ref})的上限值和下限值既可源自外部器件,也可源自 D/A 转换器本身。低参考电压(V_{RL})一般为 0 V,当然,也可能取非零值;其上限值被称为较高或高参考电压(V_{RH}),参考电压 $V_{ref} = V_{RH} - V_{RL}$,此时 D/A 转换的输出为

$$V_{out} = V_{RL} + \frac{代码}{2^N} \times (V_{RH} - V_{RL}) \tag{19.6}$$

其中,输入代码为分数分子,分母等于 2^N(其中 N 为转换器的分辨率)。

当 $V_{RL} = 0$ V 时,式(19.6)可简化为

$$V_{out} = \frac{代码}{2^N} \times V_{ref} \tag{19.7}$$

输出为电流的 D/A 转换器相对比较少见,该类器件的主要优点是设计者可以为特定应用选择恰当的输出级运算放大器。输出电流的计算公式与式(19.6)类似,仅以 I_{out} 代替 V_{out} 即可。这些器件通常内含一个与其他元件值和温度稳定性相匹配的集成反馈电阻,以便于设置输出级增益。

式(19.7)也可用传递函数曲线表示。传递函数曲线指出 x 轴的特定输入代码与 y 轴模拟输出之间的关系;具有理想输出电压特性的 3 位 D/A 转换器的传递函数如图 19.11 所示。

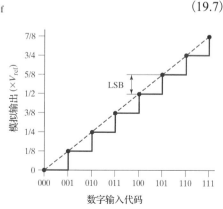

图 19.11　理想 D/A 转换器的传输函数

19.3.4 D/A 转换器的误差

与 A/D 转换器相同，直流误差也会影响 D/A 转换器。

图 19.12(a)所示为偏移误差对 D/A 转换器的影响，当传递函数不通过原点时即出现偏移误差，具体表现为 D/A 转换器的输入为 0，而输出不为 0。图 19.12(b)所示为 D/A 转换器的增益误差，当传递函数曲线斜率偏离理想斜率时即产生增益误差，此时转换器代码计数不等于 1 LSB，当转换器计数大于 1 LSB 时，实际斜率将大于理想斜率(更陡峭)；当计数小于 1 LSB 时，所得斜率将小于理想斜率[如图 19.12(b)所示]。D/A 的偏移误差和增益误差也可采用软补偿校正，但在某些情况下，传递函数曲线不可能在原点处与 y 轴相交，如图 19.12(a)所示，代码 0 的输出电压大于 0，此时无法采用软补偿将输入代码值调低，只能采用硬件进行补偿。

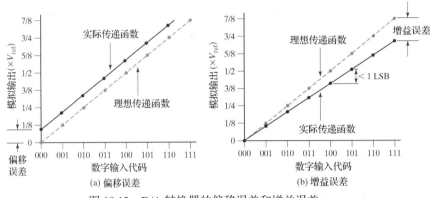

图 19.12 D/A 转换器的偏移误差和增益误差

当所有的 D/A 代码与 1 LSB 的差值相同时，增益误差等于常数，但与 A/D 转换器相同，这种理想情况一般无法实现，即每个代码的误差具有独立不相关性，此时传递函数呈现非线性特性，产生的误差也为**非线性误差**。

差分非线性误差(DNL 误差)定义为任一代码与下一个代码的差值，如图 19.13(a)所示。当 D/A 转换器的差分非线性误差大于 1 LSB 时，将产生非单调输出，即输入代码增大而输出电压下降，或输入代码下降而输出电压上升。对于设计者而言，能实现理想单调性固然很好，但许多应用(如玩具和游戏)对此并无明确需求。积分非线性误差(INL 误差)等于任何给定输入代码的输出值与端点线的差值[见图 19.13(b)]，所谓"端点线"，即为连接两个端点的直线，当然，INL 误差也可根据数据定义。差分和积分非线性误差均以 LSB 表示，以避免对 V_{ref} 值的依赖性。

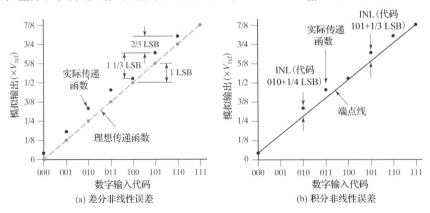

图 19.13 D/A 转换器的差分非线性误差和积分非线性误差

与 A/D 转换器一样，D/A 转换器的直流误差包括偏移误差、增益误差和积分非线性误差等，可统称绝对精度(或者绝对误差或总误差)。

19.4　D/A 转换器设计

有多种电路可实现 D/A 转换，本节将讨论其中的几种；先从简单、廉价、低性能的方法切入，然后讨论高价、高性能器件。

19.4.1　基于脉冲宽度调制生成模拟电压

尽管只有少数微控制器集成了片上 D/A 转换器，但几乎所有的微控制器都内含定时器子系统。如第 8 章所述，定时器子系统可产生数字脉冲宽度调制(PWM)信号，且许多定时器子系统还内含数字输出控制电路，可自动产生 PWM 信号。所谓脉冲宽度调制，其本质是快速开/关信号，即对于某个周期而言，在某个时间段有信号，而其他时间段无信号。有信号时间长度除以周期长度即得占空比，一般用百分比表示。调节占空比即可使输出平均电压在逻辑 1(100%占空比：始终有信号)和逻辑 0(0%占空比：始终无信号)之间变化。例如，对于 5 V 逻辑电路而言，50%占空比的 PWM产生的平均电压为 2.5 V，即 50%的时间长度输出 5 V 电压，50%的时间长度输出零电压(0 V)。使快速开关的数字输出通过平滑滤波器，即可基于 PWM 信号产生相对稳定的模拟电压。

图 19.14 所示的实例采用 100 Hz 低通滤波器对 PWM 信号进行平滑处理，以生成均值等于 2.5 V 的模拟电压，该 PWM 信号幅度为 0 V 和 5 V，频率为 10 kHz，占空比等于 50%。低通滤波器的截止频率为 PWM 信号频率的 1/100，因此能够平滑 0 ~ 5 V 幅度的信号，但输出模拟电压存在大量纹波，纹波峰-峰值为 78 mV，约等于原数字 PWM 信号幅度的 1.6%。该指标貌似可以接受，但实际的 D/A 转换器性能要好得多。

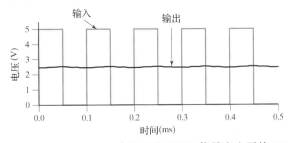

图 19.14　用 0 ~ 5 V、10 kHz、50%占空比的 PWM 信号产生平均 2.5 V 的模拟电压

D/A 电路都有一个共同特点，即 PWM 占空比为 50%时纹波幅度最大，通常低通滤波器截止频率越低，纹波幅度也越小，即 PWM 驱动频率与低通滤波器截止频率之比越大，纹波幅度越低。但凡事都有两面性，有得即有失，低通滤波器的截止频率越低，电路的特征时间常数越大，电路响应速度越慢。由此可见，PWM 方式或使纹波幅度过大，或使响应速度过慢，绝非理想解决方案，下一节介绍的方法将使性能有所提升，但成本也随之增加。

19.4.2　基于求和放大器的 D/A 转换器

第 11 章曾介绍过基本运算放大电路，图 19.15 所示为基于求和放大器的 D/A 转换器，该电路既可实现 D/A 转换器的基本功能，还能实现动态调整，其性能优于 PWM 方式的性能。但该电路也存在明显缺陷，因此应用面较窄。不过研究者若仔细分析其缺陷内涵，则必受益匪浅，并可因此积累商用 D/A 转换器的配置经验。

D/A 转换器的输入为数字输入，如第 16 章所述，理想 5 V 逻辑信号用 0 V 表示 0（逻辑低电平），用 5 V 表示 1（逻辑高电平）。在图 19.15 中，输入标记为 D_0（LSB）和 D_1（最高有效位或 MSB）。当输入信号仅能为 0 V 或 5 V 时，即为数字输入信号，输出电压将由输入状态 V_{out} 决定，输出电压变化范围为 0~5 V。尽管市面上常见的 D/A 转换器并未采用该方法，但其显然与 D/A 转换器的定义相符。

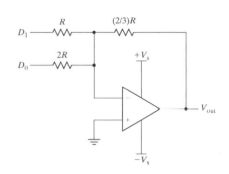

图 19.15　简单的 2 位 D/A 转换器（反相求和放大器）

为了便于理解电路工作原理并获取其传递函数曲线，我们首先假设放大器为理想运算放大器，并采用第 11 章所述运算放大器的黄金法则进行分析。当输入为"00"（两个输入都为 0 V）时，输出也为 0 V。将 D_0 变为 1（5 V），则输入变为"01"，有电流流过输入电阻 $2R$，与此同时，有电流流过反馈电阻 $2/3R$，运算放大器的反相输入保持为 0 V，输入电阻 $2R$ 上的电流与反馈电阻 $2/3R$ 上的电流相同，计算可得 V_{out} 等于-5/3 V 或-1.67 V；当输入代码变为"10"时（$D_1 = 5$ V，$D_0 = 0$ V），D_1 输入端电阻 R 上有电流通过，该电流也需等于反馈电阻 $2/3R$ 上的电流，计算可得 V_{out} 等于-10/3 V 或-3.33 V；当输入代码增加为"11"时（$D_1 = D_0 = 5$ V），输出值等于两位输入条件下可获得的最大输出值，即 $V_{out} = -5$ V。

该方法能简单有效地将理想数字输入转换为模拟输出电压，但上述设计方式与实际商用器件相去甚远。首先，该电路未使用 19.3.3 节所述的参考电压，其输出电压为 D_0、D_1 输入电压的函数。众所周知，实际数字信号难以精确等于 0 V 或 5 V，因此该方式的实用性较差。另外，由于缺乏真正的参考电压，该电路的传递函数与式（19.6）或式（19.7）所述的 D/A 转换器的传递函数不同，其输出电压为

$$V_{out} = -5\text{ V} \times \frac{\text{代码}}{2^N - 1} \tag{19.8}$$

由此可知，该电路的传递函数曲线呈现负斜率，且其输出电压为零或负值，与图 19.11 所示理想传递函数曲线相去甚远，其均匀间隔中间点在 0 V 和-5 V 之间，详见图 19.16。

从理论上来说，这种方法并无原则错误，但却与标准 D/A 转换器特性相去甚远，本例仅适用于业余无线电级数模转换电路。

如不允许负电压输出，但能够容忍非标准的传递函数，即传递函数不满足式（19.6）或式（19.7），则可将图 19.15 所示电路转换为图 19.17 所示电路。

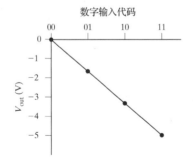

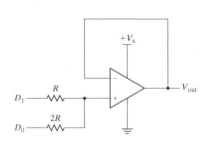

图 19.16　图 19.15 的 2 位 D/A 转换器的传递函数　图 19.17　另一种 2 位 D/A 转换器（同相求和放大器）

图 19.17 的电路依旧基于理想运算放大器假设和黄金法则展开分析，如图所示，2 位 D/A 转换器的数字输入分别为 D_1 和 D_0，其中 D_1 为 MSB，D_0 为 LSB，逻辑 0 对应 0 V 输出，逻辑 1 对应 5 V

输出，输入为 "00"（$D_1 = D_0 = 0$ V）时同相输入（V_+）电压等于 0 V，图中输出端与反相输入端（V_-）直接相连，反相输入端电压应与同相输入端电压相同，因此有 $V_{out} = 0$ V；当输入为 "01"（$D_1 = 0$ V，$D_0 = 5$ V）时，则电阻 $2R$ 和 R 将构成分压电路，5 V 电压经电阻 $2R$ 和 R 分压后加载到运算放大器的同相输入端，由式（9.19）的分压器公式可得

$$V_+ = V_{D0}\frac{R}{2R + R} = \frac{5\text{ V}}{3} = 1.67\text{ V}$$

同样，由于输出端与反相输入端直接相连，V_- 与 V_+ 电压相同，因此 $V_{out} = 1.67$ V。同理，输入为 "10"（$D_1 = 5$ V，$D_0 = 0$ V）时，计算可得 $V_{out} = 3.33$ V；输入为 "11"（$D_1 = D_0 = 5$ V）时，$V_{out} = 5$ V，其传递函数为 -1 乘以式（19.8）。显然，该传递函数与商用器件的标准传递函数不同，但该电路的设计目标是用同相输出求和放大器组成 D/A 转换器。

该设计的输出 V_{out} 为正电压，其简单易行，成本低廉（只需要一个运算放大器和几个电阻），响应时间较快（建立时间由运算放大器获得新输出所需的时间决定），并可进行位数扩展。图 19.18 所示为扩展所得的 8 位 D/A 转换器。该方法的主要限制来自电阻元件精度控制，要实现大范围内高精度电阻控制显然并非易事，输入代码不同，用于控制电流的电阻也不同，需要使各电阻之间严格保持 2 倍关系。假设采用 1% 容差电阻，则接入 5 V 电压时，流经 D_7 输入（MSB）电阻（R）的电流误差远大于流经 D_0 输入（LSB）电阻（128R）的电流误差。MSB 造成的电流误差甚至比最低位发生误码导致的电流误差还要大，器件输出可能呈现非单调性，线性度严重变差，此问题在输入从 127（0111111）转换到 128（1000000）时显得尤为突出。

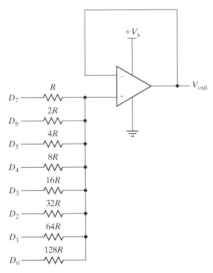

图 19.18　同相输出求和放大器组成的 8 位 D/A 转换器

19.4.3　串行 D/A 转换器

显而易见，由于求和放大器式的 D/A 转换器对电阻容差要求苛刻，因此一般商用 D/A 转换器均不采用该方案。通常情况下，商用 D/A 转换器采用两种基本结构，即串行 D/A 转换器和 R-$2R$ 阶梯 D/A 转换器。串行 D/A 转换器电路相对简单，成本低廉，当然性能表现也相对较差。**串行 D/A 转换器** 的参考电压 V_{ref} 与地之间串联了一系列阻值为 R 的电阻，构成系列分压器，可输出多个分压电压。这些分压输出将直接决定 D/A 转换器的输出，图 19.19 所示为 3 位分辨率简化串行 D/A 转换器的设计方案。

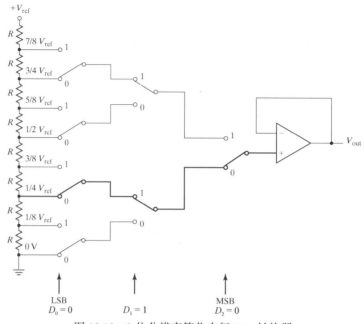

图 19.19　3 位分辨率简化串行 D/A 转换器

该方案解决了采用求和放大器组成 D/A 转换器的两个主要问题。

其一，该方案只包含电阻值为 R 的电阻，其性能取决于单一电阻性能，虽然依旧受精度影响，但无须采用多种阻值的高精度电阻，因此精度控制相对容易，仅需采用高精度 R 电阻和快速响应开关便可构建高分辨率 D/A 转换器。

其二，该方案能确保输出单调性。由于该方案采用单一电阻串联方案，即使每个电阻的电阻值不尽相同，但离 5 V 电压近的分压器抽头输出一定高于离 5 V 电压远的分压器抽头输出，即不会因电阻值精度差异导致高位精度电流误差高于低位误码电流误差。

另外，该设计采用数字输入(见图 19.19 中用 $D_0 \sim D_2$ 表示)控制开关状态，选择电压输出抽头，只要数字输入电压和电流满足开关输入要求，实际输入值就不会影响输出电压。而采用求和放大器时则需根据数字输入电压本身产生输出电压，因此需输入表示逻辑"0"的 0 V 和表示逻辑"1"的 5 V 才能实现相关功能，如第 16 章所述，该要求对数字逻辑而言是不现实的。

19.4.4　R-$2R$ 阶梯 D/A 转换器

串行 D/A 结构简单直接，成本低廉，但其性能受限。由于电路内含 2^N 个电阻，难以实现高分辨率，因此其积分非线性误差也相对较大；当数字开关状态改变时，还可能出现输出毛刺。要解决以上问题，可考虑采用 R-$2R$ 阶梯 D/A 转换器结构，4 位 R-$2R$ 阶梯 D/A 转换器电路如图 19.20 所示。

R-$2R$ 阶梯结构继承了串行转换器的诸多优点，其电阻仅有两个电阻值，即 R 和 $2R$，能确保输出单调性和高分辨率。与串行 D/A 转换器相同，数字输入用于控制数字开关以确定输出电压，模拟输出电压仅与数字状态(1 或 0)相关，而与输入电压和电流值无关。R-$2R$ 阶梯结构在每个数字输入位加入控制开关，该开关的一个连接端接地，另一个连接端连接到被运算放大器置为 0 V 的点，这些点电压为 0 V，但并未连接物理地(也称之为**虚地**)。无论输入开关的状态如何，电路中电流均保持恒定，从而能最大限度地减少毛刺和噪声。

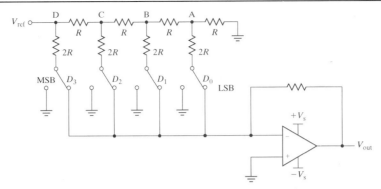

图 19.20　4 位 R-2R 阶梯 D/A 转换器电路

为了理解 R-2R 阶梯结构的工作原理，首先需要分析图 19.20 中最上排电阻系列节点(A~D)的电压，最右侧节点 A 经两个并联 2R 电阻连接到地或虚地，此时节点 A 与 0 V 之间的电阻为 R，不受开关(D_0)位置影响。节点 A 左侧节点 B 上的 R 与节点 A 的电阻串联，再与 2R 并联，因此节点 B 与 0 V 之间的电阻同样为 R。以此类推可知，所有节点(节点 C 和 D)对地电阻均为 R，该结论适用于所有的分辨率条件。

基于此，即可分析电路电流，如图 19.21 所示，节点 D 处参考电压与 0 V(实际或虚拟地)之间的电阻为 R，因此总电流为 $I_D = V_{ref}/R$，该电流被 1:1 分流，其中一半($V_{ref}/2R$)流向 MSB 数字输入 D_3 控制的开关，另一半则流向电路其余部分。电流 $V_{ref}/2R$ 流经节点 C 后再次分流，一半($V_{ref}/4R$)向下流向数字输入 D_2 控制的开关，另一半流向右侧电路部分。以此类推可知，该电阻网络将产生一系列两倍均分的电流，正对应 D/A 转换器的输出级电流。

有的 R-2R 阶梯 D/A 转换器的输出级集成了运算放大器，其输出为模拟电压形式，具体电路详见图 19.21。在 D/A 转换器中集成放大器并无难度，并且能减少电路分离元件个数，但该方式灵活性相对较差。一般而言，设计者更喜欢自己配置输出级，因此一般较少选择集成放大器方案。但无论个人喜好如何，目前的元器件市场为设计者提供了充足的选择余地，也许对于设计者而言，首先需要克服的是选择困难症。

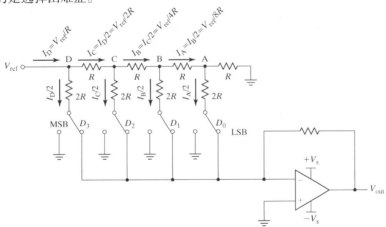

图 19.21　4 位 R-2R 阶梯 D/A 转换器电流分析

19.5　A/D 转换器设计

与 D/A 转换器类似，A/D 转换器也有多种设计方法，并且优劣各异，本节将重点介绍几种 A/D

转换器结构，并分析其特点。本节主旨不在 A/D 转换器设计，而关注于使读者理解不同类型转换器的工作原理，并可基于此掌握 A/D 转换器的选择方法。

19.5.1　单斜率 A/D 转换器和双斜率 A/D 转换器

使某个易于测量的物理量随信号变化而变化即可获得模拟输入电压值，最易于测量的物理量就是时间，如果某个待测电压值与某事件的发生时间相关联，则测量时间即可关联获得输入电压值。单斜率 A/D 转换器和双斜率 A/D 转换器均基于此思路设计而成。

单斜率 A/D 转换器采用电容实现电压值与时间参数的转换，单斜率 A/D 转换器的基本电路详见图 19.22，图中的恒流源用于向电容充电，由式 (19.9) 可知，此时电容两端电压呈线性增加。

$$V = \frac{1}{C} \int I(t)\, \mathrm{d}t \tag{19.9}$$

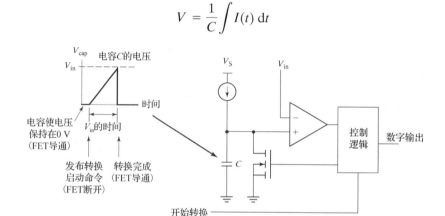

图 19.22　单斜率 A/D 转换器的功能模块图

单斜率 A/D 转换器中的比较器用于比较输入电压 (V_{in}) 和电容两端的电压 (V_C)，当 $V_{in}=V_C$ 时，比较器输出状态改变，此时需记录状态转换时间，从转换开始时刻到转换器输出状态转换时刻所需的时间长度与输入电压成正比。

目前市面上常见的微控制器可用于构建性能优良的单斜率 A/D 转换器，图 19.22 中的"控制逻辑"功能模块即可基于微控制器用软件实现，FET 功能则可基于微控制器输出线实现。微控制器用软件控制输出线的转换开始时间，并跟踪测量电容电压，电容电压等于 V_{in} 时即表示状态转换完成，再记录完成时间，便可获得转换时间长度。采用微控制器还有助于电路简化，例如可采用简单电阻对电容充电，微控制器软件可对数字化输出进行线性化处理，消除因采用电阻代替电流源产生的非线性问题。为了进一步简化设计，器件制造商在微控制器内部集成了模拟比较器和可切换上拉电阻，此类微控制器仅需一个外部电容即可构成 A/D 转换器，为微控制器提供模拟输入，该方法无须专门的 A/D 转换电路，结构简单，成本低廉，但性能相对较差。

影响此类 A/D 转换器性能的关键因素是电容 C，一方面电容值并不准确，另一方面电容的温度漂移相对严重，可能影响实验结果的准确性，另一个性能影响因素源于比较过程，输入电压需与电容两端的电压相比较，但如果输入电压在转换过程中发生变化，将严重影响实验结果。

双斜率 A/D 转换器在单斜率 A/D 转换器基础上改进而得，能够解决电容问题。首先由恒流源对双斜率 A/D 转换器的电容充电，充电时间等于常数 T_0，充电电流与输入电压 V_{in} 成正比。恒流源充电期间电容两端的电压取决于 V_{in}，充电 T_0 时间之后，电容以恒定电流放电，放电时间等于转换器测量时间 T_1。T_1 由输入电压决定，与电容大小无关，具体电路详见图 19.23。转换过程中充放电比例与式 (19.9) 中的 C 成反比，因此可将 C 从表达式中约去。

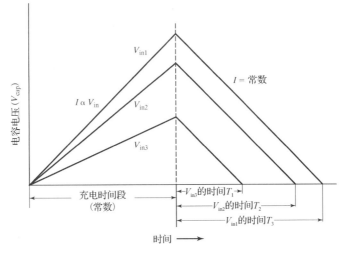

图 19.23　双斜率 A/D 转换器电容上的电压

双斜率 A/D 转换器相对简单，并且无须采用精密元件（如温度漂移性能优异的精密电容），生产成本低廉。双斜率 A/D 转换器能实现的分辨率高达 13～14 位（1/16 384），但转换过程耗时较长，约需几毫秒，速度低于本章后面介绍的其他方法。显而易见，并非所有应用都有高速需求，如数字万用表，双斜率 A/D 转换器完全能够满足其功能需求。之前我们介绍了一种基于微控制器和外部电容构建的单斜率 A/D 转换器，对其稍做调整，即可构建双斜率 A/D 转换器。目前市面上许多小型微控制器都集成了内部上拉电阻和模拟比较器，使得电路元件数量大大减少。

19.5.2　并行比较 A/D 转换器

顾名思义，并行比较 A/D 转换器是基于比较器构建的，之前第 11 章已对比较器有详细介绍。比较器与运算放大器类似，当反相输入电压大于同相输出电压（$V_- > V_+$）时，其输出将快速下降至 0 V，可用于表示逻辑 0；当 $V_+ > V_-$ 时，其输出为正电压，用于表示逻辑 1，比较器可视为 1 位 A/D 转换器，即高于给定阈值的任何输入电压均输出逻辑 1，低于阈值的任何输入电压均输出逻辑 0。

图 19.24 所示为采用 2.5 V 阈值的 1 位 A/D 转换器，当 $V_{in} > 2.5$ V 时，V_{out} 输出逻辑 1（如比较器集电极或漏极开路，并且上拉至 5 V，则 $V_{out} \approx 5$ V）；反之，当 $V_{in} < 2.5$ V 时，V_{out} 输出逻辑 0（$V_{out} \approx 0$ V）。大多数 A/D 转换器采用的分辨率一般高于 1 位，为了实现更高分辨率，可采用多个比较器，各比较器设置不同的阈值电压。图 19.25 所示为基于比较器的 2 位 A/D 转换器。

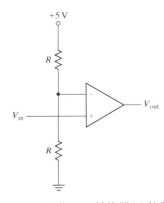

图 19.24　1 位 A/D 转换器（比较器）

图 19.25 所示电路采用串联电阻分压，满量程 $V_{ref} = 4$ V，分压后产生三种电压，分别为三个比较器提供阈值电压。例如，计算可得图中最下方比较器的阈值电压为

$$V_{ref} \times \frac{R/2}{4R} = 0.5 \text{ V}$$

任何低于 0.5 V 的输入电压都将使该比较器的输出为 0，高于 0.5 V 的输入电压则使其输出 1；同理，在图 19.25 中，位于中间的比较器的阈值电压为 4 V × (3/8)=1.5 V，最上方比较器的阈值为

4 V×(5/8)＝2.5 V。通常情况下，如 V_{in} 给定，则当阈值电压小于 V_{in} 时，比较器逻辑输出为 1；当阈值电压大于 V_{in} 时，逻辑输出为 0。比较器输出被送入编码器逻辑电路，即可将其转换成二进制数。

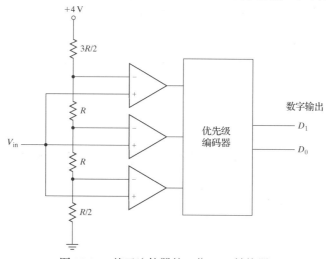

图 19.25　基于比较器的 2 位 A/D 转换器

　　并行比较 A/D 转换器由电阻、比较器和一些数字逻辑(编码器)构成，其结构简单，并且转换速率极快，具体转换速率特性取决于比较执行时间和编码器将比较输出转换为二进制代码所需的时间。因其转换速率极快，该转换器也被称为 Flash A/D 转换器。并行比较 A/D 转换器的转换速率一般大于 1 千兆采样点/秒(GS/s)。当然，该方法的分辨率与比较器个数直接相关，即要构建 N 位分辨率转换器需 2^N-1 个比较器。随着分辨率的增加，所需比较器数量和电阻数量将快速增大，例如 8 位并行比较 A/D 转换器需要 $2^8-1＝255$ 个比较器，而 16 位 A/D 转换器则需要 $2^{16}-1＝65\ 535$ 个比较器，这显然不具备可实现性，因此该方法不适合用于构建高分辨率转换器。市面上出售的并行比较 A/D 转换器的分辨率一般为 8 位。

19.5.3　串并行比较 A/D 转换器

　　相比于并行比较 A/D 转换器，**串并行比较(或流水线)A/D 转换器**通过略微牺牲转换速率来获得更高的分辨率。该类器件采用两个分辨率相对较低的并行比较 A/D 转换器来分别实现分辨率所需位数的一半，将两个并行比较 A/D 转换器输出进行整合，即可获得全分辨率输出。8 位串并行比较 A/D 转换器的结构如图 19.26 所示。

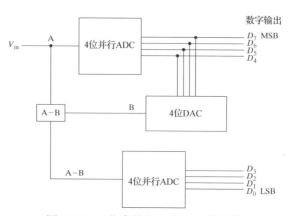

图 19.26　8 位串并行比较 A/D 转换器

图 19.26 所示 8 位串并行比较 A/D 转换器的模拟输入电压直接接入一个 4 位并行比较 A/D 转换器（ADC），该转换器能快速实现转换，其输出一路送至 4 位 MSB，另一路送入 4 位 D/A 转换器（DAC），并用原始模拟输入值减去 4 位 D/A 转换器输出值，即 $V_{in}-V_{DAC}$，相减输出送入第二个 4 位并行比较 A/D 转换器进行快速转换，转换输出送至低 4 位 LSB。将两个转换器的输出进行整合，即可得完整的 8 位输出。如前所述，8 位并行比较 A/D 转换器需要 2^8-1 = 255 个比较器，而本方法只需 $2 \times (2^4-1)=30$ 个比较器，因此设备复杂性大大降低，但耗费的时间增加了两倍。

19.5.4　逐次逼近寄存器 A/D 转换器

逐次逼近寄存器 A/D 转换器，又称 SAR A/D 转换器，采用二进制搜索算法来确定模拟输入值，并将其转换为数字输出。SAR A/D 转换器首先预测或"近似"输入电压，然后将预测值与实际输入电压进行比较，转换器根据之前的比较结果逐次逼近实际输入电压值，最终得到正确结果。其预测过程基于二进制搜索算法展开，即每次预测值取当前上下限的中值。

图 19.27 所示为 SAR A/D 转换器的基本结构。如图所示，模拟输入电压（V_{in}）进入转换器，并与预测值（D/A 转换器输出）进行比较。比较结果被送入逐次逼近寄存器（SAR）的逻辑模块，SAR执行二进制搜索并缩小预测范围，转换器输出预测结果和比较结果。

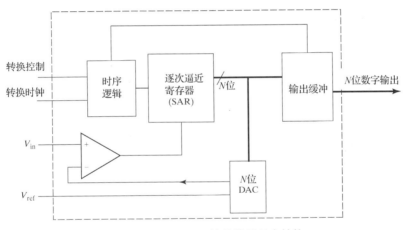

图 19.27　SAR A/D 转换器的基本结构

为使读者能深入理解其工作过程，下面将对图 19.28 所示例子进行分步解析。此例中模拟输入电压（V_{in}）为 1.37 V，送入参考电压为 5 V 的 8 位 SAR A/D 转换器转换为数字输出。SAR 预测初值设为参考电压的一半（最大、最小电压的中值），即 2.5 V，将其与比较器的实际输入电压进行比较，输出逻辑 0，表示 V_{in} 小于预测值，比较器输出结果存储在结果寄存器的 MSB 中。接着进行第二次预测，预测值为当前最小值（0 V）和最大值（2.5 V）的中值，由此可知第二个预测值为 1.25 V，比较可知，V_{in}（1.37 V）大于第二个预测值（1.25 V），比较器输出逻辑 1，输出结果存储于结果寄存器的次高有效位（第 6 位）中。同理，第三次比较的 SAR 预测值为 1.875 V（最小值为 1.25 V，最大值为 2.5 V），第三次比较结果为预测值大于 V_{in}，比较器输出逻辑 0，存储到结果寄存器第 5 位。以此类推，重复该过程直至结果寄存器的 8 位均被填满，最终的二进制结果为 01000110（十进制数 70）。

SAR A/D 转换器转换所需的预测次数等于分辨率，内部 D/A 转换器的分辨率与所需 A/D 输出的分辨率相同。SAR A/D 转换器结构简单，成本低廉，能实现相对较高的分辨率（高达 18 位）和相对较高的转换速率（约为 10 MS/s）。但随着分辨率升高，转换所需要的比较次数也增多（分辨率每增加一位，比较次数增加一次），即分辨率越高，转换速率越慢。从成本和性能两个方面来看，SAR

A/D 转换器都处于中游水平。因之被广泛应用，几乎所有内含片上 A/D 转换器的微控制器都采用此方案。

测试	时钟	位状态	比较器输出	MSB D7	D6	D5	D4	D3	D2	D1	LSB D0
1	1	Test	1	**1**							
	0	Reject	0	**0**	?	?	?	?	?	?	?
2	1	Test	1		**1**						
	0	Keep	1	0	**1**	?	?	?	?	?	?
3	1	Test	1			**1**					
	0	Reject	0	0	1	**0**	?	?	?	?	?
				.	.	.	.	.	.	.	.
				.	.	.	.	.	.	.	.
8	1	Test	1								**1**
	0	Reject	0	0	1	0	0	0	1	1	**0**

图 19.28　8 位 SAR A/D 转换器搜索算法示例

19.5.5　Σ-Δ A/D 转换器

并行比较和串并行比较 A/D 转换器能在低分辨率条件下实现快速转换，SAR A/D 转换器的转换速率和分辨率均为中等，如果想实现高分辨率、高精度转换，则需采用 **Σ-Δ A/D 转换器**，又称 **Δ-Σ A/D 转换器**。市面上此类转换器的分辨率可达 24 位，即精度为 1/16 777 216，远优于其他类型的转换器。高分辨率条件下的 Σ-Δ A/D 转换器的转换速率很慢，最大转换速率低至每秒几十个采样点的量级。但需要说明的是，并非所有 Σ-Δ A/D 转换器的转换速率都慢，高速 Σ-Δ 转换器能够在 12 位分辨率条件下获得高达数十兆赫兹的转换速率。为使读者能充分理解 Δ-Σ A/D 转换器高分辨率的实现原理，下面将从其结构及转换过程展开分析。

Σ-Δ A/D 转换器利用先进的数字信号处理技术实现其高性能。首先采用**过采样**技术快速采集大量样本，然后对样本数据求平均。Σ-Δ A/D 转换器的基本组成模块包括一个差分放大器（Δ，delta）、一个积分器（Σ，sigma）、一个比较器和一个 1 位 D/A 转换器（即在高参考电压 V_{RH} 或低参考电压 V_{RL} 之间进行选择的开关）。与 SAR A/D 转换器类似，下面通过具体例子来解释 Σ-Δ A/D 转换器的工作原理。表 19.1 给出了图 19.29 所示框图涉及的关键参数，本例中 $V_{in} = 2.75$ V，$V_{RH} = 5$ V，$V_{RL} = 0$ V，在进行转换之前应首先假定 D_0 为逻辑 0，对应 0 V 的 D/A 转换器输出。

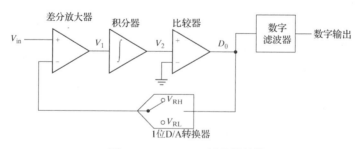

图 19.29　Σ-Δ A/D 转换器结构

首先将 V_{in} 和 1 位 D/A 转换器的输出送入差分放大器，输出为两个输入之差，即 $V_1 = 2.75$ V，将其输入积分器，积分器将差分放大器的最新差值与之前差值相加。转换过程开始时，可假设之前差值为 0 V，因此积分器的新输出为 $V_2 = 2.75$ V，将其与比较器的接地值（0 V）相比，输出逻辑 1（因为 2.75 V > 0 V），即比较器输出（D_0）为逻辑 1，1 位 D/A 转换器输出为 V_{RH}（本例中为 5 V），至此已完成第一次比较周期。

表 19.1　Σ-Δ A/D 转换器示例

时　钟	V_1	V_2	D_0	$D_0(V_{RH}-V_{RL})$ 的前 5 次平均结果	$D_0(V_{RH}-V_{RL})$ 的前 10 次平均结果	$D_0(V_{RH}-V_{RL})$ 的前 20 次平均结果
0	0	0	0			
1	2.75	2.75	1			
2	−2.25	0.5	1			
3	−2.25	−1.75	0			
4	2.75	1	1	3		
5	−2.25	−1.25	0	3		
6	2.75	1.5	1	3		
7	−2.25	−0.75	0	2		
8	2.75	2	1	3		
9	−2.25	−0.25	0	2	2.5	
10	2.75	2.5	1	3	3	
11	−2.25	0.25	1	3	3	
12	−2.25	−2	0	3	2.5	
13	2.75	0.75	1	3	3	
14	−2.25	−1.5	0	3	2.5	
15	2.75	1.25	1	3	3	
16	−2.25	−1	0	2	2.5	
17	2.75	1.75	1	3	3	
18	−2.25	−0.5	0	2	2.5	
19	2.75	2.25	1	3	3	2.75
20	−2.25	0	0	2	2.5	2.75
21	2.75	2.75	1	3	2.5	2.75
22	−2.25	0.5	1	3	3	2.75

第二次比较周期与第一次比较周期类似，唯一不同的是此时已有了差值历史信息，差分放大器将 V_{in} 与前一个比较周期的 D/A 转换器的输出(5 V)进行比较，差值为 2.75 V−5 V = −2.25 V，积分器将该差值与之前差值 2.75 V(第一个周期的结果)相加，输出 0.5 V，比较器比较后可知，新输出(0.5 V)大于 0 V，比较器输出(D_0)逻辑 1。我们继续分析第三次比较周期，差分放大器输出仍为 2.75 V − 5 V = −2.25 V，积分器的新输出为−2.25 V + 0.5 V = −1.75 V；−1.75 V <0 V，比较器输出逻辑 0，D/A 转换器的输出切换到 0 V(V_{RL})，该输出又将输入差分放大器，循环重复多次。综上所述，Σ-Δ A/D 转换器的数字输出(转换结果)等于之前几个比较周期输出的平均值，平均过程由数字滤波器模块完成，其输入为逻辑状态序列(D_0)。根据表 19.1 的其余部分可继续分析数字输出值收敛到正确值的全过程。将表中前 5 次、前 10 次和前 20 次平均结果进行对比可知，平均窗口越大，输出的平均结果越准确。本例转换器使用 20 次移动平均数字滤波器(见第 15 章)，经过 20 个比较周期后，其误差控制在小数点后两位。

此类转换器采样率高，平均周期持续时间短，因此分辨率需求越高，所需比较周期数也越大。目前的商用器件常以 256 倍或 512 倍期望输出速率的频率进行过采样，即单个输出值为 256 个或 512 个采样平均，最大输出速率是在综合考虑处理速度和分辨率后的折中，样本个数多，分辨率就越高，但处理速度也更慢。

19.6　习题

19.1　使用 A/D 转换器对频率范围为 0 到 1 kHz 的信号进行采样，如要确保混叠不影响数据准确性，所需的最低采样率为多少？

19.2　使用 V_{ref} = 5 V 的 8 位 A/D 转换器测量包含大量噪声(幅度≤0.5 Vpp，频率 > 5 kHz)的信号(幅

度 = 2 Vpp，频率 = 1 kHz），采样频率为 10 kHz；设计一个抗混叠滤波器使其免受噪声影响，要求 1 kHz 信号幅度的改变小于等于 20%。

19.3   现有 V_{RL} = 0 V、V_{RH} = 5 V 的 A/D 转换器，如转换器分辨率为 8 位，则 LSB 幅度是多少？如分辨率等于 10 位、16 位、24 位时，LSB 幅度又是多少？

19.4   现有 V_{RL} = −5 V、V_{RH} = 5 V 的 A/D 转换器，如转换器分辨率为 8 位，LSB 幅度是多少？如分辨率等于 10 位、16 位、24 位时，LSB 幅度又是多少？

19.5 V_{ref} = 3.3 V 的 12 位 A/D 转换器的量化误差是多少？

19.6   现有 V_{RL} = 0 V 和 V_{RH} = 5 V 的 10 位 D/A 转换器，如果输入代码为 721，则输出电压等于多少？

19.7   现有 V_{RL} = −2.5 V 和 V_{RH} = 2.5 V 的 16 位 D/A 转换器，如要产生 0.701 V 输出，则其输入代码是？

19.8   现有 V_{ref} = 5 V 的 8 位 A/D 转换器，如果输出代码为 241（十进制），则输入电压等于多少？

19.9   现有 V_{RL} = 0.25 V 和 V_{RH}=3 V 的 20 位 A/D 转换器，如果输出代码为 725413（十进制），则输入电压等于多少？

19.10   不增加任何运算放大器，重新设计如图 19.17 所示电路，以使求和 D/A 转换器的输出范围变为为 0 到 10 V。

19.11   网上查找来自以下制造商的并行比较 A/D 转换器、SAR A/D 转换器和 Σ-Δ A/D 转换器的应用示例：Maxim Integrated Products 和 Texas Instruments。列表对比其分辨率、最高采样率和价格。提示：可查找制造商给出的数据转换器选择指南。

19.12   构建如图 19.28 所示表格，说明输入电压为 1.095 V 且 V_{ref} = 5 V 的 8 位 SAR A/D 转换器的工作步骤，并给出转换完成时的输出代码。

扩展阅读

"Analog-to-Digital Converter Architectures and Choices for System Design," Black,B., *Analog Dialog* 1999; 33-38.

The Art of Electronics, Horowitz, P., and Hill,W., 2nd ed., Cambridge University Press, 1989.

"Comparing DAC Architectures," Baker, B., *EDN Magazine* January 18, 2007; 34.

"Data Converter Codes-Can You Decode Them?", Kester, W., MT-009 Tutorial, Rev. A, Analog Devices, Inc., October, 2008.

"Understanding Data Converters,"Texas Instruments Application Report SLAA013, 1995.

"Understanding Flash ADCs," Application Note 810, Maxim Integrated Products, October 2, 2001.

第 20 章　稳压器、电源和电池

20.1　引言

前面章节主要讨论了如何利用电压和电流传递信息，诸如传感器(光电晶体管)的输出信号、运算放大器电路(如非反相放大器)的传递函数、低通或高通滤波器响应及数字逻辑器件输入/输出特性等。本章将介绍电压和电流的另一项重要功能——供电功能，该功能与之前讲述的功能存在本质差异，其关注重点在于如何在大电流条件下输出稳定电压。一般而言，供电功能需要考量高达几十安培的电流，远大于之前介绍的机电一体化系统电流。本章将重点介绍机电一体化系统电源电路的设计方法，主要内容包括：

1. 电源的性能要求。
2. 稳压器的工作原理和特性。
3. 线性稳压器的工作方式和应用。
4. 开关稳压器的工作方式和应用。
5. 线性和开关电源的设计、功能和特性。
6. 电池的基本原理和特点。
7. 设计满足机电系统电源要求的电路。

20.2　功率需求与电源

电源系统旨在为机电一体化系统供电，既可采用电池供电，也可采用交流电供电。交流电由电网提供(在美国有火电厂、核电厂和水电厂)，电池能源则来自化学反应。无论采用何种供电方式，大多数的机电一体化系统均采用低电压直流供电方式，电流相对较小。机电系统对电压的需求因应用而变，但常用电压范围为 5 ~ 24 VDC，有些特殊应用的电压需低至 1.2 VDC，也有些应用需要高达 48 VDC 的电源电压。电流取值范围通常为几毫安到几安培，当然，某些特殊需求也可能需要低至几微安或高达几十安培的电流。

一个能提供稳定电压和足够电流的电源是保证机电一体化系统稳定可靠运行的基础，该电源需要保证系统和组件在所有工作条件下能够正常运行。一般情况下，常用的直流供电电池和交流电源均无法满足此需求。交流电源输出的是交流电，并且供电电压(美国为 120 VAC)远高于机电一体化系统的额定电压；电池输出的是直流电，但其输出电压并不稳定，电池输出的端电压因电池类型和充电状态而不同，满电量电池的输出电压通常远高于电量即将耗尽的电池的电压。因此，无论采用交流电源还是直流电池供电，均需设计相关电路以满足系统电压需求。下面我们将从稳压器入手，讨论稳压电路的设计方法，之后将针对目前两种最常见的供电方式，即电源供电和电池供电展开讨论。

20.3　稳压器

稳压器的功能类似于流体力学中的压力调节器，压力调节器控制流体压力，稳压器则控制电路电压。在第 9 章中，我们曾对电压与流体压力进行过类比，推彼及此，我们可以认为这两种压力的调节方式也具有一定可比性。流体压力调节器原理见图 20.1，图中左下侧为流体入口，从入口流入的流体将导致压力变化，图中右中位置为出口，阀芯控制着从入口流至出口的流体流量，阀芯位置由膜片两侧的压差决定。膜片的一侧压力为出口压力，另一侧压力由用户通过调节推压弹簧位置来确定。当流体压力大于弹簧推力时，出口压力相对较高，膜片位置上移，阀芯关闭以减少入口处的流体流量。当流体压力小于弹簧推力时，出口压力相对较低，膜片位置下移，阀芯开启，入口处的流体流量增大，出口压力增加。当膜片两侧压力平衡时，即表示阀芯和膜片处于正确位置，此时出口压力恒定保持为设定的压力值。当电源较稳定时，调节器的工作量很小，但如果入口压力或出口流量发生变化，那么调节器需快速做出反应，以使出口压力保持为设定值。

稳压器的功能与流体压力调节器类似，当输入电压及通过稳压器的电流发生变化时，稳压器将尽可能保持输出电压稳定。理想稳压器将在任何电压、电流变化条件下保持输出电压稳定，其原理如图 20.2 所示。

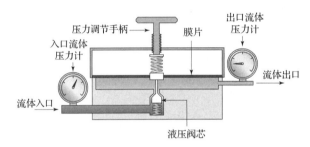

图 20.1　流体压力调节器

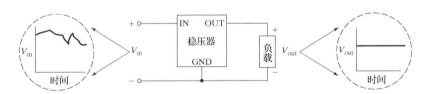

图 20.2　理想稳压器(Courtesy of Texas Instrument Incorporated.)

20.3.1　稳压器的相关指标与定义

我们在本书中一再重申，理想元器件并不存在，稳压器亦然。本节将介绍用于量化稳压器性能的常用指标。与其他器件类似，这些指标与定义将由数据表给出，用以量化器件性能，并可方便设计者进行性能对比。

线性调整率：输入电压变化时，稳压器保持恒定输出电压的能力。典型案例如图 20.3 所示，图中输入电压瞬时变化范围为±1 V，但输出电压基本保持恒定。线性调整率指标定义为输入电压在特定电压范围(通常为允许输入电压的整个范围)内变化时，输出电压的最大变化值。典型的线性调整率指标取值范围约为几毫伏到几十毫伏。

负载调整率：当通过负载的电流(即通过稳压器的电流)变化时，稳压器具备保持输出恒定电压的能力。例如负载可能是一个可开启/关闭的高输出 LED，当 LED 开启时电流较大，如图 20.4 所示，此时输出电流(I_O)快速从 0 增至 150 mA，然后又快速降至 0，在此过程中，输出电压有细微变化。负载调整率表示为输出负载电流在某个特定电流范围内摆动时输出电压的最大变化值。负载调整率的典型取值范围为几毫伏到几十毫伏。

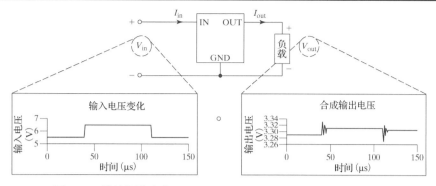

图 20.3 线性调整率(Courtesy of Texas Instruments Incorporated.)

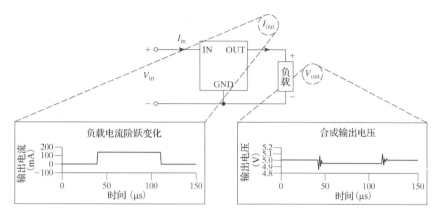

图 20.4 负载调整率(Courtesy of Texas Instruments Incorporated.)

输出噪声(输出纹波):输入电压和输出电流都保持不变时稳压器的输出变化如图 20.5 所示。即便工作在稳态条件下,稳压器的输出电压也会有轻微变化,该变化量定义为输出噪声或输出纹波。在数据表中,噪声表示为峰-峰值电压或均方根(rms)电压。输出噪声/纹波的典型取值范围为几十微伏到几百微伏。

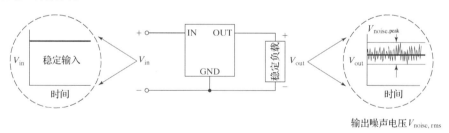

图 20.5 输出噪声(输出纹波)

电源抑制比(PSRR):稳压器在一定频率范围内应对输入电压变化的能力。PSRR 指标与之前所述的线性调整率相关,反映了稳压器的阶跃响应特性。PSRR 描述了稳压器在一定频率范围内降低周期性干扰的能力,定义如下:

$$\text{PSRR} = \frac{V_{\text{out, ripple}}}{V_{\text{in, ripple}}} \tag{20.1}$$

图 20.6 所示为典型稳压器(Maxim Integrated Products, Inc.生产的 MAX1792)的 PSRR 性能,由于对应的衰减通常较大,尤其是在低频(如低于 1 kHz)时,因此 PSRR 的单位通常用分贝 (dB) 表示。

频率较高时，稳压器对输入电源噪声的抑制能力下降，当频率高至甚高频（几百kHz）时，多数稳压器对输入噪声的抑制能力将大大降低。

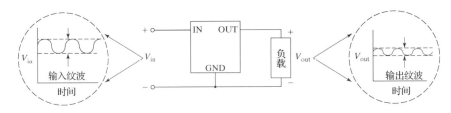

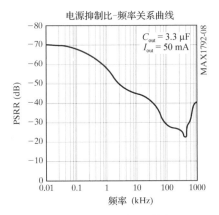

图 20.6　上图：PSRR 性能（Courtesy of Texas Instruments Incorporated.）；下图：MAX1792
　　　　稳器压的 PSRR 性能（Copyright Maxim Integrated Products, Inc. Used with permission.）

输入/输出电压差（压差）：稳压器正常工作时，输入电压必须大于输出电压，如式（20.2）所示：

$$V_{\text{in}} \geqslant V_{\text{out}} + V_{\text{dropout}} \tag{20.2}$$

旨在将输入/输出电压差降至最低的稳压器被称为**低压差稳压器**（或 **LDO 稳压器**）。

如果式（20.2）不成立，即输入电压小于期望输出电压加上输入/输出电压差，则稳压器的输出电压值近似为 $V_{\text{out}} = V_{\text{in}} - V_{\text{dropout}}$。一旦输入电压满足式（20.2），输出电压（$V_{\text{out}}$）将保持为期望电压值，图 20.7 所示为 National Semiconductor 生产的 LM7805（标称输出电压为 5 V 的低成本线性稳压器）的工作特性，图中输入电压的变化范围为 0 ~ 15 V。

效率：稳压器的输出功率与其输入功率之比，定义为

$$\eta = \frac{P_{\text{out}}}{P_{\text{in}}} \tag{20.3}$$

稳压器效率无法达到 100%，因为电压调节过程肯定会有功率损失，某些效率较高的稳压器的效率可高达 95%以上，如 20.3.3 节所述的开关稳压器，而另一些稳压器的效率可能低于 40%。

20.3.2　线性稳压器

线性稳压器是最简单的稳压器类型，也是一种最简单的三端口器件。线性稳压器的三个端口分别为接地端口、输入电压端口和稳压输出端口，线性稳压器的典型封装形式如图 20.8 所示，

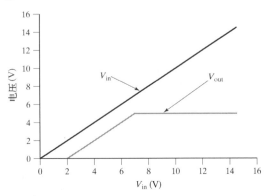

图 20.7　压差为 2 V 的 LM7805 的输入/输出电压

图 20.8(a) 和(b) 为较大的封装类型，这类封装的表面积较大，散热性能较好，适用于大电流应用。图 20.8(c) 所示的 SOT-89 为表面贴片封装，虽然面积较小，但由于直接贴片在印制电路板上，因此散热性能也很好。

尽管各种线性稳压器的形状和尺寸各异，但其电路结构类似。图 20.9 所示为典型的线性稳压器电路，输入电压 V_{in} 为 7.2 V，输出电压 V_{out} 为 5 V。

某些情况需要采用电容来保持输入(C_{in})和/或输出(C_{out})稳定。对于稳定器件而言，只有当稳压器与输入电源位置距离较远时才需采用 C_{in}，此时建议(但并非必需)采用 C_{out} 以改善瞬态响应。某些对稳压性能要求较高的应用，如下面即将讨论的 LDO 稳压器，则可能需要选用具有特定电容值的特定类型的电容。

(a) TO-220封装外观

(b) TO-92封装外观

(c) SOT-89封装外观

图 20.8　线性稳压器的典型封装形式

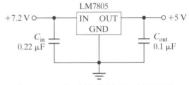

图 20.9　典型的线性稳压器电路

图 20.10 为线性稳压器的基本功能模块。为了产生稳定的输出电压，稳压器需不断比较输出电压和内部参考电压，并通过调节线性控制元件来调节输入/输出电压降，这种线性控制元件被称为**串联控制元件**。串联控制元件能够线性且连续地调节输出电压以输出期望电压值，因此这类稳压器被称为线性稳压器。串联控制元件类似于流体压力调节器的阀芯(见图 20.1)，即通过增大或减小有效电阻来调节电流。内部参考电压可由多种方式产生，最直接的方式是采用含限流电阻的低压齐纳二极管。如图 20.10 所示，只要 V_{in} 足够高，并且大于齐纳二极管的击穿电压，即可使其处于反向偏置状态，为电路提供稳定的参考电压，其电压值等于齐纳电压。一般而言，典型的参考电压值较低(如 1.2 V)。为了比较输出电压和参考电压，需采用图中虚线方框内所示的"电压转换器"。这个模块包含了分压器，通过选择合适的电阻，使得当输出电压等于期望值时，分压电路的输出等于参考电压。参考电压和分压器的输出连接"误差放大器"输入端，以获得两者差

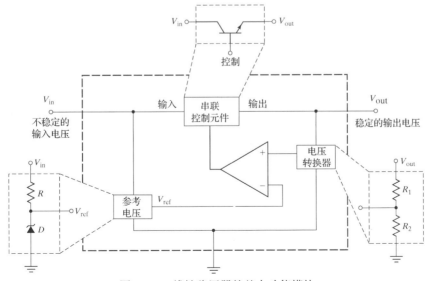

图 20.10　线性稳压器的基本功能模块

值，即输出误差值，该差值将用于控制串联控制元件并调节输出电压。如输出电压过高，误差放大器将增大控制元件的有效串联电阻，以降低输出电压。如果输出电压太低，则误差放大器将减小有效电阻，使输出电压升高至期望值。在此过程中，输出电压将不断地"跟踪"期望值，并在期望值上下波动。大多数线性稳压器的控制环路带宽约为 100 kHz，这与输出电压的噪声频率一致，也与稳压器所具备的抑制频率接近或超过其自身控制环路带宽噪声的能力一致。需要注意的是，PSRR 将随频率增加而降低。

线性稳压器能提供固定电压输出，因此也被称固定稳压器，如 LM7805 系列器件，该系列中的典型器件还有 LM7812（12 V 输出）和 LM7815（15 V 输出）。固定输出线性稳压器可提供 0.8 ~ 15 V 的输出电压。线性稳压器还提供用户可配置的可调输出，称之为**可调稳压器**。例如，LM317 可以提供 1.2 ~ 37 V 之间的输出电压。可调稳压器让设计者可以控制稳压器的"电压转换器"模块，如图 20.10 所示。通过选择分压器中的电阻，设计者可以确定稳压器将要维持的输出电压。典型的应用电路如图 20.11 所示。

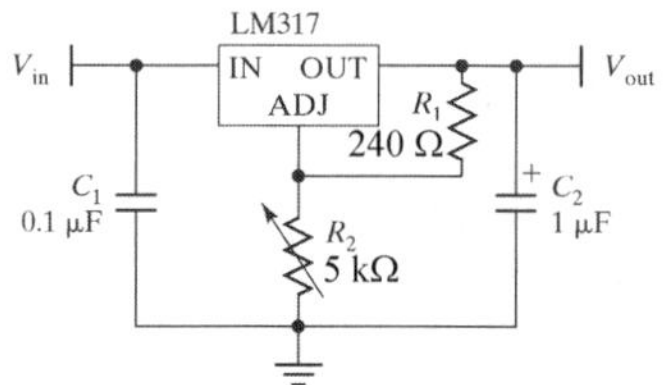

图 20.11　使用 LM317 可调稳压器的电路，输出电压为 1.2 ~ 25 V

20.3.2.1　低压差稳压器

稳压器的压差由图 20.10 所示的串联控制元件决定，稳压器的压差定义为当输出电压达到期望值时，稳压器的输入和输出之间的最小电压降，详细定义参见 20.3.1 节。图 20.10 所示框图包含一个 NPN BJT 串联控制元件，其缺点是压差较高，可能高达 2 V，优点是稳定性较好。此处所谓"稳定性"指稳压器的反馈控制环路保持稳定输出电压的能力，图 20.10 中的反馈控制环路由串联控制元件、电压转换器和误差放大器组成，为了降低压差，可考虑采用其他方法构建串联控制组件，此类稳压器也被称为低压差（LDO）稳压器。

图 20.12（a）和图 20.12（b）所示组件基于 NPN BJT 结构，为典型的标准稳压器（非低压差稳压器）。此类设计的稳定性非常好，但压差相对较高，约为 2 V。图 20.12（c）所示组件基于 PNP BJT 结构，其压差较低，约为 0.6 V，图 20.12（d）和图 20.12（e）所示组件基于 MOS FET 结构，其压差更低，一般小于 0.2 V。

由前述内容可知，当压差较低时，输出电压稳定性将会下降，并且对电路设计要求更高，尤其是稳压器输入、输出端的电容选择问题，需要精准考量电容的取值和电容类型。实际电容内含一个等效串联电阻（ESR），将导致稳压器器核心控制回路特性改变，LDO 稳压器的输出电容与地之间的总电阻被称为**补偿串联电阻（CSR）**。为使 LDO 稳压器工作于稳定状态，必须根据制造商给出的指定范围选择 CSR，CSR 高于或低于指定范围均将导致输出电压不稳定，这显然与稳压器设计目的相悖。CSR 通常由输出电容的 ESR 决定（参见 8.14.1 节），在 LDO 稳压器数据表中，通常会给出 CSR 或 ESR 的允许范围，并通过图 20.13 描述输出电流值的变化范围。由于此类图展现的独特形状，设计者们习惯将稳定区域和不稳定区域称为**死亡隧道**，图 20.13 给出的 TI 出品的 TPS7250 是一种提供稳定 5 V 输出的 LDO 稳压器。当然，制造商并不一定都会提供如图 20.13 所示的曲线，但总会以某种方式给出电容的选择建议，以确保设计成功。

20.3.2.2　散热

如第 9 章所述，器件的功耗（热功耗）等于器件上的电压降乘以流过该器件的电流，即 $P = VI$，线性稳压器也符合这种规律，一般的设计均需考虑功耗问题。线性稳压器的输入/输出电压降可能

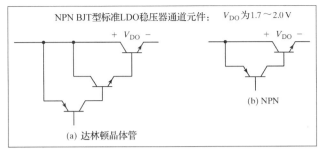

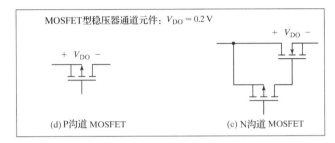

图 20.12　线性稳压器通道元件（Courtesy of Texas Instruments Incorporated.）

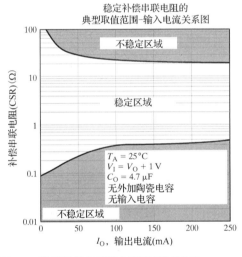

图 20.13　TPS7250 LDO 稳压器的 CSR 取值及稳定区域和不稳定区域（Courtesy of Texas Instruments Incorporated.）

导致较大功耗，因此必须在设计中予以考虑，可对线性稳压器的功耗表达式进行进一步扩展，使其能够表现器件内部的电路特性：

$$P = (V_{in} - V_{out})I_{out} + V_{in}I_Q \tag{20.4}$$

式 (20.4) 中的第一项是通过稳压器流向负载的电流（I_{out}）乘以输入（未调节）电压和输出（已调节）电压之间的差值。第二项是稳压器工作所需的功率，等于输入（未调节）电压乘以静态电流（定义为器件本身消耗的电流，不包括外部负载驱动电流）。稳压器以稳定电压向负载提供电流，如果输出电流过大(通常大于几百毫安)和/或输入与输出之间的电压降较大,将导致功耗增大。该方法将输入电压和期望输出电压之间的压差简单转化为热量,效率较低,线性稳压器的效率η通常为40% ~ 80%。

将组件功率转换为热量并无问题,但因之产生的过高温度可能导致器件损坏。稳定状态下的散热能力必须与产生的热量匹配,散热机制源自器件与环境之间的温差。因此,所需散热量越大,器件与环境的温差就需越大,在给定环境温度条件下,即表示器件温度越高。

那么,热量为多少才算过大呢?要找到最大热量极限值,首先需要了解器件及其环境信息,具体需要了解以下信息:

- 参数表中定义的硅模(pn结)正常工作条件下的最高允许温度。
- pn结与其外表面(外壳)之间的热传导特性。
- 器件外壳与周围环境(如果不使用散热片)之间或设备外部与散热片之间的热传导特性。
- 在使用散热片时,散热片与环境之间的热传导特性。

以上信息通常在器件数据手册中的绝对最大额定值部分给出,如图20.14所示。另外,热传导参数可能分散在数据表的多个部分,查找比较困难。

Absolute Maximum Ratings

Absolute maximum ratings are those values beyond which damage to the device may occur. The datasheet specifications should be met, without exception, to ensure that the system design is reliable over its power supply, temperature, and output/input loading variables. Fairchild does not recommend operation outside datasheet specifications.

Symbol	Parameter		Value	Unit
V_I	Input Voltage	V_O = 5V to 18V	35	V
		V_O = 24V	40	V
$R_{\theta JC}$	Thermal Resistance Junction-Cases (TO-220)		5	°C/W
$R_{\theta JA}$	Thermal Resistance Junction-Air (TO-220)		65	°C/W
T_{OPR}	Operating Temperature Range	LM78xx	-40 to +125	°C
		LM78xxA	0 to +125	
T_{STG}	Storage Temperature Range		-65 to +150	°C

图20.14　LM7805的温度限制和热传导性能(Courtesy of Fairchild Semiconductor.)

在电子设计中,最常用的分析热传递的方法是采用**等效热路**。典型集成电路封装的等效热路如图20.15所示,该方法将散热系统等效为电路,将温度等效为电压,将热传导流等效为电流,将系统中两点间的热传导特性等效为电阻。两点间的热流阻力被称为**热阻**,用符号Θ表示(有时用R_θ表示)。热阻的单位为℃/W,表示每单位功率的温度变化量。集成电路处于工作状态时,pn结中心的硅器件将产生热量,其温度记为T_J。pn结与集成电路表面(外壳)之间的热阻记为Θ_{JC}(pn结与外壳之间的热阻),外壳温度为T_C,外壳与环境间的热阻为Θ_{CA},环境温度为T_A(有时也记为T_∞)。

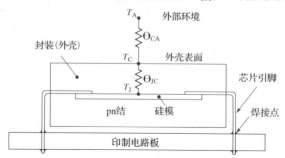

图20.15　基于等效热路法分析集成电路pn结到外部环境的热传导

热回路中热传导的控制方程与欧姆定律类似$(V = IR)$，即有

$$\Delta T = P\Theta \qquad (20.5)$$

其中 ΔT 是回路中两点间的温差，P 是耗散功率，θ 是两点间热阻，根据图 20.15 所示的热回路，可将式(20.5)改写为

$$T_J - T_A = P(\Theta_{JC} + \Theta_{CA}) \qquad (20.6)$$

由式(20.6)即可根据已知值和工作条件求解未知参数。只要保证选择适当的温度值和热阻值，则无须考虑器件类型或是否使用散热片，即可将式(20.6)广泛用于几乎所有的器件和应用。例如，可用图 20.14 中 Fairchild LM7805 的参数值来确定环境温度 25℃条件下，无散热片时的最大允许功耗。数据表给出了从 pn 结到环境的热阻值(符号为 $R_{\theta JA}$，65℃/W)，因此可根据式(20.6)计算 P_{max}，即有

$$P_{max} = (T_J - T_A)/(R_{\Theta JA}) = (125℃ - 25℃)/(65℃/W) = 1.54\ W$$

从外壳到环境的热传导特性，即Θ_{CA}，可通过添加散热片予以改善。散热片可通过加大外壳表面积或采用某种特殊形状以降低热阻，使热量尽快传导到环境中。图 20.16(a)、(b)所示为两种典型散热片。有的散热片集成了风扇，通过引入强制对流以显著改善传热效果。集成风扇是台式计算机微处理器散热片的标准配置，此类散热片的功耗甚至可能大于 100 W。任何散热片都可以通过添加风扇来改进散热性能，即通过人造强制对流环境来降低热阻。为保证器件与散热片热接触特性良好，强烈建议采用如图 20.16(c)所示的散热片复合材料：薄导热硅脂层。

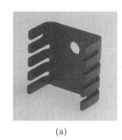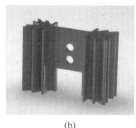

(a)　　　　　　　　　　(b)　　　　　　　　　　(c)

图 20.16　TO-220 的典型散热片(a)与(b)和散热片复合材料(c)

例 20.1　采用 7.2 V 镍镉电池组为电路提供 5 V 稳定电源，如采用图 20.14 所列的 LM7805 线性稳压器，则在以下几种情况下，可提供的最大电流为多少？a)不采用散热片；b)采用热阻为 $\Theta_{CA} = 24.5$℃/W 的散热片，该指标为低成本 TO-220 散热片的典型值；c)当电池组电压倍增至 14.4 V 时。

解：

a)不采用散热片。

系统如图 20.15 所示，可以通过式(20.6)求解最大功率和最大电流：

$$\Delta T = P\Theta$$

$$P_{max} = (V_{in} - V_{out})I_{max} = (T_J - T_A)/(R_{\Theta JA}) = 1.54\ W$$

$$I_{max} = \frac{P}{\Delta V} = \frac{(T_J - T_A)/(R_{\Theta JA})}{(V_{in} - V_{out})} = \frac{(125℃ - 25℃)/(65℃/W)}{(7.2\ V - 5\ V)} = 0.70\ A$$

$$(20.7)$$

b)在 LM7805 中添加热阻为 $\Theta_{CA} = 24.5$℃/W 的散热片。

此时等效热模型公式必须包含从 pn 结到外壳以及散热片到环境的热阻，以下标记为 $R_{\Theta HA}$，假设外壳与散热片紧密接触，忽略二者之间的热阻。假定散热片和环境间的热阻远低于外

壳与环境间的热阻，因此在分析中可忽略外壳的热传递效应。这是一种保守假设，在实际系统中，外壳总会有少许热量传导，因此 pn 结温度应略低于计算值。由式(20.7)可得

$$I_{max} = \frac{(T_J - T_A)/(R_{\Theta JC} + R_{\Theta HA})}{(V_{in} - V_{out})} =$$

$$\frac{(125°C - 25°C)/(5°C/W + 24.5°C/W)}{(7.2\ V - 5\ V)} = 1.54\ A$$

LM7805 数据表给出的最大输出电流规格为 1 A，若采用此种散热片，则可保证电流不超过电流上限。

c) 当电池组电压倍增至 14.4 V 时，表达式的分母 V_{in} 增大，稳压器两端电压降从 2.2 V 上升至 9.4 V，严重影响散热。无散热片条件下的最大电流为

$$I_{max} = \frac{(T_J - T_A)/(R_{\Theta JA})}{(V_{in} - V_{out})} = \frac{(125°C - 25°C)/(65°C/W)}{(14.4\ V - 5\ V)} = 0.21\ A$$

有散热片条件下最大电流为

$$I_{max} = \frac{(T_J - T_A)/(R_{\Theta JC} + R_{\Theta HA})}{(V_{in} - V_{out})} =$$

$$\frac{(125°C - 25°C)/(5°C/W + 24.5°C/W)}{(14.4\ V - 5\ V)} = 0.47\ A$$

20.3.3　开关稳压器

如前所述，线性稳压器采用线性控制元件输出稳定电压。与线性稳压器不同，**开关稳压器**是利用电感、电容的储能特性将波动的直流输入电压转换为稳定的直流输出电压。所谓"开关"，即利用数字开/关控制器，控制流向电感或电容的电流以产生期望电压值。开关稳压器的使用方法灵活，通过开关配置，其输出电压既可大于输入电压，也可小于输入电压，甚至可以输出相反极性的电压。相比于线性稳压器，开关稳压器的效率(η)较高，且热功耗较小，因此适用于传输更大的电流，如可传输高达 10 A 的电流。但从另一个方面来看，开关稳压器的输出纹波较大，电路复杂度也较高。下面我们将分析开关稳压器的各个功能元件，以使读者理解以上特点的产生原因。

20.3.3.1　电荷泵

对于电流小于等于 100 mA 的低电流应用而言，采用电容存储电荷无疑是一种经济适用的选择。将相关电路与电容相连，电容释放储能即可使输出电压增加或使电压极性反转。采用这种方法的器件被称为**电荷泵**，也称**快速电容电压转换器**。电荷泵的基本结构如图 20.17 所示，图中输出电压的极性与输入电压的极性相反。

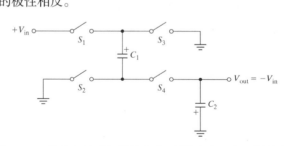

图 20.17　作为电压反相器的电荷泵(快速电容电压转换器)

电压反转将分两步实现。第一步是闭合左边开关(S_1 和 S_2)并打开右边开关(S_3 和 S_4)，此时将

对图中心的电容 C_1 充电。C_1 充电完成后，其上端（正极性端）与下端（负极性端）之间的电位差为 $+V_{in}$，即 C_1 的负极性端与正极性端的电位差为$-V_{in}$，实现了输入电压反转。第二步是打开 S_1 和 S_2 并闭合 S_3 和 S_4，此时输入电压断开，开关 S_3 将 C_1 的正极性端连接到地，并将 C_1 的负极性端连接到 V_{out}。由于 C_1 的负极性端相对于正极性端的电位差为$-V_{in}$，因此 V_{out} 与地之间的电位差也等于$-V_{in}$，即电压反转。输入端与输出端之间的频繁切换可能导致 V_{out} 的不稳定，因此输出端需添加电容 C_2 以消除 V_{out} 的抖动。

如图 20.18 所示为另一类电荷泵（也称快速电容转换器），该电荷泵的输出电压为输入电压的两倍，其初始化过程与电压反相器类似，即首先闭合开关 S_1 和 S_4，对电容 C_1 充电。充电完成后，C_1 的正极性端电压与负极性端电压之差等于 $+V_{in}$。然后闭合开关 S_2，将 C_1 负极性端连接到 $+V_{in}$。接着闭合 S_3，将 C_1 正极性端连接到输出端 V_{out}。此时 C_1 两端的压差 ΔV 等于 $+V_{in}$，其负极性端电压等于 $+V_{in}$，即输出电压 $V_{out} = 2 \times V_{in}$。$C_2$ 仍然用于消除因输入/输出切换引起的输出电压抖动。该方法还可用于生成更高倍数的输入电压，一般可通过增加额外电荷储存电容和开关级数来实现，但由于输出电路中的多级开关必然导致阻抗增加，因此一般不采用这种方案。

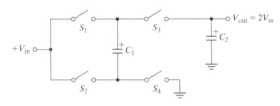

图 20.18　获得两倍电压的电荷泵

调整开关的打开/闭合时间即可改变电容 C_1 上的电荷总量，使反相电路输出$-V_{in} \sim 0$ V 之间的任意电压值，也可以使倍增电路输出 $V_{in} \sim 2V_{in}$ 之间的任意电压值。

20.3.3.2　降压、升压和反激式稳压器

当应用需求电流高于 100 mA 时，一般将选用电感作为开关稳压器的存储元件。此类开关稳压器的典型应用是**降压稳压器**，降压稳压器的输入电压高于稳压输出电压，稳压器将把输入电压"降低"到输出电压。从功能上来看，降压稳压器与线性稳压器类似，但二者实现方式完全不同，降压稳压器的典型电路结构如图 20.19 所示。

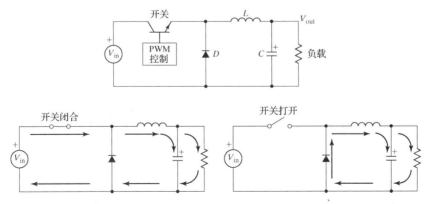

图 20.19　降压稳压器（Courtesy of National Semiconductor Corporation.）

图 20.19 的电路中，V_{in} 和电感 L 之间的开关 S_1 的状态由控制器确定。当开关闭合时（见图中左下方），电流流过电感并建立磁场，实现储能。当开关打开时（见图中右下方），电感磁场消失，在

开关打开后的一个较短时间段内，电感将释放储能，以维持流向 V_{out} 的电流。此时二极管 D 将使电感左侧电压保持对地正电压降，电流将继续自左向右流过电感，部分电流将流向 V_{out} 负载，并通过二极管 D 流回电感。其余电流则在电容 C 上汇聚电荷以提高电容 C 两端的压差。电容 C 能够滤除输出电压 V_{out} 的抖动，稳压器的控制器可用于监控 V_{out} 并调节开关状态。通常采用 PWM，以使 V_{out} 尽可能接近设定值，并使 V_{in} 及负载特性随稳压器变化而变化。

　　稍微修改图 20.19 的电路，即可构建**升压稳压器**。升压稳压器的输入电压低于设定的稳压输出电压，即稳压器将输入电压"升高"至设定的输出电压，其典型电路结构如图 20.20 所示。

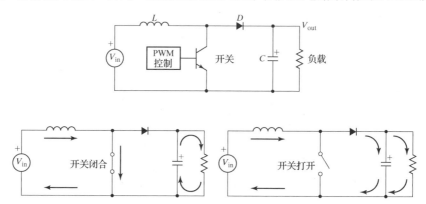

图 20.20　升压稳压器(Courtesy of National Semiconductor Corporation.)

　　如图 20.20 所示，当开关(晶体管)闭合时(见图中左下方)，电流流过电感并产生磁场。当开关打开时(见图中右下方)，电感磁场消失。此时电感电流将全部流向二极管，二极管两端电压将急剧上升。当开关闭合时，可能导致电感电流瞬间增大，此时二极管需确保电流自左向右流动，并且电容将平滑电压峰值并滤除输出电压纹波。数字控制器将监控输出电压(V_{out})，并通过调整晶体管开关状态使 V_{out} 保持在设定值。此时输出电压将大于输入电压，即电压被"升高"。

　　该组件还可用于电压极性反转，即使得 $V_{out} = -V_{in}$，具体电路结构如图 20.21 所示。

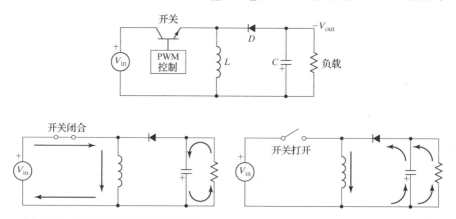

图 20.21　反向电压开关稳压器(Courtesy of National Semiconductor Corporation.)

　　当开关闭合时(见图中左下方)，电流通过电感流向地，建立磁场。当开关打开时(见图中右下方)，磁场消失，短时间内电感电流维持不变，电流流向电容并构成到地回路，此时电感上方节点的电压下降，二极管处于正向偏置状态，输出电压下降为负电压，具体电压值($-V_{out}$)取决于由控制器调节的开关状态。

升压结构的另一种极性反转的变形结构是**反激式稳压器**，如图 20.22 所示。该结构选用变压器作为储能元件，这种变压器由两个磁场共享电感线圈构成，主线圈电感中的交流感应电流流入副线圈，副线圈的感应电压取决于电感线圈匝数比。由于该结构引入了变压器，使得设计灵活性大大提升，通过调整副线圈（输出线圈）和主线圈（输入线圈）的匝数比，即可获得远大于输入电压的输出电压，并可输出多个电压值，实现部分或所有输出电压极性反转。

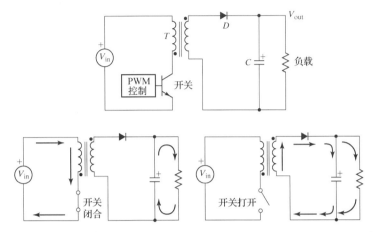

图 20.22　反激式稳压器(Courtesy of National Semiconductor Corporation.)

当输出电压为输入电压的整数倍时，即有 $V_{out} = N \times V_{in}$，变压器主线圈极性与副线圈相反，具体极性如图 20.22 中变压器的黑点所示。当开关闭合时（见图中左下方），变压器的主线圈产生电流和磁场。开关打开时（见图中右下方），主线圈磁场消失，导致线圈下端电压升高，副线圈电压因此增加 N 倍，N 为变压器副线圈与主线圈的匝数比，副线圈可能产生较大的感应电压。电路其余部分类似于之前所述的升压结构，电流通过副线圈和二极管形成到地回路，对电容充电并向 V_{out} 的负载提供电流。

将多个副线圈与一个主线圈耦合即可产生多个输出电压，具体电路结构如图 20.23 所示。该结构存在一个明显缺陷，即控制器可能为了满足其中某个输出电压需求而闭合回路，从而影响其他输出电压的调节能力。如果需要确保所有输出电压的准确性，则需采用其他方式来调节未受控制器监控的输出，例如采用线性 LDO 稳压器（见 20.3.2.1 节）。如果输出电压需与输入电压极性相反，则可考虑采用相同极性的主、副线圈变压器。

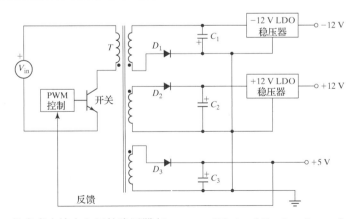

图 20.23　具有多个输出电压的稳压器(Courtesy of National Semiconductor Corporation.)

20.3.3.3 开关稳压器的实际应用

一旦设计者理解了开关稳压器的原理，会发现其实际设计方法相对简单。事实上无论采用何种结构的开关稳压器，其性能都将受到多种因素的影响。为了提高器件销量，器件供应商做了许多积极努力以解决设计困难，使其产品越来越方便易用。由于器件供应商提供了集成化的电路模块，即将整个电路以集成模块的方式提供给用户，因此设计者仅需将集成模块外接输入电压并接地，即可获得稳定的输出电压。Texas Instruments (TI) 提供了多种集成模块，图 20.24 所示为 TI 出品的一种典型模块，相比于由分离元件组装而成的开关稳压器，此类集成模块造价较高，但能大幅度缩短工程设计周期。

National Semiconductor 则提出了另一种设计思路，即采用电路建模工具设计开关稳压器，并将其成功应用于 Simple Switchers 产品线。设计者可在基于 Web 的 WebBench Tools 设计软件平台输入相关信息，例如输入电压范围、输出电压、输出电流、环境温度、性能特性等，由软件给出几种候选电路设计方案，每种设计方案都进行了成本、器件数量、性能和效率优化，设计者仅需选择适合于应用需求的电路设计方案。基于 WebBench Tools 设计的典型降压电路如图 20.25 所示。

图 20.24　TI 出品的典型开关稳压器集成模块

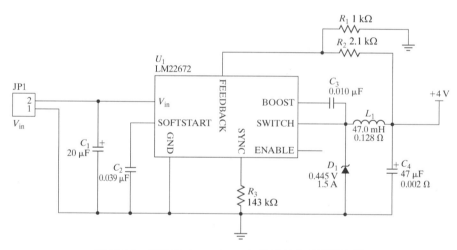

图 20.25　借助 WebBench Tools 设计的典型降压电路

软件方法可大大降低开关稳压器的设计复杂度，使其设计复杂度仅略高于线性稳压器设计。对于应用而言，开关稳压器的性能远超线性稳压器的性能。例如，开关稳压器能够产生大于输入电压的输出电压，并能基于同一电路将单个输入电压转化为多个输出电压，提供较高输出电流，以及提升转换效率等。典型开关稳压器的效率为 80% ~ 90%，最高可达 95%以上。开关稳压器的最大问题在于所需器件数量较多，如图 20.25 所示电路即包含了稳压器、电感及多个电容和电阻，另外，开关稳压器输出端的电压纹波较大，对于噪声敏感类应用(如高分辨率模数转换器、传感器和精密仪器)的性能影响较大，但通常情况下，开关稳压器适用于各种应用。表 20.1 所示为线性稳压器与开关稳压器的性能对比，以帮助读者根据应用需求选择恰当的技术。

表 20.1　线性稳压器与开关稳压器的性能对比

规格	线性稳压器	开关稳压器
线调节率	$0.02\% \sim 0.05\%$	$0.05\% \sim 1\%$
负载调节率	$0.02\% \sim 0.1\%$	$0.1\% \sim 1\%$
输出纹波	$0.5 \sim 2$ mV rms	$18 \sim 71$ mV rms
效率	$40\% \sim 80\%$	$> 80\%$
功率密度	0.5 W/in^3	$2 \sim 5$ W/in^3

20.4　电源

线性稳压器和开关稳压器可根据未经调节的直流输入电压产生大多数电路需要的稳定直流输出电压，其中涉及一个关键问题，即如何获取适当的直流输入电压。本书将在本节及之后的 20.5 节讨论获取直流输入电压的两种最常见的方法。

电源是指将电网提供的交流电(美国为 120 VAC，60 Hz)转变为输出较低直流电压的设备，并用于电路供电。与稳压器类似，电源也可分为线性电源和开关电源，前者在输出端采用线性稳压器，而后者在输出端则采用开关电源稳压器。本章之前已介绍了各种稳压器的工作原理，因此本节仅讨论交流电源输入到稳压输出之间的电路设计，例如如何将 120 V 交流电压转换为 5 V 直流电压。

20.4.1　线性电源

线性电源的输出级采用线性稳压器将交流输入电压转换为稳定、低噪声的直流输出电压。相比于其他电源，如 20.4.2 节所述开关电源，相同输出功率的线性电源造价更高，体积较大，质量也更大，一般用于对噪声功率有特殊要求的电路，如实验室用电路、原型电路和测量仪器等，如图 20.26 所示为市面上常见的几种线性电源。

(a) 实验室用输出可调台式电源

(b) 可调台式电源

(c) 桌面式电源

(d) 壁挂式电源

图 20.26　各类线性电源

　　线性电源的工作原理框图如图 20.27 所示。电源的输入是来自电源插座的交流电，也称之为**线路电压**。全球有多种标称线路电压值，例如美国的交流电标称值为 120 VAC，60 Hz，日本则为 100 V，50 Hz，欧洲的大部分地区采用的是 230 V，50 Hz 交流电，因此线性电源电路需针对不同国家和地区的线路电压标称值进行设计。

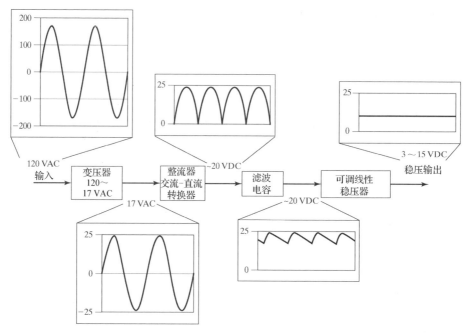

图 20.27　线性电源的工作原理框图

　　线性电源的第一个功能模块是采用线性电路将线路电压转化为较低的交流电压，该交流电压值应与输出的直流电压值接近，一般采用功耗较小的变压器实现高-低电压转换。图 20.27 所示变压器的匝数比为 7:1（副线圈匝数与主线圈匝数之比），即可将输入的交流电压降为 17 V 交流电压。第二个功能模块用于将交流电压转换为直流电压，一般采用整流器实现。常用的全波整流器允许交流正弦波周期的正半部分通过，而对负半部分进行反转，整流器的输出类似于连续电压峰值。第三个模块的功能是滤波，一般采用大电容平滑整流器的输出，进而产生一个准稳态直流电压，滤波电容的电容值越大，输出电压越平滑。最后一个模块是线性稳压器，其作用是将滤波器输出的准稳态直流电压转换为稳定的低噪声稳态输出电压。

　　如图 20.28 所示为一典型的廉价实验室用台式电源，其结构与图 20.27 的原理框图非常类似。该电源的输入为美国标称线路电压（120 VAC，60 Hz），能提供三路稳压直流输出：一路固定输出，输出电压为 5 V，最大电流为 3 A；一路可调输出，输出电压范围为 3～15 V，最大电流为 1 A；一路可调输出，输出电压范围为–3～–15 V，最大电流为 1 A。电路功能模块与图 20.27 相同，只是一些特定元件有些许增改，例如交流电源从电路左侧的交流电插头（P_1）输入，通过 F_1 处的保险丝和开关（S_1）。添加保险丝能有效预防因电流过大而导致的安全问题，如发生短路，保险丝熔断即可避免危险发生。另外，变压器（T_1）采用了一个主线圈、两个副线圈的结构，上方副线圈匝数比为 7:1，输出 17 V 交流电压，下方副线圈匝数比为 13.3:1，输出 9 V 交流电压。需要注意的是，这个变压器的两个副线圈无共用物理连接，即表示其接地方式不同。此处需注意电路图中接地符号的差异，因此变压器的两个副线圈的输出电压不相关。当然，用户也可将两个输出端以某种方式连接起来，实际应用中，常采用此种方式实现浮动输出，提升输出灵活性。有的用户会将独立的地连接在一起，事实上这样的做法并非必要，输出电压相互独立，即表示它们可以不同方式"叠加"，例如，5 V 电源可与 15 V 电源串联，以获得 20 V 输出电压，其最高输出电流依旧等于 1 A。

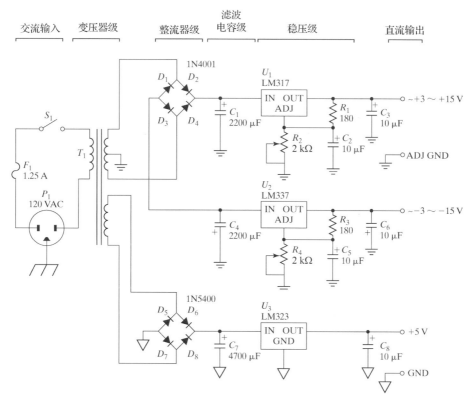

图 20.28　带有三路输出电压的线性电源电路

变压器下方副线圈输出的 9 V 交流电压被送入全波整流器 $(D_5 \sim D_8)$ 整流，然后采用 4700 μF 电容 (C_7) 滤波，滤波后的输出送入 LM323 (U_3) 线性稳压器，即可获得 5 V 稳压输出，其最大电流为 3 A。变压器上方副线圈输出的 17 V 交流电压通过整流桥和次级变压器的中间抽头后，分别生成正电压和负电压，整流器的正、负交流电压输出均经 2200 μF 电容 $(C_1$ 和 $C_4)$ 滤波，正输出交流电压输入 1 A 可调线性稳压器 LM317 (U_1)，调整电位器 (R_2) 即可输出 3 ~ 15 V 之间的任意电压。负输出交流电压送入 1 A 可调负电压线性稳压器 LM337 (U_2)，调整电位器 (R_4) 即可输出 −3 ~ −15V 之间的任意电压。

图 20.28 所示为最简单的线性电源结构，包含了线性电源涉及的常用元件。高档线性电源一般会添加串行接口或 GPIB 以实现输出电压控制，或通过改进电路获得低噪声高稳态输出电压，高品质、多功能线性电源价格昂贵，一般造价高于 1000 美元，而普通线性电源的造价通常可控制在 50 ~ 100 美元范围内。

20.4.2　开关电源

线性电源适用于产生低噪声的稳定输出电压，与之相比，**开关电源**(也被称为 SMPS)的输出电压噪声相对较高，但开关电源成本低、质量和体积小、功率大，在某些对噪声要求不高的应用中具有很大的竞争优势，如个人计算机、电话设备和医疗设备等一般都采用开关电源，商用开关电源实例如图 20.29 所示。

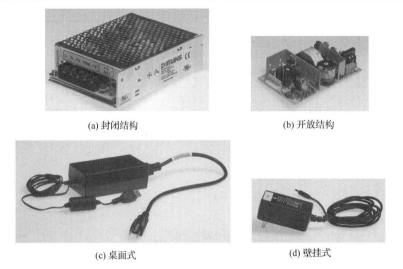

(a) 封闭结构　　　　　　　　　(b) 开放结构

(c) 桌面式　　　　　　　　　(d) 壁挂式

图 20.29　各类开关电源

由于开关电源在其输出级使用开关稳压器，因此其交流电源输入和稳压级之间的电路要求与线性电源的稍有不同。两者在功能上差异不是很大，但是开关电源节省了成本，减小了质量和体积。

开关稳压器的工作频率至少为 20 kHz(高于人类的可听频率)，通常为几百 kHz。电路的开关元件可能会引入大量的**传导发射**(从器件反馈到交流电源的电气噪声)，因此图 20.30 的第一个功能模块即为消除此类噪声的滤波器，电源滤波器可防止电气噪声反馈到交流电源。如果不使用**线路滤波器**，则电气噪声可能会干扰到接入同一交流电源的其他设备(如附近的计算机、收音机或电视机)的功能。线路滤波器的输出保持在 120 VAC，且接入电源的下一个功能模块。

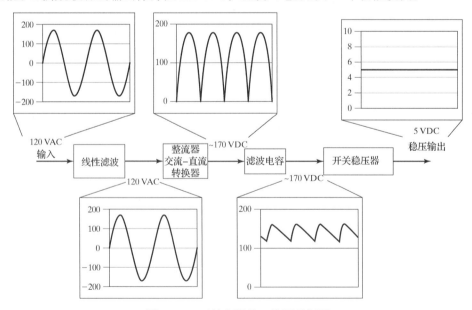

图 20.30　开关电源的工作原理框图

开关稳压器的效率可高达 80%，因此无须将输入交流电压转换为较低的交流电压再送入稳压器，这样可省略图 20.27 中的变压器部分。对于设计者而言，省掉体积大、质量大、成本昂贵的变压器无疑是令人愉快的。当然，开关电压稳压器的输出也应为直流电压，因此还需采用整流器和滤波器。美国线路标称电压为 120 VAC rms，因此整流器级和滤波电容级的输出电压约为 170 VDC（120 V/0.707），该电压可以直接接入开关稳压电路。开关稳压电路一般采用反激式结构。由 20.3.3.2 节可知，反激式结构采用变压器为负载储存并传递能量，且能有效输出一个远低于输入电压的稳态输出电压。该方法的简化示意图见图 20.31。

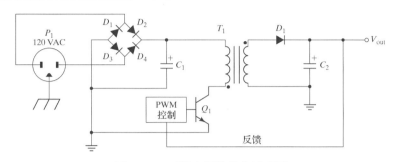

图 20.31　开关电源的简化示意图

如图 20.31 所示，开关稳压器的输入线路电压与稳态输出电压之间并无电气隔离装置，这显然是一个潜在的安全隐患，如果操作者将自己的双手分别触摸输出电压端和接地端，则可能遭遇电击。因为此时相当于将输出与接地端短路，必然产生较大电流，所以通常会在电路某处集成电气隔离装置。此时可采用线性稳压器中使用的变压器来实现电气隔离，但该方式成本高昂。图 20.32 给出了一种价格低廉的替代方案，即隔离输出电压到反激变压器初级侧开关控制元件的反馈回路。有多种方法可实现此种隔离，如采用光隔离，该方法采用成对 LED 和光电晶体管实现隔离，具体原理详见第 21 章。商用开关电源需采用附加电路实现效率优化、短路保护及欠压和过压保护等，因此远比图 20.31 所示电路复杂。

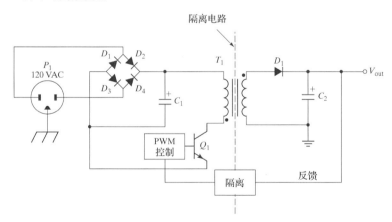

图 20.32　含电气隔离的开关电源的简化示意图

20.5　电池和电化学单电池

电池单元指用于日常便携式设备供电的基本电化学元件，常用于移动电话、媒体播放器、便携式计算机、汽车、玩具等。电池是电池单元的集合，即可通过串联电池单元以获得更高电压，亦可通过并联电池单元获得更大容量；当然，也可采用串并组合结构，以同时获得更高的电压和更大的容量。目前，将电池单元和组合电池统称为电池，但从严格意义上讲，这种说法是不严谨的。电池单元和电池示例如图 20.33 所示。

图 20.34 给出了电化学电池单元的结构，其基本组成包括正极(阴极)、负极(阳极)及电解液，正极与负极产生的带正电的阳离子和带负电的阴离子在电解液中实现交换。具体使用时，阳极、阴极材料与电解质发生反应，并通过连接电极的独立电路实现电子交换，化学反应接近完成时，电池储存的化学能也随之耗尽。电池的类型与性能特征(如储能容量、是否支持重复充电等)均取决于电极和电解质材料。通常情况下，电池正极材料为二氧化锰(MnO_2)，负极材料为锌(Zn)，电解质采用氢氧化钾(KOH)，其一般呈凝胶状，以降低泄漏概率。

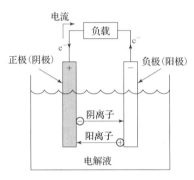

(a)1.5 V碱性电池　　(b)9 V碱性电池

图 20.33　典型的碱性电池：(a)单电池；
(b)9 V 电池(6 个碱性单电池串联)

图 20.34　电化学电池单元的结构

要了解电池单元的工作原理，需首先分析电极与电解质之间发生的化学反应。此处再次以碱性单电池为例进行说明，当从电池单元中提取电流时，锌阳极与电解液中的羟基离子(OH^-)结合生成氧化锌(ZnO)、水与两个价电子，这两个价电子即为产生电流的关键。连续反应产生连续价电子，进而即可生成有用电流。

$$Zn + 2OH^- \rightarrow ZnO + H_2O + 2e \tag{20.8}$$

与此同时，阴极的二氧化锰与电解质溶液中的水发生反应，并与两个进入的价电子合成亚锰酸盐(MnOOH)和氢氧根离子，而阳极的锌则需要氢氧根离子方能实现化学反应，具体化学反应式如下：

$$2MnO_2 + 2H_2O + 2e \rightarrow 2MnOOH + 2OH^- \tag{20.9}$$

简化的反应式(只显示反应前和反应后的条件，而不显示中间步骤)如下：

$$Zn + 2MnO_2 + H_2O \rightarrow ZnO + 2MnOOH \tag{20.10}$$

碱性电池的锌发生反应后生成氧化锌，二氧化锰则转化为亚锰酸盐，化学反应将释放出两个价电子，然后被重新回收，整个过程中的关键是价电子。

图 20.34 所示电池设计并不实用，主要问题是设计的电池体积庞大，并且易发生电解质泄漏。市面上的商用电池的工作原理与之大致相同，即所包含的主要元素一致，但商用电池的物理结构紧凑坚固，不太可能发生电解质泄漏，图 20.35 所示为 Duracell 碱性电池剖面图。

对比图 20.34 和图 20.35 可知，后者的阳极与阴极采用紧凑的同心结构，并在阳极和阴极之间添加了物理和电气隔离膜，该隔离膜允许电解质渗透，另外，底座上添加了一个安全排气口，可以控制排出因误操作而产生的气体。除此之外，图 20.34 和图 20.35 的结构完全相同。

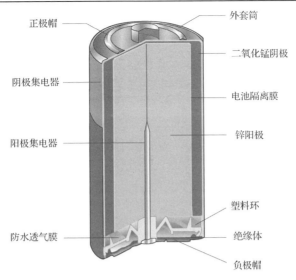

图 20.35　Duracell 碱性电池剖面图（Courtesy of Procter & Gamble Company.）

20.5.1　电池性能和特性

如果这个世界上真有理想电池，那么它应该能储存大量能量、使用寿命长、占用空间小、质量小、成本低，且不会受到环境因素的影响。实际的电池往往存在这样或那样的不足，无法实现理想化。因此设计者在选择电池时，需根据应用需求制定选择方案，即实现电池性能与应用性能目标的匹配，权衡利弊，选择较为折中的方案。例如，当电池寿命长与占用空间小的需求不可兼得时，究竟应选择一次性电池还是可充电电池？本节将定义用于描述电池性能的术语，下一节则将介绍各种电池类型及其性能表现。

容量：电池能够存储的最大能量值，通常以符号 C 表示。电池容量单位为安培小时（Ah）或毫安小时（mAh）。在恒定电流、恒定电阻或恒定功率条件下，测得使满容量电池的终端电压下降到耗尽阈值所需的时间即为电池容量。电池容量受许多因素的影响，如电流流量（见 C 率）、电池单元的化学特性、尺寸（反应物质量）、设计结构（电极和电解液的有效性）、温度和储存条件等。图 20.36 以其中两个变量为例，说明电流流量和温度对特定镍氢电池性能的影响。

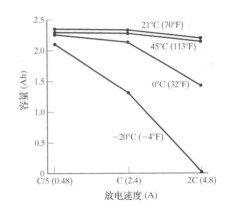

图 20.36　自放电速度和温度对 Duracell DR30 镍氢（NiMH）电池的影响（Courtesy of Procter & Gamble Company.）

C 率：电池电流相对于其容量的比值，表示为

$$C率 = \frac{电流}{额定容量} \tag{20.11}$$

C 率为 1 是指电池电流流量等于其容量，记为"1 C"。例如对于 1500 mAh 电池，1 C 即表示电流为 1500 mA（或 1.5 A）。对同一电池而言，C 率等于 C/10，即表示电流为 1500 mA/10 = 150 mA，此时意味着对该电池电流的需求小，C 率为 2 C 则表示电流为 1500 mA×2 = 3000 mA，此时电流需求大。由图 20.36 可知，常温条件下 1 C 的 Duracell DR30 电池容量为 2.3 Ah，即表示在终端电压下降到截止电压以下之前，电池可持续 1 小时输出 2.3 A 电流。

能量密度：用于衡量单位质量电池单元或电池储存的能量，单位为瓦特小时/千克(Wh/kg)。

体积能量密度：用于衡量每单位体积电池单元或电池储存的能量，单位为瓦特小时/升(Wh/L)。

放电曲线：在特定放电条件下，电池电压随时间变化的曲线图。典型的放电曲线的初值为最大电压，该曲线随电池放电过程的进行而下降。通常情况下(可能存在例外)，曲线上会存在一个电压相对稳定的平坦区，然后出现电压陡降区，表示电池存储能量即将耗尽。放电曲线一般根据 C 率给出，也可能根据恒定电阻负载(电流随着电池单元放电电压下降而降低)或恒定功率给出。与电池容量类似，放电曲线也受电池温度和电池的电流流量的影响，如图 20.37(a) 所示，低温将导致电池单元的化学反应速度下降，相反，高温时化学反应速度将加快。如图 20.37(b) 所示，电流流量过大将导致容量下降。

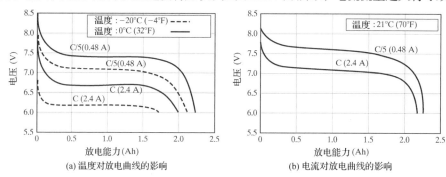

图 20.37　(a)不同温度和(b)不同电流下 Duracell DR30 NiMH 电池的
放电曲线(Courtesy of Procter & Gamble Company.)

截止电压：电池单元能够提供的有效放电电压。截止电压或者取决于电池化学特性，如碱性电池标称的截止电压为 0.8 V，对应于 95%容量消耗点；或者取决于应用需求，如玩具采用的电池单元的截止电压为 1.1 V，一旦电池电压降到该阈值以下，玩具将无法正常工作。

开路电压：无负载条件下在电池单元或电池两端测得的电压。这个参数的用处不大，因为此时的电池单元或电池并未处于工作状态，一旦连接负载，实际工作电压可能远低于开路电压。

回路电压：指连接特定负载时测得的电池单元端电压。

中值电压：指电池放电 50%时测得的电池单元端电压。

自放电：指电池长时间未使用时的容量损失。自放电源自电池内部的连续轻度化学反应，此时电池两端之间并不存在价电子交换。自放电在很大程度上取决于电池单元的化学性质。例如将碱性电池在室温条件下储存，通常每年产生的容量损失约小于等于其容量的 5%，但在相似的条件下，NiMH 电池容量将以每月 20%的速度损耗。存储温度对自放电率的影响较大，如图 20.38 所示，温度越低，反应速度越慢，因此采用低温储存有利于减少电池的自放电能量损失。

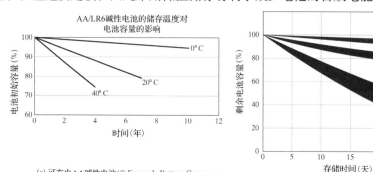

(a) 可充电AA碱性电池(© Eveready Battery Company,
Inc., St. Louis, Missouri. Reprinted with permission.)

(b) Duracell NiMH 电池(Courtesy of Procter & Gamble Company.)

图 20.38　时间和温度对电池自放电率的影响

　　内阻：电池供电电路中由电池自身带来的阻抗。电池单元的内阻由两个部分贡献而来，其中电子元件和电池内的连接（如内部连接及布线等），它们的欧姆特性贡献了小部分电阻，实际上内阻主要取决于离子电阻，该电阻由电池单元的化学性质和具体结构决定。为了确定总内阻值，需首先对电池单元加入约几毫安的小电流，然后测量电池端电压。接着逐渐增加电流值，使其达到几百毫安，再次测量电池端电压，即可根据端电压计算获得内阻。

　　如图 20.39 所示，初始电流为 5 mA，最大电流为 505 mA，最大、最小电流相差 0.5 A。初始电流条件下，端电压初始值为 1.485 V，当电流等于 505 mA 时，端电压最终值等于 1.378 V，两个电压值相差 0.107 V。基于欧姆定律计算，即可得电池总内阻为 $R = 0.107 \text{ V}/0.5 \text{ A} = 0.214 \text{ }\Omega$。内阻取值主要受电池单元的化学结构和设计的影响，一般内阻越小越好，这是因为内阻越小，电池内部的热量损失也越小，所以能够提供的最大电流也越大。

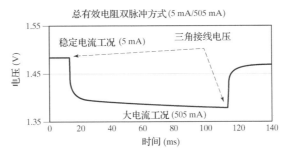

图 20.39　测量单电池的内阻（©Eveready Battery Company, Inc., St. Louis, Missouri. Reprinted with permission.）

20.5.2　原电池

　　电池单元和电池的材料将决定其化学反应是否可逆，若化学反应不可逆，则电池为不可充电电池；如化学反应可逆，则为可充电电池。不可充电的电池单元被称为**原电池单元**，以此类推，由原电池单元组成的电池被称为**原电池**，原电池单元和原电池是一次性电源，即一旦化学反应耗尽，则必须更换新电池。表 20.2 给出了常用原电池单元的化学构成和性能。

表 20.2　原电池单元的化学构成和性能

化学成分	阳　极	阴　极	中点电压(V)	能量密度(Wh/kg)	体积能量密度(Wh/L)	应　　用
碳-锌	锌	二氧化锰	1.5	85	165	玩具，收音机，手电筒
碱性	锌	二氧化锰	1.5	145	400	消费类电子产品，玩具，收音机，手电筒
银-锌	锌	氧化银	1.6	135	525	手表，相机
锌-空气	锌	环境空气	1.5	370	1300	助听器，寻呼机
锂锰氧化物	锂	二氧化锰	3.0	230	535	手表，相机，温度计
锂-二氧化硫	锂	二氧化硫	3.0	260	415	手电筒，紧急设备
锂-亚硫酰氯	锂	亚硫酰氯	3.6	590	1100	存储器备份，安全系统，测量仪器

　　原电池（不可充电）的能量密度通常远高于可充电电池的能量密度，可充电电池的原理详见20.5.3 节。尽管采用原电池需考虑电池的定期更换问题和处理成本，但该电池造价低廉，并且具有高能量密度特性和紧凑性，可用性好，因此成为许多应用的首选电池。

　　直至 20 世纪 40 年代，市面上出售的原电池均为碳锌电池。20 世纪 60 年代后期，碱性电池基本取代了碳锌电池，成为市场的主角。碱性电池与碳锌电池的化学特性类似，但因其采用了不同的电解质和电池设计方法，使其储能容量为后者的两倍以上。尽管碱性电池的成本高于碳锌电池的成本，但使用寿命更长，成本效益相对较高。至 2009 年中期，碱性电池已成为各种典型应用的首选原电池,如应用要求更长的使用寿命或更小的体积,则可选择其他材料构成原电池。

其他常用的原电池包括氧化银电池、锌-空气电池和锂电池组。锂电池的阳极为锂,阴极材料可为二氧化锰、二氧化硫、亚硫酰氯化物等。氧化银和锌-空气电池的能量密度远高于碱性电池,是各种小型设备的首选。此处特别说明,锌-空气电池具有优越的能量密度和体积能量密度特性,这种电池的阳极为锌,但没有阴极材料,即只有"能源",没有氧化剂,因此可获得最高能量密度值。当然,它也有一个阴极,即环境空气中的氧气。地球上的任何位置都有氧气,在将电池置于空气中时,锌-空气电池外壳上的小孔使得多孔碳电极自由交换空气以生成电接触。在使用之前,锌-空气电池的空气孔被一层黏合剂盖住,以防止氧气进入发生自放电。

锂阳极(Li/MnO_2、Li/SO_2 和 $Li/SOCl_2$)原电池单元也具有高能量密度特性,并能输出较高的电池电压,锂电池的中点电压至少为 3 V,而前述其他化学成分的电池的中点电压约为 1.5 V。因此该电池常用于有高电池电压需求的应用,可大大减少所需电池数量,其中锂-亚硫酰氯($Li/SOCl_2$)电池的中点电压高达 3.6 V,能量密度很大,唯一的问题即 $SOCl_2$ 是剧毒和强腐蚀性材料。

20.5.3　二次电池

可充电电池单元也被称为二次电池单元,同样可充电电池也被称为二次电池。其工作原理是向器件中注入电子流,一般情况下可注入电流,触发化学反应的逆反应,此时二次电池将被再次充电。如果电池的化学反应完全可逆,则可充电电池的寿命可为无限长,但这种理想情况是不可能实现的。一般而言,二次电池单元和电池的可重复充电次数有限,可能为几百次,也可能为上千次。典型的二次电池包括镍镉(NiCd)、镍氢(NiMH)、铅酸、锂离子和锂聚合物电池,详见表 20.3。

表 20.3　二次电池单元的化学构成和性能

化 学 成 分	阳 极	阴 极	中点电压	能量密度(Wh/kg)	体积能量密度(Wh/L)	充放电次数	应　　用
铅酸,密封铅酸(SLA)	铅	二氧化铅	2.0	35	70	200～300	车辆,工具,固定设备,医疗器械
镍-镉	镉	镍氧化物	1.2	35	100	1000～1500	玩具,电动工具,医疗器械
镍-金属氢化物	金属氧化物	镍氧化物	1.2	75	240	500～1000	玩具,电动工具,医疗器械,电动车
锂离子	碳层间化合物	$Li_{(i-x)}CoO_2$	4.1	150	400	500～1000	消费类电子产品,平板电脑,电动车
锂聚合物	锂	$LiCoO_2$	3.7	200	300	500～1000	消费类电子产品,平板电脑,电动车

无论读者是否具备设计铅酸电池(在 19 世纪中期发明)的经验,但毫无疑问都有使用经历。铅酸电池常用于汽车、摩托车、轮船、公共汽车和飞机等,当主发动机熄火时,铅酸电池可为电气系统供电,发动机输出功率不足时也可作为备用电源使用。例如,电池可为发动机点火供电,并在发动机熄火后为收音机和前大灯供电。铅酸电池价格低廉,能够提供较大电流,但能量密度较低,并且铅和硫酸会污染环境。为防止酸液泄漏,电子设备的铅酸电池一般是密封的,并且采用凝胶状酸,因此这类电池被称为**凝胶电池**。实际上,**密封铅酸(SLA)**电池并非完全密封,可通过调节阀门排出充放电过程中产生的气体,从而降低内部压力,其外形如图 20.40 所示。

从能量密度方面来看,镍镉(NiCd)电池与 SLA 电池类似,但充放电次数远高于 SLA 电池的次数。典型 SLA

图 20.40　SLA 电池(6 V,1.3 Ah)

电池可充电次数为 200 ~ 300 次，而 NiCd 电池可充电次数则高达 1000 ~ 1500 次。NiCd 电池的内阻很低，约为 100 mΩ，并且能在大电流调节下迅速放电。因此，该类电池常用于无线电遥控车和无绳通信设备。然而，由于 NiCd 电池采用剧毒重金属镉作为阳极，因此其回收处理很成问题，已被逐渐淘汰。

由于 NiCd 电池存在低能量密度和毒性问题，因此需要使用 NiCd 电池的应用已转为使用镍氢(NiMH)电池。镍金属氢化物电池的能量密度约为 NiCd 电池的两倍，并且因采用金属氢化物阳极，也不会带来环境污染，只是 NiMH 电池的可充电次数低于 NiCd 电池的次数，但其储能能力为 NiCd 电池的两倍。NiCd 和 NiMH 电池的自放电率都很高，室温条件下约为每月 20%，详见图 20.38，典型的三 NiMH 电池组如图 20.41 所示。

锂(Li)离子电池和锂聚合物电池能够提供更高的输出电压，并且能量密度较高，这类电池的外形可根据应用需求做定制化设计；锂离子和锂聚合物电池已经成为手机、媒体播放器和平板电脑的首选电池。但需要注意的是，锂离子电池和锂聚合物电池需要加入额外的预防措施，相比于 SLA、NiCd 和 NiMH 电池，锂离子电池和锂聚合物电池的使用限制较多，对其过度充电可能导致爆炸、短路或产生物理损坏。另外，快速放电也可能导致锂离子电池或锂聚合物电池的永久性损坏，因此需要采用专门的充放电保护和监测电路来保证使用安全性。为了提高电池的安全性和可靠性，保护电路可内置于电池内，但因此也会导致成本增高。典型的锂离子手机电池如图 20.42 所示。

图 20.41　三 NiMH 电池组(3.6 V，1150 mAh)

图 20.42　锂离子手机电池

20.5.3.1　二次电池的充电

理想情况下，二次电池的充电过程简单、快速、安全、可靠。其具体性能参数因电池单元类型而异，本节将简要介绍二次电池充电技术。

最简单的充电方法是采用低电流以稳定电压对电池充电，这种方式被称为**涓流充电**，所需充电时间较长，具体时间长度取决于电池容量。该充电方式的充电监控电路比较简单，任何类型的电池单元和电池都可采用涓流充电，其价格也最低廉。如想加快充电速度，则需采用其他方法，一般可采用分步法加快充电速度。例如，一个充电周期可能包括恒定电流阶段、恒定电压阶段、电压限制阶段、温度限制阶段和/或涓流充电阶段，此外还可能引入其他附加步骤，如电池电压变化率(dV/dt) 监控和温度变化率(dT/dt) 监控。

下面以 SLA 电池充电为例进行说明，其典型充电方法如图 20.43 所示。充电周期的第一阶段为恒定电流阶段，本例中，将持续 2 小时保持相对较大电流。对于给定电池而言，一般设定电流 C 率为略高于 0.4 C，在此期间内，电池电压先稳定上升，然后趋于稳定。当电池电压达到阈值(一般 SLA 电池电压的阈值约为 2.45 V/电池单元)，充电器将切换到恒定电压阶段，此时通过调节电流来保持电压恒定。如果保持该恒定电压所需电流下降并保持为恒定值，则表示电池充电完成，此时既可停止充电，也可进入第三阶段。如在第二阶段结束后并不立刻使用电池，则第三阶段的浮充(即涓流充电)功能将使电池保持满电状态。

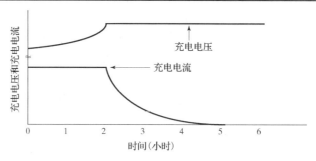

图 20.43　SLA 电池充电（Courtesy of Panasonic Corporation.）

铅酸电池对充电精确度要求不高，其充电周期仅取决于终端电压。C 率过高可能导致过度充电，进而发生电解，产生 O_2 和 H_2 气体。当气体能量过高时，气体混合物可能发生爆炸。如铅酸电池采用硫酸电解液，则更需特别注意，切勿因误操作导致安全事故，此时需考虑采用更为安全的充电方法。

NiCd 或 NiMH 电池的充电过程较为相似，SLA 电池和 NiCd 或 NiMH 电池的充电过程的最大差异在于充电结束阶段，即如何确定充电结束时刻。为了最大限度延长 NiCd 和 NiMH 电池的使用寿命，每次充电应尽量充满。如为了避免事故而采用不完全充电循环方式，则可能导致电池使用寿命下降，进而提升使用成本。

为了实现 NiCd 和 NiMH 电池的快速充电，可采用恒定电流充电周期，即在高电流条件下进行充电，其电流 C 率可高达 1 C，但具体取值与电池本身有关。采用高电流充电时，如果充电过度则可能导致电池损毁，因此特别需要了解电池何时充满。NiCd 和 NiMH 电池都表现出独特的电压和温度特性，可根据此特性判断电池的充电状态。如图 20.44 所示，当充电接近 100% 电池容量时，电池电压将会上升，而当等于 100% 电池容量时，电池电压开始下降。相比于 NiMH 电池，NiCd 电池的电池电压变化特性更为明显，实际上两种电池的电池电压变化特性都十分明显。另外，当电池接近充满时，电池温度也会快速上升，因此也可以通过测量电池温度来确定充电结束时间。有的 NiCd 和 NiMH 电池组内置了温度传感器。内置的温度传感器的测量准确度较高，通常采用 NTC 热敏电阻作为温度传感器，其工作原理详见第 13 章。

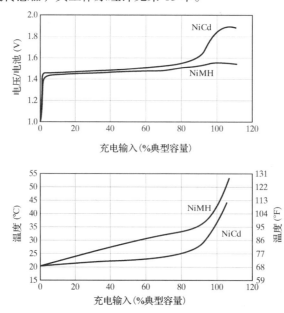

图 20.44　NiCd 和 NiMH 电池充电时的电压与温度特性（Courtesy of Procter & Gamble Company.）

电压达到峰值后就会下降，当低于阈值下限(图 20.45 中标记为−ΔV)时，并且电池温度达到阈值最大值(标记为 TCO)或温度变化达到阈值速率(标记为 dT/dt)时，充电器将结束充电。

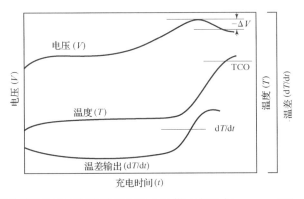

图 20.45　根据电压和温度确定何时对 NiCd 和 NiMH 电池停止充电(Courtesy of Procter & Gamble Company.)

NiCd 电池和 NiMH 电池都有记忆效应，但 NiCd 电池的记忆效应更为明显。记忆效应发生在电池部分充放电过程中，当电池部分放电后再开始充电时，其放电曲线将会发生变化，此时端电压将略微下降，如果将端电压视为电池充电状态的指标参数，则端电压下降即表示电池容量下降，电池放电速度也会加快，能量消耗速度增加。因此记忆效应也被称为电压衰减效应，但记忆效应是一种暂时效应，只需进行几次完全充放电就能消除。

图 20.46 所示为典型 Duracell NiMH 电池的记忆效应，周期 #1 的放电曲线对应的电池以 1 C 放电。当端电压等于 1.0 V 时，再以 1 C 充电，直到−ΔV = 12 mV。周期 #2 至周期 #18 的放电曲线对应部分放电情况，电池以 1 C 放电，当端电压等于 1.15 V 时停止放电，然后以 1 C 充电至−ΔV = 12 mV。在每个充放电周期内，达到 1.15 V 截止值所需的时间逐渐缩短，周期 #18 的放电曲线的放电时间缩短了约 0.16 小时(减少了 21%)，缩短效应十分明显。周期 #19 至 #21 的放电曲线中，电池均完全放电至 1.0 V，并如前述方式充电。当三个恢复周期结束时，周期 #21 的放电曲线已非常接近周期 #1 的放电曲线，即表示记忆效应几乎完全被"消除"。

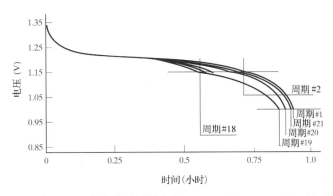

图 20.46　NiCd 和 NiMH 电池的记忆效应(Courtesy of Procter & Gamble Company.)

锂离子电池和锂聚合物电池的充放电过程在许多方面与之前讨论的 SLA 电池类似，但还存在一些明显差异：该类电池可能被永久破坏或起火燃烧，如果使用不当甚至会发生爆炸，因此强烈建议使用者需特别小心。图 20.47 所示为锂离子电池充电的标准过程，如图所示，锂离子电池与 SLA 电池的前两个充电阶段是相同的，但在第三阶段存在差异。第一段为恒定电流阶段，采用较高电流充电，该例中约等于 1.75 A，当电池电压达到 4.2 V 阈值时，该阶段结束。第二阶段为恒定电压阶段，并控制电流将电池电压保持在 4.2 V，一旦当前电流低于阈值，则恒定电压阶段结束，电池完全充电。触发第二阶段结束的电流阈值取值因电池而异，通常选择额定电流的 3%(0.03 C) 为阈值，第二阶段完成时，电池完全充电。对锂离子电池而言，连续的涓流充电可能导致过充，并永久损坏电池，因此无须平顶充电，或间歇采用平顶充电，如每 500 小时采用 1 次，该方式可改善锂离子电池的自放电率，并防止过充和损坏电池。

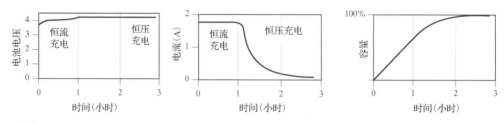

图 20.47　SANYO UR18650F 锂离子电池的充电性能 (Courtesy of SANYO Electric Co. Ltd.)

由于锂离子电池的充电方式多样，通常可采用专用集成电路(即电量计芯片)管理充放电过程，电量计芯片通过测量电池的电压、温度和电流，获得以下信息：

- 剩余容量(剩余电量)——甚至可根据电池在多个充放电周期的老化模型来提高参数准确度
- 电池欠压(电池是否过度放电？)
- 电池过压(电池是否过充？)
- 短路情况(电流是否超过可选限制？)

有许多芯片可用于管理电池充电过程，并输出电池信息。目前有多个器件制造商(如 Maxim Integrated Products、TI、Linear Technology 和 Intersil 等)均提供此类芯片。

20.5.4　电池的安全和环境问题

讨论电池时总会讨论安全和环境问题。一般来说，电池单元和电池是存储化学能并将其转化为电能的装置，大多数电池的转换速率非常快，甚至比我们需要的要快得多。异常情况下(如短路)，电池储存能量可能被突然释放，导致电池温度迅速升高，引发火灾甚至爆炸。除了对周围人员带来安全威胁，也会影响电池及其被供电设备的性能。为了降低此类风险，几乎所有电池供电设备都会加入串联保险丝，当通过保险丝的电流超过额定值时，保险丝升温熔断，电路断开。有些保险丝是一次性的，如图 20.48(a) 所示，高温可使该类保险丝发生不可恢复性熔断，从而断开电路。也有可重复使用的保险丝，如图 20.48(b) 所示的可复位保险丝，该保险丝由一个正温度系数的热敏电阻(Tyco Electronics 出品的 PolySwitch)构成，当温度高于阈值时，电阻值将急剧增加，PTC 热敏电阻的相关介绍见 13.5.3.2 节。

(a) 一次性保险丝　　　　　(b) 可复用保险丝

图 20.48　两种保险丝

为安全起见，电池设计中最好都加入保险丝，事实上监管机构也会要求产品添加保险丝以防患于未然。保险丝能够在出现不正常大电流的情况下防止火灾或爆炸，虽然这种事件的发生概率极低，在大多数情况下保险丝就像一个无用的摆设，但真正的意外来临时，你会庆幸设计中包含了保险丝。

除了存在火灾和爆炸的风险，电池中的剧毒化学物质还可能造成环境污染，因此最好尽量避免采用强毒性材料，如镍–镉或锂、亚硫酰氯等。尽管美国大部分地区都具备电池回收处理能力，但无法确保所有电池都能被正确处理。如果量产设备使用这类电池，当设备废型停产时，则其使用的废旧电池可能已经堆积如山了，因此应尽量选用毒性较低的化学物质。大部分有毒电池化学品都能找到很好的替代品，如可用 NiMH 代替 NiCd，所以大多数情况下，设计者很容易做出正确选择。

20.6　习题

20.1　一个 5 V LDO 稳压器的最大压差为 0.21 V。如果要提供稳定的 5 V 输出，稳压器输入端的最小电压是多少？

20.2　习题 20.1 中描述的 LDO 稳压器，如果输入电压是能产生稳定 5 V 输出的最小电压，则其效率是多少？如果输入电压增加到 9 V，则其效率是多少？15 V 呢？

20.3　LM7805 线性稳压器用于提供 5 V 的稳定输出电压。为确保输出为 5 V，稳压器输入端的最小电压是多少？

20.4　如果输入电压是能产生稳定 5 V 输出的最小电压，则习题 20.3 中描述的 LM7805 稳压器的效率是多少？如果输入电压增加到 9 V，则其效率是多少？15 V 呢？

20.5　如图 20.49 所示电路，LED 的正向电压降 $V_f = 2$ V。稳压器的热量消耗多少？电阻的热量消耗是多少？LED 的热量消耗是多少？如果环境温度为 40℃，LM7805 是否在技术参数允许范围内工作(使用图 20.14 中的技术参数)？如果电阻的额定功率为 1/4 W，LED 的额定最大连续电流为 40 mA，这些元件是否在规定范围内工作？

20.6　开关稳压器的电路效率为 85%，输入电压为 24 V。如果在电流为 2 A 时提供 12 V 稳压输出，输入的平均电流是多少？此时稳压电路的功耗是多少？

20.7　实验室台式电源有三个稳压输出。第一种是固定的 +5 V 输出，能够提供的最大电流为 3 A。第二种是可调节的 0 到 +15 V 输出，能够提供的最大电流为 1 A。第三种是可调节的 0 到 −15 V 输出，最大电流也可以达到 1 A(见图 20.50)。固定输出的地线与可调输出的地线是独立的。要为新的原型电路提供 18 V 电压、最大 0.8 A 的电流，可以使用此电源为电路供电吗？如果可以该如何配置？如果不能，解释其原因。

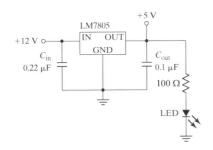

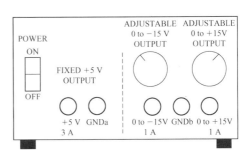

图 20.49　习题 20.5 的电路　　　　　　　　图 20.50　习题 20.7 的电源面板

20.8　修改习题 20.7 中创建的电路，现在需要 28 V 和 0.5 A 的电流。你能否使用习题 20.7 中描述的电源来实现这个新电路？如果可以，请说明如何配置以满足电路的要求。如果不能，解释其原因。

20.9 请确定为使用 3 V 电压、平均电流为 350 mA 的便携式设备供电 8 小时所需的最小电池容量(以 mAh 为单位)。电池电压为 4.8 V,器件内置 3 V 稳压器,效率为 85%。

20.10 使用表 20.3,为满足习题 20.9 的要求,NiMH 电池组所需的最小体积和质量是多少?

20.11 特定的汽车使用内燃机,热力学效率为 20%,携带 12 加仑汽油(能量密度为 44 MJ/kg),每加仑汽油行驶 25 英里。假定所有其他因素相同,若使用铅酸电池的电动汽车要提供等效能量,则所需电池质量(以 kg 为单位)和体积(以 m^3 为单位)为多少? 如果使用锂离子电池,需要的体积和质量为多少? 假设电动汽车的整体能量转换效率为 85%。

20.12 如果在室温下储存 5 年,碱性电池的原始电荷还剩余多少? 如果在室温下储存 5 个月,NiMH 电池的原始电荷还剩余多少?

20.13 给定电池的自放电率为 0℃时每年 2%,25℃时每年 5%。10 年之后,在 0℃下储存的电池与在 25℃下储存的相同电池相比,电量多出多少? 把电池存放在冰箱里是个好主意吗?

20.14 设计一个使用碱性电池和 LM7805 线性稳压器的电路,为便携式设备提供 5 V 电压。新的碱性电池(完全充电)端电压为 1.5 V,终止电压为 0.8 V。设计一个能在端电压变化范围内(0.8 ~ 1.5 V)提供 5 V 稳压输出的电路。

20.15 对于习题 20.14 中设计的电路,当电流为 275 mA 时,计算 LM7805 在电池端电压范围内产生的散热。如环境温度为 25℃,是否需要散热片? 如果需要,满足要求的散热片的最大热阻是多少? 如果不需要,最高允许的环境温度是多少?

扩展阅读

The Art of Electronics, Horowitz, P., and Hill,W., 2nd ed., Cambridge University Press, 1989.

Batteries for Portable Devices, Pistoia,G., Elsevier, Inc., 2005.

"Introduction to Power Supplies," Locher, R.E., Application Note 556, National Semiconductor, 2002.

OEM resources(www.duracell.com).

OEM resources(www.energizer.com).

"Switching Regulators," National Semiconductor Corp.(http://www.national.com/appinfo/power/files/f5.pdf).

"Technical Review of Low Dropout Voltage Regulator Operation and Performance," Lee, B., Texas Instruments Application Report LSVA072, 1999.

"Thermal Applications," Application Note TN-00-08, Micron Technology.

"Understanding Terms and Definitions of LDO Voltage Regulators," Lee, B., Texas Instruments Application Report SLVA079, 1999.

第 21 章　噪声、接地和隔离

仔细观察机电一体化系统即可发现，信号总能找到一条通路去向一个意想不到的地方，尤其当电路驱动执行器和传感器信号的处理集成到同一台设备时更易观察到这种现象，此时执行器驱动的信号往往干扰传感器电路的信号。一般情况下，往往有残余的"大"信号出现在不该出现的地方，我们往往会将其归为噪声。本章将重点讨论这种噪声的生成机制及相应的噪声抑制方法和步骤。此外，本章还将介绍电气隔离的概念，并讨论如何使用光学隔离法，以在确保两系统独立性的前提下实现正常通信。

通过本章学习，读者应具备以下能力：

1. 识别传导耦合噪声的现象，了解其产生原因及解决方法。
2. 识别电容耦合噪声的现象，了解其产生原因及解决方法。
3. 识别电感耦合噪声的现象，了解其产生原因及解决方法。
4. 了解电气隔离的目的和功能。
5. 了解光学隔离的应用场景及使用方法。

21.1　噪声耦合通道

所谓系统间噪声传递是指噪声从一个系统**耦合**到另一个系统，噪声能量也随之传递，图 21.1 所示为噪声耦合的信号路径。

图 21.1　噪声耦合的信号路径

为了有效处理噪声，首先必须识别图 21.1 中各模块在特定应用中表现出的特性，然后即可从三个方面降低噪声影响：(1)减少信源噪声；(2)降低耦合通道的有效性；(3)降低受干扰对象对耦合噪声的接收灵敏度。

耦合发生的物理机制被称为**通道耦合**。噪声从一个系统传输到另一个系统的耦合通道主要有 4 种，通道类型不同，传递能量的物理机制也不同，本章将重点介绍机电一体化系统中最重要的 4 种耦合通道。

1. **传导耦合**：传导耦合是唯一涉及物理接触的相互作用系统之间的耦合机制，我们十分熟悉的电压电位差(ΔV)是传导噪声的始作俑者。
2. **电容耦合**：产生电容耦合的两个系统并无物理接触，电流因电场变化而生成。引起电场变化的原因有二，其一是噪声源的电压变化率(dV/dt)，其二是两个导体之间的共有电容。后者由两电路之间的共享传导面积和导体之间的距离决定。
3. **电感耦合**：电感耦合也不涉及物理接触，电流因磁场变化而生成。引起磁场变化的原因有二，其一是噪声源的磁通量变化率(dB/dt)，其二是两电路之间的互感。后者由两电路之间的共享环路面积决定。

4. **辐射耦合**：辐射耦合不仅不涉及物理接触，还需确保两电路分离。发生辐射耦合时，噪声源和噪声宿之间的距离大于源信号波长，即噪声宿位于噪声源的"远场"，此时电场和磁场影响合并生成电磁场。其原理与无线电信号传输方式相同，当信号频率低于 100 MHz 时，其波长大于 3 m。一般设备内噪声耦合的耦合距离远小于信号波长，辐射耦合较弱，可忽略不计。但机电一体化设备的上市需要经过严格的认证，认证条款中严格规定了设备的辐射强度容限，因此对于机电一体化设备而言，了解辐射耦合尤为重要。

通过求解特定物理条件下的麦克斯韦方程，即可计算获得噪声源和噪声宿通过非接触耦合通道交互的能量。然而，对于大多数实际情况而言，求解麦克斯韦方程十分复杂，并且受边界条件的影响较大，难以实现建模。因此，我们可退而求其次，采用集总元件表征耦合通道。尽管这种方法无法从数字上准确估计噪声的大小，但能使我们充分了解系统中可能产生噪声耦合的因素。

21.2 传导耦合噪声

21.2.1 传导耦合通道原型

传导耦合噪声服从欧姆定律：当电流通过多个子系统的共有电阻时，电阻上的电压降将影响与之相关的电流。当信号具有时变性时，将电阻替换为阻抗(包括电感和电容的影响)以跟踪信号变化带来的影响。其原理框图如图 21.2 所示。

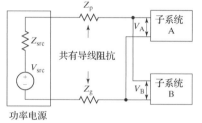

如图 21.2 所示，子系统 A 和子系统 B 通过同一线路与共用电源相连，子系统 A 的电流通过共有电阻(Z_p 和 Z_g)上的电压降和电源内阻 Z_{src} 影响子系统 B，虽然导线和电源的直流电阻都很小，但执行器上的电流可能导致较大的电压降($I \times Z_p$ 和 $I \times Z_g$)。例如，假设电流为 2 A(对于直流电机而言的较小电流)，共有电阻为 0.033 Ω(2 英尺长的 22 号钢丝)。受子系统 A 的稳态电流的影响，子系统 B 的电源电压 V_B 将会下降 132 mV。除直流效应外，因数字逻辑转换导致的电流特性的快速变化也会为导线和电源带来较大阻抗(主要是电感)，从而在其他子系统中形成高达几百毫伏的电压降。例如，假设共有导

图 21.2 基于共有电阻的传导耦合噪声

线的电感值为 1 μH，子系统 A 的电流每 20 ns 变化 10 mA(高速数字逻辑电路的典型值)，则电感上的电压为 $L(\mathrm{d}I/\mathrm{d}T) = 1\ \mu H \times (100\ \text{mA}/20\ \text{ns}) = 500\ \text{mV}$。数字逻辑电路可能有能力承受如此大的噪声，然而模拟系统则几乎没有这种可能性，因为此时我们根本无法弄清模拟信号电压究竟源自模拟噪声电压还是有用模拟信号电压。

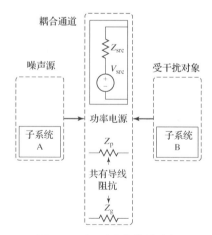

21.2.2 减少传导耦合噪声

在着手减少传导耦合噪声之前，首先需将图 21.2 中的模块一一对应到图 21.1，如图 21.3 所示。

假设子系统 A 为噪声源，即子系统 A 的数字设备产生了电流变化。噪声有两条传导路径，其一通过电源阻抗传导，其二通过与电源的共用连接线的共有阻抗传导。要降低噪声

图 21.3 识别噪声传导路径

的影响，首先需要明确如何减少噪声源的影响、消除耦合、降低接收端的灵敏度。

21.2.3　减少噪声源的影响：去耦

传导耦合噪声源自共有阻抗上的电流变化。虽然芯片设计者竭尽全力减少数字器件产生的过渡电流，但当输出状态改变时，必然会因电流变化引起电荷移动。不仅数字器件具备这样的特性，模拟电路也会随着输入信号变化产生电流变化，并因此产生传导耦合噪声。如果无法减少电流变化，则可以逐步减少共有阻抗上的电流，方法是在过渡电流的源设备和宿设备的相邻位置放置本地电荷存储池，即将共有阻抗上导致过渡电流的快速移动电荷存入存储池。**去耦电容**（也称**旁路电容**）可存储本地电荷。

为了有效去耦，去耦电容必须具有某些特性，并且需置于某个特定位置。去耦电容的物理位置需尽量靠近电路中每片 IC 的电源和接地引脚。为了尽量减少电容引线电感的影响，元件引线应尽可能短，连接电源、地与电容的连接线或**印制电路板（PCB）**布线应尽可能短且直；为了降低阻抗，PCB 布线的宽度应大于普通信号走线的宽度，对于减小去耦电容和 IC 之间的电流回路覆盖面积而言，布线的直接性显得尤为重要。21.4 节详细说明了为何要尽量减小电流回路覆盖面积。如果采用面包板电路搭建原型机，那么常见的做法是将去耦电容跨接在每片 IC 的电源引脚和接地引脚上，如图 21.4 所示。

图 21.4　面包板电路的去耦电容

去耦应用中的电容必须具备电荷转移功能，电荷转移的持续时间一般很短（几十到几百纳秒），转移发生频率较高，一般几纳秒发生一次。此时电流幅度较大，可高达数百毫安，因此需存储电荷以提供电流。理想的去耦电容一般为大电容，具有较好的高频特性，且体积小、价格低廉。遗憾的是，没有任何一个独立电容能同时具备以上优秀特性。为了尽量接近理想去耦电容特性，可将多个不同类型的电容放置在电路的不同位置。在靠近 IC 的位置采用单片陶瓷电容，以保证较好的高频特性，使其能响应逻辑电路开关导致的电流尖锐跳变。体电容需要采用大容量、具有瞬时低频分量的元件，最好选择具有高电容密度且价格适中的钽电容。电路板大小不同，钽电容的放置位置也不同。对于大电路板而言，钽电容可置于电路板边缘。对于小电路板而言，钽电容可置于电源接入点。另外，在电源接入点一般还会添加一个较大（100 μF 或更大）的铝电解电容。对于某些特殊应用（如 H 电桥），驱动器 IC 数据表一般推荐使用几百微法的电容。推荐的选择标准是，H 电桥的电流每增加 1 A，电容增加 100 μF，推荐放置位置为直接跨接在高电流驱动器的电源和地之间。

目前有两种方法可用于确定去耦电容值，即系统建模或采用"拇指法则"。精确的系统建模可将电容数量降至最低，但模型可能较复杂，计算耗时较长，建模问题非本书重点，因此不再赘述。与之相反，对于大多数应用而言，采用"拇指规则"确定电容数量的方法简单直接，仅需遵循以下准则：

1. 需有一电容值在 0.01 ~ 0.1 μF 的单片陶瓷电容，该电容应尽可能靠近每一片 IC 的电源引脚和接地引脚，并尽量保证直接连接。

2. 每增加 5~10 片陶瓷电容，即需增加一个钽电容。钽电容的电容值应至少为陶瓷电容的 5~
   10 倍。即使电容取值超过本准则规定，也不会造成损害，但电路无性能改进。

3. 需将 1 个 100 μF 铝电解电容置于电源输入点。

以上方案十分简单，但优势明显。没有足够大的去耦电容就无法搭建电路（包括测试电路）。

21.2.4　减少传导噪声的耦合

由图 21.3 可知，原型传导噪声通过两个元件耦合，即电源输出阻抗 Z_p 和共有导线阻抗 Z_g。要想降低噪声耦合度，即需要从这两个耦合元件入手。通过降低耦合阻抗来降低传导噪声耦合度，下面分别进行阐述。

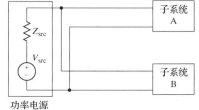

首先来看子系统与电源之间的共有导线。众所周知，导线阻抗与导线直径成反比，因此最直观的方法是选用较大直径的导线。该方法虽然有效，但成本较高，一般可采用一组较大直径的铜线构成一条从电源到子系统的独立通路，如图 21.5 所示，采用该方式即可消除大部分共有导线阻抗。

图 21.5　采用独立导线连接，降低共有阻抗

电源输出阻抗 Z_{src} 也可表示两个子系统的共有阻抗，可通过优化电源设计来降低输出阻抗，进而降低两个子系统的共有阻抗。但对于采用集成电路稳压器的电源而言，由于其输出阻抗通常已经很低，因此输出阻抗的下降空间十分有限，难以通过优化电源的方法来降低共有阻抗，对于两个独立设计的子系统而言，最有效的方式是采用独立供电方式，即为每个子系统提供独立的稳压器，从而有效消除共有源电阻。

还有一种混合方式，两个子系统可共用同一条电源线，但采用独立稳压器。这种方式可将导线从 4 条减至 3 条，并可利用稳压器消除输入噪声的影响，进而降低系统噪声。

21.2.5　减少接收端的传导噪声：电源滤波

前面介绍了噪声源和传导耦合的处理方法，下一步还需对接收端进行优化。接收端的传导问题与之前提到的传导耦合问题不同，可以通过电源线低通滤波器降低耦合能量。如第 9 章所述，如果采用串联电阻构造低通滤波器，则电流发生变化时可能产生不需要的直流电压降。因此，电源线低通滤波器应首选 LC 电路，需先确定电感，再将其与电源去耦电容组合后，即可得如图 21.6 所示电路。

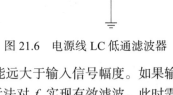

图 21.6　电源线 LC 低通滤波器

图 21.6 的电路的最大问题是存在一个共振频率 $f_r = 1/(2\pi\sqrt{LC})$。一旦共振频率生成，f_r 在 V_{out} 端产生的噪声幅度可能远大于输入信号幅度。如果输入的是边缘尖锐信号，由于该信号包含的频率成分极为丰富，则无法对 f_r 实现有效滤波。此时需保证频率 f_r 的衰减系数 $\xi = R/(2\sqrt{C/L})$ 大于 0.5，其中 R 是电感的串联电阻。要使衰减系数足够大，则去耦电容必须足够大；假设电源电感 L_1 等于 μH，串联电阻等于 0.048 Ω，当直流传导电流等于 1 A 时，电阻两端的电压降等于 48 mV。因此，要使衰减系数大于 0.5，需采用大于 434 μF 的去耦电容，该电容值大于 21.2.3 节所述"拇指规则"的计算结果。

21.2.6　减少传导噪声的有效方法

1. 每一个数字器件都需添加足够的旁路电容，共同组成整体电路。

2. 各子系统采用独立电源和独立地，以降低各子系统间的共有阻抗，并以此消除因大电流负载和快速开关电路导致的显著电源波动，降低模拟电路对电源波动的灵敏度。

3. 如同时采用方法 1 和方法 2 依旧无法达到设计要求，则可考虑在噪声敏感电路部分添加电源滤波。

4. 如以上方法均不奏效，则可考虑采用隔离，详见 21.5 节。

21.3　电容耦合噪声

21.3.1　电容耦合通道原型

回顾第 9 章可知，即使平板电容器的两块平板之间没有连接，当一块平板上的电压发生改变时，即使平板间填充绝缘体，依旧会在另一块平板上产生位移电流，电流方向既可为流出，亦可为流入。对于两条平行导线而言，以上现象依旧存在，即一条导线中的电压发生变化会在另一条导线中产生电流，在此可基于式 (9.61) 计算电容值，单位为 F/m，假设平板电容器的平行圆盘导体直径为 d，距离为 D，则有

$$C = \frac{\pi \varepsilon}{\cosh^{-1}(D/d)} \tag{21.1}$$

式中 $\varepsilon = 8.85 \times 10^{-12}\,\text{F/m}$。

当导线之间距离较大时，式 (21.1) 变为

$$C = \frac{\pi \varepsilon}{\ln(2D/d)} \tag{21.2}$$

基于平行导线的电容器的电容值一般较小，例如，由 10 cm 长、间隔为 1 cm 的 24 号导线(直径为 0.51 mm)构建的电容器的电容值等于

$$C = \frac{\pi \times (8.85 \times 10^{-12}\,\text{F/m})}{\ln[2(1 \times 10^{-2}\,\text{m})/0.51 \times 10^{-3}\,\text{m}]} \times 0.1\,\text{m} = 0.76\,\text{pF}$$

显而易见，与一般市面上出售的电容器产品的电容值相比，0.76 pF 是个非常小的值，但在某种条件下，这个仅为 0.76 pF 的电容可能生成一个强耦合通路。

当两条平行导线之间存在电容时，一条导线上电压的改变将会导致另一条导线电流的改变，由式 (9.23) 可知，$I = C(\mathrm{d}V/\mathrm{d}t)$，其物理等效原理图如图 21.7 所示。

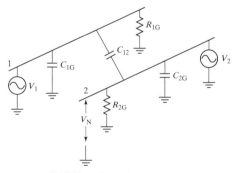

图 21.7　双线结构及其相关元件的物理等效原理图

图 21.7 中有两条平行导线，即导线 1 和导线 2，电压源 V_1 驱动导线 1，导线 1 的终端电阻 R_{1G} 对应 V_1 驱动电路的输入阻抗，导线 1 与地之间的电容为 C_{1G}，导线 1 与导线 2 之间的电容为 C_{12}。

导线 2 由电源 V_2 驱动，其与地之间的电容为 C_{2G}，特性阻抗为 R_{2G}。如果导线 2 的近端电压 V_N 发生变化，则这种变化可能源自驱动源 V_2 和通过 C_{12} 引入的电流响应。例如，如果导线 1 上有数字信号，其幅度在 0 V 和 5 V 之间切换，切换时间间隔为 15 ns（高速 COMS 逻辑器件的典型值），则计算可得 dV/dt = 5 V/15 ns = 333 V/μs；假设导线 1 与导线 2 之间的电容为 0.76 pF，则会在导线 2 中产生约 0.25 mA 的电流，假如电压源 V_2 是一个输出阻抗较大的传感器，特性阻抗 R_{2G} 等于 10 kΩ，则将在导线 2 上产生约 2.5 V 的瞬态电压。

21.3.2　减少电容耦合噪声

下面我们将研究如何减少电容耦合噪声。首先将图 21.7 变为电路原理图，并采用图 21.1 所示的标注方式，可得图 21.8。在图 21.8 中，我们先暂时移除电压源 V_2，重点分析噪声源响应。

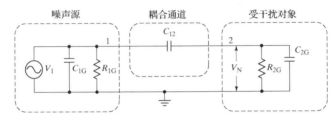

图 21.8　电容耦合元件的电路原理图

基于图 21.8，即可得噪声源响应 V_N 的表达式为

$$V_N = \frac{j\omega\left(\dfrac{C_{12}}{C_{12} + C_{2G}}\right)}{j\omega + \dfrac{1}{R_{2G}(C_{12} + C_{2G})}}V_1 \tag{21.3}$$

注意，R_{1G} 和 C_{1G} 仅影响流入噪声源的电流，但不会影响 C_{12} 左侧部分的电压，V_N 的表达式不涉及 R_{1G} 和 C_{1G}。

分析式(21.3)可知，我们无法立刻理解元件取值是如何影响噪声电压 V_N 的，为了更加清晰地了解二者之间的关联关系，可先假设 R_{2G} 的取值远大于或远小于电容阻抗，即有

$$R_{2G} \leqslant \frac{1}{j\omega(C_{12} + C_{2G})}$$

此时，式(21.3)可变为

$$V_N = j\omega C_{12} V_1 R_{2G} \tag{21.4}$$

其中 $j\omega C_{12} V_1$ 表示注入导线 2 的电流，该电流流过 R_{2G} 后产生 V_N。由式(21.4)可知，噪声电压与频率呈线性关系，频率越高，噪声电压就越大。

再假设：

$$R_{2G} \geqslant \frac{1}{j\omega(C_{12} + C_{2G})}$$

此时电容分压器贡献了大部分响应，式(21.3)变为

$$V_N = \left(\frac{C_{12}}{C_{12} + C_{2G}}\right)V_1 \tag{21.5}$$

在这种条件下，噪声电压与频率不相关，即噪声-频率特性曲线为一条水平线。

式(21.4)代表频率 ω 相对较低的情况，此时电容耦合阻抗较高，随着噪声源频率的增加，

式 (21.5)将占主导地位。以上分析有助于设计者明确如何降低电容耦合噪声，式(21.4)中只包含一个电容 C_{12}，降低 ω、V_1、C_{12}、R_{2G} 均可导致 V_N 下降。噪声频率上升后，则需以式(21.5)为主导计算，即有

$$\omega = \frac{1}{R(C_{12} + C_{2G})} \tag{21.6}$$

由式(21.6)可知，要降低噪声幅度，需重点考量如何降低 V_1 值，一般可通过减小 C_{12} 或增大 C_{2G} 来降低 V_1 值。

21.3.3　噪声源电容耦合噪声的消减

由式(21.4)、式(21.5)可知，噪声源对应的参数是幅度、V_1 和频率 ω，因此，如要降低噪声源的影响，只能以上 3 个参数上下功夫。导体 1 上的信号大小将根据电路需要设定，无法通过降低信号幅度来抑制噪声。但无论如何，我们能够非常明确地知道一个事实，即如果降低电源电压 V_1(例如将电源电压从 5 V 降到 3.3 V)，逻辑信号产生的电容耦合噪声幅度也将成比例下降。

噪声源的基频在很大程度上取决于产生信号电路的功能需求，因此无法将其视为一种能够用于降低耦合噪声的参数。但是，改变基频的方式虽然并不可取，但可考虑选择较低的 PWM 频率。当然除基频外，还需考虑数字信号包含的其他频率成分。由于高速 CMOS 微控制器的输出上升时间和下降时间很短，这意味着即使基频很低，该信号也必然包含高频成分。当然，许多应用并不需要短至 15 ns 的上升/下降时间，上升/下降时间等于 15 ns 的 5 V 逻辑电平的频率与幅度为 1 V、采用相同上升/下降斜率 dV/dt 的 53 MHz 正弦信号等效。尖锐边缘是生成电容耦合噪声的重要来源，实际应用对尖锐边缘的需求并不大。因此可采用缓慢变换的边缘信号来降低噪声影响，该方式尤其适用于需要输出数字信号的产品，此时一般会在设备外壳上环绕输出线放置铁氧体磁珠，生成一个小串联电感，该电感对高频信号生成较大阻抗，并且无直流电压降。该过程虽将导致上升/下降时间增长，但并不会影响电路的低频特性，即不会影响基频特性。

如果应用对转换速率要求不高，例如驱动功率 MOSFET 开/关外部设备，那么从噪声的角度来看，我们可以在驱动信号路径上添加低通滤波器以降低上升/下降时间，这种方式尤其适用于栅极驱动 MOSFET，因为 MOSFET 的栅极电容较大，添加一串联电阻即可构成低通滤波器。采用该方法时尤其需要注意电阻的物理位置，图 21.9 给出了两种相关的设计方案。

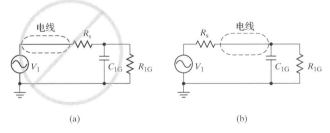

(a)　　　　　　　　　　　(b)

图 21.9　栅极电阻的放置方案

在图 21.9(a)所示方案中，电阻靠近 MOSFET 放置，驱动电压和 MOSFET 之间的导线能快速响应状态变化。与之相比，在图 21.9(b)所示方案中，电阻靠近驱动源放置，其与 MOSFET 栅极连线上的信号为滤波后的驱动信号，即此时驱动信号包含的频率成分相对较低，电容耦合噪声源也相对较弱。

21.3.4　减少电容耦合噪声的耦合

如图 21.7、图 21.8 所示，耦合通道由杂散电容 C_{12} 构成，电容值的表达式如下：

$$C = \frac{\varepsilon \varepsilon_0 A}{d} \tag{21.7}$$

式中，ε_0 为自由空间介电常数(等于 8.85×10^{-12} F/M)，ε 是介电常数(空气的介电常数等于 1)，电容导体之间一般都为空气，A 是两导体的共用区域面积，d 表示两导体间距。由式(21.7)可知，增加 d 和减少 A 均可降低耦合电容 C_{12}，最简单的解决方法是将导体交叉放置，即将两个导体呈 90° 角放置。

21.3.5　屏蔽

另一种降低能量耦合的方法与材料本身无关，该方法通过引入屏蔽来降低噪声耦合，所谓屏蔽，是一种紧紧包裹着宿导体的导体材料，浮动屏蔽系统的电路原理图如图 21.10 所示。

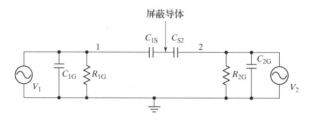

图 21.10　浮动屏蔽系统的电路原理图(效果差)

添加屏蔽层后，单电容 C_{12} 被两个电容 C_{1S} 和 C_{S2} 替代。其中，C_{1S} 为导体 1 与屏蔽导体之间的电容，C_{S2} 为屏蔽导体与导体 2 之间的电容。简单添加屏蔽层并无实际意义，实际上由于屏蔽导体与噪声导体之间存在大面积共有区域，可能会使更多的噪声耦合到导体 2。当然，如果将屏蔽层接地，则效果完全不同，如图 21.11 所示。

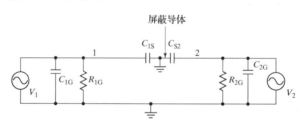

图 21.11　接地屏蔽系统的电路原理图(效果好)

在图 21.11 的方案中，C_{1S} 上的所有噪声电流都通过一个小电阻(阻值接近于 0)分流到地，即 C_{S2} 在屏蔽层侧为恒地电位。此时 dV/dt 的取值仅与 V_2 相关，表示不会有噪声通过 C_{S2} 进入导体 2。如果屏蔽层完全将导体 2 包裹在内，则不会存在电容耦合噪声。当然，在实际应用中，由于材质限制，屏蔽层往往难以完全包裹住导体，一般情况下电路连接端的导体都是裸露在外的，因而无法完全消除噪声。如图 21.12 所示为实际应用案例，图中的屏蔽层由金属丝网或金属化塑料薄膜制成，屏蔽层包裹信号导体，在导体和屏蔽层之间填充有绝缘材料。

屏蔽层的接地方式将直接决定屏蔽层的屏蔽效果。为了获得最佳屏蔽效果，一般只会将屏蔽层的一端接地。如果屏蔽层两端都分别独立接地，两个地之间可能存在瞬时电压差，屏蔽层不仅难以维持恒电位，还会产生一个电流，该电流将成为影响导体 2 的新噪声源，由

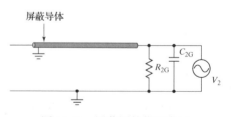

图 21.12　屏蔽层的物理表示

于导体 2 与屏蔽层的共有面积较大，导致新噪声源对导体 2 的耦合强度较大，一个小电流即可能产生较大噪声电流，因此必须确保屏蔽层只有一端接地。

21.3.6　减少接收端的电容耦合噪声

如式(21.4)、式(21.5)所示，要想降低接收端的耦合灵敏度，唯一需要重点关注的参数是输入阻抗 R_{2G}。R_{2G} 越大，注入噪声电流产生的电压就越大。问题在于 R_{2G} 的值取决于驱动电压的输出阻抗，如果驱动电压源自高输出阻抗传感器，则必须采用高输入阻抗以减少电压分压效应。当然还可以采用信号调理电路来降低电路对电容耦合噪声的灵敏度，可考虑采用图 21.13(a)所示电路。

图 21.13(a)的电路在跨阻级远端接入光电晶体管，耦合噪声可等效为一个向导线注入电流的电流源，电流由光电二极管射极流向跨阻输入。对于运算放大器而言，这种注入电流与真正的光电流并无差别，并且被无差异放大，该电路的 R_{2G} 是跨阻级的 R_f。

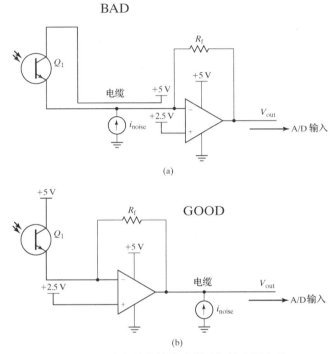

图 21.13　光电晶体管传感器及相关跨阻电路

运算放大器输出噪声的主要耦合对象是导线，图 21.13(b)所示电路的跨阻级远离传感器和导线，此时产生噪声电压的 R_{2G} 主要取决于运算放大器的输出阻抗。该阻抗值较小，一般为几欧姆。与图 21.13(a)所示电路比较，由于 R_{2G} 值较小，图 21.13(b)所示电路的输出信号对电容耦合噪声的灵敏度大大降低。

21.3.7　减少电容耦合噪声的有效方法

1. 尽量减少噪声源与敏感电路之间的共有导体面积，以减少耦合电容。
2. 在有可能的情况下，减少信号的上升和下降时间以减少 $\mathrm{d}V/\mathrm{d}t$。
3. 尽量减少包含长导线电路的阻抗，导线越长，噪声耦合能力越强，最简单的方法是采用高阻抗传感器充当本地缓存，此时长导线由缓存的低输出阻抗驱动。
4. 如方法 3 无效，可考虑采用屏蔽层来屏蔽敏感电路。特别注意，屏蔽层只能单端接地。

21.4　电感耦合噪声

21.4.1　电感耦合通道原型

电感耦合源自子系统间能量耦合导致的磁场变化，其原理与变压器工作原理类似。要产生电感耦合，必须存在一个不断变化的磁场，并且磁场中存在导体回路，具体电路示意图见图 21.14。

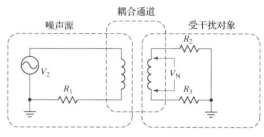

图 21.14　电感耦合电路示意图

与传导耦合和电容耦合不同，电感耦合的噪声源与耦合通道有一个共享参数，即源电路的环路面积，该参数用于表示噪声源的电感值。同样，噪声宿与耦合通道之间也存在共享参数，即宿电路的环路面积，该参数用于表示接收端电感。耦合通道是源电路和宿电路之间的共有环路区域。

21.4.2　噪声源电感耦合噪声的消减

噪声源产生的磁场强度取决于噪声源电路的电流大小，该电流值与源电路功能需求（如驱动电机）相关，即该电流值不可调。噪声源的另一个关键参数是导体回路的物理面积，相比于电流值，该参数的可控性较好。例如，电机内的导线可尽量靠近放置，以减少两个导体间的环路面积。当然，采用双绞线效果更佳，而且双绞线还能部分抵消相邻双绞线产生的外部磁场，进而降低外部磁场强度，详见图 21.15(b)。对比可知，图 21.15(a) 所示电路的导线环路面积大，性能相对较差。图 21.15(b) 所示电路采用绞线，并且环路面积较小，性能相对较好。

(a) 采用导线，大回路面积（BAD）　　　　(b) 采用双绞线，小回路面积（GOOD）

图 21.15　导线影响环路面积

也可采用具有屏蔽功能的同轴电缆连接源和电机。如图 21.16 所示，同轴电缆中的内导体被外导体包围。此时环路区域位于同轴电缆内部，其外导体（屏蔽层）的电流方向与内导体的电流方向相反，二者磁场相互抵消。

图 21.16　同轴电缆

21.4.3　减少电感耦合噪声的耦合

电感耦合的磁场强度与距离的立方成反比，因此源与宿距离越远，耦合磁场强度就越小。该原则与共享环路最小化原则是减少噪声源、宿之间的电感耦合需遵循的基本原则。如 21.4.2 节所述，减少环路面积的最佳方法是使得源、宿导线之间的距离尽可能小，采用双绞线即可很好地解决该问题。

21.4.4　减少接收端的电感耦合噪声

电感耦合噪声以电压形式呈现于共有环路中，因此难以通过改善电路来减少接收端的电感耦合噪声。最好的方法是使宿电路的环路面积尽可能小，即采用双绞线连接宿电路的潜在易感器件。

因此，可采用一种看似简单直接的方法来减少电感耦合噪声，即在所有潜在的源电路和宿电路中采用双绞线。

21.4.5　减少电感耦合噪声的有效方法

1. 在电感耦合噪声源中采用双绞线或同轴电缆。
2. 在对电感耦合噪声敏感的电路中采用双绞线或同轴电缆。

21.5　隔离

在许多情况下，我们需要在无导线连接的系统间传递信息。例如，在电子医疗设备的设计中不可避免会出现这样的问题：一方面，电子医疗室设备需有电源供电；另一方面，设备探头与患者身体接触时，即便很小的干扰电流也会影响人体电信号（如心电信号）。因此，在电子医疗设备的设计中，需要尽可能避免电流流入人体。另外，采用供电线供电的设备一旦发生故障，即可能导致供电电压（美国为 120 VAC）接入人体，其后果十分严重。因此，对于此类设备必须采用隔离保护，既需将患者与供电部分隔离，又需保证人体信号的正常采集。

所谓隔离，即采用一种基于非接触机制的设备使信号通过隔离带。隔离设备的关键特性参数是隔离边界电压，又称隔离电压。如前所述，噪声可通过电容耦合和电感耦合的方式传输；在这两种方式中，信号通过无物理连接通路传输。事实上，基于此思路即可构建电气隔离设备，目前已有多种相关芯片面世。电感耦合不仅能够传输信息，还能对隔离电路部分供电。另外，隔离设备不仅能使数字信号通过隔离边界，也能传输模拟信号。

除医疗设备外，还有许多应用需要采用电气隔离，如当控制信号与被控制电路之间的电压差异较大时。典型案例如以微控制器输出电压（0～5 V）控制高电压（大于 100 V）电路；又如当无法将传导耦合噪声降至可接受范围时，在此类应用中，为了避免传导耦合噪声进入敏感系统，需将敏感电路与供电系统完全隔离，并保证信号通过隔离边界。

21.5.1　光隔离

虽然采用电容耦合和电感耦合可实现隔离，但最常用的耦合方式是光隔离，即利用光传输信号，这类设备被称为**光电隔离器**。自问世以来，光电隔离器为用户提供了一种经济有效的隔离方法，深受设计者欢迎。光电隔离器结构简单，其中包括一个 LED 和一个光电晶体管，二者封装在一起，采用光学密封方式以避免外部光源进入，具体结构如图 21.17 所示。

该芯片采用一个物理侧（对应隔离带的一侧）的电路控制通过 LED 的电流，LED 光通过封装的内部空腔，照射在连接另一物理侧的光电晶体管上。如图 21.17 的电路所示，光电晶体管包含一条基极引线，通过该引线可在基极和发射极之间加入外部电阻以提高切换速度。但大多数应用不会采用该连接方式，而会任由基极引线悬空。

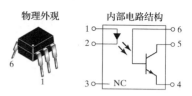

图 21.17　光电隔离器（Courtesy of Fairchild Semiconductor.）

光电隔离器的相关设计并无难度，实际上就是设计 LED 驱动电路和光电晶体管传感器电路，相关内容已在第 10 章和第 13 章中详述，在此不再赘述。此处采用串联电阻控制 LED 电流，串联电阻值取决于驱动电压和二极管的 V_F，一般光电隔离器的电流需控制在 10 mA 以内。输出端则需采用上拉电阻或下拉电阻来将光电流转换为电压，如图 21.18 所示。

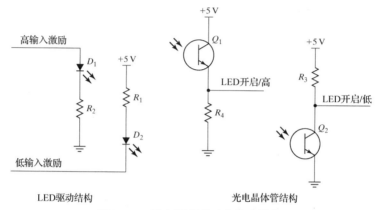

图 21.18　光电隔离驱动和输出结构

此处需要特别说明 LED 驱动电流与光电晶体管光电流之间的关联关系，该参数在数据表中标识为**电流传输比**（current transfer ratio，CTR），表示进入光电晶体管的 LED 驱动电流百分比。例如，如果光电隔离器标识 CTR 等于 10%，LED 侧驱动电流等于 10 mA，则表示光电晶体管电流等于 10 mA × 10% = 1 mA。由第 10 章可知，光电晶体管只能充当开关，无法提升电压，因此其外部元件（如上拉电阻、下拉电阻）将直接决定其实际电流值，其最大电流值由 CTR 和 LED 驱动电流共同确定。

将光电隔离器中的普通光电晶体管替换为达林顿晶体管，其 CTR 值可能大于 1000%。但由于达林顿晶体管的开关速度较低，光电隔离器的开关速度也会因之下降。事实上光电隔离器的瓶颈问题即开关速度太低，其原因在于其结构中涉及的其他问题，如电感和电容。基于光电晶体管的光电隔离器的开启和上升时间约为几微秒，而关闭和下降时间则为几十微秒，如在输出端采用达林顿晶体管，则上升/下降时间可能较普通晶体管的多 10 倍以上。如前所述，数字逻辑切换时间约为几十纳秒，光电隔离器的切换速度显然太慢，将其用于数字器件输入时可能引起严重问题。为了提高光电隔离器的切换速度，芯片厂商推出了 H11Lx 系列芯片——采用施密特触发器输入和集电极开路输出的光电隔离器，如图 21.19 所示。

大多数数字器件能够输出 1.6 mA 的电流，因此这类器件的 LED 电流也为 1.6 mA，输出的上升/下降时间为 100 ns。当然，该速度虽然低于大多数数字器件的速度，但由于数字逻辑接口的上升/下降时间较长，因此该速度能够满足一般应用需求。此类器件允许高达 1 Mbps 传输速率的数据通过隔离边界。

如需提供更高的切换速率，则需采用更为复杂、昂贵的芯片，如 Avago 公司的 HCPL-0721，可提供高达 25 Mbps 的传输速率。该芯片采用 LED 电流精密控制，使用光电二极管替代光电晶体管，并在输出端添加跨阻放大器和电压比较器。由于其采用内部 LED 驱动电流和输出比较器，LED 控制输入电流与输出电流之间不再存在直接关联关系，此时不可再用 CTR 表示器件性能。

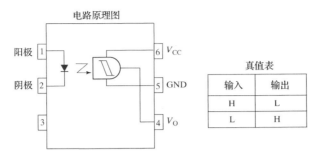

图 21.19　带逻辑输出的光电隔离器(Courtesy of Fairchild Semiconductor.)

21.5.2　电容隔离

为了提高芯片的数据传输速率，芯片制造商将电容耦合引入隔离器。如 21.3.1 节所述，电容耦合电流与 dV/dt 相关，即表示无法通过电容耦合使直流信号通过隔离边界。为了传输直流信号，电容隔离器需包含输入信号调理电路，以保证产生 dV/dt。当然，在隔离边界的另一侧则需加入解调电路。显而易见，该电路较为复杂，但能提供高达 100 Mbps 的传输速率。

21.5.3　电感隔离

随着技术的日新月异，Analog Devices 公司和 Avago 公司分别推出了一系列电感耦合数字隔离器，这类芯片内含微型变压器。与电容隔离器类似，这类芯片无法传输直流和低频信号，即需引入调制/解调电路。电感耦合方式的独特性在于能使大量能量通过隔离边界，即能为隔离边界另一侧的电路供电，而电容耦合方式则需为边界另一侧的电路提供独立供电。从数据传输的角度来看，电感耦合方式的传输速率也能达到 100 Mbps，与电容耦合方式的速率相同。

21.5.4　隔离技术对比

表 21.1 给出了本章涉及的三种隔离技术的对照表。如表中所示，三种技术的差异在于能够提供的传输速率、最低供电电压参数和可容忍的隔离边界两端的电压差。

表 21.1　电子隔离技术性能对照表(Courtesy of Avago Technologies Ltd.,Texas Instruments Incorporated,Anolog Devices,Inc.)

编号	耦合方式	V_{cc}	传输速率	隔离电压
HCPL-0721	Optical	5 V	25 Mbps	3750 Vrms
ISO721	Capacitive	3.3 V, 5 V	150 Mbps	4000 V(peak)
ADuM1100	Inductive	5 V	100 Mbps	2500 Vrms
		3.3 V	50 Mbps	

21.6　习题

21.1　机电一体化系统内的典型噪声耦合通道有哪些?

21.2　判断对错：在面包板上搭建一个小电路(包括 1 ~ 2 组 IC)时，可不必采用去耦电容。

21.3　判断对错：模拟电路不需要去耦电容。

21.4　判断对错：采用屏蔽线时，其两端均应接地，以便为系统间提供共有地连接。

21.5　图 21.20 为一机电一体化系统框图，其中包括两个电源、一个微控制器、一个模拟传感器模块和一个电机驱动模块。其中微控制器和模拟传感器模块采用 5 V 电源供电，而电机驱动模块采用 12 V 电源供电。电机驱动模块的数字输入端(DI)与微控制器的数字输出端(DO)相连，微控制器的模拟传感输入端(AI)与传感器电路的模拟输出端(AO)相连。绘制一组连线以实现模块间供电、连接控制和传感信号传输，并尽量减少子系统间的传导耦合噪声。

图 21.20

21.6　判断对错：采用双绞线是减少电感耦合噪声的有效方法。

21.7　解释光隔离是如何减少传导耦合噪声的。

21.8　在图 21.21 所示电路中，如果数字输出为逻辑"高"，则数字输入为逻辑"高"还是逻辑"低"？为什么？

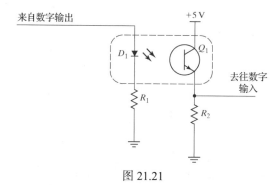

图 21.21

21.9　在图 21.21 所示电路中，如果数字输出电压分别为 0 V 和 5 V，D_1 的 V_f 等于 1.5 V，$R_1 = 3.3\ \mathrm{k\Omega}$，$R_2 = 10\ \mathrm{k\Omega}$，数字输入端的 I_{IH} 为 1 μA，那么要想在数字输入端产生一个 3.5 V 的高状态电压，则光电耦合器的 CTR 最小应为多少？

21.10　在图 21.22 所示电路中，如果数字输出为逻辑"高"，则数字输入为逻辑"高"还是逻辑"低"？

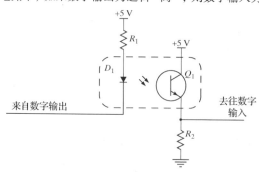

图 21.22

21.11　在图 21.22 所示电路中，连接到二极管(D_1)阴极的数字输出为：最大流入电流为 3.2 mA 时是 0.4 V，最大流出电流为 1 mA 时是 4.5 V。D_1 的 V_f 等于 1.5 V，光电耦合器的 CTR 等于 50%，与光电晶体管集电极相连的数字输入参数如下：$V_{IH} = 3.5$ V，$I_{IH} = 10$ μA，$V_{IL} = 1.5$ V，$I_{IL} = -10$ μA，选择 R_1 和 R_2 的值，使数字输入电压符合规范要求。

扩展阅读

Ciarcia's Circuit Cellar, Ciarcia, S.,Vol. III, McGraw-Hill, 1982.

Noise Reduction Techniques in Electronic Systems, Ott, H.W., 2nd ed., John Wiley & Sons, Inc., 1998.

第四部分 执行器

第 22 章 永磁有刷直流电机的特性

第 23 章 永磁有刷直流电机的应用

第 24 章 螺线管

第 25 章 无刷直流电机

第 26 章 步进电机

第 27 章 其他执行器技术

第 28 章 基本闭环控制

第 22 章　永磁有刷直流电机的特性

22.1　引言

直流(DC)电机采用机电系统最常用的执行器类型，能直接有效地产生运动或力。加入电机后，"纯机械"系统将演进成为"机电一体化"系统。

直流电机结构复杂，其工作原理是利用电磁感应产生有效转矩并做功。直流电机的设计难免遭遇实际元器件和复杂设备设计中存在的各种典型问题，如指标平衡问题及各种设计陷阱，设计者需要在充分理解这些问题的基础上选择并使用直流电机。本章将介绍最常见的直流电机——永磁有刷直流电机，分析其基本稳态特性，并通过分析设计需求，分析永磁有刷直流电机的选择方法。

学习本章之后，读者应具备以下能力：

1. 能够识别永磁有刷直流电机的功能元件，并掌握其功能特性。
2. 理解基于转子线圈和外壳永磁体建立的磁场之间的相互作用关系及其产生的转矩。
3. 理解和使用直流电机的特征参数，如转矩常数 K_T、速度常数 K_e 等。
4. 了解反电动势。
5. 能够识别峰值功率和峰值效率对应的直流电机工作点。
6. 能够根据应用需求选择合适的直流电机。
7. 能够根据应用需求选择直流电机的减速器。

22.2　次分马力永磁有刷直流电机

次分马力永磁有刷直流电机(见图 22.1)价格便宜、使用方便，深受用户欢迎。所谓"次分马力"是为了与大功率电机进行区分，指电机输出功率有限。"永磁体"用于建立电机的两个相互作用的磁场之一，"电刷"指电磁感应方法(线圈的通电方式不同，在电机中建立的磁场也不同)，最后，"直流"是指电机电流为直流，而非交流。

由安培定律(麦克斯韦方程之一)可知，流动电流形成磁场。当电流在导线中流动时，其周围将会产生以导线为中心的磁场，如图 22.2(a)所示。将通电导线放置在外加磁场中，导线产生的磁场与外加磁场相互作用产生磁力，如图 22.2(b)所示。假设导线电流为 I，长度为 l，外磁场强度为 B_{ext}，则产生的磁力为 $F = I(l \times B_{ext})$。

电机轴承的运动方式为转动，因此磁力只能转换为电机转子的转矩，永磁有刷直流电机即基于此设计，详见图 22.3 和图 22.4。

图 22.1　典型的次分马力永磁有刷直流电机

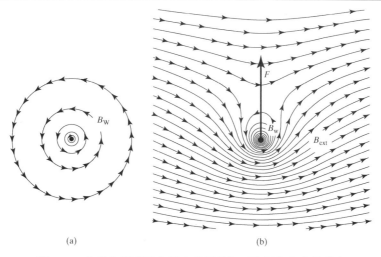

(a)   (b)

图 22.2 永磁有刷直流电机内磁场的相互作用和产生的磁力

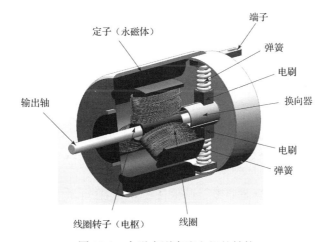

图 22.3 永磁有刷直流电机的结构

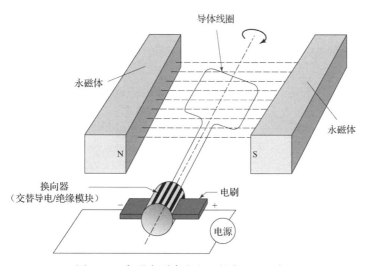

图 22.4 永磁有刷直流电机的定子和电枢

如图 22.3 所示为典型永磁有刷直流电机的剖面图。这种电机包括三个重要组成部分。其一为**定子**；定子是电磁装置基础，定子中的永磁体产生静态非旋转磁场。其二是**转子**；转子上安装了电枢(电磁装置的运动元件，永磁直流有刷电机中的转子为**绕组或线圈**)和**换向器**(英文 commutator 来自拉丁语，意思是"经常变化")，并随轴旋转。其三是电机**壳体**；定子、转子、轴承、电刷等装置按一定位置关系放置在壳体内。

定子和电枢是产生输出转矩的关键元件，这两个元件产生相互作用的磁场。定子呈厚壁管形，转子和电枢放置在定子中心。定子产生的磁力线从其一侧指向另一侧，如图 22.4 所示。

图 22.4 的电机为单绕组电枢，由图可知电枢和定子之间的相互作用关系。电枢由多个线圈组成，线圈以转子为中心径向放置，转子旋转时产生连续转矩。线圈数越多，磁力就越大，输出的转矩也越大。

电流流过环形线圈产生磁场，定子磁场和电流磁场相互作用产生磁力，磁力的方向取决于定子磁场的线圈回路方向。电枢被固定在转子上，并在磁力的作用下发生旋转。如图 22.4 所示系统仅包含一个单回路线圈，线圈中的恒定电流驱动转子转动，如果磁力方向未能垂直于转子径向，则可能导致电流磁场与定子磁场重合。此时，产生转矩的力消失，转子将会停在平衡点。因此，为了使转子保持转动，永磁直流电机必须不断改变电流方向，以保证转子不会到达平衡点，即当转子接近平衡点时，线圈电流先下降为零，然后反相，平衡点随之改变。平衡点不断被移到转子转动范围之外，转子便永远都无法进入平衡点。

换向器与**电刷**一同执行电枢线圈中的电流切换，以保持电机持续转动。如图 22.3 右上角所示，电流通过换向器与电刷的接口进入线圈。换向器是转子/电枢总成的一部分，并与转子一同转动。换向器的外形是一个光滑圆环，由纵向交替排列的条状导电材料和绝缘材料组成。电刷与电机外壳接触，当转子旋转时，电刷将与不同的换向器片接触。为了保证接触的顺滑性，电刷一般会选用摩擦系数较低的材料，如石墨或贵重金属(如铂)。电刷通过弹簧固定在换向器上，以保持良好的电气接触。电刷与换向器的相对运动方向决定了线圈的通电特性和电流方向。

电枢中的所有线圈都串联在一起，每个线圈都跨接在换向器的两个相邻导体段上，如图 22.5 所示。这种连接方式能确保所有线圈上都有电流通过，并产生转矩。当然，也存在例外，如果其中某个线圈交替将两条引线连接到相同的电刷触点，则线圈无电流通过；反之，如果将线圈的两条引线连接至换向器相对两侧的导体段，则可用导电线圈数被限制为 1 ~ 2 个，电机产生的总转矩将大大下降。在图 22.5 的结构中，除标记为"C"的线圈没有电流、不提供转矩外，其他所有线圈都持续提供转矩。

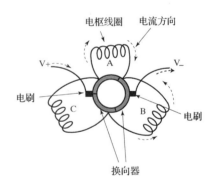

图 22.5　电枢线圈、换向器和电刷的电气连接与布局

换向器和电刷是永磁有刷直流电机工作的关键元件，但也是系统最薄弱的环节。电机工作时间越长，电刷磨损越大，是最有可能失效的电机元件。电刷与换向器的滑动接触必产生摩擦力——**电刷阻力**；当一种材料与另一种材料滑动接触时，不可避免存在摩擦力，需要消耗部分转矩以克服，进而造成转矩损失。另外，电刷是用弹簧固定在换向器上的，将会生成一个共振动态系统，随着转子和换向器旋转速度的增加，电刷可能无法与换向器保持良好接触，从而产生**跳刷**，导致电机最大转速受限。为了改善**跳刷**问题，可考虑用弹簧将电刷压向换向器，但这样做必然增加摩擦损失，加快电刷磨损。电刷的常用材料是石墨，石墨电阻很大(通常为 1 ~ 10 Ω)、易被污损，石墨电刷磨

损时也会产生脱落颗粒和灰尘。此外，电枢线圈的连续通/断过程可能在电刷和换向器的接口处产生电噪声，形成电磁干扰(EMI)源或噪声源，干扰系统正常工作。

22.3　电气模型

永磁有刷直流电机可以简化为三个基本元件的串联模型，如图 22.6 所示。该模型包括一个电阻、一个电感和一个有源的电动势(EMF)或电压——通常被称为**反电动势**。模型中的电阻源自电枢线圈中的导线电阻，电感则源于组成电枢的线圈——所有导线线圈均可等效为电感。反电动势将在下一节中详述。

图 22.6　永磁有刷直流电机的电气模型

22.4　反电动势与发电机效应

如前所述，电枢线圈电流产生的磁场与定子磁场相互作用，产生了永磁有刷直流电机的转矩，这种效应被称为**洛伦兹力定律**，可用安培定律描述。**法拉第定律**是麦克斯韦方程的另一种表达方式，描述了使外部磁场中的移动线圈产生电压的方法，该原理是水力发电的基本原理，也就是使水流的势能和动能以磁场方式驱动转子和电枢。

根据法拉第定律，永磁有刷直流电机的电气模型中必然包含反电动势：电枢在定子磁场中旋转，并在线圈中产生电压(反电动势)，该电压与驱动转子旋转的线圈电压的方向相反，一个意想不到的结果就此出现——电机既是发电机又是电动机。事实上，通过外加电压驱动电机转动并不能消除法拉第效应的影响。当电机转动时即可充当发电机，虽然产生的是反相电压，但该电压能减小电机端的电压降，从而减小电机转动时通过线圈的电流。

22.5　永磁有刷直流电机的特性参数

电机转速越快，电枢线圈通过定子磁场的移动速度也越快，产生的反电动势也更大。反电动势的值与电机的旋转速度和**速度常数**(也称**电压常数**)有关(该常数用 K_e 表示)，反电动势的计算公式如下：

$$E = K_e\omega \tag{22.1}$$

其中：E 为反电动势(EMF)　　[V]

K_e 为速度常数　　$\left[\dfrac{V}{rad/s}\right]$

ω 为角速度（转速）

参数 K_e 的值取决于电机结构、几何形状和材料特性，除此之外，电机的物理尺寸、线圈的匝数及定子的磁通密度也会影响 K_e 值，进一步研究后我们可以发现另一个有用的关联特性。

此时假设忽略与电动机/发电机运行相关的非理想机械、电气损耗，并且不考虑用于克服电机摩擦力消耗的转矩。由于存在摩擦力，可将电机产生的转矩分为两部分，即摩擦力矩和有效转矩(电机的输出轴有效转矩，可用于驱动负载)，如下式所示：

$$T_M = T_L + T_f \quad [N \cdot m] \tag{22.2}$$

假设 $T_f \approx 0$，对于大多数电机而言，该假设成立。如果忽略摩擦损失，则发电机的机械功率 $T \times \omega$ 将等于电机功率 $E \times I$，即有

$$P = EI = T\omega \qquad [\text{W}] \qquad\qquad (22.3)$$

综合式(22.1)和式(22.3)，可得

$$K_e\omega I = T\omega \qquad [\text{W}] \qquad\qquad (22.4)$$

简化后为

$$T = K_e I \qquad [\text{N} \cdot \text{m}] \qquad\qquad (22.5)$$

现在的问题是，常数 K_e 如何能将参数单位由[伏特/转速]转变为[转矩/电流]，这个问题不难回答，只需对常数 K_e 追根溯源。常数 K_e 源自麦克斯韦方程中的电流和磁场关系方程，其单位可为[伏特/(弧度/秒)]或[牛顿·米/安培]，为了不引起混淆，现将式(22.5)中的 K_e 常数定义为**转矩常数** K_T，决定 K_T 值和决定 K_e 值的因素相同，包括电机结构、几何特性和材料特性。另外，与 K_e 相同，K_T 值也与电机的物理尺寸、线圈的匝数和定子磁通密度有关。用 K_T 取代 K_e，则式(22.5)变为

$$T = K_T I \qquad [\text{N} \cdot \text{m}] \qquad\qquad (22.6)$$

$$\text{其中：}T\text{为转矩} \qquad [\text{N}\cdot\text{m}]$$

$$K_T\text{为转矩常数} \qquad [\text{N}\cdot\text{m/A}]$$

$$I\text{为电流} \qquad [\text{A}]$$

如果 K_T 和 K_e 采用相同单位，如[伏特/(弧度/秒)]和[牛顿·米/安培]，则从取值上来看，二者相同，即 $K_T = K_e$。如果二者采用不同的单位，则需采用转换因子进行换算。最常用的两种换算方法如式(22.7)、式(22.8)所示：

$$K_T\ [\text{in}\cdot\text{oz/A}] = 1.3542 \times K_e \qquad [\text{V/krpm}] \qquad (22.7)$$

$$K_T[\text{N}\cdot\text{m/A}] = 9.5493 \times 10^{-3} \times K_e \qquad [\text{V/krpm}] \qquad (22.8)$$

下面以发电机效应为例展开讨论。此时转矩方向对磁场和导体中电荷之间的相互作用不造成影响，因此无论电机作为发电机还是电动机，式(22.1)和式(22.6)均成立。转速为零时，反电动势也为零，此时电流最大，由式(20.6)可得最大转矩。

例 22.1 电机的 $K_T = 5.89\ \text{in}\cdot\text{oz/A}$，线圈电阻为 $1.76\ \Omega$，电压为 $12\ \text{V}$，如果电机摩擦力矩为 $1.2\ \text{in}\cdot\text{oz}$，则驱动负载的最大有效转矩是多少？相应的电流是多少？

综合式(22.2)和式(22.6)，可得输出轴有效转矩为

$$T_M = T_L + T_f = K_T I$$

$$T_L = K_T I - T_f$$

基于欧姆定律，可计算电流：

$$\boxed{I = \frac{V}{R} = \frac{12\,\text{V}}{1.76\,\Omega} = 6.82\,\text{A}}$$

$$T_L = \frac{K_T V}{R} - T_f = \frac{(5.89\,\text{in}\cdot\text{oz/A})(12\,\text{V})}{1.76\ \Omega} - 1.2\,\text{in}\cdot\text{oz}$$

$$\boxed{T_L = 39.0\ \text{in}\cdot\text{oz}}$$

减去摩擦力矩，可知电机用于驱动负载的输出转矩为 $39.0\ \text{in}\cdot\text{oz}$，所需电流为 $6.82\ \text{A}$。

22.6 恒定电压特性方程

为了进一步了解电机的转矩和转速特性，可为电机加载一个驱动电压，再看看它是如何工作的，具体电路见图 22.7。

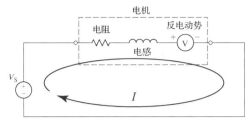

图 22.7　带驱动电压的直流电机电路

根据基尔霍夫定律，可得电路的稳态电流：

$$V = IR + K_e\omega \qquad \text{[V]} \qquad (22.9)$$

其中：V 为电压　　[V]

　　　　I 为电流　　　[A]

　　　　R 为电机线圈的电阻　　[Ω]

　　　　K_e 为电压常数　　$\left[\dfrac{V}{rad/s}\right]$

　　　　ω 为转速　　[rad/s]

电机线圈的电压降为 $I \times R$ 加上电机转动产生的反电动势（用 $K_e\omega$ 表示）。

由式（22.1）、式（22.6）及式（22.9）可知：

● 由于存在反电动势，因此电机转速越高，电流越小，转矩也越小。

● 电流等于零时，转矩也等于零，此时转速最大。实际应用中由于存在摩擦力，电机无法达到最大转速。

● 当 $\omega = 0$ 时，电机停转，此时 $V = IR$，电流和转矩最大。

用式（22.6）替换式（22.9），可得速度与转矩的表达式：

$$V = \frac{T}{K_T}R + K_e\omega$$

$$V - \frac{T}{K_T}R = K_e\omega \qquad (22.10)$$

$$\omega = \frac{V}{K_e} - \frac{R}{K_T K_e}T \qquad \text{[rad/s]}$$

由式（22.10）可知，电压值 V 一定时，转矩和转速呈线性关系。图 22.8 给出了几种不同恒定电压值条件下的转矩-转速关系曲线。

需要特别注意的是，理想情况下，如转矩为零，图 22.8 中各条关系曲线的 y 轴截距对应的是给定电压条件下的最大转速，也称**空载转速**，记为 ω_{NL}，对应式（22.10）中的 V/K_e。因此，对于永磁有刷直流电机而言，有

$$\omega_{NL} = \frac{V}{K_e} \qquad \text{[rad/s]} \qquad (22.11)$$

式（22.10）给出的直线的斜率 $R/(K_T K_e)$ 为 T 的倍数，用 R_M 表示，也称之为**调速常数**：

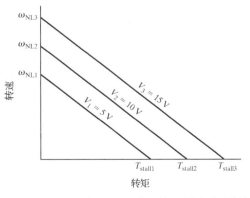

图 22.8　永磁有刷直流电机的典型转矩-转速关系曲线

$$R_{M} = \frac{R}{K_{T}K_{e}} \qquad \left[\frac{\text{rad/s}}{\text{N}\cdot\text{m}}\right] \qquad (22.12)$$

将 R_M 和 ω_{NL} 代入式 (22.10)，可得线性表达式：

$$\omega = \omega_{NL} - R_{M}T \qquad [\text{rad/s}] \qquad (22.13)$$

当 $\omega = 0$ 时，电机停转，电流等于最大值。图 22.8 中各条关系曲线的 x 轴截距对应的给定电压条件下的最大转矩，也称之为**失速转矩**，用 T_{tstall} 或 T_S 表示。对应的**失速电流**用 I_{tstall} 或 I_S 表示，如果式 (22.13) 中的 $\omega = 0$，则 T_{tstall} 可表示为

$$0 = \omega_{NL} - R_{M}T_{stall}$$

$$T_{stall} = \frac{\omega_{NL}}{R_{M}}$$

由式 (22.11) 可知 $\omega_{NL} = V/K_e$，因此有

$$T_{stall} = \frac{V}{R_{M}K_{e}} \qquad [\text{N}\cdot\text{m}] \qquad (22.14)$$

由式 (22.12) 可知 $R_M = R/(K_TK_e)$，简化可得

$$T_{stall} = \frac{K_{T}V}{R} \qquad [\text{N}\cdot\text{m}] \qquad (22.15)$$

进一步使用欧姆定律进行简化，可得式 (22.6)，即有

$$T = K_{T}I \qquad [\text{N}\cdot\text{m}]$$

如果电机运行时遇到的阻力大于其内部产生的转矩或电机从静止态启动，则可能导致电机失速，即停止不动。需要注意的是，静止电机的启动过程可能随时面临失速威胁，在直流电机设计中必须予以重视，并充分考量，该问题将在第 23 章中进行详细讨论。

例 22.2 利用永磁有刷直流电机来驱动用于防止玩具过热和变形的冷却风扇。要求在 2000 rpm 转速时提供至少 225 mN·m 的转矩，如采用空载转速为 9550 rpm、线圈电阻为 2.32 Ω、24 V 电池供电的电机，请问能否满足应用需求？

由式 (22.13)，可得 T 的表达式：

$$\omega = \omega_{NL} - R_{M}T$$

$$T = \frac{\omega_{NL} - \omega}{R_{M}} = \frac{K_{T}K_{e}(\omega_{NL} - \omega)}{R_{coil}}$$

由式 (22.11) 可得 K_e：

$$K_{e} = \frac{V}{\omega_{NL}} = \frac{24\,\text{V}}{9.55\,\text{krpm}} = 2.51\,\text{V/krpm}$$

由式 (22.8) 可得 K_T：

$$K_{T} = \left(9.5493 \times 10^{-3}\frac{\text{N}\cdot\text{m/A}}{\text{V/krpm}}\right)(2.51\,\text{V/krpm})$$

$$= 0.0240\,\text{N}\cdot\text{m/A} = 24.0\,\text{mN}\cdot\text{m/A}$$

将以上计算值代入转矩公式，即有

$$T = \frac{K_{T}K_{e}(\omega_{NL} - \omega)}{R_{coil}}$$

$$= \frac{(24.0\,\text{mN}\cdot\text{m/A})(2.51\,\text{V/krpm})(9.55\,\text{krpm} - 2\,\text{krpm})}{2.32\,\Omega}$$

$$\boxed{T = 196\,\text{mN}\cdot\text{m}}$$

由此可知，该电机能够提供的 2000 rpm 转矩不能满足应用需求，需另选电机。

如果电机可在失速和空载条件下运行，则需回答以下问题：所有的运行点是否均有效？所有的运行点性能是否一致？以上问题需要通过进一步研究电机功率和效率才能获得答案。

22.7　功率特性

为了讨论功率特性，首先需将机械功率定义为 $P = T\omega$。由式(22.2)可知，电机总转矩由摩擦力矩和有效转矩共同组成，由此可得电机输出功率表达式：

$$P = T\omega = (T_f + T_L)\,\omega \quad [\text{W}] \tag{22.16}$$

假设摩擦力矩小至可忽略不计，该假设对大多数电机成立。但对于此类讨论而言，一般会通过在公式中引入参数 T_f 的方式来研究摩擦力矩的影响，进而优化计算结果。

如前所述，对于给定电压而言，转矩和速度呈线性关系，因此转矩与功率依旧可用给定电压条件下的关系曲线表示，如图22.9所示。图中的功率输出特性曲线为抛物线，在 $1/2 T_{\text{stall}}$ 处有最大电压值。

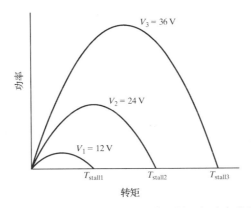

图 22.9　永磁有刷直流电机的典型转矩与功率曲线

为了进一步理解曲线形状及其峰值位置，用式(22.13)替换式(22.16)中的 ω 项，可得

$$P = T(\omega_{\text{NL}} - R_M T) \quad [\text{W}] \tag{22.17}$$

根据式(22.11)，将 $\omega_{\text{NL}} = V/K_e$ 代入，可得功率表达式：

$$P = \frac{VT}{K_e} - R_M T^2 \quad [\text{W}] \tag{22.18}$$

对式(22.18)中的转矩 T 求导，并假设导数等于零，则可得最大功率值。实验结果表明，当 $T = \frac{1}{2} T_{\text{stall}}$ 时，永磁有刷直流电机功率最大。

将 $T = \frac{1}{2} T_{\text{stall}}$ 和式(22.14)的 $T_{\text{stall}} = V/(R_M K_e)$ 代入式(22.18)，可得电压和最大功率之间的关系：

$$P_{\text{max}} = \frac{V^2}{2 R_M K_e} - R_M \left(\frac{V}{2 R_M K_e}\right)^2$$

由式(22.12)可知，$R_M = R/(K_T K_e)$，代入即有

$$P_{\text{max}} = \frac{V}{K_e}\left(\frac{K_T V}{2R}\right) - R_M \left(\frac{K_T V}{2R}\right)^2$$

简化可得

$$P_{\max} = \left(\frac{K_T}{4K_e R}\right) \cdot V^2 \quad [\text{W}] \tag{22.19}$$

结果表明，$P_{\max}$ 与 V^2 成正比，给定电机的参数 $K_T/(4K_e R)$ 为常数。由此可知永磁有刷直流电机的输出功率与外加电压平方成正比，即电压变化将严重影响电机输出功率值。

例 22.3 电机的终端电阻为 $0.316\,\Omega$，$K_T = 30.2\,\text{mN·m/A}$，电源电压为 $12\,\text{V}$，实测电流等于 $1.79\,\text{A}$ 时，电机转速为 $3616\,\text{rpm}$，此时电机的功率是多少？在 $12\,\text{V}$ 电压下运行的电机输出功率占最大功率的百分比是多少？

根据式(22.16)可知，电机产生的功率为

$$P = T\omega = (T_f + T_L)\,\omega$$

假设 T_f 忽略不计，上式简化为

$$P = T\omega$$

为统一单位，转速单位用 rad/s 代替 rpm，

$$3616\,\text{rpm} \times 0.105\,\frac{\text{rad/s}}{\text{rpm}} = 380\,\text{rad/s}$$

已知 K_T 和 I，由式(22.6)可得电机转矩：

$$T = K_T I$$

将后 2 个公式代入功率公式，可得

$$P = K_T I \omega$$

$$\boxed{P = (0.0302\,\text{N·m/A})(1.79\,\text{A})(380\,\text{rad/s}) = 20.5\,\text{W}}$$

如果需求出电压为 $12\,\text{V}$ 时电机的最大功率，首先要确定 T_{stall}，再求 $\frac{1}{2}T_{\text{stall}}$ 对应的转速 ω，然后计算最大功率，式(22.15)可得

$$T_{\text{stall}} = \frac{K_T V}{R} = \frac{(0.0302\,\text{N·m/A})(12\,\text{V})}{0.316\,\Omega} = 1.15\,\text{N·m}$$

当电压为 $12\,\text{V}$ 时，$\frac{1}{2}T_{\text{stall}}$ 处的转速为

$$\omega = \omega_{\text{NL}} - R_M(\tfrac{1}{2}T_{\text{stall}}) = \frac{V}{K_e} - \frac{R}{K_T K_e}\frac{K_T V}{2R}$$

$$\omega = \frac{V}{K_e} - \frac{V}{2K_e} = \frac{V}{2K_e}$$

由 K_T，根据式(22.8)可得 K_e：

$$K_e = \frac{0.0302\,\text{N·m/A}}{9.5493 \times 10^{-3}\,\frac{\text{N·m/A}}{\text{V/krpm}}} = 3.16\,\text{V/krpm}$$

则 $\frac{1}{2}T_{\text{stall}}$ 处的转速为

$$\omega = \frac{V}{2K_e} = \frac{12\,\text{V}}{2(3.16\,\text{V/krpm})} = 1897\,\text{rpm}$$

最后计算可得最大功率：

$$P_{\max} = \tfrac{1}{2}T_{\text{stall}}\omega = (1/2)(1.15\,\text{N·m})(199\,\text{rad/s})$$

$$P_{\max} = 114\,\text{W}$$

电机产生的 $20.5\,\text{W}$ 功率占最大功率的百分比为

$$\boxed{\frac{P}{P_{\max}} = \frac{20.5\,\text{W}}{114\,\text{W}} \times 100 = 18.0\%}$$

22.8　直流电机效率

另一个需要关注的参数是直流电机效率 η。直流电机效率定义为电机产生的机械功率与消耗的电功率之比，即

$$\eta = \frac{P_{\text{out}}}{P_{\text{in}}} = \frac{T_{\text{L}}\omega}{VI} = \frac{(T_{\text{M}} - T_{\text{f}})\omega}{VI} \tag{22.20}$$

设计者一般都希望热损耗 I^2R 和摩擦损失尽可能小，电机产生的功率尽可能大，但这样的目标显然难以达成，因此需要寻找效率最高的平衡点。图 22.10 所示为永磁有刷直流电机的效率特性及其与功率、转矩、转速和电流的关系。

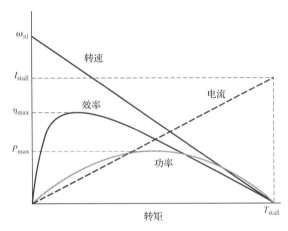

图 22.10　给定电压条件下的永磁有刷直流电机的效率 η、转矩 T、转速 ω、电流 I 和功率 P 之间的关系特性

如图 22.10 所示，大转矩条件下，电流越大，I^2R 越高，即线圈散热产生的热损耗越大，电机效率越低。小转矩条件下，即使转速 ω 再大，也不会产生有用机械功率，此时产生的功率大多用于克服摩擦力矩，电机效率低。由此可知，效率峰值必然介于以上两者之间，一般情况下，最大效率点的转速 ω 较大，转矩和电流较小，I^2R 损耗最小。最大效率点因电机类型而异。

在大多数应用中，直流电机的工作点一般选择在最大效率点和最大功率点之间。需要注意的是，效率曲线以固定斜率从最大值逐渐下降，下降速度缓慢。除此之外，大多数电机无法在高电流条件下连续工作，比如对应最大功率的转速会导致电机过热，因此设计者需要特别注意电机的此类指标要求。

电机的最大效率工作条件能保证电机在给定功率输入条件下达到最高效率的输出机械功率，设计者可通过优化电机电流 I 以实现效率最大化[1]。需要注意的是，低转矩/高转速工况下的电机效率受摩擦效应影响，应予充分考虑。

通过电流 I 调整优化效率 η 的方法十分有用，电机效率可用式 (22.20) 计算，根据欧姆定律，电压 V 可表示为

$$V = I_{\text{S}}R \qquad [\text{V}] \tag{22.21}$$

式中的 V、I_{S} 和 R 均为常数，代入式 (22.20) 可得

$$\eta = \frac{(T_{\text{M}} - T_{\text{f}})\omega}{I_{\text{S}}IR}$$

代入式 (22.10) 中 ω 的表达式可得

$$\eta = \frac{(T_M - T_f)\left(\dfrac{V}{K_e} - \dfrac{RT_M}{K_e K_T}\right)}{I_S IR}$$

代入 $T_M = K_T I$ [见式 (22.6)] 和 $V = I_S R$ [见式 (22.21)]，可得

$$\eta = \frac{(K_T I - T_f)\left(\dfrac{I_S R}{K_e} - \dfrac{K_T IR}{K_T K_e}\right)}{I_S IR}$$

简化后可得

$$\eta = \frac{(K_T I - T_f)\left(\dfrac{I_S R - IR}{K_e}\right)}{I_S IR}$$

由此可得摩擦力矩 T_f：

$$T_f = K_T I_{NL} \qquad [\text{N·m}] \tag{22.22}$$

空载电流 I_{NL} 是克服摩擦力所需的电流，对有用转矩无贡献，即对应无负载条件，代入后可得电机效率表达式：

$$\eta = \frac{(K_T I - K_T I_{NL})\left(\dfrac{I_S R - IR}{K_e}\right)}{I_S IR}$$

$K_T = K_e$ 且其单位相同，效率即可表示为

$$\eta = \frac{(I - I_{NL})(I_S R - IR)}{I_S IR}$$

$$\eta = \frac{(I - I_{NL})(I_S - I)}{I_S I}$$

$$\eta = 1 - \frac{I}{I_S} - \frac{I_{NL}}{I} + \frac{I_{NL}}{I_S} \tag{22.23}$$

$$\eta = \left(1 - \frac{I_{NL}}{I}\right)\left(1 - \frac{I}{I_S}\right) \tag{22.24}$$

从式 (22.23) 和式 (22.24) 可知，效率为电机电流 (I)、空载电流 (I_{NL}) 和堵转电流 (I_S) 的函数，为求最大效率工作点的电流，可将式 (22.23) 对电流 (I) 求导，可得

$$\frac{\partial \eta}{\partial I} = \frac{\partial}{\partial I}\left(1 - \frac{I}{I_S} - \frac{I_{NL}}{I} + \frac{I_{NL}}{I_S}\right) = 0$$

$$\frac{I_{NL}}{I^2} - \frac{1}{I_S} = 0 \tag{22.25}$$

$$I = \sqrt{I_{NL} I_S}$$

将式 (22.25) 代入式 (22.24)，即可得最大效率表达式：

$$\eta_{max} = \left(1 - \frac{I_{NL}}{\sqrt{I_{NL} I_S}}\right)\left(1 - \frac{\sqrt{I_{NL} I_S}}{I_S}\right)$$

简化后可得

$$\eta_{\max} = \left(1 - \sqrt{\frac{I_{NL}}{I_S}}\right)^2 \tag{22.26}$$

根据式 (22.22) 中的 $T_f = K_T I_{NL}$ 和式 (22.21) 中的 $V = I_S R$，可得

$$\eta_{\max} = \left(1 - \sqrt{\frac{T_f R}{K_T V}}\right)^2 \tag{22.27}$$

由式 (22.27) 可知，随着摩擦力减小，电机的最大效率增加，电阻的阻值减小，电机的最大效率增加。

对比推导结果式 (22.27) 和初始表达式 (22.20)，即可理清效率与转速和转矩的关系：

● 高速/低转矩 (例如在空载时) 条件下的损耗主要来自摩擦力，效率不高；由式 (22.20) 可知，空载条件下 T_M 为零。

● 低速/高电流 (例如在接近失速状态时) 条件下的损耗主要来自线圈的热损耗 $I^2 R$，效率较低。由式 (22.20) 可知，失速状态下 $\omega = 0$。

● 电机的最大效率点介于高速/低转矩条件和低速/高电流条件之间，主要的损耗为热损耗 $I^2 R$，最大效率点对应高速/低转矩条件，如无负载条件下的式 (22.27) 即为失速和空载条件的效率关系式。

例 22.4　例 22.3 的电机空载电流为 137 mA，则该工况下电机的效率是多少？最大运行效率下的转速是多少？电机的最大效率是多少？

为了计算空载电流，需首先由式 (22.5) 计算失速电流 I_S：

$$I_S = \frac{T_S}{K_T} = \frac{1.15 \mathrm{N \cdot m}}{0.0302 \mathrm{N \cdot m/A}} = 38.0 \mathrm{A}$$

再由式 (22.24) 计算电机效率，即

$$\eta = \left(1 - \frac{I_{NL}}{I}\right)\left(1 - \frac{I}{I_S}\right) = \left(1 - \frac{0.137 \mathrm{A}}{1.79 \mathrm{A}}\right)\left(1 - \frac{1.79 \mathrm{A}}{38 \mathrm{A}}\right)$$

$$\boxed{\eta = 88.0\%}$$

由式 (22.25) 计算最大效率条件下的电流：

$$I = \sqrt{I_{NL} I_S} = \sqrt{(0.137 \mathrm{A})(38 \mathrm{A})} = 2.28 \mathrm{A}$$

由式 (22.13) 可得 12 V 电压时的转速为

$$\omega = \omega_{NL} - R_M T$$

代入式 (22.6) 中的 T、式 (22.11) 中的 ω_{NL}、式 (22.12) 中的 R_M，由式 (22.13) 可知 $K_e = 3.16 \mathrm{V/krpm}$，可得

$$\omega = \frac{V}{K_e} - \frac{R(K_T I)}{K_T K_e} = \frac{V - RI}{K_e} = \frac{12 \mathrm{V} - (0.316 \Omega)(2.28 \mathrm{A})}{3.16 \mathrm{V/krpm}}$$

$$\omega = 3567 \mathrm{rpm}$$

最后，由式 (22.26) 计算出电机最大效率：

$$\eta_{\max} = \left(1 - \sqrt{\frac{I_{NL}}{I_S}}\right)^2 = \left(1 - \sqrt{\frac{0.137 \mathrm{A}}{38 \mathrm{A}}}\right)^2$$

$$\eta_{\max} = 88.3\%$$

该结论证明，例 22.3 中的电机已近似达到了最大运行效率，在大多数应用场合下，0.3%的误差可以基本忽略不计。

22.9 减速器

如 22.8 节所述，永磁有刷直流电机的最大效率工作电流（对应转矩）大于空载电流，且小于最大功率条件电流（即 $\frac{1}{2}I_{stall}$ 或 $\frac{1}{2}T_{stall}$）。该范围定义十分重要，尤其对于持续工作或高负载电机而言需要特别重视该范围，因为大多数电机无法长时间工作在大转矩输出状态。持续工作在大转矩状态可能导致电枢线圈温度过高，进而导致电机失效。

大多数电机在最大效率时输出轴转速较高，约为几千转，但转矩较小。不过永磁有刷直流电机应用需要较低的轴转速和较大的转矩，此时需采用**减速器**（又称**变速器**）。减速器能降低电机的输出轴转速并增加转矩，且经济实用、结构紧凑。从理论上来说，减速器也可增大输出轴转速并减小转矩，但该设计无实用价值。在实际应用中，减速器更多用于将轴转速降低至合理范围。

减速器的输入轴转速与输出轴转速之比被称为**传动比**，如下所示：

$$传动比 = N = \frac{\omega_{in}}{\omega_{out}} \tag{22.28}$$

传动比由减速器的齿轮齿数比决定，齿数比通常表示为 $N{:}1$，例如 10:1 或 250:1。齿数比的取值范围很大，可小至如图 22.11（a）所示直齿轮的 1:1，亦可大至图 22.11（b）所示行星齿轮的几千比一。

理想情况下，所有电机功率将经减速器的输入轴传递到减速器的输出轴，如果没有摩擦力，则传动效率等于 100%，但在工程应用必然存在摩擦力。考虑传动损失，即可得传动效率的表达式：

$$\eta = \frac{P_{out}}{P_{in}} = \frac{T_{out}\omega_{out}}{T_{in}\omega_{in}} \tag{22.29}$$

市面上减速器（特别是廉价减速器和大传动比的减速器）的传动效率一般大于 50%，对于小传动比（4:1）减速器，传动效率可达到 90%。对于应用而言，减速器的传动效率会严重影响系统的性能，必须予以重视。

(a)　　　　　　　　　　　　(b)

图 22.11　永磁有刷直流电机使用的典型齿轮：(a) 直齿轮和 (b) 行星齿轮

经过减速器后电机转速减小，转矩增加，结合式 (22.28) 和式 (22.29)，可得减速器输出轴的转矩表达式：

$$T_{out} = \eta T_{in} N \tag{22.30}$$

例 22.5　驱动移动机器人的电机需在转速为 50 rpm 时提供 75 in·oz 的转矩，选用的减速器的传动比 $N = 24$，传动效率 $\eta = 63\%$。在此条件下，计算驱动设备的电机转速和转矩。

已知减速器的传动比和输出轴的转速，由式 (22.28) 计算可得电机转速：

$$N = \frac{\omega_{\text{in}}}{\omega_{\text{out}}}$$

$$\boxed{\omega_{\text{in}} = N \cdot \omega_{\text{out}} = (24)(50 \text{ rpm}) = 1200 \text{ rpm}}$$

已知传动效率和输出转矩，由式(22.30)计算可得直流电机的转矩：

$$T_{\text{out}} = \eta T_{\text{in}} N$$

$$\boxed{T_{\text{in}} = \frac{T_{\text{out}}}{\eta \cdot N} = \frac{75 \text{ in} \cdot \text{oz}}{(0.63)(24)} = 4.96 \text{ in} \cdot \text{oz}}$$

由题意可知，要求电机在 1200 rpm 提供至少 4.96 in · oz 的转矩。为应用选定驱动系统(包括电机和减速器)的最后一步是验证电机在电源驱动条件下，或者无须采用脉冲宽度调制条件下，在 1200 rpm 转速时是否能提供 4.96 in · oz 的转矩。此外还需考虑连续运行的电机和间歇运行的电机是否均能满足设计需求。

22.10　习题

22.1　如图 22.12 所示的机电系统功能是周期性提升位于平台上方的 10 oz 静止的物体，转轴半径 R 为 3/8 英寸，并且直接与电机输出轴相连。如电机在 15 V 时的失速转矩为 29.5 in · oz，请计算提升物体 M 的最小电压。

22.2　跳蚤市场出售的已淘汰的永磁有刷直流电机，其齿轮马达的价格为 1.50 美元，用万用表测得线圈电阻等于 18.9 Ω，用转矩扳手测量失速转矩。当电压为 12 V 时，转矩为 2.8 N · m，减速器标记传动比为 "100:1"。电机在 15 V 时的转速为 35 rpm，输出转矩为 400 mN · m。假设忽略摩擦损失，回答以下问题：

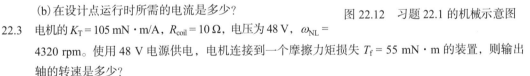

线轴和电机总成

图 22.12　习题 22.1 的机械示意图

　　(a) 电机和减速器在 15 V 是否满足转矩和转速要求？如果不能满足要求，则满足驱动要求的电压是多少？

　　(b) 在设计点运行时所需的电流是多少？

22.3　电机的 $K_T = 105$ mN · m/A，$R_{\text{coil}} = 10$ Ω，电压为 48 V，$\omega_{\text{NL}} = 4320$ rpm。使用 48 V 电源供电，电机连接到一个摩擦力矩损失 $T_f = 55$ mN · m 的装置，则输出轴的转速是多少？

22.4　如图 22.13 所示的系统，电气触点 A 通过弹簧 A (弹性系数为 K_A)连接到固定点，弹簧 A 缠绕在直流电机轴上。使电触点 A 从初始位置移动，直到与电气触点 B 接触，电气触点 B 通过弹簧 B (弹性系数为 K_B)连接到固定点。弹簧 A 的弹性系数为 $K_A = 100$ N/m，弹簧 B 的弹性系数为 $K_B = 15$ N/m，电机轴直径等于 0.5 英寸，电机在 15 V 电压时，空载转速 $\omega_{\text{NL}} = 4080$ rpm，线圈电阻 $R = 9.73$ Ω。当电机接通时，电机拉动电气触点 A 与电气触点 B 接触，并压缩弹簧 B，确保触点 B 移位 1 mm，则触点 A 和 B 之间的初始距离 x 的值是多少？

22.5　为咖啡爱好者设计一种新的超高质量、便携式、电池供电的咖啡豆研磨机，采用可调磨削元件，如图 22.14 所示。当毛刺锥体相互距离较远时，实现粗磨；当锥体移动靠近时，实现细磨，粗/细方式由用户自选。制造商给出的指标显示，研磨咖啡豆所需的转矩范围为 0.1 N · m(粗磨)至 0.5 N · m(细磨)，该毛刺锥体仅在转速为 6 rpm 到 10 rpm 之间才起作用。假设采用 12 V 供电，电机参数如下：$\omega_{\text{NL}} = 13\,900$ rpm，$T_{\text{stall}} = 28.8$ mN · m，$I_{\text{stall}} = 3.55$ A，线圈电阻 $R = 3.38$ Ω，最大连续电流 $I = 0.614$ A，$K_T = 8.11$ mN · m/A，$K_e = 0.847$ V/krpm。有三种备选减速器：第一种的传动比为850:1，效率为65%；第二种的传动比为1621:1，效率为59%；第三种的传动比为3027:1，效率为59%。哪种减速器可以满足所有的条件（包括电机的连续运行）？

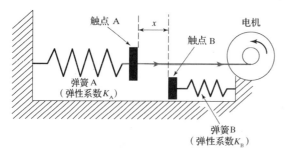

图 22.13　习题 22.4 的结构示意图　　　　图 22.14　习题 22.5 的示意图

22.6　电机的 K_T = 16.1 mN·m/A，R_{coil} = 1.33 Ω，ω_{NL} = 10 300 rpm，电源电压为 18 V，可允许的最大连续转矩为 24.2 mN·m，则对应的转速是多少？

22.7　根据式(22.18)电机功率输出表达式，计算 $\frac{1}{2}T_{stall}$ 时的最大功率。

22.8　永磁有刷直流电机中的换向器与电刷的作用是什么？

22.9　测得电机的 R = 14.5 Ω，在 9 V 电压供电时失速转矩为 4.47 mN·m，忽略摩擦力矩，则该电机的空载转速是多少？

22.10　测得电机空载转速为 11 500 rpm，失速转矩为 4.47 mN·m，若将 1.5 mN·m 的转矩输送到外部，则该电机的预期转速是多少？

22.11　电机的电阻 R = 14.5 Ω，空载转速为 11 500 rpm，在 9 V 电压供电时空载电流为 12 mA，在 9 V 时的最大效率是多少？

参考文献

[1] Lecture: *DC Motors,* ME112—Mechanical Systems Design, Gerdes,C., Stanford University, 2003.

扩展阅读

DC Motors Speed Controls Servo Systems:An Engineering Handbook, 5th ed., Electro-Craft Corporation,1980.

Design with Microprocessors for Mechanical Engineers, Stiffler, A.K., McGraw-Hill, 1992.

Maxon Precision Motors, Inc., USA, *www.maxonmotorusa.com.*

Mobile Robots, Inspiration to Implementation, Jones, J., Flynn, A., and Seiger, B., 2nd ed., A K Peters, Ltd., 1999.

第23章 永磁有刷直流电机的应用

23.1 引言

第22章主要介绍电机的结构及其性能特点，并讨论了电机的实际应用问题，包括如何选择电机、如何确定规格。但是之前讨论的电机选择问题并未涉及系统集成，也未考虑系统集成后的控制问题。本章将全面介绍永磁有刷直流电机的电路设计及其实际应用，并讨论设计成功的系统与完整定义但是不成功的系统之间的异同。

学习本章内容之后，读者应掌握以下内容：

1. 电机启动和停止的非稳态电气特性。
2. 什么是电感反冲？如何处理电感反冲？
3. 如何对永磁有刷直流电机进行单向和双向运行控制？
4. 了解电机控制电路设计所需的元件，理解元件的选择方法。
5. 基于脉冲宽度调制(PWM)进行电机转速控制。

23.2 电感反冲

要实现永磁有刷直流电机的启动和关停，最简单的方法是采用物理开关控制，开关的一端接电源，另一端接地，如图23.1(a)所示。该方法的问题在于需要手动拨动开关，可用晶体管取代物理开关以实现自动状态切换，具体电路如图23.1(b)所示。

当开关接通或晶体管开启时，电流从电源流向电机、开关或晶体管，最后流入地。开关断开或晶体管关闭时无电流通过。但是图23.1(b)中所示的方法存在严重缺陷，即经过多次电机启停后，晶体管可能因电感反冲被烧毁。所谓**电感反冲**，指流过电感的电流突然断开时会在电感(如电机的线圈绕组)上产生一个很大的电压峰值。

实际的永磁直流有刷电机带有明显的电感负载，因此在进行驱动电路设计时需首先解决电感反冲问题，否则可能导致驱动电路元件损毁。所幸电感反冲问题比较容易解决，仅需添加几个便宜的元件即可。

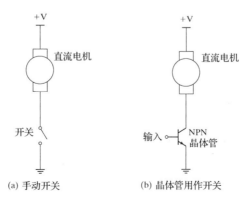

图23.1 控制电流通过电机的有缺陷的方式(无电感反冲保护)

电源接通时，电流流过电路线圈并建立环绕线圈的磁场。电源断开后，磁场消失并在电感上产生电压，如前所述，电感的电压由式(23.1)得出：

$$V = L\frac{\partial I}{\partial t} \quad [\text{V}] \tag{23.1}$$

电源断开时，流过电感的电流不会立刻下降，此时电感两端的电压激增，电流则在 0 ~ 0.4 ms 内呈指数形式上升。如图 23.2 所示，电感两端的电压初值为 0 V，在 $t_0 = 0$ 时突然上升到 12 V。此时电流无法快速响应电压的变化，因此呈指数形式上升，其最终值由欧姆定律计算获得，即有 $V = I \times R_{\text{inductor}}$，电流指数上升的时间常数为

$$\tau = \frac{L}{R} \quad [\text{s}] \tag{23.2}$$

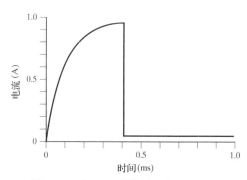

图 23.2　在 $t = 0$ 时升压，在 $t = 0.4\,\text{ms}$ 时降压，电感的电流响应

在一个相对较长的时间段内，电流上升，电感产生磁场，该感应磁场使得电感具备抵抗电流变化的特性。当电流发生变化时，电场和磁场之间发生能量交换。电流增加则磁场强度也随之增加，电流能量释放而转换为磁场能量。电流下降则磁场强度也随之下降，磁场能量将转变为电流。电感即以此种方式抵抗电流变化，即利用电场和磁场之间的能量交换，保持电流不变。

电机关机时，加在电感两端的电压突然消失，电感(电机线圈)产生的磁场将释放能量，并保持电流不变，电感磁场存储的能量可表示为

$$E = \frac{1}{2}I^2L \quad [\text{J}] \tag{23.3}$$

在之后一个很短的时间段内(约几微秒，具体值由线圈的电感和电阻决定)，电感上的电流将继续维持，其初值等于电压消失前的电流值。随着磁场能量的耗尽，电感上的电流迅速下降，如图 23.2 所示，在 $t = 0.4\,\text{ms}$ 时电流呈断崖式下降。显而易见的是，虽然磁场消失所需的时间比磁场建立所需的时间(电流上升时间)要短，但依旧较大。

为了在无外加电压的条件下维持电感电流，磁场能量将会使电感两端维持一个很大的电压差。在电流呈断崖式下降之前，电感两端的电压差一般可达 1 kV 以上。图 23.3 所示为电压响应结果，这种现象被称为电感反冲，产生的电压称之为**反冲电压**或**反激电压**。电感磁场中存储的能量无所不在，可能通过某种泄漏方式或电弧放电进入系统元件，进而影响系统性能。当然，没有电流就没有磁场能量扩散，因此，电感反冲电压峰值的持续时间很短，并且一个电流只会引起一次电感反冲。

电感反冲电压峰值高达 1 kV，远远超过用于控制电机的电子元件的电压上限值。更加糟糕的是，电感反冲几乎无所不在，即使如图 23.1(a)所示的简单配置也不例外。大多数手动开关的额定电压约为几百伏，依旧难以承受高达 1 kV 的反冲电压。一般情况下，大多数开关能在最初的几个开关周期内正常工作，但反冲电压可能产生电弧，最终导致开关损毁。由于大多数硅基元件的额定电压约为 30 ~ 150 V，因此如采用图 23.1(b)所示的典型场效应晶体管(FET)或双极结型晶体管(BJT)控制电机，则晶体管会立刻被电感反冲电压损坏。

所幸电感反冲电压易于处理，通常的做法是在控制电路中增添元件以形成低压电流回路，从而减少或抵消磁场反冲电压，使电路安全工作。

最简单的方法是在电机两端反向跨接二极管，利用二极管的反向截止特性将电感反冲电压值降至二极管的正向电压降(约为 1 V)与电源电压(V_s)之和，该二极管被称为**反冲二极管**或**反激二极管**。图 23.4 即为跨接在直流电机两端的反冲二极管。

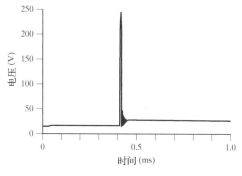

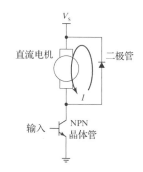

图 23.3　通过电感的电压突然消失时的电感反冲电压　　　图 23.4　带有反冲二极管的直流电机的电路图

当电机正常运行时，二极管处于反向偏置状态，无电流流过。当晶体管集电极电压超过二极管的正向电压降约 1 V 时，二极管导通，这种情况只会发生在出现电感反冲时。

反冲二极管将电压峰值有效限制为电源电压与二极管正向电压降之和，即有 $V_C = V_s + V_f$，一旦二极管电压等于该值，存储在磁场中的能量将转变为电流，其电流方向如图 23.4 中的箭头所示。

添加了二极管缓冲器后的电机下端（晶体管的集电极）电压如图 23.5 所示，该结果对应如图 23.4 所示的电路的电气仿真结果。当集电极电压高于电源电压时（仿真设置电源电压为 12 V），电流在电机线圈和正向偏置二极管中往复流动。从原理上来说，即表示当晶体管电流断开时，电机不会立即停止产生转矩，再生电流延长了磁场衰落所需时间，带来了时延。因此，二极管虽然消除了反冲峰值的影响，但会导致关机延迟，电路仿真结果显示，该时延约 180 μs。

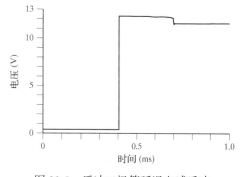

图 23.5　反冲二极管延迟电感反冲

在选择反冲二极管时应考虑两个特性。首先，当传导电流发生时，二极管应快速从正向偏置状态切换至反向偏置状态，并阻断电流，衡量该特性的指标被称为**反向恢复时间**，通常用 t_{rr} 表示。不同类型二极管的反向恢复时间不同，具有这种功能的二极管通常会有**快速恢复**标注，也有二极管标注为**超快恢复**。反向恢复时间越短，性能就越好，一般希望二极管的反向恢复时间应小于几百纳秒。其次还需考虑二极管的最大容许电流；正常情况下，二极管的最大容许电流对应于电机的最大电流——失速电流，保守情况下可假设二极管上的电流等于失速电流，并以之为依据选择二极管。但实际上并非必要，道理很简单，即使采用 23.4 节介绍的 PWM 控制实现电机快速开关，峰值电流存在的时间也很短，仅需二极管允许电流超过电机失速电流的峰值间歇电流即可。

消除电感反冲的方法很多，前面介绍的使用反冲二极管是最简单的解决方案，高级系统则一般采用更复杂的方案来缩短磁场能量耗尽时间。

图 23.4 和图 23.5 所示的简单反冲二极管的正向偏置和导通时间约为 180 μs。在这段时间内，磁场的耗散能量使电流在电机和反冲二极管形成的回路中流动，电流必然产生转矩，线圈绕组的损耗为 $I^2 \times R$，二极管损耗为 $V \times I$。这种方法虽然简单，且能满足应用需求，但它产生的最大电压和功耗远低于大多数元件的限值，能量耗散可表示为

$$E_{stored} = \int Power(t)\, dt \qquad [J] \qquad (23.4)$$

假设功耗的平均值为

$$E_{stored} = \text{平均功率} \times \Delta T \qquad [\text{J}] \tag{23.5}$$

从设计角度来看,应尽量减少能量耗散所需时间 ΔT,并确保反冲电压低于系统元件所能容忍的最大电平,且低于元件的平均功耗限值,以此为基础再改进系统的响应特性。一般而言,将反冲电压和功耗限制在安全高值,可缩短能量耗散时间,使系统性能达到最佳。

具体实现方法是在反冲回路添加一个串联电阻,如图 23.6(a) 所示。附加电阻 R 能增大 $I^2 \times R$ 损耗,进而增加能量耗散率。R 的电阻值应确保晶体管集电极的电压低于设备的最大集电极-发射极电压 $V_{CEO(SUS)}$,即有

$$I_{peak} R + V_f + V_s \leqslant V_{CEO(SUS)} \tag{23.6}$$

该方法的仿真结果见图 23.6(b),如图所示,该电路使反冲尖峰在 100 μs 内消散,比单独使用二极管的情况要减少了近一半的时间。

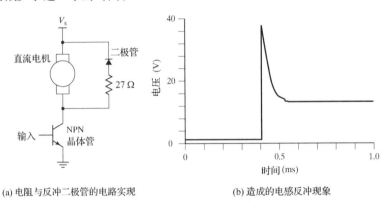

(a) 电阻与反冲二极管的电路实现　　　　　　(b) 造成的电感反冲现象

图 23.6　二极管组合电阻以抑制反冲

如图 23.6 所示,采用该方式的最大电压大于简单反冲二极管方式的电压,因此必须谨慎选择反冲回路的电阻值,以确保电压值不会超过系统中其他元件的上限电压值。此外,为了满足工作需要,电阻的额定功率也必须满足任务要求。

采用图 23.7(a) 所示的齐纳二极管替代图 23.6 中的电阻,可进一步改进电路性能。需要注意的是,对于电源而言,齐纳二极管带来的是正向偏置,而标准二极管导致反向偏置,所以在正常工作条件下,反冲回路无电流流过。当反冲电压超过齐纳二极管的反向击穿电压与标准二极管的正向电压降之和时,二极管导通。此时齐纳二极管将阳极和阴极之间的电压降保持为反向击穿电压 [图 23.7(b) 的仿真曲线中齐纳二极管的电压等于 12 V],正向导通标准二极管的电压降为 1 V。该电路的优势在于设计者可通过二极管精确设置反冲电压的最大值。与之前电阻缓冲电路中的二极管选择方式类似,选择齐纳二极管时应确保晶体管的集电极的电压低于设备的集电极-发射极电压 $V_{CEO(SUS)}$ 的最大值,即有

$$V_Z + V_f + V_s \leqslant V_{CEO(SUS)} \tag{23.7}$$

齐纳二极管可提供多种反向击穿电压,范围为 2~200 V,选择余地较大。标准二极管和齐纳二极管不是欧姆元件,没有"电阻",但在导通时存在固有电压降。因此电感磁场中电机绕组消耗的能量为 $I^2 \times R$,二极管消耗的能量为 $V_{diode} \times I$,齐纳二极管消耗的能量为 $V_{zener} \times I$,如图 23.7(b) 所示,能量耗散时间约为 50 μs,比单独使用缓冲二极管减少了三分之二以上的时间。

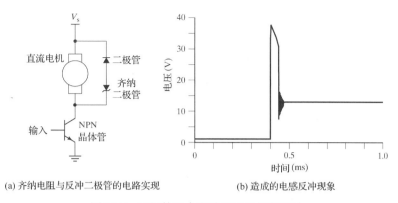

(a) 齐纳电阻与反冲二极管的电路实现　　　　(b) 造成的电感反冲现象

图 23.7　二极管组合齐纳电阻以抑制反冲

标准二极管和齐纳二极管的选择原则与单独标准二极管的选择原则相同。对于标准二极管而言，为了确保安全处理电机失速电流，应选择快速恢复二极管，即选择反向恢复时间较短的二极管，一般选择峰值间歇正向电流大于等于电机失速电流的二极管。对于齐纳二极管而言，需保证反向截止时二极管的功耗应小于二极管的额定功率。二极管的选择问题对于齐纳二极管尤为重要，因为价格低廉的齐纳二极管一般难以保证峰值间歇电流额定值高于典型电机失速电流，因此在选择齐纳二极管时需要详细分析平均功耗，以确保功耗指标符合要求。

采用 PWM(见 23.4 节)驱动时，电机可能发生频繁开关的情况。由式(23.3)可知，电感存储的能量为 $E = 1/2I^2L$，据此可建立反冲平均功耗的表达式:

$$P = \left(\frac{1}{2}I_{\text{stall}}^2L\right) \times 频率 \qquad [\text{W}] \qquad (23.8)$$

注意，式(23.8)给出的是在电感反冲过程中消耗的平均功率，这些功率分别由电机、标准二极管和齐纳二极管消耗，齐纳二极管的额定平均功耗大于式(23.8)的平均功耗，因此安全可靠。对于某些特定应用而言，齐纳二极管是最佳选择。

齐纳二极管也可用于晶体管电压控制，下面以 NPN 晶体管控制直流电机为例展开分析。如图 23.8(a)所示，晶体管发射极接地，集电极接直流电机，需控制集电极-发射极电压，以保证不会损坏晶体管。NPN 晶体管能承受的最大集电极-发射极电压为 30 ~ 60 V，当电机开启并处于稳定运行状态时，集电极-发射极电压很小(约为 0.2 V，具体值与晶体管型号相关)。当电机关闭并处于稳定运行状态时，集电极-发射极电压等于 V_s。当电机开关断开且发生电感反冲时，集电极-发射极之间将出现高电压，如不采取缓冲措施，可能导致晶体管损毁。在集电极与发射极之间放置反向偏置齐纳二极管，即可使集电极-发射极电压等于齐纳二极管的反向击穿电压，图 23.8(a)中选用的齐纳二极管的反向击穿电压等于 34 V。如前所述，必须谨慎选择齐纳二极管，以确保它能够耗散电感反冲产生的热量，为了确保齐纳二极管选择的合理性，可基于式(23.8)计算结果选择额定功率大于平均功耗需求的齐纳二极管。

该方法简单易行，但缺点也十分明显，即当发生电感反冲时，电源地需要吸收一个短时尖峰电流，如果电源和连接线的质量不佳，可能导致电源地噪声，虽然该噪声对电机或晶体管影响不大，但可能影响连接到该电源的其他元件，如模拟电路或微处理器，具体内容详见第 21 章。

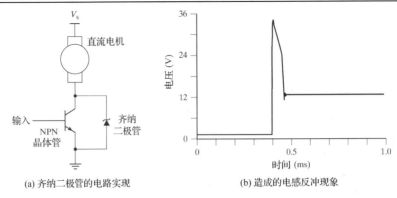

(a) 齐纳二极管的电路实现　　　　(b) 造成的电感反冲现象

图 23.8　开关元件增加一个齐纳二极管以抑制反冲

23.2.1　电感反冲小结

尽快断开电机电流能够改善电机性能，但与此同时也需考虑解决电感反冲问题的设计复杂度和成本。图 23.9 对以上各种方案的电流断开时间进行了比较，旨在选择一种电流断开时间尽可能短的电感反冲抑制方案，以保证不会因电感反冲损坏电路元件。图 23.9 中列举的各种反冲抑制技术均具备电路元件保护功能，但其反冲电流消除时间不同，并且设计的成本和技术复杂度也不同。

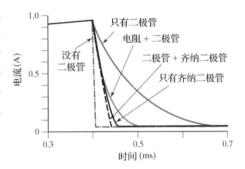

基于二极管的方案简单廉价，但电流截断时间最慢，无法很好地改善电机性能。不过该方法应用广泛，且改进空间较大，例如，可通过添加齐纳二极管缩短电流截断以获得理想电机性能。其他方案，如将反向偏置二极管与电阻串联，在集电极和发射极之间跨接齐纳二极管等，均可获得较为合适的电流截断时间，具体选择何种方案完全取决于应用需求。

图 23.9　电感电流衰减比较

23.3　电机的双向控制

之前讨论的反冲抑制方案适用于单向控制直流电机，下面讨论双向控制电机(顺时针——CW，逆时针——CCW)的反冲抑制问题。

如图 23.4、图 23.6、图 23.7 和图 23.8 所示电路，电流只能从电源的正极流向地，因此电机只能单向转动。要使电机实现双向转动，必须使电流能够双向流动，因此需要更为复杂的电路。在此可采用"双"电源，即同时包括正电源电压和负电源电压的电源，通过正、负电源电压的切换来实现电流双向流动，具体配置如图 23.10 所示。需要注意的是，电路必须包含反冲二极管保护装置，以确保电感反冲低于晶体管集电极-发射极最大电压。

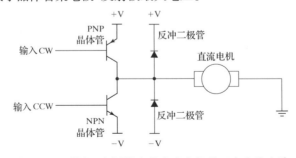

图 23.10　采用双电源供电的直流电机的双向电流电路

如图 23.10 所示，如果输入 CW 节点电压至少比正电源电压(+V)低 0.6 V，并且输入 CCW 节点电压等于负电源电压(–V)，则 PNP 晶体管开启并导通，NPN 晶体管关闭，电流从+V 终端通过电机流向地。此时电机顺时针旋转。

可以通过开启不同的晶体管来改变电机的电流方向。如果输入 CW 处的电压保持在正电源(+V)，输入 CCW 的电压高于负电源电压(–V)至少 0.6 V，则 PNP 晶体管关闭，NPN 晶体管开启并导通。在此条件下，电流将从地(0 V)流向负电源终端(–V)，电压比地更低，电机逆时针方向旋转。

需要注意的是，同时开启两个晶体管会导致+V 到–V 的短路，将损毁晶体管或电源，必须严格避免。

在图 23.10 的例子中，如上侧 PNP 晶体管开启，则电流从左向右流过电机；如下侧 NPN 晶体管开启，则电流从右向左流过电机，从而实现电流双向流动。但在实际应用中，高电流的负电源并不常见，因此需要进行设计改进，即采用单一正电源实现电流双向流动。最常见的方法是采用 H桥跨接，所谓 H 桥，因电路形状像字母 "H" 而得名，相关电路的解决方案如图 23.11 所示。

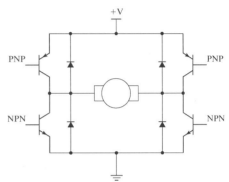

如图 23.11 所示，该电路基于单一正电源实现电流双向流动(左到右或右到左)(如图 23.11 所示的+V)，环绕电机二极管能保护晶体管免受电感反冲影响(见23.2 节)。由于电流能双向流动，电机终端必然存在高压电感反冲，必须采用缓冲措施以防止反冲电压损坏晶体管。之前介绍的各种缓冲技术均适用于 H 桥电路，但目前有刷直流电机一般采用标准二极管解决方案。

由图 23.12(a)可知，当左侧 PNP 晶体管开启时，右侧 PNP 晶体管必然关闭。当左侧 NPN 晶体管关闭时，右侧 NPN 晶体管则开启，因此电流可从正电压端流经左

图 23.11　带有抑制电感反冲的反冲二极管的典型 H 桥电路

侧 PNP 晶体管，由左至右通过电机，最后通过右侧 NPN 晶体管流向地。

图 23.12(b)的情况正好相反，即反向设置晶体管开关状态，电流可从正电压端通过右侧 PNP 晶体管，由右至左通过电机，最后通过左侧 NPN 晶体管流向地。

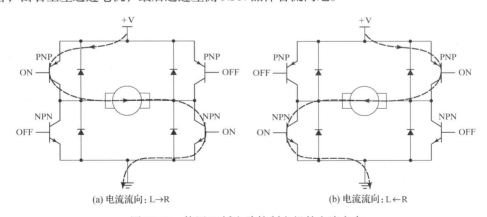

(a) 电流流向：L→R　　　　　　　　　　(b) 电流流向：L←R

图 23.12　使用 H 桥电路控制电机的电流方向

当然，晶体管状态也可能存在其他组合。例如，当 H 桥的左侧或右侧的晶体管开启时，电流将直接从电源流向地，如图 23.13 所示。此时电源和地短路，形成大电流，也称直通电流。这种现

象持续保持可能导致元件损毁。直通电流十分常见，当 H 桥从一个状态切换到另一个状态时(即电机电流方向转换时)即可出现，究其原因是晶体管的开启和关闭时间不一致。一般情况下，晶体管的关闭时间长于开启时间，此时即可能存在短时直通电流。直通电流有害无益，在设计 H 桥电路时需尽量使其最小化。可通过设计可控时延，引入**死区时间**，使不同晶体管的开、关时间尽量同步，以缩短直通电流的持续时间。直通电流控制是 H 桥设计涉及的关键任务之一。

此外还有一种更加实用的解决方案，即采用基于 H 桥的晶体管组合导通电路来实现电机的动态制动和电机旋转控制。如图 23.14 所示，当旋转电机短接时，反电动势产生的电流流入回路，动态制动过程的电流方向取决于电机旋转方向，电流从电机的一端流过反冲二极管，再流过某个"开启"的晶体管，最后流向电机的另一端。电流的负载包括电机线圈内电阻、二极管的正向电压降和晶体管的饱和电压，旋转电机产生的电能转变为热能耗散出去。在动态制动无负载条件下，电机轴承及其他机械系统耦合到电机的摩擦力是降低电机转速的唯一制动力。H 桥电路的动态制动可通过以下方法完成：开启上方晶体管的同时关闭下方晶体管，或在开启两个下方晶体管的同时关闭上方晶体管。以上方法能有效缩短电机引线，实现动态制动。同样，该方法也能有效快速地关停电机。

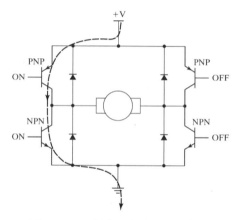

图 23.13　H 桥直通电流，电流直接从电源流向地，通常很有害

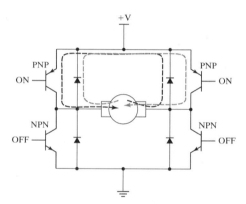

图 23.14　将电机的两个引线直接连接的 H 桥电路结构，形成动态制动。取决于电机的旋转方向，电流既可顺时针也可以逆时针流动

23.3.1　商用 H 桥集成电路

双向电流负载(例如电机)常见于电子设计。市面上有许多 H 桥集成电路(IC)供设计者选用。H 桥支持多种电流驱动，封装类型多样、种类繁多。目前市面上出售的 H 桥电路的功能基本相同，即实现电流双向切换，常用的成品 IC 包括 Texas Instruments 的 SN754410NE、ST L293、ST L298，National Semiconductor 的 LMD18200，详细描述见第 17 章。

例 23.1　基于 L293B H 桥电路(STMicroelectronics 生产)设计驱动电路，控制 12 V 电源的 Maxon RE-13 (Part #: 118638) 电机。终端电阻 $R = 14.1\ \Omega$，线圈电感 $L = 0.48$ mH，最大开关频率为 1 kHz。使用标准二极管反冲电压保护方案，此时需确保所有元件规格符合设计要求。

为了满足约束条件，L293B 必须承受 12 V 电压条件下的电机最大电流。已知终端电阻，可求得失速电流($\omega = 0$)：

$$I_{stall} = \frac{V}{R} = \frac{12\ \text{V}}{14.1\ \Omega} = 0.851\ \text{A}$$

由数据表可知,L293B 能够支持 1 A 连续电流,由于系统最大电流等于失速电流,因此 L293B 能够安全控制电机。

下一个需要解决的问题是电感反冲,在选择标准二极管时,必须明确其反向恢复时间和电流。目前常用的反冲二极管是 1N4935,查阅数据表可知,该二极管为 "快速恢复二极管",反冲二极管的反向恢复时间约为几百纳秒,1N4935 的 t_{rr} < 200 ns,能够满足快速反向恢复时间要求。另外,二极管的峰值间歇电流需高于电路最大电流。由前述可知,此时失速电流为 0.851 A,1N4935 的峰值间歇电流是 10 A,是失速电流的 10 倍,满足了设计要求。峰值(和连续)电流的核心问题是功耗:电机线圈存储的能量在反冲时通过标准二极管和电机线圈电阻耗散。由式(23.8)可得缓冲电路功耗:

$$P = \left(\frac{1}{2}I_{\text{stall}}^2 L\right) \times 频率 = \frac{1}{2}(0.851 \text{ A})^2(0.48 \text{ mH})(1 \text{ kHz}) = 0.174 \text{ W}$$

由此可知,电感反冲时的总功耗等于 0.174 W,该功耗由标准二极管和电机线圈电阻共同产生。可保守假设所有功率均在二极管中耗散,可得标准二极管的功耗 P_D = 0.174 W。1N4935 数据表并未直接给出最大功耗参数,但已知最大连续正向电流为 1 A,据此可计算获得的最大正向电压降等于 1.2 V,由此可求得 1N4935 的最大连续功耗为 $P_{D\max} = VI = 1.2 \text{ V} \times 1 \text{ A} = 1.2 \text{ W}$,该值大于电路中的总耗散值 0.174 W,表示 1N4935 能满足设计要求。1N4935 的热分析还显示其结温低于最大允许值,从而进一步验证了 1N4935 的选择有效性。

至此,所有元件选择完成,绘制原理图如图 23.15 所示。

如图 23.15 所示,"Half1" 和 "Half2" 输入分别控制 H 桥的两侧。每一侧被称为半桥。逻辑高电平从输入(标有 "IN1")通过输出(OUT1)连接到电机电源,减去(饱和电压)损失的电压降,即可得 V_{CEsatH}(集电极-发射极饱和电压,高电平),查阅 L293B 数据表可知,V_{CEsatH} 的典型值等于 1.4 V。逻辑低电平输入则通过相应输出连接到地,减去通过开关的饱和电压损失的电压降,即可得数据表中的低端饱和电压 V_{CEsatL},通常取值为 1.2 V。设置 Half1 为逻辑高电平端,设置 Half2 为逻辑低电平端,即可驱动电机向一个方向转动。将输入电流切换至相反方向,即可驱动电机反向转动。将 Half1 和 Half2 同时设置为逻辑低电平端(或均设为逻辑高电平端)并同时连接到电机终端,即可实现电机动态制动。该输入被称为 "使能"(Enable)输入,可以控制通过半桥的电流。将 "使能" 引脚设置为低电平即可抑制电流,从而平稳快速关停电机。

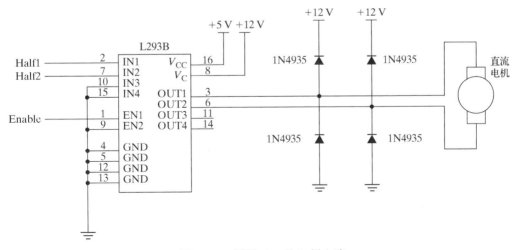

图 23.15 例题 23.1 的 H 桥电路

23.3.2　用于大电流的 H 桥

小型低转矩电机适用于多种机电一体化系统，这类系统的电流一般小于等于 1 A。但也有一些机电一体化系统可能涉及双向大电流直流电机或大负载电机。与小电流电路不同，大电流电路的元件需要承受更高的电流。市面上有大量额定电流为 1～2 A 的 H 桥芯片（详见 23.3.1 节），有的 H 桥芯片额定电流可高达 2～10A。与此同时，由于 H 桥驱动芯片不含开关晶体管，因此能够承载更大的电流。

一旦设计人员根据应用需求确定了电机电流，则要求电机驱动单元必须能够承载电机电流，此时需要查找不同制造商提供的相关元器件数据表再进行选择。下面列举部分具有代表性的器件。

Infineon TLE-5206：采用单桥驱动，能双向驱动电机，可连续提供高达 5 A 的电流，短电流高达 6 A。电机电源电压范围为 6～40 V。TLE-5206 内含保护电路，能够防止因各类异常情况或误操作而导致的设备损毁。典型异常情况包括：电压不足（无法开启 H 桥开关晶体管）、输出对地短路、电源对地短路、电流过载、过热等。这些故障可由输出状态显示，一旦发生故障，设备将停止工作直至故障解除。TLE-5206 是少数能承载高电流的单个 H 桥芯片，如图 23.16 所示，通孔插入封装的 TLE-5206 一般用于原型电路设计，表面贴片封装的 TLE-5206 则适用于大批量生产。

图 23.16　Infineon TLE-5206，5 A H 桥

TI DVR8402：双 H 桥芯片，可以承载的连续电流高达 10 A（每个 H 桥为 5 A），短电流可达 24 A，两个 H 桥并联可为单个电机或其他负载提供 10 A 的电流。DVR8402 需要两个独立电源，即一个 0～50 V 电机电源和一个 11.4～13.2 V 的内部逻辑电路电源。可通过独立控制芯片的 4 个半桥实现动态制动。H 桥电路内部 MOSFET 的 $R_{DS(ON)}$ 较小，仅为 90 Ω，MOSFET 和 $R_{DS(ON)}$ 的参数详见第 10 章。最大电流为 5 A 时，每个晶体管上都将产生 0.45 V 的电压降。DVR8402 提供过热保护和大电流保护，不易损毁，该芯片采用 36 引脚表面贴片封装，无法用于原型电路设计。

Allegro A3985：从严格意义上来说，A3985 不是 H 桥，而是 H 桥驱动器。H 桥是一种完全集成的芯片，能直接外接电机或负载；而 H 桥驱动器则仅包含控制逻辑和栅极驱动输出，需与两个外部 N 沟道 MOSFET 的栅极相连以构成全 H 桥。除此之外，设计者还需独立定义外部 MOSFET。由于 H 桥驱动器将最大的发热源移到了芯片外，因此不仅给予设计者更大的设计空间，还能有效控制成本并改进电机驱动电路的性能。H 桥驱动芯片能够承载更大的电流，为驱动 MOSFET 提供所需的电流。A3985 包括两个独立 H 桥驱动模块，每个芯片可控制两台电机，其电源范围为 12～50 V，采用串行 SPI 控制（见第 7 章），封装形式为表面贴片封装。A3985 是高端器件，能充分满足各种应用需求，缺点是电路设计比较复杂，有时甚至面临设计困难。但无论如何，对于 20 A 的电机来说，H 桥驱动芯片加外部 MOSFET 是最佳选择。

23.4　基于脉冲宽度调制的转速控制

电机控制涉及的另一重要问题是电机转速和转矩控制，最简单的方法是通过调整电源电压，改变转速和转矩，但这种方法显然不太现实；常用的方法是采用脉冲宽度调制（PWM）。PWM 能有效快速地控制电机通/断，由于开关速度足够快，可忽略切换带来的影响，由此产生的有效电压等于电源接通的时间平均数。该技术应用广泛，并且在本书其他章节有详细介绍。

PWM 的定义如图 23.17 所示。驱动信号在给定时间通/断，电压等于 V_{ON} 时为"开启"状态，

该状态会持续一段时间。"开启"状态时间决定了**占空比**参数，即有

$$占空比(\%) = \frac{\text{"开启"时间}}{\text{周期}} \times 100 \tag{23.9}$$

图 23.17 中 PWM 信号的占空比为 50%，其平均感知电压等于最大电压的 50%。PWM 驱动信号的频率等于周期的倒数：

$$PWM频率 = \frac{1}{\text{周期}} \tag{23.10}$$

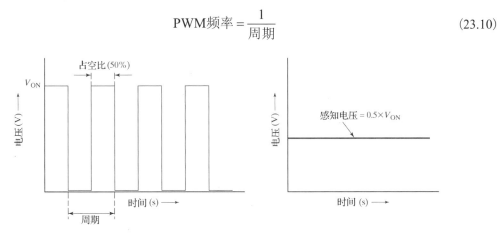

图 23.17　50%占空比的 PWM

改变 PWM 信号的占空比就会改变平均感知电压。例如，调整图 23.17 中 PWM 信号的占空比，使其等于 80%，平均感知电压随之改变，如图 23.18 所示。

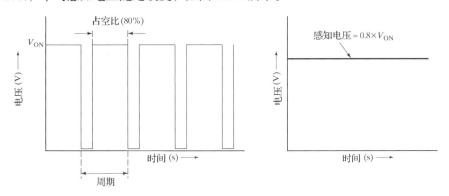

图 23.18　80%占空比的 PWM

如图 23.18 所示，当占空比增加到 80%后，感知电压也增加到 V_{ON} 的 80%。如 PWM 频率过低，则可能陷入不稳定的停止-启动响应状态，其输出可能无限接近"感知电压"，且纹波最小。当采用 PWM 驱动永磁有刷直流电机时，可通过机械系统的物理惯性和电机线圈的电感来有效实现平滑和滤波。如果切换速度过快，则机械系统无法跟随响应。对于除直流电机速度控制外的其他应用(例如，用微控制器数字输出逼近模拟输出电压)，可采用滤波电路实现 PWM 输出平滑滤波。

当未添加减速器或其他附加元件时，典型永磁有刷直流电机的机械时间常数约为几毫秒。设计者在选择 PWM 驱动信号频率时必须充分考虑机械驱动系统的物理特性和电机的电气特性。一般而言，PWM 频率的取值范围较大。

当 PWM 频率接近其频率范围下限时，电机性能将主要取决于物理系统的机械时间常数(即系统的输入响应时间)。如果 PWM 周期远大于机械时间常数，则电机会有明显的启动和停止过程。

假设 PWM 周期等于 2 秒(频率为 0.5 Hz),则在每 2 个秒时间的周期内,电机都将经历明显的加速和减速过程,从而产生**转矩纹波**。PWM 频率越高,转矩纹波就越小。

除了造成转矩纹波,PWM 频率过低也影响电机对占空比变化响应的线性度。图 23.19 给出了不同 PWM 频率条件下带齿轮直流电机转速与驱动信号占空比的关系曲线。

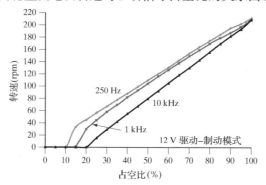

图 23.19　不同 PWM 频率条件下的占空比与转速的关系曲线

如图 23.19 所示,PWM 频率越高,占空比与转速的关系曲线的线性度就越好。通常情况下,PWM 频率范围为 100 ~ 20 000 Hz。

实际上无论 PWM 频率有多高,都会产生转矩纹波,即**电流纹波**。当然,如前所述,PWM 频率越高,转矩纹波便越小。但实际的感应电机线圈的电流响应无法严格对准 PWM 驱动信号的上升沿,因此无法避免纹波。如图 23.20 所示,一个稳定的低占空比 PWM 用于驱动电机,PWM 信号幅度在 0 V 和 V_{dc} 之间切换,E 的均值用于驱动电机线圈电流,电机线圈电流的最小值为 I_m,最大值为 I_M。如图所示,周期 T 越小,纹波幅度也越小,I_m 和 I_M 之差也越小。另外,电流的上升和下降时间由电机线圈的电感时间常数 $\tau = L/R$ [见式(23.2)]决定,应用需求不同,对纹波电流指标的要求也不同。电机制造商 Maxon Precision Motors 推荐的电机电流纹波限值为最大连续电流的 10%之内[1]。

当 PWM 信号的占空比发生改变时,即处于不稳定状态时,电机线圈电流将随着相应平均感知电压的变化而变化,问题在于电机线圈电流无法实时响应占空比的改变,即无法在开关过程中对准 PWM 信号的边沿。图 23.21 给出了电机电流与变化的 PWM 占空比之间的响应关系,如图所示,其响应速度与电机线圈的时间常数直接相关。

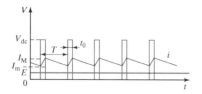

图 23.20　低占空比 PWM 驱动信号,稳态时的电流纹波特性(Courtesy of Maxon Motor AG.)

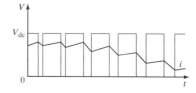

图 23.21　电机电流对非稳态 PWM 驱动信号的响应(Courtesy of Maxon Motor AG.)

将 PWM 转速控制与位置和转速反馈信息相结合,即可构成伺服电机控制器,也称伺服放大器,具体内容详见第 28 章。

例 23.2　顺时针连续旋转的电机,电源电压为 12 V,转速为 5000 rpm,转矩为 0.25 in·oz,$K_T = 1.657$ in·oz/A,$K_E = 1.230$ V/krpm,终端电阻 $R = 21.3\ \Omega$。假设不需要双向控制,采用 National Semiconductor 出品的 DS3658 IC 大电流外设驱动器来驱动该电机。

1. 设计电机驱动电路，需保证所有元件均能有效工作。

2. 选择 PWM 占空比，确定转矩和转速，此时是否有不确定因素影响转速和转矩？如果有，这些不确定因素又是什么？

答：要回答第一个问题，首先需要了解 DS3658 的功能。DS3658 包括 4 个独立开关，开关放置在负载与地之间，以控制负载与地之间连接的通/断，该连接方式详见第 17 章，开关由相应的输入逻辑电平控制。电机或负载的一端连接到电源，另一端则连接到 DS3658 的输出引脚。当 DS3658 开关闭合时，其输出端连接到地，电机启动；当开关断开时，电机关停。需要注意的是，在将负载与地相连的同时，开关本身也会带来损耗。因此，开关输出端的电压略高于地电压，这种上升电压被称为"饱和电压"，数据表上标记为"输出低电压"（Output Low Voltage）。

在设计电路时，设计者必须意识到电机的转速和转矩受控于 PWM 驱动信号，电机的开/关速度较快，必须确保元器件免受电感反冲影响，并且能正常切换电机电流。图 23.22 所示电路能够有效控制开关，查阅其他的元器件数据表可知，所有元器件均工作在有效工作范围内。

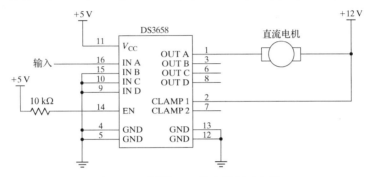

图 23.22　例题 23.2 的电机驱动电路

查阅 DS3658 数据表可知，该芯片的 4 个开关能够切换 600 mA 电流。另外，该芯片内置能承载高达 800 mA 峰值电流的反冲二极管（CLAMP1 和 CLAMP2），具备反冲保护功能，此时电源电压值控制在 35 V 以内。"输出低电压"的典型值为 0.35 V，最大值为 0.70 V，但数据表未给出最小值。由于我们无法获得系统实际的输出低电压值，通常假设其等于标准值。如有数据表数据支持，则可进而考虑最大值和最小值情况，以便明确设计是否符合要求。

首先必须明确，当不使用 PWM 控制时，电机的转矩和转速均可满足设计要求。所谓不使用 PWM，即可等价为采用 100% 占空比的 PWM。因此，当占空比小于 100% 时，电机的转矩和转速也必然满足设计要求。系统最大安全电流等于电机失速电流，在电机接通后的任何时间都可能发生电机失速，所以必须确保系统安全电流指标满足要求。电源电压等于 12 V，考虑 DS3658 的损耗，根据欧姆定律（$V = I_{stall} \times R$）计算可得失速电流，电机电压即等于电源电压（12 V）减去 DS3658 输出电压（0.35 V），即有

$$V_{motor} = V_{supply} - V_{sat}$$
$$I_{stall} = \frac{V_{motor}}{R} = \frac{12 \text{ V} - 0.35 \text{ V}}{20.3 \text{ }\Omega} = 0.574 \text{ A}$$

计算得到的失速电流 I_{stall} 的值接近 DS3658 的最大允许电流 0.6 A，可以满足最大允许电流条件。此外，钳位二极管可承载电流高达 0.8 A，也能在失速电流条件下正常工作。然而，以上讨论的并非最极端情况，实际上最极端情况对应的是输出低电压最小的条件，此时电流最大。由于 DS3658 数据表并未给出输出低电压的最小值，可假设其等于 0 V，计算可得 I_{stall} 最大值为 0.591A，该电流依旧低于 DS3658 的最大允许电流，因此 DS3658 能够安全控制电机。

100%占空比时的转速和转矩可由式(22.10)计算获得:

$$\omega = \frac{V_{\text{motor}}}{K_e} - \frac{R}{K_T K_e}T$$

$$\omega = \frac{(12\text{ V} - 0.35\text{ V})}{1.23\text{ V/krpm}} - \frac{(20.3\ \Omega)(0.25\text{ in}\cdot\text{oz})}{(1.657\text{ in}\cdot\text{oz/A})(1.23\text{ V/krpm})}$$

$$\omega = 6981\text{ rpm}$$

计算所得转速高于设计需求,由此可知,低于 12 V 的平均电压能满足转矩和转速要求,即表示占空比小于 100%的 PWM 信号能满足设计要求。为了获得最优占空比,还需确定平均电压值,重新推导式(22.10)可得

$$V_{\text{motor}} = K_e\left(\omega + \frac{RT}{K_e K_T}\right) = K_e\omega + \frac{RT}{K_T}$$

$$V_{\text{motor}} = (1.230\text{ V/krpm})(5\text{ krpm}) + \frac{(20.3\ \Omega)(0.25\text{ in}\cdot\text{oz})}{1.657\text{ in}\cdot\text{oz/A}}$$

$$V_{\text{motor}} = 9.21\text{ V}$$

计算结果为加载到电机两端的电压。如前所述,DS3658 数据表给出了输出低电压的典型值等于 0.35 V,最小值等于 0 V,最大值等于 0.7 V。本例采用典型值,并以 PWM 的平均电压 V_{ave} 作为电源电压,即有

$$V_{\text{motor}} = V_{\text{ave}} - V_{\text{sat}}$$

$$V_{\text{ave}} = V_{\text{motor}} + V_{\text{sat}} = 9.21\text{ V} + 0.35\text{ V} = 9.56\text{ V}$$

为了获得 9.56 V 的平均电压,设置 12 V 电源占空比为

$$占空比 = \frac{V_{\text{ave}}}{V_{\text{supply}}} = \frac{9.56\text{ V}}{12\text{ V}} \times 100\% = 79.7\%$$

总结: 本设计能满足所有设计要求,PWM 占空比等于 79.7%。DS3658 输出低电压的不确定性会影响转速和转矩,应谨慎选择输出低电压指标,本设计略显保守。事实上,一般设计均基于极限条件(如最大值或最小值)展开。

23.5 习题

23.1 当接通电感元件时(如有刷直流电机),为何需要采用缓冲电路?

23.2 介绍采用高 PWM 频率的两个优点。

23.3 本章介绍了多种缓冲电路,

    (a)对其以电流衰减时间从慢到快排序。

    (b)绘图说明缓冲电路的元件的连接方法,确定峰值电压降,并给出与开关元件连接的电压峰值表达式。

23.4 将传感器安装在一个小平台上,以缓慢、稳定的转速转动。驱动转动平台的电机规格参数如下: $R = 102\ \Omega$,$\omega_{\text{NL}} = 427.3$ rad/s, 36 V 时的 $T_{\text{stall}} = 29$ mN · m。该应用要求电机在 300 rpm 时的转矩为 5 in · oz。该系统采用 12 V 电源电压供电,通过晶体管切换,最大连续电流为 500 mA,集电极-发射极电压降 $V_{\text{CE}} = 0.2$ V。

    (a)采用晶体管是否能够安全切换电流?

    (b)电机和电源是否能提供满足设计要求的转矩和转速?用算式说明。

    (c)设计点平均电流等于多少?

    (d)设计点电压等于多少?

23.5 选用 Pittman 14203-48 直流电机，要求电机停止时提供至少 10 in·oz 的转矩。电机空载转速为 ω_{NL} = 3330 rpm（40 V），失速转矩 T_S = 161 in·oz（在 40 V），转矩常数 K_T = 18.8 in·oz/A，转速常数 K_e = 13.9 V/krpm，电阻 R = 5.53 Ω。基于 ST L298N H 桥设计一个使用两个独立电源的电路来驱动电机：+9V 用于驱动电机，+5V 用于驱动逻辑电平，电路有反冲二极管保护。设计应该包含用于驱动电机（打开和关闭）和改变电机转动方向的逻辑电平信号，并说明设计是如何满足电机、反冲二极管和 L298N 的相关指标的。

23.6 电机失速电流为 0.9 A，线圈电感为 12 mH，由 500 Hz 的 PWM 驱动。驱动电路的电感反冲保护电路由一个快速恢复二极管（1N4935）和一个 24 V、5 W 的齐纳二极管（1N5359B）组合构成，此时标准二极管的功率峰值为多少？齐纳二极管的功率峰值又是多少？该电路是否符合二极管指标要求？

23.7 使用下列元件设计直流电机双向控制电路：双置、ON-ON 型、双极、双通（DPDT）开关，直流电机和标准二极管（S）。画出电路图，注意，需由标准二极管构成反冲保护电路。

23.8 假设电源电压为 12 V，采用 PWM 调制，当占空比为 42% 时平均输出电压是多少？如果要增加输出电压，使其平均值为 8.79 V，占空比又是多少？

23.9 当 L = 15 mH 和 R = 5 Ω（$\tau = L/R$ = 3 ms）时，已知 PWM 信号，画出以下条件下 PWM 调制的电机电流响应的时间关系曲线，并在不做任何计算或分析的前提下回答以下问题。假设电机处于失速状态，并采用缓冲技术使电流下降时间大致等于电流上升时间。

(a) PWM 频率 = 25 Hz，占空比 = 90%（周期为 40 ms，启动时间为 36 ms，关停时间为 4 ms）。

(b) PWM 频率 = 500 Hz，占空比 = 40%（周期为 2 ms，启动时间为 0.8 ms，关停时间为 1.2 ms）。

(c) 电机在 t_0 时刻关停，PWM 驱动信号频率为 20 kHz，占空比为 60%（周期为 50 μs，启动时间为 30 μs，关停时间为 20 μs）。描述当前的瞬态响应。

(d) 电机最初允许 100% 占空比的条件，在 t_0 时刻，PWM 驱动信号频率等于 20 kHz，占空比改为 25%（周期为 50 μs，启动时间为 12.5 μs，关停时间为 37.5 μs）。描述当前的瞬态响应。

(e) 从 25 Hz 到 1 kHz 逐渐增加 PWM 驱动信号频率，占空比保持为 20%。（初始周期为 40 ms，初始启动时间为 8 ms，初始关停时间为 32 ms，最终周期为 1 ms，最终启动时间为 0.2 ms，最终关停时间为 0.8 ms。）

23.10 电机的 K_T = 1.657 in·oz/A，K_e = 1.230 V/krpm，终端电阻 R = 20.3 Ω，电压为 14 V。如果采用占空比为 25% 的 PWM 驱动，负载为 0.15 in·oz，频率高于电机电气时间常数，那么电机的转速是多少？当占空比增加到 85% 时，则电机转速为多少？

23.11 设计一个采用标准二极管和电阻的反冲保护电路，电源为 12 V，线圈电感为 50 mH，失速电流为 900 mA。电机由 NPN 晶体管控制，晶体管集电极的电感反冲峰值电压限制为 36 V。绘制电路图，并说明在什么条件下二极管和电阻能安全控制电流并产生功耗？选择最大 PWM 频率是否合理？

参考文献

[1] "PWM-Scheme and Current Ripple of Switching Power Amplifiers," White paper publication, Maxon Precision Motors, Inc.,August 29, 2000.

扩展阅读

"Driving DC Motors," Maiocchi,G.,AN281 STMicroelectronics, 2003.

"How to Drive DC Motors with Smart Power ICs," Sax, H.,AN380 STMicroelectronics, 2003.

Mobile Robots, Inspiration to Implementation, Jones, J.L., et al., 2nd ed., AK Peters, Ltd., 1999.

第 24 章　螺　线　管

24.1　引言

与第 22 章、第 23 章、第 25 章、第 26 章介绍的电机类似，螺线管也是基于电磁力的器件。本章将介绍直流螺线管的结构、性能特点及其相关驱动电路。学习本章之后，读者应掌握以下内容：

1. 螺线管的力和行程范围。
2. 螺线管的通电时间限制（"运行时间"）。
3. 如何通过电子驱动最大限度提升螺线管的性能。

24.2　螺线管的结构

从本质上来说，**螺线管**和直流电机都是电磁铁。电流通过导线并在其周围产生磁场，即所谓的电磁效应。环绕单条导线的磁场并无实际意义，但将导线绕成线圈后，即可将磁场强度集中于一点。这样的磁场具有很好的实用价值，最简的单典型应用即为"螺线管"。螺线管由一块电磁铁和一根能响应电磁场变化的可移动铁芯或钢芯组成，图 24.1 所示为典型的**管状螺线管**，其剖面结构如图 24.2 所示。图 24.3 所示为 **C 型**和 **D 型螺线管**，这两类螺线管结构简单、价格低廉、功能完备、应用广泛。

图 24.1　管状螺线管

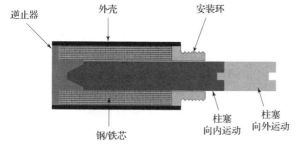

图 24.2　拉式螺线管的剖面结构

图 24.3　C 型和 D 型螺线管

螺线管的核心部件是柱塞，也称**电枢**，是电磁装置中的可移动部分。对于典型的拉式螺线管而言，当螺线管线圈未通电时，由弹簧推动柱塞在螺线管壳体内来回运动。当线圈通电时，螺线管中心的磁芯充电，产生电磁力，将柱塞吸入螺线管壳体。**推式螺线管**需要在磁芯充电时产生推力，此时可在柱塞上添加销钉，当柱塞向壳体中心运动时，销钉则向相反方向运动。推式螺线管如图 24.4 所示。

将线性运动的柱塞与一个斜面组合，即可形成螺旋线，进而构建以固定角位移旋转的**旋转螺线管**，其功能类似于反向螺旋运动，如图 24.5 所示。该螺线管有三个螺旋槽，称之为"滚道螺旋槽"，采用冲压、切削成型并嵌入壳体和柱塞，滚道深度沿螺旋线增加。当柱塞被吸入螺线管壳体时，将沿滚道螺旋槽以给定角度进行轴向位移。螺旋线和滚道螺旋槽共同组成一个支持旋转位移负载的轴承系统，将线性位移转变为螺旋运动。

(a) 未驱动   (b) 驱动

图 24.4　推式螺线管

未驱动   部分驱动   全驱动

图 24.5　基于倾斜面的旋转螺线管

旋转螺线管虽然价格昂贵，但应用广泛。旋转螺线管的线圈被放置在螺线管腔体内的固定位置，扇形柱塞进入线圈并产生旋转运动。如图 24.6 所示，旋转螺线管只有径向运动而无轴向运动。

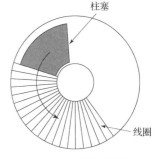

图 24.6　旋转螺线管

24.3　螺线管的性能

螺线管电磁力取决于线圈磁场强度，磁场强度 B 是线圈匝数 N、线圈长度 L、线圈电流 I 和磁芯材料磁导率 μ 的函数：

$$B = \mu \frac{N}{L} I \tag{24.1}$$

同一个螺线管外壳可选择不同的线圈绕组结构，其导线电阻因线圈绕组的匝数和导线直径而异，制造商可根据应用需求选择不同的线圈绕组结构来构成螺线管。

小型(约 30 cc 或 30 立方厘米)螺线管的典型有效行程为 15 mm，能输出约 5 N(1.12 磅)的力，当柱塞完全进入螺线管腔体后，能产生约 25 ~ 35 N(5.6 ~ 7.9 磅)的电磁力。

螺线管在工作时，线圈将产生热量。如前所述，螺线管产生的力与通过螺线管的电流 I 成正比，由此可知，线圈电阻产生的热量为 I^2R，因此大多数螺线管需考虑最大连续功耗限值。当线圈电流小于或等于最大功耗额定值时，螺线管才能连续处于通电工作状态。如应用要求获得更大的力，则需要更大的电流，此时必须控制螺线管的通电时间以保证螺线管正常散热。通电时间限制一般通过两个指标体现，即**最大占空比**和**最大时间**，最大占空比表示螺线管通电时间占总时间的百分比，即有

$$\mathrm{DC(\%)} = \frac{通电时间}{总时间} \times 100\% \tag{24.2}$$

最大时间定义了保证温度不超过限值条件下螺线管的最长连续通电时间。例如，工作在 70 W 条件下的额定功率为 7 W 的螺线管，其占空比等于 10%(即只有占总时间 1/10 的时间开启螺线管)。额定

功率为 70 W 时，螺线管的最大限定通电时间为 7 秒，为了保持 10%的占空比，断电时间需持续 63 秒。需要注意的是，维持功率需要必要的电压或电流，假设电源电压等于 12 V，则产生 70 W 功率的螺线管所需的电流为：70 W/12 V = 5.8 A。同样，要产生 70 W 的功耗，7 W/12 V 螺线管需要 120 V 电压。

　　显而易见，我们不可能通过不断提高电流、缩小占空比的方式来无限提高输出力峰值，电流过大可能导致螺线管材料达到磁饱和点，此时无论电流如何增大，输出力也不会随之增加。典型螺线管的磁饱和点对应最大连续额定电流的 10 倍左右，此时即使占空比低于 10%，输出力也不会随电流线性增加。

　　从另一个方面来看，提高驱动电压也可提升螺线管的工作速度。与电流不同，螺线管电压仅受线圈绕组导线绝缘特性的限制。因此，只要保证功耗在允许范围内，螺线管可获得较宽的电压工作范围。

　　螺线管的性能可用单位**安培×匝数**来表示，安培×匝数表示给定电压条件下的线圈匝数和电流的乘积。如式(24.1)所示，如果线圈尺寸和柱塞材料不变，可用电流和匝数的乘积表示磁场强度和螺线管产生的力，据此设计者可直接预测螺线管通电时的力，而无须基于连续功耗等级计算获得。

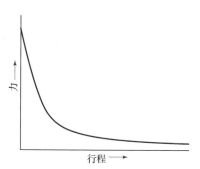

图 24.7　典型的力-行程特性曲线

　　力与柱塞行程呈高度非线性相关，其关系曲线如图 24.7 所示。当柱塞接近完全进入螺线管壳体时产生的力最大，当柱塞从壳体中移出时力将快速下降。

　　柱塞和外壳定位弹簧形状不同，力-行程特性曲线形状也不同，将柱塞顶端变尖，即可获得更为平坦的力-行程特性曲线，如图 24.8 所示。

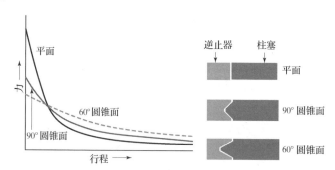

图 24.8　改变柱塞的几何形状，导致力-行程特性曲线变化

　　为了增加工作行程、增大输出力，可采用双绕组螺线管。其中一个绕组电阻较小，可产生大电流和大输出力，另一个绕组电阻较大，因此电流较小。为了使螺线管内柱塞回缩，两个线圈均需通电。此时，即使柱塞位于较大行程位置，也能产生较大回缩力。当螺线管内柱塞回缩后，小电阻绕组电流断开，大电阻、小电流绕组继续通电。如果柱塞完全回缩到螺线管内，大电阻绕组依旧能提供较大的力，并可根据应用需求将柱塞保持在完全回缩的位置。由于此时小电阻绕组已经断开，因此产生的热量大大降低。

　　如果螺线管尺寸受限，并且不允许采用两个绕组，则可采用**峰值保持**驱动方式。峰值保持方式只需要一个小电阻绕组，当电源直接接通时，产生的电流将远大于螺线管的最大连续电流限值。因此当螺线管工作时，驱动电子电路必须确保将全部电压施加于线圈之上以生成较大输出力，并快速回缩柱塞。当柱塞完全回缩之后，可采用两种方式降低线圈电压：其一，驱动电路可通过增加开关元件的电压降来降低线圈电压，这种方式被称为**线性驱动**；其二，可采用脉冲驱动线圈以产生一个较低的平均电压，这种方式被称为**斩波驱动**，详见图 24.9。

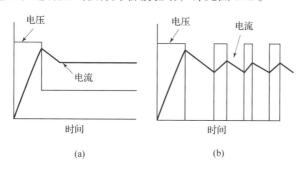

图 24.9　采用峰值保持驱动方式的电压和电流波形：(a)线性驱动方法；(b)斩波驱动方法

无论采用线性驱动还是斩波驱动，当驱动过程开始时，螺线管必处于全电压供电状态，该阶段被称为"峰值"阶段。一般应用都会设置固定的"峰值"阶段持续时间，对于某些特殊应用而言，也可通过监控线圈的实际电流值来确定峰值持续时间。当电流上升到期望峰值时，即可降低有效驱动电压，"峰值"阶段结束。"峰值"阶段结束后，系统旋即进入"保持"阶段。"保持"阶段的线性驱动系统与斩波驱动系统的工作原理不尽相同。线性驱动系统采用线性控制元件(通常是工作在线性区的晶体管)来降低螺线管电压；而在斩波驱动系统中，螺线管上加载的是不连续全功率电压，并且电压值以高频率、低占空比进行开/关切换以生成较低的驱动电压。

24.4　螺线管的驱动

驱动螺线管必然涉及螺旋管线圈电流的通/断，由于螺线管内并无永磁体，因此无须考虑线圈的电流方向，即无论电流方向如何，都能使柱塞向线圈中心回缩。螺线管驱动电流必须足够大，一般的逻辑电路或微控制器无法提供足以驱动螺线管的电流，简单易驱动电路如图 24.10 所示。

如图 24.10 所示，螺线管以电感符号呈现，即表示产生电磁场的线圈可等效为大电感。由第 9 章可知，电感两端的电压与电感及通过电感的电流变化相关，即有 $V = L\,\mathrm{d}I/\mathrm{d}t$，该公式可直接反映螺线管的开启和关闭性能。

当螺线管通电时，其两端快速加载了电压，但由于螺线管表现出电感特性，因此无法实时产生瞬时电流，即需要经过一段时间才能在线圈上产生电流。由第 9 章可知，电路时间常数 $\tau = L/R$，其中 L 为线圈电感，R 为螺旋管线圈的导线电阻。假设线圈电感等于 12 mH，螺线管电阻等于 11.4 Ω，则可知电感电流将在 400 μs 之后达到峰值。具体的导通瞬态响应曲线如图 24.11 所示。

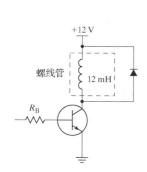

图 24.10　简易螺线管驱动电路

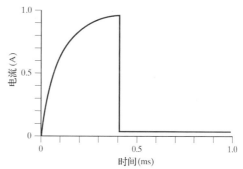

图 24.11　螺线管电流导通瞬态响应曲线

对大多数应用而言，电流上升时间远小于线圈总通电时间，可忽略不计。但如果根据应用需要必须快速激活螺线管，则应充分考虑电流上升时间的影响，此时可考虑采用 24.3 节中给出的峰值–保持驱动技术。采用持续加于螺线管的高电压峰值–保持驱动技术能够显著缩短电流上升时间。例如，对前例中 12 mH 电感和11.4 Ω 电阻采用峰值–保持驱动技术，如驱动电压从 12 V 提高为 42 V，则电流上升到 1 A 的时间将从 400 μs 缩短至 114 μs。

当螺线管电源断开时，也需考量螺线管线圈的电感特性。电感电流断开将在电感两端产生一个具有潜在破坏性的大电压，也称为反冲电压，其表现与 23.2 节所述的直流电机完全相同。与直流电机类似，可通过在螺线管驱动电路中加入缓冲元件以消除反冲电压的影响。鉴于线圈电流断开时会产生很大的瞬时电压，因此工业自动化应用常常采用光电隔离驱动器(通常称之为固态继电器)来开关螺线管。当某产品内含螺线管时，通常不会采用昂贵的工业自动化封装驱动模块，而会采用分离元件构建驱动电路。

24.5 机械响应时间

除线圈电流建立时间和消除时间外，还需考量柱塞移动时间。柱塞及其连接的物理系统都有自身质量，无法随时移动。因此，使系统负载产生加速运动的力应等于螺线管产生的力减去复位弹簧和摩擦阻力。当复位弹簧特性已知时，设计者需要综合考虑驱动速度和返回速度。一般来说，质量为几克、行程为几毫米的小型螺线管的柱塞驱动时间通常在几毫秒之内；质量为 50 ~ 60 克的大型螺线管的柱塞驱动时间通常低于几十毫秒。一般来说，螺线管尺寸越大，输出的力越大。

24.6 螺线管的应用

螺线管常用于较短行程应用，一个典型的应用是锁定销钉进入螺线管。在该应用中，锁紧装置提供了大部分力，螺线管移动较短行程即可完成锁定或解锁功能。另外螺线管也可充当继电器的执行器，详见图 24.12。

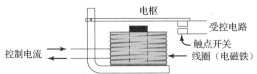

图 24.12 螺线管充当继电器的执行器

如图 24.12 所示，当控制电流流过线圈时，螺线管吸引电枢并闭合触点，使电流流过控制单元，继电器允许控制电流信号控制一个独立的受控电路。该方法具有一个显著的优点，即能使电流通路、控制单元和被控制单元保持电气独立。

工业应用中还常用到电磁阀。电磁阀的螺线管柱塞与气动或液压阀相连，并产生打开/关闭阀门的力。为使驱动力最大，还可以用两个独立螺线管代替复位弹簧，其中一个螺线管用于打开阀门，另一个则用于关闭阀门。电磁阀的相关内容详见第 27 章。

汽车燃料喷射器采用的电磁阀容量最大。在该装置中，电磁阀驱动一个承载针阀的弹簧为发动机中的各气缸提供少量燃料。该案例对针阀的机械性能要求很高，发动机燃料喷射驱动电路通常采用峰值–保持螺线管驱动技术，以保证燃料喷射开启时间最短。

弹球机是一种颇为有趣的螺线管应用，在这类设备中，螺线管能够执行许多与场内球移动相关的任务，如操纵击球器、阻挡板、球发射、响铃、高比分记录等。

24.7 习题

24.1 阐述螺线管支持的应用的一般特性。

24.2 若螺线管不适用于给定应用，则请列出至少三种产生线性运动方法。

24.3 图 24.13 给出了 4 种螺线管的性能特点，回答以下问题：

(a)选择螺线管，要求该螺线管在连续工作的条件下，能为 5 mm 位移提供大于 2.5 N 的力。

(b)哪种螺线管适合采用 4：1 峰值-保持驱动器？（即螺线管的初始驱动电压为连续工作电压的 4 倍）。

(c)对比#4 螺线管与其他螺线管的结构差异，并分析结构差异对力和行程的影响。

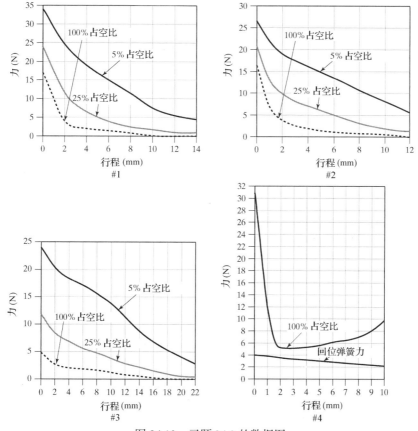

图 24.13 习题 24.3 的数据图

24.4 汽车燃油喷射器对性能要求十分严格，现有转速为 6000 rpm 的四冲程发动机，试计算从燃油喷射到燃油进入发动机气缸的总时间，将其与采用典型螺线管的机械驱动时间进行对比，结论如何？

24.5 设计峰值-保持驱动器，采用两个独立 0 ~ 5 V 数字输入，通过螺线管控制电流，使峰值-保持比等于 4：1。两个输入分别被称为 $\mathrm{Peak}/\overline{\mathrm{Hold}}$ 和 $\mathrm{Hold}/\overline{\mathrm{Off}}$ 。当 $\mathrm{Peak}/\overline{\mathrm{Hold}}$ 输入为逻辑高电平时，$\mathrm{Hold}/\overline{\mathrm{Off}}$ 输入为逻辑低电平，此时螺线管电流为峰值电流。当 $\mathrm{Hold}/\overline{\mathrm{Off}}$ 输入为逻辑高电平时，$\mathrm{Peak}/\overline{\mathrm{Hold}}$ 输入为逻辑低电平，螺线管电流等于保持值。当这两个输入同为逻辑低电平时，螺线管关闭，此时无电流。注意，不允许两个输入同为逻辑高电平。假设螺线管电阻为 12 Ω，电源电压为 12 V，采用标准 5%容差电阻，在估计电流比时可不考虑电阻的 5%容差。

24.6 如图 24.14 所示电路，采用最大平均功耗 0.3 W 的标准二极管作为缓冲器。如果螺线管的 PWM 驱动频率为 10 Hz，则不超过二极管额定功耗的最小线圈电阻 R_c 是多少？假设 TIP31 晶体管的集电极-发射极电压降 $V_{CE(set)}$ 为 0.5 V，晶体管导通与饱和时，二极管 D 的正向电压降等于 0.6 V。

24.7 确定图 24.15 的二极管-电阻缓冲电路的电阻 R_s 的值，这样能使螺线管线圈电流衰减最快，并且保证其他电路元件均能正常工作。采用图 24.16 的 TIP31 数据表，电阻 R_s 为标准 5%容差电阻，正向偏置二极管 D 的正向电压降为 0.6 V。

24.8 计算图 24.17 的电路中齐纳二极管(D_2)的齐纳电压。沿用习题 24.7 中 TIP31 数据表，并假设正向偏置二极管 D_1 的正向电压降为 0.6 V。答案中必须包含选择的齐纳二极管数据表。

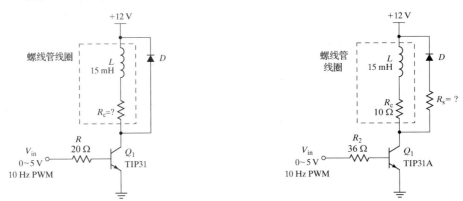

图 24.14　习题 24.6 的电路　　　　　图 24.15　习题 24.7 的电路

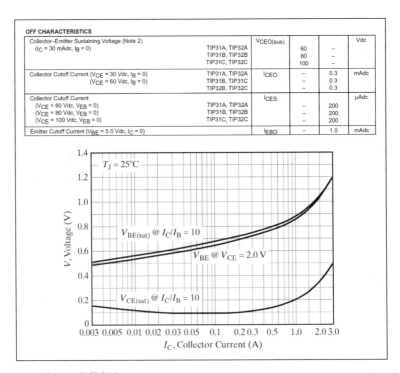

图 24.16　习题 24.7 的数据 (Used with permission from SCI LLC, DBA ON Semiconductor.)

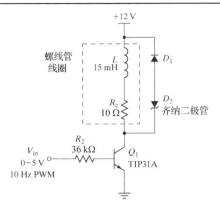

图 24.17　习题 24.8 的电路

24.9　如图 24.18 所示继电器(Tyco Electronics 的 RT1)能够将 16 A 的 250 V 交流电转化为 0～5 V 输入信号。采用 RT114005(5 V 直流线圈)，查阅数据表，回答下列问题：

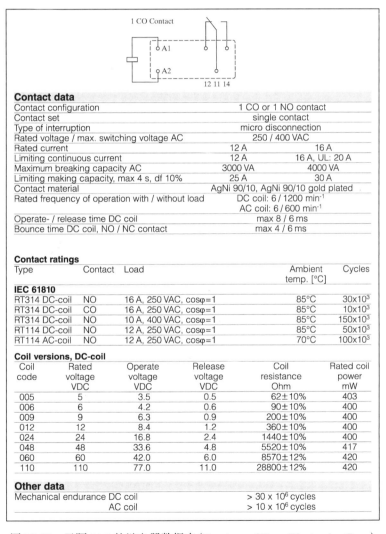

Contact data

Contact configuration	1 CO or 1 NO contact	
Contact set	single contact	
Type of interruption	micro disconnection	
Rated voltage / max. switching voltage AC	250 / 400 VAC	
Rated current	12 A	16 A
Limiting continuous current	12 A	16 A, UL: 20 A
Maximum breaking capacity AC	3000 VA	4000 VA
Limiting making capacity, max 4 s, df 10%	25 A	30 A
Contact material	AgNi 90/10, AgNi 90/10 gold plated	
Rated frequency of operation with / without load	DC coil: 6 / 1200 min⁻¹	
	AC coil: 6 / 600 min⁻¹	
Operate- / release time DC coil	max 8 / 6 ms	
Bounce time DC coil, NO / NC contact	max 4 / 6 ms	

Contact ratings

Type	Contact	Load	Ambient temp. [°C]	Cycles
IEC 61810				
RT314 DC-coil	NO	16 A, 250 VAC, cosφ=1	85°C	30x10³
RT314 DC-coil	CO	16 A, 250 VAC, cosφ=1	85°C	10x10³
RT314 DC-coil	NO	10 A, 400 VAC, cosφ=1	85°C	150x10³
RT114 DC-coil	NO	12 A, 250 VAC, cosφ=1	85°C	50x10³
RT114 AC-coil	NO	12 A, 250 VAC, cosφ=1	70°C	100x10³

Coil versions, DC-coil

Coil code	Rated voltage VDC	Operate voltage VDC	Release voltage VDC	Coil resistance Ohm	Rated coil power mW
005	5	3.5	0.5	62±10%	403
006	6	4.2	0.6	90±10%	400
009	9	6.3	0.9	200±10%	400
012	12	8.4	1.2	360±10%	400
024	24	16.8	2.4	1440±10%	400
048	48	33.6	4.8	5520±10%	417
060	60	42.0	6.0	8570±12%	420
110	110	77.0	11.0	28800±12%	420

Other data

Mechanical endurance DC coil	> 30 x 10⁶ cycles
AC coil	> 10 x 10⁶ cycles

图 24.18　习题 24.9 的继电器数据表(Courtesy of Tyco Electronics Corp.)

(a) 采用 5 V 驱动信号控制线圈时的电流等于多少？触点关闭时阈值电压等于多少？触点开启时阈值电压等于多少？

(b) 触点的额定开关周期是多少？机械元件的额定触发周期是多少？哪一个参数最有可能首先失效？

(c) 继电器能够控制的最高电压和电流等于多少？

(d) 触点开关接通或关断速度有多快？使用该继电器实现 PWM 是否合理？为什么？

(e) 用继电器控制门廊灯。设计电路用于控制 120 VAC/60 W 标准灯泡，灯泡熄灭时，输入电压为 0 V。灯泡点亮时，输入电压为 5 V，电流为 100 mA。

24.10　为一个电子设备设计一个测试设备，并且评测设备前面板上瞬间开关的寿命。选用图 24.19 的螺线管，反复按下开关并计数，直至开关失效。将螺线管柱塞放置于距离开关 0.220 in 的位置，开关偏转 0.020 in，如按下开关，则螺线管能产生的力等于多少？如果希望输出 5 oz 的力，则螺线管电流的最大占空比等于多少？

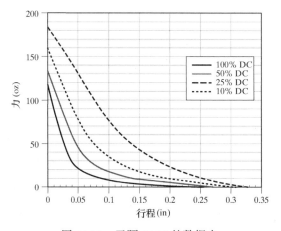

图 24.19　习题 24.10 的数据表

24.11　习题 24.10 中的螺线管线圈匝数为 965 匝，直流电阻等于 20 Ω。设计驱动电路，以 10% 占空比在最大允许电流下控制螺线管，微控制器的控制输出信号为 0 ~ 5 V ($I_{oh} = -100\ \mu A$)。选择元件，并从 5 V、12 V、15 V、24 V 电源电压中选择恰当的元件电压。

扩展阅读

"Introduction to Solenoids," http://w2s.ledex.com/ledx/ds/lx000/lx0002e.lasso?pcode=L451 on 3/30/10.

"Solenoid Design and Operation," http://www.bcrn.com/bicronusa/images/solpdf/soldesop.pdf on 3/30/10.

"Technical Data," www.ledex.com/ltr2/access.php?file=pdf/2801.pdf on 3/30/10.

第 25 章　无刷直流电机

25.1　引言

在永磁有刷直流电机中，电刷和换向器共同驱动转子转动，电机的转矩和转速呈线性关系。但电刷和换向器的接口便是设备最薄弱环节所在，电刷与换向器之间的物理接触不可避免将产生机械阻力，导致有效转矩下降，产生噪声和电噪声。更有甚者，部件磨损后可能产生磨损碎片，导致电机最大转速受限。采用无刷直流(BLDC)电机不仅可解决以上问题，还能获得其他意想不到的惊喜。本章将重点介绍无刷直流电机的组成原理，研究其工作模式，并以有刷直流电机为对比对象来讨论其工作性能。通过本章学习，读者应具备以下能力：

1. 掌握无刷直流电机的基本结构。
2. 理解无刷直流电机的工作原理。
3. 了解传感换向器和无传感换向器之间的差别。
4. 掌握三角形绕组和星形(Y 形)绕组之间的差异。
5. 理解阻塞换向与正弦换向的差异。
6. 理解无刷直流电机与有刷直流电机的性能差异。

25.2　无刷直流电机的结构

无刷直流电机的内部结构如图 25.1 所示，该电机包括三对固定在电机壳体上的定子线圈和一个永磁体转子。图中所示转子有两个磁极，也可采用有 4 个磁极的转子，该结构包括永磁体与电磁铁，与第 22 章所述的有刷直流电机结构类似。实际上，无刷直流电机和有刷直流电机都是通过永磁体和电磁铁线圈相互作用来产生转矩，转矩与转速呈线性关系；二者区别之处在于转动方向不同，有刷直流电机由内向外旋转，而无刷直流电机由外向内旋转，即无刷直流电机相对于有刷直流电机是"内向外"转动。由于无刷直流电机的线圈固定在定子上，因此无须采用电刷和换向器提供电流。有刷直流电机的换向器顺次激励电磁线圈以产生转矩并驱动电机转动，无刷直流电机没有换向器，而是采用独立驱动电机顺次激励电磁线圈。

如图 25.1 所示，无刷直流电机为三相电机，即包括三对电磁线圈，图中标识为相同小写字母的线圈径向相对组成三对线圈，三对线圈互为 60 度角分布，其等效电路如图 25.2 所示，无刷直流电机相数等于独立可控线圈数，图 25.1 所示的结构包括 6 个独立的线圈，采用成对控制方式，因此为三相电机。

如图 25.2(a)所示为星形连接，也称 Y 形连接，如图 25.2(b)所示为三角形连接。两种连接的具体性能将在25.4 节中详述。

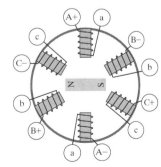

图 25.1　无刷直流电机的内部结构的简化图

无刷直流电机还包括一个常用选件——位置传感器，如图 25.3 所示，其作用是提供转子与定子的相对位置信息，以保证线圈电流的正确切换，进而保证电机平稳旋转。

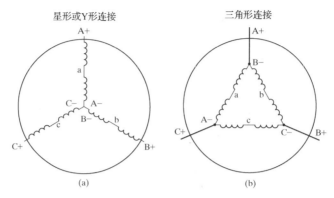

图 25.2   无刷线圈连接图

如图 25.3 所示，电机位置传感器由换向磁铁和安装于电机一端的霍尔效应传感器组成。其中，换向磁铁用于感知转子位置，对电机转矩并无贡献，霍尔效应传感器被换向磁铁触发后会激励对应的定子线圈，此时换向磁铁与电机永磁体之间的相对位置固定。

尽管电机位置传感器是一种选件，但是很常见。当然，也有未集成位置传感器的无刷直流电机，这类电机一般采用其他技术，我们将在之后详述。

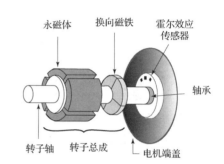

图 25.3   用于位置检测的转子霍尔效应传感器和独立换向磁铁(Courtesy of Bodine Electric Co.)

25.3   无刷直流电机的运行

在讨论无刷直流电机的运行之前，首先需要明确电周期和机械周期的异同。三相电机的电周期可参照图 25.4 的示意图。

图 25.4 所示电路的电周期可分为 6 个时间段，每个时间段激励一对引线。在一个完整的电周期中，三相绕组将会被激励 4 次，即被正向电流和反向电流分别激励两次。

在图 25.1 所示简化电机中，一个电气周期对应一个机械周期，即按照图 25.4 所示数字标号顺次执行，使转子完整旋转一周。目前市面上大多数电机的电磁极数大于 6，三相绕组环绕定子分布。图 25.5 所示为更具代表性的无刷直流电机内部结构，定子周围环绕了有 24 个电磁极，转子上有 4 个永磁极。

电磁极数量越多，电机转动就越平稳，转矩纹波也越小，并且要求驱动电子设备在电气周期的 6 个状态循环多次才能完成一次电机轴旋转(图 25.5 所示的电机为循环 4 次)。

由于正弦波的一个周期等于 360 度，因此定义电周期也等于 360 度，据此可知，电磁线圈驱动间隔等于 60 电角度。图 25.1 所示的简化电机的 60 度机械角对应 60 电角度，但是在图 25.5 所示的 24 个电磁极结构中，每 15 度机械角对应 60 电角度。

电机的基本运行要求是，电磁线圈被顺次激励并驱动转子持续旋转，可通过改变线圈激励顺序来改变旋转方向。一旦电机旋转方向确定，则需回答另一个问题，即应该首先激励哪个线圈？要回答这个问题，首先需要了解无刷直流电机的两种基本运行模式，究竟选择哪种运行模式，取决于电机是否包含位置传感器。

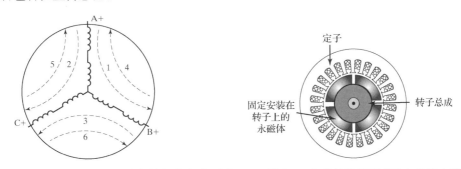

图 25.4　三相电机电气周期的 6 个状态的电流流动　图 25.5　带有 24 个磁极的无刷直流电机的内部结构

25.3.1　传感换向器

所谓传感换向器，指在电机换向器内集成了位置传感器。位置传感器输出驱动电流，用于控制三相电磁线圈。位置传感器一般采用霍尔效应传感器，如采用 25.4 节所述的正弦换向器，并且还需加入高分辨率编码器。

对于换向磁铁上的磁极数量和霍尔效应传感器的安装位置，每 180 电角度激活 3 个传感器中的一个，3 个传感器相互偏移 60 电角度，输出图形如图 25.6 所示。

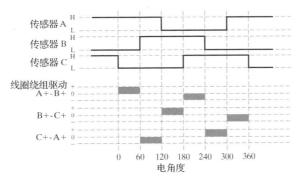

图 25.6　霍尔效应传感器和线圈驱动波形图

由图 25.6 可知，3 个传感器可获得 6 种线圈输出组合，每 60 电角度输出一次，可通过设置 3 个传感器输出的组合逻辑来选择被激活的电磁线圈及线圈极性。

25.3.2　无传感换向器

平心而论，所谓"无传感换向器"的定义并不严格。即使无传感换向器并未集成霍尔效应传感器或其他传感器，电机内部元件也会执行传感器功能。由法拉第定理可知，磁场的移动将会在导体上产生电压，这种现象与有刷直流电机的反电动势类似。如前所述，电机转子旋转，在定子上产生电压，即为反向电动势，BLDC 电机的线圈放置在定子上，如果能在线圈中感知到电压，则可推断永磁体的磁极正在经过定子线圈。由此可知，无传感换向器可利用电磁线圈感知电机永磁体的位置，这就是无传感换向器的工作原理。

无传感换向器需使电机永磁体快速旋转，以确保未通电定子线圈能够产生可检测电压，问题在于此时应如何启动电机？启动过程开始时，电机速度为零，即无反向电动势产生。已有多种能使电机快速转动以产生反向电动势的相关方案，可用于驱动换向器。

最简单的方法是采用电机慢启动，只要启动速度足够慢，即可保证电机能获得足够的调整时间，使其与移动磁场对齐，然后换向器开始加速，并使电机速度上升至能够输出足够的反向电动势，此时换向器即可通过反向电动势获得信号。该方法简单有效，但也存在一定问题，如果无法获知电机的启动位置信息，则第一个通电的电磁线圈可能引起转子短时反向旋转。这种反向旋转的持续时间很短，对大多数应用并无显著影响，因此该方法依旧不失为一种可行选择。

对于那些无法容忍反向旋转的应用，可采用另一种较为复杂的解决方案。众所周知，当转子位于电磁线圈附近时，将导致线圈电感值的变化，可基于该特性构建解决方案。首先，将一个小电流注入电磁线圈来测量线圈的电感，通过测量即可识别第一个通电的电磁线圈以确保其旋转方向正确。该方案非常实用，但具体电感值及其和转子位置的关系与具体电机相关，需要进行有针对性的设计。

25.4 BLDC 电机驱动

BLDC 电机驱动电路类型取决于电机的具体连接方式，图 25.7 所示为 Y 形连接驱动电路。

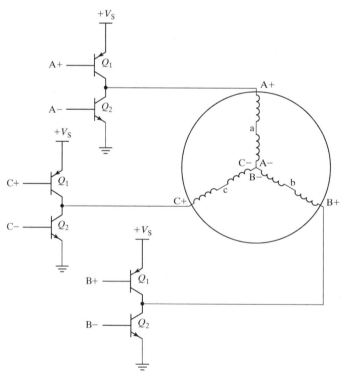

图 25.7 Y 形连接驱动电路

如图 25.7 所示，每个电机绕组与一个半桥（见 17.6 节）相连，电机每次对两个半桥加电，以产生绕组驱动电流。改变被激活半桥对或改变源端和宿端，即可改变被激活绕组及绕组的电流方向，对应的两种绕组相位由相反的磁极激励。该方案能使电机输出最大转矩，但需要较高电压来驱动串联的二相绕组，串联电磁线圈的电感较大。

　　如果应用对转矩需求不高，且有成本控制要求，则可考虑采用图 25.7 所示电路的简化版，即采用中心抽头的 Y 形连接方法，具体电路如图 25.8 所示。

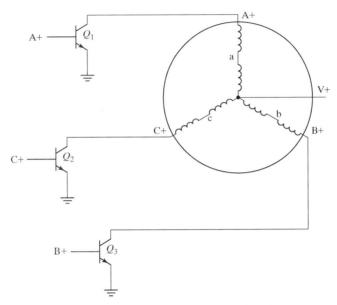

图 25.8　中心抽头的 Y 形连接驱动电路

　　图 25.8 所示电路较为简单，但输出转矩较小。该方案用单个晶体管替代半桥来驱动双向电流，每次只激活一个绕组，绕组也只产生单极磁场。因此，与采用半桥方案的 Y 形连接电机相比，采用该类绕组和驱动方式的电机产生的转矩较小。

　　图 25.9 所示为三角形连接方式，与 Y 形连接电机相比，三角形连接方式也采用半桥驱动方式，但驱动需求和性能表现不同。

　　Y 形连接电机的半电桥同时驱动一对串联绕组，三角形连接电机的半电桥一次驱动一个绕组。假设半电桥 A 为源，则存在两条电流路径，即 A-B 和 A-C-B。由于 A-C-B 路径电阻较大，因此流经 A-B 路径的电流较多，而流经 A-C-B 路径的电流较少。由此可知，简单对比连接方式即可发现不同电机绕组的性能差异，详见表 25.1。

　　如表 25.1 所示，相同驱动电压条件下，三角形连接电机的空载转速和失速转矩较高。实际上，三角形绕组的转矩常数约为 Y 形绕组的 $1/\sqrt{3}$，因此如要输出与 Y 形绕组相同的转矩，则需要较高的驱动电流。三角形连接电机适用于高速应用。在给定电流条件下，Y 形连接电机的输出转矩较高。

25.5　无刷直流电机的换向

　　25.3.1 节介绍了基于霍尔传感器的传感换向器，如前所述，霍尔传感器的输出控制着线圈的通/断，该方法被称为**阻塞换向**。不可否认，25.3.1 节所述方法简单有效，但也存在一些问题，最严重的问题在于驱动的突发变化和位置信息误差将会导致输出转矩波动，即出现转矩纹波。

　　如果采用高精度位置传感器，则可通过改进驱动技术来消除转矩纹波，此时加载到线圈的驱动电压不会发生瞬时切换。当转子转动时，线圈间的驱动电压平稳变化，输出的转矩等于常数，与位置无关。由于驱动电流呈正弦变化，因此该方法也被称为正弦换向，其电流波形如图 25.10 所示。

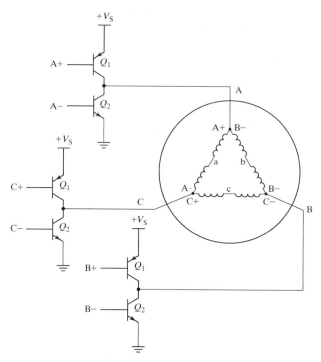

图 25.9　三角形连接的驱动配置

表 25.1　星形配置和三角形配置的规格比较（Courtesy of MicroMo Electronics Inc.）

线圈连接方式	三角形（△）	Y 形（星形）	单位
标称电压	24	24	V
终端电阻，相-相	0.24	0.69	Ω
效率	86	85	%
空载转速	9550	5450	rpm
空载电流	0.554	0.217	A
失速转矩	2406	1455	mN · m
速度常数	401	228	rpm/V
反电动势常数	2495	4384	mV/rpm
转矩常数	23.83	41.86	mN · m/A
终端电感，相-相	76	220	μH
机械时间常数	5	5	ms
转动惯量	130	130	g · cm^2

　　因为线圈电流是外加电压和反向电动势的函数，要实现正弦换向并非易事。一般采用线圈电流反馈，并利用复杂数字信号处理（DSP）芯片计算并产生所需波形，其目的在于确保转矩控制的有效性，使电机转速平稳下降到零。正弦换向方法相对较复杂，但随着电子元器件价格的持续下降，目前其应用范围已越来越大。

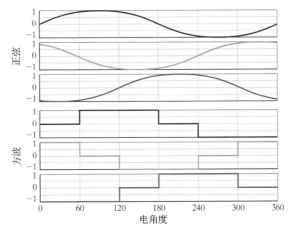

图 25.10　正弦(顶部)和方波(底部)换向的电流波形

25.6　BLDC 电机驱动集成电路

由于 BLDC 电机的复杂度越来越高,大多数应用采用小型 BLDC 电机,其驱动电路一般选用高精度驱动集成电路(IC)。这些集成化处理方案一般包含霍尔位置传感器接口和时序驱动电路,并且仅需微控制器即可实现使能控制和方向控制(也可为制动控制)。图 25.11 所示为典型芯片 Allegro Microsystems A4931 的原理框图。其他芯片如 ST Microelectronics L6235 不仅具备上述功能,还包含输出驱动晶体管。Allegro Microsystems A4931 虽然能实现高压驱动,但无内含功率晶体管。如果芯片内含驱动晶体管,线圈驱动电流一般为 2 ~ 3 A/线圈,具体取值与 IC 封装的功耗有关。如果将输出晶体管移至驱动芯片之外,则能解决散热问题,因此可选择更大的驱动电流。

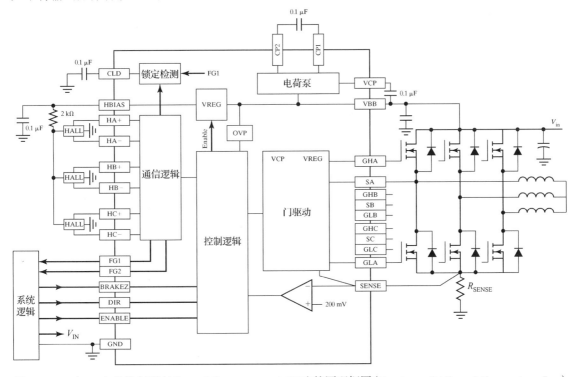

图 25.11　BLDC 电机控制器(Allegro Microsystems A4931)的原理框图(Courtesy of Allegro Microsystems Inc.)

大多数 BLDC 电机驱动芯片采用简单的阻塞换向和霍尔传感器反馈,也有少数芯片,如 Toshiba TB 6551 采用正弦换向。高性能的 BLDC 电机控制器基于编码器来获取精确位置反馈信息,这类高性能控制器还包含 DSP 单元,可实现复杂计算。

高性能控制器不是单独的集成电路,而是采用 DSP 来进行复杂计算以确定和控制电流相位与定时,确保电机能够输出平稳转矩,进而获得较大范围的速度输出。由于电机机械系统和控制器动态电路之间存在复杂的相互作用关系,因此设计控制器时还需考虑其与特定电机的匹配关系。

25.7　有刷直流电机和无刷直流电机的对比

从功能角度来看,有刷直流电机和无刷直流(BLDC)电机非常相似,二者的转矩和速度都呈线性关系,但其相似之处也仅限于此,无刷直流电机的电路比有刷直流电机的更为复杂,成本也更高。但毋庸置疑的是,相比于有刷直流电机,无刷直流电机的优势十分明显,主要表现在以下几个方面:

1. BLDC 电机的机械噪音小。由于没有电刷,唯一的接触面是轴承,轴承产生的噪声比电刷产生的小。
2. BLDC 电机的电气噪声小。由于没有电刷,因此不会产生电刷/换向器接口电弧,因之产生的电气噪声也不再存在。
3. 由于没有电刷,BLDC 电机不会产生电火花。在爆炸性应用环境中采用 BLDC 电机比较安全。
4. 电刷是易磨损元件,最终可能因磨损而失效,BLDC 电机没有电刷,因此比有刷直流电机可靠。
5. BLDC 电机的效率更高,有刷直流电机的电刷/换向器接口将导致电流通路电阻上升并产生机械摩擦,进而导致电机效率下降。
6. BLDC 电机能够输出的最大转速更高。有刷直流电机的最大转速受电刷/换向器接口动力性能限制,高速情况下,电刷将与换向器片弹开(类似于内燃机的气门漂浮现象),从而限制了电机的最大转速。有刷直流电机的最高转速约为 10 000 rpm,BLDC 电机的转速则可高达 100 000 rpm。
7. BLDC 电机比有刷直流电机的散热性能好。有刷直流电机转子线圈会散发热量,只能通过轴承、电刷或电机外壳散热,散热能力较差。BLDC 电机的线圈固定安装在电机外壳上,散热能力较好,另外,BLDC 电机还具有另一个显著优点,在输出功率相同的条件下,BLDC 电机的结构更紧凑,并且在较低转速能产生更大的连续转矩。将其与高分辨率编码器相结合,即可用于直接驱动应用,其独有的高转矩/低转速特性能够降低对变速箱的需求度。

即便如此,BLDC 的高成本和高复杂度也会令一些设计者望而却步,可以预测,在今后的很长一段时间内,有刷直流电机依旧会在市场上占有一席之地。

25.8　习题

25.1　对比 Y 形连接电机和三角形连接电机的端对端电感。

25.2　Y 形连接电机和三角形连接电机的电感分别会对其性能带来何种影响? 对比二者的性能差异。

25.3　48 极的无刷直流电机的机械角度和电角度的关系是什么？

25.4　如果图 25.1 中的线圈不是成对的，则电机有多少个相？

25.5　如果图 25.1 中的线圈不是成对的，则电气周期可分为几段？

25.6　为什么采用正弦驱动时必须采用高分辨率编码器？

25.7　通过微控制器常用子系统如何生成实现正弦驱动的驱动电流？

25.8　如用具有测量线圈电流的电路的微控制器来构建无传感换向器，解释如何利用微控制器测量线圈电感。

25.9　为什么笔记本电脑散热系统选择 BLDC 电机而非有刷直流电机？列举至少三个理由。

25.10　BLDC 电机阻塞换向的替代方案是什么？为什么选择阻塞换向？

25.11　三角形连接驱动电路需要多少个输出晶体管？是否存在另一种采用较少输出晶体管的绕组/接线方式？

扩展阅读

"AN1130 An Introduction to Sensorless Brushless DC Motor Drive Applications with the ST72141," STMicroelectronics.

"AN885 Brushless DC（BLDC）Motor Fundamentals," Microchip Technology, Inc., 2003.

"AN970 Using the PIC18F2431 for Sensorless BLDC Motor Control," Microchip Technology, Inc., 2005.

"Catalog S-14," Bodine Electric Company.

"Technology Short and to the Point," Maxon Motors, Inc., USA.

第26章 步进电机

26.1 引言

从结构上来看，永磁有刷直流电机旨在优化连续转动。在外加恒定电压作用下，电刷和换向器共同作用，使转子保持连续转动，且转速可控。但如果应用需要转子停在指定位置，又该怎么办呢？其实，有刷直流电机和无刷直流电机均可实现这样的功能，但需添加位置控制组件。例如，可采用位置传感器获取电机位置与目标位置的相对距离信息，控制器读取该信息，调整驱动使电机旋转至目标位置并驻停，该方式被称为闭环控制，其具体内容详见第28章。如果希望以较少硬件代价实现位置控制，则可采用步进电机。顾名思义，所谓"步进"使指电机以离散的步进方式转动，即不再连续转动。步进电机无须额外的位置反馈组件，即采用开环（无反馈）位置控制方式。步进电机响应速度快，精确度高，是定位应用的理想选择方案。

学习本章之后，读者应具备以下能力：

1. 掌握不同类型步进电机的结构特性。
2. 掌握步进电机不同类型的绕组结构。
3. 理解步进电机不同类型的驱动序列及其性能优劣。
4. 理解步进电机的转矩-转速关系曲线的不同区域的关联关系。
5. 理解步进电机步进的动态特性。
6. 掌握不同类型步进电机驱动电路的特性及其对电机性能的影响。

26.2 步进电机的结构

永磁（PM）步进电机的基本结构如图26.1所示，电机由一个定子和一个永磁转子组成，定子的两个线圈固定在外壳极片上。该结构与第25章所述的永磁无刷直流电机基本相同，其差异之处在于步进电机的转子将转到某个给定位置，然后驻停。

要理解步进电机的工作原理，首先需要了解步进原理，下面通过图26.2的步进序列图讲解步进电机工作原理。

步进电机初态如图26.2(a)所示，此时线圈A、B通电（注意，线圈A和线圈B是相连的，能够同时通/断电），线圈A为N极，线圈B为S极。永磁转子转动，使其N极和S极与定子电磁体的S极和N极对准，如继续给线圈A、B通电，转子将移动到对准位置然后停止，并保持在该位置。如断开线圈A、B的电流，并给线圈C、D通电（线圈C和线圈D也是相连的，必须同时通电），此时转子开始转动，转子转动到如图26.2(b)所示位置，并驻停，此时转子磁极与定子电磁体的磁极对准。如接下来断开线圈C、D的电流，并重新给线圈A和线圈B通电，但电流方向与图26.2(a)所示状态相反，此时状态如图26.2(c)所示。当线圈按照表26.1所示的顺序通电，转子将完整转动一圈。

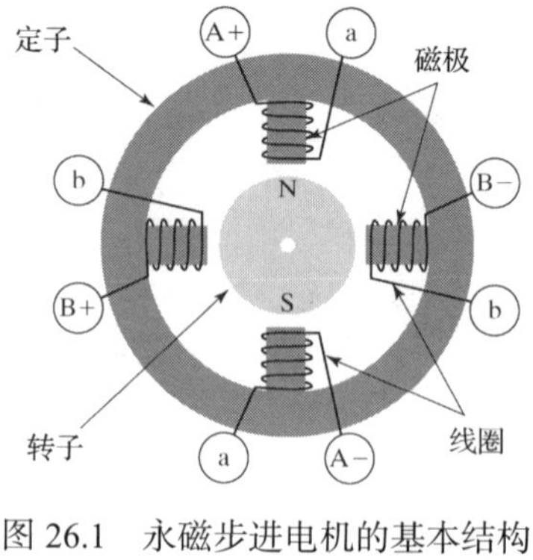

图 26.1　永磁步进电机的基本结构

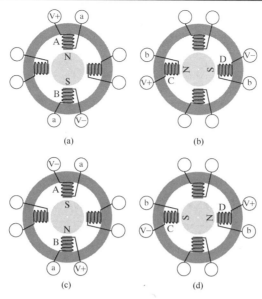

图 26.2 永磁步进电机运转的步进序列图

表 26.1 促使 PM 步进电机转子转动的线圈电流顺序(对应图 26.2)

线圈加电特性(箭头方向为电流方向)	位置
A→B	图 26.2(a)
C→D	图 26.2(b)
B→A	图 26.2(c)
D→C	图 26.2(d)

本例所示步进电机包括 4 个步进周期,即完整旋转一圈需经过 4 步,每一步的旋转角度等于 90°。

对线圈通电,可使步进电机转动到平衡位置,然后驻停。转子驻停后,将不再输出转矩。如果通过外加转矩使转子离开平衡位置,则随着转角的增大,产生角位移所需的外加转矩也将随之增大,即第一个 0.1° 角位移所需的外加转矩比第二个 0.1° 角位移所需的外加转矩小。因此,产生保持转矩的磁力从某种意义上来说与弹力相似。与弹力不同的是,当转子的角位移进一步增加时,外加转矩将以近似正弦波的形式抵达峰值,然后下降至零,如图 26.3 所示。

图 26.3 所示曲线峰值是使转子保持在原位不发生转动的最大转矩,被称为步进电机**保持转矩**,这与直流电机在驻停位置产生最大转矩的原理类似。保持转矩是步进电机能够容忍的最大转矩,电机在转动中产生的有效转矩一般都小于保持转矩,本章之后将在步进电机驱动部分详述。

电流断开后,PM 步进电机仍能输出保持转矩,该保持转矩又称制动转矩,是由转子和定子磁极之间的磁引力产生的。

大多数 PM 步进电机旋转一圈的步进次数大于 4次,即 90°/步。然而,由于转子难以产生多磁极,因此 PM 步进电机的步进角度往往比较大,旋转一圈的步进数是转子磁极数和独立可控线圈数(即定子的相数)的函数。PM 步进电机旋转一圈的步进数 S 为

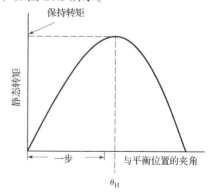

图 26.3 PM 步进电机转矩与角位移关系图
(Courtesy of Oriental Motor Co. Ltd.)

$$S = 2pN_{\text{poles}} \tag{26.1}$$

式中，p 是相数。由式可知，增加转子磁极数或定子相数，均可增加旋转一圈的步进数。假设 $p = 2$，$N_{\text{poles}} = 1$，则旋转一圈的步进数为 4。最常见的步进电机参数为 15°/步或 24 步/转，15°/步的二相步进电机的转子有 6 个永磁体。

26.3 可变反应式步进电机

除 PM 步进电机外，还有多种类型的步进电机。图 26.4 所示为**可变反应式(VR)步进电机**，也称为**开关反应式电机**。所谓"反应式"，指材料因磁力线产生的反应式阻抗，与磁场电阻类似。磁场中的铁片总会与最小反应位置对齐，此时的磁阻也最小，VR 电机即基于此特性设计。

VR 电机不再采用磁铁作为转子，而是采用某些磁导材料，如软铁、覆膜钢或硬质钢。磁场引力、转子内齿和定子外齿的关联关系是电机功能实现的关键。需要注意的是，图 26.4 中转子的 4 个内齿与定子线圈的外齿完全对齐时，即为最小反应位置，如果对 1 号、4 号、7 号、10 号定子线圈加电，转子将处于最小反应位置。此时转子的磁导率材料被定子磁场吸引，最小磁阻点是对准磁感应线的最近点。

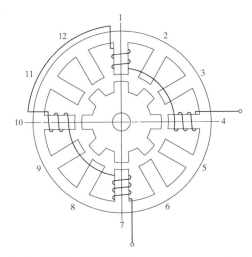

图 26.4 可变磁阻步进电机结构图(Courtesy of Oriental Motor Co., Ltd.)

如激励图 26.4 中电机线圈左侧的 4 个外齿，并使转子逆时针偏移到某个位置，如 3 号、6 号、9 号、12 号定子线圈位置。此时转子将顺时针转动，使转子内齿与最邻近的定子内齿对齐；再对下一个定子线圈组合加电，则可激励下一次步进。对于可变磁阻的电机，要构造可控转动方向电机，最少需要三相。目前，最为常见的是三相 VR 步进电机，也有四相和五相步进电机，相数越多，电机转动一圈所需的步数越多。

与 PM 步进电机不同的是，可变反应式步进电机在未加电时不会产生保持转矩。由于转子由磁导材料构成，不会产生永磁体磁场，如果定子未加电，则也不会产生电磁场，因此也不会产生保持转矩。

VR 步进电机的每转步进数是转子齿数与相数的函数，即有

$$S = pN_{\text{teeth}} \tag{26.2}$$

在图 26.4 的例子中，转子有 8 个齿，定子有 3 相，即可得每转步进数为 $3 \times 8 = 24$ 步/转(15°/步)。与 PM 步进电机类似，可通过增加定子相数和转子齿数来增加每转步进数。

VR 电机广泛用于不以位置控制为目的的应用中，近来研究者则热衷于用其替代直流电机以支持对效率有需求的应用。此时，VR 电机又称开关磁阻电机，其工作原理更加类似于无传感无刷直流电机(见第 25 章)。随着技术的飞速发展，市面上出现了许多廉价且具备很强计算能力的微控制器和经济实用的场效应晶体管，催生了 VR 电机的快速普及。VR 步进电机简单实用，价格低廉，且无须其他驱动电路。另外，与直流电机不同，VR 步进电机的转子无须线圈，但需要较复杂的控制方法以确保产生平滑的输出转矩。不过目前已有成熟的控制方案，技术可行性好，控制执行的微控制器价格持续下降，深受设计者青睐，是高使用率、高可靠性循环负载设备(如电冰箱、空调压缩机)的首选方案。

26.4　混合式步进电机

如将 PM 步进电机的永磁转子与 VR 电机的齿式转子相结合，即可构成**混合式步进电机**。混合式步进电机转子如图 26.5 所示。

PM 步进电机的转子由径向磁铁组成，混合式步进电机则采用轴向磁铁转子，转子上有两套齿轮，分别放置在转子的南、北极，如图 26.6 所示。观察可知，北极齿轮与南极齿轮间有半个齿距的偏移。

图 26.5　混合式步进电机转子

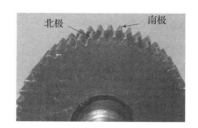

图 26.6　混合式步进电机转子侧视图，转子北极齿轮和南极齿轮之间有偏移

齿轮偏移使得电机能在原始齿距的两倍范围内找到新的平衡点，因此能够改变步长。

与 PM 步进电机类似，混合式步进电机采用永磁转子，因此能够产生保持转矩，手动转动电机轴即可感受到从一个齿到另一个齿的转动阻力。

由于混合式步进电机的步长取决于转子的齿轮结构，而非磁极数，因此，相比于 PM 步进电机，混合式步进电机能提供更小的步长，典型混合式步进电机的步进参数为 200 步/转或 400 步/转(1.8° /步或 0.9° /步)。

26.5　不同类型步进电机的对比

VR 步进电机是最便宜的一种步进电机，其低价源于采用无磁铁转子。无磁铁转子价格低、质量轻，在电机输出转矩相同的条件下，能够获得更大的加速度。由于转子无永磁体，因此对于定位应用而言，VR 步进电机存在的最大问题是无保持转矩，即当转子不通电时，电机可在外力作用下自由转动，说明负载也会随之自由移动，这对于定位应用而言是完全无法接受的。

PM 步进电机比 VR 步进电机的价格高，简而言之，步距角越大，电机越简单，成本也越低。一般而言，PM 步进电机的步距角为 15° (24 步/转)和 7.5° (48 步/转)，常用于电机与驱动元件之间采用齿轮传动的应用，在此类应用中，电机需要旋转数圈才能使输出旋转一圈，输出转矩较大，并且输出精确度较高。最常见的典型应用是光学扫描仪和喷墨打印机，光学扫描仪采用 PM 步进电机移动扫描装置，喷墨打印机则用 PM 步进电机移动打印头。

PM 和 VR 步进电机也称**单段电机**，可将两个单段电机组合成一个**双段电机**，以此类推，也可将多个单段电机组合在一起以获得更大转矩，还可以通过设置齿轮偏移来改变步长，进而增加每转步进数。

混合式步进电机既能输出保持转矩，也能获得较小步距角，相比于其他步进电机性能最好，但价格也最高。目前混合式步进电机应用广泛，常用于精密扫描、诊断仪器和实验室自动化系统。

26.6　步进电机的内部接线

外接线数量因步进电机类型而异，实际上外接线数量与电机内部接线和相位(线圈)分布直接相关。如前例所述，目前常见的有二相和三相线圈，分别对应二相步进电机和三相步进电机，即使内含多个磁极，每个独立可控的线圈只能算一相，最为常见、结构最为简单的是二相电机。当然，市面上也有三相、四相、五相，甚至更多相的步进电机，电机相数越多，结构越复杂，但精确度越高，输出转矩也越大。

了解步进电机的内部接线有助于设计者深入理解其工作原理，前述各种类型步进电机的接线图详见图 26.7。

图 26.7(a)为图 26.1、图 26.2 所示二相 PM 步进电机的接线图，包括 2 个独立线圈和 4 根外接线。图 26.7(b)为图 26.4 所示三相 VR 电机的接线图。以上两种类型的电机具有一个共性，即每个线圈内含一个极片，也称单丝绕组。

图 26.7(c)和图 26.7(d)的电机的线圈缠绕方式与其他电机不同，我们可将其与图 26.8(a)和图 26.8(b)的线圈缠绕方式进行对比。

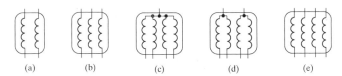

(a)　　(b)　　(c)　　(d)　　(e)

图 26.7　步进电机的接线图

图 26.8 给出了两种线圈缠绕方式。在图 26.8(a)中，电流由上至下左旋流过线圈，此时线圈上端为北极；在图 26.8(b)中，电流由上至下右旋流过线圈，此时线圈上端为南极。由此可知，即使电流方向相同，线圈缠绕方向不同也会导致磁极不同。

图 26.7(c)和图 26.7(d)的绕组类似于将图 26.8(a)、图 26.8(b)的线圈合并缠绕到一个极片上，这种结构被称为

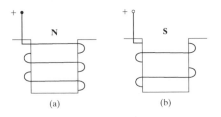

(a)　　　　(b)

图 26.8　两种线圈缠绕方式

双丝绕组。对不同线圈加电，即可改变线圈磁场极性，对此类电机绕组进行简化，则整个电机的输入端[见图 26.7(c)]或每个线圈的输入端[见图 26.7(d)]只有一条外接线。

图 26.7(e)的步进电机的相数不明。从电气角度来看，该电机包含 4 个线圈，可称之为四相电机，但该电机可能生成两种不同的内部结构。

图 26.9(a)的内部结构被称为**通用绕组二相步进电机**，其结构类似于在极片缠绕两个绕组的双丝并绕电机。此时，每对绕组缠绕在 4 个极片上，每个相位有两根外接引线，一共有 8 根，电机

驱动灵活性较好。电机可连接为双丝并绕方式，也可采用三种具有不同电阻的单丝绕组（单丝绕组用 R 表示，双丝串联绕组用 $2R$ 表示，双丝并联绕组则表示为 $\dfrac{1}{2R}$）。需要注意的是，电机内部只有两个独立相，即 A 相和 B 相。

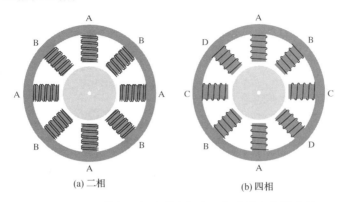

(a) 二相　　　　　　　　　　(b) 四相

图 26.9　通用绕组二相步进电机和四相步进电机的比较

从电路结构上来看，图 26.9(b) 与图 26.9(a) 的电机并无差异，但图 26.9(b) 为典型四相步进电机，其 4 个绕组缠绕在独立的 4 个极片上。

那么问题在于如何区分图 26.9(a) 的二相电机与图 26.9(b) 的四相电机？我们可以设计一个实验流程来确定电机绕组的相数，具体方法如下：用极性相反的电流激励缠绕在同一个磁极的两个绕组，如为二相电机，由于一个极片上缠绕了两个绕组，电流会相互抵消，无转矩输出；四相电机的绕组分别缠绕在 4 个极片上，不会发生电流抵消，有转矩输出。

26.7　步进电机的驱动

步进电机的驱动包括两个部分，其一为驱动电路，用于产生线圈电流；其二为控制电路，用于控制线圈激励顺序。下面首先介绍驱动电路。

图 26.10 所示为二相单丝绕组步进电机驱动电路。

为了保证每个线圈均能产生双向磁场，需使线圈支持双向电流，其原理类似于有刷直流电机的极性反转控制（见第 23 章）。由于需要产生双向磁场，因此这类电机又被称为**双极步进电机**。该电机采用两个全 H 桥实现二相驱动。一般而言，双极步进电机的一相对应一个全 H 桥。

图 26.11 所示为二相双丝绕组步进电机驱动电路，可用 Q_a 或 Q_b 激励 A 相。需要注意的是，A 相的两个绕组缠绕在同一极片上，且方向相反，如果同时接通 Q_a 和 Q_b 将导致磁场抵消，因此需严格禁止。由于双丝绕组不用改变电流方向即可改变磁场方向，因此一般为单极步进电机。双丝绕组驱动电路只需 4 个晶体管，结构较为简单。

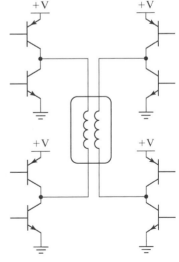

图 26.10　二相单丝绕组步进电机驱动电路

单极步进电机驱动电路所需的晶体管数量仅为双极步进电机驱动电路的一半，读者难免会问，既然如此，为什么还需要双极步进电机？要回答这个问题，首先需要考量电机绕组的效率问题。由第24章可知，在给定电流条件下，磁场强度及其输出的力或转矩是线圈匝数的函数，因此设计者往往会尽量增加线圈匝数，以尽可能获得较大转矩；一旦极性确定，单丝绕组的双极驱动步进电机的所有线匝均被激励。与之相比，双丝绕组的单极步进电机的激励线圈匝数少于总线圈匝数的一半，因此对于给定电机而言，双极驱动步进电机的转矩密度(单位体积上的转矩)大于单极驱动步进电机的转矩密度。当然，如果应用对转矩密度无明确要求，但有成本控制需求，则可采用双丝绕组的步进电机。另外，该类电机的驱动方式灵活，

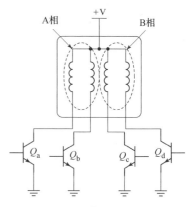

图 26.11　二相双丝绕组步进电机驱动电路

因此被广泛应用于标准电机。从这个方面来说，图 26.7(d) 的六线结构比图 26.7(c) 的结构更合理。由于两个线圈的中心引线是分开的，可忽略两个中心抽头，因此六线步进电机可等效为包含两个独立线圈的双极电机，此类电机既可采用单极驱动(见图 26.11)，也可采用双极驱动(见图 26.10)。一般而言，在输入功率相同的条件下，双极驱动步进电机输出的转矩比单极驱动步进电机的转矩大 30%~40%，但一般所需线圈数量为单极性驱动步进电机的 4 倍。由 26.12 节可知，线圈数量的增加将会导致最大步进速率下降。

26.8　步进电机的步进顺序

　　驱动电路不仅为步进电机线圈提供电流，还将控制线圈的激活顺序，进而控制电机转动；诸如使电机转到一个新位置，或在两个相邻位置之间来回振荡。选择线圈激活顺序，即可控制步进步长及下一步的步进目标位置。

　　最简单的 PM 步进电机的步进顺序如图 26.12 所示。

　　查看图 26.12 可知，该驱动方式每次只激活一相，称之为**波驱动**。图 26.13 给出了如何利用晶体管实现双极步进电机和单极步进电机的波驱动。

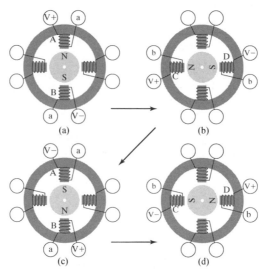

图 26.12　波驱动的 PM 步进电机的步进顺序(每次一相)

观察图 26.13 的数据表可知，如果晶体管依表自上而下驱动，则电机将以顺时针旋转；反之，如果依表自下而上驱动，则电机将以逆时针旋转。

步进电机最常见的驱动方式是**全步驱动**，该方式将对二相同时加电，其对应的转子特性如图 26.14 所示。

由图 26.14 可知，全步驱动和波驱动的步距角相同（本例中步距角为 90°），其差异在于每步的平衡点不同，全步驱动的平衡位置比波驱动的平衡位置多转动半个步距角。

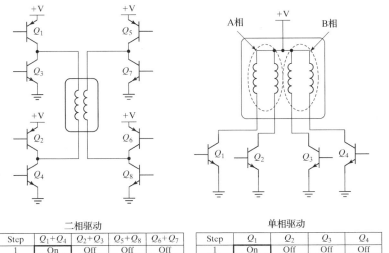

CW	二相驱动					单相驱动			
Step	Q_1+Q_4	Q_2+Q_3	Q_5+Q_8	Q_6+Q_7	Step	Q_1	Q_2	Q_3	Q_4
1	On	Off	Off	Off	1	On	Off	Off	Off
2	Off	Off	Off	On	2	Off	Off	Off	On
3	Off	On	Off	Off	3	Off	On	Off	Off
4	Off	Off	On	Off	4	Off	Off	On	Off
1	On	Off	Off	Off	1	On	Off	Off	Off

图 26.13　波驱动的激励顺序

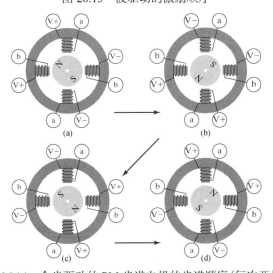

图 26.14　全步驱动的 PM 步进电机的步进顺序（每次两相）

但是二相接通转矩存在差异，这是从图中无法观察到的。二相同时通电时，电流是单相通电时的两倍，我们可能会认为此时将产生两倍转矩。然而，由于存在平衡位置与极片的对齐不准确问题，因此双向接通时并不能产生两倍于单向接通时的电流。二相接通实际产生的转矩为单相转矩的 1.4 倍。另外还需注意的是，相位越多，能够同时激励的相位也越多。例如，五相步进电机可实现三相加电，产生转矩为单相加电产生的转矩的 1.6 倍。

图 26.15 给出了如何利晶体管实现双极步进电机和单极步进电机的全步驱动。

如将波驱动与全步驱动合并，即可使转子在全步驱动平衡位置和波驱动平衡位置之间来回移动。此时，电机移动 2 步相当于移动了一个全步角，这种驱动方式为**半步驱动**，即使得每转移动步数翻倍，其激励顺序如图 26.16 所示。

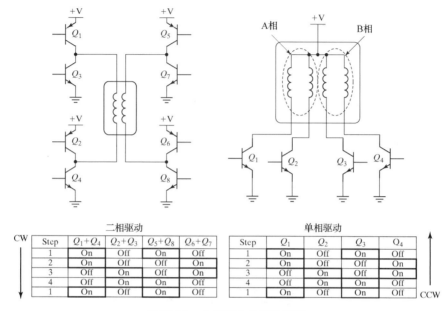

二相驱动

CW Step	Q_1+Q_4	Q_2+Q_3	Q_5+Q_8	Q_6+Q_7
1	On	Off	On	Off
2	On	Off	Off	On
3	Off	On	Off	On
4	Off	On	On	Off
1	On	Off	On	Off

单相驱动

Step	Q_1	Q_2	Q_3	Q_4
1	On	Off	On	Off
2	On	Off	Off	On
3	Off	On	Off	On
4	Off	On	On	Off
1	On	Off	On	Off

CCW

图 26.15　全步驱动的激励顺序

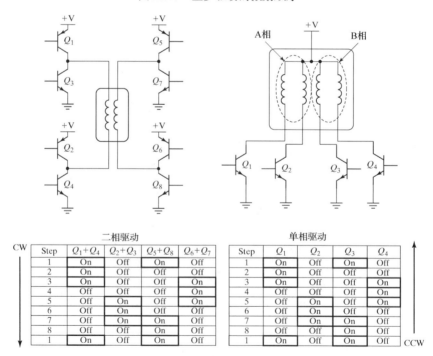

二相驱动

CW Step	Q_1+Q_4	Q_2+Q_3	Q_5+Q_8	Q_6+Q_7
1	On	Off	On	Off
2	On	Off	Off	Off
3	On	Off	Off	On
4	Off	Off	Off	On
5	Off	On	Off	On
6	Off	On	Off	Off
7	Off	On	On	Off
8	Off	Off	On	Off
1	On	Off	On	Off

单相驱动

Step	Q_1	Q_2	Q_3	Q_4
1	On	Off	On	Off
2	On	Off	Off	Off
3	On	Off	Off	On
4	Off	Off	Off	On
5	Off	On	Off	On
6	Off	On	Off	Off
7	Off	On	On	Off
8	Off	Off	On	Off
1	On	Off	On	Off

CCW

图 26.16　半步驱动的激励顺序

半步驱动模式继承了全步驱动和波驱动的特点，尤其有趣的是，该模式继承了前面两种模式的转矩特性。单相加电时，转子位于全步驱动平衡位置，其输出转矩特性与波驱动方式的相同。

二相加电时，转子位于全步驱动平衡位置，其输出转矩特性与全步驱动的相同。由于半步驱动模式可能输出两种转矩值，因此设计者在设计半步驱动模式时必须考量波驱动模式的低转矩值，如果转子给定，半步驱动模式一般会选用较大电机。

如将半步驱动模式与脉冲宽度调制(PWM)相结合，则可获得另一种驱动模式，如图26.17(a)所示。

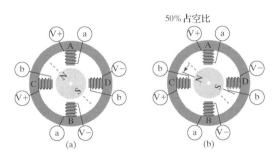

图26.17 PWM对转子位置的影响

图26.17为全步或二相驱动的转子位置，图26.17(b)为采用50%占空比PWM驱动，改变极片A和B的绕组相位时转子位置的变化情况。由于线圈电流减小，与相位相关的磁场将减弱，电机向C-D极片方向旋转，进入新的平衡位置。该平衡位置处于波驱动位置和全步驱动位置之间，此时不再采用简单的开-关驱动，其相位驱动顺序为：关→50%→100%→50%→关。因此步数翻倍，其功能表现与四分之一步进模式的相同。进一步降低占空比，即可进一步减小步长，则可构成微步进电机，该方式可使每转数百步的电机步数增至每转数千步。但步长越小，每步输出转矩也越小，微步进的每步转矩增量为

$$T_{inc} = T_{hold} \sin\left(\frac{90}{N}\right) \tag{26.3}$$

其中，T_{inc}为有效转矩增量，T_{hold}为步进电机保持转矩，N为每步微步数。如系统N为每步16微步，则有效转矩将为电机保持转矩的9.8%。

任何步进电机都可构成微步进电机，但设计者在设计过程中必须重点关注步进转矩的均匀性和位移特性，要使每步转角相同，必须使驱动占空比的变化曲线为正弦曲线，任何偏移正弦曲线的电机响应都会导致微步精确度下降。系统支持的最大微步数取决于电机的固有转矩特性、系统摩擦及电机驱动系统的转矩需求。

26.9 步进电机驱动顺序的产生

理论上说，步进电机驱动控制器包含两个基本单元，如图26.18所示。

序列逻辑单元确定并输出逻辑级驱动指令，用于开、关步进电机，并根据相位驱动转子转动，逻辑输出将根据驱动模式(如全步驱动、波驱动等)及指示电机何时获取步数和所需转动方向的其他输入来确定。线圈驱动电路模块内含产生开启电机所需的大电流(通常从几百毫安到几安培)的功率电子器件，该模块基于序列逻辑命令产生线圈驱动电流。序列逻辑将在本章最后一节详述，下面首先介绍线圈驱动电流的产生过程。

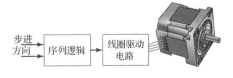

图26.18 步进电机驱动框图

如前所述，步进电机的基本驱动模式有两种，即双极驱动和单极驱动。双极驱动模式要求电

机每个相位对应一个全 H 桥，单极驱动模式则要求每个相位对应两个晶体管。市面常见的双全 H 桥集成器件特别适用于双极驱动模式；与之类似，单极驱动模式一般采用阵列晶体管实现电流驱动。步进电机的序列逻辑功能一般以集成电路为核心实现，既可采用独立芯片，也可采用包括驱动电路的完整组件为电机提供大电流输出。

图 26.19 给出了逻辑序列芯片的一个例子，即 STMicroelectrics L297，连接一个双 H 桥芯片 L298，用以驱动二相双极步进电机。

与序列逻辑驱动电路不同，步进电机的线圈驱动电路内含大电流功率电子器件。双极步进电机线圈驱动芯片 ON Semi MC3479 支持逻辑驱动和电流功能，可支持的电流为 350 mA/相。单极步进电机线圈驱动电路一般由阵列晶体管及其外围电路共同构成，例如第 17 章中介绍的 ULN2003 即可支持 350 mA/相的电流，另外，SLA7032 可支持的电流高达 1500 mA/相。

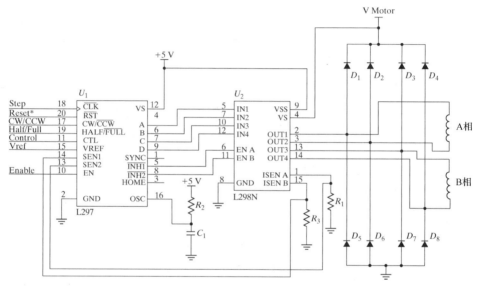

图 26.19　L297/L298 组合驱动步进电机

基于微控制器的应用可充分利用微控制器提供的充足资源(如 I/O 线和代码空间)来生成软件序列逻辑，此时步进电机驱动电路仅包括线圈驱动电路。市面上的专用微控制器(如 Freescale MM908E625)集成了微控制器和功率电子器件，可直接用于电机驱动。

26.10　步进电机的动态特性

理想步进电机应在收到控制指令后立刻执行步进，并在下一位置精确驻停。实际的步进电机则受到诸多因素的影响。首先，转子本身存在惯性；其次，外力通过一致性磁场起作用，因此步进性能表现无法实现理想化。实际步进电机的步进过程如下：转子先加速并向目标位置移动，然后减速通过目标位置，接着下来再反向加速回到目标位置。以上过程循环往复，转子逐渐接近目标位置，直到对齐，对齐后转子驻停。图 26.20 为单步角位置与时间的关系曲线，该特性一般称之为系统的**阶跃响应**，特性参数包括上升时间、过冲、阻尼响应、衰减振荡和建立时间，均为描述动态系统的典型参数，本应用关注的是步进电机的阶跃响应。

动态特性对低速步进电机性能的影响并不大，但随着步进率度增加，动态特性影响也越来越大。因此设计者在努力提高步进速率的同时，必须确保在下一次步进开始之前，上一次步进已经完成。如果速度过快，可能导致转子在上一次步进未完成之前开始下一次步进，此时则无法执行下一次步进，进而导致多个步进指令未能执行。如果发生这种情况，则无法获得转子的确切位置，即无法基于步进电机实现开环位置控制。

振荡相关参数（如频率、幅度等）的取值受多种因素影响，如电机惯性、负载惯性、系统机械阻尼和电阻尼等。图 26.21 所示为电机惯性载荷与步数的关系曲线。由图可知，惯性载荷将导致固有振荡频率降低。

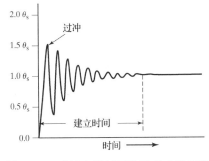

图 26.20　步进电机转子步进的力学特性

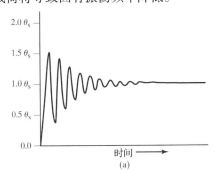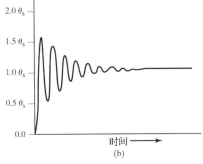

图 26.21　惯性载荷对阶跃响应的影响：(a)无惯性载荷的情况；(b)加入 $150\,\mathrm{g\cdot cm^2}$ 惯性载荷的情况(Courtesy of Oriental Motor Co., Ltd.)

图 26.22 为同时加入摩擦载荷和惯性载荷[如图 26.21(b)所示]的情况，摩擦载荷导致系统阻尼增加，因此过冲幅度较小，建立时间也较短。

我们还可通过改变电机驱动方式来增加阻尼，图 26.23 对比了单相驱动(波驱动)和二相驱动(全步驱动)的阶跃响应。

相比于全步驱动模式，波驱动阶跃响应幅度较大、振荡周期更长，阻尼也更小。如要分析全步驱动大阻尼的来源，需回顾第 22 章中反电动势的相关内容。当转子转动经过定子线圈时，转子永磁体的磁场将在定子线圈上产生感应电动势，该电动势与外加驱动电压方向相反，因此外加电压须抵消反电动势的感应速度效应。反电动势幅度与转子转速相关，该效应将导致系统阻尼增大。

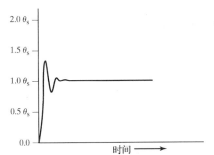

图 26.22　增加摩擦载荷对图 26.21(b)系统的影响(Courtesy of Oriental Motor Co., Ltd.)

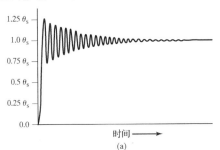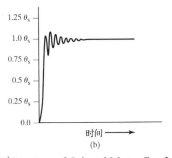

图 26.23　单相和二相驱动对动态阶跃响应的影响(Courtesy of Oriental Motor Co., Ltd.)

26.11　步进电机性能定义

　　步进电机的基础参数是步进步长。除此之外，其他参数如步长误差、位置精度等均需重点考量，以上参数一般与电机制造商及产品系列相关，其具体取值直接反映了电机制造商的设计和制造水平。

　　步长误差指实际步距角与理论步距角之间的最大偏移值，需要注意的是，该参数指每次步进的误差，而非多步累积误差。

　　位置精度指相邻两步进位置之间的最大步距角误差，即定义为最大正误差和最大负误差之差。例如，电机从$+0.04°$步距角误差位置转动到$-0.02°$步距角误差位置，计算可得位置精度将为$0.06°$。典型混合式步进电机数据表如图 26.24 所示。

Motor order number	Type	Nominal voltage (V)	Current (A/ Phase)	Resistance (O/ Phase)	Inductance (mH/ Phase)	Holding torque (mNm)	Detent torque (mNm)	Rotor inertia (g-cm²)	Overall length (L=mm)	Weight (g)
1423-022-40343	2SQ-022BA34	2.2	0.55	4	5.5	95	4	19	34	195
1423-006-40343	2SQ-060BA34	6	0.67	9	10	120	4	19	34	195
1423-091-40343	2SQ-091BA34	9.1	0.24	38	74	140	4	19	34	195
1423-012-40343	2SQ-120BA34	12	0.48	25	27	150	4	19	34	195
1425-063-40343	2SQB-063BA34	6.25	0.25	25	35	71	4	18	34	195
1425-032-40343	2SQB-032BA34	3.2	0.7	4.5	5.3	80	4	18	34	195
1425-055-40343	2SQB-055BA34	5.5	0.36	15	18	70	4	18	34	195

General data

Step angle	$1.8°$ (2SQ), $3.6°$ (2SQB)
Positional accuracy	± 5% max. noncumulative
Number of phases	2
Temperature rise	70 deg. max.
Insulation resistance	50 MO min. at 500VDC
Dielectric strength	AC500V for one minute
Insulation class	B
Lead wire size	AWG #22 L= 150ᵐ/ₘ
Number of leads	4
Operating ambient temperature	$-20°C$ to $+50°C$
Material of brecket	Aluminium

图 26.24　典型混合式步进电机数据表（Courtesy of Portescap.）

　　与直流电机类似，步进电机特性也可用转矩-转速关系曲线来描述。但步进电机的转矩-转速曲线远比 PM 直流电机的复杂，因此其特性描述还需综合其他性能参数。原型步进电机的性能如图 26.25 所示。

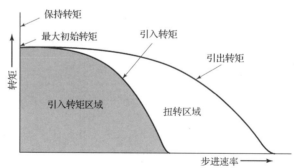

图 26.25　步进电机的转矩-转速关系图

图 26.25 中有两条曲线，下方的一条曲线界定了**引入转矩区域**，又称**启动-停止区域**，表示电机正常启停条件下的转矩-转速点分布范围。在该区域内，电机能按给定转速快速执行步进任务。

上方曲线为**引出转矩曲线**，表示电机能够达到的最大转矩-转速点。该曲线的上方区域和右侧区域为电机丢步区域，引入转矩区域和引出转矩曲线之间的区域称为**扭转区域**，在该区域中，电机虽然能够运行，但无法保证在启停过程中不丢步。扭转区域的电机需在引入区域启动，然后加速进入扭转区域，要使位于扭转区域的电机停止，则需首先使其减速进入引入转矩区域。

需要注意的是，此时的保持转矩应略大于最大启动转矩，原因很简单，只有存在附加转矩才能使电机加速旋转到新位置。要使电机保持在某个给定位置，则需要抵消所有的反向转矩，即此时无法获得足够的附加转矩来驱动电机旋转。

分析图 26.25 的曲线还能发现另一突出特点，即无论是引入转矩区域还是引出转矩区域，当步进速率较高时，转矩都将快速下降。原因很简单，电机线圈具有明显的电感特性，因此线圈电流既不可能快速上升，也无法快速下降。图 26.26 为步进电机线圈电流的上升曲线，众所周知，线圈电流将决定转矩的取值。

当步进速率较低时，有足够的时间使得电流上升到最大额定值并产生最佳转矩。随着步进速率的增加，可能使得电流无法在下一次步进请求到来之前上升到最大额定值，因此也无法获得最佳转矩。步进速率越高，能够获得的电流上升时间也越短，输出的转矩也越小，即

$$\tau = \frac{L}{R} \tag{26.4}$$

由第 9 章可知，电感电流的上升时间由时间常数 L/R 决定，其中 L 为线圈电感，R 为线圈电阻。

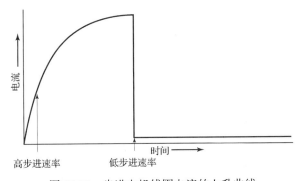

图 26.26 步进电机线圈电流的上升曲线

26.12 基于驱动部件的步进电机性能优化

如前所述，如果能够降低电机线圈电流的上升时间，即可提升高速状态下的输出转矩，电机也能支持更高转速。由电流的上升时间表达式可知，要想使时间常数下降，只有两种方法，即降低电机电感或增加线圈电阻。对于给定电机而言，这两种方式均不具备可实现性，因此需添加外围电路。如图 26.27 所示，电机外接一串联电阻即可增加线圈电阻。

该方式一般称之为 L/nR 驱动，简称 L/R 驱动。外部串联电阻值通常取线圈电阻值的 $1\sim3$ 倍，计算可知，该串联电阻可使时间常数下降 $1/4\sim1/2$。但需特别注意，采用该驱动方式时，电机的激励电压(即图 26.27 中+V)必须比稳态下的更高，以确保电机线圈电流不变；否则可能导致转速与保持转矩

的下降，甚至性能比未改进时更差。采用 $L/2R$ 驱动时，一般需要两倍于初始电压的激励电压，$L/4R$ 驱动的激励电压则为初始电压的 4 倍。

要理解外加串联电阻对上升时间的影响，需分析外加电压后等效电路的变化过程，如图 26.28 所示。

图 26.28（a）为加入电压瞬间的等效电路图。如图所示，此时外部电阻和线圈电阻均无电流通过，电感承担全部电压降，驱动电流上升。由于 $L/2R$ 或 $L/4R$ 驱动电压更大，因此电流上升速率也比无外部电阻时的要高。图 26.28（b）为电流上升阶段的等效电路图。如图所示，此时外部电阻和内部线圈电阻上均有电压降，电感上的电压降下降，电流上升速率减缓。图 26.28（c）为稳态等效电路，外部电阻有效阻止驱动电压上升，$L/2R$ 或 $L/4R$ 驱动电机获得稳定电流。

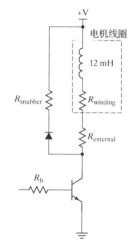

图 26.27　L/nR 驱动电路

该方法的缺点是功耗高。在相同的电流条件下，简单驱动方式的稳态功耗等于 VI，$L/2R$ 驱动方式的稳态功耗为 $2VI$，$L/4R$ 驱动方式的稳态功耗则为 $4VI$。在稳态条件下，所有的额外功耗都将通过外接串联电阻热耗散。尽管如此，以上两种改进方案简单易行，深受设计者青睐。图 26.29 为 $L/2R$ 和 $L/4R$ 驱动方案与无外部电阻驱动方案的性能对比。请注意，三种方案的保持转矩相同，稳态电流也相同。

如果某些特定应用无法容忍 $L/2R$ 或 $L/4R$ 驱动导致的高功耗，则需采用更加复杂、高效的解决方案以改善步进电机的高速性能指标。

图 26.28　电流上升过程中的电压变化

如果改变电机线圈驱动电压，则可在低功耗条件下改善高速转矩。首先以较高驱动电压使电流迅速上升到稳态值，然后降低驱动电压以保持电流，该方法被称为**双电压驱动**；如果系统支持双电压供电，则该方案可行。如果低电压需通过高电压转换而得，则电路中需包含线性稳压器，此时功耗从 $L/2R$ 的外接串联电阻上转移到稳压器，即无法实现低功耗。

为了提高功率效率，还可通过调节高驱动电压占空比的方式获得低电压，此时低电压端实际等于零，高电压端则进行开/关切换，该方式即为**斩波驱动**，其本质与 24.3 节讨论的斩波驱动峰值和保持电磁阀驱动的技术相同，其电压、电流波形如图 26.30 所示。

通电时线圈电压降等于外加电压，电流快速上升，由于斩波驱动电路无外接串联电阻，电流将持续增加。一旦电流增至线圈额定电流，则以开/关脉冲控制全驱动电压的加载，进而使线圈平均电流等于给定值。该电路不依靠外接串联电阻耗散过剩能量，而是充分利用了电感的时间平均能力，该方式的效率高于 L/nR 驱动的效率。同样，无串联电阻也能使线圈电流的上升速率高于 L/nR 驱动方式，一般而言，以斩波驱动替代简单驱动方式，可使电机最大步进速率增加 3 ~ 10 倍。

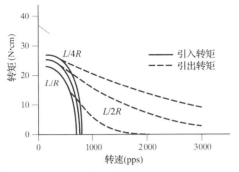

图 26.29　$L/2R$、$L/4R$ 与简单 L/R 驱动的性能对比
（Courtesy of Oriental Motor Co., Ltd.）

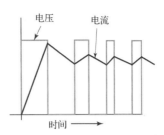

图 26.30　斩波驱动的电压、电流波形

斩波驱动系统的信号调理控制方法有两种，即开环控制和闭环控制。开环方式最为直观简单，仅需校准初始时间并保持占空比不变，如已知驱动电机类型及其驱动电压值，即电流的上升时间及开关占空比已知，则可将相关参数内置于控制电路之中。如驱动电机类型及驱动电压值未知，则需采用闭环控制方式，此时必须采集电机电流值，以确定由连续驱动转换为开/关驱动的时刻，并以之为依据动态调整占空比，从而获得所需电流限值（见图 26.19）。

斩波驱动远高于 L/nR 驱动的功率效应，但电流调理所需的驱动电压高频率切换可能导致附加噪声。该噪声需要进行系统级处理，以确保不会干扰系统中周围其他设备的正常工作。

26.13　减速

26.12 节详述了改善步进电机线圈上升时间的驱动电路。与之类似，电流下降时间也是驱动电路所必须关注的关键参数，即需要设计电路以尽量使电流下降时间缩短。如 26.8 节所述，步进电机开始步进时需要激励一个新线圈，并对当前线圈断电。此时需要断电线圈电流下降至零或反向。如果此时断电线圈中依旧存在电流，则转子将保持在当前位置不变。因此，为了达到最佳步进速率，必须使断电线圈电流尽快衰减。

步进电机线圈具有电感特性，因此驱动电子需要具备防电感反冲功能，如第 23 章所述。目前已有多种成熟方法可用于控制反冲电压，最简单的方法是在线圈上跨接反向偏置二极管。但对于步进电机而言，该方法可能导致电流衰减时间过长，从而严重影响步进速率的提升。为了缩短电流衰减时间并获得最大步进速率，可考虑采用缓冲电路，以最大限度缩短衰减时间、保护驱动电路，具体解决方案参照第 23 章。图 26.31 为不同类型缓冲电路对步进电机性能的影响对比。

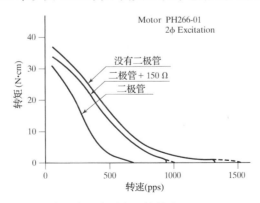

图 26.31　具有不同类型缓冲电路的步进电机性能（Courtesy of Oriental Motor Co. Ltd.）

26.14　习题

26.1　给出三种不同的线圈配置，采用三种不同线圈电阻的通用绕组电机，驱动方式为双极驱动。

26.2　给出单极驱动的通用绕组电机的接线方式。

26.3　如果步进电机的最大步长误差为 ±1°，则最差情况下电机定位精确度为多少？

26.4　本章描述了哪三种步电机结构？

26.5　电机如图 26.32 所示，

　　(a)该电机有多少相？

　　(b)采用双极驱动还是单极驱动？

　　(c)绘制电机连接基本示意图，注：需采用典型电源和通用晶体管。

26.6　电机如图 26.33 所示，

　　(a)该电机有多少相？

　　(b)采用双极驱动还是单极驱动？

　　(c)绘制电机连接基本示意图，注：需采用典型电源和通用晶体管。

26.7　图 26.34 的电机可有两种不同的绕组结构，

　　(a)详述此两种绕组结构，包括极数，采用双极驱动还是单极驱动，采用双丝绕组还是非双丝绕组。

　　(b)绘制两种绕组方式的基本示意图，注：需采用典型电源和通用晶体管。

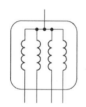

图 26.32　习题 26.5 的电机　　　　图 26.33　习题 26.6 的电机　　　　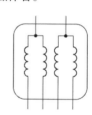

图 26.34　习题 26.7 的电机

26.8　电机的转矩-转速特性如图 26.35 所示，回答以下问题：

　　(a)最大步进速率是多少？

　　(b)如果电机初态静止，是否能以 200 pps（每秒脉冲数）启动电机，并产生 20 mN·m 的转矩？

　　(c)最大启动转矩是多少？

　　(d)当产生 40 mN·m 的转矩时，电机的最快步进速率是多少？

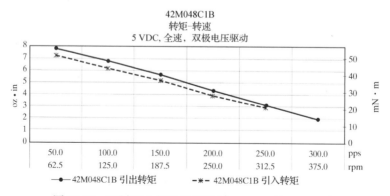

图 26.35　习题 26.8 的电机规格（Courtesy of Portescap.）

    (e) 如以 250 pps 开始步进，则能产生多大转矩？

    (f) 最大启动步进速率是多少？

    (g) 假设电机转矩为 20 mN·m，要求以 250 pps 步进，设计控制方案，使电机能实现以上功能。

26.9 解释步进电机的三种驱动方式，并说明各驱动方式在步进时产生的转矩是否一致，如不一致，说明理由。

26.10 电机的哪种特性限制了电机的最大步进速率？

26.11 电机的最大步进速率与电机线圈电流的上升时间和下降时间有关，采用图 26.24 的数据表给出的 1423-012-40343 电机。

    (a) 计算电机线圈电流上升时间 τ。

    (b) 如外接一个三倍于电机内部线圈电阻的外部电阻，构成 L/R 驱动方式，重新计算 τ，此时电机所需驱动电压为普通驱动电路的多少倍？外部电阻消耗（浪费）的能量等于多少？

    (c) 如采用三倍于电机额定电压的驱动电压进行斩波驱动，经过多长时间后，电流能达到问题 (a) 中上升时间结束时的电流值？

26.12 如对图 26.7(d) 所示的步进电机进行双极驱动，应如何接线？

扩展阅读

"Stepper Motor Handbook," Airpax Corporation, 1982.

Stepping Motors and their Microprocessor Controls, Kenjo, T., 2nd ed., Oxford University Press, 1994.

"Technical Information on Stepping Motors," Oriental Motors U.S.A., Corp.

第 27 章   其他执行器技术

27.1   引言

之前章节重点讲述了基于电磁感应原理产生力或运动的执行器，如第 22 章和第 23 章所述的 PM 有刷直流(DC)电机，第 24 章所述的电磁铁，第 25 章所述的 PM 无刷直流电机，以及第 26 章所述的步进电机。但上述执行器可能无法满足特殊设计需求，例如，电磁铁无法满足 0.0001 英寸行程的直线运动工作需求。另外，如果应用需求对执行器的体积有限制，则显然体积较庞大的有刷、无刷直流电机无法满足要求，此时需要寻求新的解决方案。为了解决该问题，设计者们另辟蹊径，基于其他物理现象构建执行器方案。本章将重点介绍其中较为常见的几种方案。

本章的主要内容包括：

1. 气动液压系统。
2. 压电驱动。
3. 形状记忆合金(SMA)执行器。

27.2   气动液压系统

与之前讨论的技术不同，气动液压系统采用流体压力驱动，工作流体既可为气体也可为液体，如空气驱动的气动系统即为典型气体流体驱动系统，而液压油驱动的液压系统则采用典型液体驱动。但无论采用气体还是液体，流体驱动系统的工作原理相同，即压力差导致流体流动，并产生力和运动。

图 27.1 所示为典型的流体驱动系统原理图。如图所示，流体驱动系统由压缩机、储液器或油箱和压力调节阀构成，其中压力调节阀的作用是控制工作流体压力，以给定压力输送至阀门和执行器，压缩机、储液器和压力调节阀协同工作，确保工作流体压力和流动特性符合指标要求并保持恒定，进而驱动电磁阀，使执行器的输出值符合应用需求。图 27.1 所示执行器为一提供直线运动的活塞，执行器的驱动力等于流体压力和活塞面积的乘积减去摩擦损耗，即有 $F = P \times A - F_f$。

典型气动活塞执行器的工作压力等于 20 psi，活塞直径等于 1 英寸，能够产生 15.7 磅的驱动力，其活塞行程(线性运动)范围为几分之一英寸到约 10 英寸。由于运动部件少、结构简单，气动系统工作寿命通常较长，不易失效。一般情况下电磁阀的额定执行周期数可高达数十亿次，只要保持清洁，执行器密封圈的使用寿命也很长。

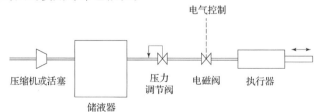

图 27.1   流体驱动系统原理图，包括用于控制工作流体的电磁阀

气动系统的工作压力一般不超过 100 psi，相比之下，液压系统的工作压力较高，一般可高达 3000 psi，因此液压系统能够产生更大的驱动力。通常情况下，只要活塞行程足够长，液压执行器即能产生数千 psi 的力，因此，液压系统的各工作部件必须能够承受较高的压力和载荷，另外还需确保液体不泄漏。一般而言，气动系统发生泄漏无关大碍，但如果 3000 psi 的液体发生泄漏，从液压部件中喷射而出，则其后果不堪设想。

27.2.1　电磁阀

顾名思义，**电磁阀**执行器基于电磁感应原理设计，标准电磁铁激励电磁阀，并产生运动。就电气外部特性而言，该类执行器与之前章节介绍的执行器并无本质差异。但需注意的是，此类执行器系统内含电磁阀，能够实现流体压力和流量调节，相对于工作流体及其执行器产生的力与运动而言，控制电磁阀所需消耗的力显得微不足道。

电磁阀的工作原理非常简单，即利用线性电磁铁控制多芯活塞的开/关，从而控制电磁阀内的流体流量。尽管流体的流动方向及其相关运动较为复杂，但电磁阀驱动方式并不复杂。

27.2.1.1　直动式电磁阀

直动式双通电磁阀是一种最简单的电磁阀。**直动式电磁阀**的柱塞直接充当测量部件，驱动力必须克服打开/关闭系统时的工作压力。具体开/关特性取决于阀门特性，即为常开阀门还是常闭阀门。直动式双通电磁阀示例如图 27.2 所示。

如图所示，直动式双通电磁阀一端接压力口（标记为"P"），另一端接输出口，也称执行器口（标记为"A"），用于开/关控制工作流体的流动，其电路可等效为用于控制电路通/断的单刀单掷（SPST）开关。

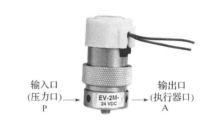

图 27.2　直动式双通电磁阀（Clippard EV-2）（Courtesy of Clippard Instrument Laboratory Inc.）

图 27.3 所示为常闭、直动式双通电磁阀的剖面图，左侧图为阀门关闭状态，此时无流体流入电磁线圈，来自压力口（P）和阀芯弹簧的流体压力将使柱塞紧靠阀座；当线圈通电时，柱塞弹起，并向电磁线圈中心移动，电磁阀开启，流体从压力口 P 流向执行器口 A。此时，电磁阀必须克服阀芯弹簧压力和柱塞流体压力。

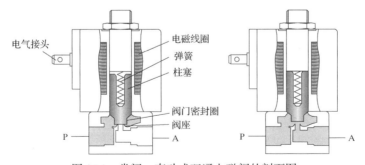

图 27.3　常闭、直动式双通电磁阀的剖面图

图 27.4 所示为双通电磁阀的简化示意图，在左侧图中，电磁阀阻断了压力口 P 和执行器口 A 之间的通路；在右侧图中，电磁阀开启，允许工作流体通过电磁阀。

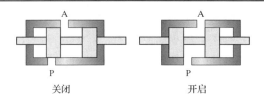

图 27.4 双通电磁阀的关闭(左)和开启(右)状态示意图

与电气开关进一步类比发现：就像开关有多种组合一样(比如单刀/双掷、双刀/双掷等)，电磁阀有多种组合与之对应。例如，三通电磁阀类似于单刀双掷(SPDT)ON-ON 开关，即通过控制输入口和排气口之间的切换，在连接到执行器的电磁阀输出端实现流体流量控制，三通电磁阀示例如图 27.5 所示。

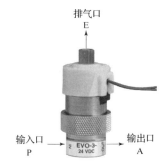

图 27.5 三通电磁阀(Clippard EVO-3)(Courtesy of Clippard Instrument Laboratory Inc.)

三通电磁阀加电时，电磁阀对执行器加压；断电后压力释放，执行器松开回退。常闭、直动式三通电磁阀的剖面图如图 27.6 所示，输入口为端口 P，输出口为端口 A，排气口为端口 E。电磁阀关闭时，柱塞被压紧在阀座 1 上，且被阀芯弹簧拉离阀座 2。此时，压力口 P 和执行器口 A 间的阀门关闭，执行器口 A 和排气口 E 间的阀门打开，排气口压力等于大气压，能够对执行器释压。电磁阀开启时，柱塞被拉向电磁线圈中心，阀门 1 和阀门 2 状态反转，此时压力口 P 与执行器口 A 连通，执行器口 A 和排气口 E 间的阀门关闭。

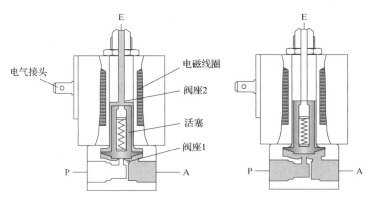

图 27.6 常闭、直动式三通电磁阀的剖面图

图 27.7 为三通电磁阀的示意图，该图有助于读者理解如何通过改变柱塞位置来改变端口 A 的连通端口，即如何在压力口 P 和排气口 E 之间进行切换。

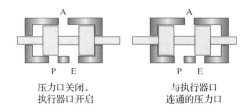

图 27.7 三通电磁阀的排气(左)和进气(右)状态示意图

电磁阀结构类型繁多，简单示例如双通和三通电磁阀，四通电磁阀也很常见，且支持功率扩展和执行器回退。除了常见的电磁阀类型，市面上还有许多其他类型的电磁阀，在此不一一列举。

27.2.1.2　先导式电磁阀

由前述可知，压力越高，流速越大，则直接作用于电磁阀柱塞上的力也更大，这为高压和/或高流速应用带来了技术挑战。直动式电磁阀只能通过增加压力或扩大表面积来获得更大的压力或更高的流速，即需增大电磁阀的尺寸。显而易见，电磁阀尺寸不可能无限制增大，因此需要采取其他更加有效的解决方案来满足应用对压力和流速的需求，先导式电磁阀就是一种典型且有效的解决方案。与直动式电磁阀不同，先导式电磁阀内含一个小电磁阀，也称先导阀，流体通过膜片上的小孔进入先导阀，即可控制通过主电磁阀膜片的工作流体压力，进而利用工作流体压力驱动电磁阀开/关。先导式双通电磁阀的剖面图如图 27.8 所示。

如图 27.8 所示，先导式电磁阀(图 27.8 的右上部分)未通电时，弹簧与工作流体压力共同作用将柱塞压在阀座上，由高压口 P 进入的工作流体产生压力，并作用于主电磁阀顶部膜片，先导阀关闭。与此同时，压缩弹簧将主电磁阀顶部膜片向下压，以保证主电磁阀在先导阀未通电时保持关闭状态，此时输出口 A 无流体通过。当先导式电磁阀通电时，先导阀开启，少量流体流动并产生足够的压力开启主电磁阀。流体流过先导阀，并在膜片小孔两端产生电压降，由于膜片下方与高压口 P 相连，因此此时膜片上方压力低于下方压力，先导阀开启。由此可知，先导式电磁阀可基于先导阀控制较大的压力和流量。特别需要注意的是，先导阀包括高压口和低压口，必须保证连接正确，只有当端口连接正确时，先导式电磁阀才具备单刀单掷(SPST)开关功能；如前所述，直动式电磁阀具有单刀双掷开关功能。从功能方面来看，先导式电磁阀与直动式电磁阀不尽相同，先导式双通电磁阀的流量控制方式与图 27.4 所示的直动式双通电磁阀的相同。

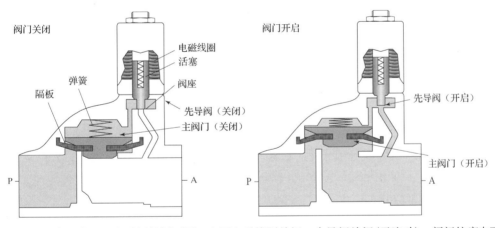

图 27.8　常闭、先导式双通电磁阀的剖面图。左图电磁线圈关闭，先导阀关闭(无流动)。阀门柱塞向下，紧
　　　　 靠阀座关闭。右图电磁线圈打开，先导阀打开(流动)。阀门向上，通过电磁线圈从阀座上拉开

27.2.2　伺服阀

电磁阀能进行通/断切换，因此常用于通/断类应用。问题在于电磁阀无中间态，而流体类应用常常需要使阀门处于半开半闭状态，因此需要在电磁阀中添加**伺服阀**。对于伺服阀，业界常称之为**执行阀**，常用于过程控制，但一般不会用来控制标准气动或液压执行器的工作流体流量。

所谓"伺服阀"，表示基于某个关键参数的闭环反馈回路，该参数通常为能够反映流量值的阀门位置，闭环反馈回路需对阀门位置变化做出快速准确的响应。图 27.9 所示为典型的伺服阀反馈控制框图。当然，也可以采用其他的反馈控制参数，如压力、流速，以及阀门速度或加速度等。

伺服阀并非仅可用于自动反馈控制，实际上，伺服阀也可用于无自动控制器的开环系统。此时称其为"执行阀"更为恰当，因为在这种情况下伺服阀只是单纯用于计量，即为由执行器控制而非手动控制的计量单元。

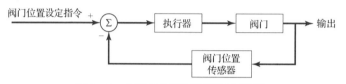

图 27.9　典型的伺服阀反馈控制框图

市面上有许多制造商出品伺服阀，且结构多样，可选余地大。普通伺服阀的结构与电磁阀基本相同，只是在电磁阀中添加了一个计量元件。在此类应用中，电磁阀用于对抗一个相对较硬的弹簧产生的弹力，该弹簧提供用于将阀门推向断开状态的返回力。100%的额定电流能够完全开启/关闭(视阀门类型不同)阀门，当电流为 0%到 100%额定电流之间的任意值时，阀门将移动到相应的中间位置，一般常采用脉冲宽度调制(PWM)(详见第 23 章)获得中间电流值。由前述内容可知，PWM 通过控制电压通/断时间来获得快速脉冲，相比于连续可变电流方式，PWM 更加方便有效。例如，一个 24 V 电压供电的伺服阀可以采用 10 kHz PWM 频率控制通/断，只需设置周期占空比。所谓占空比，指信号激励态(此时指阀门有电流流过状态)所占的时间百分比，50%占空比即可使阀门处于中间位置。

伺服阀的其他常见结构有以下几种。

● 双电磁阀。其中一个电磁阀在一个方向上驱动阀门计量元件，另一个电磁阀则从相反方向将其推回。

● 齿轮电机伺服阀(见图 27.10)。该阀门采用直流或交流电机输出轴实现减速以增大转矩，并可降低转速以适应应用需求。计量元件位置可通过电位器或 LVDT(线性可变差动变压器)直接测量获得。

● 力矩电机伺服阀。该阀门采用反向旋转电磁阀结构以移动杠杆臂、驱动计量元件。

对于某个特定应用而言，设计质量反映在流速和响应速度上，设计中需重点考虑阀门激励器的控制电路，以及元件与系统其他部分的接口设计。接口设计质量将直接决定设计组件与系统的协同工作能力。伺服阀广泛应用于过程控制中，控制器的整合标准一般均适用于此类应用。

27.2.3　气动和液压执行器

尽管阀门控制流量的方式在气动或液压系统中十分有效，但此时设计刚刚过半，依旧任重道远，接下来设计者需要考虑执行器的设计。本节将介绍几种常用的执行器。

线性执行器：一种最为常见的气动或液压线性执行器，其工作原理是直接对气缸活塞加压以产生压力和直线运动。

气缸内的活塞运动可通过活塞杆传递到外部元件，如图 27.11 和图 27.12(a)所示。也可采用如图 27.12(b)和图 27.12(c)所示滑动气缸(也称**无杆气缸**)。有杆气缸能在不受约束的前提下在气缸内旋转，也可将其固定以防止其转动。气缸需包括减震装置，旨在降低加/减速过程中产生的震动，也可采用无阻尼气缸。无杆气缸的活塞置于气缸内，活塞两个面均受压，活塞根据两侧压力变化进行双通滑动。活塞通过滑槽[见图 27.12(b)]与固定块相连，也可使用强磁铁[见图 27.12(c)]。

有杆气缸的尺寸取决于活塞运动位置，当活塞杆完全拉出时，总体长度将增加一倍，导致应用困难。相比于有杆气缸，无杆气缸结构紧凑，活塞滑动位置对总体尺寸并无影响。

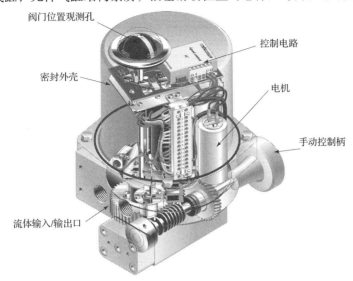

图 27.10　齿轮电机伺服阀（Courtesy of Emerson Valve Automation.）

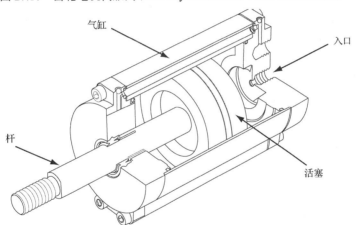

图 27.11　基于活塞的典型线性执行器的剖面图

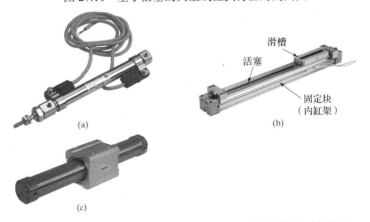

图 27.12　气动执行器：(a)有杆气缸；(b)机械接触式无杆气缸；(c)磁耦式无杆气缸（Courtesy of SMC Corporation of America.）

　　旋转执行器：旋转执行器利用气动和液压系统压力差，以多种方式控制旋转运动。其中最为常见，也是最为简单的一种旋转执行器即旋转叶片式执行器。该执行器内含一个旋转活塞，具体结构如图 27.13 所示。其中左图为单叶片旋转执行器，右图为双叶片旋转执行器。图 27.14 为单叶片旋转执行器的实物图。

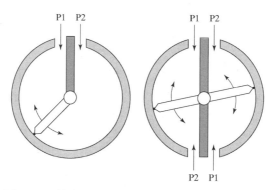

图 27.13　单叶片(左图)和双叶片(右图)旋转执行器

　　单叶片旋转执行器的结构最为简单，其输出轴位于设备中心，当由叶片隔开的两个腔体之间存在压力差时，叶片即充当活塞，并在气缸里旋转。双叶片旋转执行器有两个叶片，叶片表面的压差将增加一倍，因此可在牺牲运动范围的前提下增加输出压力和执行速度。

　　所有叶片式气动和液压执行器的运动范围有限，一般旋转角度约为 45°～280°，输出转矩大(可高达 80 kN·m)，机械效率高(80%～95%)。

　　有许多设计方案能够将直线运动转化为旋转运动，例如图 27.15 所示的齿条-齿轮结构。这种执行器能将一个或两个活塞/气缸组(见图的两端)的直线运动转换为以输出轴为中心的旋转运动，这类旋转执行器支持多个输出轴的旋转运动，输出转矩很大(可高达 5 MN·m)，机械效率高(单齿条的机械效率为 85%～90%，双齿条的机械效率为 90%～95%)。

图 27.14　单叶片旋转执行器(Courtesy of
SMC Corporation of America.)

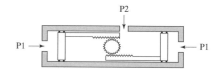

图 27.15　齿条-齿轮式旋转执行器

　　另外还有其他类型的旋转执行器，如螺旋花键、封闭式活塞曲柄、气囊式、螺旋式、止转轭式、活塞链结构等旋转执行器，如图 27.16 所示。制造商通常为用户提供各种不同类型的执行器，用户可根据具体规格和价格选择符合要求的执行器。

　　夹具：夹具是用于夹持、加工工件的专用装置。夹具以某种方式模仿人手功能，抓起并夹持物体。两爪结构夹具的夹持爪可进行平行移动或旋转移动，也可进行大角度旋转移动(例如，可旋转 180°)；三爪、四爪夹具可用于夹持工件并将其固定到中心位置，能够实现进-出运动(因此称之为擒纵执行器)，该类夹具在夹紧力释放后仍能保持夹紧状态。各类夹具的实物如图 27.17 所示。

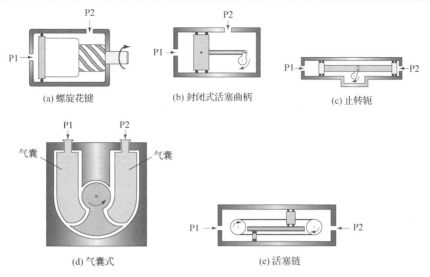

图 27.16　其他类型的旋转执行器

图 27.17　各种气动夹具(左起)：角形，平行二爪形，旋转三爪形，平行三爪形，
夹持结构，转换夹头(Courtesy of SMC Corporation of America.)

27.3　RC 伺服系统

并非只有电磁阀和伺服阀使用电磁执行器(包括电磁阀和电机)作为执行元件，还有"其他"一些系统也采用电磁执行器，本节将进一步介绍重要的 **RC 伺服系统**。所谓"其他"执行器实际上不过是标准永磁直流电机与低精度的位置反馈系统的组合装置，它们使用方便、接口简单、实用性强、价格低廉，常用于机电一体化系统。图 27.18 为典型 RC 伺服电机的外部和内部结构图。

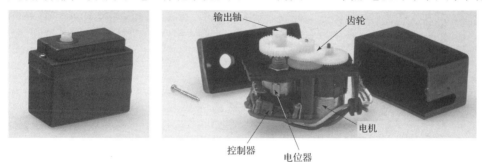

图 27.18　RC 伺服电机

顾名思义，RC 伺服系统最初采用无线电控制器(RC)支持位置控制类应用(如模型汽车和模型飞机)，一般用于控制汽车的转向角、升降、方向及飞机副翼位置。最常见的 RC 伺服系统采用塑料外壳，并将电机与大传动比的齿轮减速装置相结合，使其能产生输出轴低转速(即几十转)、高转矩(通常在 $10 \sim 200 \ oz \cdot in/0.071 \sim 1.4 \ N \cdot m$)的旋转。大多数情况下，RC 伺服系统能够替代步进电机实现

位置控制，并能克服大部分步进电机存在的转矩较低的问题。但需要注意的是，典型步进电机与RC伺服系统的输出转矩大致相同，因此明智的设计者会充分考虑不同类型电机的价格问题。一般而言，RC伺服系统的价格较低，特别是输出转矩较小(约 10 oz·in)时，价格优势更加明显。

伺服输出轴的位置可通过电位器测量获得，其测量值可用于闭环位置控制，输出轴通常会附带一个法兰盘。大多数RC伺服系统无法连续旋转，其旋转角度一般小于360°，但用户可以对其进行改进以实现连续旋转。经济型RC伺服系统由廉价小型永磁有刷直流电机和塑料齿轮构成，高档RC伺服系统则采用无刷直流电机和金属齿轮。

RC伺服系统需对电机和控制电路供电，并输入位置指令。RC伺服系统一般都需要设定位置指令输入。位置指令是一个 0~5 V 的数字脉冲，其持续时间与旋转角度相对应。脉冲持续时间约为 0.5~3 ms，1.5 ms 大致对应中间位置。脉冲间隔时间通常为 20~30 ms，但有时变化范围可能更大，如图 27.19 所示。

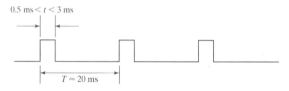

0.5 ms < t < 3 ms

$T \approx 20$ ms

图 27.19　RC 伺服系统的位置控制脉冲序列

由于包装方便、价格低廉、实用性强，RC伺服系统的应用范围非常大，已远超无线电控制装置的应用范围。例如，将RC伺服系统与壁面爬行机器人相结合，即可生成其他应用，如 Standford 爬墙机器人、蛇形机器人及云台摄像机支架等，详见图 27.20。

Standford爬墙机器人 (Courtesy of Stanford University.)

云台摄像机支架
(Courtesy of SuperDriod Robots, Inc.)

蛇形机器人(Courtesy of Dr. Gavin S. P. Miller, www.snakerobots.com.)

图 27.20　一系列的 RC 伺服系统应用

27.4　压电执行器

压电执行器的设计灵感源于一种物理现象——压电效应。19 世纪 80 年代，皮埃尔·居里(玛丽·居里夫人的丈夫)和他的弟弟雅克发现了压电效应。他们发现将电场加入某些自然晶体(如石英、电气石、托帕石、蔗糖、罗谢尔盐)时，将导致晶体形状发生变化；反之，当晶体受到机械压力产生形变时，也会产生电场。压电执行器即是利用压电活性材料的第一个特性设计的，即对材料施加电场使其产生变形，形变产生的移动和力即可用于生成执行器，详见图 27.21。

压电陶瓷：第二次世界大战时期，业界开发出了性能更加出色的压电材料。与自然晶体相比，这种新型压电材料——压电陶瓷能产生高于前者 100 倍的每伏特应变力，钛酸钡和锆钛酸铅(PZT)就是典型压电陶瓷材料。但是，压电陶瓷材料的形变依旧偏小，通常小于 0.2%，压电效应响应滞后明显，即压电材料当前尺寸取决于前一个时刻电压，从而导致电压增加与电压下降的形变响应曲线不一致，如图 27.22 所示。此时，需要引入校正因子(开环补偿)或独立位置测量(闭环反馈控制)以补偿形变差异。

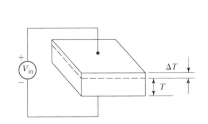

图 27.21　向顶部和底部表面施加电压($V_{in}+$ 和 $V_{in}-$)的压电材料形变(ΔT)图

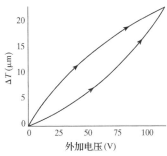

图 27.22　压电元件对施加电压的典型响应：高电压(x 轴)产生小位移(y 轴)。注意有响应滞后

压电执行器适用于较小位移应用，其准确性好，具备可重复性，分辨率高，能够支持纳米级到数百微米级的位移，精度可达亚纳米级。压电元件的控制精度主要取决于电压控制精度，对于那些要求较高准确度和精度的应用，需考虑电气噪声、元件漂移、温度等因素对系统性能表现的影响。

压电执行器具有以下特性：

- 输出力较大(可高达数千磅)。
- 位置精度高(无摩擦时可达亚纳米级)。
- 响应快(带宽为几十 kHz)。
- 无磁场，不受磁场影响。
- 在保持位置状态时能耗很小。
- 使用寿命很长(通常为几十亿次循环)。
- 可在恶劣的环境(低温、无尘室、爆炸环境等)下工作。

压电执行器的应用局限性主要体现在以下方面：

- 压电执行器比较昂贵(约为 100 美元到几千美元)。
- 堆叠式(或串联式)压电执行器的最大运动范围非常小(在数百微米)。
- 尽管双晶片压电执行器的形变范围无明确限制，但形变值相对较小(一般最大为几毫米)，输出力也较小。

- 压电驱动元件脆性较大，不能承受拉伸或剪切载荷。
- 压电活性材料滞后较大，需采用开环补偿或闭环控制补偿。
- 要达到压电执行器最大形变，需注入较大电压，可能高达几百伏，甚至上千伏。
- 压电执行器的控制精度取决于对其施加电压的电子元件精度、稳定性和噪声特性。

由此可见，尽管压电执行器性能优良、结构简单，但仅适用于某些特定应用，如光学、MEMS系统、实验室环境和半导体制造等领域。

27.4.1 压电执行器的类型

压电执行器的类型繁多，可根据应用需求进行合理选择，本节将介绍几种常见的压电执行器。

27.4.1.1 堆叠式压电执行器

最常见的压电执行器为**堆叠式**或**串联式**。堆叠式压电执行器能够增大压电元件的组合形变，进而使运动范围增大。例如，单个压电元件的形变值为 1 μm，进行如图 27.23 所示的堆叠处理后即可达到 5 μm。如图所示，简单的层压元件即可进行堆叠处理，并封装在保护壳内。保护壳能够消除不良载荷（如拉伸和剪切）对执行器元件产生的破坏性损害。

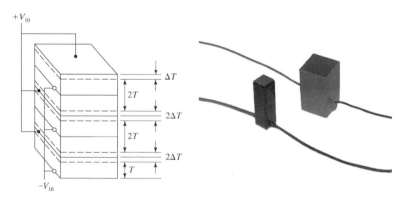

图 27.23　堆叠式或串联式压电执行器。左图：显示结构和相应的驱动图。
右图：典型的堆叠式压电执行器（Courtesy of Piezo Systems, Inc.）

27.4.1.2 双晶片压电执行器

第二类常见执行器被称为**双晶片**或**弯曲片压电执行器**，由两个压电元件并行排列，并对两个压电元件分别加入不同电压，利用两个压电元件之间的电压差产生弯曲形变，详见图 27.24。

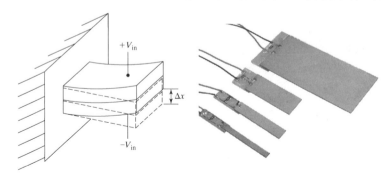

图 27.24　双晶片或弯曲片压电执行器。左图：典型结构，施加电压及双晶片压电
执行器的运动图。右图：双晶片压电执行器（Courtesy of Piezo Systems, Inc.）

除能满足一般执行器功能需求外，双晶片压电执行器也可用于制作小风扇单元。相比于传统风扇，该类风扇价格偏贵，其功耗小、流速高和容积流量大，使用寿命长，并能准确瞄准空气流，使得设计者能准确定位热源点，详见图 27.25。

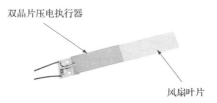

图 27.25　基于双晶片压电执行器的简易风扇(Courtesy of Piezo Systems, Inc.)

27.4.1.3　压电电机

第三类压电执行器通常被称为**压电电机**。压电电机一般分为两类，即"尺蠖式"执行器(具有 Burleigh Instruments 商标的产品设备)和超声电机。**尺蠖式执行器**用棘爪推拉滑动元件(线性运动)或转子(旋转运动)，棘爪推动柱塞或转子进行夹持-推动-释放一系列连续动作以产生半连续运动，工作顺序如图 27.26 所示。尺蠖式执行器可产生类似于步进电机(详见第 26 章)的不连续运动，但其精度更高。

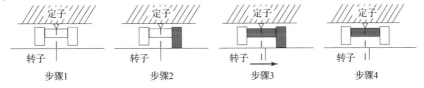

图 27.26　压电电机如何产生运动：1)无动力—压电电机的转子自由旋转；2)夹持—右侧压电元件推动转子；3)推动—执行器中心元件以顺时针方向转动转子；4)释放并返回—右侧压电元件松开转子，中央压电元件放松，为下一个序列做准备

尺蠖式执行器的运动范围大(没有明确限制，但一般可高达几十厘米)，并能通过模拟电子器件提供精确步进控制，精度可达纳米级，旋转执行器能够实现连续旋转。尺蠖式执行器的步进能够提供高进给率，通常可高达 100 mm/s，并可产生高达数百牛顿的驱动力。

超声电机采用与尺蠖式压电执行器完全不同的方式实现定子(执行器的固定外壳)与移动转子或滑块之间的相对运动，超声电机将超声波引入压电元件，该元件一侧接定子，另一侧紧贴转子或滑块。超声电机通过压电元件的波动特性控制定子与转子或滑块之间的相对运动，压电元件将驱动力传递到转子或通过摩擦传递给滑块，其工作原理如图 27.27 所示。

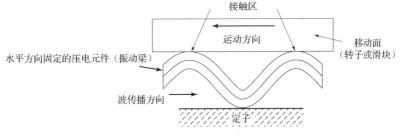

图 27.27　行波型超声电机

行波型超声电机于 20 世纪 80 年代晚期开始商用，佳能公司率先将其用于自动聚焦相机镜头，此后，该类执行器被广泛应用于不同产品。将行波引入压电梁元件即可使其与移动面(如转子或滑

块)的接触点产生椭圆运动,进而产生移动面与压电材料之间的相对运动。整个过程响应迅速,驱动频率通常为几十 kHz(远高于人类的听觉范围)。另外,与尺蠖式执行器不同,超声电机能够产生平滑连续运动。

27.4.1.4　压电蜂鸣器

压电驱动元件也常用于产生声波,该类应用被称为**压电蜂鸣器**。压电元件驱动的蜂鸣器结构紧凑,能够产生高分贝(可高达 90 分贝)的刺耳声响,而所需功率仅为几十毫瓦。典型的压电蜂鸣器如图 27.28 所示。大多数电子设备采用压电蜂鸣器产生单音频信号,并定义为用户接口的一部分。

图 27.28　带塑料外壳和导线的典型压电蜂鸣器

例如,压电蜂鸣器常用于计算机、实验室仪器仪表、玩具、家用电器中,通过产生简单的哔哔声或嘟嘟声为用户提供信息。压电执行器非常适合产生声波,由于材料响应速度快,因此能够产生从 100 Hz 到 10 kHz 以上的音频信号。压电材料具备驱动类应用所没有的小形变特性,因此非常适用于振动膜类声波发生器。

图 27.29 所示为典型的压电蜂鸣器结构。图中两个电极之间夹心放置一个压电材料的薄环,并在环顶部和底部之间加入电压,压电元件黏在一侧金属板上(如图中的压电元件下方所示),另一侧为薄膜(一般为电极,如图中的压电元件上方所示)。

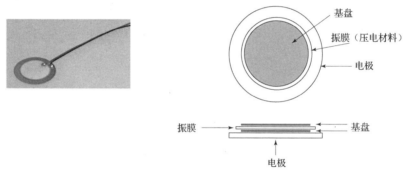

图 27.29　压电蜂鸣器结构

以上介绍的各种压电执行器均通过在压电材料上加入电压来产生形变,由于压电材料本身受金属板和薄膜约束,因此组件的凹凸特性取决于外加电压极性,如图 27.30 所示。外加电压极性的变化将使蜂鸣器元件往复振动,其形状也在凹凸之间切换。这种往复振动引起周围空气压力变化,即产生声波。只要振动频率位于人类听觉的频率范围内(大约 20 Hz 至 20 kHz)且强度足够(压电执行器和振膜振幅足够大),即可生成能够听见的声音。

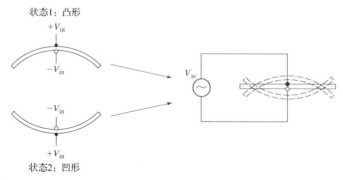

图 27.30　通过改变驱动电压极性而交替地驱动凸形(相 1)和凹形(相 2)时,压电蜂鸣器元件产生声波

音频信号的驱动峰-峰电压通常在几伏以内，驱动电压越高，压电执行器的形变越大，输出的声音也越大。为了使标准逻辑电平电压与电源电压相符，目前大多数蜂鸣器选用 5 V 峰-峰值电压。大多数压电蜂鸣器的电流较小，通常为几毫安。基本驱动电路需满足以下条件才能正常运行：(1) 振荡信号（一般方波、正弦波或锯齿波均能产生较好效果）；(2) 使压电元件产生所需形变的电压（一般电压的峰-峰值为几伏）；(3) 几毫安的电流；(4) 在人类的听觉范围内的某个频率。该信号直接从单片机输出引脚输出（如第 2 章所述 PIC12F609 的 PWM 输出）。555 定时器芯片（详见第 18 章）与压电蜂鸣器制造商提供的许多驱动电路均可输出此类信号。有些蜂鸣器将驱动电子元件和压电蜂鸣器集成封装在同一个外壳内，仅需接通电源即可发出声音。该类蜂鸣器的声音由内部驱动电路产生，因此可将其直接集成到电路中，只需接通电源并接地，就会产生音频。

除上述压电执行器外，目前还有许多方法可满足设计者需求，使其能够搭建满足应用需求的外形和配置。对于需要较大输出压力、高分辨率和小位移的应用，只要允许加入大电压，即可选择压电执行器。

27.5　形状记忆合金执行器

形状记忆合金（shape memory alloys，SMA）具有重要的机械特性，主要表现在材料的晶体结构特性能随温度变化而变化。在经过精心处理后，该类材料能在某种设定温度条件下恢复到预设定形状，并在此过程中产生较大的力。所谓 SMA 的默认形状，指在退火前当温度上升到某个设定值时合金的形状；退火后，当温度下降到设定的低温阈值时（该阈值的具体取值取决于 SMA 的结构及合金成分比例），合金形状将发生改变；当温度再次上升到设定的高温阈值时（该阈值的具体取值同样取决于 SMA 的结构及合金成分比例），合金形状将再度改变，恢复为默认形状。受温度和应变水平变化限制，该过程可能重复多次。

最为人熟知的具备此种功能的材料是镍钛合金（NiTi），该材料由美国海军军械实验室开发，学名为镍钛诺。镍钛诺是性能最好的 SMA 之一，但价格昂贵。目前市面上尚有多种其他具有形状记忆功能的合金，其性能造价各异，常见的种类有：铜铝镍合金（Cu-Al-Ni），铜锌合金（Cu-Zn），铜锡合金（Cu-Sn），银镉合金（Ag-Cd），镍钴铝（Co-Ni-Al），钴镍镓（Co-Ni-Ga），镍铁镓（Ni-Fe-Ga）等。但需要说明的是，尽管市面上有多种 SMA 出售，但目前最常用的依旧是供货有保障的镍钛诺。

SMA 的工作原理可用材料分子结构状态变化（相变）进行解释，这种状态变化并非常见的固态-液态变化，因为在整个过程中材料均呈固态，但在合金晶体结构内部存在相变，如图 27.31 所示，不同的状态（**马氏体**与**奥氏体**）呈现出的特性也迥异。

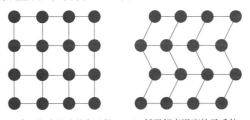

(a) 高于相变温度的奥氏体　　(b) 低于相变温度的马氏体

图 27.31　SMA 材料晶体结构的差异：(a) 高于相变温度的奥氏体；(b) 低于相变温度的马氏体

低温时，SMA 材料晶体结构为纯马氏体，形状类似于一系列相连的平行四边形；当温度上升到**相变温度**以上时，晶体结构变为奥氏体，其形状呈立方体。相变温度取决于材料特性，即合金成分比例。镍钛诺的镍、钛比例约为 50%，将合金成分比例变化控制在1%以内即可获得100℃和200℃之间的任意相变温度。由此可见，严格控制合金成分比例即可获得恰当的相变结果。

马氏体向奥氏体或奥氏体向马氏体的转变过程非常缓慢，其相变温度点则取决于温度是上升还是下降。

材料的默认形状指 SMA 转变为奥氏体时的形状，材料需要学会在退火过程中恢复到目标形状，该过程称为合金记忆，也称"训练"或"设计"过程。镍钛诺的退火温度约为540℃，相变过程持续时间约5分钟。一旦材料完成记忆训练，材料在整个温度范围内的变化将取决于：

1. 当温度低于相变温度时，材料结构为纯马氏体，材料将根据需求产生形变，某些合金的形变极限为 8%。

2. 当温度升至**奥氏体开始温度**(A_S)时，材料结构开始向奥氏体转变；"加热过程"的转变开始点如图 27.32 所示。当材料逐渐转变为奥氏体后，将恢复至退火时形成的状态。晶体结构改变时将产生很大的力。

3. 当温度升高时，奥氏体成分逐渐增加，最终完全转变为奥氏体。材料完全转变为奥氏体时的温度被称为**奥氏体完成温度**(A_F)，如图 27.32 所示。

4. 一旦温度高达 A_F，继续升高温度将不再影响材料结构，但注意需避免温度升高到退火温度，因为一旦温度高至退火温度，材料将会被重新训练。（另外，在 A_F 到退火温度之间的温度区间的材料被称为"超弹性"材料，此时会产生很大应变，但无塑性形变，有时应变可高达 10%。这种现象非常有意思，值得设计者关注。）

5. 当温度从 A_F 下降至**马氏体开始温度**(M_S)时，材料结构开始向马氏体转变，如图 27.32 的顶部中间所示。需要注意的是，由于存在滞后，因此马氏体开始温度(M_S)低于奥氏体完成温度(A_F)。

6. 当温度进一步下降时，马氏体成分将继续增加，直至完全转变为马氏体。降温开始时，虽然晶体结构发生了变化，但 SMA 依旧保持其记忆形状，转换完成温度被称为**马氏体完成温度**(M_F)。

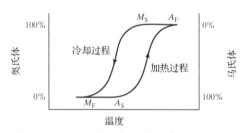

图 27.32　SMA 的相变温度和滞后相变行为

在奥氏体成分按比例增加的过程中将产生力，可用于驱动 SMA 执行器。目前有多种方式使得材料恢复到退火态，如仅对 SMA 通电即可对其加热；当然还可采用其他方式提升温度。一般而言，可采用已进行默认长度训练的小直径导线构建 SMA 执行器。当导线被拉伸后，其长度大于默认长度，将会向导线注入电流，导线温度上升，SMA 温度随之上升，长度被迫收缩。然后断开电流，导线开始冷却松弛，在冷却过程中，需要加入外力以拉伸材料，否则当其转化为马氏体时，材料将恢复记忆状态，即接通电流仅仅使设备升温，而不会产生其他运动，这对于执行器而言简直就是灾难性表现。

如前所述，当 SMA 温度低于相变温度时，其应变水平应控制在某个范围之内，一旦超出该范围，材料将产生永久性形变。例如，镍钛诺的最大应变约为 8%，一旦达到应变极限，如果温度超

过 A_F，则 NiTi 将完全恢复其记忆形状；如果应变大于 8%，材料将无法完全恢复到退火形状。显而易见，如果材料处于或接近最大允许应变状态，可能导致使用寿命严重下降，循环工作几十次后即可能发生性能恶化和劳损。为使材料寿命更长，比如能循环工作数百万次，应将其应变控制在 2% ~ 5%左右，当然，对于大多数材料而言，应变越低，寿命越长。

SMA 的响应速度取决于材料加热/冷却的时间。在一般情况下，相比于其他驱动方式，SMA 响应速度较慢。将电流注入 SMA 执行器即可使其回缩，内部产生的热量可根据公式 $P = I^2 R$ 计算获得。冷却过程一般耗时较长，具体值取决于 SMA 的形状、质量和比热，以及传导和对流的传热率（可能还需加上少量辐射）。但即使对所有变量进行优化，SMA 的响应时间还是偏慢，一般循环周期为 1 Hz（此处所谓的一个"周期"指 SMA 回缩、松弛时间的总和）。

尽管 SMA 响应速度缓慢，但产生的力却非常大，分子结构状态变化产生的力足以产生运动。其输出压力大小取决于执行单元的尺寸；镍钛诺的最大输出压力约为 600 MPa（600 MN/m²），即面积为 1 m²（10.76 ft²）的镍钛合金能够产生 600 MN 的力（224 809 磅）。此外，仅需一条横截面积为 $1.15×10^{-4}$ in²、直径为 0.012 in 的镍钛线即可产生 10 磅的力。

采用市面上出售的线材即可构建最简单的 SMA 执行器。众所周知，线材的合金成分和尺寸多种多样，设计者可根据驱动力、相变温度、响应速度和使用寿命进行合理选择。这些市面上出售的线材已经在制造过程中经过训练处理，可以直接使用。除线材外，市面上还有多种类型的材料可供选择，如板材、棒材、杆材、管材等，均可用于构建 SMA，但这些材料并未经过训练（退火）处理，设计者必须首先确定相变温度，并据此对 SMA 原材料进行调整，然后退火。如图 27.33 所示为一种被称为"Solar Space Wings"的太阳能组件，机翼元件由 SMA 线驱动，动力由太阳能电池提供。

令人意想不到的是，目前已有许多产品选用了 SMA 驱动元件，例如无电源自动温室天窗开闭装置；当温室内温度高于奥氏体开始温度（A_S）时，SMA 执行器打开天窗排出热空气，为温室降温；当温度低于马氏体开始温度（M_S）时，执行器关闭通风孔，该装置不需要任何外部电源或软件即可实现自动温度感应和控制器（窗口）驱动。

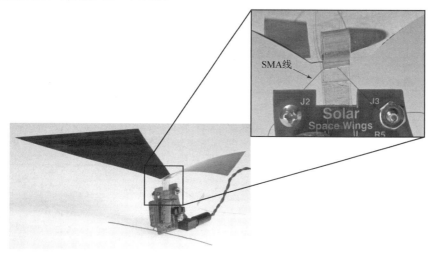

图 27.33　"Solar Space Wings"，由 SMA 线驱动的太阳能组件

SMA 执行器还可用于不适合人类涉足的高温环境，例如，SMA 执行器可用于自清洁烤箱门上的自动锁定装置；当自清洁循环开始且烤箱加热温度超过闩锁的 SMA 相变温度时，将会锁紧烤箱使用户无法开启（以免高温灼伤使用者）。自清洁循环结束后，当烤箱冷却到安全温度时再打开闩锁。SMA 执行器同样也可用于防烫伤阀，使得用户在不小心打开淋浴器或水温过高的储水器时不会被烫

伤。当超过 SMA 元件的相变温度的水流经阀门时，SMA 将关闭阀门以防止烫伤。SMA 可用于可重置消防喷淋阀，以及充当锂离子电池的断开电路元件——锂离子电池在过热时可能引起火灾。

众所周知，人体内无法加入外部电源，所幸镍钛诺具有高度生物相容性，可被永久植入人体。人体内部温度恒定，一般为 98.6℉或 36.5℃，因此仅需将相变温度设置为远低于体温值即可。当将 SMA 植入人体时，会施加一个很大的力使材料恢复到记忆形状。因为这些特点，镍钛诺已广泛用于医疗设备中，如用于制作支架（用于支撑开放动脉、静脉、肠道和其他体腔的动脉管）、正畸牙套的张紧线、夹子和手术牵开器等。

可替代直流电机和电磁铁的 SMA 执行器已经面市，这对于机电工程师而言是一个重大的利好消息；SMA 执行器能量密度高（单位质量的有效输出力）、封装尺寸小、驱动力大、寿命长（取决于如何使用），但响应时间比市场上现有的电机和电磁铁要慢。以 Miga Motors 的线性执行器为例，它可以产生高达 4.5 磅的推拉力，行程为 0.5 in，质量约为 25 克，尺寸为 3.125 in×0.864 in×0.286 in（长×宽×高），能在大约 25 毫秒时间内驱动活塞。如果将其无约束放置于静止空气中，可在 3～15 秒内松弛至被动态。制造商声称，如果采用强制对流改进冷却效果，则可使松弛速度提升 100 倍，这些特性对传统电机或电磁铁来说都很难实现。

27.6　总结

本章介绍了多种可用于替代直流电机和电磁铁的"其他"执行器。尽管目前电机和电磁铁的应用范围十分广泛，但并不能适用于所有应用场合，因此对于微机电工程师而言，这些替代技术显得非常实用。"其他"执行器利用物理现象产生运动，本章介绍了流体力学应用、压电效应和形状记忆效应等最常用的替代技术。需要特别说明的是，还有许多其他替代技术，尽管使用频率较低，但仍有研究价值，如磁致伸缩材料、磁流体和电活性聚合物的执行器等，这些执行器能为特定应用提供理想的驱动。

表 27.1 列举了上面讨论的技术，并进行了性能比较；旨在帮助设计者快速评估技术的适用场合。

表 27.1　本章所述执行器性能对比

执行器类型	物理学原理	控制机制	普遍度	成熟度	使用难易度	采购难易度	移动范围	最大带宽	优 点	缺 点
电磁阀	电磁感应	电流通/断	+++	+++	+++	+++		1 kHz	响应迅速，寿命长	
伺服阀	电磁感应	电流通/断，PWM，模拟控制	+	+++	+++	+		1 kHz	适用于控制类应用，寿命长	供货商少
气动执行器	动态流体 $F=P\times A$	阀门	+++	+++	+++	+++	0.1 英寸到十几英寸	1～10 Hz	输出力大，移动距离大，寿命长	系统复杂度高
液压执行器	动态流体 $F=P\times A$	阀门	+	+++	++	+++	0.1 英寸到十几英寸	1～10 Hz	输出力非常大，移动距离大，寿命长	工作压力大（～3000 psi）系统复杂度高
压电执行器	压电效应	电压	−	++	−	+	1 纳米到十几微米	1 kHz	高位置分辨率和准确度，小电流，低功耗，无供电位置保持功能，不受磁场影响	移动距离小，电压高，造价高

（续表）

执行器类型	物理学原理	控制机制	普遍度	成熟度	使用难易度	采购难易度	移动范围	最大带宽	优　　点	缺　　点
SMA 执行器	分子晶体结构变化	温度（热传递）	-	++	++	++	取决于结构	1 Hz	输出力大，寿命长，能量密度大，不需供电，设计简单，生物相容性（NiTi）	响应速度慢，高电流/高电压，价格高，制作过程复杂

27.7　习题

27.1　比较第 24 章的电磁铁与本章的电磁阀的区别。

27.2　直动式电磁阀与先导式电磁阀的差异何在？

27.3　电磁阀与伺服阀的区别是什么？

27.4　对于给定的转矩，单叶片或双叶片旋转执行器，哪个尺寸更小？给出理由。

27.5　响应脉冲为 $0.5 \sim 2.5$ ms、旋转角度为 270° 的伺服电机在两个极端之间运动，脉冲发生时需要采用何种时序分辨率才能以 1° 的增量提供位置控制？

27.6　工程师想要使用微控制器的 8 位硬件 PWM 子系统来产生脉冲，对习题 27.5 中的电机进行定位。如果选择 PWM 子系统的时钟以使最大 PWM 周期为 20 ms，那么伺服电机在最小和最大位置时需要什么样的占空比（$0 \sim 255$ 对全 8 位 PWM）？

27.7　习题 27.6 中的电机和 PWM 驱动系统的组合系统的角度分辨率是多少（当 PWM 计数变化 1 时，电机转动多少度）？

27.8　特定的定位应用需要以 μm 量级产生 1 cm 分辨率的运动，并产生 10 N 的力。选择适当的执行器技术以实现这种定位。

27.9　简述用一段镍钛诺线产生拉力的执行器工作过程。需全面描述原材料、无记忆线及执行过程。

27.10　从下列的执行器技术中（本章没有讨论的）选择其一，然后（1）简述其工作理论；（2）至少列举一个应用；（3）完成表 27.1 中对应的所选择执行器的技术内容。

（a）磁致伸缩材料执行器

（b）磁流变执行器

（c）介电聚合物执行器

扩展阅读

Actuator Design Using Shape Memory Alloys, Waram, T., 2nd ed., 1993.

"Introduction to Piezo Transducers," Catalog #7C, 20–23, Piezo Systems, Inc., 2008.

"Introduction to Piezoelectricity," Catalog #7C, 57–59, Piezo Systems, Inc., 2008.

Introduction to Pneumatics and Pneumatic Circuit Problems for FPEF Trainer, Groot, J.R., et al., Fluid Power Education Foundation.

Introduction to Ultrasonic Motors, Toshiiku, S., et al., Oxford University Press, 1993.

Muscle Wires Project Book, Gilbertson, R., 3rd ed., Mondo-tronics, Inc., 2000.

第 28 章　基本闭环控制

28.1　引言

本章是讲述基本闭环控制的唯一章节，读者可能会问："机电一体化系统不就是闭环控制系统吗？"从某种意义上来看，基本闭环控制系统与机电一体化系统的设计目标大致相同，但具体细节略有差异，本章将重点介绍机电一体化系统的控制策略和控制算法。

本章将详细介绍"闭环控制"技术。闭环控制，也称"反馈控制"，其核心在于测量输出参数，并将其反馈至输入端实现闭环控制，以确保系统输出满足设计需求。我们将讨论闭环控制系统如何进行开关控制(也称"启停"控制)和线性控制，如比例控制、积分控制和微分控制。

本章还将介绍"开环控制"。与闭环控制相比，开环控制的输出信息对控制信号无影响，其信号响应控制基于系统假设实现。本章还将讨论开环与闭环控制方式的优缺点，并以之为基础讨论控制方式的选择，并介绍一些采用传统控制方法无法实现的特定控制方法。

28.2　相关术语

一般可用框图来描述控制系统的组成。图 28.1 是基本控制系统框图，该系统包括一个输入和一个输出。

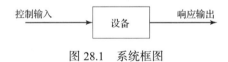

图 28.1　系统框图

图中"设备"即为系统，它沿用了化学工业处理中的闭环控制概念，可通过**控制输入**参数改变系统响应，我们将以直流电机控制为例展开分析。直流电机设计中面临的主要问题是如何通过改变占空比来控制电压，所谓**控制效应**的本质就是一种输入控制问题。**响应输出**为用户所需的监控、控制参数，对直流电机而言即为电机转速。

在讨论控制问题时，不仅需要重点关注可控制输入的系统响应特性，还需注意外部干扰。系统响应通常呈现阶跃响应特性，阶跃响应表现为系统对输入指令(或控制输入)的瞬时变化特性。图 28.2 给出了三种阶跃响应曲线：欠阻尼、过阻尼和临界阻尼。图中详细标注了不同类型的阶跃响应特性。

如图所示，控制输入在 $t = 0$ 时刻从 0 变为 1，系统的三类动态响应分别为过阻尼、欠阻尼和临界阻尼。过阻尼响应的上升时间长，表现为从 $t = 0$ 时刻开始，以单调递增逼近稳态值。欠阻尼响应的上升时间较快，会产生过冲，其瞬态输出值大于稳定值，在进入稳定态之前表现为阻尼振荡特性。临界阻尼的响应介于过阻尼和欠阻尼的响应之间，性能表现最佳，具体表现为当输出值小于最终稳定值之前时上升时间快。但在具体工程实践中，我们一般很难使系统处于临界阻尼状态，事实证明，也确实没有使系统务必处于临界阻尼状态的需要。

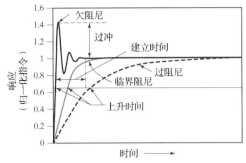

图 28.2　过阻尼、欠阻尼和临界阻尼系统的阶跃响应

28.3　开环控制

大多数情况下我们都会假设电机处于闭环控制状态，但事实并非如此。在讨论传统的闭环控制之前，先来看看简单的**开环控制**。开环控制能使设计人员快速了解系统响应与控制变量之间的响应关系，并据此设计系统以达成设计目标。例如，使永磁有刷直流电机以恒定速度运行；由第 23 章可知，如果采用驱动制动模式和足够高的脉冲宽度调制（PWM）频率，即可使 PWM 占空比和电机转速保持良好的线性关系（也可以存在一定偏移），如图 28.3 所示。

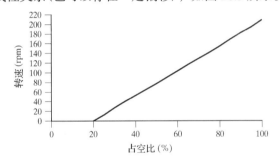

图 28.3　简易直流电机的 PWM 占空比和转速关系图

在某些情况下可做如下假设：只要保持电机负载不变，就可维持占空比与电机转速之间的线形关系。由此可知，在已知占空比与转速关系的前提条件下，只需根据电机转速需求来设置输入占空比，再将该占空比的 PWM 输入电机驱动电子元件，即可获得所需电机转速。如果占空比与电机转速关系表现出非线性特性，则可采用分段线性近似查找，也可采用多项式曲线进行拟合，以得到设计转速所对应的占空比值。

以上方法虽然在一定程度上有效，但显而易见的是使用这些方法不一定能够获得设计转速。因为如果实际电机特性与用以生成关系图的电机特性不同，则驱动产生的电机转速也将不同。另外，如果电机负载不同，或者负载在设备使用期间发生变化，则该关系曲线将不再有效，也就不会产生所需的电机转速。

尽管开环控制缺陷明显，但实际上其系统响应是可以满足设计需求的，至于是否确实能够满足设计需求，则取决于系统需求。例如，以电机驱动冷却功率晶体管散热器的风扇，冷却风扇电机转速随晶体管驱动负载（微控制器控制）变化而变化。如果已知晶体管负载的变化特性，则可因此调整冷却风扇电机转速。对于那些需要严格控制成本的产品而言，将测量获得的电机转速（或者产生的气流的体积）反馈给控制电机的方式并不那么经济实用，主要问题是成本过高。实际上电机转速无须完全与指令速度匹配，即便存在±10% 的误差也足以满足需求。另外，对于电机而言，风扇本身的负载特性不随时间变化，其应用所需控制精度也不高，因此采用价格低廉的开环控制即可满足应用需求。

28.4 开/关闭环控制

当开环控制无法满足控制需求时，则需采用更加复杂的控制系统以达成设计性能目标。最常采用的解决方案是引入某种类型的**反馈和闭环控制**来改善响应表现性能。**开/关控制**是一种最简单的闭环控制系统，顾名思义，在开/关控制系统中，控制特性只有两种状态，即开启和关闭，控制参数也只有两种取值。当然，这并不意味着无法设置控制点，实际上，控制点的值可设置为任意值。需要特别注意的是，系统控制响应速度需低于控制开关速度。

闭环控制常用于热控制系统，如建筑物加热/冷却系统、冰箱、烤箱等。对加热/冷却系统和冰箱来说，"执行器"（冰箱或空调系统的压缩机）是无法进行调制的，即其状态非开即关；当然烤箱存在调制控制问题，但属于另一类应用范畴。

从理论上来说，开/关控制系统可采用单点控制执行器，即如果测量参数低于设定值，则执行器激活；如果高于设定值，则执行器停用。问题在于当测量参数在设置值附近上下波动时，可能使得执行器产生颤振（即先打开执行器，然后又随之关闭）。因此，在实际应用中，开/关控制系统往往会设定两个阈值，一个高于设定值，一个低于设定值，当测量值低于高阈值时即激活执行器，并一直保持，直至测量值大于高阈值再关闭执行器，然后一直保持关闭状态，直至温度低于低阈值才再度激活执行器。说到此处，读者可能会想起第 11 章所介绍的迟滞比较器中的比较阈值设定问题，这两种控制方式显然有异曲同工之妙。烤箱设计中的双阈值设置可能导致对温度变化的响应滞后，用控制工程的术语来说，两个设定阈值之间的区域被称为**"死区"**，只有当温度值处于"死区"之外时，烤箱状态才可能发生变化。

开/关控制系统只有在一系列条件得到满足的前提下方可成为可行方案。首先，也是最重要的一点，系统应允许因开/关控制而导致的输出响应误差，如家庭供暖系统应用，由于人对温度并不十分敏感，因此无须进行小范围温度调整；另如烤箱应用也能容忍温度的小范围波动。但化学反应则完全不同，温度的细微变化可能导致化学反应烈度差异，因此开/关控制不适用于化学反应控制。

其次，设计人员必须明白，开/关控制需要综合考虑系统的动态特性和执行器的"力度"。必须将控制参数的峰-峰值限定在某个范围以内才能满足系统要求。为了使读者更加深刻理解这个问题，下面以烤箱为例进行说明。众所周知，烤箱是一个庞大的加热器件，每种加热器件都有自己的热容量，也不可能瞬间达到设定温度，加热器开启后需经过一段时间才能使得炉内温度停止下降。在此段时间内，加热器的温度需高于炉内温度才能使得炉内空气温度上升，因此，炉内温度先降后升，更多的热量被辐射到空气中。当传感器检测到炉内温度到达高温阈值时，将关闭加热器。但由于加热器本身有热容量，且此时加热器温度高于炉内温度，因此虽然加热器已经关闭，但炉内温度将继续上升，这将使炉内温度高于高温阈值。以此类推，炉内温度在冷却过程中也可能低于低温阈值。至于具体比高温阈值高多少，或比低温阈值低多少，则由系统的热动态参数决定，该参数是加热器热容量和散热速率的函数。要使开/关控制系统满足设计要求，则必须将此类偏差控制在一定范围之内。以烤箱为例，如果平均温度为 350°，而实际温度在 300° 和 400° 之间变化，则其性能表现显然无法令人满意。

28.5 线性闭环控制

如果系统不允许开/关控制存在固有偏移，则需采用其他类型的闭环控制反馈方式，以确保输出值为中值，进而满足精密控制需求，此时需引入线性闭环控制。需要说明一下，本章此节之后的内容均围绕线性闭环控制展开，我们将用数页篇幅对其进行详细分析，如果读者想更加深入学习此部分内容，可选择参考文献[1]～[3]所列的经典书籍，本书不再赘述。

本节将以直流电机转速控制为例，说明如何实现系统线性闭环控制。本例中的电机控制方式适用于多数控制系统，其控制表现也基本一致。本例中的直流电机系统为读者提供一个具体、直观的实例，使读者可以体验一下如何通过真实数据评价设计的算法表现。

一般的闭环控制系统框图如图 28.4 所示。

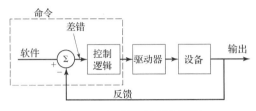

图 28.4　闭环控制系统框图

图中虚线框内部分由微控制器软件执行，需注意的是，并非所有系统都采用软件控制方式，某些系统也会选择硬件控制。驱动器模块包含驱动设备的必要功率器件；设备即控制主体，本例的设备为直流电机；设备的输出（即控制参数）为直流电机转速。

28.5.1　开始设计

如果设计者需要开发一种控制算法，则首先需要仔细思考该设备的手动控制逻辑，因为此过程将有助于为控制算法设计提供最直观的基本控制逻辑。我们可以考虑这样一个实例，即采用手动变速箱控制直流电机转速，用户可通过控制旋钮来调节电机电压，以获得当前电流条件下的电机转速。该信息即可视为反馈值，此时设计者需仔细研究控制逻辑，然后即可明确该如何调整旋钮以获得目标转速。

首先设计者需要了解电机转速与目标转速之间的关系，并基于两者之间的差异来确定旋钮的位置。电机转速与目标转速差异越大，所需的控制力也越大。如果电机转速太慢，则需加大控制力（提高电压）；反之，如果电机转速过快，则应降低控制力（降低电压）。该算法的数学表达式如下：

$$控制力 = (WhereWeWantToBe - WhereWeAre) \times 尺度因子 \tag{28.1}$$

如果需要加快电机转速，则可将差值设置为正值，WhereWeWantToBe 和 WhereWeAre 之间的差值即可视为速度偏移量。这对应闭环控制的中心控制问题，因此可将其定义为**偏差**，用控制专用名词表示即为"**增益**"。此例中，增益与偏差成正比，因此可被称为**比例增益**，通常可用数学符号 K_P 表示。

控制逻辑的 C 语言代码如下所示：

```
RPMError = TargetRPM - CurrentRpm;
RequestedDuty = (RPMError * ProportionalGain);
SetDuty(RequestedDuty);
```

设定输出轴目标转速（TargetRPM）为 150 rpm，运行该代码，输出结果如图 28.5 所示。

图 28.5 所示为电机转速与占空比（控制逻辑）之间的时间关系曲线。如图所示，在 $t = 0$ 时刻，指令速度瞬时从 0 跳变至 150 rpm，因此可将该响应视为系统阶跃响应。

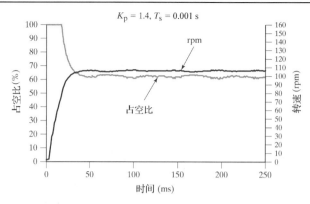

图 28.5　只使用比例增益的直流电机阶跃响应

分析图 28.5 可知，控制逻辑直接影响控制表现。启动时，占空比为 100%，偏差乘以比例增益后，控制量达到最大值。随着电机转速逐渐接近目标转速，偏差变小，大约 20 ms 后，根据 (RPMError * ProportionalGain) 项，指令占空比开始下降，并很快达到稳定平衡点，此时的指令占空比（相对）恒定。请注意，电机转速存在约 ±1.1 rpm 的小范围波动，但波动值基本恒定。遗憾的是，此时的电机转速（106 rpm）并不等于目标转速（150 rpm）。读者可能会想到通过增大增益来降低转速偏差，这个想法乍一听很有道理，但实验结果却并不乐观。如图 28.6 所示，增加比例增益可能导致阶跃响应，进而影响系统稳定性。

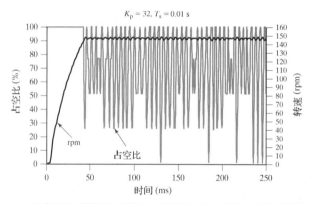

图 28.6　只使用比例增益且增加比例增益时，直流电机的阶跃响应

如图所示，本例试图通过增加比例来降低稳态转速偏差，当电机平均转速增加到 145 rpm 时（仍然小于 150 rpm 的目标转速），转速波动大幅增加。由占空比变化曲线可知，速度变化源于占空比的剧烈振荡，这样的系统非常不稳定。

回过头检查一下控制逻辑，则可解释为何系统无法达到目标转速。当偏差为零时（即已经达到目标转速），控制量将为零。此时如无其他控制介入，控制器将无法在偏差为零的前提下保持电机转速。由此可见，仅基于比例增益的闭环控制将永远无法达到设定转速。

28.5.2　智能化

基于之前介绍的比例增益方法，可以重新考虑手动电机控制方式，并进行手动控制模拟。有了前面的经验，读者可能会脱口而出："可以通过提高电压来获取目标转速"，事实证明这种方法是可行的。在此我们仅需回顾一下无法获得目标转速的原因，然后通过调节指令占空比使偏差趋于零。目前有许多可用于构建离散积分器的方法，其中最简单、直观的一种被称为梯形规则，如下所示：

$$电流积分误差 = \Delta t \times [(上一步误差 + 当前误差)/2] \tag{28.2}$$

如果以恒定速率采样（基于控制方法需求），即 Δt 为常数，可将 Δt 和除数从计算公式中移出并转化为增益项，然后对偏差之和进行积分，此方法将历史偏差转化为一个数字并用于控制，简化后的数学公式如下：

$$控制力 = (误差×比例增益) + (积分增益×累积误差) \tag{28.3}$$

离散积分运算可等价为求和运算，因此可将求和运算中采用的比例增益等价为**积分增益**。此时控制力将同时包含比例项和积分项，通常被称为 **PI 控制**或**比例积分控制**，偏差求和增益通常用符号 K_i 表示。

在控制逻辑中引入积分项之后，即可着手研究如何采用微控制器来实现控制逻辑。如前所述，求和是积分的近似解，因此必须考虑一些其他的积分变量，本例可考虑引入时间变量。控制逻辑中存在一个隐含假设，即所有控制都建立在同一控制频率的基础上，两次输出之间的时间间隔为恒定值，这是一个非常重要的假设。如果控制逻辑对控制频率无准确控制，则需特别标明控制逻辑的控制时序，这无疑是十分复杂的。为了降低复杂度，一般控制系统都会选择恒定的执行周期，本例则设置为 1 ms。

基于比例积分（PI）的联合控制法的 C 代码如下：

```
RPMError = TargetRPM - CurrentRpm;
SumError = SumError + RPMError;
RequestedDuty = ProportionalGain*(RPMError + (IntegralGain * SumError));
SetDuty(RequestedDuty);
```

请注意，代码段中的 RequestedDuty 表示式(28.2)。此时比例增益不仅包括偏差项，还包括积分项。这是一种闭环控制的常用表达方式，当需基于时间参数选择系统的必要增益时，这种方式的优势明显（详见 28.5.5 节）。

运行该程序可得如图 28.7 所示的阶跃响应。

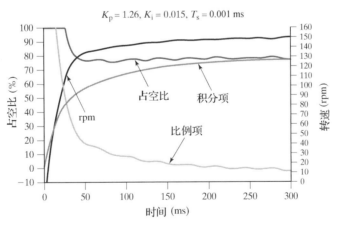

图 28.7　基于 PI 控制的阶跃响应

该系统的初始响应与比例控制响应相似，因为在初始响应区域仅需采用比例控制，便足以获得占空比为最大值的控制量（通常称之为执行器**饱和态**）。当比例控制量开始下降时（约 20 ms 之后），积分项将获得足够的积分偏差和，并开始显著增大。积分项是在电机转速缓慢向设定速率逼近的过程中产生的，在此设定条件下，我们的新 PI 控制在测试系统中运行情况良好。但积分控制也可能导致系统不稳定，如果将积分控制添加至处于临界稳定状态的比例控制系统中，则必须降低比例增益以保持系统稳定，我们将在下一节介绍干扰抑制时再讨论此问题，稍后在讨论增益选择问题时也将介绍积分控制效应。

28.5.3 干扰抑制

接下来可以设想一下将干扰引入一个处于稳定指令转速的系统将会带来何种后果。事实上，干扰问题正是促使用户选择闭环系统的重要原因之一，因为闭环控制系统能够随时检测不可预测的变数，并据此做出相应调整以保证输出正常。克服外部干扰的能力被称为**干扰抑制**，图 28.8 所示为直流电机示例系统对反复加载/卸载的外部拖曳力的响应曲线，此例通过轻微夹持连接在电机上的轮子来产生干扰。

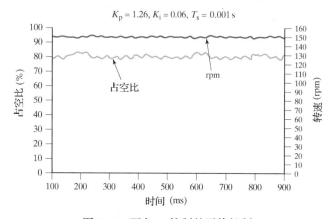

图 28.8　面向 PI 控制的干扰抑制

由图可知，我们很难从转速曲线看出干扰影响，该系统在保持设定点方面做得非常好。我们可以看一下占空比(控制量)，当外部负载增加时(150~250 ms，575~650 ms)，需通过增加占空比来保证系统处于指令转速。

如图所示，系统在当前条件下运行状态良好，但如要确保系统稳定性，则需引入其他因素。对于干扰抑制问题而言，即意味着需要加入超出系统控制补偿范围的外部负载，甚至使执行器处于饱和态，即占空比等于 100%。在这种设定条件下，将大幅干扰引入同一 PI 控制系统，所得系统的阶跃响应如图 28.9 所示。

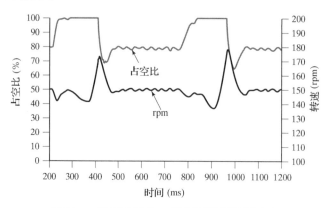

图 28.9　干扰过载的 PI 控制系统的阶跃响应

该测试仅仅持续了 200 ms。对控制系统加入超大负载，执行器迅速进入饱和态，占空比达到 100%，转速下降到目标转速以下。该现象说明，外加干扰已超出控制系统的可控范围，这正是我们希望观察到的结果，引入大幅干扰的目的就是观察该条件下的系统响应特性。

当负载突然(约 375 ms)消失时，基础 PI 控制系统的问题便暴露无遗了。此时，电机转速超过了目标转速(即发生过冲)，需耐心等待积分比例控制(主要由积分项带来衰减，见图 28.10)将系统转速恢复到设定值。

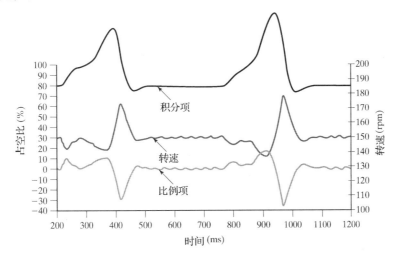

图 28.10 给出比例和积分贡献的积分饱和

那么为什么会出现这种过冲现象呢？仅需仔细观察算法的运行方式及积分项和比例项的值，即可获得答案。积分项对偏差求和，以期获得更大的控制力，并将其施加于电机之上。当占空比达到 100% 时，系统穷尽所有也无法消除干扰，但偏差值却在继续累加。因此，当干扰一旦消除时，积分项中依旧存有很大的累积偏差，使电机继续加速至大于目标转速，这种现象被称为**积分终结**。要解决该问题，则需在控制算法中引入**抗积分终结**机制，最简单的方法是对指令控制力进行监控，一旦发现占空比到达 100% 便立刻停止偏差积分。同理，当指令占空比等于 0% 时，同样需要使电机减速，即也需立刻停止偏差积分。改进后的算法如下：

```
RPMError = TargetRPM - CurrentRpm;
SumError += RPMError;
RequestedDuty = ProportionalGain*(RPMError + (IntegralGain * SumError));
// add Anti-Windup for the integrator
    if (RequestedDuty > 100) {
        RequestedDuty = 100;
        SumError-=RPMError; /* anti-windup */
    }else if (RequestedDuty < 0){
        RequestedDuty = 0;
        SumError-=RPMError; /* anti-windup */
    }
SetDuty(RequestedDuty);
```

该算法的抗干扰性能与图 28.11 的相似，负载卸载时并无速度超调发生。

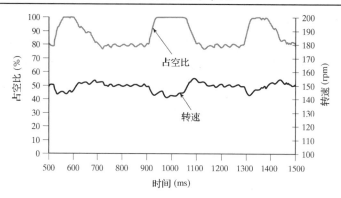

图 28.11　抗积分终结的 PI 控制性能

28.5.4　引入微分控制进一步提高性能

相比于开环控制和单独采用比例控制的方式，如图 28.7 与图 28.11 所示，系统响应已有很大改善，但又会带来另一个新问题——当输入发生变化时，如何能使输出快速响应输入变化，如要实现这一目标，又该如何改进设计呢？迄今为止我们已经讨论了两种可调增益，即比例增益和积分增益，那么增大积分增益是否能使系统转速更加迅速地调整到新设定的目标转速呢？实验后我们得到如图 28.12 所示的一组曲线。

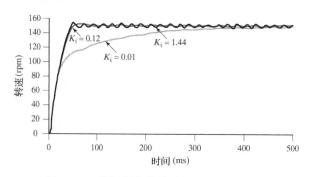

图 28.12　增加积分增益对 $K_p = 1.26$ 的影响

如图所示，增加积分增益对缩短上升时间有一定帮助。但如果继续增加积分增益，则当转速上升到某个设定点时即会发生过冲。如果再继续增加积分增益，则上升时间再无改善，并且会导致执行系统振荡。

由此可知，如果能消除振荡的影响，则增加积分增益是能够提高响应速度的。显而易见，此时需要引入一种新的方法来解决振荡问题。让自己扮演一下控制器的角色吧，看看是否能找到解决过冲问题的方法。

我们是否可以采用监控方式呢？一旦发现控制器快速接近设定点，即开始降低控制量以确保不会发生过冲。按照这个思路，下一步需要选择一个恰当的时刻来调整控制量，此时能获得的调整关键依据是转速的变化率。如果能引入一种方法来读取偏差变化率(即偏差的导数)，并以之为依据来增/减控制量，即可生成如下所示的控制逻辑：

$$控制力 = 比例增益\left[误差 + (积分增益 \times 累积误差) + \left(微分增益 \times \frac{\mathrm{d}误差}{\mathrm{d}T} \right) \right] \quad (28.4)$$

基于此，我们可获得一种新的控制器。该控制器内含比例(P)、积分(I)、微分(D)控制器，通常被称为 PID 控制器；微分增益一般用符号 K_d 表示。将该控制器用于我们的示例系统，所得的阶跃响应及 PI 与 PID 响应曲线的对比如图 28.13 所示。

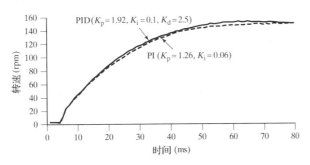

图 28.13　PID 和 PI 控制的阶跃响应

如图所示，两条响应曲线基本重合，即相比于 PI 系统，PID 系统对阶跃响应的改善并不明显。但系统惯性越小，微分控制的影响将会更加明显。随着微分控制的引入，即便增加比例增益和积分增益，也不会导致驱动系统的不稳定，且会提升响应速度，例如缩短上升时间。在一般情况下增加微分控制能够提升系统稳定性，此时，增加的稳定性能够补偿积分控制带来的不稳定效应。当然，微分控制也会带来一些潜在问题，如可能引起反馈信号噪声增加，又如微分控制引入的微分增益可能放大信号中的高频低幅噪声。为了解决这个问题，可在微分控制器之前加入一个低通数字滤波器(详见第 15 章)。

微分控制要求控制器能够随时跟踪控制量偏差的变化特性，因此我们可以定义偏差变化率参数。再者偏差变化率的更新频次应为常数，这样即可认为偏差变化与变化率呈线性比例关系，这与 28.5.2 节所述的积分与偏差简单累积的等价问题类似。该控制方式的 C 语言代码如下：

```c
RPMError = TargetRPM - CurrentRpm;
SumError += RPMError;
RequestedDuty = ProportionalGain*(RPMError + (IntegralGain * SumError) +
    DerivativeGain * (RPMError-LastError)));
if (RequestedDuty > 100) {
    RequestedDuty = 100;
    SumError-=RPMError; /* anti-windup */
}else if (RequestedDuty < 0){
    RequestedDuty = 0;
    SumError-=RPMError; /* anti-windup */
}
LastError = RPMError; /* update memory for derivative term*/
SetDuty(RequestedDuty);
```

28.5.5　增益选择

众所周知，对于控制系统而言，如何选择恰当的增益值是至关重要的，该过程通常被称为调谐。由之前的直流电机示例可知，增益太大会导致系统振荡，增益太小则既难确保系统性能，且进入设定的目标稳定点的耗时增长。但问题在于我们无法轻而易举地获取最佳增益。

目前有三种广泛应用的方法可用于实现给定系统的最佳增益获取，设计者可根据系统的复杂程度及自身的知识背景选择其中之一(也可选择组合方式)作为备选方案。最佳增益的选择优劣在很大程度上取决于设计者本身，包括设计者对动态系统的理解程度，对假设条件的把控能力，以及系统实验能力等。

28.5.5.1 循环测试及误差

在反馈控制出现后的很长一段时间内，人们并不知道如何分析系统与控制器的相互作用关系，仅能通过反复实验来获取增益数据集。如你所料，单就发现"最佳"增益的能力而言，这种方式是极不靠谱的，如想以此获得最佳增益值，需要设计者具备丰富的调谐测试经验，并需经过一系列设置以确保控制器工作在次优状态。反复实验方法的成败取决于对各种条件及系统在不同增益条件下表现出的各种复杂特性的理解程度。当然，尽管这种方法不尽严谨，但其结果可用，而且对于设计者而言，充分理解不同增益值之间的相互作用关系显然十分有用。

从广义上讲，表 28.1 给出了增加不同控制参数后对控制逻辑的闭环响应表现的影响特性，可用于指导控制器参数的选择。但需注意的是，不同参数之间存在相互影响，因此表中的参数仅供参考。

表 28.1　加入比例、积分和微分增益对 PID 控制器的影响

控制参数	上升时间	超调	建立时间	稳态误差
K_p	减	增	无变化	减
K_i	减	增	增	消除
K_d	无变化	减	减	无变化

下面举例说明表 28.1 的使用方法，在 P 控制器和 PI 控制器中加入微分控制项将不会影响上升时间和稳态误差，但能改善过冲，并缩短建立时间。

另一方面，对于 PID 控制器而言，表 28.2 使设计者能够了解不同类型的增益参数对控制系统的影响。当然，由于不同增益参数之间存在相互作用，因此该表仅供参考。

需要特别说明的是 K_i 对建立时间的影响，在过阻尼响应(不超过目标值)条件下，增加 K_i 值将缩短建立时间，一旦进入欠阻尼响应(发生过冲)状态，增加 K_i 将会导致建立时间增大。

表 28.2　提高比例、积分和微分增益对 PID 控制器的影响

控制参数	上升时间	超调	建立时间	稳态误差
K_p	减	增	增	减
K_i	减	增	先减后增	消除
K_d	增	减	减	无变化

28.5.5.2 Ziegler-Nichols 调谐

1942 年，J. G. Ziegler 和 N. B. Nichols 在研究 PID 控制器的最佳增益选取问题时，制定了一系列用于实现"最佳初值猜测"的准则[4]，以指导设计者正确选择增益值。

在调谐过程中，设备应处于开环控制状态，设备应具备阶跃响应特性，系统响应可测。对于大部分设备而言，以上设置将会产生如图 28.14 所示的阶跃响应。

对于指令改变时间而言，此处的时间 d 是一个"伪时延"。T 表示指令响应时间，在响应曲线斜率最大处作切线，使其向下/向上延长，与横轴和最终输出值轴相交。该切线与最初稳态输出值的交点对应一个时间点，与最终输出值的交点对应另一个时间点，T 即为两个时间点之间的时间差。为了对控制循环执行速度变化的影响进行归一化处理，d 和 T 都用控制循环执行次数表示。K 值表示因给定指令变化导致的设备输出变化，定义比值(G_p)如下：

$$G_\mathrm{P} = \frac{K}{控制力的变化} \tag{28.5}$$

该比值被称为过程增益。

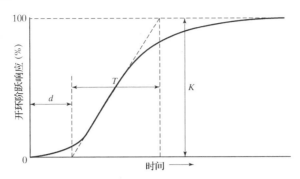

图 28.14　采用 Ziegler-Nichols 调谐的阶跃响应

采用 Ziegler-Nichols 调谐测量以上参数，即可采用以下公式计算 PID 增益：

$$K_\mathrm{p} = 1.2\,\frac{T}{dG_\mathrm{p}} \tag{28.6}$$

$$K_\mathrm{i} = \frac{0.5}{d} \tag{28.7}$$

$$K_\mathrm{d} = 0.5d \tag{28.8}$$

现在将 Ziegler-Nichols 调谐应用于我们的直流电机系统示例。此时过程增益 (G_p) 等于 2，伪时延 (d) 等于 5 ms，指令响应时间 (T) 等于 16 ms，d 和 T 的值被归一化为控制环路率 (1 ms)，代入式 (28.6) ~ 式 (28.8) 可得 Ziegler-Nichols 增益值：$K_\mathrm{p} = 1.92$，$K_\mathrm{i} = 0.1$，$K_\mathrm{d} = 2.5$，系统控制环路率等于 1 ms。根据以上参数设计的闭环系统性能如图 28.13 所示。

28.5.5.3　基于物理模型的调谐

基于 Ziegler-Nichols 调谐的 PID 增益调谐基于如下假设：设备的物理响应可等价为一阶系统模型 (详见参考文献[1]中有关系统阶数的描述) 加时延或死时间。这种假设对于给定设备可能并不那么友好。当设备动态特性复杂甚至不可预知时，该假设可能成立，并对设计大有裨益；但对于那些动态性能已知的设备却不尽然。当然，其中涉及的数学问题 (如拉普拉斯变换) 已超出本书范围，在此不再赘述，读者可参见相关书籍进行学习。如果读者尚未遇到此类问题，那么请记住，一旦开始学习并掌握了控制理论，则无须积累调谐经验便可对增益值进行计算分析。增益计算的相关知识参见参考文献[1] ~ [3]。

28.6　系统类型与积分控制的必要性

由 28.5.1 节可知，比例控制无法单独用于直流电机转速控制。尽管如此，比例控制依旧适用于多种类似系统，下面介绍一种可单独使用比例控制的系统。控制工程师根据其对应的系统特性表达式，习惯于将直流电机转速控制系统称为"0 型系统"。当系统单独采用比例控制时，0 型系统存在恒定非零偏差，我们可以更直观地认为 0 型系统的输入为常量，输出则等于恒定值。烤箱即是此类系统的典型应用，如果对烤箱输入给定热量，则其温度值将恒定不变。

直流电机转速与烤箱温度这两种控制输出特性迥异。例如，直流电机的有效输出是位置，而非转速；将恒定指令输入直流电机，其输出则为不断增加的位置信息。由于直流电机输出的是位置信息，因此不是 0 型系统，一般称之为"1 型系统"，此类系统仅采用比例控制。实际上比例控制能够执行多种定位任务，甚至能够实现对性能要求更高的 PD 控制，但由于控制器内无积分控制项，因此不可避免会产生零稳态误差。

28.7 控制环路率的选择

之前一直假设控制环路时钟等于常量，而且已经了解到控制环路周期间隔将会导致增益变化，但并未介绍应如何选择环路周期间隔，即环路率。这个问题并不那么容易回答，下面我们将就此展开讨论。

读者可能会问："要想保证控制环路正常运行，则最小环路率应该等于多少呢？"答案是："应由性能需求决定。"从绝对意义上讲，运行控制环路的速率并无明确下限值约束，该环路可以慢速正常运行。可想而知，这样的系统对环境变化的反应将异常迟钝。如果我们希望系统的响应速度尽可能快，则控制环路率应高于系统时间常数。以直流电机为例，系统的机械时间常数（速度上升至其最终值 63%所需的时间）为 36 ms。到目前为止，本章涉及的所有闭环数据的采集率均为 1 ms 环路率。在此环路率条件下，系统对增益值变化响应表现出一定的弹性特征，降低环路率将会导致系统对增益的灵敏度上升。图 28.15 所示为改变直流电机 PID 控制器的环路率对性能的影响，其中采用 Ziegler-Nichols 调谐计算增益。

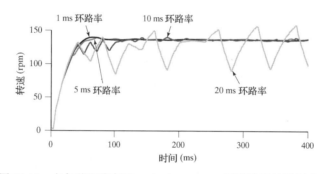

图 28.15　在各种环路率下，Ziegler-Nichols 调谐增益的阶跃响应

如图所示，在 1 ms 和 5 ms 环路率的情况下，系统表现出稳定的阶跃响应特性。在 10 ms 和 20 ms 环路率的情况下，系统分别呈现临界温度和不稳定特性。当然，这并不意味着系统无法在环路率较大时进入稳定态。图 28.16 给出了 1 ms、5 ms 的 Ziegler-Nichols(ZN) 调谐增益与 10 ms 的手动调谐增益的对比曲线。

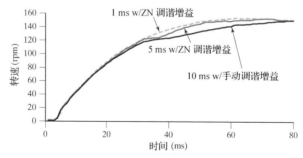

图 28.16　1 ms 和 5 ms 的 Ziegler-Nichols 调谐增益和 10 ms 的手动调谐增益的比较（$K_p = 1.2$，$K_i = 0.48$，$K_d = 0.75$）

如图所示,当环路率较低时,三者的增益曲线十分接近,当然,10 ms 环路率需采用手动调谐,因为在该环路率条件下,Ziegler-Nichols 调谐增益小到可以忽略不计。

由以上结果可以推断,我们能够根据某些经验法则来确定环路率的下限值,即当环路率为系统机械时间常数的 1/7 ~ 1/10 时,可采用 Ziegler-Nichols 调谐选择增益值。当环路率为系统机械时间常数的 1/3 ~ 1/4 时,其性能依旧可能与高环路率条件下的相比拟,但前提是需以手动来调谐增益。

另一个问题是,环路率存在上限值吗?如果存在,又等于多少?一般情况下,环路率越高,输出控制性能便越好,但需确保系统有足够的输入响应时间。我们的示例系统选择 10 kHz 频率的 PWM 实现电机驱动,即在一个 PWM 周期完成之前改变占空比不仅毫无意义,还可能适得其反。另一种上限限制源于控制系统时延,该时延与 Ziegler-Nichols 调谐生成的伪时延不同。在系统中的所有任务完成之前不可能接受新的控制任务,因此系统时延将会影响输出响应速度和反馈速度。

28.8　ad-hoc 法

迄今为止,我们讨论的线性闭环法(P、PI 和 PID)控制均假设控制输出与设备响应之间存在近似线性关系;当然,非线性控制系统涉及的控制理论更加复杂。问题在于如果非线性系统采用离散控制方法又会如何呢?步进电机定位系统即为此类应用的典型实例,光电反馈信号为源自光电传感器的信号幅度值,该系统框图如图 28.17 所示。

此时需要选择一种算法来解决步进电机的离散性问题,并减少从发送步进指令到系统进入新稳态之间的时延,该时延可用于设置控制算法的最大循环速度。在最后一次控制变化测量完成之前,我们是无法对算法进行合理改进的,因此在选择算法时需首先考虑一个基本条件,即传感器正对光源时将输出最大值;当光源向两侧偏移时,传感器输出幅度将会下降。假设控制算法以某种设定频率调用,则算法伪代码可表示如下:

图 28.17　基于步进电机的定位/跟踪系统

```
Persistent local variables: LastLightLevel, LastDirection
AimingAlgorithm:
    Read light sensor amplitude as CurrentLightLevel
    If CurrentLightLevel is less than LastLightLevel
        Change CurrentDirection to opposite LastDirection
    Else
        Leave CurrentDirection the same as LastDirection
    Endif
    Command 1 step in CurrentDirection
    Set LastDirection to CurrentDirection
    Set LastLightLevel to CurrentLightLevel
End AimingAlgorithm
```

一旦传感器与光源对准,该算法的输出值将对应三个不同位置,即完全对准和左右各偏移一步。当系统控制量连续(或近似连续)而反馈离散时,也会发生类似现象。此类系统的一个典型实例为采用反射光电传感器跟踪浅色地板上黑色带移动的系统,传感器响应输出为数字信号,即仅用于表示有无黑色带。该系统的传感器布设方式见图 28.18。

图中，黑色带未处于左右传感器的感知范围之内。假设黑色带为直线形式，平台运动轨迹也为直线，则平台将保持此状态不变；如果平台发生位置偏移，或者黑色带转弯，则黑色带必然落入其中某一个传感器的感知范围。如果传感器感知到黑色带，则表明需要转动平台，平台的转动速度将直接决定平台跟随黑色带转动的转动半径。

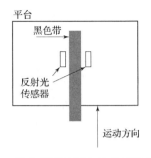

图 28.18　黑色带跟踪平台的传感器布设方式

采用 28.4 节所述的模拟开关控制方法即可解决此问题。平台有三种运动状态，即直行、左转、右转，此时需要选择左转/右转的转动速度，以保证转弯轨迹与黑色带保持严格一致。该算法十分简单，如下所示：

```
SimpleTapeTracking:
    If LeftSensor OffTape and RightSensor OffTape
        DriveStraight
    Else
        If LeftSensor OnTape
            TurnLeft
        Else RightSensor must be on tape
            TurnRight
        Endif
    Endif
End SimpleTapeTracking
```

运行该程序后，我们发现平台沿直线黑色带忽左忽右，摇摆前进，而摇摆频率与最小转弯半径相关，转弯半径越小，沿直线黑色带行进时的摇摆频率也越高。

这种算法虽然可用，但在直线黑色带上来回摇摆显然会浪费很多时间，因此需要对其进行改进。我们可以考虑换个思路，即如果采用某种方法推测转向角度，而非总以某种速率以最小转弯半径转弯，便可能解决此问题。如前所述，传感器输出为数字信号，如要推测转向角度则需引入输入参数。此时，我们可以参考上一次校正时的转向时间，如果上一次校正时间距离当前时刻较长，则表示平台运动确实已经偏离黑色带，仅需稍微改变运动方向。另外，如果上一次为左转，当前同样为左转，则需要大角度改变运动方向，转弯速度应与上次修正到当前修正之间的时间长度成反比。该算法的伪代码如下所示：

```
Persistent local variables TimeOfLastCorrection,
DirectionOfLastCorrection, RateOfLastCorrection
BetterTapeTracking:
    If LeftSensor is OffTape and RightSensor is OffTape
        Continue in last direction (no new correction)
    Else we need to make a correction
        DeltaTime = CurrentTime - TimeOfLastCorrection
        If LeftSensor is OnTape
            DirectionOfCorrection is Left
            If DirectionOfLastCorrection is Left
                RateOfTurn is RateOfLastCorrection +
```

```
                        ScaledInverseOf(DeltaTime)
            Else
                RateOfTurn is ScaledInverseOf(DeltaTime)
            Endif
        Else RightSensor is OnTape
            DirectionOfCorrection is Right
            If DirectionOfLastCorrection is Right
                RateOfTurn is RateOfLastCorrection +
                        ScaledInverseOf(DeltaTime)
            Else
                RateOfTurn is ScaledInverseOf(DeltaTime)
            Endif
        Endif
        Issue SteerVehicle command based on DirectionOfCorrection
                                    And RateOfTurn
        RateOfLastCorrection = RateOfTurn
        DirectionOfLastCorrection = DirectionOfCorrection
        TimeOfLastCorrection = CurrentTime
    Endif
End BetterTapeTracking
```

　　移动平台的驱动和转向系统的设计优劣将直接决定车辆转向指令的特性。用于驱动转向的反向函数尺度则取决于平台转向/速度控制机制的特性，需通过实验进行合理选择。

28.9　习题

28.1　当增益过大时，PID 的哪一项与系统的不稳定相关？哪一项与系统的稳定相关？

28.2　将 28.4 节所述的开/关控制法则函数编写成伪代码。

28.3　为什么单独采用比例控制永远无法达到设定点？请解释。

28.4　PI 控制系统的一阶响应如图 28.19 所示，

　　(a) 如何尽量在上升时间内修改增益以消除振荡？

　　(b) 如果此系统仅增加一个微分控制项(有一些非零增益)且保持其他增益不变，其响应可能发生何种变化？

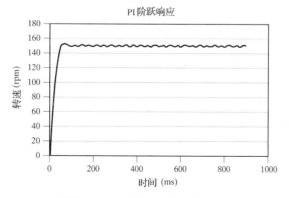

图 28.19　习题 28.4 的系统响应

28.5 实验室人员从 PI 控制器控制的系统中收集阶跃响应数据。转速与占空比的关系曲线如图 28.20 所示。请问是否需要提高增益以改进系统响应，如果可以，应该首先考虑提高哪种增益？

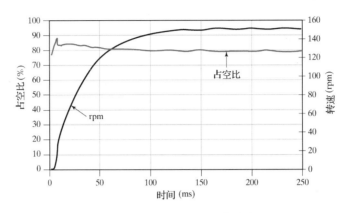

图 28.20 习题 28.5 的系统响应

28.6 某特定机械系统的时间常数为 100 ms，使用 PID 控制器，环路率为 25 ms。是否能够基于 Ziegler-Nichols 调谐公式计算出该系统的稳定增益？根据本章给出的指导原则进行分析。

28.7 一个特定系统的开环阶跃响应参数如下：

伪时延 = 8 ms

T = 25 ms

指令占空比变化 10% 时，输出变化为 20 rpm

如果系统使用 PID 控制器运行，环路率为 1 ms，则 K_p、K_i 和 K_d 的 Ziegler-Nichols 调谐增益等于多少？

28.8 一个特定系统的开环阶跃响应的参数如下：

伪时延 = 2 ms

T = 12 ms

指令占空比变化 10% 时，输出变化 = 30 rpm

如果系统使用 PID 控制器运行，环路率为 1 ms，则 K_p、K_i 和 K_d 的 Ziegler-Nichols 调谐增益等于多少？

28.9 一个特定系统的开环阶跃响应参数如下：

伪时延 = 30 ms

T = 120 ms

指令占空比变化 15% 时，输出变化为 30 rpm

如果系统使用 PID 控制器运行，环路率为 5 ms，则 K_p、K_i 和 K_d 的 Ziegler-Nichols 调谐增益等于多少？

28.10 一个特定执行器驱动的机械系统，从启动到稳定响应的时间常数为 30 ms。选择合理的环路率以控制该系统，并说明选择理由。

28.11 只有某些特殊系统可使用理想开关控制，如果需评估系统是否适合开关控制，需要考虑哪些因素？

参考文献

[1]　*Feedback Control of Dynamic Systems,* Franklin, G.F., Powell, J.D., and Emami-Naeini, A., Prentice Hall, 2005.

[2]　*Modern Control Engineering,* Ogata, K., Prentice Hall, 2001.

[3]　*Control Systems Engineering,* Nise, N., John Wiley, 2003.

[4]　"Optimum settings for automatic controllers," Ziegler, J.G., and Nichols, N.B., *Transactions of ASME,* 1942;（64）759-768.

扩展阅读

PID Without a PhD, Embedded Systems Programming, Wescott, T., October 2000.

第五部分　机电一体化项目与系统工程

第 29 章　快速原型制作

第 30 章　项目规划和管理

第 31 章　故障排查

第 32 章　机电一体化系统集成与融合

第 29 章　快速原型制作

29.1　引言

机电一体化项目通常很复杂，涉及范围广、要求高、工期紧，但却富有乐趣。正因为如此，机电一体化工程师总能热情满满地应对各种设计挑战。工程师们发现项目成功与否的关键在于能否迅速地将概念定义转化为具体功能，进而生成完整的系统。该转化流程隐含着巨大的风险，由于该流程将定义项目需求，因此可能是整个项目执行过程中风险最大的一个环节，如果处理不当（事实上，处理不当的情况很常见），则可能导致整个项目执行困难，进而诱发蝴蝶效应，这显然是极度令人不快的体验。事实上每个人都可能陷入固有思维模式，难以走出错误怪圈。因此，最好的解决方法是使设计者尽早意识到这一点，进行思维回溯，改变思维方式，生成新的解决方案。从这个角度来看，快速生成的原型系统能够帮助设计者走出思维困境，因此本章的标题即为"快速原型制作"。

本章将为读者介绍几种有效的原型制作方法，并基于这些方法获得有效的结论，这些方法均能快速、方便、经济地生成原型和结论。

本章的主要内容包括：

1. 原型设计理念：包括硬件制作和软件建模。
2. 机械系统原型：

  a. 什么是实体造型，其优势何在？
  b. 采用泡沫塑料板等市面可购置材料的原型制作。
  c. $2\frac{1}{2}$ 尺寸原型：激光切割机，用于复杂而坚固的组件的经济激光切割机技术。
  d. 打标和设计插槽。
  e. 采用玩具设计理念，如参考 LEGO、Erector Sets 和 K'NEX。

3. 电气系统原型：

  a. 元件和材料。
  b. 原型技术：线路板、绕线、性能板和印制电路板(PCB)。

4. 测试和循环迭代方案的必要性与好处。
5. 供应商和货源选择。

29.2　为什么要制作原型样机

当接到设计任务时，设计者基本都会产生一种冲动，即找到一个解决方案并立即着手实现。有人认为，如果第一次制作过程一切顺利，那么就能很快完成设计任务。然而这种观点究竟对不对呢？事实表明，这种想法是错的。举个例子，一个赛车底盘的设计师设计了一种新型管架焊接结构，于是他立刻切割开槽并进行焊接，对这个假设底盘饶有兴趣地加工到第三天，他发现无法在底盘上安装变速器，前轮的位置也有问题，因此这个已经焊接完成的结构是不合理的，只能废弃。三天的工作完全被浪费掉了，最糟糕的是，一切设计都需重新开始。这本来只需花费几个小时，使用销钉和胶水构建一个原型样机，或建造一个三维 CAD 实体模型就可以避免这种情况。

这种要命的冲动很普遍，无论是软件开发、电路设计、机器设计，还是创意写作、技术写作，等等，都可能出现这种冲动。不可否认的是，这种冲动有时会带来较好的结果，然而在大多数情况下只会浪费大量的时间和精力。弗里德里克·布鲁克斯在他那部著名的《神话人物月刊》(The Mythical Man-Month)中写道："计划总是赶不上变化"(plan to throw one away; you will, anyhow)。

一般情况下，第一次设计或制作的第一个原型会存在严重的缺陷和疏漏，其效果也往往出乎设计者预料。这些几乎不可避免的问题使得设计者认识到必须尽快完成第一个设计原型，以尽可能从物理特性和整体特性上展示设计缺陷、发现遗漏点，设计者即可根据这些来进行下一轮设计，并制作原型。一般而言，设计者需要经过多次设计修改才能达到设计要求；设计循环迭代次数越多，需要修改之处就越少，设计也将逐渐趋于成熟，并最终达到设计要求。实践表明，如果设计缺陷过多，或过于严重，除了制作原型并无其他捷径可循。对于设计者和项目而言，原型方案是解决设计和项目成功的制胜法宝。

问题在于应该如何快速创建原型，并尽量避免原型技术和仿真工具本身的缺陷而影响原型创建的准确性和有效性？这是一个巨大的挑战，设计者们往往穷尽一生寻找其中的平衡点。本章将介绍一些有效的方法及设计工具，并希望这些设计工具能够对设计工作有所帮助。本章的目的并非教会读者使用这些工具，而是希望读者能够理解设计理念和设计方法，并在设计中自然而然地采用这些方法。如果读者发现本章内容对其设计工作有所裨益，并希望更加深入地学习相关内容，则可根据需求寻找相关资料学习。

29.3　原型制作理念：搭建或者仿真

对于电气系统和机械系统而言，面向仿真设计和快速原型设计的方法很多，至于如何选择设计方法则因项目而异，并无一定之规。例如，某个项目的最佳选择是快速建立概念模型，以检验其是否满足设计要求，是否存在设计漏洞；但另一个项目则需建立三维 CAD 实体模型，该模型需能反映设计外观及运动范围。无论最终选用哪种方法，设计者都能通过此过程了解设计方案的性能表现，研究设计方案是否满足预期要求，如果满足，当然是十分令人愉快的，如果不满足，则可通过原型设计发现设计缺陷。例如是否违反物理学定理，是否不符合材料特性，或装配制造困难，等等，这些问题都能在硬件和软件模型设计过程中表现出来。

实际上无论采用搭建原型还是采用模拟仿真的方法都会存在一定程度的误差，因此最好的方式是尽量把这两种方法用到极致。所谓极致，即尽量利用项目实施过程中设计者可调用的资源，例如设计的工期要求，可以动用的人数，参与人员的技能水平及运用模拟仿真工具搭建原型的熟练程度，设计者本人的经验指数，是否需要从头开始学习工具的使用方法，等等，这些因素将对设计者的方案选择具有决定性作用。

采用仿真建模最大的优势在于能够对原型进行重复仿真，时间短，节省成本。当然，仿真建模的前期投入较高，因为设计者需要学习仿真工具的使用方法，并需根据相关设计特性参数构建仿真模型。虽然如此，这样的前期投入将会收获丰富回报，显然是十分划算的。另外，尽管建模过程可能耗时较长，但在建模过程中可能获得十分有价值的信息。

例如，当设计者构建一个四连杆结构实体模型时，可能发现选定的铰链无法满足某部件 360°

旋转的设计需求，如果采用实体模型，则可根据物理模型快速修正设计。在进行电路设计时，对数字电路进行模拟仿真，即可使设计者验证所设计的电机驱动方案是否能实现正确的逻辑变化，并与真值表是否相符。采用 SPICE（集成电路仿真工具）或其他仿真工具（详见 9.10 节），仅需数小时即可完成输入设计和仿真。以上两个例子说明，与"做了再说"的鲁莽方法相比，仿真和建模能够大大降低成本和减少设计周期。

除了那些纯文本或纯仿真工作，设计者最终都需要实现设计，并证明其有效性。俗话说"布丁好不好吃，只有吃了才知道"（the proof is pudding），这句话特别适合于原型设计。当然，这并不是说机电系统设计与布丁之间存在什么关系，只是设计者必须证明自己的设计是有效可用的，应尽快建立设计原型或进行相关仿真，并尽量在时间和资源条件允许的情况下反复进行仿真验证。

29.4 机械系统的快速原型制作

29.4.1 实体建模工具

对于物理/机械系统设计而言，缩略图和实体模型是不可或缺的；除了那些特别简单的系统，设计者必须手绘草图。复杂系统的设计过程中往往会出现各种意想不到的问题，这些意想不到的问题可能严重影响设计者的创造力，导致设计效果不佳。对于设计者而言，因发现问题而前功尽弃显然是令人崩溃的，如不推倒重来，则会陷入见招拆招式的被动设计。结构设计的艰难与曲折是人尽皆知的，采用二维或三维仿真工具进行系统模拟显然是十分划算的。市面上常见的基础仿真模拟系统如 AutoDesk 公司出品的 Autodesk Inventor、SolidWorks 公司出品的 SolidWorks、UGS 出品的 SolidEdge 及谷歌提供的开源免费工具 SketchUp，都具有强大的模拟仿真能力，并拥有大量用户。这些工具简单易学，能够低价或免费提供给在校学生使用。也有如 Unigraphics 和 Pro-Engineer 的高级专业仿真软件，以 Autodesk 出品的 QuickCAD、Alibre 出品的 Design Xpress、IMSI 出品的 TurboCAD 为代表的廉价、功能简单的软件，设计者可以通过网上搜索发现大量此类软件。本书不推荐某个特定软件包，但推荐使用此类工具。

实体建模 CAD 软件不仅能使设计者了解设计是如何组合在一起的，还能允许某个特定部件进行有限制的小范围运动，因此能够模拟设计部件在实际使用时的情况，设计者可以据此了解设计的可用性。CAD 软件能够轻而易举地生成设计产品的实际工作动画，从而实现设计可视化模拟。

大部分实体建模软件提供**有限元分析**（**FEA**）工具，设计者可据此获取实际的工作参数，如应力和应变、热传导特性、流体特性，以及各种难以用一般方法分析获取的复杂几何形状系统或部件的电磁场特性。例如，SolidWorks 软件为用户提供了可选的软件插件，设计者可根据需要选择软件插件以模拟设计的物理特性和模型响应特性。尽管设计者可能需要提高软件购置成本（这些插件的价格有时甚至高于基础平台软件本身的价格），但对于设计者而言，这些插件在某些时候确实是必不可少的。

如果将实体建模软件与一些快速成型工具结合使用，如 LaserCAMM 和 FDM（fused deposition modeling），则可获得更加强大的功能。这些快速成型工具能够基于实体建模软件的输出文件，快速制作二维或三维零件模型，模型误差可小到数千分之一英寸。实体模型的制作材料价格低廉，易于获取，一般采用泡沫塑料板和热黏合剂，详见 29.4.3 节。

29.4.2 系统动力学建模

实体建模软件可以帮助设计者直观了解组件形状及组件间的相互关系。另一类软件则用于帮助设计者对系统的动态特性进行建模，常用软件如 MathWorks 公司出品的 MATLAB 和 Simulink，以及 Design Simulation Technologies 公司出品的 Working Model。如果设计中需重点考虑动态问题，则必然使用此类软件。另外，此类软件也适用于各种模型和闭环反馈系统。

29.4.3　泡沫塑料板、美工刀、热熔胶

在制作原型之前，首先需要考虑如何减少制作时间，优化制作流程，降低制作成本，以及如何了解设计的弱点，至于材料的加工问题反而并不那么重要。常用的泡沫塑料板为泡沫塑料与纸板的夹心结构，纸板在外，泡沫塑料在内，如图 29.1 所示。该类材料廉价易得，美工刀及其他类型刀具均可用于切割泡沫塑料板，并可用胶水进行黏合，还能用墨水笔进行标记。

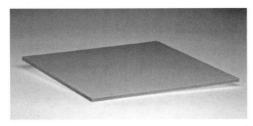

图 29.1　常用的泡沫塑料板及其结构

切割泡沫塑料板的刀具必须十分锋利，唯有如此才能保证泡沫塑料板的黏胶黏接干净坚固，一般可选择价格适中的高质量美工刀，如图 29.2 所示的 X-ACTO 刀即可完成此类任务。当然，设计者也可选用价格更加昂贵的美工刀套件，一盒套件内含多种手柄和刀片，价格大约在 20 美元左右。市面上有多种适用于切割泡沫塑料板的美工刀，但无论哪种美工刀都需配备足够数量的刀片，因为刀片很容易变钝，导致切割面光滑度下降，因此，一旦发现切割质量不佳，即需立即更换刀片。此处需要特别提醒设计者，必须妥善保存替换下来的刀片，这些刀片依旧十分锋利，随意丢弃可能伤人。

图 29.2　美工刀及刀片

尽管有多种黏合剂可用于黏合泡沫塑料板，但最为简捷方便的黏合剂是热溶胶，热溶胶枪能在数秒内完成黏合，且易于拆卸。热溶胶枪操作简单，价格低廉，一般而言，10 美元即可购得一把热溶胶枪及数根胶棒，典型热溶胶枪如图 29.3 所示。

市面上有多种类型的热溶胶枪和胶棒，设计者需注意选用适合于制作模型的型号，高温枪和高强度胶虽然黏合质量好，但可能难以拆卸，因此最好选择能快速冷却的低温、低强度胶。

除此之外，设计者还需要一块能够经受 X-ACTO 刀切割作业的工作台，普通纸板工作台经过多次切割之后可能导致切割误差，需要经常更换。设计者也可购买如图 29.4 所示的自愈切割垫，这种切割垫视其尺寸、品牌、质量不同，价格在 5 ~ 50 美元之间不等。

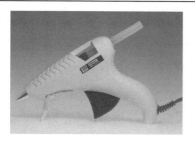

图 29.3　热溶胶枪

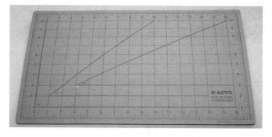

图 29.4　自愈切割垫

　　泡沫塑料板原型可通过多种方式搭建，并可搭配金属或木头及其他材料共同完成原型制作，图 29.5 给出了多个实例，这些原型搭建远比采用焊接方式容易。在图中所示的原型模型中，泡沫塑料板就是金属板，而热熔胶就是焊接材料。

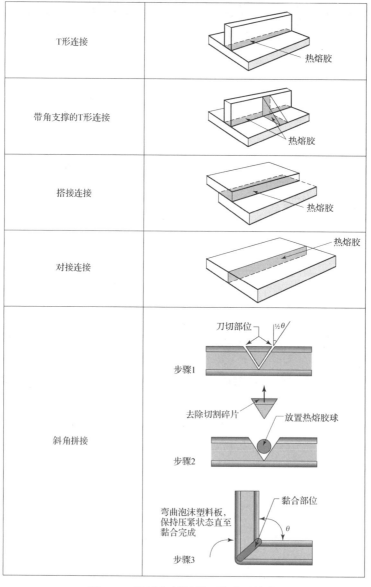

图 29.5　泡沫塑料板模型的典型结构

与焊接相类,可先用热熔胶固定泡沫塑料板,检查并调整装配位置,确认所有部件位置正确后,再将其完全黏合在一起。

泡沫塑料板不仅能构成平面结构,还能用于构造复杂的曲面结构,从一侧切开纸板和泡沫,保持另一侧纸板连接,即可用斜角拼接方式将多个组件弯曲黏合为任意形状,如图 29.6 所示。

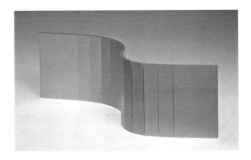

图 29.6　采用泡沫塑料板搭建的复杂曲面模型

29.4.4　二维快速成型激光切割机/激光刀模机

尽管采用泡沫塑料板搭建原型对设计多有裨益,但并非构建概念实体模型的唯一选择。如果已有实体模型,甚至已有二维 CAD 软件输出的特定格式的组件图(通常为 DXF 文件),则可以采用激光切割法将二维图形快速转化为原型。

激光切割工具,如 LaserCAMM 公司、LaserCut 公司和 Epilog Laser 公司出品的激光切割机能够读取 DXF 文件,并据此移动激光束对板材进行切割,如用打印头在纸上打字。典型的激光切割机如图 29.7 所示。大多数激光切割机可用于切割泡沫塑料板、亚克力板、纤维板及丙烯腈-丁二烯-苯乙烯、迭尔林、尼龙、纤维和许多其他材料。激光切割机采用大功率激光来切割板材,一般采用镜像切割,详见图 29.8。有些激光切割机甚至可切割钢、铝、钛及其他金属,但需要注意的是,有些材料不能采用激光切割,例如聚碳酸酯,如采用激光切割可能会燃烧,因此设计者需要仔细阅读激光切割机供应商提供的使用说明,以避免出现危险。

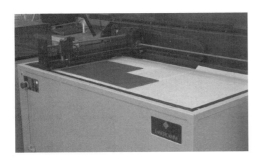

图 29.7　激光切割机

图 29.8　正在进行切割的激光切割机,注意光点位置即为正在切割部位

$2\frac{1}{2}$ 维(2 维+常数厚度值)组件可用于构建复杂形状,还可通过连续横截面结构来构造更为复杂的形状,即采用切片堆叠法构造任意三维模型,当然,堆叠层间肯定存在阶梯。激光切割简单、快速、准确,目前已成为实验室常用方式,在本书作者的实验室,每年都有学生作品推出,包括机器人及其他设备。图 29.9 所示即为本实验室学生贡献的激光切割亚克力机器人作品。

即使设计者没有激光切割机也完全不必担心,有许多提供激光切割服务的商家,

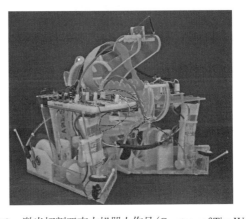

图 29.9　激光切割亚克力机器人作品(Courtesy of Tim Wong)

他们不仅可代为加工，还提供相关材料，设计者仅需将设计的 DXF 文档上传至商家的网站，商家即可根据图纸选用材料、切割加工，然后将成品邮寄给订购者。

29.4.5 廉价的二维快速成型

如果设计者没有激光切割机，而且也拿不出 20 000 美元购买，甚至找不到商家提供代工服务，则可采用另一种方法生成可靠的二维零部件，当然这种方法相对复杂，比较耗费人工。

设计者一旦生成二维零部件图，则可进入制作流程。一般而言，二维零部件图是从组装设备的三维固态模型演变而来的。首先需打印具有足够高分辨率的 1:1 二维零部件图，如果零部件尺寸较大，则需将其分散打印在多个页面上，或者选用更大的打印纸。然后用剪刀或美工刀裁出零部件图，并把裁出的图样贴在基板上。基板材质一般选用丙烯酸、泡沫塑料板、Masonite 复合板等，可将图样用透明胶、胶棒或喷雾胶黏合在基板上。此时需确保图样在外力作用下不会脱落，至此，我们可以获得高度可靠的部件轮廓模型，下面即可进行切割。设计者可自行选择工具进行切割，一般可选择带锯、滚锯或钢丝锯，也可选用德雷梅尔旋转工具，先可用手弓锯或者带锯条的美工刀进行粗切割，此时应尽可能使得切割后的形状接近设计目标形状，当然，想要做到完全拟合是十分困难的。接下来可对粗切割后的模型进行精修打磨，如果对精度要求较高，则需采用高分辨率打印，并通过打磨修正，使得模型轮廓尽量与设计目标相符，如果需要还可用砂纸打磨。

相比于激光切割，这种方式更加耗时费力，而且准确性差。当然，如果设计者条件有限，该方式也不失为一种快速有效的方法。

29.4.6 凸舌/凹槽结构

采用**凸舌/凹槽**结构能够显著提升连接强度，即用凸舌与凹槽锁接。相较于简单黏接方法，凸舌/凹槽结构能够很好地将载荷分配到组件内部，降低连接点的载荷。凸舌/凹槽结构仅需在部件连接处加入锁定装置，其操作简单、易于实现。设计者可利用手头的材料自行制作，一般可采用泡沫塑料板、亚克力板、密度板、胶合板等激光可切割材料，可采用前一节中所述的廉价二维激光切割机进行切割，也可与后面介绍的三维快速原型工具相结合。

图 29.10 给出了一个设计实例，该实例显示了凸舌/凹槽结构的组装方法。如图所示，橡胶球在一根塑料管中落下，落到以数千 rpm 旋转的电机转轮上。橡胶球一旦与电机转轮接触，则将以高速射向目标，塑料管和电机由激光切割而成的矩形结构支撑，该结构足以承受机器人移动和球弹射过程中产生的巨大载荷。该设计在经历了系统集成、测试、调试、竞争等严峻挑战后得以幸存，究其原因，显然可以部分归功于选用的凸舌/凹槽结构。

图 29.10 凸舌/凹槽结构实例

29.4.7 玩具行业

实际上，构建一个大型原型系统并不需要设计者亲手制作所有的部件，设计者可以在市面上找到价格适中、形式多样的原材料——玩具。毫无疑问的是，拼搭类玩具，如 LEGO、Erector Sets 和 K'NEX 能够为快速探求设计理念提供强大而有趣的方法，玩具中的基础拼搭模块装配迅速、灵活且易于重构，最棒的地方在于这些模块都无须设计者自己动手制作。

尽管对于探索设计总体而言，玩具并不是最佳选择，但玩具组件一般包含基本的机械部件，如轮子、轴和齿轮，使设计者能够对机械设计相关问题进行快速测试，并能据此正确评价设计的工作性能。前面的实例中包括机器人设计，参与设计的学生团队即选择弹弓来弹射 Nerf Ballistic 泡沫塑料球，设计目的是将泡沫塑料球送入 3 ~ 6 英尺以外的目标篮中。学生团队采用有刷直流电机、线匝、LEGO 组件及一个用来装球的塑料勺子快速制作出了设计原型，如图 29.11 所示。该原型工作表现良好，从而证明这些组件能够灵活适用于其最终设计。当然，早期原型系统的运行状态通常并不能完全令人满意，但这是一种十分有用的体验。在第 32 章中，我们将详细介绍 InTheRuff 团队作品的演进历程。

图 29.11　用塑料勺子和 LEGO 搭建的 Nerf Ballistic 泡沫塑料球弹射器

尽管实验室大多采用 LEGO，但 K'NEX、Erector Sets 也是不错的选择，每种玩具类型都有其独有的结构特征和装配方案，如图 29.12 所示。某种类型的玩具可能更加适合于某设计原型的制作，选择哪种玩具和工具完全取决于设计者本身，方案选择最能体现设计者的设计功力。

图 29.12　左图：用 K'NEX 搭建的原型；右图：用 Erector Sets 搭建的原型

29.4.8　三维快速成型（SLA、SLS、FDM）和软模铸件

如果二维原型无法满足设计需求，则需要选用三维原型。目前有多种快速生成高质量三维原型的方法，可想而知，这些方法价格更高，且制作周期更长。但毋庸置疑的是，三维原型能够更加真实地反映最后设计的外观、体验和功能。三维原型的每个部件都需要从头做起，因此工期必然更长。需要特别说明的是，下面讲述的过程是在已经搭建了实体原型且已生成了 STL 文件的基础上展开的，机器可根据 STL 文件制作部件。三维快速成型技术的可选项包括：

- 光固化（SLA）技术：该技术可将紫外激光照射到盛有光固化环氧树脂的容器内。首先将一个可在树脂容器内上下移动的平面放置于靠近容器顶部的位置，激光束将切割出第一个三维切片，每一个三维切片的厚度可控，其典型值为 0.005 英寸，最薄可为约 0.002 英寸。

当第一个切片完成时，移动平面向容器内下移一个切片厚度，然后激光束将继续切割下一个三维切片，该切片的顶部即为上一个切片的底部，以此可以切割出任意三维形状，当然，形状的尺寸受容器大小限制。通常设计者会选用标准材料，即乳白色、半透明或透明材料，如图 29.13 所示。SLA 材质部件并不具备结构完整性且易碎。SLA 部件最快交付也需要一天，但这将使成本大为提升，如果可以多等几天，则运输成本会有所下降，如果材料消耗适中，交货时间宽裕，其价格可能低至 50 美元左右。当然，如果设计者需要一个庞大的高精度部件且要求在当天或次日交货，则其价格可能非常昂贵。一般情况下，SLA 工艺既廉价且迅速，但是生成的部件往往易碎且不耐高温。

- 选择性激光烧结(SLS)：该方法与光固化类似，唯一的差异在于不再采用紫外激光对树脂进行分层固化，而是采用 SLS，即通过加热进行黏合。先将薄薄一层粉末状塑性材料均匀铺在一个平面上，然后用 SLS 烧结机对塑形材料加热，用激光切割出第一层。此步骤完成后，平面下移，下移距离为一层的高度；然后再把粉末状塑性材料均匀铺在已经生成的第一层顶部，此层由上一层支撑，生成的部件被未烧结的粉末包围着；接下来再用激光切割出下一层，并与上一层黏合。此过程反复进行，直到部件制作完成，详见图 29.14。相比于 SLA 部件，SLS 部件强度较高，其强度甚至可与普通材料(如聚碳酸酯和尼龙)相比。此外，SLS 部件可以耐化学腐蚀，适用于制作活铰链和开关。SLS 部件承载负荷大，其加工风险低于 SLA 部件。SLS 部件的分辨率与 SLA 部件的大致相同，但表明光洁度较低。SLS 部件交货周期一般稍长，约为三至五天，其成本略高于 SLA 部件。

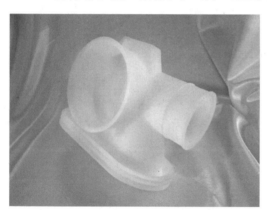 

图 29.13　SLA 部件(Courtesy of Quickparks.com, Inc.)　图 29.14　SLS 部件(Courtesy of Quickparks.com, Inc.)

- 熔融沉积成型(FDM)：该方法用于制作与 SLA、SLS 不同的 FDM 部件，FDM 将材料加热并通过喷嘴挤出，进而生成原型的连续层。FDM 同样需要一个平面，在喷嘴喷出材料生成一个原型层后，平面下移一个原型层高度，再开始生成一个新的原型层。该过程有时也称"3D 打印"。FDM 快速成型机(如图 29.15 的左图所示)就像一个数控蛋糕糖霜涂抹器，唯一不同的是涂抹材料是熔化的塑料颗粒。与 SLS 部件相类，FDM 部件(如图 29.15 的右图所示)硬度较大，结构完整性好，适用于高温环境。目前市面上有多种 FDM 材料出售，如 ABS 和聚碳酸酯。FDM 部件的分辨率和表面光洁度不如 SLS 和 SLA 的零部件，主要原因在于喷嘴喷出的熔化塑料颗粒较大(约为 0.010 英寸)。FDM 部件的价格一般高于 SLA 部件和 SLS 部件的价格，交货时间与 SLS 部件的类似，即大于三天。

- 软模铸件：许多 SLA、SLS、FDM 部件供应商也会为用户提供软模铸件。对于 SLA、SLS、FDM 部件供应商而言，软模铸件简直再合适不过了，因为铸件制作的第一步就是需要对原型(即具有最终目标形状的物体)进行"正面"处理。通常处理对象即为前面介绍的几种快速原型制作法制作的成品,一旦原型在手,即可制作与之对应的模具。所谓模具,即一个与零件外形匹配的空心腔体,将原型置于模具内,然后往模具内注入液体,液体将填充原型与模具之间的空隙。液体将很快凝固,耗时约在几个小时到一天不等。一旦模具内的液体完全凝固,取出原型即可形成一个腔体,可在此腔体内注入铸造材料,如自固化聚氨酯。需要特别注意的是,只有少数材料适合于此种方法,如尼龙和聚氨酯,但材料硬度可选,设计者可根据需要选择硬度范围在 25(很软)~80(很硬)之间的任何硬度值,这使得设计更加灵活。当然,在制造模具之前需要首先考虑应采用何种方法才能将零件从模具中取出来,包括分割线的位置,以及能够取出的零件的几何形状复杂程度。并非所有形状都可成型,但在工艺限制范围内有许多可成型形状,详细示例参见参考文献[1]。

图 29.15　FDM 机和 FDM 部件示例

铸件的制作时间约为一到两周,主要是初次制作零件模具耗时较长,模具制作和铸件可能需要经历多次固化过程,每种模具一天能够制作一到两个零件。因为每个零件都需要在模具中铸造,该过程十分缓慢,甚至令人怀疑是否可称其为快速成型技术。大多数学生项目对完成时间有具体要求,因此可能会对该方法的耗时问题比较在意;但如果要制作多个相同的零件,采用这种方式显然是快速且经济的。

29.5　电气系统的快速原型制作

机械系统的原型理论同样适用于电子系统原型搭建,电子系统原型使我们能迅速确定某个备选电子系统设计方法是否能够满足应用需求,该方法价格低、耗时短且节省资源。

电子系统原型的建立可按以下 4 步进行:

1. 绘制电路原理图。
2. 确定是否能够采用某些软件仿真工具对设计的系统/电路的整体/部分进行有效的模拟仿真。
3. 搭建电路原型,并进行全面测试。
4. 反复修改电路图,并重新进行模拟仿真,进而完善电路原型。

与之类似,我们可以将之前讨论的机械原型搭建步骤总结如下:

1．制作设计目标零部件或组件的实体模型。

2．确定是否能对设备的物理性能(如应力-应变、热传导特性、流体流动)等特性进行有效建模。

3．搭建组件原型并进行全面测试。

4．反复修改实体模型，重新模拟，进而完善机械原型。

对比以上两种原型搭建方法可知，二者有异曲同工之妙，只是采用的工具方法不同而已。本节将重点介绍几种电子系统原型的建立方法，使读者能经济快速地掌握电子系统设计要领。

29.5.1　原理图和电路仿真工具

任何设计的第一步是必须生成一个能准确表示相关细节的文档，这一步对于电子系统设计尤为重要。机械系统需生成一个实体模型，而电子系统则需生成一个原理图。有的设计者可能觉得这一步太麻烦，总想略去不做，但也必会因此自尝恶果。在此忠告读者，千万不要省去这一步。即使设计电路并不复杂，我们依旧需要依据原理图搭建电路并进行故障排查。如果你需要向其他人(团队成员或主管)介绍你设计的电路，则更加需要一张电路原理图，按图讲解比纯口头讲解或身体语言更加有说服力。如果你曾一度停止设计工作，那么当你再次回到这个岗位时，电路原理图能帮助你快速回忆设计细节。简而言之，电路原理图是设计者的好伙伴，如图 29.16 所示。

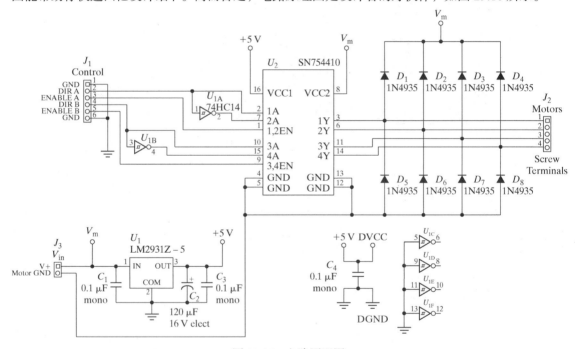

图 29.16　电路原理图

电路原理图既可手工绘制，也可以基于电路绘制软件生成，后者可读性好，易于编辑，这种软件价格区间为几百美元到数千美元。价格较高的高档专业工具有 Altium Designer、OrCAD、Allegro、Multisim，价格相对较低的低端专业工具有 AutoTRAX、Electronics Workbench、Eagle。当然，还有一些免费开源工具，如 ExpressPCB、FreePCB、gEDA、KiCAD 等，这些免费软件开发能力惊人，在多数场合下能够替代付费软件且更新换代速度快，受到设计者广泛欢迎。有些商用软件也提供免费版，但其功能、设计尺寸受限。设计者应根据实际情况选择软件工具，需重点考虑软件的设计能力及其功能是否可以满足要求。

设计展开的第一步即绘制原理图。首先应选择原理图绘制软件，如果后续需要进行如 9.10 节所述的电路仿真，则选择的原理图绘制软件需能提供仿真功能。大多数原理图绘制软件支持建模，且使用方便。如需生成印制电路板(PCB)图，则最好选择集成了电路板绘制功能的原理图绘制软件，此类软件能使原理图与印制电路板实现无缝对接，方便实用。

在搭建原理图设计电路之前，我们一般都会通过电路仿真软件研究电路特性和性能表现，那么为什么在原理图绘制阶段进行电路功能验证呢？这种方式不用搭建电路，省时省事，十分方便。如今，大多数优秀的商用电路图绘制软件或部分免费电路图绘制软件(如 Linear Technology 公司的 LTspice)都提供 SPICE 电路仿真功能，对于设计者而言，仅需几步即可实现原理图性能仿真。相比于在实验台上搭建电路系统并采用电压表、示波器进行测试的方式，采用仿真模拟电路特性十分便捷有效。当然，我们需要投入一段时间熟悉仿真工具，绘制电路图和仿真也会耗费一定时间，但总体来说能够节省大量时间，而且由于仿真不涉及硬件，从成本上来看显然是划算的。理论上，任何电路都可以采用仿真工具进行性能仿真，但有些电路类型特别适合仿真，如逻辑高度复杂(包括排列组合逻辑)电路和模拟滤波器(包括有源滤波器和无源滤波器)。另外还可基于仿真软件研究部件工差和温度特性对整个系统功能的影响。

29.5.2　电路原型制作：面包板、绕线和性能板

搭建电路原型的方法有很多种，不同方法之间的差异体现在搭建电路所需的时间不同，所需时间的长短直接与电路原型的鲁棒性相关。

最为简单快捷的方法是采用无须焊接的**面包板**。面包板无须焊枪等工具即可实现元件连接，此处的元件指电感、电阻、电容、芯片等。尽管面包板有多种型号尺寸，但都具有一个共性，即板上有可插入电子元件的网格孔，如图 29.17 所示。

图 29.17　带有电路原型的面包板(Courtesy of Tim Wong.)

网格孔内有弹性锁紧装置，可确保元件能稳定固定在面包板上且引脚接触良好。水平方向的孔相互导通，便于多元件互连；由于电路都需要分配电源和地，因此水平方向最外一排垂直方向的孔用于连接电源和地，如图 29.18 所示。

面包板易于安装、调试、修改和拆卸，特别适用于快速搭建原型，如果电路表现正常，即可随即拆卸，因此经济方便。面包板最大的问题是鲁棒性较差，用面包板搭建电路原型时，需特别

注意不要将导线放在元件上，另外也需确保有序连线，如果各种导线交叉混杂，则将难以调试和修改。设计者必须明白，早期原型板难免会存在这样或那样的问题，修改在所难免，因此必须规范设计，确保连线有序清晰。图 29.19 左图的电路搭建得十分规范，连线紧贴面包板，芯片的每个引脚都可探测；图 29.19 右图的电路则存在严重隐患，过长的导线和元件引脚均可能导致接触不良且易受噪声影响。

另一种电路原型——**绕线**的鲁棒性优于面包板，阿波罗飞船制导计算机的设计即采用了绕线原型技术[2]。当然，绕线原型价格偏高且制作周期较长，相比于面包板，绕线原型的调试与配置难度更大。

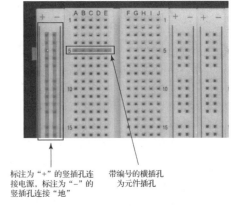

标注为"+"的竖插孔连接电源，标注为"–"的竖插孔连接"地"　　带编号的横插孔为元件插孔

图 29.18　面包板孔连接

图 29.19　面包板构造工艺示例。左图：技术好；右图：技术差(Courtesy of Salomon Trujillo.)

绕线原型中的元件和芯片插座为穿过多孔绝缘板的长方形导线，插座导线长度必须足以缠绕一段 1 英寸长的 30AWG 线。30AWG 线的前段为无绝缘层的裸线，缠绕圈数为 5~7 圈，后一段有绝缘层，缠绕圈数为 1~2 圈。元件插座引线长度必须足以制作 3 个线连接，这些线连接长度不同(常见的长度有 1 线、2 线、3 线)。注意需选用专用工具剥离导线绝缘层，并将导线以正确方式缠绕方形插座引线。图 29.20 所示为手动绕线工具，其手柄内含剥线器，工具下方有一根一端剥去绝缘层的 30 AWG 线。

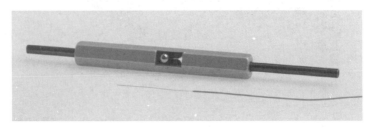

图 29.20　手动绕线工具和 30 AWG 线

由于绕线需缠绕在元件底部，在缠绕过程中，元件必然处于底面向上状态，绕线的引脚顺序与实际引脚顺序左右相反，实际制作过程中经常由于一时疏漏导致连线错误，因此必须仔细小心。图 29.21 所示为绕线原型成品，图中可见数个引脚标签。

如果设计者认为面包板的鲁棒性不好，而绕线电路又过于笨重，则可选择穿孔电路板，业内人士常称为**性能板**。性能板是一种简单的 FR4(一种 PCB 常用的玻璃钢材料)绝缘板，板上密布半径为 0.1 英寸的过孔，过孔包铜锡，易于焊接，可将元件引脚插入过孔，在性能板另一面将其焊牢以建立电路连接。性能板在大部分电子元件商店有售；如选择此方法，则需准备必要工具，包括电烙铁、剪线钳和尖嘴钳。另外，某些性能板可能还需要其他工具。注意性能板电路引脚也需"翻转"，同样可能导致引脚连接混乱，因此必须特别小心。图 29.22 所示为性能板电路原型的细节部分。

图 29.21　绕线原型电路的底部

图 29.22　使用性能板和焊接连接的电路背面结构

采用性能板焊接方式搭建的电路鲁棒性非常好，但搭建耗时较长且不利于修改。众所周知，最初原型制作阶段可能面临大量的修改任务，因此不推荐在最初原型搭建时选择性能板方案。但当进入设计后期，设计方案已基本确定，涉及改动较小时，则推荐采用性能板方案，其良好的鲁棒性将大大提升系统性能验证的有效性和可靠性。

29.5.3　PCB 原型

图 29.23 所示 PCB 为表面绝缘基板，是一种玻璃钢材料，通常称之为 FR4，表面覆铜，并可根据需要添加绝缘层和铜层的层数(最多可有 20 层铜层)。板上可钻孔，可插入引脚、过孔元件，并在电路板各导电层之间建立连接。在电路板加工过程中，需对过孔和焊盘镀铜和锡。与引脚焊接元件不同，表面贴装元件并无过孔引脚，无须采用过孔焊接，仅需将其直接焊接到 PCB 表面。可通过蚀刻铜层在不同元件之间建立连接线网。电路板会外涂一层绝缘掩膜，通常为绿色，板上除焊点外的其他部分均覆盖掩膜。掩膜可避免 PCB 线路发生意外短路，并且易于进行大规模生产，还可采用丝网印刷工艺，在掩膜上添加文字注释，以方便在焊接时正确识别元件摆放位置和放置方向，也可将电路板功能、版本、设计日期和版权等印刷在电路板上。PCB 的优势十分明显，焊接完成的 PCB 的鲁棒性优异，PCB 的制作和元件安装的可重复性好，电路单元性能一致性好。当然，PCB 的劣势也十分明显，即修改困难，如果需要修改，则会导致造价明显上升，而且由于 PCB 制板周期较长，很可能导致项目无法按时交付。

PCB 对设计要求高、成本高、加工周期长，因此长期以来设计者都未将其归入快速成型技术之列，仅可能在项目后期酌情使用。20 世纪 90 年代末，一些制造商开始提供低成本、交货快的 PCB，这些 PCB 大多用于绕线和性能板原型制作。从那时起，制造商开始关注 PCB 原型的设计周期问题，而且特别关注那些可能即将大规模量产的原型。例如，少于 35 个元件的简单电路可在一至两天内完成 PCB 布局设计，并可随即支持订购、制造、发货，且价格低廉，一般不超过 100 美元。当然，PCB 原型并不适合所有原型制作，比如学生作业。但对许多工程项目来说，PCB 原型意义非常，以 3～4 天的时间换取系统性能改善，特别是鲁棒性改善也是非常值得的。PCB 示例如图 29.24 所示。

图 29.23 PCB 示例。注意电镀过孔，阻焊层下方的连接铜迹线，以及指示元件参考方向的丝网印刷标记

图 29.24 完成元件安装的 PCB，通常被称为印制电路组件或 PCA

29.5.4 焊接

在工程师眼里，焊接是一件非常简单的工作，无须进行正规训练即可熟练操作。但事实并非如此，焊接技术需要在长期的实际操作中积累经验，唯有如此才能保证焊接质量。实际上焊接问题已经成为 PCB 原型制作中的"拦路虎"，某个因虚焊而导致的电路问题可能会耗费大量的排查时间（故障排查的相关内容见第 31 章）。虚焊可能导致断路、短路、不可靠连接、连接阻抗增大，以及许多其他莫名其妙的问题。与其把时间耗在处理焊接质量问题上，还不如先练好焊接技能再进行原型制作，唯有如此才能事半功倍。

选择如图 29.25 所示、性能良好的恒温烙铁有助于提升焊点质量，当然，恒温烙铁并非焊接的必备装备，如果条件不允许，也可选用普通烙铁。另外，必须注意烙铁头［如图 29.26(a)所示］的清洁度和光洁度，如果烙铁头表明粗糙、有凹坑、无光泽［如图 29.26(b)所示］，则需立即更换。对于那些舍不得换烙铁头的人，我们只能给他们一个忠告，一个成本不过几美元的烙铁头导致的焊点质量不佳，可能影响整个原型性能表现，孰轻孰重，请自斟酌。

焊接者需要注意的另一个问题是，必须保证烙铁头清洁，不干净的新烙铁头也会产生虚焊。一般需要在烙铁烧热后再清洁烙铁头，最简单、也最好的方式是用湿海绵清洁烙铁头，高档烙铁架一般配置了放置海绵的位置，如图 29.25 所示。每次焊接之前和焊接完成之后都应用海绵擦拭烙铁头，以确保焊接质量。

图 29.25 高品质的温控焊台

焊锡对焊点质量的影响也很大，老式焊锡是一种锡、铅(有毒)混合物，新式焊锡则是无铅的。新式焊锡焊接效果更佳，且能使焊接者不再接触有毒金属铅，因此我们强烈推荐使用新式焊锡。对于一般的 PCB 原型，建议选择直径为 1/16 英寸或 1/32 英寸的焊锡丝。

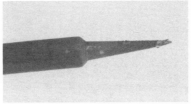

(a) 光亮的新烙铁头　　　　　　　(b) 需要更换的旧烙铁头

图 29.26　烙铁头的清洁度对于焊接质量至关重要

只要工具和焊接材料选择得当，即有机会焊接出高质量焊点。当然，你与高质量焊点之间还隔着一座"高山"——焊接技术。正确的焊接方式如下：先用烙铁头熔化焊锡，再将这个融化的焊锡球触到元件引脚上，这个小焊锡球充当热导体，元件引脚被迅速加热，焊锡在元件引脚上熔化，元件即被牢固地焊接在 PCB、绕线或其他板子上。理想的焊点表面呈月牙形，如图 29.27 的左图所示，焊点表面明亮有光泽，无凹坑、空隙、变色、杂质或其他可肉眼可见问题。图 29.27 的右图为理想焊点的截面图，焊点截面为光滑弯月面，只要确保表面湿润、焊锡用量得当、温度适宜，即可生成这种理想焊点截面。如果焊锡用量过大，则可能产生鼓包，因此必须严格控制焊锡用量。

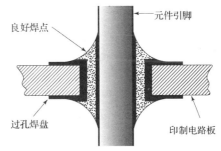

良好焊点　　元件引脚

过孔焊盘　　印制电路板

图 29.27　良好焊点的特征外观(左)和截面图(右)

不良焊点从外形上看与图 29.27 所示的良好焊点存在明显不同，图 29.28 所示为两种最常见的不良焊点。图 29.28(a) 所示为冷焊点，可能因烙铁温度过低或对冷却后的焊锡重新加热所致；图 29.28(b) 所示为烙铁温度过高产生的焊点。这两种焊点钝滞、粗糙、凹陷，甚至存在外观破裂情况，均可通过肉眼辨识。如果出现不良焊点，则应使用焊锡吸枪对其进行清理，然后重新焊接；此处需要特别注意，不良焊点无法修补，只能对其清理后重新焊接。

诸位可通过互联网找到许多焊接教学网站和相关视频，也可通过观察熟练焊接工的焊接操作来学习焊接技术，这些视频总结了焊接工艺的关键步骤，对于练习焊接技术大有裨益，强烈推荐读者观看。

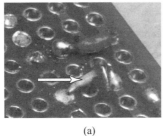
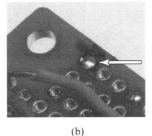

(a)　　　　　　　　　　(b)

图 29.28　焊料质量差的例子：(a)冷焊点和(b)在过高温度下含铁的焊料键合

29.6 供应商和资源选择[①]

目前有许多供应商提供本章所述的元件、材料和服务，设计者可在周边买到大部分原材料。当然，有部分材料需要通过订购邮寄购买，网上搜索获得的供应商多如牛毛，且良莠不齐，在此为读者列举几家优质的供应商，供诸位遴选。

电子元件、工具、服务和供应商列举如下。

1. Digikey Corporation。Digikey 提供多种电子元件和工具，大多数商品为现货，可立即发货。该公司管理优异，发货准时可靠，如对供货时间要求较高，即可选择该公司，一般订货次日可达。该公司货品价格中等，但重视服务质量，一般商品目录较全，交付迅速，具备原型供应商的基本特征。

2. Jameco Electronics。Jameco 也提供多种电子元件和工具，虽然商品名录不如 Digikey 的多，但几乎所有商品均为现货，也能快速可靠地发货，且价格实惠。Jameco 的电机质量较高，在直流电机和步进电机方面优势明显，需要说明的是，电机并非 Digikey 所长。Jameco 提供工具包，例如提供自选电阻、电容、硬件工具包。

3. Newark。Newark 同样可提供多种元件和工具，其规模甚至比 Digikey 还大得多，对于某些倾向性明显的元件，选择 Newark 作为主要供应商是十分明智的。当然，无论是 Digikey 还是 Newark，其库存和送货服务都是有保障的。

4. Electronic Goldmine。Electronic Goldmine 是为数不多的电子设备供应商之一，可提供许多标准组件(电阻，电容，逻辑芯片，线缆，电机)，以及导弹陀螺仪、Geiger 计数器、太阳能电池等，与大多数现有供应商一样，该公司产品价格实惠。

5. All Electronics。All Electronics 是另一个提供价格低廉的电子元件和测试设备的供应商。许多方面与 Electronic Goldmine 类似，但能够提供一些特殊部件和稀缺货源，且库存充足，供货及时。

6. Sparkfun。尽管 Sparkfun 也销售电子元件，但它的主业是提供用于微控制器的评估板、GPS 模块、蓝牙、ZigBee 等。另外，他们有一家衍生的 PCB 生产公司，支持大批量 PCB 订购。由于其子公司具备分包生产能力，因此能够提供价格相对较低的小批量原型板。

7. RobotShop。RobotShop 主要提供机器人组装元件和组装好的机器人。RobotShop 出售用于清洁房屋、喂养狗和清洁游泳池的机器人，也供应电机、伺服器、轴、耦合器、车轮、脚轮、传感器、微控制器、电机驱动板和许多其他组件。该公司不仅是一个优质的零部件供应商，也是寻找创意和灵感的好地方。

8. Alberta Printed Circuits。AP 是首批提供超低成本、PCB 板箱的 PCB 供应商之一。其所有订单均可次日达，因此从收到订单到交付所需时间不超过三个工作日。原型价格取决于电路板的尺寸、过孔数量及订购数量。

机械材料、部件、工具、服务和供应商列举如下。

1. McMaster Carr。McMaster Carr 商品目录庞大，能够提供各种零部件，包括五金、水暖、工具和材料，其供货清单长达数页。该公司提供一站式服务，交货快捷、准确、可靠，并已成为邮购的材料和用品店市场的领先者。

---

① 此处列举的是北美地区供应商，仅供参考。

2. Tower Hobbies。Hobby 商店为原型制作提供服务，提供电机、齿轮、伺服系统、控制器、轮、轴、胶水、机械部件的充电电池、电池充电器，等等。Tower Hobbies 是提供线上服务的最大业余爱好者商店之一，也提供一系列 "Tower Hobbies" 品牌的产品，其价格适中、质量良好。

3. Robot Store。Robot Store 提供适合小型机器人的设计和专业制作部件，是机电一体化系统快速原型制作的理想之选。它在 2005 年被 Jameco Electronics 收购，其主要业务与被收购前相同，即提供机器人组件、组装机器人和零部件，包括电机、形状记忆合金执行器、齿轮、轴、耦合器、车轮等。

4. Amazon。虽然 Amazon 还有许多其他业务，但将其列入的主要原因，在于它是重要的玩具供应商。Amazon 销售的价格适中的玩具很多，即使不从 Amazon 购买也可获得，但 Amazon 显然是寻找创意和价格实惠的好地方。

5. Quickparts.com。Quickparts 是优秀的三维快速成型服务供应商，提供 SLA、SLS、FDM 部件和聚氨酯部件，以及少数本书未涉及的其他原型制作。

29.7 习题

29.1 描述一种需要构建泡沫塑料板原型而非实体模型来测试设计概念的案例。

29.2 描述一种采用实体模型比物理模型更适合于第一个原型样机构建的案例。

29.3 由于其板材性质，泡沫塑料板仅适用于创建平面形状，该说法是否正确？

29.4 使用"凸舌和凹槽"结构的目的是什么？

29.5 SLS 相比 SLA 在原型制作中的优点是什么？缺点是什么？

29.6 比较软模具和硬模具，列出它们的优点和缺点。

29.7 由软模具制成的铸件仅限于低硬度(软)材料，该说法是否正确？

29.8 至少列举三个在设计/建造过程中示意图的不同功能。

29.9 电子设计中的 SPICE 是什么？

29.10 使用无焊面包板制作的电路原型有哪些缺点？

29.11 相比无焊面包板原型，绕线原型的主要优势是什么？

参考文献

[1] "Castings made with soft tooling," www.omnica.com.

[2] Entry for "*Apollo Guidance Computer*（AGC），" http://www.wikipedia.org, 5/7/07.

第 30 章　项目规划和管理[①]

30.1　引言

机电一体化涉及多学科交叉融合，综合了复杂机械系统、电子系统和软件控制等多种技术，设计及实现难度不言而喻。机械系统集成化程度高，测试难度大，必须严格组织、合理安排进度，否则难以成功。更麻烦的是，大多数有趣的项目都会受到各种各样因素的约束，诸如工期、资源、财力、人力、技术、市场等。好在这些制约因素均有解决办法，针对其展开简单研讨，对设计者和管理者大有裨益，使其能有序安排工作，确保项目成功。

本章将介绍几种组织、规划复杂项目的普适性方法，适用于包括机电一体化系统在内的大部分系统设计。由于对于某个实际项目而言，往往需要采用多种方法共同完成，因此本章将介绍多种方法，并使读者掌握各种用于分析项目的工具，力求从不同角度分析项目，进而揭示项目内涵，探索解决方案。本章介绍的项目分析工具适用于任何类型项目，如机械类项目、其他学科项目、简单项目、复杂项目，短期项目、长期项目，在此不再枚举，简而言之，所有项目都须进行项目规划和项目管理。项目规划和项目管理的内容看起来与简单常识没啥两样，事实上也的确如此，但设计者必须重视项目结构和计划重点，这些都是设计过程中必不可少的。

通过本章学习，读者将掌握以下要点：

1. 复杂系统需要怎样的积极管理。
2. 设计需求和设计定义的重要性。
3. 设计方案快速成型方法及设计取舍分析。
4. 如何综合应用多种项目管理方法，如甘特图、网络图等。
5. 什么是并行设计，如何将并行设计用于设计进程规划。
6. 什么是系统工程，如何将系统工程用于设计进程规划。
7. 如何提升团队合作效率。

30.2　日益复杂的系统需要过程管理

生活其实并不那么复杂；在工业时代到来前，每个手工业者都可自立门户，独自完成所有工作。在那个时代，木匠、铁匠、石匠及其他工匠掌握了最先进的技术。尽管这些职业现今依旧存在，但已与高科技不沾边了。制陶匠能独立完成一整套制陶工艺，包括选择并准备粘土、塑造成型、美工装饰、上釉、入窑烧制，最终完成陶瓷成品制作；通常情况下，制陶匠制作的陶瓷成品会直接面向用户出售。与之类似，蹄铁匠需根据马匹特性制作马蹄铁，他们直接与客户交易，先到客户的马厩看马，再根据马蹄特点装配马蹄铁。在经历了几个世纪的风云变幻后，这些传统行业依然如故，并无明显变化。

[①] 本章的资料源自 Christopher Kitts 博士 1997—2003 年在斯坦福大学的授课内容。在编写本书时，Kitts 博士为 Santa Clara 大学机器人实验室主任和机械工程系副教授。

现代高科技系统的设计和制造与陶器、马蹄铁这类手工制作完全不同，需要训练有素且天赋优秀的设计者主导设计，而且设计与制造周期十分漫长。例如滴漏式咖啡机，其组成部件包括塑料零件、导管、加热装置、控制电路，以及玻璃材质或金属材质的咖啡存储容器。又例如单片机的制作，不仅需要设计电路通过蚀刻或沉积的方式写入硅晶片，还需确保其设计、结构能够满足亚微米级应用需求。现代汽车设计需要发动机设计、电子发动机控制、空气动力学和悬架动力学等多种专业知识支撑。波音 777 飞机的结构异常复杂，航天飞机更有过之而无不及。诸如此类的复杂系统设计往往需要多个团队长时间协同工作方能完成。因此必须对团队成员进行有序管理和指导，以确保项目顺利展开，机电一体化系统亦是如此。

30.3　项目规划与实施

许多企业都意识到了项目管理的重要性；某些项目的项目管理仅限于使项目以最佳状态运作并保证项目纪律。但对于另一些项目而言，项目管理不仅仅是一种科学的管理方法，还需满足法律要求，例如医药设备开发者需要进行"设计控制"，"设计控制"是 FDA 强制规定的一种规范化项目管理流程。那些有大公司、FDA 监管的公司，或具有飞机生产企业实习经验的人估计一定很熟悉图 30.1 所列流程。该流程给出了一个典型项目执行涉及的各个阶段，需要特别说明的是，此类流程并无唯一标准答案，本书给出的示例并不能保证在任何情况下适用于任何项目。当然，有许多睿智且经验丰富的专业人士致力于优化项目管理方法，而他们之中的大多数人对图 30.1 所示流程表示肯定，并认为其适用于大多数情况。

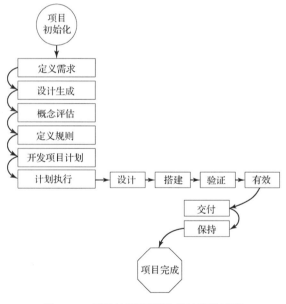

图 30.1　项目从开始到结束的完整流程

图 30.1 的有趣之处在于设计者在设计系统或设备时往往会忽略流程开始和结束部分的几个步骤。开始部分涉及规划问题，结束部分则需说明一旦设计完成后的系统/设备会呈现出何种特性，这些问题都是值得思考的。大多数设计者接受了设计任务后的本能反应是"设计"，即只关注流程图的中间部分，这种行为十分危险。本章的目标之一是讨论各环节的重要性，并说明其对设计和整体效果的影响。

实际的设计流程不会像图 30.1 中描述的那样按部就班、清晰明朗，对此设计者是心知肚明的。

设计是一个非常复杂的环节，需要不断修改更新，流程图中的每一个模块都有一个隐含的、指向流程图中前一个模块的回溯箭头，我们无法在流程图中将所有的回溯环路和路径都标示出来，其实也没必要像图 30.2 那样全都标示出来，为了方便理解，大多数设计流程图都是简化流程图。

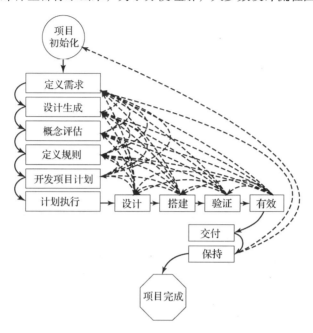

图 30.2　更加真实的处理流程图，表现了项目的实际执行、迭代情况

如果没有那些逆向指向的虚线，读者可能会误认为执行状态良好的项目不会回溯去修改前一步设计、重新定义需求，甚至完全推倒重来。即使存在这样的个案，出现概率也是微乎其微的。事实上，几乎所有的项目都会经历重新评估、修改和重复设计。

下面我们将重点讨论图 30.1 涉及的关键环节，受篇幅所限，我们会省略一些内容，主要讲述在本科、研究生课程中可能遇到的与机电工程项目高度相关的部分。

30.3.1　系统需求

如果读者需要设计并搭建一个机电一体化系统，首先需要明确设计需求，只有明确设计目标才能做到有的放矢。

大多数情况下，需要设计搭建的系统是由其他团队或团队成员定义的，项目主管会进行团队任务分配，公司的市场部门会定义需要你和你的团队完成的新产品。此类情况下，项目主管或市场部门一般会定义一系列"系统需求"；此处所说的"系统需求"指系统的主要目标和必备功能，即系统必须具备某种性能以满足某个特殊需要。注意，不要将需求与定义混为一谈，所谓定义，强调的是如何使某种设计和解决方案满足需求，而需求本身是不包含设计执行方案的。例如，某个特定的移动机器人设备的典型需求为：必须自带电源，能够在一块涂漆刨花板平台上巡航移动，且尺寸不能超过设定尺寸，能够检测到闪烁的红灯，并识别其特性，能够根据一系列规则使球击中目标。需求中不会包含任何设计暗示，只会描述移动机器人必须执行的基本任务及其基本物理性能。

如果没有项目主管或市场部门提供需求定义，设计者可自己定义需求，这是一个难得的锻炼机会。当没有导师或市场部门定义和提供系统需求的时候，设计者可自定义需求。这件事说起来容易做起来难，但无论如何，必须在项目启动时明确需求。可能在项目开始阶段并不能明显感受到需求定义的重要性，但随着项目的展开，设计者将深切体会到需求定义对于项目设计的重要性。这项工作能避免在开发过程中遗漏重要功能点。再次强调，需求定义描述的仅仅是客观需求，需尽量避免引入个人喜好和个人倾向，各种有趣的改进方案也是必须杜绝的，在项目后期设计者会有足够的时间对设计进行优化改进。

这项工作的主要价值在于使设计者在设计开始时能够整理思路、将任务合理分解到各个子系统并进行资源配置，使设计者能够具备总体观和大局观以把控全局。需求定义有助于厘清项目的基本功能要求，即性能底线，这些都是困扰设计者的重要问题，而且随着交付期的临近将越显突出。实际上，所谓"基本功能要求"与我们在实验室和课堂上常用的关键概念类似，读者可能会反复遇到这一概念。

这项工作还有助于暴露需求中存在的不完备、模糊和错误，这些问题发现得越早越好，设计者能在问题的发现与解决过程中积累丰富的项目经验。在项目开发中，总得有人站出来澄清问题，也许你就是那个人，需要在关键时刻挺身而出，记录下问题，并找出解决方案。当然，要想找到正确的解决方案是需要时间的，因此这个过程越早开始越好。

项目需求分析有助于发现不明显的空白区和逻辑漏洞，以确保能采用明智有效的解决方案满足项目需求。设计中的逻辑漏洞是不可避免的，必须及早发现。寻找逻辑漏洞的过程将大大激发设计者的创造力，也会使我们的设计工作乐趣多多。我们可在需求列表后附加一张已发现的逻辑漏洞列表，该列表会不断更新，逐渐完善。

实际产品的需求定义还需考虑成本问题，成本问题也是分类管理和项目管理的重要考量因素，需求变化、逻辑漏洞发现、市场行情变化都有助于成本控制。分类管理项目一般有明确的成本限制，可能会因预算不足而删除某些设计选项，因此在方案审查时应及早估算成本，并以之为依据修改设计、优化开发流程。

实际设计过程中一般不会更改需求，因此在确认需求时必须充分理解用户需求和设计限制，并努力找出逻辑漏洞，这是一个循环往复的过程。设计者需探索需求限制，并努力解决之，进而发现新问题，再解决之。学术界往往存在一个误区，即认为系统需求(例如任务分配)应该是完整、清晰、一致的，这完全是因其思维定式形成的成见所致，并不可取。

30.3.2　设计备选方案遴选

一旦全面掌握了系统需求，下一步需要考虑如何满足需求。此阶段需解决的主要问题是如何从众多的备选方案中遴选出可行方案。一般而言，我们并无现成方案可循，需要通过基础研究和专业咨询来获取可行的解决方案。

目前已有许多可用于方案制定的工具和方法，这些工具和方法大多基于以下逻辑建立：

- 分解问题，将问题分解为多个小问题，再分别解决之。
- 创造性，针对某个特定需求提出尽可能多的解决方案。
- 记录进展和思路以便回忆和重塑。

本节将重点介绍两种特别适用于机电系统设计的方法，即头脑风暴和形态图，其他方法不再赘述。

30.3.2.1　头脑风暴

头脑风暴是提出多种解决方案的有效方法，广为人知且深受欢迎。其目标和特性与形态图(形态图的介绍见下一节)相似，且二者能无缝契合。头脑风暴产生的想法可直接生成形态图，而形态图又可视为头脑风暴会议的组织基础。头脑风暴形式多样，但主旨十分清晰，即尽可能多地产生各种想法。头脑风暴的精髓在于，需在遵循几条简单规则的前提条件下寻找最优解决方案。头脑风暴之所以深受欢迎，原因在于其无须专业培训且简单易行。

头脑风暴法需遵循的简单规则罗列如下。

1. **快速生成大量想法**。头脑风暴重数量而不重质量，在头脑风暴结束后才会对这些想法进行分类处理。

2. **不做评价**。无论提出的想法有多荒谬都无须打断其思维，仅需完整记录，然后再切换到下一个想法。事实证明，看似荒谬的想法往往会刺激思维，使得参与者脑洞大开。任何情况下，任何参与者都不得驳斥某个想法荒谬不可行。头脑风暴产生的想法大多不完整，如果其他团队成员认为某个想法无用，且无补充想法生成，那么那位提出想法的"倒霉蛋"难免会深受打击。

3. **挑选一位主持人担任头脑风暴的组织者**。主持人责任重大，他必须鼓励头脑风暴参与者尽可能多地提出想法，还需保证讨论符合头脑风暴规则且富有成效。一位优秀的头脑风暴主持人会令整个讨论妙趣横生、兴奋不已；相反，如果主持人管理不善，则可能导致会议效果欠佳。因此，主持人的表现至关重要，一般需要经过训练方能胜任。

4. **忠实记录头脑风暴中提出的各种想法**。一般会请一位参与者（非主持人）担任记录者，记录者需在不影响讨论进程的前提下能够提纲挈领，抓住要点。一般而言，记录所有想法是十分必要的，另外需要特别关注讨论中可能产生的专利和知识产权。

不要独自一人进行头脑风暴，没有团队协作的头脑风暴往往效率低下，难以达到目的。一般以小团队为单位进行的头脑风暴效率最高。参与头脑风暴的人不宜过多，否则难免出现两个极端情况：其一，"艄公多了打烂船"；其二，"滥竽充数壁上观"。

头脑风暴旨在产生尽可能多的想法，参与者完全不必担心想法本身的优劣，头脑风暴产生的想法可能大多不可行、难以实现，或实现成本太高，甚至存在致命缺陷。此类想法一般会在下一步的评价阶段被删减淘汰，但其中不乏创造性、创新性、可行性的想法。退一万步说，小组至少可以基于头脑风暴输出一张备选方案列表，如果进展顺利，则可能获得具有独创性、能满足需求的完美解决方案。

30.3.2.2 形态图

形态图通常以图形方式简单罗列出能够满足系统功能需求的备选方案列表。所谓"形态学"，指其研究对象为形态、形状或结构。要创建形态图，首先需要生成一个表格，在表格中需列举出系统的必要功能，以及各种功能对应的解决方案。形态图的第一列应为功能或特性名称，每种功能的备选方案从左至右排列，如图 30.3 所示。尽管形态图的方法十分简单，但建立的形态图必须满足三个要素，即分解问题、提出多种设计方案、记录设计方案。

例 30.1 项目任务描述如下：设计独立机器人，该机器人能够把高尔夫球击入直径为 6 英寸的 4 个球洞之一，要求尽快将球击入所有 4 个球洞。高尔夫球场为一尺寸 10 英尺×10 英尺的平整刨花板。4 个球洞随机分布在高尔夫球场内，其具体位置预先不可知。高尔夫球洞以 1 kHz 频率发送 25%占空比的红外线信标信号，如果有球击打入洞，则关闭该球洞的信标信号。当游戏开始时，机器人被随机放置到场地内，唯一需要注意的是，不可将机器人放置在两个或多个球洞的连线上，即在游戏开始时，所有球洞均处于机器人可见范围。

本例需建立形态图以探索机器人设计需求，以及考虑采用何种方式来满足这些需求。

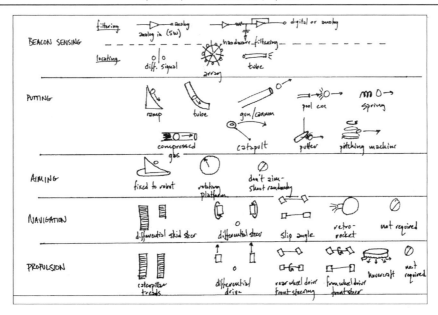

图 30.3　例 30.1 形态图，机器人功能特征需求及备选解决方法

　　形态图设计的第一步是完成功能特征枚举。本例将机器人分解为一系列子系统，每一个子系统完成一项任务，任务列表如下：

1. 信标信号感知
2. 击打高尔夫球
3. 击球瞄准
4. 机器人移动轨迹引导
5. 移动推进装置

　　此处需要特别注意的是，分解问题的方法多种多样，并无一定之规，答案也不唯一。

　　下一步将针对分解任务提出尽可能多的解决方案，图 30.3 为讨论后输出的形态图。

　　目标识别的方案很多，每种方案都会对应不同的设计；经讨论发现，"信标信号感知"部分可分解为两个功能，即信号处理/滤波和定向信标发现，由此可见任务分解是层次化的，无法一蹴而就。就信号处理而言，可将传感器输出值通过模/数字转换输出，并采用软件对输出的数字信号进行处理，以确认光电传感器是否能够识别 1 kHz、25%占空比的光调制信号。另外，硬件信号检测部分需具备滤波、整形、放大功能，并尽量降低软件代码量。图中给出了几个定向信标发现的备选方案，方案一是在两个光电晶体管之间放置一个隔离屏障，当两个光电晶体管接收的光电传感器信号的幅度相同时，即表示已对准信标。方案二则更加直接，采用 8 个相互隔离的光电晶体管阵列，信标信号最大值点即表示信标对准点。方案三只选用了一个传感器，该传感器放置在一个长管末端，只有当长管对准信标时才可能感知到信标信号。

　　"击球功能"也有多种实现方案，但大多数方案都围绕着如何获取并存储击球能量展开，因为击球是需要能量的。图中列举的备选方案包括利用重力能(以斜管和坡道获得重力能)、动量(采用台球杆或推杆)、弹簧释放机制、压力差/气体膨胀(基于枪炮原理)等。图中列举了三种可选方案以解决击球瞄准问题，方案一是将瞄准装置与机器人绑定在一起，可基于机器人运动轨迹导航装置实现击球瞄准。方案二是在击球装置上添加一个自选独立元件以实现击球瞄准。方案三是不瞄准，随机释放高尔夫球，希望其中某个球能入球洞。

移动轨迹引导和移动推进装置密切相关，可选择履带式机器人与差分驱动系统来实现机器人移动功能，也可选择相对简单的方案，用两个轮子和一个滚轮实现机器人移动，这种方案不需要购买履带，价格相对较低，此方案同样选择差分式车轮转向驱动系统。驱动模式可选择传统汽车用驱动模式，如后轮驱动/前轮转向，或者前轮驱动/后轮转向。当然，我们也可以跳出传统思维的窠臼，制作一个气垫船，用风扇和喷气装置推动气垫船移动。最后，我们意识到根本不需要移动机器人，而仅需把机器人放置在某个固定位置即可满足击球需求，尽管这种设计方案看起来并不那么惊艳，但能够在很短的时间内将高尔夫球击打进洞。另外，这种设计方案能使我们有更多时间专注于感知、瞄准和击球功能的解决方案设计。综合来看，这些子系统均表现良好，而且可能大大缩短设计周期。

30.3.3　设计概念评价：原型和迭代

最理想的情况是我们构思出了一系列能够满足项目需求和定义的解决方案，再从这些备选方案中选择一个最佳方案，这是设计中面临的又一个严峻挑战。快速原型制作是客观评价设计方案的最佳方式之一，搭建原型以对比方案优劣，有助于使设计者尽快发现最佳方案或最差方案，事实证明方案优劣是难以通过图纸对比发现的。第 29 章详细介绍了原型搭建方法，此处介绍的原型和迭代仅考量如何利用该方法减少设计与企业管理中的不确定因素。

原型一方面能使我们直观地发现设计遗漏点和是否忽视了一些可能引起问题的物理定律，另一方面也可用于验证最初设计思想的有效性，理解某种给定方法的优劣。无论我们面临哪种情况，最初设计阶段的目标都是尽快搭建初始原型，以便及早发现设计缺陷。如果发现了一个可以解决的问题，则可采用快速迭代法解决问题，更新设计方案。但即便顺利解决了前一个问题，我们也可能随即发现新的问题，因此需要再次进行设计迭代，直至生成最终设计原型。设计迭代无疑为最终设计方案的确定打下了坚实基础，在设计迭代过程中积累的经验有助于设计者评估设计难度、资源配置方案的合理性及进度安排的可行性。以上问题均属项目管理范畴，在本章接下来的部分将对其进行重点讨论。

30.3.4　规范

一旦设计者对项目需求有了深入理解，且提出了相应的解决方案，下一步即需确定系统规范。很多设计者经常混淆需求和规范，如前所述，所谓需求指的是系统的主要目标和功能，即为了满足某种需要，系统必须具备的性能和用途。规范指系统满足需求所需的特定可量化指标。例如，某移动机器人需要在一块刨花板平面场地上巡航移动，推进系统的设计规范如下：机器人的最大直线移动速度至少等于 25 cm/s，且最小转弯半径为 5 cm；如果移动机器人要把球击打入场地内直径为 6 英尺的洞中，必须设定瞄准系统的精确度和分辨率；再如，精确度小于等于 ±2.5°，调整步长等于 0.5°。简而言之，需求列表给出的是系统总体目标，而设计规范明确了产品必须达到的设计指标，二者都非常重要。

当系统被分解成若干个子系统，且分配了子系统负责人负责子系统构建时，必须严格定义系统规范，因为此时不仅需要明确不同子系统的功能及功能的实现方法，还需明确子系统间的相互关联关系。这些关联关系是依靠不同子系统间的接口建立的，如果没有明确定义的接口和接口管理，则可能导致子系统整合困难，这种整合困难可简单如螺栓孔形状不匹配，也可复杂至接口通信失败或协议互通失败。这些失配导致的结果都一样，即需重新设计某个子系统使其与另一个子系统匹配。经过精心策划而制定出的一系列规范能够帮助我们避免此类问题的发生。

与需求列表类似，系统规范列表可以帮助我们及早发现错误定义和自相矛盾的设计，并修改之，而且也有助于我们在策划阶段发现并解决问题，从而避免做无用功浪费时间，并及早放弃不良方案。

30.4　管理工具

除需定义系统需求和规范外，我们还需定义设计可用的备选方案和预案，即定义工作计划，包括从项目开始到结束的管理计划。为了确保项目成功，复杂项目需要进行资源的合理调度，包括人员、时间、费用、设备等调度。当然，以上工作可以在没有任何指导和管理的前提下展开，但其必然结果是效率低下，效果不佳，此时需要引入管理工具。

本章其余部分将介绍思路整理和项目整理工具，我们将简要介绍几种方法，有需要的读者可通过扩展阅读加深理解。事实上本课程，甚至研究生的所有课程都涉及项目管理学习、一致性设计和系统整合，在此不可能包罗万象，本章仅介绍基础内容。

30.4.1　项目管理

读者可能听说过项目管理，但本章所述的"项目管理"具有特殊的含义。项目管理是组织可用资源以达成目标任务的行为[1]。项目主管负责确定项目开始点与结束点，并制定从项目开始到结束全过程的执行计划，在资源不足的情况下还需确定补充资源名录。

与项目管理有关的重要任务包括：

- 定义任务和子任务，并建立二者之间的关联关系
- 资源预算
- 生成并维护进度表
- 过程控制

首先需要任命项目主管。项目主管的职责是协调团队工作以达成设计目标，一旦项目主管掌握了以上任务要领，即可基于组织工具记录项目进度安排、材料、人力等，进而估算项目任务量，制定执行计划，并确保项目按计划有序展开。

目前最受欢迎的、能实现调度和资源分配的项目管理工具莫过于甘特(Gantt)图。甘特图由若干行组成，每一行表示一个任务或子任务；每一行最左侧为任务名称，右侧表明每个任务的执行起始点及表示执行时间长度的时间线。每个任务线的起始点和终点一般标有倒三角符号；时间线中通常用星号表示重要时间节点，如任务完成、生成交付报告等，任务最后期限也用星号表示，表示项目的整体完成时间。不同任务之间的关联关系用垂直竖线表示，即一旦某个任务完成，接下来将会进入下一个任务，或者多任务同时展开，垂直竖线用来表示各种任务的相关性和时间关系。总之，任何与进度相关的信息都应写入甘特图，甘特图示例如图 30.4 所示。图中所示实例并不复杂，实际应用中，一个复杂项目的甘特图可能长达数页。甘特图将列举任务并给出完成该任务所需的时间，甘特图可根据具体项目需求进行扩展。

除了任务和时间轴，项目计划还需包含资源说明。例如，可用单独一列表示分配给某个任务的人员或团队，也可在时间轴旁边标注。某些特定工作场合，如金工车间或焊接车间需要进行设备仪器管理，既可将其并入甘特图，亦可用一独立图表示。甘特图能够清楚表述需要采用何种计划、需要多长时间才能完成各个子任务和总任务。甘特图能够清楚表达某项任务所需的最大时间，并使得设计者可以思考哪些任务可同时进行。一般而言，前面一个任务完成后才会开始下一个任务，但实际任务完成进度并不受计划进度限制，在资源条件允许的情况下是有可能提前完成任务的。

尽管甘特图功能强大，但还存在诸多问题。首先，甘特图是建立在项目开始之前项目主管已然通晓项目要领的假设基础上的，即项目主管对项目任务、开发周期及任务与周期之间的关系有明确认知。"理想很丰满，现实很骨感"，事实上这样的假设往往难以成立，项目主管往往可能沉迷于细节无法自拔，而只能凭经验估算项目任务和开发周期。但这并不意味着甘特图无效，可弃之不用，此处提出该问题仅仅为了提醒读者要注意计划更新问题，即需根据项目进展情况对项目计划进行合理优化。项目主管及整个项目团队需密切注意项目进展情况，并对比时间表，以确定是否存在进度问题。如果需更改进度，则项目主管必须介入处理，这是项目主管的重要职责之一，即开发流程监控。对比项目实际进展情况和预定时间表是确保项目管理控制顺利展开的基本要素，如果一切均按计划执行，则表示项目能够按时完成。

目前有许多通用软件可用于计划生成及维护，如 Microsoft Project 和 FastTrack Schedule，还有许多共享软件和免费软件也支持此功能。这些软件能够自动生成时间轴、任务链接，并提供更新和编辑功能，具备纸质文档和电子表格无法比拟的优势。

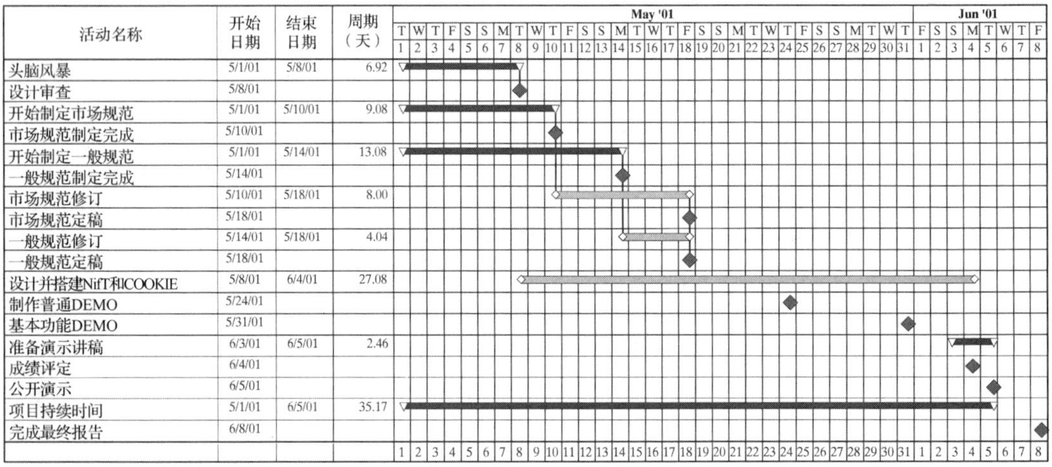

活动名称	开始日期	结束日期	周期（天）	May '01 / Jun '01
头脑风暴	5/1/01	5/8/01	6.92	
设计审查	5/8/01			
开始制定市场规范	5/1/01	5/10/01	9.08	
市场规范制定完成	5/10/01			
开始制定一般规范	5/1/01	5/14/01	13.08	
一般规范制定完成	5/14/01			
市场规范修订	5/10/01	5/18/01	8.00	
市场规范定稿	5/18/01			
一般规范修订	5/14/01	5/18/01	4.04	
一般规范定稿	5/18/01			
设计并搭建NifT和COOKIE	5/8/01	6/4/01	27.08	
制作普通DEMO	5/24/01			
基本功能DEMO	5/31/01			
准备演示讲稿	6/3/01	6/5/01	2.46	
成绩评定	6/4/01			
公开演示	6/5/01			
项目持续时间	5/1/01	6/5/01	35.17	
完成最终报告	6/8/01			

图 30.4　甘特图

另一种可用于表示任务及各任务之间关系的方式是网络图。网络图用任务框和箭头表示任务之间的先后顺序关系，有些任务框中还标注有任务计划执行时间。典型网络图如图 30.5 所示。

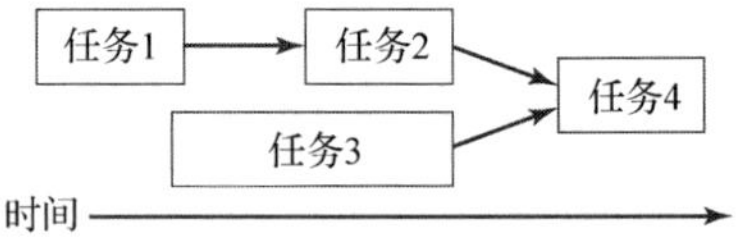

图 30.5　网络图

网络图能够清楚显示任务之间的关联关系和完成任务所需时间。一般会高亮标注一些关键点，如项目关键执行路径、需耗费较长时间方可完成的任务链，以及对后续任务影响巨大的关键任务点。甘特图虽然非常有用，但通常无法清晰显示关键开发路径。

目前还有一些其他项目管理工具，但大多是在甘特图和网络图的基础上添加了其他可用于提升项目管理的完备性和精细度的参考素材。

除了提供项目计划和时间表，项目管理工具还支持计划与实际进度对比功能。一个优秀的项目主管需不断评估项目的进展情况，包括是否能按计划、按预算完成项目开发。项目启动之前制定的计划必然存在偏差，项目进展情况对比是跟踪项目开发风险的利器，有助于管理者判断何时应修订计划。进程控制意味着需不断调整修订计划，该项工作将贯穿开发过程始终，每个输入都可能面临调整，还可能涉及人员调整、资源调整、预算调整、硬件设备和工具的购置问题。简而言之，计划需根据实际进展情况实时调整，甚至可能调整任务目标或项目目标以提升项目可执行度, 比如去除不必要的功能或改变设计方案。一般情况下, 设计团队都会倾向于选择看起来比较"酷"的方案, 但此类方案往往包括非项目需求功能, 这种问题普遍存在却又无可厚非。特别在项目刚刚开始时, 设计团队往往认为时间、资源都很充足, 更加难以抗拒"酷"方案的诱惑。项目主管必须跟踪这些升级功能, 并在项目推进过程中及时调整, 需将此类升级功能放在项目列表的突出位置, 在不影响总体需求实现的前提下随时削减。另一个需要重点关注的问题是功能削减时机, 削减工作启动得越晚, 耗费的时间精力也越多。因此在适当的时间启动削减工作, 是保证按时、按预算交付项目的关键。项目主管需持续跟踪项目进度和资源调度, 并发现恰当的功能削减时机。

资源、任务和项目最后配置的灵活性和自由度需要不断评估和优化, 因此项目主管必须在充分考量反馈信息的前提下执行项目管理以确保输出最佳结果, 项目管理的精髓即在于此。

30.4.2 系统工程

复杂系统分解或项目分解是一个系统工程问题。系统工程旨在将大型综合性项目按功能划分成一系列子系统, 以合理配置人员和资源[1]。系统工程能为项目规划者提供有效的组织规则, 使其能够在项目启动前建立任务表和时间表。系统工程特别适用于需专业人才完成的、包含多个子系统的复杂系统, 机电一体化系统包含复杂的机械、电子和软件组件, 是一种复杂系统, 属系统工程应用范围。

例 30.2 再次采用例 30.1 中的机器人项目进行说明, 此处需将机器人分解成多个具有不同功能的子系统, 每个子系统可以由独立团队设计、制作、安装, 最后组合形成完整系统。

图 30.6 所示为一可行分解方案。

如图所示, 例 30.1 的系统被分解为若干子系统, 并为之建立形态图。事实上采用系统工程方法考量所需功能形态图是一种不错的选择。如图所示, 除了导航和推进、瞄准、击球和信标感知子系统, 还添加了负责机器人的物理设计和配置的架构子系统及用于监测控制机器人功能的策略子系统。图 30.6 所示仅为多种分解方案中的一种, 分解方案多种多样, 没有唯一的正确答案, 可能存在比图 30.6 更好的分解方案。当我们开始项目设计时, 无疑需要学习很多知识。

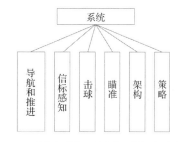

图 30.6 利用系统工程原理分解复杂设计

系统工程面临的最大风险往往出现在项目即将结束的子系统整合阶段。由于不同子系统由不同的开发人员和开发团队负责, 可能在系统整合阶段出现对接问题, 即系统之间难以按预期协同工作。项目即将结束时出现此类问题显然是致命的, 究其原因可回溯至项目启动阶段。如要避免此类情况发生, 则必须确保项目启动阶段谨慎规范, 严格界定各子系统之间的协同关系。子系统之间必然存在各种相互作用和关联关系(如物理关系或电气关系), 必须进行合理规划和交流, 以确保系统能够顺利整合、运行正常。如在项目执行过程中出现子系统之间作用关系的调整, 则需立刻进行项目组之间的沟通, 并进行相应更新。系统工程需要项目组投入大量精力, 以确定子系统及它们之间的关联关系, 并在系统集成之前需严格验证各个子系统功能。

30.4.3 协同设计

协同设计是另一种项目组织原则, 该原则需在项目管理架构中考量项目和产品的所有生命周期。一个成功的项目不仅需要满足需求, 符合规范要求, 还需在其生命周期的各个阶段均表现良好。项目的生命周期包括以下三个阶段: 第一阶段为开始阶段, 该阶段的重点工作是分析, 目前有多种分析方法可选; 第二阶段为研发生产阶段, 研发阶段旨在将概念转化为设计成品或产品, 而生产阶段则旨在向经销商和用户供货。[供货数量可少至 1 个(例如,一颗卫星),也可多至 1 000 000 000 个 (如大量的微控制器)];第三阶段为使用阶段,包括维修和保养、升级更新、客户满意度反馈等。以上每个阶段都可能涉及产品的组装、拆卸、测试、维修、运输及其他工作,需在项目分析和设计阶段对每项工作进行充分考量,使其在产品生命周期中表现良好。这些问题将与最终的项目评价挂钩,全面监测产品生命周期无疑将获得丰厚回报。目前协同设计原则已广泛应用在多种设计中,如面向制造的设计(DFM),面向装配的设计,面向测试的设计,面向可维护性的设计,等等。

在设计中考量生命周期问题的另一个重要理由如图 30.7 所示。由图可知,尽管大多数项目产品的总成本在分析研发阶段便已确定,但各种款项的实际支付时间远迟于初始成本确定时间[2]。这表明项目的最终总成本很大程度取决于设计者和管理者的分析研究结论。如果输出产品造价低廉、易于生产、运行成本低,则可大幅降低产品整体成本。

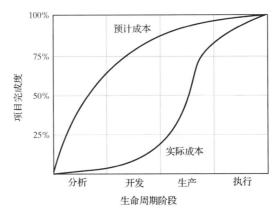

图 30.7　考虑产品生命周期各阶段的重要理由:早期设计决策对项目总成本具有重要影响

设计师需在设计阶段考量整合问题,除此之外,在产品生命周期的其他阶段也会有专业人士和专业团队介入(包括设计阶段介入)。例如,并非调整设计使得某台设备更加易于生成压铸件,而是引入某个领域的专业人士以寻找更好的设计方案。制造工程师、装配技术人员、维修技术人员、销售人员及产品生命周期中各阶段涉及的任何人都应参与设计过程,并尽可能采纳他们的建议。

无论如何展开设计,都需考量产品生命周期的各个阶段,以及不同阶段的优化问题,以确保项目成功。例 30.1 中机器人项目的成功与否,将在很大程度上取决于扩展测试和整改。项目演示阶段可能仅仅持续数分钟,但却需耗费数周时间进行设计制作,包括软件编写、传感器电路设计、推进系统设计、移动系统设计、推杆系统设计和策略设计。价格低廉的机器人设计测试环节(学生团队的宝贵财富就是时间)将带来巨大的收益。

30.5　沟通与文档化

在项目进行过程中需及时沟通并记录项目及子系统进展状态,唯有如此才能保证工作按时保质完成。当工期较紧时,设计者往往会忽略此环节,读者需谨记万不可如此。俗话说,磨刀不误砍柴工,一朝图省事,未来后患无穷。与其自认为无暇顾及于此,倒不如想想一旦出了问题,对其追根溯源会耗费多少时间。还需想想如果在面对突发故障时能从中寻到一条有用的记录,那真如雪中送炭一般令人感动。实际上离开沟通与记录,项目开发将是一件完全无法想象的事。

项目组至少应该保留一份完整的日志,日志中记录了设计的演进过程和当前状态,项目组成员应随时查阅日志,以确定项目和各子系统进展状态,以及子系统之间的接口细节。除传统的纸质记录外,我们还可借助在线工具(如共享文档、维基网站)等建立项目日志,这些在线工具有助于简化记录更新流程。日志必须易于更新且易于查找访问，并且支持硬拷贝和软拷贝访问。但无论采用哪种方式，日志都应包含以下信息：

- 最新日程表
- 系统需求
- 系统和子系统规范
- 概念和可选项生成
- 草图、图表和说明
- 所有电路的原理图（当前和以前的版本）
- 代码列表
- 文件、程序索引
- 会议、决策记录
- 现状

必须定期召开项目会议。定期会议也是必不可少的，第一手的书面记录材料在任何情况下都是必不可少的。

30.6　问题与建议

机电一体化系统和其他学科系统在设计与构建过程中都可能遭遇各种各样的困难，本章中将重点介绍组织原则、工具和方法，以确保项目的组织与执行效果。

为了揭示之前介绍的技术与实际应用价值之间的关联，我们建议读者回顾一下自己曾经做过的项目。下面的表格中列举了部分常见的项目开发问题，这些问题都与本章讨论的概念及项目管理方法密切相关[1]。读者需特别注意，表中所述问题并非异想天开，而是实验室血泪经验的结晶。此表也无意唤醒读者的苦痛记忆，而仅是希望能鼓励读者仔细思考应如何在下一个项目中避免此类问题。基于本章所述方法，读者可能发现自己之前确实很少考虑此方面的问题。

如果发现如下所说：	可能应该更多地关注：
"我们的时间不够了。"	管理关键路径 任务意识 反馈/管理控制 功能削减
"我也需要计算机。"	资源调度 进度协调
"它也必须这样做吗？"	生成需求……
"尝试了这个精心设计和非常酷的计划，但我们时间不够了，所以我们不得不放弃它，在结束时，我们无法得到一些工作所需要的功能。"	……并严格按照需求 功能削减
"肯定还有更好的办法"	开发替代品
"可是我怎么做呢？"	制造设计
"我也不知道怎么了。"	测试设计 编写设计文档 子系统验证 增量集成
"这个之前做过……"	早期测试和集成

30.7 习题

30.1 采用系统工程方法构建项目的重点是什么？该方法需要什么样的人执行？

30.2 进行项目的协同设计方法的重点什么？该方法需要什么样的人执行？

30.3 项目管理、系统工程、协同设计方法是相互排斥的吗（如果使用这些方法之一，就不能使用其他方法）？请进行解释。

30.4 采用系统工程法，列举至少如图 30.8 所示的法拉利 599 的 20 个子系统。

图 30.8 法拉利 599

30.5 设计法拉利 599 的下一代产品（见图 30.8），并希望尽可能多地收集来自不同领域专家的意见。团队中最少需包括 10 种不同类型的专家。

30.6 创建一个甘特图，描述课程学习环节，包括课程中各环节的相互关联关系及任务的开始和结束时间、截止时间、关键节点等。

30.7 为参加工程计划的大学生指导笔记本电脑市场细分需求草案。

30.8 下列产品生命周期的哪个阶段涉及成本最高？说明理由。

　(a)一次性外科手术用具

　(b)汽车

　(c)火星探测器

　(d)通信卫星

　(e)卷纸

　(f)台式计算机

30.9 任务描述：带领团队设计新版本苹果 iPad。

　(a)创建设备的需求草案。

　(b)用系统工程的方法将 iPad 分解为若干子系统。

　(c)设计产品的不同生命周期阶段。

　(d)确定 iPad 的每个生命周期阶段成本最低的方案。

30.10 团队项目描述：设计一个机器人，能够在 4×8 英尺的场地上将 10 个高尔夫球依次击打入 3 个目标球洞之一。场地两边有两英尺的高度差，击球时机器人必须位于场地内，每一个目标球洞激活时间为 10 秒，然后再随机激活一个目标球洞。激活目标球洞发射频率为 2 kHz、占空比为 50% 的红外光，机器人利用红外光电晶体管检测目标球洞发射的红外光信号。每次击球时间持续 2 分钟，在此期间击球入洞次数最高的机器人获胜。每个团队由 4 名学生组成，要求在两周内完成设计。

(a)建立一个能使机器人完成击球功能的需求列表。

(b)澄清项目规范中模糊不清的问题。

(c)发现项目规范中的逻辑漏洞。

(d)创建描述团队项目执行过程的甘特图。

(e)确定构建机器人所需的子系统。

(f)为(e)中列出的每个子系统创建形态图，图中需包含多种备选方案。

30.11　以手机为例，回答以下问题。

(a)列举手机的功能。

(b)根据(a)中列举的功能，找出基本功能，并说明最重要的功能是什么？

30.12　创建甘特图，描述未来 15 年的职业目标，图中需包含重要时间节点。

参考文献

[1]　Lecture: *Project Management,* ME118/318 and ME210, Kitts, C., Stanford University, 1998–2003.

[2]　*Concurrent Engineering, What's Working Where,* Backhouse, C. J., Brookes, N. J., Gower Publishing Limited, 1996.

扩展阅读

Conceptual Blockbusting: A Guide to Better Ideas, Adams, J. L., 4th ed., Basic Books, 2001.

Mechanical Design Process, Ullman,D.G., 3rd ed., McGraw-Hill, 2003.

第 31 章 故障排查

31.1 引言

初级机电设计师往往都有这样的经历：刚刚费尽千辛万苦完成了一个机电子系统或者一个完整系统的设计，又马上经历测试惊魂，在测试中各种问题、漏洞、错误层出不穷，令人应接不暇，手忙脚乱。出现这种现象的关键在于设计者完全无法理解这些令他们陷入绝境的问题究竟源自何方，也因之完全无法想象为何测试中会呈现出各种"灵异"事件。事实上，一次成功的设计仅存在理论上可行，有经验的设计者都会坦然接受一个现实，即无论在项目设计的初期如何深思熟虑，也无法保证系统的实际功能完全与应用需求吻合。换句话说，功能偏差不可避免。发现功能偏差并予以解决的过程被称为"故障排查"。机电系统结构复杂，存在多种可能导致系统工作异常的原因，诸如电气硬件设计瑕疵、机械硬件设计瑕疵、软件设计瑕疵等，故障排查难度较大。例如测试中发现一个执行问题，可能源于连接传感器和放大器的导线从线圈耦合了噪声，也可能源于导线接触不良。本章将重点讲述与故障排查相关的技巧和建议，以帮助读者顺利完成该项工作。

读者可能觉得本章给出的建议无非都是些老生常谈，其实这些老生常谈均源于第一手的实验室测试经验，都是在经历了多次失败之后的总结所得，其中少部分经验可以直接用于机电一体化系统设计，以降低故障排除难度，而大部分经验则可直接用于故障诊断和故障排除。本章中将介绍一些可用于故障排查的实际方法，为了让我们的读者能够轻松愉快地直奔主题，我们将以 David Letterman-esque 的"Top 10"方式呈现，下面我们将从最重要的一点切入主题。

设计者无论如何必须接受一个残酷的现实，即在第一次测试的时候，任何集成的子系统或者完整系统的表现都不可能是完美无缺的，但可借助许多已有的方法以"防患于未然"。俗话说，"未雨绸缪方能事半功倍"，本章重点即在于此，希望读者能够通过学习掌握快速有效的故障排查方法。

机电一体化系统设计者都必须接受一个残酷的现实，即设计一次性成功的概率几乎为零，因为大部分的机电一体化系统相当复杂，设计部件或多或少都会存在与系统的拟合匹配问题，因此任何项目都会考虑故障排查问题。毫无疑问，每个设计者在设计中都会力求完美，努力希望达到一次性成功的终极目标，但在设计中存在的近似求解法可能导致问题的出现，一旦有问题出现，则需花费大量的时间去查找并纠正问题。每个设计者必须正确认识设计缺陷，在确定项目时间表时充分考虑故障排查时间。因此故障排查成为项目中一个不可或缺的环节，设计者将在该环节中面临巨大的挑战——如何发现故障原因，一旦挑战成功便有丰厚回报——项目成功达成设计需求。

31.2 追根溯源找漏洞

如果一个已经完成初始设计的系统/子系统无法达到预期的工作状态，则必须查找问题来源。故障排查的关键是如何发现问题，一旦发现问题，就可以想办法解决。查找问题的过程是艰难而漫长的，而且在此期间还将随时面临系统损毁的风险。

大多数机电一体化系统都非常复杂，系统包含大量机械、电气和软件组成部分，涉及的电路元件、机械元件数量、软件代码行数可能高达数千，甚至上百万，出错实在是在所难免，而且一旦发现一个问题，则可能对应无数种原因，长长的故障原因清单足以令每个设计者头皮发麻，无从下手。

设计者无论如何需要找到问题原因，想从这成千上万条的可能原因中找到症结所在将无异于大海捞针，你可能盯着看一整天清单也不得要领。正确的方法是基于独立变量找问题，然后通过简单测试以验证方法是否有效。

独立变量法并无一定之规，但易于切中要害，设计者仅需根据自己的猜测改变某个变量的值，然后观察改变后的系统表现特性（变好/变差）。这种方法最大的问题在于设计者很难从成千上万个现象中找到真正的原因，你的第一次尝试可能无疾而终，即解决了某个问题却带来了新的问题。系统的某些性能可能发生改变，但这种改变并不那么令人愉快，事实上你并没有解决任何问题，而仅仅是改变了系统的性能。这种"撞大运"的方式显然并不可取，因此我们推荐设计者采用更加保守的解决方案，即如下的机电故障排查提示 1。

提示 1 视每次测试为一个实验：始于假设，并用实验结果验证假设是否成立。

科学实验一般基于某个特定变量进行，并观察该变量对系统表现的影响。故障排查实验也是如此，每次测试都需有明确目标，通过改变系统中某一个单元特性来观察系统性能，此处的"单元"或变量既可以是电子单元、软件，也可以是机械单元，即设计者可以选择任何可能解释异常特性的问题。设计者一旦确定了故障源，即可进行有针对性的整改。当然也可能发生误判，但至少经历此过程后，设计者能将故障原因缩小到一定的范围内，进而支持进一步的筛查。更重要的是，此过程能使设计者更加深入理解故障生成机理。

如果使用得当，提示 1 能使设计者避免大部分无效实验。例如，现有一系统，其功能需求如下：当检测到红外信号时使泡沫塑料球击中目标。假设系统故障为"无法击球"，先对系统做某些改变，例如使放大器不工作，然后将小球放回去，看看是否能够立刻发生击球动作。当然，这种方法存在诸多短板，诸如变量特性模糊，输出非预期结果等。实际系统可能存在多个问题，单纯改变某个参数并不能获得设计预期性能。

相反，我们建议设计者在设计测试时应首先选择与系统性能直接关联的变量。因此，与其基于整个系统解释"无法击球"的现象，还不如着眼于放大电路的增益参数。我们建议设计者可以观察那些改变了电路参数的信号点，对比参数改变前后的信号变化情况，如果你熟悉电路，即有能力预测信号的改变趋势。如果实际情况与预计情况不同，那么说明设计者本身对电路性能理解有误，或者设计的实验方法有误，此时设计者需就此进行深入研究以获取答案。

进行系统测试时需详细记录每次测试，包括测试设置和设计者对测试的理解感悟等。在进行下一步的参数变化之前，必须首先将之前改变的参数复原，唯有如此才能使设计者观察到不同参数变化对系统性能的影响。软件则可通过更新版本号来跟踪，即每次测试完成后调用原始版本代码，即便本次测试效果不佳，也能恢复到测试前的初始状态。电子硬件模块需要绘制一张完整准确的设计电路原理图，设计者可以在原理图上标记更改部分。这种方式用句成语来说，就是"雁过留声，人过留名"，一旦发现此路不通，可立即原路返回，从头再来。从这个意义来说，实验记录尤为重要，特别在实验重复次数过多、实验者出现记忆错乱的情况下，此时将更加需要实验记录来整理思路。为此，我们给出提示 2。

提示 2 在记录本上记录所有故障的测试，原原本本地记录对系统做的任何修改，以及实验结果。

在此特别提醒一下，系统重组和系统恢复都是高风险操作，最常见的问题如不小心碰掉电线、电源/地接反，接触不良，螺丝断裂，电子元件折损，等等。此类问题一旦发生，开机就可能导致完全无法承受的灾难性后果。因此设计者必须特别小心，并需在设计中特别留意系统装配问题，确保装配过程简单易行。例如，在电子连接器上加装某种锁定装置，即可避免错误连接或不完全连接事件发生，编写检错软件（例如，软件启动时传感器是否连接？）也有助于确保系统安全恢复。

另外，每次测试都需有详细记录，并据此编撰测试日志。如果故障排查提示 1 应用得当，某个测试或某系列测试需重复进行，则需在测试日志中记录测试步骤。当然，科学实验的一个重要特征即是具备可重复、可再现特性，因此，故障诊断和功能验证的记录工作需由团队其他成员（非设计者本人）完成，设计者可不参与测试过程。目前工业界广泛采用故障排查流程，测试流程由非系统设计者的其他人设计并执行。

31.3　预防为主，事半功倍

本节将重点阐述项目早期（设计装配阶段）故障排查规划的优点，经验告诉我们，复杂的机电一体化系统可能在设计、装配、整合过程中存在各种各样的问题，因此为什么不将故障消除在设计之初呢？即在电路设计、软件设计和机械设计时即完成故障排查，爱因斯坦说过，"所谓疯狂就是不断重复一件事，而期待不同的结果"，这句话显然非常适用于故障排查，因此我们给出提示 3。

提示 3　在进行系统集成时，应逐个增加集成部件，每增加一个部件便进行一次测试，以验证新加入的部件/子系统对系统功能的影响。

人们常常会做一些傻事，比如将系统一次性组装好，开机，然后听天由命，对于机电一体化系统而言，这样的做法就是徒劳无功。正因为如此，我们需要从最小、最简单的模块开始，以增量法组装系统，从最简单的功能开始分析跟踪，以确保将问题控制在很小范围内。

例如，现有一个机电一体化系统，该系统包括一个微控制器控制软件、电池和稳压器、读取和报告特定波长红外光的传感器电路，以及一个保险杠带限位开关和有轮电机的移动平台，该平台遇到障碍物时会被触发。如前所述，与其把系统一股脑组装好了开机，还不如一步一步进行增量组装。组装可以从最可靠的部件开始，该部件应基于权威测试结果合理选择。首先为该部件添加另一个子系统；对于我们的示例系统而言，可以选择先从微控制器开始，先用台式电源对微控制器加电，验证其是否能够执行简单程序。如果一切正常，即可把台式电源更换为电池，再次重复前一次测试。如果测试正常，再加入电机驱动电路和驱动电机软件，然后测试是否能够正确控制电机，接着加入光敏传感器和限位开关。当此流程结束时，即可生成一个完整的功能系统，你可以在此过程中发现每个子系统和子系统之间接口存在的缺陷，但由于每次只添加一个子系统，且在添加前能够确认系统工作正常，一旦出现异常，则很容易实现故障定位。

在进行子系统增量式测试的过程中，我们得以成功控制潜在问题数量，但是每个子系统的测试也是非常耗时费力的，据此我们给出提示 4。

提示 4　需包括系统内部性能观测点。

如果设计的子系统/系统上电后的表现与预期不匹配，那么应该如何找到问题呢？这就需要在系统设计时考虑设置系统功能和关键性能观测点，这些观测点能方便快捷地为我们提供大量相关信息。例如，可以通过读取软件中的状态参数了解系统的内部工作情况，其原理与传感器数据读取类似，我们可以通过软件读取当前状态、事件及其他的简单数据信息。这些信息可通过输出引脚读取，并在计算机终端或其他显示器上显示出来，也可生成日志文件。C 语言中一般使用# ifdef和#endif 关键字即可方便快捷地启用/禁用此类调试功能，例如：

```
#define DEBUG
unsigned int ReadLightSensor(void) {
    unsigned int LightLevel;
    #ifdef DEBUG
    PTT |= BIT0HI;
    #endif

    LightLevel = ReadADC(LIGHT_SENSOR_CHANNEL);

    #ifdef DEBUG
    PTT &= BIT0LO;
    #endif

    return(LightLevel);
}
```

如果定义了 DEBUG 宏，则#ifdef 和#endif 之间的命令行将编译加入可执行代码中，并在运行时执行；如果未定义 DEBUG 宏，则该命令在编译时被忽略。软件中此类简单"开关"代码使得我们能在调试模式和轻量级（非调试）模式之间自如切换。本例中，当 DEBUG 宏被定义时，一旦开始执行 ReadLightSensor()函数，则输出引脚（端口 T 的引脚 0）的输出状态变为"1"，当命令执行完成后，引脚状态又变为"0"。用示波器监测该引脚输出，即可获取执行时间的长短，并了解执行时间对系统性能的影响。然后删除 DEBUG 宏的定义，再进行编译，则可去除引脚状态跳变。该例子非常简单，但在代码调试中却非常有用，它能使我们充分了解代码的执行和响应过程。

在软件中添加报表打印功能，也是提高软件观测能力的重要手段，C 语言中可用 printf 语句实现报表打印，该命令与#ifdef 相结合即可获得大量信息，具体代码如下：

```
#ifdef DEBUG
printf("/rEntering ReadLightSensor()");
#endif
LightLevel = ReadADC(LIGHT_SENSOR_CHANNEL);
#ifdef DEBUG
printf("LightLevel=%d Exiting ReadLightSensor()", LightLevel);
#endif
```

此例中，每当执行 ReadLightSensor()函数时，终端窗口都会出现一行文字：Entering ReadLightSensor() LightLevel = 854 Exiting ReadLightSensor()（此处假设光电传感器读数为 854）。通过这行文字，我们即可获知目前正在执行什么代码，且能读取光电传感器的读数。相比于示波器读取方式，此种方式获取的信息更多，可观测性更好，有助于更高效地进行故障排查。需要特别注意的是，当采用打印命令行进行编译时，打印字符是通过串口输出的（详见第 7 章），可能耗时较长。例如，当串口速率为 9600 波特（常见的串行速率），每个字符需耗时 1.04 ms 才能发送到终端，即便串口速率设置为 PC 的最高波特率（115 200 波特），发送每个字符仍需耗时 87 μs。按本例计算，当串口速率等于 9600 波特时，需耗时 75 ms 才能将调试信息完全显示出来，75 ms 看起来很短，但对于程序运行而言已经很长了，而且可能影响系统性能。

由此可见，我们需要尽量精简打印信息，如果信息实在太多，或者串行发送数据到主机占用了太多的处理器时间，则可通过循环数据缓冲填写方式记录代码执行时产生的调试信息，并根据请求信息（诸如观测到间歇性故障）将记录的调试信息通过串口传到计算机，并观测某个设定时间段内软件的运行状态。大多数终端程序都具备日志（存储）信息的读取和显示功能，可以存储数据以备后期调用处理。

以上方法适用于软件调试，我们也可在硬件调试中引入类似功能。例如，假设我们对电路中某个点的电压或逻辑电平值心存疑虑，可通过添加测试点观测其状态变化，一般可以在该点添加一个探针或 DMM 头。例如可监测发光二极管的逻辑高和逻辑低电平状态，或者传感器读数是否低于/高于某个设定阈值。这些观测结果有助于我们了解代码和硬件的工作状态，即使在大部分系统功能都未实现的情况下，也可采用此种方式进行观测。

下面举例说明。假设现有一用于检测信标红外线的子系统，其检测输出信号将引导车辆向信标点移动。第一次测试结果显示，该子系统未响应信标信号，故障原因不明——既可能源于软件问题，也可能源于传感器的硬件问题，抑或为诸如电池没电之类基础问题。此类问题的故障排查十分复杂，主要在于完全无从下手。凡遇此情况，提示 4 便有了用武之地，可以考虑在传感器放大器的输出端设置一个观测点，并在光电传感器信号调理系统的输出端添加 LED 灯，一旦检测到信标信号，即点亮该 LED 灯。另外，还可添加"能量条"LED 监测电池状态，测试者可通过观测硬件和软件观测信息进行故障排查。

图 31.1 所示为一带有测试点（TP1）和内置调试 LED 灯的传感器电路。当电路运行正常时，这些电路可以忽略不计；但对于早期测试而言，这些电路是非常有用的，当然也对后期故障诊断大有裨益。一旦发生系统故障，即可基于这些测试电路快速找到故障原因。因此，设计者在设计时必须将此类电路及其驱动电路纳入设计范畴以内，并需考虑将其放置在易于测试的位置，以确保子系统/系统测试能够方便有效地展开。

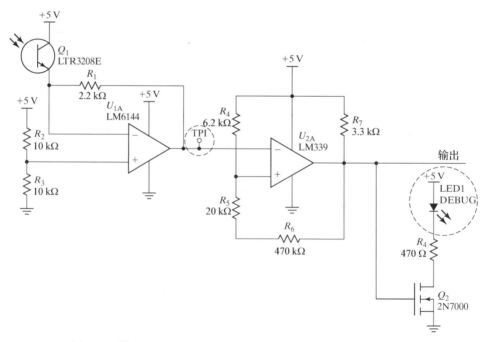

图 31.1　带有测试点（TP1）和内置调试 LED 灯的红外信标检测电路

对于图 31.1 所示电路，可采用一种非常简单有效的方法实现故障排查，即先检查电源和地是否连接正确，然后从信源到信宿逐级检测以确认每一级工作正常。例如，对于信标检测电路，可首先使用示波器或数字电压表（DVM）确认+5 V 电源是否连接到了光电晶体管（Q_1）的集电极、LM6144（U_1）的电源引脚、分压器 LM6144 的同相输入端（R_2）、LM339（U_2）的电源引脚及调试 LED（LED1）的阳极。然后检查接地是否正常，即确认地是否连接到 LM6144 的负电源引脚、电压分压器的 R_3、LM339 的接地引脚、2N7000（Q_2）的源端。检查过程必须仔细，以确保电源与地连接正确，可以把电路原理图上的电源/地突出显示出来，这样做会对测试大有裨益。实际设计电路大多比示例电路复杂；越是复杂，越容易遗漏。一旦确认所有电源/地都连接正确，则可从信源开始跟踪信号，直至信宿，依次检查连接到 U_{1A} 同相端的电压分压器（$R_2 - R_3$）电压是否等于 2.5 V，测试点 TP1 的电压是否能因红外线检测值变化而变化。如果检测结果不符合设计预期，则可断定故障为传感器故障；如果检测结果符合预期，则可进一步检查比较器 U_{2A}，看看当输入电压达到触发电平时，比较器的输出状态是否改变？高态、低态的输出电压是否正确？这种地毯式故障排查法足以使故障无处遁形。系统的可观测能力是确保故障排查速度的关键。

在系统构建中这些标志往往看似无用，当然在大多数情况下这些标志也确实无用。但在早期设计和原型系统搭建过程中，有些系统是很不稳定的，在项目初始阶段积累的测试经验将十分有助于产品投产使用后的故障预测。设计者必须特别关注敏感类功能，需在设计阶段考虑添加某些观测模块，以确保能够观测其内部工作状态。

或因光、温度、湿度、压力等环境因素的影响，或因粗调系统需要进行细调，有些设计需要在组装完成后进行组件校准。简而言之，校准过程是必不可缺的。基于此，我们给出提示 5。

提示 5 设计系统时需使所有可能需要调整的元素在操作过程中可用。

下面举例说明，现有一个需要频繁调整参数的传感系统，如上例需要调整信标传感电路增益，则之前选用的定值增益电阻无法提供此项功能，需将其替换为如图 31.2 所示电位器或能够选择电阻值的 DIP 开关。此外，调整旋钮或 DIP 控制器应放置在易于调整操作的位置。如果需采用软件调节参数，则其取值应放置在一个特定的显著代码段，如初始软件模块中的#defined 常量，必须定义清楚使其易于识别。参数调节不是在编译过程中进行，可能的话最好在运行过程中调节参数，这样做可以节省大量时间。如果能够保存最后一次创建的值，例如将其存储在非易失性存储器中，则将更有帮助。

提示 5 适用于子系统和总体系统的设计。通常情况下只有当系统组装完成后才会出现明显的功能问题，一旦发生此类事件，按照经验移除系统最后组装的 1、2 个模块，即部分拆分系统，拆分对象可以是能独立测试的硬件子系统，也可以是能够独立测试的软件模块。基于此，下面给出提示 6。

提示 6 设计的系统应该易于拆分，并可在各种拆分状态下独立运行。

经过功能优化和性能优化后，我们即可获得最终完成的结构设计和软件设计，其中的重点在于优化功能点选择。经过功能优化后，设计将能更好地满足系统整体运行需求。然而，在系统整体运行之前，必须对每个子系统进行故障排查。显而易见，重复的组装拆分过程可能导致设备受损，因此我们强烈建议谨慎设计组装/拆分流程。系统应装拆方便、不易受损，可以考虑选用紧固件、接头和连接器等零件辅助装拆。这些零件可重复装拆，不会出现劳损、崩溃、液化等问题。

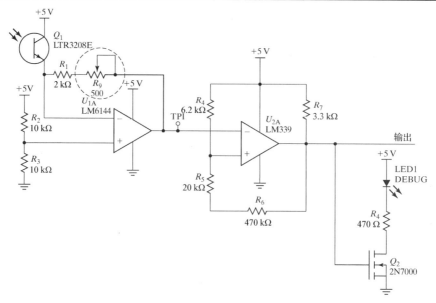

图 31.2　采用电位器增益电阻的光电晶体管，能快速方便地实现校准

硬件装拆意味着将所有待组装的组件在组装台上一字排开，每个组件都能独立运行。这些组件可通过线束、机械结构件连接在一起，因此线束必须足够长，且具备良好的灵活性，纵然系统处于部分拆分状态，也能确保完全连接，因之而产生的额外线束长度被称为"辅助线束"。这可能意味着需为测试提供一种机械支撑结构，使部件能够在测试过程中在某个给定长度范围内横向、纵向移动，然后再固定下来接受测试。例如，在机械执行器上安装可拆卸接头，电机在轮子不转动的情况下也能正常运行。需要注意的是，设计方案都是各有千秋的，设计者需在设计和实施过程中考虑回报率问题。

提示 6 在硬件调试中的使用简单明了，将其用于软件调试也是如此。我们建议采用模块化软件设计方法，各个模块可独立运行，并可利用第 6 章中给出的测试工具进行测试。另外，在建立完整的硬件、软件系统之前，也可根据需求进行多个软件模块联调。例如，可单独测试某个硬件子系统的软件子模块，如果设计者为每个硬件子系统设计了对应的软件子模块，则可进行独立调试和功能性验证。毫无疑问，这样使得我们能够在实现子系统整合之前对其进行完整的软/硬件测试。此时需注意，系统组装整合需要严格遵守提示 3 所述之规则，但此方法也会带来一些问题，如会导致系统复杂度增加。

大多数项目进行过程中最常见、也是最令人头痛的问题，莫过于弄不清系统表现出的一些出乎意料、令人费解的功能是否源于软件漏洞或电子硬件问题。此时如能排查某些因素将具有重大意义，我们可根据积累的先验知识预测故障，简化故障排查流程。如果我们严格遵守提示 3 所述之规则，则可采用增量式软件、硬件组合方式，并在组合过程中严格执行分步测试，该过程可以生成一整套简单的软件流程和测试工具，该流程和工具可用于验证子系统功能、检测不同执行器开/关时的相互作用关系、读取传感器输出数据并生成报告等。如果系统整合后出现了错误行为，且无法确定错误原因，重复这些简单的测试流程将有助于快速定位问题原因，即到底是硬件问题还是软件问题。例如，如果测试工具依旧能使电机顺时针/逆时针旋转，即可判定微控制器的输入/输出工作正常、连线正常、电子元件功能正常，此时可将问题定位为软件问题。当然，如果测试工具已无法令电机转动，则可将问题定位为电子硬件问题，诸如忘记插上连接器，连接器松动，接触不良，保险丝熔断，电机联轴器螺丝松动，联轴器卡在了轴承箱边缘，等等。使用测试工具能够消除软件漏洞带来的问题，使得我们能够将更多的精力用于电子硬件和机械硬件的问题排查。

本书的审稿人之一提出了一个非常具有建设性的意见，即在实现机电一体化系统的初期应先生成一个简单的程序，用于读取并报告输入/输出值和执行器的开关状态。这名审稿人称之为"健康检查"，一旦出现软、硬件问题，均可调用该程序以进行故障排查。在项目开发过程中进行"健康检查"无疑十分有用，是一种小投入、高回报的有效方法。

本节为读者提供了一条十分重要的信息，即在系统整合完成后依旧需要进行子系统测试，优秀的系统设计中，每个子系统都内含观测/诊断功能，能提供调试接口，支持子系统拆分和独立测试，且易于组装。故障排查提示 4、5、6 即为此提出，旨在使该过程能简单有效地执行。

31.4 如何对待故障排查

除了上述推荐的测试准备和测试流程，下面我们还将针对故障排查的"态度"问题给出相关建议。

提示 7 了解自身的局限性。

了解自身的局限性同样适用于故障排查，甚至在关键时刻能够救命(若医疗器械或航空程序出现问题，则可能导致生命危险)。

我们一定牢记，那就是故障一般都发生在我们自认为最不可能发生故障的时间点，当交付期即将到来时，当我们彻夜奋战时，当我们陷入极度焦虑时，故障便会从天而降，仿佛专为了击垮我们所剩无几的耐力和耐心。凡遇此种情况，切忌焦虑，下面的 3 个提示进行了具体说明。

提示 8 千万不要独自排查故障。

这可不是"充好汉"的时候。故障排查责任重大、压力更大，独自排查故障可能使得项目陷入更大的危机。如前所述，每个人都存在自身局限性，可能无视之前给出的提示 1 ~ 7，并因之犯下一系列错误。当然每个人都会生出发现系统存在的大问题并解决之的冲动，但我们必须控制冲动，严格遵循提示 8。我们必须明白其他人可以给予我们有效的帮助，能够加快故障发掘的进程，并能更快更好地完成整改。团队成员的参与也有助于使我们避免危险的实验或头脑发热的整改方案。更重要的是，故障排查必须遵循科学方法，即设定假设，然后通过实验检验是否获得预期结果，详见提示 1。在进行故障排查时，团队人员之间合理有效的讨论是富有建设性的，能使整个过程变得相对容易。

我们曾经遇到过这样一个例子，一位工作人员独自排查故障到深夜，接着便陷入一种轻微的歇斯底里状态，然后带来了一堆涉及系统其他部分的新问题，而且这些新问题更加难以诊断，最终导致项目无法按期交付。结合提示 8，我们给出提示 9，以确保这样的事情不会发生在你的身上。

提示 9 故障排查必须权衡利弊。

人们在进行故障排查时往往会失去大局观，进而无视实验本身对系统的影响问题。例如，做了一千次实验以期提高球发射精度，但会导致关键部件的疲劳磨损，引起系统失效；也可能为了检查连线问题而反接电源，造成不可逆转的破坏性电路损毁；也可能因改变两个例程之间的变量传递模式，而在代码中引起弥漫性功能问题。但是这些问题往往令人费解，排查困难。

因此，故障排查团队无论如何都需考虑排查过程可能导致的最差结果，并尽量避免回溯过程过快、过深。这一点对于那些精疲力竭、缺乏睡眠的团队尤其重要，越是疲惫，越需牢记此准则，排查过程宁慢勿快。事实上，无论排查过程进展得多么缓慢，那个最关键、最残忍的问题随时都可能呈现在我们面前。更糟糕的是故障往往发生在最黑暗、最接近交付期的时候，彼时人力、物力都已接近耗尽，处于极限状态。针对此，我们给出最后一个提示。

提示 10   休息是关键。

晚上睡个好觉，吃一顿大餐，洗个澡，然后再来一个悠闲的室外散步，这些对于故障排查团队而言都是奢望。我们都想尽快解决问题，但往往欲速则不达，故障排查就像要解开一个复杂的谜题，需要的是智慧而非蛮干。要记住，那个恐怖时刻随时可能到来，要做好一切心理准备，花一堆时间整理思路，把自己从细节问题中解放出来，从全局考虑其他需求。此时你会发现自己的状态变好了，能够更加清晰地分析问题、解决问题。问题在于一般情况下我们都希望速战速决，此时必须冷静处理心态问题。此外，适当的休息有助于避免之前提到的各种出错方式。

31.5   总结

任何项目在开发过程中都难免会经历故障排查，而且项目的故障排查往往是最为困难的一环，无法预测，组织困难。但明智和有经验的机电一体化工程师会坦然接受一个事实，即故障排查是项目开发的重要组成部分，必须将其列入总体规划。故障排查是机电一体化项目开发中最艰难的时段，在此期间出现的任何问题都可能导致项目全盘崩溃。

但故障排查也是可以预料的，整个过程应策划详细、组织有序。大学开设的机电一体化课程只会讲授一些简单的概念、相关的线性方程组及十分有限的经验，但有经验的机电一体化工程师信奉一句名言："这是一种确保 1000 个简单细节 100%正确的艺术。"除了了解各种方程和数据表，机电一体化专业的学生能够学到的最有价值的技能应该是故障排查能力。

所以，如果新系统或子系统并未如预期工作，那么先会心一笑，深呼吸一下，回顾一下本章提供的 10 个提示，然后进入最关键的决战环节，这是提升项目经验的大好时机，也是最好的学习机会，祝好运。

31.6   习题

31.1   故障排查的第一步是什么？

31.2   如何进行科学的故障排查？

31.3   故障排查最重要的是需保持_____、_____。

31.4   首次装配机电系统应采用的方法是_____、_____。

31.5   给出至少 3 个在设计/制作阶段需采取的、有助于故障排查的方法。

31.6   可调电位器物理位置的关键特性是什么？

31.7   什么是"健康检查"，它的作用是什么？

31.8   为什么不能独自一人进行故障排查？

31.9   如果在非常疲惫的状态下进行故障排查，则可能导致什么后果？

31.10 判断对错：系统在第一次组装时有可能 100%正确。

第32章 机电一体化系统集成与融合

32.1 引言

案例分析是一种传统方法，旨在将本书讲述的基本概念应用于产品开发环节。案例分析的主要缺点在于重点关注产品本身，而较少关心产品开发流程涉及的细节问题和错误，因此可能会给我们一种错觉，即产品未经开发已然定型。这种错觉往往使得初学者陷入迷茫，甚至认为产品流程与基本概念完全无关，这种观念是完全不切实际且非常有害的。本章之目标在于努力澄清此事。

也许掌握机电集成的最好方法是完整跟踪一个真实的商业项目开发流程，即从最初的概念设计到产品上市的完整过程。遗憾的是，这种机会一般可望而不可及，目前所有的开发公司对于自己的设计开发流程都是严格保密的，其保密等级与传统的知识产权保护等级类似，即设计开发流程的保密等级不亚于商业机密和专利保护。因此我们只能退而求其次。本书将以两个具有代表性的学生项目为例，跟踪其设计、开发、实施流程。这两个学生项目由斯坦福大学提供，是本科高年级课程"机电一体化入门"的作业项目，两个项目主题相同。本书将以之为例，详解项目开发的整个流程，我们希望读者能够因此更加深入地理解开发流程，并欢迎诸位提出宝贵建议。

诸如此类的学术项目与业界的"概念验证"原型类似，该等级的原型可用于证明想法的正确性，并发现初始定义中存在的假设漏洞和假设错误。为了方便起见，本书仅选择项目准备文件和提交文件中的重要部分予以详解。本书选择的两个作业示例均提供了详细文档，这些文档包括开发过程的详细、准确的第一手资料、图片；文档结构合理，不纠缠于细节，可读性强。读者可能会觉得本章内容与第30章具有一定相似性，这种感觉很正确，因为项目分配的主要目的即在于为学生提供将理论应用于实践的机会。

本章主要内容包括：

1. 使读者了解一个典型的机电一体化学生项目是如何开发成完成的。
2. 使读者了解如何基于工期、可用资源和材料来修改基本设计。
3. 为读者提供近距离观察的机会，使读者能够理解早期概念定义是如何演进为成品的。
4. 使读者了解两个设计团队是如何利用本书知识建立一个满足预定义目标的机电一体化系统的。

32.2 项目描述

设计团队接受的项目任务是设计"自动高尔夫击球器"。项目目标如下："设计高尔夫击球器，使其能够执行'推击'高尔夫球进入高尔夫球洞的任务"。项目的详细描述见附录C，读者可先详细阅读附录C，然后再继续阅读本章。

附录C详细阐述了该产品的使用范围、游戏规则及限制条件。此类文件一般由客户或市场团队给出，以说明成品应具备何种功能。由于该项目由大学提供，因此相比于工业项目产品描述，本书给出的项目描述更加详细，但与工业项目描述相同的地方在于两者都关注于输出和约束，而并不在意应如何解决此问题。此类文件的准备工作特别重要，撰写者必须保证该文件不包括任何解决方案建议。

32.3　系统需求分析

在详细阅读项目描述文件后，设计小组需要与客户/营销/教授就细节问题进行磋商，并撰写系统需求文档。该文档应包括项目概要，以及项目描述文件中未明确说明的需求。撰写需求文档是对团队执行力的重大考验，因为项目描述文件并不涉及具体解决方案，也无法以之为基础提炼需求。另一个需要注意的重要问题是，设计团队可能把个人爱好或兴趣混入需求文档，而这些内容实则与需求无关，这是一种非常常见的现象，一般称之为"功能蔓延"或"功能变异"，在编写需求文档时必须严格避免此类情况的发生。在需求文档中，需求本身和与需求相关的概念必须转化为一系列标准规范。

零号团队根据项目描述文件整理出一系列需求，详见图 32.1。

课堂作业　花几分钟让我们对比一下附录 C 和图 32.1，是否发现项目描述中的一些要求并未被零号团队列出需求列表？需求列表中的内容是否都能在项目描述中找到依据？

零号团队给出的需求列表包含大量不同类型的信息。需求列表中有些内容属于需求范畴，有些则不然，标注为"绝对需求"的部分都能在项目描述中找到源头；而标注为"环境和游戏规则"部分则对使用场地和游戏规则做了具体说明，包括一些游戏中的具体要求，如击球行为必须在 2 分钟之内完成；标注为"警告"的部分则给出了根据项目描述规则推演出的实际需求。例如，项目描述中有"为了便于统计，球必须留在洞内"，推演出的需求则为"不允许球反弹出箱柜"；此句下一行中的需求"信标信号过强时，电路不能处于饱和态"则无法从项目描述中找到依据，其实"电路不能处于饱和态"不能算作真正意义上的需求，我们仅需确定传感器的输入饱和点。团队制定了解决路径，并基于解决路径给出了需求方案。但该方案并不理想，可能导致我们忽略掉一些可行解决方案或优化策略。这些解决方案和策略可能能够满足实际需求，但却无法与团队制定的需求方案匹配。

需求分析

环境和游戏规则

击球区面积为 4'×8'(4 英尺×8 英尺)，除安放箱柜那一面外的其他三面都靠墙。

击球区的一端放置了一排箱柜，箱柜主体在击球区平面之下。

游戏目的：击球进入箱柜 a，箱柜即高尔夫球洞。

在竖立于击球区、高度为 12"(12 英寸)的信标杆顶部放置红外线发生器，箱柜 a 的中心位置经红外线调制后发射。

在击球区放置箱柜一侧的边界用一条黑色带进行标记。

击球器放置在距离信标杆 3'～8' 的任意位置。

在每轮开始时击球器装满高尔夫球。

每次击球必须在 2 分钟内完成。

如果高尔夫球被推入箱柜 a，则信标停止发射 0.5 秒。

一旦开始定位/推击，禁止触碰击球器。

每次击球结束后，操作者每次可以修改一个参数，输入值参考上一次击球进入的箱体(球洞)号，输入值任选，具体取值：a = 1，b = 2，c = 3，d = 4，未入箱 = 4。

图 32.1　零号团队给出的需求分析表

击球器不得触碰信标杆。

球必须留在球洞中以便计分，即不得弹出。

一旦裁判员完成击球器放置，则任何人不得移动。

在任何情况下，都不允许更换场地。

绝对需求

该系统为独立实体。

只接电源和地。

击球器初始时长×宽不超过 13″×13″，高不超过 12″。

本机内附至少 5 个高尔夫球。

不得与商用或已有平台相同。

开关操作简单方便。

外角半径大于等于 1/4″。

必须保证用户和观众安全，保证推击过程不会伤人。

所有液体、凝胶和气溶胶必须存放于容积小于 3 盎司的容器内。所有液体、凝胶和气溶胶必须存放于容量为 1 夸脱的透明塑料袋中。每根推杆只能用一个容量为 1 夸脱、顶部锁紧的透明塑料袋。

击球器只有在公开演示时才可以改变空间位置。

警告

不允许球反弹出箱柜。

信标信号过强时，电路不能处于饱和态。

图 32.1(续)　零号团队给出的需求分析表

32.4　设计方案及备选方案

设计团队充分了解项目需求之后，即需提出多种解决方法。如第 30 章所述，此时头脑风暴便有了用武之地。头脑风暴可生成一个清单，该清单包含了头脑风暴产生的各种看似可行的方案。本章给出的策划清单即是在"第一次筛选"后的结果。

针对本示例项目，零号团队和另一个设计团队(Ruff 团队)在综合同学及老师的建议后提出了一些基本设计构想。

32.4.1　零号团队的基本设计构想

零号团队的每个团队成员都贡献了一种基本设计构想或一张概念草图，然后基于这些素材进行整合后得到设计构想。零号团队贡献了 4 种设计构想，下面分别进行阐述。

图 32.2 所示为 1 号设计构想；该设想采用一个装配了扫描传感器的移动平台来捕获携带了球洞信息的信标。该平台基于信标信号识别球洞，并根据信标移动到某个特定位置，将球推击入球洞。

2 号设计构想同样选用了移动平台，如图 32.3 所示，图纸详细描述了各子系统结构。由图 32.3 的左上图可知，击球器采用了重力驱动装置，球先以自由落体状态积蓄能量，下落一段距离后，再沿一个斜面向下滚动，滚动方向与图 32.2 所示触发方向相反。图 32.2 还详细描述了高尔夫球存储子系统。与图 32.2 所示方案类似，图 32.3 方案也假设平台装备了扫描传感器，用于检测击球区的四周围墙；图 32.3 的底部图给出了调试板设计细节，并解释了瞄准系统结构，以及如何使信标传感器与高尔夫球传递子系统协同工作。

3 号设计构想如图 32.4 所示，该设计依旧采用移动平台，但相比于前面两种方案增加了一些独立组件。该设计采用万向轮结构，万向轮外围包裹着一系列正交滚轮，支持轮轴同向运动和垂直运动，典型的万向轮如图 32.5 所示。3 号设计构想还添加了一个罗盘传感器用以协调运动，另外采用超声波距离传感器，检测击球区边界及球的落点。该设计支持各种击球方式，而不是在设定距离之后，使球滚动或反弹入洞。

零号团队对团队成员提出的方案进行整合后获得团队设计方案，如图 32.6 所示。团队将高尔夫球的存储和释放系统命名为"风车"，该系统包括一个存储高尔夫球的圆盘结构，旋转圆盘则可使高尔夫球在某个设定时刻落入坠洞，然后释放出去。需要特别说明的是，团队此时已开始考虑项目预算及击球器软件的状态机设计问题。

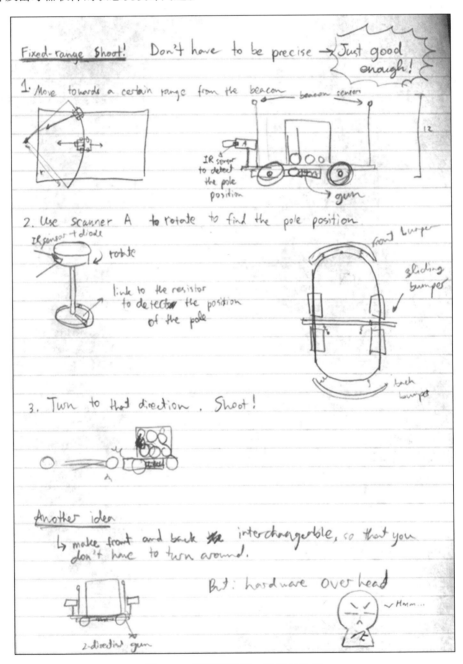

图 32.2　零号团队的 1 号设计构想

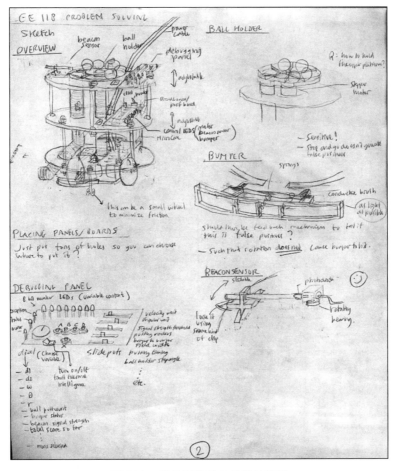

图 32.3　零号团队的 2 号设计构想

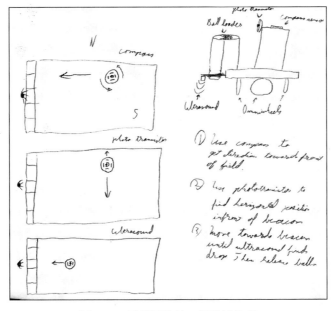

图 32.4　零号团队的 3 号设计构想

图 32.5　万向轮

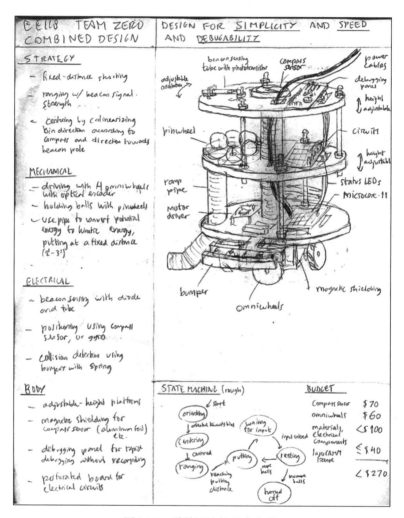

图 32.6　零号团队的整合方案

32.4.2　Ruff 团队的基本设计构想

　　Ruff 团队采用的方法与零号团队的不同，他们将头脑风暴产生的各种想法集成为一个构想，并给出了设计图，如图 32.7 所示。Ruff 团队依旧选用移动平台，当移动平台移动到球洞前的黑色带前时将球推进球洞。移动平台由两个驱动电机驱动，高尔夫球装在柱形桶内，柱形桶内置了用于巡航的光电传感器。

Ruff 团队特别关注高尔夫球的释放控制方式，即如何确保高尔夫球能在正确的时刻释放出去。为了实现该功能，他们尝试采用了两种机制，其中一种机制如图 32.8 所示。

如图所示，该方案选用步进电机或伺服电机来驱动棘爪枢轴前后运动，当一次球释放结束后，不允许其他球继续释放。图中的中心部分层次分明，表示他们计划采用一个长坡道，坡道能容纳多个高尔夫球，这些高尔夫球将在适当时候送入球释放结构。

Ruff 团队提出的第二种高尔夫球释放机制被称为"转管炮(加特林炮)"，如图 32.9 所示。

该方案采用 4 根短管，每根短管内放置一个高尔夫球。将短管安装到一个中心转盘上，当转盘转动时，短管的输入端(右侧)开启，可装填高尔夫球，如果短管为空，则球将进入短管内，当转盘继续旋转到某个固定位置时，短管的两端都将关闭。当短管运动到底部位置时，短管输入端(左侧)开启，管内的高尔夫球滚出。

Ruff 团队方案的总体执行过程如图 32.10 所示，他们计划采用光电传感器实现目标定位，先将移动平台移到球洞旁边，然后基于球洞边缘的黑色带判定是否需将高尔夫球释放入洞。

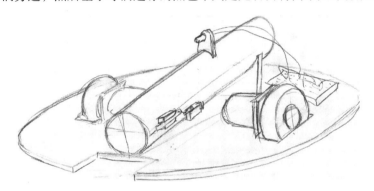

图 32.7　Ruff 团队的平台方案

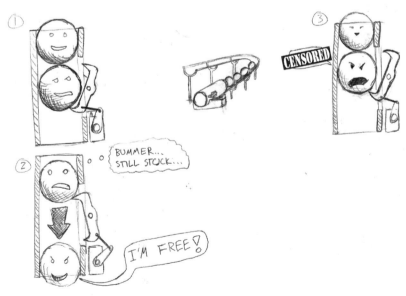

图 32.8　Ruff 团队的高尔夫球输送机制

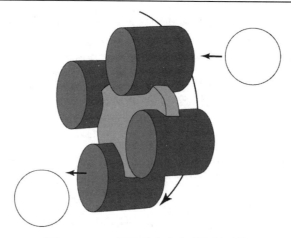

图 32.9　Ruff 团队的高尔夫球释放系统

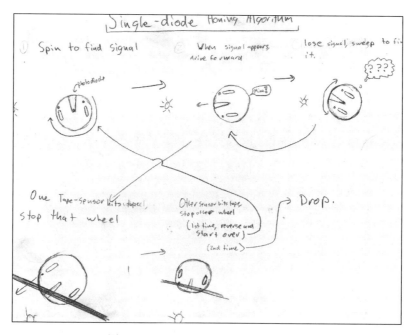

图 32.10　Ruff 团队系统的操作顺序图

32.4.3　备选方案的审查

在评审设计方案时，设计团队必须对他们提出的设计方案进行性能评价。例如，零号团队的设计方案中包括万向轮，指导教师会要求设计团队解释万向轮的选择依据，即是否只有采用万向轮才能达成设计目标。之后的讨论显示，设计团队并未真正意识到问题的复杂性，即如果要求移动平台实现自由移动，则需设计非常复杂的驱动软件，唯一的优点在于万向轮能够提供更好的移动能力。设计团队一直对万向轮方案十分着迷，他们希望自己设计的击球器能像真正的机器人平台一样自由移动，就像图 32.11 所示的产品一样。但当讨论结束时，零号团队承认万向轮并非需求，实际上是一种"功能蔓延"，完全违背了他们一直推崇的如图 32.6 所示的简约设计理念。

该方案的另一个"功能蔓延"问题是选用了罗盘传感器。该传感器能使击球器执行早期头脑风暴产生的一种对准算法，该算法驱动移动平台进行平行于柜箱的直线运动，使移动平台与球洞对准，这种算法需要罗盘传感器或其他用于对齐的装置。显而易见，并非设计目标需要对齐，罗盘传感器的选择仅仅是为了满足算法需求，这也是典型的"功能蔓延"。

图 32.11　采用万向轮的商用机器人平台(Courtesy of Wow Wee Ltd.)

该团队给出的解决方案还存在一个突出问题，即将移动平台集成到解决方案中，详细解读后我们可以得出一个结论：项目描述无须包含移动平台。尽管两个团队都选用了移动平台，但没有证据表明移动平台方案可行。讨论至此，设计团队报告说他们仅考虑了"移动平台"方案，尽管其中一个团队强调他们已经尽量简化方案，但并未考虑"固定转动"方案。这是典型的先入为主，大大地限制了设计者的思维空间。事实上，尽管可能比较困难，但我们一旦跳出固有的思维框架，则可能生成创造性的方案，因此在评价头脑风暴的可行性时，必须清楚自省，确保设计不落入思维窠臼。

32.5　形态图

为了研究设计概念融合后的结果，零号团队为设计审查提供了形态图，如图 32.12 所示。

如图所示，零号团队提供了各种可能的组件方案，他们在瞄准策略中考虑引入"上/下驱动"方式，以围墙和黑色带为识别对象进行测距，最直接的方式是基于均方根幅度和黑色带检测实现测距。另一种相对复杂的方式是基于三角测量的，即在击球区的两个点检测信标点与球洞之间的夹角。如果采用该方法，则机器人需要预先获取两个角度测量点之间的移动距离，进而获取三角测量的基线信息。这种测距方式需要引入另一个传感器，即移动距离传感器，该类传感器详见图 32.12 中的定位部分。但表中并未说明如果采用三角测量法，则还需引入光编码器以实现移动距离测量。

图 32.12 中的双轮和万向轮车轮草图与概念图十分相似，但增加了一个坦克式履带，并说明车轮不同的摆放位置可对应不同的设计选择。尽管一般认为三轮万向轮结构更加有效(见图 32.11)，但设计团队给出的设计草图依旧选择了四轮万向轮。

设计团队给出的高尔夫球存储装置以所需高尔夫球个数最小为优化目标，该团队显然已决定不再以竞争轮次为优化目标了，因为基于竞争轮次的优化，其目的是在分配时间内使得击球数量尽可能大。而且目前没有明确需求显示击球器的高尔夫球存储量要大于 5 个，因此团队给出的设计假设是完全合理的。

碰撞传感器部分看起来像从其他设计选择中演进而来的一种需求，该需求无法从项目描述中找到具体依据；事实上仅有一种瞄准方案需沿墙壁运动，因而需要碰撞/接触传感器。即便如此，两个基本概念系统和最终设计系统都包含了碰撞传感器。

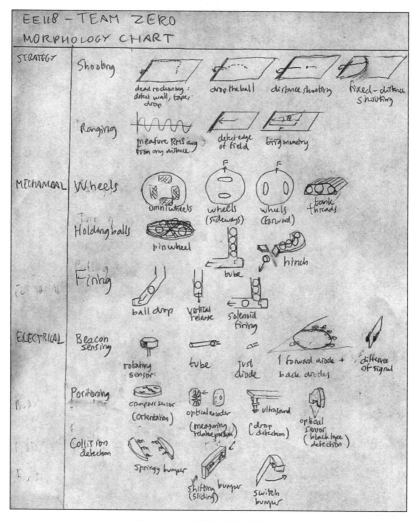

图 32.12   零号团队的形态图

32.6   设计概念评价：原型与优化

概念设计完成后，设计团队搭建了快速原型，并进行测试实验以验证设计的合理性。部分测试结果如图 32.13 所示。

图 32.13 是详细分析测试结果后得出的结论。然而图中底部的"经验教训"部分明显与最初设计方案息息相关，就分析本身而言是不严谨的。经验教训 2 似乎与分析报告的结论 1~3 相悖：结论 1 声称可以很容易产生足以使球滚动 8' 远的动能；结论 2 表示只要速度足够快，则可忽视瞄准误差的影响，而且结论 2 明显忽视了场地平整度的影响；最后，结论 3 表示球速非常快时才有可能弹出场外，因此设计团队完全不用担心能量过大。综上所述，以上一切都在挑战"从场地任何位置击球都可行"这一结论的正确性。

高尔夫球场和击球器

高尔夫球场的测试结果显示：

- 高尔夫球在高尔夫球场内滚动时摩擦系数很小, 高尔夫球从 3.25" 的高度自由落体获得的能量, 能使球在场地内滚动 8';
- 信标传感器位置在场地上方 11"，需据此布设信标传感器。
- 高尔夫球场存在有一定斜度, 因此球的滚动轨迹并非为直线; 当从 4'~8' 位置击球时, 其轨迹与预定目标有约 6"~8" 的一致性偏差。但轨迹偏差仅发生在球速放缓后, 因此如果能够保证球速, 则可忽略偏差影响。一般在较高球速下, 偏差不会超过不超过 1"。

- 高尔夫球在两个箱柜的分界线上运动时很可能落到场外, 当然这种情况在准确对准的条件下很少发生。当高尔夫球瞄准某个箱柜时, 要使其跳过箱柜则需要很大能量, 因此不用担心短距离能量过大问题。
- 场地内存在某些无法击球入洞的区域, 即无法确保能将球击入箱柜 a, 如图中阴影区所示, 为了保证正常击球, 一旦机器人运动至阴影区, 则需重新定位。

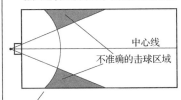

- 高尔夫球场内的桌子可移动, 只要不是有意旋转场地, 桌子对罗盘传感器精确度的影响可忽略不计。

经验教训：

- 机器人必须包含中心对准机制, 否则无法保证击球器每次都能将球击入箱柜 a。当然, 如果我们能够获得准确的中心线信息, 则可忽略此要求, 因为此时可确保击球角度的准确性。
- 机器人的击球位置应设置在一个合理、相对较近的位置, 一般小于 4', 从而尽量降低因场地问题导致的瞄准误差的影响。因此, 如果机器人的初始位置距离信标较远, 则必须进行位置调整。

图 32.13　部分测试结果

　　结论 4 给出了此问题的图形分析结果。尽管团队采用的分析方法看似不错, 但分析方法的先天缺陷导致他们的结论错误。确实存在那样一个区域, 在该区域中来自信标的光无法到达目标箱柜, 但该区域的面积比图中所示面积要小得多, 而且一般不在初始放置区域内。信标发射器的实际位置也并非如图 32.13 所示放置在箱柜后面, 而是如图 32.14 所示放置在箱柜外部边缘上方, 以此方式放置信标发射器能大大增加信标可接收范围, 进而缩小不可用区域面积。另外还必须考虑击球器的大小以确定击球器是否能够依据规则放置。结合以上两个因素, 可以获得更加精准的分析图形, 如图 32.14 所示。

　　Ruff 团队也对自己提出的方案进行了类似测试, 其结论是该方案能够以"固定转动"方式实现, 该团队秉承其一贯信奉的简洁化原则, 抛弃了最初选择的移动平台方案, 将其设计修改为选择固定初始位置击球。

　　Ruff 团队制作了两个快速原型以验证信标定位的准确性, 并测试了棘爪释放机制的可用性。

　　图 32.15 的左部为信标定位原型, 该原型采用一根铝管缩小光电晶体管的覆盖范围, 并放置在一个由 LEGO 模块搭建的旋转平台上, 该平台由 LEGO 驱动电机和蜗轮驱动。该团队设计了一个简单的软件测试工具, 驱动电机前后运动, 寻找光电传感器的输出峰值点, 并进行定位。

　　图 32.15 的右部是根据图 32.8 所示球释放装置草图制作的第一个原型, 其中的管子采用 ABS 工程管, 棘爪是从一块薄胶合板切割出来的, 与多个 LEGO 积木和一根轴组装在一起, 一个小直

流伺服电机驱动棘爪前后移动。设计小组编写了一小段测试代码来驱动伺服电机转动到两个设定位置，据此验证球释放装置的功能可用性，并进一步确定释放轨道倾角，以确保高尔夫球获得足够的动能。球释放系统原型为后续的范围测试提供了可重用平台。

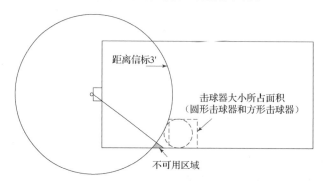

图 32.14　击球器放置位置的精确分析图形

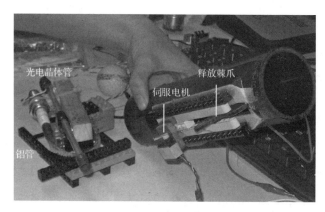

图 32.15　Ruff 团队制作的概念评估原型

32.7　项目实施阶段

尽管不同项目实施阶段的经验教训各不相同，但都可归结为一个共性特点，即经过艰苦工作后发现并不能得偿所愿，子系统整合后的表现与设计者的心理预期相去甚远。项目的持续时间越长，越需尽量预估可能出现的问题并尽快解决。实际上描述项目耗费的时间非常短，一般只需三周左右，在设计、原型搭建和测试过程中会积累许多经验。如前所述，搭建原型系统是为了发现设计漏洞或初始概念中的不正确假设，因此项目的执行阶段将会充满各种惊喜，我们随时可能遇到做梦都想不到的情况。本节将列举设计团队在项目实施阶段的几项重要发现。

32.7.1　Ruff 团队的驱动电机选择

项目初审后不久，Ruff 团队更改了设计方案，即将移动平台方案修改为"固定选择"方案，他们计划采用步进电机驱动击球器旋转，然后发现信标实现定位对准，为此他们需要选用一种能够提供足够转矩的电机。学校为设计团队提供的步进电机驱动板能够驱动双极两相电机，最大允许电流为 350 mA/相。设计小组在测试过程中发现，该电机驱动板的最大电流无法为步进电机提供足够转矩，为此他们制定了三种需理性取舍的解决方案。小组列举的三种方案如下：

1. 保持目前选择的电机不变，选择一种支持高电流的步进电机驱动芯片，这意味着需要重新设计驱动电路。
2. 改选齿轮直流电机以获取更大的转矩，但该电机无法提供旋转位置控制功能。
3. 采用高电流双 H 电桥板，既可获得高电流以驱动电机，也可在软件中手动生成相位驱动信号。

　　方案 1 的新增工作量最大，主要工作体现在驱动电路硬件选择及搭建，但涉及的软件工作量较小，由于功能目标一致，因此该方案可沿用现有的软件脉冲库。方案 2 既无须增加硬件，也无须更新软件，因为市面上有现成的大 H 电桥模块可选，也有现成的 PWM 库可用；但是这种方案风险较大，因为我们无法预知在没有任何位置控制的情况下该方案的瞄准准确度和可重复性是否能够满足要求。在研究方案 3 时，设计团队意识到尽管该方案需要添加软件，但他们可以把添加的软件与主程序隔离，而仅将其封装为单一功能；该功能通过一对输出线输出步进驱动序列，进而驱动步进电机。最后，设计团队决定选择风险最小的方案 3。

32.7.2　零号团队的球释放电机选择

　　零号团队也遇到了步进电机转矩问题，即最初选择的步进电机无法提供足够转矩。在零号团队的设计方案中电机用于驱动球释放系统中的"风车"。为了探索解决方案，设计团队采用齿轮直流电机搭建了一个球释放系统原型以驱动释放轮，该方案能够提供足够的转矩、阻尼，并能重复运行，仅需计算电机的驱动时间。一旦转轮到达正确位置，则无须反馈即可执行球释放操作。该方案简单易行，因此设计团队决定选择齿轮直流电机式球释放系统。

32.7.3　零号团队的信标传感器电路演进

　　在信标传感器电路设计中，零号团队希望能够准确测量感知信号的幅度，以便据此推算与目标间的距离。为了实现这种功能，他们设计了一种电路，该电路由一个跨阻级光电晶体管放大器与一种简单峰值检测器电路(见第 14 章)组合而成，其输出的模拟信号与传感器检测的红外(IR)光强度相关，最初版设计电路如图 32.16 所示。

　　跨阻级输出馈入峰值检测器，峰值检测器由 D_1、C_1、R_3 组成，RC 电路的时间常数设为 47 ms，时间常数远大于 1 ms 的调理信标信号持续时间，但小于平台预定转速。由于存在信标调理，且传感器离开信标方向也需要一定的下降时间，输出的模拟电压会存在一个小纹波，此时电路输出值可能小于期望值，因此在最大距离条件下仅凭跨阻(R_2)增益将无法产生可用信号，而在近距离条件下则工作于非饱和态。设计团队最终意识到是峰值检测电路中的二极管限制了电路的小信号特性，如果 U_1 的输出小于二极管的正向电压降，V_f 将无信号输出，也将无电压加到 RC 电路上。为了解决此问题，设计团队修改了电路设计方案，修改后的方案如图 32.17 所示。

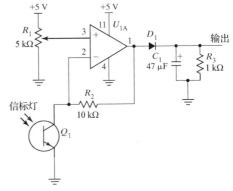

图 32.16　信标传感器电路的最初版设计电路

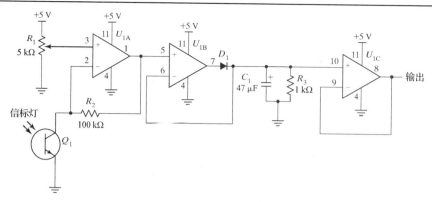

图 32.17　修改后的调理电路方案

　　修改后的设计包括三个独立部分，第一部分为跨阻级，其输出端连接到峰值检测器，峰值检测器的二极管放置在运算放大器的反馈回路中。该设计中的二极管表现出理想二极管特性，即无正向电压降，因为此时运算放大器足以补偿实际的二极管电压降。最后的缓存级将峰值检测器电容电压与 A/D 转换器负载隔离开来，最大限度地保证了电容器电压稳定。该电路能够对不同距离的信标信号产生可用输出电压，但其输出值比最初的信标感知原型电路的高约 1 V 左右。零号团队最终选择此修改电路，并将其用于项目实现。

32.7.4　零号团队的支撑刚度问题

　　零号团队的移动平台通过一对前部支撑杆和一根后支撑杆跨骑在两个驱动轮上，起初这些支撑杆都是带底座的长螺丝，底座放置在高尔夫球场地上。但设计团队随即发现当平台完成高尔夫球装载后，如果移动高尔夫球场地可能引起支撑杆倾斜，而且支撑杆底部边缘还会嵌入场地，如图 32.18(a) 所示。这种情况必然导致不平稳运动，甚至会在某些情况下导致驱动电机无法输出足够的转矩去对抗附加阻力。设计团队决定加强支撑杆刚度，他们为螺丝套上 PVC 管以增加面积惯性矩，进而增加了弯曲强度。PVC 管材质量轻，对总体质量影响不大，改进后的结构如图 32.18(b) 所示。

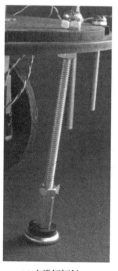

(a) 支撑杆倾斜　　　　　　　(b) 加固后的支撑杆

图 32.18　解决实施过程中发现的一个意外问题：支撑杆的摩擦弯曲力矩

32.7.5 零号团队的罗盘传感器故障

由于项目有严格的时间限制，因此团队都会尽可能节省时间，但这样也很容易出现问题。下面给出的案例是在距离项目最后期限还剩 2 天的时候发生的。为了加快工期，团队采用鳄鱼夹为系统供电，而并非简单地采用绝缘和极化连接器将 12 V 电源连接到 5 V 供电点。电源本身有保护电路，能保证其不会因供电问题损毁，微控制器本身也有电源保护装置。但遗憾的是，设计团队并未考虑模拟电路部分的电源保护问题，一次电源短路导致所有模拟调理电路和罗盘传感器损毁。运算放大器有备用件，可以很快替换，但罗盘传感器却没有备用件，在最后的两天内，团队不得不放弃罗盘传感器方案，重写代码。他们尝试了多种基于信标信号亮度的目标定位算法，采用移动一次定位一次的方式，直到检测到信标信号峰值点(根据经验值确定)，再执行击球器击球动作。

32.8 设计成品

32.8.1 Ruff 团队的设计成品

Ruff 团队最终提交的设计成品如图 32.19 所示。

图 32.19　Ruff 团队的设计成品

练习　对比图 32.19 与图 32.7 所示初始概念草图，看看初始草图中移动平台设计有多少被引入了最后的"固定旋转"方案。

在最终设计中，平台被放置在一个转盘轴承上，转盘轴承的外边缘有三个轮子，能够实现平台旋转并保持平台稳定。

其中两个轮子没有驱动，仅用于提供倾斜支撑，第三个轮子(如图 32.20 所示)由步进电机驱动以推动平台旋转。步进电机旋转一周需 200 步，仅需选择轮子尺寸和位置，即可提供约 0.5°/步的角定位分辨率。设计小组预先计算了最大距离条件下箱柜两侧之间的夹角约为 2°，以该分辨率进行跟踪，仅需 4 步即可覆盖整个箱柜宽度。

Ruff 团队最后提交的球释放装置看起来并无惊艳之处。如图 32.21 所示，该装置与最初的雏形基本一致，事实证明最初的设计十分成功，仅做少量修改即生成了最后的击球器系统。

铝合金管、传感器、装饰性火花塞均源自早期原型(见图 32.15)。

图 32.20 Ruff 团队采用的驱动步进电机细节部分　图 32.21 Ruff 团队采用的球释放装置细节部分

采用步进电机旨在使平台采用与零号团队方案完全不同的信号调理方法和算法，Ruff 团队采用的信号调理电路如图 32.22 所示。

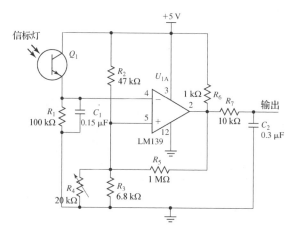

图 32.22 Ruff 团队选用的信号调理电路

仔细研究该电路可知，电路输出数字信号，该数字信号仅用于指示传感器检测到的红外光信号是否足够大。在软件算法设计中，该数字信号作为输入以驱动平台向一个方向转动，直至发现信标信号覆盖区的边缘，然后又向另一个方向转动，直至发现信标覆盖区的另一个边缘，然后计算边缘到边缘所需步数。假设信标位于该区域中心，则仅需在回转方向选择一半的步数即可完成对准。该方法十分简单，其中的传感器电路只有两种状态，即关闭或饱和。虽然 Ruff 团队最初并未声称将尽量采用简单的方法实现设计，但事实上他们设计的多个子系统都奉行了简单化原则，特别是"固定旋转"平台和数字信标传感器，均堪称简单化设计典范。

32.8.2　零号团队的设计成品

零号团队最终提交的设计如图 32.23 所示。

练习　对比图 32.23 和图 32.6 所示的初始概念草图，看看概念草图与最终实现的成品设计存在哪些异同。

尽管零号团队在设计实现过程中遭遇了许多挫折，但是他们始终坚持相信自己的最初选择，并卓有成效地完成了工作。

图 32.23　零号团队的击球器系统

32.9　性能结果

两个团队设计的机器都进行了项目评分测试，重点测试在不同距离条件下的击球表现，测试结果显示两个团队的设计方案均能满足项目需求。

零号团队测试的第一项是原地旋转，定位信标信号并击球，软件读取信号幅度，然后决定是否在当前位置击球或移动平台至更接近目标箱柜的位置再开始击球。当击球器位于信标附近时，仅需原地旋转、瞄准，然后完成击球，其实现方式与"定位旋转"方式基本一致。当击球器距离信标较远时，则需要首先确定信标传感器信号峰值点，然后前进几英寸距离，再次执行信标信号对准流程，评估信号幅度，再前进几英寸，重复以上过程直至击球器与信标距离小于 3 英尺，然后开始击球。当击球器距离信标较远时，箱柜两个边缘之间的夹角较小，此时该方式的对准精度高于 Ruff 团队的方案。实验结果表明，即使将击球器放在距离信标更远的位置，零号团队方案也能完成 5 次精确击球；在向信标移动的过程中，击球器反复对准箱柜中心，对准精度高。如果击球器的初始位置距离箱柜较近（靠近箱柜边缘）时，则较难把握与箱柜的夹角，击球不稳定，5 次击球仅有 3 次命中，另外两次击球分别落在了箱柜两侧。在长距离条件下，该方案的瞄准过程较为缓慢，但依旧远小于设计要求规定的 2 分钟。

Ruff 团队的击球器的准确度和可靠性均表现优异，各个测试位置均能成功击球，设计团队对设计规则理解深刻，并设计了参数校准功能以确保系统表现，但他们的装置确实表现异常稳定，以至于完全没有机会使用参数校准功能。

32.10　学生的智慧结晶

项目要求学生的最终报告需包含一个部分，即"智慧结晶"（Gems of Wisdom）部分，其目的在于使学生能够反思总结设计中的经验教训，并使之能为学弟学妹们提供良好的建议，使他们能少走弯路，能更上一层楼。为了能全面展示"智慧结晶"，我们承认下面提供的内容与两个设计团队的关注热点有些许偏离，以下内容是在充分总结过去几年的项目报告后提炼出来的。

1. 在启动设计计划时，需特别注意核心功能点的实现进度是否与团队计划相符，如果时间允许，可考虑添加 1~2 个扩展功能。

2. 力求简洁。我们的项目采用了两个执行器和一个传感器，均有明确定义的接口，这使得我们能够独立测试不同组件，以确保组件集成后能够正常工作。

3．项目必须与需求对应，千万不要失控！不要在规划阶段考虑现实问题，仅需全面完成基本目标要求，并尽量缩短本阶段时间，尽快完成基础设计。技术设计完成后，即可开始进行封装。我们很快便完成了基础设计，而且紧接着完成了补充完善工作。

4．先设计，再实现。

5．合理调度人员，必须有明确的任务分工，以免互相推诿，无法落实。不要要求所有团队成员"同起同歇"，应该允许成员们根据自身习惯确定工作时间和工作方式。因此我们把项目分解为不同的任务，不同任务间均设置接口，以便对接联调。这种方式能够提升工作效率，既能确保个人能力的充分发挥，又能保证不同部分之间的合理协同。

6．迅速失败。失败出现的时间越早，越有利于早期经验积累，也越有利于最终设计的完成。如前所述，一次成功的设计犹如凤毛麟角，十分罕见；事实上，即便想达到50%成功也非常困难。如果在构建最终机器人之前先搭建原型系统，则可尽快发现问题，改善系统表现。

7．假设验证。我们在设计阶段获得的重要经验之一是需要尽早确定与设计相关的假设，并验证其有效性；在最初的设计方案中，我们假设击球器系统能够准确对准/定位信标，并能准确击球。但是事实却并不那么乐观，我们的机器虽然能够与信标对准，但击球器的击球精确度却不能令人满意。即便仅采用一个信标传感器和最简单的定位算法，我们的机器人也能将大部分球推入正确的箱柜内，击球失败大多源于击球策略导致的不稳定。即使添加罗盘传感器也于事无补，因此必须改进算法以提升击球精确度。本项目进度相对拖后，没有腾出时间与精力进行算法改进，以后的设计者可关注此类性能瓶颈问题，全面提升系统表现。

8．关注可重复性。机器人的最大优势即在于此。因此需要尽量去掉不确定因素，如机器人的移动因素，在此前提条件下易于实现校准，以提升击球精确度。

9．设计应可调整。此时可考虑采用孔槽或容器。

10．设计可维护性。需确保组件/电缆可更换，可重新布设；谨慎合理使用电缆、连接器、开关及状态指示灯，并备足备件。

11．确保机器人可拆卸且易于拆卸。

12．当机器人组装完成后需确保能够进行电路调试。

13．设置检测点。检测点能使我们方便地检测设备的核心功能，即使团队成员放假也不耽误检测，但需在假期前一天根据团队时间表确定检测方案。

14．需要预留足够的系统集成时间，系统集成包括最终连线、组合、装饰和调试，必须特别重视该阶段工作。

15．所有工程项目都有工期限制，既不要过度设计，也不要存在设计欠缺，一切都需恰到好处，你没有时间做到十全十美，而且也不需要做到十全十美。

致谢

感谢零号团队和 Ruff 团队提供素材并授权出版，感谢团队成员 Adam Bernstein、Ho Lum Cheung、Nancy Dougherty、Derianto Kusuma、Jordan LeNoach、Matthew Norcia、Kanya Siangliulue 和 Wesley Zuber 对本书的贡献，没有他们的授权，本章将无法完成。

附录 A　电阻色码和标称值

5色环制：容差0.1%, 0.25%, 0.5%, 1%

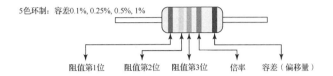

阻值第1位　　阻值第2位　　阻值第3位　　倍率　　容差（偏移量）

4色环制：容差2%, 5%, 10%

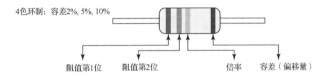

阻值第1位　　阻值第2位　　　　　倍率　　容差（偏移量）

颜色	阻值第1位	阻值第2位	阻值第3位	倍率	容差（偏移量）
黑色	0	0	0	1 Ω	颜色
棕色	1	1	1	10 Ω	±1%
红色	2	2	2	100 Ω	±2%
橙色	3	3	3	1 kΩ	
黄色	4	4	4	10 kΩ	
绿色	5	5	5	100 kΩ	±0.5%
蓝色	6	6	6	1 MΩ	±0.25%
紫色	7	7	7	10 MΩ	±0.1%
灰色	8	8	8		±0.05%
白色	9	9	9		
金色				0.1 Ω	±5%
银色				0.01 Ω	±10%

容差 5%电阻

标称 5%容差的电阻值=右侧表中值$\times 10^{-2} \sim \times 10^{7}$
电阻值由前面两个色环表示，指数取值为第三个色环
举例：
红,红,红= 22×10^{2} =2.2 kΩ
棕,黑,黄= 10×10^{4} =100 kΩ

10	22	47
11	24	51
12	27	56
13	30	62
15	33	68
16	36	75
18	39	82
20	43	91

容差 1%电阻

标称 1%容差的电阻值=右侧表中值$\times 10^{-2} \sim \times 10^{7}$
电阻值由前面三个色环表示，指数取值为第四个色环
举例：
红,红,黑,红= 220×10^{2} = 22 kΩ
棕,黑,黑,黄= 100×10^{4} =1MΩ

100	147	215	316	464	681
102	150	221	324	475	698
105	154	226	332	487	715
107	158	232	340	499	732
110	162	237	348	511	750
113	165	243	357	523	768
115	169	249	365	536	787
118	174	255	374	549	806
121	178	261	383	562	825
124	182	267	392	576	845
127	187	274	402	590	866
130	191	280	412	604	887
133	196	287	422	619	909
137	200	294	432	634	931
140	205	301	442	649	953
143	210	309	453	665	976

附录 B 示例 C 代码[①]

B.1 平均移动距离

```
/*****************************************************************
Function
    MoveAvg8

Parameters
    NewValue    int, the new value to enter into the moving average

Returns
    int, the value of the moving average after entering the NewValue

Description
    Implements an 8-point moving average using an 8-entry buffer and
    an algorithm that keeps a sum and subtracts the oldest value from
    the sum, followed by adding in the new value before dividing by 8.
    A very literal implementation.

Notes
    while the buffer is initially filling, it is hard to really call the
    the average accurate, since we force the initial values to 0.

Author
    J. Edward Carryer, 12/06/09 15:09
*****************************************************************/
int MoveAvg8( int NewValue)
{
  static int RunSum = 0;
  static int Buffer[8] = {0,0,0,0,0,0,0,0};
  static unsigned char Newest = 0;
  static unsigned char Oldest = 1;

  // update the running sum: remove oldest value and add in the newest
  RunSum = RunSum - Buffer[Oldest] + NewValue;

  // put the new value into the buffer
  Buffer[Newest] = NewValue;

  // update the indices by incrementing modulo 8
  // for a binary modulo, the AND operation is faster than using %
  Newest = (Newest + 1) & 0x07;
  Oldest = (Oldest + 1) & 0x07;

  // now return the result by dividing by 8 (shortcut: shift right by 3)
  return(RunSum >> 3);

}
```

---

① 本附录代码可登录华信教育资源网(www.hxedu.com.cn)下载。

B.2　基于事件和服务框架的示例程序

```
/**************************************************************************
Module
    Rchdemo2.c

 Description
    Test/Demonstration module for implementing Cockroach functionality
    using Software Events and Services Framework.

Notes
    This is intended to replace old "sestest.c" and "rchdemo.c" demo
    programs.

History

When            Who What/Why
--------------  --- ---
01/10/01        jec  modified light on & off event to only read the sensor
                     once
12/18/00        te   initial code
**************************************************************************/

#include <stdio.h>
#include "me118.h"
#include "roachlib.h"
#include "timer.h"
#include "ses.h"

/*-------- Module Defines ---------------*/
#define HI_LIGHT_THRESHOLD 80
#define LO_LIGHT_THRESHOLD 60
#define TEN_SEC 2440
#define TIME_INTERVAL TEN_SEC

/*-------- Global Variables ---------------*/

/*-------- Function Prototypes ---------------*/
uchar TestForKey(EVENT_PARAM);
void RespToKey(SERVICE_PARAM);
uchar TestForLightOn(EVENT_PARAM);
void RespToLightOn(SERVICE_PARAM);
uchar TestForLightOff(EVENT_PARAM);
void RespToLightOff(SERVICE_PARAM);
uchar TestForBump(EVENT_PARAM);
void RespToBump(SERVICE_PARAM);
uchar TestTimerExpired(EVENT_PARAM);
void RespTimerExpired(SERVICE_PARAM);

/*-------- Module Code ---------------*/

void main (void)
{
  /* initialize the SES module to operate in round robin mode, with no
  timer delay */
  SES_Init(SES_ROUND_ROBIN, SES_NO_UPDATE);
```

```
        TMR_Init(TMR_RATE_4MS); //initialize timer module
        RoachInit();            //initialize roach library

        /* register each pair of Events and Services routines*/
        SES_Register(TestForKey, RespToKey);
        SES_Register(TestForLightOn, RespToLightOn);
        SES_Register(TestForLightOff, RespToLightOff);
        SES_Register(TestForBump, RespToBump);
        SES_Register(TestTimerExpired, RespTimerExpired);

        TMR_InitTimer(0, TIME_INTERVAL); //initialize timer 0 for use
        /* enter an infinite loop and handle the events */
        while (1)
          {
            SES_HandleEvents();
          }
}


/***************************************************
 * Function: TestForKey
 * Creator: KW              Date: 1/06/00
 * Rev: TE                  Date: 12/18/00
 *
 * This is an event checking routine which returns true if a key
 * has been pressed. The pressed key is stored as the shared variable
 * for use by the service routine.
 *
 ***********************************************************************/
uchar TestForKey(EVENT_PARAM)
{
  unsigned char theKey;

  char EventOccured = kbhit();
  if (EventOccured)
    {
      theKey = getchar();
      SET_SHARED_BYTE_TO(theKey);
    }
  return (EventOccured);
}


/***********************************************************************
 * Function: RespToKey
 * Creator: KW              Date: 01/06/00
 * Rev: TE                  Date: 12/18/00
 *
 * This is the service routine for a keypress.  It simply echoes the
 * character pressed to the screen.
 *
 ***********************************************************************/
void RespToKey(SERVICE_PARAM)
{
  putchar (GET_SHARED_BYTE());
  putchar ('.');
}
```

```
/***************************************************************
 * Function: TestForLightOn
 * Creator: J. Edward Carryer    Date: 04/11/94
 * Rev: TE                       Date: 12/18/00
 *
 * This is an event checking routine which returns true if the current
 * reading from the light sensors has changed from the last reading and it
 * exceeds a minimum "brightness threshold," implementing a hysteresis band
 * to prevent bouncing triggers.
 *
 ***************************************************************/
unsigned char TestForLightOn(EVENT_PARAM)
{
  static uchar Threshold = HI_LIGHT_THRESHOLD;
  static uchar LastLight = 0;
  uchar ThisLight = LightLevel();

  char EventOccured = ((ThisLight > Threshold) &&
                       (LastLight <= Threshold));
  if (EventOccured)
    Threshold = LO_LIGHT_THRESHOLD;
  /*      provide for hysteresis around the switching point to eliminate
          false triggers by DECREASING threshold level.  */

  else if (ThisLight <= Threshold)
    Threshold = HI_LIGHT_THRESHOLD;

  LastLight = ThisLight;
  return (EventOccured);
}

/***************************************************************
 * Function: RespToLightOn
 * Creator: J. Edward Carryer    Date: 04/11/94
 * Rev: TE                       Date: 12/18/00
 *
 * This is the service routine for a "light on" event. If the light
 * has turned on, it simply prints "ON" to the screen.
 *
 ***************************************************************/
void RespToLightOn(SERVICE_PARAM)
{
  printf("\n ON");
}

/***************************************************************
 * Function: TestForLightOff
 * Creator: J. Edward Carryer    Date: 04/11/94
 * Rev: TE                       Date: 12/18/00
 *
 * This is an event checking routine which returns true if the current
 * reading from the light sensors has changed from the last reading and
 * it is below a maximum "darkness threshold," implementing a hysteresis
 * band to prevent bouncing triggers.
 *
 ***************************************************************/
```

```
uchar TestForLightOff(EVENT_PARAM)
{
  static uchar Threshold = LO_LIGHT_THRESHOLD;
  static uchar LastLight = 0;
  uchar ThisLight = LightLevel();

  char EventOccured = ((ThisLight < Threshold) &&
                       (LastLight >= Threshold));

  if (EventOccured)
    Threshold = HI_LIGHT_THRESHOLD;
  /*     provide for hysteresis around the switching point to eliminate
         false triggers by INCREASING threshold level.   */

  else if (ThisLight >= Threshold)
    Threshold = LO_LIGHT_THRESHOLD;
  LastLight = ThisLight;
  return (EventOccured);
}

/****************************************************************
 * Function: RespToLightOff
 * Creator: J. Edward Carryer    Date: 04/11/94
 * Rev: TE                       Date: 12/18/00
 *
 * This is the service routine for a "light off" event. If the light
 * has turned off, it simply prints "OFF" to the screen.
 *
 ****************************************************************/
void RespToLightOff(SERVICE_PARAM)
{
  printf("\n OFF");
}

/****************************************************************
 * Function: TestForBump
 * Creator:  TE                  Date: 12/18/00
 *
 * This an event checking routine. It returns true if one of the bumper
 * bits is low and the last check of the bumpers was not the same. This
 * prevents a single bump from registering multiple times. The bumper
 * reading is shared for use in the service routine.
 *
 ****************************************************************/
uchar TestForBump(EVENT_PARAM)
{
  static uchar lastBump = 0x0F;
  uchar bumper;
  char EventOccured =  (((bumper=ReadBumpers()) != 0x0F) &&
                        (bumper != lastBump));

  if (EventOccured)
    {
      SET_SHARED_BYTE_TO(bumper);
      lastBump = bumper;
    }
```

```
    return (EventOccured);
}


/******************************************************************
 * Function: RespToBump
 * Creator: TE                    Date: 12/18/00
 *
 * This is the service routine that is called when a bump is detected.
 * When a bump occurs, the actual bumper that is hit is printed to the
 * screen.
 *
 ******************************************************************/
void RespToBump(SERVICE_PARAM)
{
  unsigned char bumper;
  bumper = GET_SHARED_BYTE();

  // display which bumper(s) were hit
  switch (bumper)
    {
    case (0x0e):
      printf("Front Right...\n");
      break;
    case (0x0d):
      printf("Front Left...\n");
      break;
    case (0x0b):
      printf("Back Left...\n");
      break;
    case (0x07):
      printf("Back Right...\n");
      break;

    case (0x0c):
      printf("Both Front ...\n");
      break;
    case (0x03):
      printf("Both Back...\n");
      break;
    case (0x06):
      printf("Both Right...\n");
      break;
    case (0x09):
      printf("Both Left...\n");
      break;

    default:
      printf("What's this-> %x ?\n", bumper);
      return;
    }
}


/******************************************************************
 * Function: TestTimerExpired
 * Creator: TE                    Date: 12/18/00
 *
```

```
 * This is an event checking routine which returns true if timer 0
 * has expired.
 *
 *
 ************************************************************/
unsigned char TestTimerExpired(EVENT_PARAM)
{
  return(TMR_IsTimerExpired(0));
}


/*************************************************************
 * Function: RespTimerExpired
 * Creator: TE                    Date: 12/18/00
 *
 * This is the service routine that is called when timer 0 expires.
 * It displays the number of times that the timer has expired and
 * restarts timer 0. It also displays the current light level.
 *
 ************************************************************/
void RespTimerExpired(SERVICE_PARAM)
{
  static Time =0;

  printf("\n %d",++Time);
  printf("Light level: %d\n", LightLevel());

  TMR_InitTimer(0, TIME_INTERVAL);
}
```

B.3 采用事件和服务状态机的示例模板

```
/*****************************************************************************
Module
   sesstate.c

Revision
   1.0.0

Description
   Test/Demonstration module for the Software Events and Services
   Framework driving a state machine. This module demonstrates how to
   combine the Events and Services framework with a state machine
   based design. This example is intended only to provide you with
   the general outline of what a solution should look like. It does
   nothing functional.

Notes

History
When            Who  What/Why
-------------- --- -----------

01/09/02 13:45 jec  Created from sestest.c.
 *****************************************************************************/
```

```
/*------------------- Include Files -------------------*/
#include <stdio.h>
#include <me118.h>
#include <ses.h>


/*------------------- Module Defines -------------------*/
#define EVENT1 1
#define EVENT2 2
#define EVENT3 3
#define STATE0 0
#define STATE1 1
#define STATE2 2


/*------------------- Module Types -------------------*/


/*------------------- Global Functions -------------------*/


/*------------------- Module Functions -------------------*/
uchar TestEvent1(EVENT_PARAM);
uchar TestEvent2(EVENT_PARAM);
uchar TestEvent3(EVENT_PARAM);
void DemoStateMachine(SERVICE_PARAM);/*this will be the one service routine*/


/*------------------- Module Variables ----------------*/

/*------------------- Module Code -------------------*/
void main(void)
{

  puts("Starting...\n");

  SES_Init(SES_ROUND_ROBIN, SES_NO_UPDATE);

  SES_Register(TestEvent1,DemoStateMachine);
  SES_Register(TestEvent2,DemoStateMachine);
  SES_Register(TestEvent3,DemoStateMachine);

  while (1)
    SES_HandleEvents();

}

/********************************************************************

 Function
   TestEvent1

 Parameters
   EVENT_PARAM     standard parameter for Event checker, will be
                   used to pass the event code to the Service routine.

 Returns
   unsigned char  non-zero if the event was detected.

 Description
   Dummy event checker. Event Code for this event is placed in the
   shared variable and TRUE (1) is returned to announce that the event
   has occurred. This will cause SES to call the DemoStateMachine()
   function.
```

```
    Notes
      None.

    Author
      J. Edward Carryer, 01/09/02 13:50
********************************************************************/
uchar TestEvent1(EVENT_PARAM)
{

  static unsigned char SharedEvent; /*used to pass the event code */
  /* between the event checker and the service routine,    */
  /* which is the DemoStateMachine. It *must* be  */
  /* static to preserve its value after the        */
  /* function terminates.                          */

  SharedEvent = EVENT1;
  SET_SHARED_BYTE_TO(SharedEvent);/*leave value where the service routine */
  return 1;                       /* can find it */
}

uchar TestEvent2(EVENT_PARAM)
{
  static unsigned char SharedEvent;

  SharedEvent = EVENT2;
  SET_SHARED_BYTE_TO(SharedEvent);/*leave value where the service routine */
  return 1;                       /* can find it */
}

uchar TestEvent3(EVENT_PARAM)
{
  static unsigned char SharedEvent;
  SharedEvent = EVENT3;
  SET_SHARED_BYTE_TO(SharedEvent);/*leave value where the service routine */
  return 1;                       /* can find it */
}


/************************************************************************
  Function
    DemoStateMachine

  Parameters
    SERVICE_PARAM  standard parameter for Service routine, will be
                   used to get the event code from the event checking
                   routines.

  Returns
    None.

  Description
    Dummy state machine. Set up as the service routine for all the
    relevant events, it looks at the Event code passed to the service
    routine to identify the current event and uses that along with the
    current state to implement a dummy state machine.

  Notes
    None.
```

```
 Author
    J. Edward Carryer, 01/09/02 13:59
 ****************************************************************************/
void DemoStateMachine(SERVICE_PARAM)
{
  static unsigned char CurrentState = 0;
  unsigned char CurrentEvent;

  CurrentEvent = GET_SHARED_BYTE(); /* get the event code passed from  */
                                    /* the event checking routines     */
  switch (CurrentState) /*implement state machine with nested switch */
    {
    case STATE0 :
    {
      switch (CurrentEvent)
        {
        case EVENT1 :
          CurrentState = STATE1; /* change states */
          break;
        case EVENT2 :
          CurrentState = STATE2; /* change states */
          break;
        case EVENT3 :
          CurrentState = STATE0; /* change states */
          break;
        }
    }
    break;
    case STATE1 :
    {
      switch (CurrentEvent)
        {
        case EVENT1 :
          CurrentState = STATE2; /* change states */
          break;
        case EVENT2 :
          CurrentState = STATE0; /* change states */
          break;
        case EVENT3 :
          CurrentState = STATE1; /* change states */
          break;
        }
    }
    break;
    case STATE2 :
    {
      switch (CurrentEvent)
        {
        case EVENT1 :
          CurrentState = STATE0; /* change states */
          break;
        case EVENT2 :
          CurrentState = STATE1; /* change states */
          break;
```

```
          case EVENT3 :
            CurrentState = STATE2; /* change states */
            break;
          }
      }
    break;
      }

  }

/*-------------------- Footnotes --------------------*/

/*-------------------- End of file --------------------*/
```

附录 C   第 32 章项目描述

项目编号：EE118 2009 冬季项目

项目名称：自动高尔夫击球器

项目答辩时间：2009 年，3 月 9 日，下午 7 点

项目主旨：为学生提供一个开放性问题，使其能运用现有知识解决该问题。高尔夫球击球器的基本功能是将高尔夫球推击入球洞，其具体功能与实际高尔夫球场击球方式相同，对于本项目而言，"推击"表示使高尔夫球进入球洞。

项目目标：本项目旨在使学生能够综合运用所学知识，通过设计制作自动高尔夫击球器，积累项目开发经验。

项目规范：

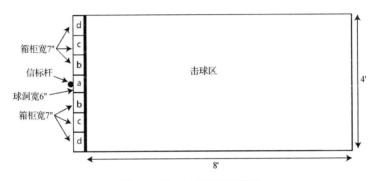

图 1   高尔夫球场地顶视图

击球区

- 击球区如图 1 所示，尺寸为 4'×8'，其中三面没有箱柜，场地围墙高 3"。
- 击球区一侧摆放多个箱柜，需将高尔夫球击入箱柜 a(球洞)，箱柜顶端与击球区位于同一水平面。
- 信标杆安放在箱柜 a 的中心位置，信标为调制 IR 光信息，信标高 12"。
- 击球区边缘紧靠箱柜部分有一条黑色带。

击球器

- 击球器为一独立装置，电源和地正确连接时能满足所有规范要求。
- 击球器尺寸不超过 13"×13"，初始高度等于 12"。击球器应包括高尔夫球存储装置，至少能存放 5 个高尔夫球，无最大球数限制，建议高尔夫球存储装置尺寸应符合击球器尺寸限制要求。
- 击球器是项目 EE118 的部件之一，不允许采用市面有售的现成产品或已有的平台。
- 击球器应易于加电。
- 击球器外角半径大于 1/4"。

击球方法

- 击球器应放置于高尔夫球场地内距离信标杆 3'～8'的任意位置。
- 在每次击球开始前，击球器应装载高尔夫球。

- 每次击球持续时间不超过 2 分钟。
- 每当高尔夫球被推击入箱柜 a 时，信标暂停约 0.5 秒。
- 当定位击球开始时，操作者不可再触碰击球器。每次击球完毕后，允许操作者进行一次校准，输入最后一次击打入洞对应球洞的箱柜号。校准方式自选。
- 根据推击入洞的高尔夫球数进行打分，击入箱柜 a 得 1 分，击入箱柜 b 得 2 分，击入箱柜 c 得 3 分，击入箱柜 d 或未击入任何箱柜得 4 分。

游戏规则

- 击球器不得触碰信标杆。
- 球必须留在洞内以便计分。
- 一旦裁判员完成击球器放置，则任何人不得移动。
- 任何情况下击球器都不得破坏高尔夫球场地。

安全

- 必须保证用户和观众安全，因此不允许采用弹道发射方式击球。
- 所有液体、凝胶和气溶胶必须存放于容积小于 3 盎司的容器内。所有液体、凝胶和气溶胶必须存放于容量为 1 夸脱的透明塑料袋中。每根推杆只能用一个容量为 1 夸脱、顶部锁紧的透明塑料袋。
- 击球器只有在公开演示时才可以改变空间位置。

检查节点：

初审

时间：2009 年 2 月 17 日

交付物：在 2009 年 2 月 17 日上课时必须提交设计草案，每个小组需准备数页方案说明，该说明需包括至少 5 个定义，并提供与定义相关的设计草图、形态图、时间表、人员分配方案等，需准备 PPT（4:3 格式，文件后缀为.ppt，不接受.pptx 文件），并在课堂上讲解设计方案，班级的其他同学及任课教师将听取设计方案讲解，并给出反馈建议。

复审

时间：2009 年 2 月 24 日

交付物：向任课教师提供计算结果、系统框图、基本测试结果。

三审

时间：2009 年 3 月 5 日

交付物：完成各子系统软件测试，进行初次系统整合，向任课教师汇报进展情况。

最终展示：

时间：2009 年 3 月 9 日

交付物：项目结束，系统演示

报告：报告需包括项目详细技术说明，需确保具备 EE118 项目开发能力的读者能充分理解设计细节，并能以之为依据进行设计改进和改造，报告需分两次提交。

- 2009 年 2 月 24 日，项目组需提交原理图、文字描述和软件设计文档，以此说明项目进展情况。该文档内容不含测试，允许存在错误。提交形式：电子文档。
- 2009 年 3 月 13 日为项目截止日期，项目组需提交 2 月 24 日文档的修订版，该文档包含最终提交的机械设计、电路设计和软件设计方法，并需说明最终设计与前一版方案的差别，需特别说明项目方案的演进过程及心得体会。最终文档提交形式：HTML 电子文档。

评分方法：

功能测试环节

所有机器均由团队成员操作，每个等级的测试需包括 3 次击球（等级 3 除外），如果击球未能入目标洞，则根据实际落入箱柜号进行记分。

等级 1：该等级测试应包括两轮测试，每轮测试击球数为 5，记录击球得分。

等级 2：本轮测试中，第一次击球得分打折一半。

等级 3：本轮测试中，打分规则与常规测试相反，即得分越高越好，本轮测试仅计算入洞球得分。

等级 4：本轮测试为突然死亡测试。

评分规则：

每个项目组将获得以下 5 项评分。

1）概念（20%）：基于设计的技术特征和程序质量，本部分得分重点考虑方案的合理性、硬件创新性、软件和方案中应用的物理原理。

2）执行（20%）：对项目组提供的展示原型进行评价，包括原型的物理外观和结构质量的评分，不要求设计完美，但会关注工艺水平和最终呈现。

3）报告（10%）：根据书面文档质量进行评价，包括解释是否清晰、完备、恰当。

4）表现（20%）：基于最终展示的测试表现进行评价。

5）项目中期评价（30%）：基于项目关键节点检查结果来评分。

特别说明： 本项目为机电一体化项目设计实例，本课程得分将基于完整系统设计和功能实现。如果项目组仅能提供局部"完美"的机械、电子系统或代码，而无法保障系统功能实现，则没有得分。请项目组务必注意项目的资源分配，包括时间和人员分配问题。

尊敬的老师：

您好！

为了确保您及时有效地申请培生整体教学资源，请您务必完整填写如下表格，加盖学院的公章后传真给我们，我们将会在 2～3 个工作日内为您处理。

请填写所需教辅的开课信息：

采用教材			□中文版 □英文版 □双语版	
作　者		出版社		
版　次		**ISBN**		
课程时间	始于　年 月 日	学生人数		
	止于　年 月 日	学生年级	□专 科　　□本科 **1/2** 年级 □研究生　□本科 **3/4** 年级	

请填写您的个人信息：

学　校			
院系/专业			
姓　名		职　称	□助教 □讲师 □副教授 □教授
通信地址/邮编			
手　机		电　话	
传　真			
official email(必填) **(eg:XXX@ruc.edu.cn)**		**email** **(eg:XXX@163.com)**	
是否愿意接收我们定期的新书讯息通知：　　□是　　□否			

系 / 院主任：＿＿＿＿＿＿＿＿（签字）

（系 / 院办公室章）

＿＿年＿＿月＿＿日

资源介绍：

--教材、常规教辅（PPT、教师手册、题库等）资源：请访问 **www.pearsonhighered.com/educator**。

（免费）

--MyLabs/Mastering 系列在线平台：适合老师和学生共同使用；访问需要 Access Code。

（付费）

100013　北京市东城区北三环东路 **36** 号环球贸易中心 D 座 1208 室

电话：（8610）57355003　　传真：（8610）58257961

Please send this form to: